中华人民共和国密码法

第二十七条　法律、行政法规和国家有关规定要求使用商用密码进行保护的关键信息基础设施，其运营者应当使用商用密码进行保护，自行或者委托商用密码检测机构开展商用密码应用安全性评估。商用密码应用安全性评估应当与关键信息基础设施安全检测评估、网络安全等级测评制度相衔接，避免重复评估、测评。

关键信息基础设施的运营者采购涉及商用密码的网络产品和服务，可能影响国家安全的，应当按照《中华人民共和国网络安全法》的规定，通过国家网信部门会同国家密码管理部门等有关部门组织的国家安全审查。

商用密码应用与安全性评估

霍 炜 郭启全 马 原◎主编

電子工業出版社
Publishing House of Electronics Industry
北京 • BEIJING

内容简介

本书从密码基础知识的讲解开始，对商用密码相关政策法规、标准和典型产品进行了详细介绍，并给出了商用密码应用安全性评估的实施要点以及具体案例，用以指导测评人员正确开展密码应用安全性评估工作，促进商用密码正确、合规、有效的应用。本书共5章，内容包括：密码基础知识，商用密码应用与安全性评估政策法规，商用密码标准与产品应用，密码应用与安全性评估实施要点，以及商用密码应用安全性评估案例。

本书为商用密码应用安全性评估人员的培训专用教材，也可作为商用密码从业人员、大专院校网络空间安全和密码学等相关专业人员的参考用书。

图书在版编目（CIP）数据

商用密码应用与安全性评估 / 霍炜，郭启全，马原主编．—北京：电子工业出版社，2020.4
ISBN 978-7-121-35063-4

Ⅰ．①商…　Ⅱ．①霍…　②郭…　③马…　Ⅲ．①密码—安全评价　Ⅳ．① TN918.2

中国版本图书馆 CIP 数据核字（2018）第 212782 号

策划编辑：董亚峰　张正梅
责任编辑：张正梅
印　　刷：三河市君旺印务有限公司
装　　订：三河市君旺印务有限公司
出版发行：电子工业出版社
　　　　　北京市海淀区万寿路 173 信箱　　邮编：100036
开　　本：787×1 092　1/16　印张：32.5　字数：599 千字　彩插：1
版　　次：2020 年 4 月第 1 版
印　　次：2023 年 3 月第12次印刷
定　　价：158.00 元

凡所购买电子工业出版社图书有缺损问题者，请向购买书店调换。若书店售缺，请与本社发行部联系，联系及邮购电话：（010）88254888、88258888。

质量投诉请发电子邮件至 zlts@phei.com.cn，盗版侵权举报请发电子邮件至 dbqq@phei.com.cn。

本书咨询联系方式：（010）88254757。

《商用密码应用与安全性评估》编写组

主　　编：霍　炜　　郭启全　　马　原

副 主 编：（按姓氏笔画为序）

马奇学　　牛路宏　　刘　健　　许长伟　　张汉青
张铠麟　　罗　鹏　　童新海　　谢永泉

编审人员：（按姓氏笔画为序）

王小鲁　　王　兵　　王跃武　　王　鹏　　牛莹姣
邓开勇　　田敏求　　付长春　　吕　娜　　刘　芳
刘丽敏　　刘　炜　　刘　娟　　苏　龑　　杜　晶
李　升　　李梦东　　杨　阳　　杨　超　　杨瑞玲
吴冬宇　　邸　迪　　初小菲　　张世韬　　张育潜
张琼露　　陈天宇　　陈海虹　　陈　操　　范春玲
罗海宁　　罗　睿　　郑昉昱　　赵欣怡　　赵振云
姚佳琳　　袁　骁　　贾世杰　　夏鲁宁　　顾小卓
钱文飞　　阎亚龙　　寇春静　　彭　红　　董珊珊
韩　东　　雷灵光　　路献辉　　薛迎俊　　薛海洋

序

2019年10月26日，十三届全国人大常委会第十四次会议通过《中华人民共和国密码法》，习近平主席签署主席令予以公布，密码法于2020年1月1日起正式施行。密码法的颁布实施，是密码工作历史上具有里程碑意义的大事，必将对密码事业发展产生重大而深远的影响。

密码是国之重器，是保障网络安全的核心技术和基础支撑，在网络安全防护中具有不可替代的重要作用。利用密码在安全认证、加密保护、信任传递等方面的重要作用，构建网络空间安全保障体系、维护国家网络空间安全，必须坚持总体国家安全观，推动密码全面规范应用，构建以密码为基础的网络安全体系，实现从被动防御向主动免疫的战略转变。

建立完善商用密码应用安全性评估制度，对关键信息基础设施商用密码应用的合规性、正确性和有效性进行评估，是贯彻落实密码法的法定责任，是有效应对我国网络安全严峻形势的迫切需要，是落实国务院"放管服"改革要求和国家关键信息基础设施防护责任的重要举措，是商用密码管理的一项基础性、开创性工作。

本书是我国第一部系统介绍商用密码应用和安全性评估工作的著作，对关键信息基础设施运营者、商用密码从业单位、商用密码检测机构全面、深入、准确地理解商用密码应用安全性评估制度具有重要作用。本书的出版，将有助于提升商用密码应用安全性评估工作的科学性、规范性，将有助于吸引和集聚各方力量研究密码、推广密码，将有助于信息系统运营者牢固树立密码安全意识、自觉规范使用密码。站在新的历史起点上，让我们不忘初心、牢记使命，以习近平新时代中国特色社会主义思想为指导，坚定不移贯彻落实密码法，坚定不移推进密码应用和创新发展，坚定不移维护国家安全和社会公共利益，为实现中华民族伟大复兴、建设密码强国做出新的更大的贡献！

中国工程院院士

2020年3月

前言

本书全面深入贯彻落实《中华人民共和国密码法》相关要求，紧紧围绕商用密码应用与安全性评估这一主线，通过密码算法、产品标准讲解和实际案例分析，给出了商用密码应用安全性评估的基本原理和实施要点，指导测评人员正确开展商用密码应用安全性评估，帮助商用密码从业人员全面了解商用密码政策、知识和应用安全性评估工作。

全书共5章。第1章介绍密码的基础知识，主要包括密码概念、作用、技术和功能等；第2章介绍商用密码应用与安全性评估相关政策法规，主要阐述我国商用密码管理、应用法律政策要求和商用密码应用安全性评估体系；第3章介绍商用密码标准与产品应用，描述密码产品的类型及检测框架，并对主要商用密码产品的基本形态、标准规范、应用要点等进行解读；第4章介绍密码应用安全性评估实施要点，对密码应用方案设计、密评标准进行解读，明确测评实施过程中相关要求，并给出相应的实现和测评方法；第5章介绍重要领域具有代表性的密码应用典型案例，通过对案例进行剖析，从密码应用需求、系统架构和业务功能等方面入手，解析具体的密码应用方案和评估实施指南，以解读和说明相关标准和测评实施关键点。附录列出与密评相关的政策法规和标准规范，方便读者查阅。

由于编者认识的局限性，书中不妥和错漏之处在所难免，恳请读者提出宝贵意见，帮助本书不断改进和完善。

本书编写组

2020年3月

目录

第 1 章

密码基础知识

密码学是一门古老而又年轻的学科。几千年来，密码技术主要用于军事、政治和外交的保密通信。1949 年后，随着美国数学家、信息论创始人香农《保密系统的通信理论》论文的发表，密码技术逐渐建立起完善的理论基础，成为一门现代意义上的学科。20 世纪末期，大量的信息开始使用计算机系统处理、存储，并通过公共通信设施和计算机网络进行交换，网络与信息系统对信息的保密性[1]、信息来源的真实性、数据的完整性和行为的不可否认性需求迫切。密码技术应用已不再局限于军事、政治和外交，其商用价值和社会价值越来越得到重视。密码技术与应用融合，呈现多样性和复合性。当前，密码应用已渗透到社会生产生活的各个方面，从维护国家安全的保密通信、军事指挥，到保护国民经济的金融交易、防伪税控，再到保护公民权益的电子支付、社会保障等，密码都发挥着不可替代的重要作用。

本章首先简要介绍密码的概念和作用，指出密码需要合规、正确、有效地使用，引出密码应用安全性评估的必要性，并从信息安全管理过程的角度，阐述密码应用安全性评估的基本原理。其次，在总结密码技术发展历史和趋势的基础上，对密码技术的三个核心内容——密码算法、密钥管理和密码协议分别进行介绍。最后，给出密码保密性、完整性、真实性和不可否认性等四项功能的典型实现示例。

1　保密性（confidentiality）：又称机密性，本书统一称为保密性。

1.1 密码应用概述

密码是保障网络空间安全的核心技术，在网络空间安全防护中发挥着重要的基础支撑作用。如果密码技术没有得到合规、正确、有效的应用，那么密码提供的安全功能就无法发挥，也就无法解决应用系统面临的安全问题。

1.1.1 密码的概念与作用

1. 密码的概念

密码是指采用特定变换的方法对信息等进行加密保护、安全认证的技术、产品和服务。其中，特定变换是指明文和密文相互转化的各种数学方法和实现机制；加密保护是指使用特定变换，将原始信息变成攻击者不能识别的符号序列，简单地说，就是将明文变成密文，从而保证信息的保密性；安全认证是指使用特定变换，确认信息是否被篡改、是否来自可靠信息源以及确认信息发送行为是否真实存在等，简单地说，就是确认主体和信息的真实可靠性，从而保证信息来源的真实性、数据的完整性和行为的不可否认性；技术是指利用物项实现加密保护或安全认证的方法或手段；产品是指以实现加密保护或安全认证为核心功能的设备与系统；服务是指基于密码专业技术、技能和设施，为他人提供集成、运营、监理等密码支持和保障的活动，是基于密码技术和产品，实现密码功能的行为。在我国，密码分为核心密码、普通密码和商用密码，其中商用密码用于保护不属于国家秘密的信息。

从内容上看，密码技术包括密码编码、实现、协议、安全防护、分析破译，以及密钥产生、分发、传递、使用、销毁等技术。典型的密码技术包括密码算法、密钥管理和密码协议。

密码算法是实现密码对信息进行“明”“密”变换、产生认证“标签”的一种特定规则。不同的密码算法实现不同的变换规则：加密算法实现从明文到密文的变换；解密算法实现从密文到明文的变换；数字签名算法实现类似于手写签名的功能；杂凑算法实现任意长消息压缩为固定长摘要的功能。

密钥管理是指根据安全策略，对密钥的产生、分发、存储、更新、归档、撤销、备份、恢复和销毁等密钥全生命周期的管理。密钥是密码算法中控制密码变换的关键参数，它相当于一把“钥匙”。只有掌握了密钥，密文才能被解密，恢复成原来的明文。同样，为了能够产生独一无二的数字签名，也需要签名人拥有只有自己掌握的私有密钥，以确保签名不能被伪造。

密码协议是指两个或两个以上参与者使用密码算法，为达到加密保护或安全认证目的而约定的交互规则。密码协议是将密码算法等应用于具体使用环境的重要密码技术，具有十分丰富的内容。

2. 密码的重要作用

密码的重要作用是保护网络与信息安全。密码直接关系国家政治安全、经济安全、国防安全和网络安全，直接关系公民、法人和其他组织的合法权益，在网络空间安全防护中发挥着重要的基础支撑作用，是维护网络安全最有效、最可靠、最经济的技术手段。通俗来讲，密码的作用可概括为三个方面。

第一，密码是“基因”，是网络安全的核心技术和基础支撑。密码可以完整实现网络空间信息防泄密、内容防篡改、身份防假冒、行为抗抵赖等功能，满足网络与信息系统对保密性、完整性、真实性和不可否认性等安全需求。密码是网络免疫体系的内置基因，是实现网络从被动防御向主动免疫转变的关键元素。没有密码，就不能真正解决网络安全问题。

第二，密码是“信使”，是构建网络信任体系的重要基石。信任是世界上任何价值物转移、交易、存储和支付的基础，是社会发展的润滑剂和助推器。最初人类社会依靠血缘和宗族关系建立信任，后来主要依靠法律和合同建立信任。信息时代，万物互联、人机互认、天地一体，网络空间的信任至关重要，密码算法和密码协议可解决人、机、物的身份标识、身份鉴别、统一管理、信任传递和行为审计问题，是实现安全、可信、可控的互联互通的核心技术手段。密码是网络空间传递价值和信任的重要媒介和手段。

第三，密码是“卫士”，密码技术与核技术、航天技术并称为国家的三大“撒手锏”技术，是国之重器，是重要的战略性资源。近年来，我国密码算法设计分析能力达到国际先进水平，我国自主设计的商用密码算法 ZUC、SM2、SM3 和 SM9 已成为国际标准，这是与世界先进密码算法同台竞争、反复论证的结果。密码无处不在，时时刻刻守卫着国家、公民、法人和其他组织的安全。如果把网络与信息系统比作大楼，密码就好比看门的卫士，如果没有卫士或者用别人的卫士，就等同于门洞大开或者雇佣“小偷”看门，没有任何安全可言。

随着信息化快速发展，在万物互联成为趋势、信息孤岛逐渐消弭的态势下，密码在保护国家安全、促进经济社会发展、保护公民合法权益和个人隐私等方面的重要性和战略地位将更为凸显。合规、正确、有效使用密码，使用自主、安全、可控的密码，既是对国家安全和经济社会发展的有力护航，也是对公民合法权益和个人隐私的有力保障。

1.1.2 密码功能与密码应用

1. 密码的功能

在 20 世纪 70 年代之前，密码仅用于实现信息的加密保护，这是密码最原始、最基本的功能。随着技术的发展，密码不仅可以实现加密保护，还可以实现实体身份和信息来源的安全认证等功能。

信息安全的基本含义有多种定义，其中最为通用的定义是“CIA”，即信息安全的主要目标是保障信息的保密性（Confidentiality）、完整性（Integrity）和可用性（Availability）。近年来，随着信息处理分工的发展，真实性（Authenticity）也成为信息安全的主要目标。例如，在云计算、移动互联网等环境中，计算通常由专业分工明确的多方共同完成，相互之间必须要确保身份的真实性。另外，随着网络交易的迅速发展，不可否认性（Non-repudiation）的重要性也日益凸显。在上述目标中，除了可用性（指确保信息访问和信息服务在任何时候都是有效的，主要基于可生存、容灾备份等技术实现）外，其他特性都与密码技术密切相关。相对于其他类型的安全手段，如人力保护、设备加固、物理隔离、防火墙、监控技术、生物技术等，密码技术最关键、最核心、最基础。

总的来说，密码可以实现信息的保密性、信息来源的真实性、数据的完整性和行为的不可否认性，这也是密码具有的四个功能。信息的保密性是指保证信息不被泄露给非授权的个人、进程等实体的性质。采用密码技术中的加密和解密技术，可以方便地实现信息的保密性。信息来源的真实性是指保证信息来源可靠、没有被伪造和篡改的性质。实体身份的真实性是指信息收发双方身份与声称的相一致。采用密码技术中的安全认证技术，可以方便地实现信息来源的真实性。数据的完整性是指数据没有受到非授权的篡改或破坏的性质。数据完整性与信息来源的真实性的区别在于，数据完整性并不要求数据来源的可靠性，但数据来源真实性一般要依赖于数据完整性。采用密码杂凑算法可以很方便地实现数据的完整性。不可否认性也称抗抵赖性，通常是指一个已经发生的操作行为无法否认的性质。采用数字签名算法可以很方便地实现行为的不可否认性。

2. 密码应用技术框架

实现密码的功能，需要密码应用技术体系支撑。密码应用技术框架包括密码资源、密码支撑、密码服务、密码应用四个层次，以及提供管理服务的密码管理基础设施，如图 1-1 所示。

密码资源层提供基础性的密码算法资源，底层提供序列、分组、公钥、杂凑、随机数生成等基础密码算法；上层以算法软件、算法 IP 核、算法芯片等形态对底层的基础密码算法进行封装。

密码支撑层提供密码资源调用，由安全芯片类、密码模块类、密码整机类等各类密码产品组成，如可信密码模块、智能 IC 卡、密码卡、服务器密码机等。

密码服务层提供密码应用接口，分为对称密码服务、公钥密码服务及其他密码服务三大类，为上层应用提供数据的保密性保护、身份鉴别、数据完整性保护、抗抵赖等功能。

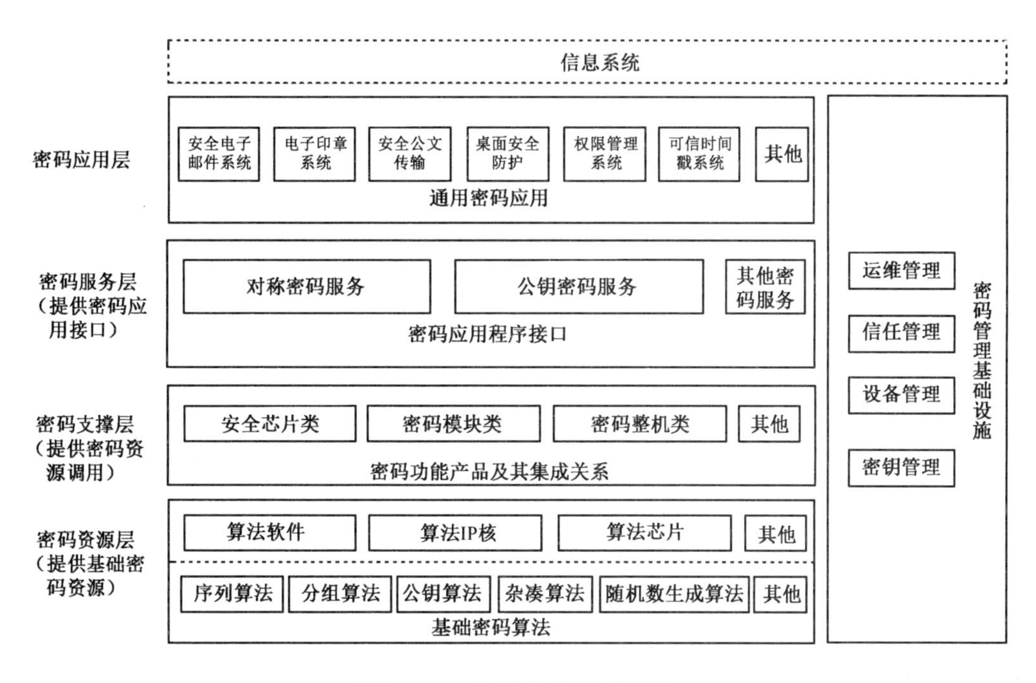

图 1-1 密码应用技术框架

密码应用层调用密码服务层提供的密码应用接口，实现所需的数据加密和解密、数字签名和验签等功能，为信息系统提供安全功能应用或服务。典型应用如安全电子邮件系统、电子印章系统、安全公文传输、桌面安全防护、权限管理系统、可信时间戳系统等。

密码管理基础设施作为一个相对独立的组件，为上述四层提供运维管理、信任管理、设备管理、密钥管理等功能。

密码应用技术框架为密码技术研发、产品研制、应用服务和管理提供了重要理论指导，为构建典型密码应用技术体系发挥了重要作用。

1.1.3 密码应用中的安全性问题

密码技术只有得到合规、正确、有效应用，才能发挥安全支撑作用，否则应用系统的安全问题就没有真正解决。在实际应用中，由于各种原因，各类用户（特别是信息系统应用开发商）有可能弃用、乱用、误用密码技术，导致应用系统的安全性得不到有效保障，甚至一些不合规、不安全的密码产品和实现还会遭受攻击者的入侵和破坏，造成比不用密码技术更广泛、更严重的安全问题。

①密码技术被弃用。只有被上层应用调用，密码技术才有机会发挥作用。如果信息系统应用开发商对密码在安全防护中的重要地位缺乏认识，为节省资源或贪图便利，在开发工作中故意忽视密码技术，那么此类应用中信息的保密性、信息来源的真实性、数据的完整性和行为的不可否认性等必然会缺乏相应密码算法、协议等的支撑，整个系统会毫无安全可言。

②密码技术被乱用。如果信息系统应用开发商对密码在信息互联互通中的重要作用缺乏认识，不严格执行密码标准，不规范调用密码技术，就会导致系统无法对接，甚至出现安全漏洞。常见案例包括未明确约定协议底层使用的算法名称及参数，擅自修改数据接口及数据格式，简化使用标准所规定的密码协议等。例如，现有研究发现，大量的SSL[1]软件并没有正确地验证网络实体与公钥/数字证书的绑定关系，在数字证书验证过程中没有检查根证书配置和实体身份标识，在这种情况下，即使启用了SSL协议，仍然会存在中间人攻击的风险。

③密码技术被误用。如果信息系统应用开发商对密码应用缺乏技能和经验，不清楚合规性要求，不了解密码算法的类型、协议参与方的角色要求、关键参数的类型和规模等基本知识，错误调用密码技术，就会不可避免地产生安全漏洞。常见的案例包括颠倒分组密码中密钥和明文的位置，使用固定值而不是随机数作为加密算法初始向量，使用计数器代替数字签名中的随机数，颠倒身份鉴别中的挑战者与响应者角色等。还有一些系统中支持了已被实际破解的密码算法（如MD5、SHA-1等），

---

1 SSL：一种常用的网络通信安全协议。

导致密码支撑资源被错误调用。在SSL协议部署时存在密码算法配置错误、密码协议配置错误、证书配置错误等情况。在利用随机数生成密钥时，使用不安全的随机数发生器，或者不正确地使用随机数发生器，会导致产生大量重复密钥或重复使用的素因子。

弃用、乱用、误用密码技术都将导致安全问题，因此，合规、正确、有效使用密码技术是信息系统应用开发商必须学习并熟练掌握的基本能力。同时也必须认识到，只有信息系统应用开发商才有机会了解、提炼用户的实际安全需求，从而在其使用密码技术建设安全应用的过程中有机会做到“正确规范”。以某应用中需要“抗抵赖签名”为例，关键信息包括签名者的身份、签署内容的类型、具体的数据格式及验签者的身份等。这些与实际应用密切相关的细节信息，是密码技术自身所不能掌握的。应用开发商务必与用户深入沟通，明确此类细节，提炼用户安全需求，从而为正确规范使用密码技术做好准备。

1.2　密码应用安全性评估的基本原理

商用密码应用安全性评估（简称“密评”）是指在采用商用密码技术、产品和服务集成建设的网络与信息系统中，对其密码应用的合规性、正确性、有效性等进行评估。如同风险评估是信息安全管理过程的重要组成部分一样，密评也是密码应用管理过程的重要组成部分和不可缺失的环节。

本节简要介绍信息安全管理过程和风险评估方法，详细阐述密评在密码应用管理中的定位，及其与产品检测、系统安全、风险评估的关系。

1.2.1　信息安全管理过程

信息是一种重要资产，需要得到妥善保护和安全管理。人们在长期信息安全实践中逐渐认识到，纯粹依靠技术手段建立信息安全保障体系，不可能达到对整个系统的安全保护。管理因素在信息安全中的重要性逐渐得到提升，在信息安全中发挥着不可或缺的作用。信息安全管理给出了一套可以被管理层理解的制度框架和一系列安全管理要项，并指导组织（信息系统的责任方）通过采用适当的控制措施，建立完善的信息安全管理体系。

1. 信息安全管理标准

国际上重要的信息安全管理标准有 ISO/IEC TR13335、BS7799、NIST SP800 系列等。其中，英国标准协会（BSI）制定的 BS7799 标准的影响力最为广泛，基本上已经成为国际公认的信息安全管理体系认证标准。2000 年 12 月，BS7799-1 通过国际标准化组织（ISO）认可，正式成为国际标准 ISO/IEC 17799，这是通过 ISO 表决最快的一个标准，足见世界各国对该标准的关注和接受程度。2005 年，改版后的 BS7799-2 成为 ISO/IEC 27001，即信息安全管理体系要求。我国信息安全管理标准 GB/T 22080-2016《信息技术 安全技术 信息安全管理体系要求》就是等同采用的国际标准 ISO/IEC 27001：2013。

这些信息安全管理标准提出了有效实施信息安全管理的建议，介绍了信息安全管理的方法和程序。用户可以参照信息安全管理标准制定自己的安全管理计划和实施步骤，为规划、实施和估量有效的安全管理实践提供参考依据。在信息安全管理标准中，信息安全不再是人们传统观念上的安全，即添加防火墙或路由器等简单的设备就可保证安全，而是一种系统和全局的观念。

信息安全管理标准基于风险管理的思想，指导组织建立信息安全管理体系。信息安全管理体系是一个系统化、程序化和文件化的管理体系，基于系统、全面、科学的安全风险评估，体现预防控制为主的思想，强调遵守国家有关信息安全的法律法规及其他合同方要求，强调全过程和动态控制，本着成本控制与风险平衡的原则，合理选择安全控制方式保护组织所拥有的关键信息资产，使信息风险的发生概率和危害降低到可接受水平，确保信息的保密性、完整性和可用性，保持组织业务运作的持续性。

2. PDCA 管理循环

PDCA（Plan-Do-Check-Act）管理循环，即“计划－实施－检查－改进”管理循环[1]，是一种经典的信息安全过程管理方式。PDCA 管理循环由美国质量管理专家休哈特博士首先提出，由美国质量管理专家戴明采纳、宣传并获得普及，所以又称作“戴明环”。

在 ISO/IEC 27001-2005 中，PDCA 管理循环成为标准所强调的，用于建立、实施信息安全管理体系并持续改进其有效性的方法。PDCA 管理循环被 ISO 9001、ISO 14001 等国际管理体系标准广泛采用，是保证管理体系持续改进的有效模式。

---

1 PDCA 也被翻译为“策划－实施－检查－处置”（来源：GB/T 19001-2016《质量管理体系要求》）。

PDCA 管理循环鼓励其用户强调下列内容的重要性：理解组织的信息安全要求，以及为信息安全建立方针和目标的需求；在管理组织整体业务风险背景下实施和运行控制；监控并评审信息安全管理体系的业绩和有效性；在目标测量的基础上持续改进。PDCA 管理循环如图 1-2 所示，“计划－实施－检查－改进”四个步骤组成一个闭环，通过这个环的不断运转，使信息安全管理体系得到持续改进，使信息安全绩效螺旋上升。

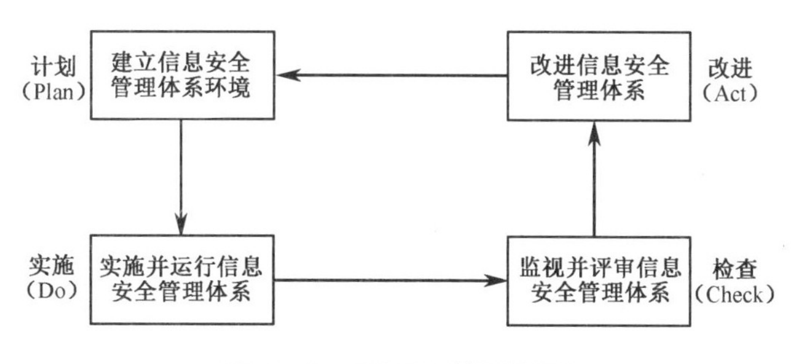

图 1–2 PDCA 管理循环

PDCA 管理循环的四个阶段可简单描述如下：

1）计划（Plan）阶段——建立信息安全管理体系环境

计划阶段是 PDCA 管理循环的“启动器”，目的是确保正确建立信息安全管理体系的范围和详略程度，识别并评估所有的信息安全风险，为这些风险制定适当的处理计划，给出风险评估和最终的信息系统安全控制方案。计划阶段所有重要活动都应当记录，并形成文档，以备将来追溯和控制更改情况。

在计划阶段，需要在安全策略的指导下对信息安全管理体系所涉及范围进行风险评估，通过安全设计产生最终的信息系统安全控制方案，用于指导随后的实施阶段。安全设计的任务之一是获取系统安全组件。系统安全组件可以是技术的，也可以是非技术的。非技术组件一般指制度方面，包括各种规章、条例、操作守则等；技术组件在物理形态上一般是计算机软 / 硬件，这些软 / 硬件可以自行开发或委托开发，也可以以商业采购或政府采购形式获得。对于需要商业采购或政府采购的产品，在安全控制方案中应给出候选产品列表。

2）实施（Do）阶段——实施并运行信息安全管理体系

实施阶段的任务是以适当的优先权进行管理运作，执行所选择的控制，用以管理计划阶段所识别的信息安全风险。对于那些被评估认为是可接受的风险，可以不必采取进一步的措施；对于不可接受的风险，则需要实施所选择的控制。计划的成功实施需要有效的管理系统，并且要依据规定的方式方法监控这些活动。在不可接受的风险被降低或转移之后，还会有一部分剩余风险，应对这部分风险进行监视，确保风险导致的影响和破坏被快速识别并得到适当管理。

实施阶段需要分配适当的资源（人员、时间和资金等）运行信息安全管理体系以及所有的安全控制。这包括将所有已实施的控制文件化，以及对信息安全管理体系文件的积极维护。在实施阶段需要监视风险变化，识别新的风险可能对业务产生的影响。

3）检查（Check）阶段——监视并评审信息安全管理体系

检查阶段是PDCA管理循环的关键阶段，是信息安全管理体系分析运行效果、寻求改进机会的阶段。应通过多种方式检查信息安全管理体系是否运行良好，如果发现某些控制措施不合理、不充分，就要采取纠正措施，防止信息系统处于不可接受的风险状态。例如，执行程序和其他控制，以快速检测处理结果中存在的错误，评审信息安全管理体系的有效性，评估剩余风险和可接受风险的等级，审核执行管理程序是否适当、是否符合标准以及是否按照预期的目的进行工作，评审记录并报告可能影响信息安全管理体系有效性的所有活动、事件。

检查阶段与计划阶段相辅相成。从管理循环的角度讲，这两个阶段是管理循环的主要驱动。从信息保障的角度讲，检查体现了主动防御的理念。检查阶段的实质是在运行期检查已实施的风险控制措施是否行之有效，这实质上也是风险评估活动，因此风险评估在信息安全管理中并不是仅在计划阶段才会用到。

4）改进（Act）阶段——改进信息安全管理体系

改进阶段是根据检查阶段的结论来改进系统。如果评审无问题，则继续执行；若评审有问题，则按照既定方案修正；如果存在不符合项，则采用纠正措施，就是另一次的PDCA管理循环。要把改进放在信息安全管理体系持续完善的大背景下，以长远的眼光来谋划，确保改进不仅能够解决眼前问题，还要杜绝类似事故再发生，或者降低其再发生的可能性。

1.2.2 信息安全风险评估

1. 信息安全风险评估定义

信息系统的安全风险，是由来自于自然、环境或人为的威胁，利用系统存在的脆弱性，给系统造成负面影响的潜在可能。

GB/T 20984-2007《信息安全技术 信息安全风险评估规范》对信息安全风险评估的定义是：依据有关信息技术标准，对业务和信息系统及由其处理、传输和存储的信息的保密性、完整性和可用性等安全属性进行评价的过程。它要评估信息系统资产面临的威胁以及威胁利用脆弱性导致安全事件的可能性，并结合安全事件所涉及的资产价值来判断安全事件一旦发生对组织造成的影响。在 NIST SP 800-12 中有这样的描述："信息安全风险评估是分析和解释风险的过程，包括三个基本活动：确定评估范围和方法，搜集和分析风险相关数据，解释风险评估结果。"

总的来说，信息安全风险评估是确定和认识信息系统安全风险，并对风险进行分析，根据选定的标准对风险进行评价，从而为进一步处置风险提供科学依据的过程。

2. 信息安全风险评估的目的和用途

风险评估的目的是评价目标实体的安全风险。根据既定的风险接受准则判定风险是否被接受：对于可接受风险，只做标识、监视而不做额外控制；对于不可接受风险，采取措施将其降低到可接受程度。

风险评估贯穿于信息系统生命周期各个阶段，信息系统生命周期各阶段涉及的风险评估的原则和方法是一致的，由于各阶段实施的内容、对象、安全需求不同，风险评估的对象、目的、要求等各方面也有所不同，即风险评估在不同阶段发挥不同的作用。具体而言，在计划（Plan）阶段，通过风险评估以确定系统的安全目标；在实施（Do）阶段，通过风险评估以确定系统的安全目标达成与否；在检查（Check）阶段，也就是运行维护阶段，要不断地实施风险评估以识别系统面临的不断变化的风险，从而确定安全措施的有效性，确保安全目标得以实现。因此，每个阶段风险评估的具体实施应根据该阶段的特点有所侧重。

3. 信息安全风险评估的基本要素

了解信息安全风险基本要素及各要素间的关系是信息安全风险评估的基础。信息安全风险评估的基本要素包括资产、威胁、脆弱性、风险和安全措施，信息安全风险评估围绕这五个要素进行。

资产（Asset）是对组织有价值的信息或者资源，是安全策略保护的对象，主要指通过信息化建设积累起来的信息系统、信息、生产或服务能力、人员能力和赢得的信誉等。资产包括计算机硬件、通信设施、建筑物、数据库、文档信息、软件、信息服务和人员等，所有这些资产都需要妥善保护。

威胁（Threat）是可能对资产或组织造成损害的意外事件的潜在因素，即某种威胁源成功利用特定弱点对资产造成负面影响的潜在可能。威胁类型包括人为威胁（故意或无意）和非人为威胁（自然和环境）。识别并评估威胁时需要考虑威胁源的动机和能力。风险评估关心的是威胁发生的可能性。

脆弱性（Vulnerability）也称为漏洞，即可能被威胁利用的资产或若干资产的薄弱环节。薄弱环节一旦被利用，就可能对资产造成损害。脆弱性本身并不能构成伤害，它只是被威胁利用来实施影响的一个条件。在风险评估过程中要识别脆弱性，并评估脆弱性的严重性和可被利用的容易程度。

风险（Risk）即威胁发生时，给组织带来的直接或间接的损失或伤害。风险可以用其发生的概率和危害的大小来度量。

安全措施（Security Measure）是保护资产、抵御威胁、减少脆弱性、降低安全事件的影响，以及打击信息犯罪而实施的各种实践、规程和机制。

风险评估中基本要素的关系如图 1-3 所示，图 1-3 中方框部分的内容为风险评估的基本要素。风险评估基本要素应包括战略、业务、资产、威胁、脆弱性、安全措施和风险，并基于以上要素开展风险评估。

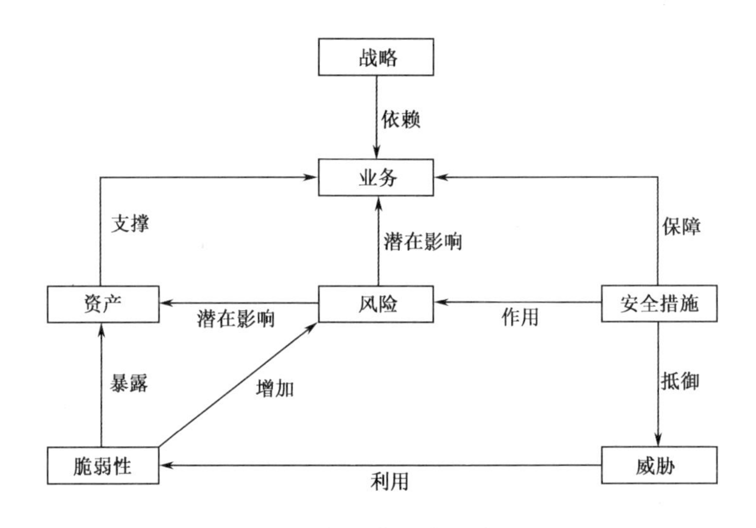

图 1-3　风险评估基本要素关系图

开展风险评估时，应考虑基本要素之间的以下关系：

①组织的发展战略依赖业务实现，业务重要性与其在战略中所处的地位相关；

②业务的开展需要资产作为支撑，而资产会暴露出脆弱性；

③安全措施的实施要考虑需保障的业务以及所应对的威胁；

④风险的分析与计算，应综合考虑业务、资产、脆弱性、威胁和安全措施等基

本因素。

1.2.3　密码应用安全性评估的定位

1. 密码应用安全性评估在密码应用管理中的定位

在信息安全管理标准BS7799中，信息安全管理采用“计划－实施－检查－改进”循环，即PDCA管理循环保证管理体系持续改进。同样，如图1-4所示，密码应用管理过程应遵循信息安全管理科学规律，采用“计划－实施－检查－改进”循环，以保证密码应用管理体系的持续改进。密码应用安全性评估是保障密码应用合规、正确、有效的重要手段，它使密码应用管理过程构成闭环，促进密码应用管理体系持续改进。密码应用安全性评估活动贯穿于密码应用管理过程整个生命周期。

在计划（Plan）阶段，应详细梳理分析信息系统所包含的网络平台、应用系统和数据资源的信息保护需求，定义密码应用安全需求，设计密码应用总体架构和详细方案，也就是设计出具体的密码应用方案，包括拟使用的密码组件、密码产品、协议、服务等密码支撑资源。根据《商用密码应用安全性评估管理办法（试行）》的要求，在信息系统规划阶段，信息系统责任方应当依据密码技术标准，制定密码应用方案，组织专家或委托具有相关资质的测评机构进行评估。对密码应用方案的评估是保证计划（Plan）阶段有效性（密码应用方案的合理性）的必要手段，密码应用方案通过评估或者整改通过后，可进入系统建设阶段，也就是信息安全管理的实施（Do）阶段。

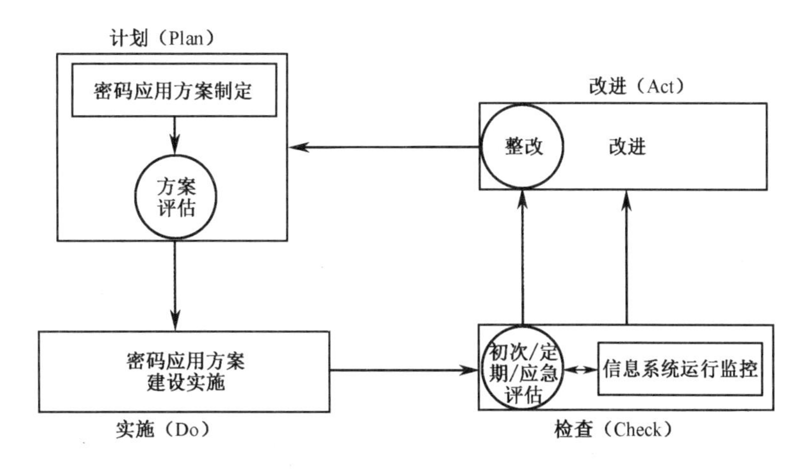

图 1-4　密码应用安全性评估在密码应用管理中的定位

在实施（Do）阶段，信息系统责任方需要按照计划（Plan）阶段产出的密码应用方案实施系统建设。由于密码技术只有得到合规、正确、有效应用，才能发挥安全支撑作用，因此，信息系统应用开发商要具备正确规范使用密码支撑资源的基本能力，并应系统了解、提炼用户实际安全需求，细化密码应用方案，确保在调用密码支撑资源建设安全应用的过程中做到“正确规范”，避免发生弃用、乱用、误用密码技术的情况。

在检查（Check）阶段，密码应用安全性评估包括初次评估、定期评估和应急评估三种情况。针对已经建设完成的信息系统，责任方应当进行密码应用安全性评估，即初次评估，评估结果作为项目建设验收的必备材料，评估通过后，方可投入运行。系统投入运行后，信息系统责任方应当定期开展密码应用安全性评估，即定期评估。其中，关键信息基础设施、网络安全等级保护第三级及以上信息系统，每年应至少评估一次。当系统发生密码相关重大安全事件、重大调整或特殊紧急情况时，信息系统责任方应当及时开展密码应用安全性评估，即应急评估，并依据评估结果进行应急处置。

若评估未通过，信息系统责任方应当限期整改并重新组织评估，也就是进入信息安全管理的改进（Act）阶段，进入新一轮的PDCA管理循环。只有系统整改完成，并通过重新评估后方可投入运行。

从图1-4可以看出，密码应用管理形成了一个完整的循环，且密码应用安全性评估过程是其中重要的组成部分。密码应用安全性评估能够保证各个阶段密码应用的有效性，并能够持续改进密码在信息系统中应用的安全性，保障密码应用动态安全，为信息系统的安全提供坚实的基础支撑。

2. 密码应用安全性评估与信息安全产品检测的关系

采用质量合格的信息安全产品是信息安全保障措施有效的基础，典型的信息安全产品包括安全路由器、防火墙等。建设一个信息系统，在信息安全管理的计划（Plan）阶段，就应完成所需要使用的信息安全产品的选型；在制定密码应用方案时，也应完成所需要使用的密码产品的选型。

产品的质量通常由第三方检测机构依据相关标准实施检测来保证。通过边界划定的方法，密码产品（如密码机、智能IC卡等）可以当作一个“密码模块”，按照密码模块的标准对密码产品自身的安全防护能力进行检测。由于密码模块提供的安全功能比较确定，因此对密码模块的安全性评价可以遵循统一的标准（GM/T 0028-2014《密码模块安全技术要求》及其配套的GM/T 0039-2015《密码模块安全检测要求》），即用统一的标准来度量不同类型密码产品的安全等级。在密码模块的基础上，可以搭建功能更加多样的信息安全产品，如安全路由器。信息安全产品的检测依据信息技术安全评估通用准则（CC）。由于各类信息安全产品的差异性，CC 中定义了保护轮廓（PP），并将其作为一类产品的安全功能要求和安全保障要求的特定子集，对该类产品的评估依据该子集进行。CC 体系中还有一类角色是安全目标（ST），ST 依赖具体实现方案。

信息系统由包括密码产品在内的各类信息安全产品有机组合而成，密码应用安全性评估面向的是整个信息系统。密码应用安全性评估的模式类似于信息产品安全性检测的“CC+PP+ST”模式，GM/T 0054-2018《信息系统密码应用基本要求》及其配套标准是信息系统密码应用准则，类似“CC”的地位；随着密评工作的深入，会出现针对某类型信息系统的密码应用要求类标准，例如“金融 IC 卡发卡系统密码应用要求”，这相当于“PP”的角色；某个信息系统的密码应用方案则相当于“ST”的角色。由于现阶段针对特定类型信息系统的密码应用要求类标准正在持续完善中，对于没有相应密码应用要求标准的信息系统，应依照 GM/T 0054-2018 对密码应用方案进行评估。这凸显了密码应用方案的重要性，方案通过评估是开展密码应用安全性评估的基础。

需要注意的是，用户可以根据需求（包括要保护资产的价值和密码产品的使用环境）选择和部署不同等级的密码产品搭建信息系统。但是，密码产品的安全等级与信息系统的安全等级无直接关系，例如，已经采取了完善物理防护设施的信息系统，就不需要再采用具有非常高等级物理防护能力的密码产品。也就是说，若信息系统所在的运行环境相对安全，则可以使用较低安全等级的密码产品；若信息系统所在的运行环境安全风险较高，就应当使用较高安全等级的密码产品。

3. 密码应用安全性评估与信息系统安全的关系

在信息系统建设时，按照通过评估的密码应用方案及系统安全方案部署密码产品和信息安全产品，只是确保信息系统安全的基础，动态地进行安全性评估能有效反映和保障信息系统的安全水平。这是因为系统结构性脆弱点，并不是随意部署单个或几个产品就可以弥补的，需要客观、全面地分析系统风险，并利用密码应用安全性评估、网络安全等级保护测评等手段对信息系统的安全进行系统评估。

密码应用安全性评估对信息系统采用的密码算法、密码技术、密码产品和密码服务进行全面规范，对密码应用技术和管理的各个层面提出系统性的要求，并在信息系统规划、建设和运行等阶段规范实施，能够有效保障密码应用的整体安全、系统安全和动态安全。此外，除了要对信息系统的密码应用安全进行评估，还需要对信息系统的业务和服务安全进行评估（如进行网络安全等级保护测评）。需要指出的是，无法通过密码应用安全性评估的系统通常也不安全，因为信息安全的基础——密码的应用安全没有得到保障。

4. 密码应用安全性评估与信息安全风险评估的关系

分析信息系统的密码应用安全需求、制定密码应用方案，需要基于信息安全风险评估的结果；进行密码应用安全性评估时，在给出测评结果后，还需判断密码应用是否有效解决了相关的安全问题、是否还存在高风险的情况。

具体来说，测评人员要根据威胁类型和威胁发生频率，判断测评结果汇总中部分符合项或不符合项所产生的安全问题被威胁利用的可能性；根据资产价值的高低，判断测评结果汇总中部分符合项或不符合项所产生的安全问题被威胁利用后，对被测系统的业务信息安全造成的影响程度；综合前两者的结果，测评机构根据自身经验和相关国家标准要求，对被测系统面临的安全风险进行赋值（例如，高、中、低）。如果存在高风险项，则认为信息系统面临高风险；同时也需要考虑多个中低风险叠加可能导致的高风险问题。存在高风险的信息系统不能通过密码应用安全性评估。

可以看出，密码应用安全性评估借鉴了风险评估的原理和方法，测评人员需要具有系统化、专业化的密码应用安全性评估能力和一定的信息安全风险评估能力。

1.3 密码技术发展

密码由来已久，其发展经历了古典密码、机械密码、现代密码三个阶段。在这一过程中，密码技术在保密与破译、窃密与反窃密的激烈博弈中不断演变，理论发展最终使得密码学成为科学。当前，广泛多样的应用需求和日趋激烈的攻防对抗，正在推动密码技术快速发展。

1.3.1 密码技术创新

信息系统的应用需求和攻击威胁一直是推动密码技术进步的两个主要动力。在过去的几十年中，电子计算机的出现终结了机械密码，互联网的出现催生了公钥密码学的诞生，这两项信息技术极大推动了密码技术的发展，使得密码学从古典密码和机械密码进化到了现代密码。

1. 古典密码

古典密码是密码学的源头。这一时期的密码是一种艺术，还算不上是一门学科。密码学家常常是凭借直觉和信念来进行密码设计和分析，而不是推理证明。古典密码的两个主要体制是代换密码和置换密码。代换密码采用一个代换表，将一段明文变换成一段密文，这个代换表就是密钥。如果代换表只有一个，则代换过程被称为单表代换。如果代换表多于一个，则代换过程被称为多表代换。置换密码是一种特殊的代换密码，置换密码变换过程不改变明文字母，只改变它们的位置。

单表代换密码的一个典型代表是仿射密码。仿射密码的加密变换可以表示为 $E_k(i)=(ik_1+k_0) \bmod N$，其中密钥 $k=(k_1,k_0)$，N 为明文字表大小，i 为明文，k_1 与 N 互素。当 $k_0=0$ 时的变换称为乘法密码；当 $k_1=1$ 时的变换称为加法密码。

“恺撒密码”是一种典型的加法密码，这种密码曾经被罗马帝国的恺撒大帝频繁用于战争通信，因此称为“恺撒密码”。下面举例描述一下恺撒密码。假定密钥 $k=(1,11)$，明文消息为“i am nine”，$N=26$。密钥 $k=(1,11)$ 确定了密码代换表中明文字母“a”将被替换成“l”，字母“b”将被替换成“m”，依此类推。整个代换过程描述如表 1-1 所示。对于英文字母表，恺撒密码的密钥取值范围只有 25（不包括 k_0 为 0 的情形），即只能构造出 25 种不同的明密文代换表。因此，恺撒密码很容易被穷举破译。

表 1-1　恺撒密码加密代换过程

明文	i am nine
对应数字	8,0,12,13,8,13,4
模加数字	11,11,11,11,11,11,11
模加结果	19,11,23,24,19,24,15
密文	t lx ytyp

为了进一步提高密码强度，在单表代换的基础上，又进一步提出了多表代换。多表代换密码是以多个代换表依次对明文消息的字母进行代换的加密方法。多表代换密码的典型代表是维吉尼亚密码，它是以 16 世纪法国外交官 Blaise de Vigenère 的名字命名的。

维吉尼亚密码是一种以位移代换为基础的周期代换密码，其中代换表的数目为 *d*，*d* 个代换表由 *d* 个字母序列确定的密钥决定。我们在前面例子的基础上，再以表格的形式解释维吉尼亚密码的代换过程，具体加密代换过程如表 1-2 所示。明文信息为“i am nine i feel very good”，代换表数目 *d*=6，密钥 *k*=*cipher*，密钥对应的整数序列为 *k*=(2,8,15,7,4,17)。将密钥整数序列与明文序列周期性的模 26“相加”，即可得到密文整数序列，进而可以变换成密文。

恺撒密码和维吉尼亚密码都是以单个字母为代换对象的。如果每次对多于 1 个字母进行代换就是多字母代换，多字母代换更加有利于隐藏字母的自然频度，从而更有利于抵抗统计分析。

置换密码的典型代表是栅栏密码。栅栏密码出现于 1861 年至 1865 年的美国南北战争时期。其加密原理是：明文按列写入，密文按行输出。加密过程可以使用一个置换也可以使用多个置换。与代换密码相比，置换密码可以打破消息中的某些固定结构模式，这个优点被融入到现代密码算法的设计中。

表 1-2 维吉尼亚密码加密代换过程

明文	i am nine i feel very good
对应数字	8,0,12,13,8,13,4,8,5,4,4,11,21,4,17,24,6,14,14,3
模加数字	2,8,15,7,4,17,2,8,15,7,4,17,2,8,15,7,4,17, 2,8
模加结果	10,8,1,20,12,4,6,16,20,11,8,2,23,12,6,5,10,5,16,11
密文	k ib umeg q ulic xmgf kfql

古典密码在对抗密码分析方面有较大不足。密码分析学的主要目标是研究加密消息的破译或消息的伪造。密码系统安全的一个必要条件是密钥空间足够大，能够有效地应对穷举密钥搜索攻击，但密钥空间足够大不是密码系统安全的充分条件。古典密码在统计特性方面存在安全缺陷。在单表代换下，字母的频度、重复字母模式、字母结合方式等统计特性，除了字母符号发生了改变外，都没有发生改变，这些统计特性可以用于密码破译。多表代换下，明文的统计特性通过多个表的平均作用被隐蔽起来，但是用重合指数法等分析方法可以很容易地确定维吉尼亚密码密钥长度，再用攻击单表代换的方法确定密钥字。已有事实证明，用唯密文攻击法（攻击者只拥有一个或者多个用同一个密钥加密的密文）分析单表和多表代换密码是可行的，因此，以上古典密码都是不安全的。

2. 机械密码

密码编码学与密码分析学，作为密码学的两个分支，两者相互促进，使得密码技术不断发展演进。密码系统变得越来越复杂，手工作业方式难以满足复杂密码运算的要求。密码研究者设计出了一些机械和电动设备，自动实现了加密和解密计算，这一阶段的密码称为机械密码。

机械密码的典型代表是恩尼格玛密码机。恩尼格玛密码机由德国人亚瑟•谢尔比乌斯和理查德•里特发明，20 世纪 20 年代开始用于商业，后来被一些国家的军队与政府进行改造并使用，最著名的是掀起第二次世界大战的德国。

恩尼格玛密码机由多组转子组成，每组转子刻有 1 到 26 个数字，对应 26 个字母。转子的转动方向、相互位置以及连线板的连线状态使得整个密码机构成了复杂的多表代换密码系统。恩尼格玛密码机的密码变换组合异常复杂，一台只有三个转子（慢转子、中转子和快转子）的恩尼格玛密码机可以构成数量巨大的不同代换组合。三个转子的转动方向组成了 26×25×26=16900 种可能；三个转子不同的相对位置构成了 6 种可能性；连线板使得三个转子两两交换 6 对字母，则可形成 100391791500 种组合。因此，一台只有三个转子的恩尼格玛密码机总共可以有 16900×6×100391791500 种组合，即大约 1 亿亿种不同的密码变换组合。这样庞大的可能性超出了当时的计算能力，换言之，靠采用“人海战术”进行“暴力破解”逐一试验可能性，几乎是不可能实现的。而电报收发双方，则只要按照约定的转子方向、位置和连线板的连线状况（相当于密钥），就可以非常轻松、简单地进行通信。这就是恩尼格玛密码机的加密和解密原理。

从 1926 年开始，英国、波兰及法国等国家的情报机构就开始对恩尼格玛密码机进行分析，但对其军用型号的研究一直未取得实质性突破。直到 1941 年英国海军捕获德国潜艇 U-110，拿到德国海军使用的恩尼格玛密码机和密码本后，通过对大量明文与密文的统计分析，密码破译才有了转机。恩尼格玛密码机是一种多表代换密码系统，虽然多表代换密码是由若干个单表组成的，但是由于恩尼格玛密码机精巧的转轮设计，单表数目庞大而且在加密过程不断变化，导致简单的频率分析方法失效。经过波兰、英国等多个国家密码分析人员的艰苦努力，恩尼格玛密码机的破译方法不断得到改进。计算机科学之父艾伦•图灵，作为英国密码破译的核心人物，甚至制造了专用设备对破译算法进行加速，最终实现了对恩尼格玛密码机的实时破译。

英国国王乔治六世称赞此事件是整个第二次世界大战海战中的重要事件。在战争结束以后，英国并没有对破译恩尼格玛密码机一事大加宣扬。直到 1974 年，曾经参与破译工作的人员出版了《超级机密》一书，才使外界对恩尼格玛密码机的破译工作有所了解。

3. 现代密码

“信息论之父”香农关于保密通信理论的发表和美国数据加密标准 DES 的公布，以及公钥密码思想的提出，标志着现代密码时期的开启和密码技术的蓬勃发展。

20 世纪 40 年代末，香农连续发表了两篇著名论文——《保密系统的通信理论》和《通信的数学理论》，精辟阐明了关于密码系统的设计、分析和评价的科学思想。文章正式提出评价密码系统的五条标准，即保密度、密钥量、加密操作的复杂性、误差传播和消息扩展。

基于香农提出的理想密码模型“一次一密”理论，最安全的密码是 1 比特密钥保护 1 比特明文，然而现实中真正的无限长随机密钥难以找到。密码学家们设计出实际可用的序列密码，其主要设计思想就是“用短的种子密钥生成周期很长的随机密钥序列”，也就是说，输入较少比特的初始密钥，借助数学公式产生周期很长的密钥，再用这些密钥和明文逐比特进行异或得到密文，近似地可以看作“一次一密”。

20 世纪 70 年代初，IBM 公司密码学者 Horst Feistel 开始设计一种分组密码算法，到 1977 年设计完成。他设计的算法密钥长度为 56 比特，对应的密钥量为 2 的 56 次方，不低于恩尼格玛密码机的密钥量，而且操作远比恩尼格玛密码机简单快捷，明密文统计规律更随机。这项研究成果被整理成美国数据加密标准 DES 算法。在随后近 20 年中，DES 算法一直是世界范围内许多金融机构进行安全电子商务使用的标准算法。但随着计算机硬件的发展及计算能力的提升，1998 年 7 月，电子前线基金会（EFF）使用一台 25 万美元的计算机在 56 小时内破译了 DES 算法，1998 年 12 月美国正式决定不再使用 DES 算法。

1997 年 1 月，美国国家标准与技术研究院（NIST）发布公告征集高级加密标准 AES 算法，用于取代 DES 算法作为美国新的联邦信息处理标准。1997 年 9 月，AES 算法候选提名最终要求公布，基本要求是分组密码，分组长度 128 比特，密钥长度支持 128 比特、192 比特和 256 比特，这样使得密钥量更大，即使使用目前最快的计算机，也没有办法进行穷举搜索。由比利时密码学家设计的 Rijndael 算法最终从公开征集中胜出，成为 AES 算法。AES 算法采用宽轨道策略设计，结构新颖，基于的数学结构是有限域 $GF(2^8)$，到目前为止已经历时 20 年，能够抵抗差分分析、线性分析、代数攻击等分析方法。

随着互联网的飞速发展及广泛应用，密码技术不再只用于军事领域，政治、经济等领域的网络与信息系统安全问题越来越受到人们的重视，作为核心技术的密码算法研究也不断深入，密码技术开始渗透到人们的日常生活中。只具有加密保护功能的密码算法已不能满足人们越来越多的效率和安全需求。例如，n 个用户进行网络通信，两两之间需要一个密钥，那么共需 $n(n-1)/2$ 对密钥。随着用户数量增加，每个用户需要的密钥量也会增加，这给密钥记忆或存储带来很大麻烦，因此需要使用具有密钥协商功能的密码算法，同时，为了避免通信双方被欺骗或骚扰，还需要使用具有安全认证功能的密码算法。

1976 年，Diffie 和 Hellman 发表题为《密码学的新方向》（New Directions in Cryptography）的著名文章，他们首次证明了在发送端和接收端无密钥传输的保密通信是可能的，从而开创了密码学的新纪元。这篇论文引入了公钥密码学的革命性概念，并提供了一种密钥协商的创造性方法，其安全性基于离散对数求解的困难性。虽然在当时两位作者并没有提供公钥加密方案的实例，但他们的思路非常清楚——加密密钥公开、解密密钥保密，网络通信中 n 个用户只需要 n 对密钥，因此在密码学领域引起了广泛的兴趣和研究。

1977 年，Rivest、Shamir 和 Adleman 三人提出了第一个比较完善和实用的公钥加密算法和签名方案，这就是著名的 RSA 算法。RSA 算法设计基于的数学难题是大整数因子分解问题，即将两个素数相乘是件很容易的事情，但要找到一个这样的乘积大整数的素因子却非常困难，因此可以将乘积公开作为密钥。1985 年另一个强大而实用的公钥方案被公布，称作 ElGamal 算法，它的安全性基于离散对数问题，在密码协议中有大量应用。同时，基于椭圆曲线上离散对数问题的椭圆曲线公钥密码算法也于 1985 年提出。之后基于其他数学难题的公钥密码算法也陆续登场，它们仅在计算方面具有安全性，而不是无条件安全。

进入 21 世纪，随着计算机运行速度的极大提高，RSA 算法的安全性受到了严重威胁：2003 年，RSA-576 被成功分解；2005 年，RSA-640 被成功分解；2009 年，RSA-768 被成功分解。随着分解整数能力的增强，RSA 算法中作为大素数乘积的公钥现在需要 2048 比特的长度才能保证其安全性。形势更加严峻的是，量子计算机的发展可能将大整数因子分解变成易如反掌的事。

现代密码学中还有一类重要的密码算法类型是密码杂凑算法。杂凑算法将任意长度的消息压缩成某一固定长度的消息摘要，可用于数字签名、完整性保护、安全认证、口令保护等。我国在杂凑算法方面做出了突出贡献。2004 年王小云教授在国际密码学年会——美密会上宣布利用模差分分析方法成功找到了 MD4 和 MD5 等算法的碰撞，之后不久，SHA-1 算法也被同样的分析方法破解。MD5 算法、SHA-1 算法相继出现安全问题，引发了美国 NIST 对现有杂凑算法标准 SHA-2 的担忧。2007 年，NIST 宣布公开征集新一代的密码杂凑算法。经过层层遴选，2012 年 10 月，NIST 宣布 Keccak 算法成为新的杂凑算法标准，即 SHA-3 算法。

1.3.2 我国商用密码发展历程

1999 年，《商用密码管理条例》发布，经过二十余年的发展，我国商用密码在信息安全领域的应用从无到有，从初创到规范管理乃至成为国家安全保障体系中的关键部分，取得了丰硕的成果。

2006 年 1 月，国家密码管理局公布了无线局域网产品适用的 SMS4 算法，后更名为 SM4 算法。2012 年，SM4 算法发布为密码行业标准，2016 年发布为国家标准。2018 年 11 月，SM4 算法获批纳入 ISO/IEC 标准正文，进入最终国际标准草案阶段。

2011 年，我国自主设计的序列密码算法 ZUC，与美国 AES、欧洲 SNOW 3G 共同成为了 4G 移动通信密码算法国际标准。这是我国商用密码算法首次走出国门参与国际标准竞争，并取得重大突破。目前，我国正推动 256 比特版本的 ZUC 算法进入 5G 通信安全标准。

2010 年，国家密码管理局公布了密码杂凑算法 SM3。SM3 算法采用了 16 步全异或操作、消息双字介入、加速雪崩效应的 P 置换等多种设计技术，能够有效避免高概率的局部碰撞，有效抵抗强碰撞性的差分分析、弱碰撞性的线性分析和比特追踪等密码分析方法。2012 年，SM3 算法发布为密码行业标准，2016 年发布为国家标准，并于 2018 年 10 月成为 ISO/IEC 国际标准。

我国学者对椭圆曲线密码的研究从 20 世纪 80 年代开始，现已取得不少成果。2010 年，国家密码管理局公布了 SM2 椭圆曲线公钥密码算法。2012 年，SM2 算法发布为密码行业标准，2016 年发布为国家标准。在标识密码方面，2016 年，国家密码管理局发布了 SM9 标识密码算法密码行业标准。2017 年 11 月，在第 55 次 ISO/IEC 联合技术委员会信息安全技术分委员会 (SC27) 德国柏林会议上，含有我国 SM2 与 SM9 数字签名算法的 ISO/IEC14888-3/AMD1《带附录的数字签名第 3 部分：

基于离散对数的机制—补篇 1》获得一致通过，成为 ISO/IEC 国际标准，并在 2018 年 11 月以正文形式发布。

ZUC、SM2、SM3、SM4、SM9 等一系列商用密码算法构成了我国完整的密码算法体系，特别是，部分密码算法被采纳为国际标准，为促进国际密码学发展、丰富产业选择和保障应用安全提供了中国方案。

1.3.3　密码技术发展趋势

当前，信息技术正处于快速发展和变革之中，云计算、物联网、大数据、互联网金融、数字货币、量子通信、量子计算、生物计算等新技术和新应用层出不穷，给密码技术带来了新的机遇和挑战。抗量子攻击密码、量子密钥分发、抗密钥攻击密码、同态密码、轻量级密码等新技术不断产生，并逐步走向成熟和标准化。

1. 抗量子攻击

现代密码算法，尤其是公钥密码算法设计的一个基本前提是各类数学困难问题假设。目前，人们无法从计算复杂度理论的角度证明这些问题的求解是困难的，但也无法在经典的计算复杂性理论中找到有效的多项式算法。然而，新型计算模式（如量子计算和生物计算）的出现对这些问题的困难性形成了新的挑战，其中最重要的是量子计算中的 Shor 算法和 Grover 算法对密码算法安全性带来的影响。Shor 算法可以在多项式时间内求解大整数因子分解和离散对数问题，给经典的 RSA 和 ElGamal 算法带来了致命影响。而 Grover 算法实现了穷举算法的平方级的提升，即可以将 AES-128 的破解复杂度从 2^{128} 降低到 2^{64}。目前，量子计算机的设计理论已经经过验证，其出现只取决于技术的进步。由于目前主流的公钥密码算法都是基于大整数因子分解或离散对数问题，研制可以抵抗量子攻击的公钥密码算法（即后量子密码算法）已经成为当务之急。为此，美国于 2016 年年底启动了后量子密码算法的征集工作。目前尚未找到有效量子攻击方法（即可以抵抗量子攻击）的公钥密码体制有：基于格的密码、基于多变量的密码、基于编码的密码和基于杂凑函数的密码。

1）基于格的密码

作为一个数学概念，格的研究可以追溯到 17 世纪的拉格朗日和高斯等著名数学家。格最早应用到密码学是作为一个分析工具出现的，即利用 LLL 格基约化算法来分析 Knapsack、RSA、NTRU 等密码算法。1996 年 Ajtai 开启了将格作为一种设计工具来设计密码算法的研究方向，其研究结果展示了基于格的密码的巨大优势，即密码算法的安全性可以归结为困难问题的最大困难性。Ajtai 的工作只给出了单向函数的设计，此后相继出现了公钥加密、数字签名、密钥交换等基于格的密码算法。但这些密码算法的密钥尺寸巨大，无法满足现实应用的需求。

基于格的密码算法的研究在 2005 年取得了突破性进展，Regev 提出了基于带错误学习（Learning With Errors，LWE）问题的公钥加密算法，并将其归约到了格上的基础困难问题。基于 LWE 问题设计的公钥密码算法不但在密钥尺寸和密文尺寸上得到了极大改善，而且还保持了归约到格上最大困难问题的优势。之后，经过一系列改进，基于 LWE 的公钥加密算法的参数得到了进一步优化。

目前，基于格的密码已经成为最引人注意的后量子密码算法之一。谷歌公司已经在其浏览器 Chrome 中测试基于 Ring-LWE 问题的抗量子密钥交换算法，这正是典型的基于格的密码算法之一。微软公司也公开了其开发的基于 Ring-LWE 问题的密钥交换算法的源代码，并分析了其经典安全性和量子安全性。

2）基于多变量的密码

基于多变量的公钥密码系统的安全性建立在求解有限域上随机产生的非线性多变量多项式方程组的困难性之上。一般情况下，基于多变量的公钥密码系统的公钥是由两个仿射变换和一个中心映射复合而成的，其私钥为两个随机生成的仿射变换。基于多变量的公钥密码系统的优点在于其运算都是在较小的有限域上实现，因此效率较高。其缺点是密钥量较大，而且随着变量个数的增加及多项式次数的增加，密钥量增长较快。目前，公认的高效且安全的基于多变量的公钥密码体制不多，且主要用于签名，但是在密码分析方面产生了较多较好的研究成果，并可以应用于分析对称密钥密码系统。

3）基于编码的密码

基于编码的公钥密码的安全性依赖于随机线性码译码的困难性，而该问题是一个数学困难问题。与多变量公钥密码类似，基于编码的公钥密码的密钥量也较大，因此，未能像基于大整数因子分解和离散对数的公钥密码那样广泛使用。大多数基于编码的公钥密码使用 Goppa 码，导致密码体制和密钥长度太大而使得效率很低。人们尝试用诸如 Reed-Muller 码、广义 Reed-Solomon 码、卷积码等其他纠错码来替换 Goppa 码，但很多都被攻破了。

4）基于杂凑函数的密码

从设计的角度观察，只要有单向函数就可以设计数字签名算法，因此可以基于杂凑函数来设计数字签名算法，而不需要依赖于任何困难假设。算法的私钥是一组杂凑函数的输入值，公钥为杂凑函数的输出值，签名为使用消息选择的私钥的一个子集。拿到签名、公钥和消息之后，计算杂凑函数值就可以验证签名的有效性。第一个基于散列函数的一次性签名算法由计算机安全专家 Lamport 在 1979 年提出，之后被密码学家 Merkle 扩展为多签名算法。这类方案的安全性仅仅依赖于杂凑函数的单向性，比较容易分析。其不足之处在于可以签名的次数在密钥生成时已经确定，并且需要记录已经签名的次数，给应用带来不便。

在 Lamport 算法提出之后的 40 年间，基于杂凑函数的数字签名算法在效率方面得到了持续改进，目前最新的改进型 XMSS（eXtended Merkle Signature Scheme）已经在 IETF 中进行了标准化工作，形成了 RFC 8391。鉴于此类方案在安全性分析方面的优势，NIST 在其后量子研究报告中表示将着重考虑基于杂凑函数的数字签名方案。在 NIST 公布的候选提案中，SPHINCS+ 和 Gravity-Sphincs 都基于 XMSS 设计。

2. 量子密钥分发

除量子计算外，另一个与量子有关的重要概念是量子通信。量子通信是以量子（通常为光子）为载体的通信技术，与传统的基于宏观物理量的通信技术相比，微观粒子对环境的敏感性使得任何对通信线路的窃听都会对光子的状态产生影响，因此接收端可以检测到通信线路上的任何窃听行为。基于这一性质，量子通信可以为通信双方建立安全的会话密钥，即量子密钥分发（QKD）。

量子通信提供了一种新的方式来实现密钥共享，其安全性依赖于物理原理而不是传统的数学和计算复杂性理论，能够从理论上确保通信的绝对安全。但是，当前并没有实现机密信息量子态传输的实用化技术和产品。在很多文献和报道中，“量子通信”和“量子密码通信”等名词，通常指的是量子密钥分发以及基于量子密钥分发的加密通信，真正的“量子通信”目前仍处于基础研究阶段，离实际应用还相当遥远。那种鼓吹“量子通信绝对安全”的论调是不负责任的，也是错误的。在实际应用中，量子密钥分发需要通过“量子信道＋经典信道”来完成：量子信道传递量子信息，经典信道传递密钥分发设备之间交互的数据和信令。通信双方协商得到的是一串相同的随机数，通信中不传输密文。目前国内基于量子密钥分发的加密通信过程是：通信双方得到量子密钥（通过量子密钥分发得到的密钥）后，再采用成熟的对称加密算法（如 SM4）对通信数据进行加密和解密。这种通信实质上是使用了量子密钥的经典加密通信。

由于量子力学物理原理不需要依赖任何前提假设，从理论上讲，量子密钥分发可以完美的保证会话密钥的保密性。然而，量子密钥分发的具体实现设备很难保证理想的量子特性，这些实现设备距离理想环境的偏差使得实际的量子密钥分发系统无法达到完美的安全目标。此外，量子密钥分发仅能保证会话密钥安全建立，并无法提供身份鉴别功能。量子密钥分发仍然需要通过经典密码技术来鉴别通信双方的身份，才能完整地实现保密通信。

因此，量子通信并不是现代密码技术的代替品，而是对现代密码学体系的一种有益补充。例如，量子密钥分发提供了一种新的途径来完成密钥共享。基于量子力学的物理原理构建完善的现代密码学体系是密码学领域的重要研究方向之一。从长远发展来看，量子力学理论在信息领域的应用（包括量子计算、量子通信等）对信息的表达、传输、处理等的全方位变革将对现代密码学带来革命性影响。

3. 抵抗密钥攻击

现代密码学中的密码算法设计工作在假定密钥和随机数保密的情况下考虑算法的安全性，即将密码算法抽象为一个黑盒子，攻击者无法获得密钥和随机数的任何信息，只能通过设定的接口与密码算法进行交互。然而，随着移动便携终端设备的流行，攻击者可能通过侧信道、后门等诸多手段获取私钥和随机数等信息，或者对私钥进行篡改。因此，设计能够容忍密钥和随机数不完美保密的密码算法是密码技术的一个新的发展趋势。

1）密钥泄露容忍

密钥泄露容忍（Key Leakage Resilience）主要研究如何在密钥泄露的情况下保证密码方案的安全性。密钥泄露容忍的研究动机主要来自于针对密码系统的侧信道攻击，即攻击者通过密码系统的功耗、电磁辐射、运行时间等信息获取密码系统的内部状态，对密码系统进行攻击。侧信道攻击是一种经典而重要的攻击方式，几乎伴随着密码系统的产生而出现，并且随着密码系统的实现方式更新而演化。针对密钥泄露容忍的防护一直是密码系统的研究重点之一，主要采取针对性的防御措施，如电磁屏蔽。针对密钥泄露容忍的形式化研究开始于 Micali 和 Reyzin，相对于之前的黑盒模型，作者提出了“物理可观测”模型（Physically Observable Model），即考虑攻击者可以获得计算过程中泄露的信息。基于这一安全模型已经出现了大量研究结果，以及相关的改进模型。然而，密钥泄露容忍只能作为一种辅助手段来对抗密钥泄露攻击，而无法从根本上保护密码算法的安全性，因为当密钥泄露殆尽的时候任何密码算法都无法保证安全性。

2）白盒密码

在很多应用环境中，密码算法实现所在的运行环境相对开放（如密码算法是由安装在手机安卓操作系统上的 App 实现的），攻击者可能完全控制运行环境以及密码算法实现本身，这意味着攻击者可以在执行期间，通过分析二进制代码及其运行的内存区域来提取密钥。白盒密码理论研究的问题就是如何使用密码混淆技术将密钥和密码算法融合在一起，使得攻击者即便实施了上述的“白盒”攻击，也无法提取出密钥，从而降低开放环境下密码算法实现的密钥泄露风险。

4. 密文计算

随着云计算、大数据等应用的出现，信息的安全需求已经从信道扩展到了终端，从传输扩展到了存储和处理。在云计算和云存储中，用户将数据的计算任务或存储任务外包给云服务器，而又不想让服务器获得自己的数据。这一需求从功能上对密码算法提出了新的要求，即密码算法需要支持密文状态下的同态操作使得云服务器可以在密文状态下对数据进行计算和处理，同时需要支持密文状态的检索操作；此外还需要支持远程的访问控制管理和完整性验证。

加密算法的基础要求是保证数据的保密性，例如，分组密码算法会将输入的明文数据变换为混乱的比特串。这一变换过程在实现保密性保护的同时，损坏了明文数据的数学结构。公钥密码出现之后，由于公钥密码算法是基于数学困难问题设计的，这就使得算法的加密过程保持了明文数据的数学结构，从而使得密文具备了同态运算的功能，例如，RSA 算法具备乘法同态的功能。基于这一观察，Rivest、Adleman 和 Dertouzos 提出了全同态加密的思想，即通过直接操作密文来实现针对明文的任意操作。基于这一思想，用户可以将数据的操作外包给第三方来执行，同时又可以保持用户数据的保密性。

全同态加密算法需要同时支持加法和乘法的同态操作才能完成对任意可有效计算函数的同态操作。支持单一的加法或乘法运算的加密算法的设计相对容易，例如，经典的 RSA 和 ElGamal 系列方案能支持乘法操作，Paillier 类方案能支持加法操作；然而，同时满足与加法、乘法两种运算的可交换，对于经典的设计思想，这在原理上几乎是不可能的。这一问题直到 2009 年才得以解决，美国的密码学家 Gentry 提出了基于理想格上的困难问题设计全同态加密的思想，并给出了具体的密码方案。Gentry 思想的核心是通过引入噪声使得加密算法同时满足加法、乘法的可交换。经过持续的改进和完善，全同态加密算法的效率有了大幅进步，当同态运算所需的乘法数量较少时，算法的效率已经接近实用化。然而，目前全同态加密算法设计还不成熟，效率还有待提升，在安全性证明方面还有一些公开问题需要解决。

5. 极限性能

随着信息技术应用环境的多样化，各种应用环境对密码算法的性能需求出现了分化，即同一个密码算法无法满足各种应用环境在时延、吞吐率、功耗、成本等方面的要求。这些新的应用不要求密码算法满足所有的安全性和所有的性能指标，却对某些具体的性能指标有着苛刻的要求。例如，依靠电池供电的弱终端对功耗要求严格，互联网金融环境中的峰值交易处理对密码算法的吞吐率有很高要求，工控网中对密码算法的时延有严格要求，射频识别（RFID）等应用中对密码算法的硬件实现成本有较高要求。在这一趋势下，如何对时延、吞吐率、功耗、成本等因素进行取舍，设计满足应用环境对极端需求的密码算法成为一个重要问题。

1）轻量级对称密码算法设计

近年来，RFID 技术已经变成生活中的一种主流应用，开始大量应用于生产自动化、门禁、身份鉴别及货物跟踪等领域。此类情形需要加密算法来提供可靠的信息传递，同时要求算法可以在受限的环境中高效实现。传统对称密码算法不再适用此类环境，因此，轻量级分组密码算法的设计成为近几年分组密码设计理论的研究重点。轻量级对称密码算法是指适用于计算能力、能量供应、存储空间和通信带宽等资源受限的设备的对称密码算法。近几年，国际上推出的轻量级分组密码几乎都是专门设计的，如 PRINCE、SIMON 和 SPECK 等。由于轻量级分组密码是在资源受限的环境下使用的，其最初的设计理念会考虑硬件实现代价。而近几年的一些应用需求，又对轻量级分组密码提出了新的设计指标，如低延迟、低功耗、易于掩码等；除了硬件性能，对于 8 位处理器上的软件实现性能也有要求。此外，由于特殊的应用需求，轻量级分组密码的分组长度不仅有 64 比特的版本，还出现了 32 比特、48 比特、80 比特和 96 比特的特殊版本。因此，满足各种特殊应用需求的轻量级分组密码设计将是未来分组密码设计的重点。轻量级密码算法填补了传统密码算法的一些空白，并没有替代传统密码算法的趋势，它的研究设计将影响对传统密码算法的设计与分析。2018 年 5 月，美国 NIST 正式启动了轻量级密码算法标准的研制工作。

2）轻量级公钥密码算法设计

随着物联网的发展，现实应用对轻量级密码算法的需求已经不仅仅局限于对称密码算法，海量弱终端的信息保护也同样需要公钥密码算法来提供更丰富的功能。然而，传统公钥密码算法的运算负载是弱终端无法承受的。格密码的出现为设计轻量级公钥密码算法提供了新思路。由于噪声向量的引入，基于格的密码算法不再依靠大周期来对抗各类攻击，因此可以使用十几比特甚至字节级的模数进行运算。这些小模数的线性运算极大降低了计算复杂性，使得公钥密码算法可以部署在物联网的海量弱终端上。然而，目前基于格的密码算法的密文和密钥尺寸远大于经典公钥密码算法，这是需要解决的主要问题之一。

1.4 密码算法

现代密码学理论中，算法是密码技术的核心。常见的密码算法包括对称密码算法、公钥密码算法和密码杂凑算法三个类别，如图1-5所示。习惯上，对称密码算法简称为“对称密码”，公钥密码算法简称为“公钥密码”，密码杂凑算法简称为“杂凑算法”。

本节将结合上述三类密码算法，主要介绍五种已经以密码行业标准或国家标准形式公布的商用密码算法：ZUC、SM2、SM3、SM4和SM9，以及常见的国外密码算法。

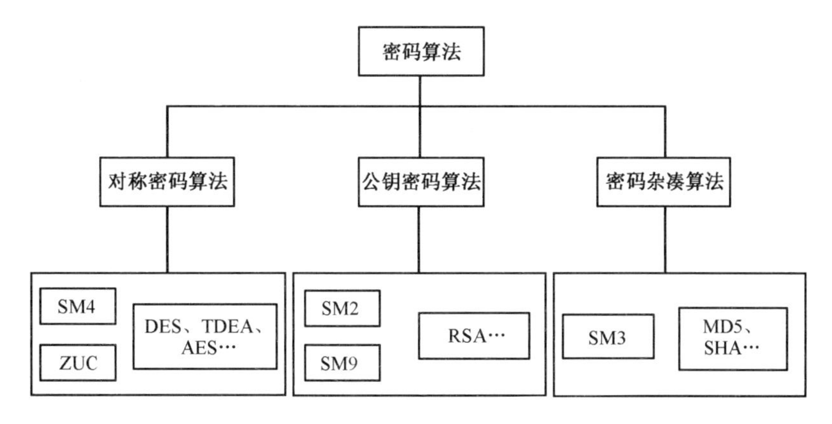

图1-5 常用密码算法

1.4.1 对称密码算法

对称密码算法加密过程与解密过程使用相同的或容易相互推导得出的密钥，即加密和解密两方的密钥是“对称”的。这如同往一个上了锁的箱子里放物品，放入时需要用钥匙打开；想要取出物品时，还需要用同样的钥匙开锁。早期的密码算法都是对称形式的密码算法。

对称密码加密和解密基本流程如图 1-6 所示。用户通过加密算法将明文变换为密文。密文的具体值由密钥和加密算法共同决定。只有掌握了同一个密钥和对应解密算法的用户才可以将密文逆变换为有意义的明文。

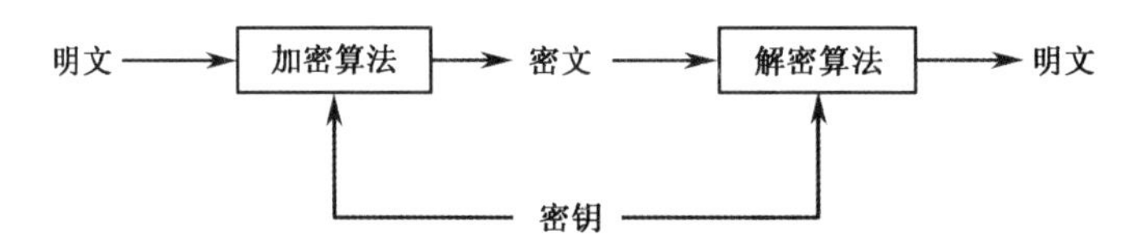

图 1–6 对称密码加密和解密基本流程

针对不同的数据类型和应用环境，对称密码有两种主要形式：一是序列密码（也称“流密码”，stream cipher），二是分组密码（也称“块密码”，block cipher）。我国发布的商用密码算法中的序列密码算法和分组密码算法分别是 ZUC 和 SM4 算法。常见的国外序列密码算法有 SNOW（如 SNOW 2.0、SNOW 3G）、RC4 等；分组密码算法有数据加密标准（DES），三重数据加密算法（TDEA，也称 3DES），高级加密标准（AES）等。

1. 序列密码和分组密码

1）序列密码和分组密码的区别

序列密码和分组密码都属于对称密码，其加密流程对比如图 1-7 所示。序列密码和分组密码的区别在于序列密码是将密钥和初始向量（Initial Vector，IV）作为输入，通过密钥流生成算法输出密钥流（也称扩展密钥序列），然后将明文序列和密钥流进行异或，得到密文序列。分组密码首先对明文消息根据分组大小进行分组，再将明文分组、密钥和初始向量（如果有）一起作为输入，通过分组加密算法直接输出密文分组。

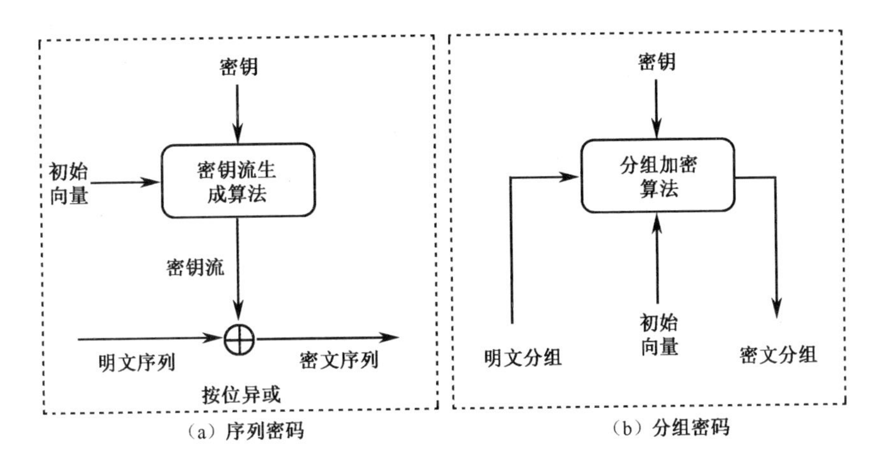

图 1–7　序列密码和分组密码的加密流程

通过图 1-7 可以看出，序列密码的特点在于密钥流可以在明文序列到来之前生成。序列密码对每个明文序列的加密操作仅仅是一次异或，因此序列密码的执行速度通常很快，对计算资源的占用也较少，常用于功耗或者计算能力受限的系统中，如嵌入式系统、移动终端等，也可用于实时性要求高的场景（如语音通信、视频通信等）。

2）初始向量

如图 1-7 所示，在对称密码的实际应用场景中，初始向量是一个在加密过程中起到引入随机性作用的随机数，即在加密一批明文数据之前，加密方先要随机生成一个初始向量，并将它和密钥一起输入到加密算法中。每次加密初始向量都必须重新生成，初始向量的引入使得多次分别对同一明文数据使用相同的密钥进行加密，得到的密文是不同的。初始向量在加密完成后可随着密文一起通过非安全信道传输，即使攻击者截获了初始向量，也不会对保密性构成威胁。在后续介绍的分组密码的工作模式及 ZUC 序列密码算法中均会用到初始向量。

2. 分组密码的工作模式

我国于 2008 年发布了规定分组密码算法工作模式的国家标准 GB/T 17964-2008《信息安全技术 分组密码算法的工作模式》。在分组密码算法中，根据分组数据块链接的组合模式不同，可以分为以下七种工作模式：电码本（Electronic Code Book，ECB）模式、密文分组链接（Cipher Block Chaining，CBC）模式、密文反馈（Cipher Feedback，CFB）模式、输出反馈（Output Feedback，OFB）模式、计数器（Counter，CTR）模式、分组链接（Block Chaining，BC）模式、带非线性函数的输出反馈（Output Feedback with a Nonlinear Function，OFBNLF）模式。本节重点介绍常用的ECB、CBC、CTR模式。

注： 分组密码算法还有一种带鉴别功能的加密模式，即可鉴别的加密模式（Authenticated Encryption Mode），可同时实现数据的保密性、完整性以及对数据源真实性的鉴别。相关国家标准GB/T 36624-2018《信息技术 安全技术 可鉴别的加密机制》已经发布，包括CCM（Counter with CBC-MAC）、GCM（Galois/Counter Mode）等模式。

ECB、CBC、CTR各模式的参数含义如下：P_1，P_2，P_3，…，P_q为q个明文分组；IV为初始向量；E_K表示以K为密钥的加密算法；D_K表示以K为密钥的解密算法；C_1，C_2，C_3，…，C_q为q个密文分组。

一般分组密码加密分组大小为一固定长度，如128比特。如果消息长度超过固定分组长度时，在进行加密前，消息将被按照分组长度进行分块；如果消息长度不是分组长度的整数倍，则在分块后必须将其填充为分组长度的整数倍。

1）ECB模式

ECB模式是一种最直接的消息加密方法，ECB模式的加密和解密流程如图1-8所示。

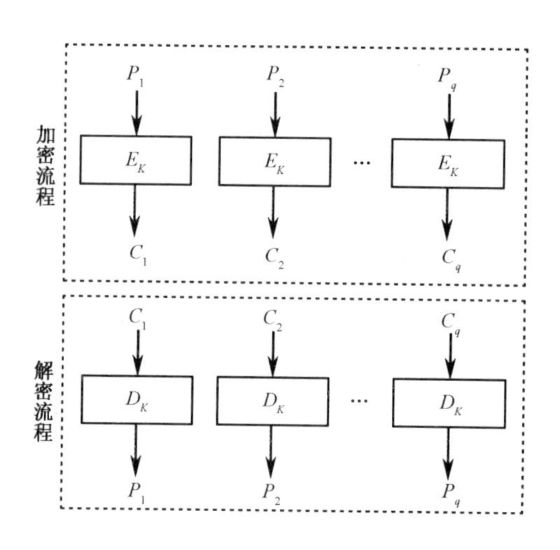

图1-8　ECB模式的加密和解密流程

通过图1-8的加密和解密流程，可以看出ECB模式具有如下性质：

① 对某一个分组的加密或解密可独立于其他分组进行；

② 对密文分组的重排将导致明文分组的重排；

③ 不能隐蔽数据模式，即相同的明文分组会产生相同的密文分组；

④ 不能抵抗对分组的重放、嵌入和删除等攻击。

因此，不推荐在应用中使用 ECB 模式。上述问题可以通过在加密处理中引入少量的“记忆”来克服，如下面要介绍的 CBC 模式。

2）CBC 模式

CBC 模式的加密和解密流程如图 1-9 所示。在 CBC 模式下，每个明文分组在加密之前，先与反馈至输入端的前一组密文分组按位异或后，再送至加密模块进行加密。其中，*IV* 是一个初始向量，无须保密，但须随着消息的更换而更换，且收发双方必须选用同一个 *IV*。显然，计算的密文分组不仅与当前明文分组有关，而且通过反馈作用还与以前的明文分组有关。在解密过程中，初始值 *IV* 用于产生第一个明文输出；之后，前一个密文分组与当前密文分组解密运算后的结果进行异或，得到对应的明文分组。

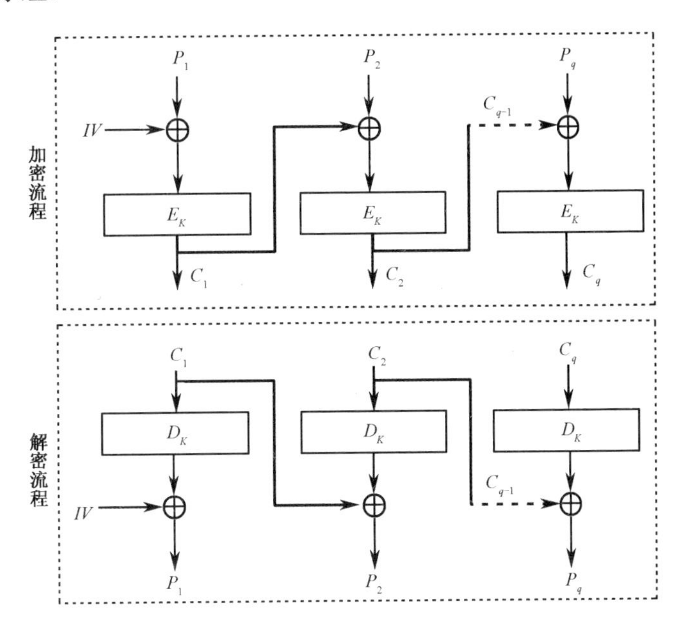

图 1-9　CBC 模式的加密和解密流程

CBC 模式具有如下性质：

①链接操作使得密文分组依赖于当前的和以前的明文分组，因此对密文分组的重新编排不会导致对相应明文分组的重新编排。

②加密过程使用 *IV* 进行了随机化，每次加密 *IV* 都必须重新生成，并且要保证 *IV* 的随机性。使用不同的 *IV* 可以避免 ECB 模式下每次对相同的明文使用相同的密钥加密生成相同的密文的弊端。

③加密过程是串行的，无法并行化；在解密过程中，通过两个相邻的密文分组

执行解密操作可以获得明文分组，因此解密过程可以并行化。

此外，CBC 模式还有一个重要用途：生成消息鉴别码（Message Authentication Code，MAC），即使用最后一个分组的输出结果作为 MAC。MAC 可以用于检验消息的完整性、验证消息源的真实性等。需要注意的是，基于 CBC 模式的 MAC 有许多安全特性与 CBC 模式并不相同，包括不能使用初始向量（初始向量为全 0），以及只能为约定好长度的消息产生鉴别码等。

3）CTR 模式

CTR 模式通过将逐次累加的计数器值进行加密来生成密钥流。CTR 模式的加密和解密流程如图 1-10 所示。每个明文分组 P_1，P_2，P_3，…，P_q 对应一个逐次累加的计数器值 T_1，T_2，T_3，…，T_q，并通过对计数器值进行加密来生成密钥流。最终的密文分组 C_1，C_2，C_3，…，C_q 是通过将计数器值加密得到的比特序列与明文分组进行异或得到的。需要注意的是，该模式下的消息长度可以不是分组长度的整数倍，即在加密前不需要进行填充操作。为保证每次每个分组的密钥流都是不同的，每次加密用到的计数器值都互不相同，即用同一个密钥加密不同消息，要保证一个计数器值只能用一次。

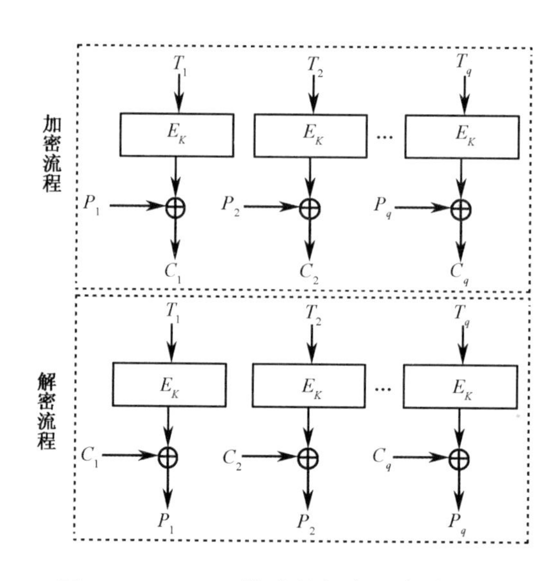

图 1-10　CTR 模式的加密和解密流程

此外，还有一种用法是将一个单独的 IV 与计数器值拼接在一起作为生成密钥流的输入分组，此时计数器值一般从 0 或 1 开始。例如，对于分组长度是 128 比特的分组密码算法，IV 和计数器值各占用其中的 64 比特。需要注意的是，将 IV 与计数器值直接相加或异或后作为输入是不安全的，这样会导致选择明文攻击。

CTR 模式具有如下性质：

①支持加密和解密并行计算，可事先生成密钥流，进行加密和解密准备。

②只用到了分组密码算法的分组加密操作。

③错误密文中的对应比特只会影响解密后明文中的对应比特，即错误不会传播。

3. ZUC 序列密码算法

ZUC（祖冲之密码算法）是我国发布的商用密码算法中的序列密码算法，该算法以中国古代数学家祖冲之的拼音（ZU Chongzhi）首字母命名，可用于数据保密性保护、完整性保护等。ZUC 算法密钥长度为 128 比特，由 128 比特种子密钥和 128 比特初始向量共同作用产生 32 比特位宽的密钥流。

ZUC 算法标准包括三个部分，相对应的国家和密码行业标准分别为 GB/T 33133.1-2016《信息安全技术 祖冲之序列密码算法 第 1 部分：算法描述》、GM/T 0001.2-2012《祖冲之序列密码算法　第 2 部分：基于祖冲之算法的机密性算法》、GM/T 0001.3-2012《祖冲之序列密码算法　第 3 部分：基于祖冲之算法的完整性算法》。

2011 年 9 月，在第 53 次第三代合作伙伴计划（3GPP）系统架构组会议上，我国以 ZUC 算法为核心的加密算法 128-EEA3 和完整性保护算法 128-EIA3，与美国 AES、欧洲 SNOW 3G 共同成为了 4G 移动通信密码算法国际标准。这是我国商用密码算法首次走出国门参与国际标准竞争，并取得重大突破。目前，我国正推动 256 比特版本的 ZUC 算法进入 5G 通信安全标准，这一版本算法采用 256 比特密钥与 184 比特的初始向量，可产生 32/64/128 比特三种不同长度的认证标签，从而保障后量子时代较长时期内移动通信的保密性与完整性。

1）ZUC 算法的结构

ZUC 算法由线性反馈移位寄存器（LFSR）、比特重组（BR）、非线性函数 F 三个基本部分组成，如图 1-11 所示。ZUC 算法结构在逻辑上分为上、中、下三层，其中上层是 16 级 LFSR，中间层是 BR，下层是非线性函数 F。

上层：LFSR 以一个有限域 $GF(2^{31}-1)$ 上的 16 次本原多项式为连接多项式，输出具有良好的随机统计特性。LFSR 的输出作为中层 BR 的输入。

中间层：BR 从 LFSR 的状态中取出 128 比特，拼成 4 个字（X_0，X_1，X_2，X_3），供下层的非线性函数 F 和输出密钥序列使用。BR 实现 LFSR 数据单元到非线性函数 F 和密钥输出的数据转换，其主要目的是破坏 LFSR 在素域 $GF(2^{31}-1)$ 上的线性结构。结合下层的非线性函数 F，BR 可使得一些在素域 $GF(2^{31}-1)$ 上的密码攻击方法变得非常困难。

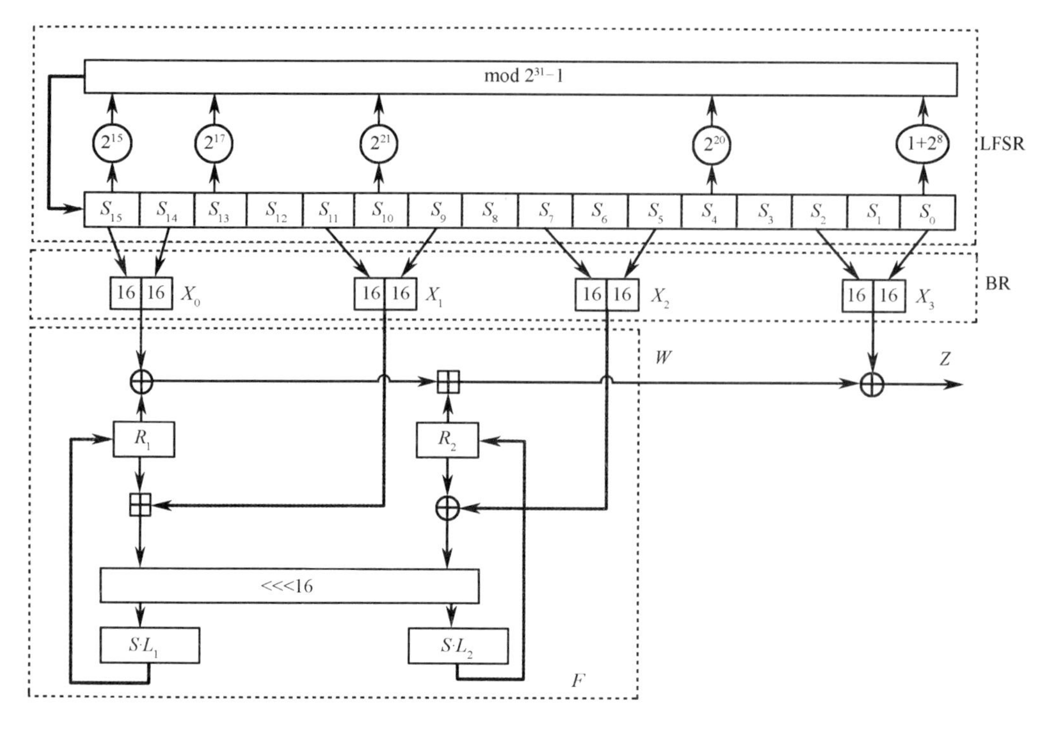

图 1–11　ZUC 算法结构

下层：非线性函数 F 从中层的 BR 接收 3 个字（X_0，X_1，X_2）作为输入，经过内部的异或、循环移位和模 2^{32} 加法运算，以及两个非线性 S 盒变换，最后输出一个 32 比特 W。由于非线性函数 F 是 ZUC 算法中唯一的非线性部件，所以非线性函数 F 就成为确保 ZUC 算法安全性的关键。S 盒通常是对称密码算法唯一的非线性部件，它的非线性性质与密码算法整体强度有着直接关系，可以说一个好的算法都会有一个好的 S 盒。S 盒一般实现一个小规模的非线性映射，例如，8 比特到 8 比特的映射，或者轻量级算法中经常用到的 4 比特到 4 比特的映射。在算法描述中，S 盒通常用一个代换表表示，不同的对称密码算法 S 盒的数量、构造方法也会不同。

最后，非线性函数 F 输出的 W 与 BR 输出的 X_3 异或，形成 ZUC 算法的输出密钥字序列 Z。

2）ZUC 算法的使用

在生成密钥流时，ZUC 算法采用 128 比特的初始密钥和 128 比特的 IV 作为输入参数，共同决定 LFSR 里寄存器的初始状态。随着电路时钟的变化，LFSR 的状态被比特重组之后输入非线性函数 F，每一拍时钟输出一个 32 比特的密钥流 Z。随后，密钥流与明文按位异或生成密文。

3）基于ZUC的两种算法

基于ZUC的两种算法包括机密性算法128-EEA3和完整性算法128-EIA3。

（1）基于ZUC的机密性算法128-EEA3。主要用于4G移动通信中移动用户设备和无线网络控制设备之间的无线链路上通信信令和数据的加密和解密。

（2）基于ZUC的完整性算法128-EIA3。主要用于4G移动通信中移动用户设备和无线网络控制设备之间的无线链路上通信信令和数据的完整性校验，并对信令源进行鉴别。其主要技术手段是利用完整性算法128-EIA3产生MAC，通过对MAC进行验证，实现对消息的完整性校验。

4）ZUC算法的安全性

ZUC算法在设计中引入了素数域运算、比特重组、最优扩散的线性变换等先进理念和技术，体现了序列密码设计上的发展趋势。通过对其三层结构的综合运用，ZUC算法具有很高的理论安全性，能够有效抵抗目前已知的攻击方法，具有较高的安全冗余，并且算法速度快，软/硬件实现性能都比较好。

4.SM4分组密码算法

SM4算法是我国发布的商用密码算法中的分组密码算法。为配合WAPI无线局域网标准的推广应用，SM4算法于2006年公开发布，并于2012年3月发布为密码行业标准，2016年8月转化为国家标准GB/T 32907-2016《信息安全技术 SM4分组密码算法》。

1）SM4算法描述

SM4分组密码算法是一个迭代分组密码算法，数据分组长度为128比特，密钥长度为128比特。加密算法与密钥扩展算法都采用32轮非线性迭代结构（非平衡Feistel结构）。Feistel结构的特色是加密和解密的算法结构完全一致，在硬件实现上加密和解密使用完全相同的电路。解密过程只需要把加密过程中产生的轮密钥逆序排列就能从密文分组中恢复出明文分组。

迭代加密算法的基本结构如图1-12所示。明文分组经过迭代加密函数变换后的输出又成为下一轮迭代加密函数的输入，如此迭代32轮，最终得到密文分组。每一轮迭代的函数是相同的，不同的是输入的轮密钥。

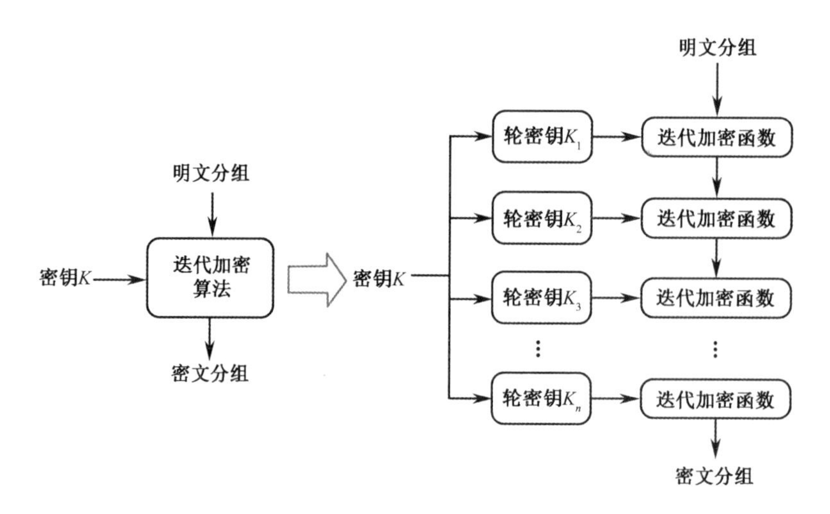

图 1–12　迭代加密算法的基本结构

SM4 算法中密钥扩展算法和加密算法的结构如图 1-13 所示。

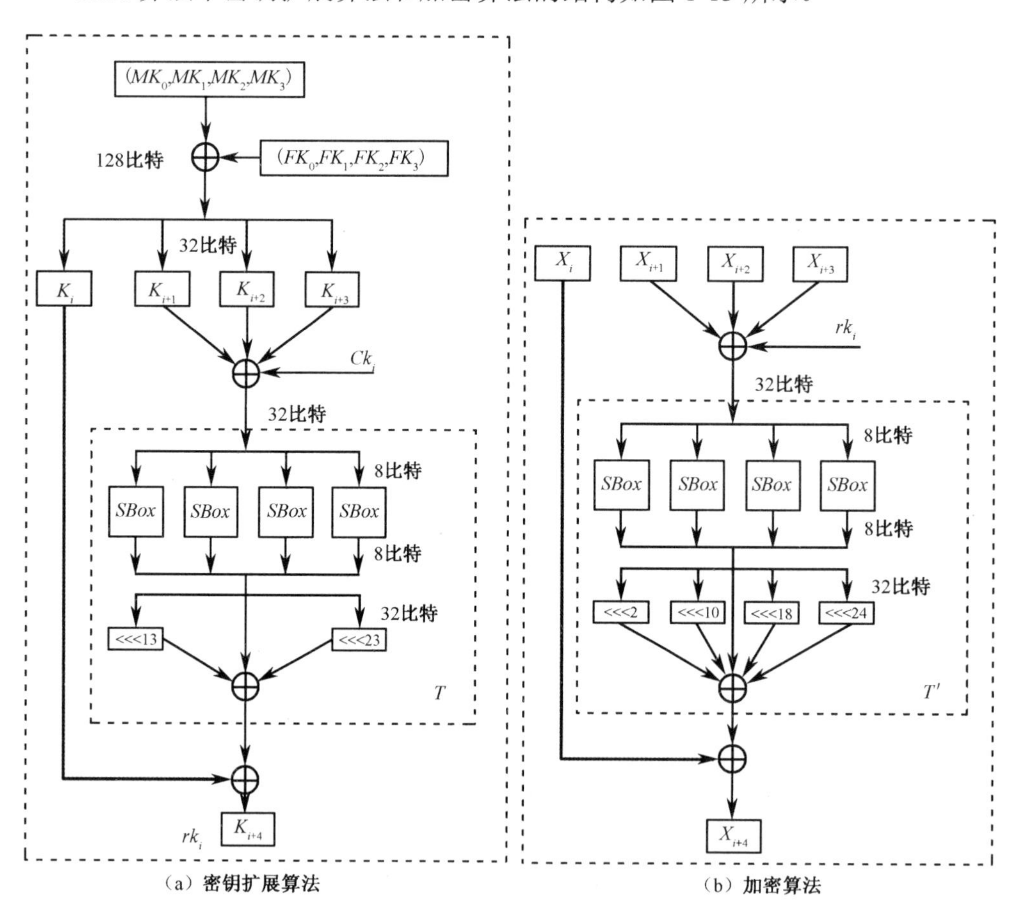

图 1–13　SM4 算法结构图

详细描述如下：

（1）密钥扩展算法。

128 比特的密钥表示为(MK_0,MK_1,MK_2,MK_3)。密钥扩展算法迭代 32 轮，每轮产生一个轮密钥，轮密钥由加密密钥生成。首先进行初始化：

$$(K_0,K_1,K_2,K_3)=(MK_0\oplus FK_0,MK_1\oplus FK_1,MK_2\oplus FK_2,MK_3\oplus FK_3)$$

式中，(FK_0,FK_1,FK_2,FK_3)是规定的 128 比特常数，$\oplus$表示比特异或。对 i=0,1,2,···,31 执行：

$$rk_i=K_{i+4}=K_i\oplus T(K_{i+1}\oplus K_{i+2}\oplus K_{i+3}\oplus CK_i)$$

得到轮密钥rk_i，其中，函数 T 的含义如图 1-13（a）所示，CK_i是 32 个 32 比特的固定常数。

（2）加密算法。

设明文输入为(X_0,X_1,X_2,X_3)，密文输出为(Y_0,Y_1,Y_2,Y_3)。加密时，对 $i=0,1,2,\cdots,31$ 执行：

$$X_{i+4}=X_i\oplus T'(X_{i+1}\oplus X_{i+2}\oplus X_{i+3}\oplus rk_i)$$

密文为：

$$\begin{aligned}(Y_0,Y_1,Y_2,Y_3)&=R(X_{32},X_{33},X_{34},X_{35})\\&=(X_{35},X_{34},X_{33},X_{32})\end{aligned}$$

式中，R 为反序变换函数。函数 T' 的含义如图 1-13（b）所示。

2）SM4 算法的性能和安全性

SM4 算法具有安全高效的特点，在设计和实现方面具有以下优势：

①在设计上实现了资源重用，密钥扩展过程和加密过程类似。

②加密过程与解密过程相同，只是轮密钥使用顺序正好相反，它不仅适用于软件编程实现，更适合硬件芯片实现。

③轮变换使用的模块包括异或运算、8 比特输入 8 比特输出的 S 盒，还有一个 32 比特输入的线性置换，非常适合 32 位处理器的实现。

通过对 SM4 密码算法的安全性分析结果表明：SM4 算法的 S 盒设计具有较高的安全特性，线性置换的分支数达到了最优，可以抵抗差分分析、线性分析、代数攻击等密码分析方法。

在安全性上，SM4 算法的密钥长度是 128 比特，其安全性与 AES-128 是相当的（AES 还支持更高的安全强度）。在实现效率方面，由于 SM4 密钥扩展和加密算法基本相同，且解密时可以使用同样的程序，只需将密钥的顺序倒置即可，因此 SM4 算法实现起来较为简单；而 AES 算法的加密算法与解密算法不一致，实现起来更复杂一些。

5. 国外对称密码算法 AES 介绍

常见的国外对称密码算法主要有 DES、TDEA 和 AES。本节将重点对目前使用最广泛的 AES 算法进行介绍。

AES 算法又称为 Rijndael 算法，是美国联邦政府采用的一种分组密码算法标准（据了解，美国联邦政府使用的密码算法标准与美国商用的基本一致，只是在密钥管理策略上不一样），用来替代DES 并被广泛使用。AES 算法的分组长度是 128 比特，密钥长度支持 128 比特、192 比特或 256 比特。支持不同密钥长度的 AES 算法分别用 AES-128、AES-192、AES-256 表示，三者密钥的长度不同，加密的轮数也不同，如表 1-3 所示。AES-128、AES-192 和 AES-256 的加 / 解密思路基本一样，只是密钥扩展算法的过程略有不同，加密和解密的轮数会适当增加，但加 / 解密的操作是一样的。

表 1-3　AES 基本特性

AES	密钥长度（比特）	分组长度（比特）	加密轮数
AES-128	128	128	10
AES-192	192	128	12
AES-256	256	128	14

1.4.2　公钥密码算法

公钥密码算法又称非对称密码算法，既可用于加密和解密，也可用于数字签名，打破了对称密码算法加密和解密必须使用相同密钥的限制，很好地解决了对称密码算法中存在的密钥管理难题。公钥密码算法包括公钥加密和私钥签名（数字签名）两种主要用途。SM2、SM9 算法是我国颁布的商用密码标准算法中的公钥密码算法，其中，基于 SM2 算法的数字签名技术已在我国电子认证领域广泛应用。

1. 公钥密码模型

公钥加密算法加密和解密使用不同的密钥。其中加密的密钥可以公开，称为公钥；解密的密钥需要保密，称为私钥。公钥、私钥是密切关联的，从私钥可推导出公钥，但从公钥推导出私钥在计算上是不可行的。

公钥密码算法一般建立在公认的计算困难问题之上。这样的公钥密码具有可证明安全性，即如果所依赖的问题是困难的，那么所设计的算法就可证明是安全的。目前，公钥密码体制包括基于大整数因子分解困难性的RSA密码算法，基于离散对数问题困难性的密码算法（包括有限域上的离散对数问题，如ElGamal；椭圆曲线上的离散对数问题，如SM2），以及目前正在开展研究的后量子密码（如基于格的密码）。

1）公钥加密算法

由于公钥密码运算操作（如模幂、椭圆曲线点乘）计算复杂度较高，公钥加密算法的加密速度一般比对称加密算法的加密速度慢很多，因此公钥加密算法主要用于短数据的加密，如建立共享密钥。在执行公钥加密操作前，需要先查找接收者的公钥，然后用该公钥加密要保护的消息。当接收方接收到消息后，用自己的私钥解密出原消息。

2）数字签名算法

数字签名算法主要用于确认数据的完整性、签名者身份的真实性和签名行为的不可否认性等。与公钥加密算法使用公钥、私钥的顺序不同，数字签名使用私钥对消息进行签名，使用公钥对签名进行验证。

需要注意的是，为提升效率和安全性，数字签名算法中一般都需要先使用密码杂凑算法对原始消息进行杂凑运算，再对得到的消息摘要进行数字签名。

2. SM2椭圆曲线公钥密码算法

SM2椭圆曲线公钥密码算法（简称SM2算法）是基于椭圆曲线离散对数问题。由于基于椭圆曲线上离散对数问题的困难性要高于一般乘法群上的离散对数问题的困难性，且椭圆曲线所基于的域的运算位数要远小于传统离散对数的运算位数，因此，椭圆曲线密码体制比原有的密码体制（如RSA）更具优越性。

SM2算法于2010年年底由国家密码管理局发布，于2012年成为密码行业标准，于2016年转化为国家标准。SM2数字签名算法于2017年被ISO采纳，成为国际标准ISO/IEC 14888-3的一部分。SM2算法的国家标准包括以下五个部分：

- GB/T 32918.1-2016《信息安全技术 SM2椭圆曲线公钥密码算法 第1部分：总则》；
- GB/T 32918.2-2016《信息安全技术 SM2椭圆曲线公钥密码算法 第2部分：数字签名算法》；

- GB/T 32918.3-2016《信息安全技术 SM2 椭圆曲线公钥密码算法 第 3 部分：密钥交换协议》；
- GB/T 32918.4-2016《信息安全技术 SM2 椭圆曲线公钥密码算法 第 4 部分：公钥加密算法》；
- GB/T 32918.5-2017《信息安全技术 SM2 椭圆曲线公钥密码算法 第 5 部分：参数定义》。

1）椭圆曲线密码基础知识

密码学家 Neal Koblitz 和 Victor Miller 在 1985 年分别提出了椭圆曲线密码学（Elliptic Curve Cryptography，ECC）的思想，使其成为构造公钥密码体制的一个有力工具。

椭圆曲线并不是椭圆，之所以称为椭圆曲线是因为它们是用三次方程来表示的，且该方程与计算椭圆周长的方程相似。椭圆曲线可以定义在不同的有限域上，常用的是定义在素域 $GF(p)$ 上的椭圆曲线和定义在扩域或二元扩域 $GF(2^m)$（m 是一个正整数）上的椭圆曲线，我国的公钥密码算法标准 SM2 算法的推荐参数是定义在 256 比特素域上的。

椭圆曲线上的两个基本运算是点加和倍点，它们用来构造点乘（标量乘）算法。点乘运算是椭圆曲线机制最核心，也是最耗时的运算。ECC 的数字签名、加密、密钥交换算法都要求计算椭圆曲线点乘运算，其计算效率直接决定着签名 / 验证、加 / 解密运算的速度。

2）SM2 算法介绍

SM2 算法主要包括数字签名算法、密钥交换协议和公钥加密算法三个部分。在使用 SM2 算法之前，各通信方先设定相同的公开参数，包括 p、n、E 和 G，其中 p 是大素数，E 是定义在有限域 $GF(p)$ 上的椭圆曲线，$G = (x_G, y_G)$ 是 E 上 n 阶的基点。下面主要对 SM2 的数字签名算法、密钥交换协议和公钥加密算法进行介绍。

（1）SM2 数字签名算法。

在执行签名的生成过程之前，要用密码杂凑函数对用户的可辨别标识、部分椭圆曲线系统参数和用户的公钥杂凑值以及待签名消息进行压缩；在验证过程之前，要用密码杂凑函数对用户的可辨别标识、部分椭圆曲线系统参数和用户的公钥杂凑值及待验证消息进行压缩。

GB/T 32918.2-2016 规定了 SM2 数字签名算法，包括数字签名生成算法和验证算法，并给出了数字签名与验证示例及相应的流程，可以满足多种密码应用中的身份鉴别和数据完整性、信息来源真实性的安全需求。密钥生成、签名生成及验证过程简述如下：

①密钥生成。

a）随机产生一个秘密变量 d，$d\in[1, n-2]$。

b）计算 $P = dG$，并将 P 作为公钥公开，d 作为私钥保存。

②签名生成。

a）签名者选取随机数 $k\in[1, n-1]$，计算 $kG = (x_1,y_1)$。

b）计算 $r = (H(M)+x_1) \bmod n$，其中 $M = Z_A||m$，Z_A 是关于用户的可辨别标识、部分椭圆曲线系统参数和用户的公钥杂凑值，m 是待签名消息；H 为国家密码管理局核准的杂凑函数，如 SM3；若 $r = 0$ 或 $r+k = n$，则重新选取随机数 k。

c）计算 $s = (1+d)^{-1}(k-rd) \bmod n$；若 $s = 0$，则重新选取随机数 k，否则，将（r, s）作为签名结果。

③签名验证。

a）验证者接收到 M 和 (r, s) 后，先检查 $r, s\in[1, n-1]$ 且 $r + s\neq n$；然后计算 $(x_1', y_1') = sG + (r+s)P$ 。

b）计算 $r' = (H(M) + x_1')\bmod n$；判断 r' 与 r 是否相等，若相等则签名验证通过，否则，验证失败。

（2）SM2 密钥交换协议。

密钥交换，又称密钥协商，是两个用户 A 和 B 通过交互的信息传递，用各自的私钥和对方的公钥来商定一个只有他们知道的秘密密钥。这个共享的秘密密钥通常用在对称密码算法中。

GB/T 32918.4-2016 规定了 SM2 密钥交换协议，并给出了密钥交换与验证示例及相应的流程，可满足通信双方经过两次或可选三次信息传递过程，计算获取一个由双方共同决定的共享秘密密钥（会话密钥）。

P_A、P_B 和 d_A、d_B 分别表示用户 A、B 的公钥、私钥，Z_A 和 Z_B 分别表示 A、B 的唯一标识，|| 表示数据拼接，& 表示两个整数的按比特与运算，$KDF(k_s, klen)$ 是密钥派生函数：以 k_s 为种子、产生 $klen$ 比特的伪随机序列，记 w 为大于或等于 $(\log_2 n+1)/2$ 的最小整数。

用户 A：

（A.1）选取随机数 $r_A\in [1, n-1]$，计算 $R_A = r_AG = (x_2, y_2)$ 并发送给用户 B。

用户 B：

（B.1）选取随机数$r_B \in [1, n-1]$，计算 $R_B = r_B G = (x_3, y_3)$ 并发送给用户 A。

（B.2）计算 $x_B = 2^w + (x_3 \& (2^w - 1))$ 和 $t_B = (d_B + x_B r_B) \bmod n$。

（B.3）验证接收到的 R_A 是椭圆曲线 E 上的点，验证通过后计算 $x_A = 2^w + (x_2 \& (2^w - 1))$。

（B.4）计算 $V = t_B(P_A + x_A R_A) = (x_V, y_V)$；若 V 是椭圆曲线 E 上的无穷远点，则重新选取 r_B、重新协商。

（B.5）计算 $K_B = KDF(x_V \| y_V \| Z_A \| Z_B, klen)$。

用户 A：

（A.2）计算 $x_A = 2^w + (x_2 \& (2^w - 1))$ 和 $t_A = (d_A + x_A r_A) \bmod n$。

（A.3）验证接收到的 R_B 是椭圆曲线上的点，验证通过后计算 $x_B = 2^w + (x_3 \& (2^w - 1))$。

（A.4）计算 $U = t_A(P_B + x_B R_B) = (x_U, y_U)$；若 U 是椭圆曲线 E 上的无穷远点，则重新选取 r_A、重新协商。

（A.5）计算 $K_A = KDF(x_U \| y_U \| Z_A \| Z_B, klen)$。

通过以上协商，A、B 双方协商出共享密钥 $K_A = K_B$。作为一个可选项，双方在密钥协商完毕后还可以进行密钥确认，即确认二者协商到的密钥是一致的。

（3）SM2 公钥加密算法。

GB/T 32918.3-2016 规定了 SM2 公钥加密算法，并给出了消息加密和解密示例以及相应的流程。

下述 SM2 公钥加密算法中，M 是比特长度为 $mlen$ 的明文。

①加密算法。

- 选取随机数 $l \in [1, n-1]$，分别计算 $C_1 = lG = (x_4, y_4)$ 和 $lP = (x_5, y_5)$；
- 计算 $e = KDF(x_5 \| y_5, mlen)$；
- 计算 $C_2 = M \oplus e$ 和 $C_3 = H(x_5 \| M \| y_5)$；
- 输出密文 $C = C_1 \| C_3 \| C_2$。

②解密算法。

- 验证 C_1 是否在椭圆曲线上，计算 $dC_1 = (x_5, y_5)$；
- 计算 $e = KDF(x_5 \| y_5, mlen)$；
- 计算 $M = C_2 \oplus e$；
- 计算 $C_3' = H(x_5 \| M \| y_5)$，并验证 $C_3' = C_3$ 是否成立，若不成立则报错退出；
- 输出明文 M。

3）SM2算法的安全性和效率

以SM2公钥加密算法为例，它的安全性主要体现在三个方面：①算法具备单向性，即未授权的第三方在未得到私钥的情况下，从密文计算出明文在计算上是不可行的；②算法产生的明文和密文具备不可区分性，即恶意第三方对于给定的密文无法区分出其是由给定的两个明文中的哪一个加密而来；③密文具备不可延展性，即第三方无法在不解密密文的前提下，通过简单扩展密文来构造出新的合法密文。

与RSA算法相比，SM2算法具有以下优势：

①安全性高。256比特的SM2算法密码强度已超过RSA-2048（私钥长度为2048比特的RSA算法），与RSA-3072相当。

②密钥短。SM2算法使用的私钥长度为256比特，而RSA算法通常至少需要2048比特，甚至更长（如3072比特）。

③私钥产生简单。RSA私钥产生时需要用到两个随机产生的大素数，除了需要保证随机性外，还需要用到素数判定算法，产生过程复杂且速度较慢；而SM2私钥的产生只需要生成一个一定范围内的256比特的随机数即可，因此产生过程简单，存在的安全风险也相对较小。

④签名速度快。同等安全强度下，SM2算法在用私钥签名时，速度远超RSA算法。

4）SM2算法的使用

为规范SM2算法的使用，2012年我国发布了GM/T 0009-2012《SM2密码算法使用规范》和GM/T 0010-2012《SM2密码算法加密签名消息语法规范》，2017年发布更新版本国家标准GB/T 35276-2017《信息安全技术 SM2密码算法使用规范》和国家标准GB/T 35275-2017《信息安全技术 SM2密码算法加密签名消息语法规范》。这些标准为SM2密码算法的使用制定了统一的数据格式和使用方法。

GM/T 0009-2012定义了SM2算法的密钥数据格式、加密数据格式、签名数据格式和密钥对保护数据格式，并对生成密钥、加密、解密、数字签名、签名验证、密钥协商等计算过程进行了规范。GM/T 0010-2012定义了使用SM2密码算法的加密签名消息语法。

3. SM9标识密码算法

标识密码（Identity-Based Cryptography，IBC）是在传统的公钥基础设施（Public Key Infrastructure，PKI）基础上发展而来的，除了具有PKI的技术优点外，主要解决了在具体安全应用中PKI需要大量交换数字证书的问题，使安全应用更加易于部署和使用。IBC使用的是公钥密码体制，加密与解密使用两套不同的密钥，每个人的公钥就是他的身份标识，如 E-mail 地址，因此 IBC 中的密钥管理相对简单。

密码学家 Shamir 在 1984 年提出了 IBC 的概念。在标识密码系统中，用户的私钥由密钥生成中心根据主密钥和用户标识计算得出，用户的公钥由用户标识唯一确定，用户不需要通过第三方保证其公钥来源的真实性。与基于证书的公钥密码系统相比，标识密码系统中的密钥管理环节可以得到适当简化。由于标识密码系统的密钥生成中心可计算出用户私钥，因此需要保证密钥生成中心是完全值得信任的。

1999 年，Negishi、Sakai 和 Kasahara 等人提出了用椭圆曲线对构造基于标识的密钥共享方案。2001 年，Boneh 和 Franklin 及 Sakai、Ohgishi 和 Kasahara 等人独立提出了用椭圆曲线对构造的标识公钥加密算法。这些工作引发了标识密码的新发展，出现了一批用椭圆曲线对实现的标识密码算法，其中包括数字签名算法、密钥交换协议、密钥封装机制和公钥加密算法等。

2016 年，我国发布了标识密码算法标准 GM/T 0044-2016《SM9 标识密码算法》。同 SM2 数字签名算法一起，SM9 数字签名算法也在 2017 年被 ISO 采纳，成为国际标准 ISO/IEC 14888-3 的一部分。

1）SM9 算法介绍

SM9 密码算法标准共分为 5 个部分，分别为：

- GM/T 0044.1-2016《SM9 标识密码算法 第 1 部分：总则》；
- GM/T 0044.2-2016《SM9 标识密码算法 第 2 部分：数字签名算法》；
- GM/T 0044.3-2016《SM9 标识密码算法 第 3 部分：密钥交换协议》；
- GM/T 0044.4-2016《SM9 标识密码算法 第 4 部分：密钥封装机制和公钥加密算法》；
- GM/T 0044.5-2016《SM9 标识密码算法 第 5 部分：参数定义》。

（1）SM9 算法采用的基本技术。

SM9 密码算法涉及有限域和椭圆曲线、双线性对及安全曲线、椭圆曲线上双线性对的运算等基本知识和技术。SM9 密码算法的应用与管理不需要数字证书、证书库或密钥库。

（2）SM9 数字签名算法。

用椭圆曲线对实现的基于标识的数字签名算法包括数字签名生成算法和验证算法。签名者持有一个标识和一个相应的私钥，该私钥由密钥生成中心通过主私钥和签名者的标识结合产生。签名者用自身私钥对数据产生数字签名，验证者用签名者的标识生成其公钥，验证签名的可靠性，即验证发送数据的完整性、来源的真实性和数据发送者的身份。

（3）SM9 密钥交换协议。

该协议可以使通信双方通过对方的标识和自身的私钥经两次或可选三次信息传递过程，计算获取一个由双方共同决定的共享秘密密钥。该秘密密钥可作为对称密码算法的会话密钥，协议中可以实现密钥确认。

参与密钥交换的发起方用户 A 和响应方用户 B 各自持有一个标识和一个相应的私钥，私钥均由密钥生成中心通过主私钥和用户的标识结合产生。用户 A 和用户 B 通过交互的信息传递，用标识和各自的私钥来商定一个只有他们知道的秘密密钥，用户双方可以通过可选项实现密钥确认。这个共享的秘密密钥通常用在某个对称密码算法中。

（4）SM9 密码密钥封装机制和加密算法。

密钥封装机制使得封装者可以产生和加密一个秘密密钥给目标用户，而唯有目标用户可以解封装该秘密密钥，并把它作为进一步的会话密钥。用椭圆曲线对实现基于标识的密钥封装机制，封装者利用解封装用户的标识产生并加密一个秘密密钥给对方，解封装用户则用相应的私钥解封装该秘密密钥。用椭圆曲线对实现的基于标识的加密与解密算法，使消息发送者可以利用接收者的标识对消息进行加密，唯有接收者可以用相应的私钥对该密文进行解密，从而获取消息。

（5）SM9 密码算法参数定义。

SM9 密码算法使用 256 比特的 Barreto-Naehrig（BN）曲线。该算法标准的第 5 部分定义了曲线参数，并给出了数字签名算法、密钥交换协议、密钥封装机制、公钥加密算法示例。

2）SM9 算法的安全性和效率

目前，没有发现明显影响双线性对密码系统应用的安全性风险。SM9 密码算法能够避免弱椭圆曲线的选取问题，并抵抗常见的针对椭圆曲线的攻击方式，安全性远远高于同类算法。例如，SM9 采用 256 比特素域上的椭圆曲线时，离散对数的复杂性约为 2^{128} 次基本运算，理论上是同类椭圆曲线算法的 2^{72} 倍，破解难度大大增加，即安全性大幅提高。

SM9 的安全性也和嵌入次数有关，即嵌入次数越多安全性越高，双线性对的计算越困难。目前 SM9 采用了嵌入次数适中且达到安全性标准的椭圆曲线。

4. 国外公钥密码算法 RSA 介绍

常见的国外公钥密码算法有 RSA、椭圆曲线数字签名算法（Elliptic Curve Digital Signature Algorithm，ECDSA）等。下面重点对 RSA 进行介绍。

1）RSA 算法简介

RSA 算法基于大整数因子分解难题设计，因其原理清晰、结构简单，是第一个投入使用，也是迄今为止应用最广泛的公钥密码算法，可用于数字签名、安全认证等。1992 年，RSA 算法纳入了国际电信联盟制定的 X.509 系列标准。RSA 算法的公钥相当于两个素数的乘积，而私钥则相当于两个独立的素数。

RSA 算法加解密过程如下：

（1）密钥生成。

选取两个随机的大素数 p 和 q，计算 $n=pq$ 和 $\varphi(n)=(p-1)(q-1)$；

选择随机数 e，满足：e 与 $\varphi(n)$ 互素；

计算 $d=e^{-1} \bmod \varphi(n)$；

公开 (n, e) 作为公钥，保留 (d, p, q) 作为私钥。

（2）加密过程。

对于明文 P，计算密文 $C=P^e \bmod n$。

（3）解密过程。

对于密文 C，计算明文 $P=C^d \bmod n$。

在实际使用中 e 的取值很小，有效长度不超过 32 比特，甚至在很多时候，e 的值为 65537（十六进制表示为 0x10001）。而 d 的有效长度接近于 n 的有效长度。所以，RSA 算法的加密（或签名验证）计算速度要比解密（或签名）计算速度快许多倍。

在实际应用 RSA 算法时，应确保两个素数是随机产生的，否则会导致安全风险。例如，如果计算两个不同的乘积 n 时用到了相同的素数，则通过计算公因子的方法就可以将 n 进行因子分解，从而破解算法。2013 年 2 月，研究人员发现在 700 万个实验样本中有 2.7 万个公钥并不是按随机理论产生的，每 1000 个公钥中可能会有两个公钥存在安全隐患。

2）算法安全性和效率

需要注意的是，1024 比特及以下密钥长度（n 的长度）的 RSA 算法目前已经不推荐使用。在当前应用中，为保证安全，n 应该至少选用 2048 比特，即选用 RSA-

2048 算法。在效率方面，由于达到相当安全强度时，RSA 密钥长度要远长于 ECC 算法（如 SM2），因此私钥计算的执行效率（如计算数字签名）要比 ECC 算法慢数倍。

1.4.3 密码杂凑算法

密码杂凑算法也称作“散列算法”或“哈希算法”，现在的密码行业标准统称其为密码杂凑算法，简称“杂凑算法”或“杂凑函数”。密码杂凑算法对任意长度的消息进行压缩，输出定长的消息摘要或杂凑值，该过程表示为：

$$h = H(M)$$

式中，M 是输入消息；h 是经过杂凑算法 H 处理后的杂凑值，其长度通常是固定的，取决于所使用的杂凑算法。

一般来说，杂凑算法具有如下性质：

①抗原像攻击（单向性）。为一个给定的输出找出能映射到该输出的一个输入在计算上是困难的，即给定杂凑值 h，找到消息 M 使得 $h = H(M)$ 是困难的。杂凑函数是单向的，从消息计算杂凑值很容易，但从杂凑值推出消息是困难的。

②抗第二原像攻击（弱抗碰撞性）。为一个给定的输入找出能映射到同一个输出的另一个输入在计算上是困难的，即给定消息 M_1，找到另外一个消息 M_2 使得 $H(M_2) = H(M_1)$ 是困难的。输入的任何微小变化都会使杂凑结果有很大不同。

③强抗碰撞性。要发现不同的输入映射到同一输出在计算上是困难的，即找到两个消息 M_1，M_2（M_1 不同于 M_2）使得 $H(M_1) = H(M_2)$ 是困难的。

1. 密码杂凑算法的结构

杂凑算法有多种构造方式，常用的是 Merkle-Damgård 结构（简称 M-D 结构）、海绵结构。MD5、SHA-1、SHA-2 和我国的 SM3 都采用了 M-D 结构，SHA-3 采用的是海绵结构。下面主要对 M-D 结构进行简要介绍。

M-D 结构，先对经过填充后的消息进行均匀的分组，而后消息分组顺序进入压缩函数 F，如图 1-14 所示。压缩函数 F 先由初始向量进行初始化，结合上一组消息的结果和本组消息产生一个中间值，最后一个压缩函数的结果即是最终的杂凑值。这样，很长的消息也很容易被压缩到一个固定的比特长度。它的安全性取决于压缩函数的安全性。研究表明，如果压缩函数具有抗碰撞能力，那么杂凑算法也具有抗碰撞能力（其逆不一定为真）。因此，要设计安全杂凑函数，最重要的是设计具有抗碰撞能力的压缩函数。

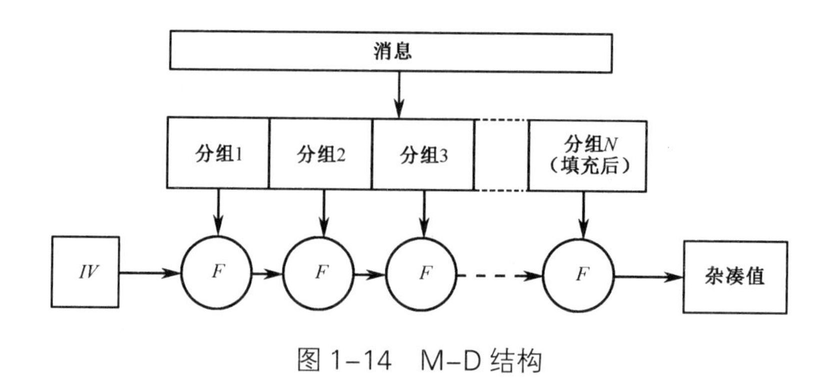

图 1–14　M–D 结构

2. 密码杂凑算法的应用

密码杂凑算法的直接应用就是产生消息摘要，进一步可以检验数据的完整性，被广泛应用于各种不同的安全应用和网络协议中。例如，用户收到消息后，计算其杂凑值，并与发送方提供的结果做比对，如果二者一致，则基本认为消息在传送过程中没有遭到篡改（由于“抗第二原像攻击”的性质）。需要注意的是，单独使用杂凑算法并不能保证数据的完整性，因为在传输信道不安全的情况下，攻击者可以将消息和杂凑值一同篡改，即在修改或替换消息后重新计算一个杂凑值。因此，用于完整性保护时，杂凑算法常常与密钥一同使用，生成的杂凑值称为 MAC，这样的杂凑算法称为带密钥的杂凑算法（Keyed-hash Message Authentication Code，HMAC）。此外，杂凑算法也与公钥密码算法一同使用来产生数字签名。

3. SM3 密码杂凑算法

我国商用密码标准中的密码杂凑算法是 SM3 算法。SM3 于 2012 年发布为密码行业标准 GM/T 0004-2012《SM3 密码杂凑算法》，并于 2016 年转化为国家标准 GB/T 32905-2016《信息安全技术 SM3 密码杂凑算法》。2018 年 10 月，SM3 算法正式成为国际标准。

1）SM3 算法介绍

SM3 算法采用 M-D 结构，输入消息（长度 $L<2^{64}$）经过填充、扩展、迭代压缩后，生成长度为 256 比特的杂凑值。SM3 算法的实现过程主要包括填充分组和迭代压缩等步骤。

（1）填充分组。

填充分组是将任意长度的输入消息在尾部按一定规则填补至 512 比特的整数倍

长度，再将填充好的输入串按 512 比特长度分为若干组的过程。

对于输入长度为 L 的消息，首先在消息末尾填充比特“1”，然后填充 k 个“0”，k 是使得 $L+k+1=448 \bmod 512$ 的最小非负整数，最后填充 64 比特的二进制串，该二进制串为长度 L 的二进制表示。

例如，对于长度 $L=24$ 的输入 01100001 01100010 01100011，填充结果如图 1-15 所示。

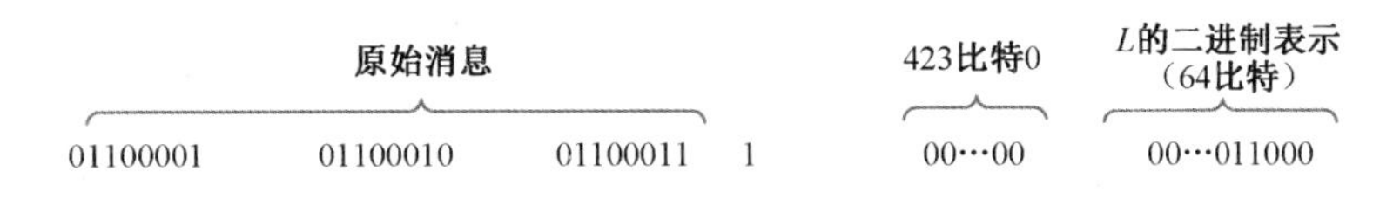

图 1–15 SM3 杂凑算法填充范例

将填充完成后的消息输入消息分成 n 个长度为 512 比特的分组：B_0，B_1，…，B_{n-1}，其中 $n=(L+k+65)/512$。

（2）消息扩展。

每个 512 比特的输入消息分组在迭代压缩输入压缩函数前，需先进行消息扩展，生成的 132 个消息字 W_0，W_1，…，W_{67} 和 $W'_0, W'_1, \cdots, W'_{63}$ 作为压缩函数的输入。其中 W_0，W_1，…，W_{15} 就是输入的消息分组，其余扩展的消息字表达式为：

$$W_j = P_1(W_{j-16} \oplus W_{j-9} \oplus (W_{j-3} <<< 15)) \oplus (W_{j-13} <<< 7) \oplus W_{j-6}, 16 \leqslant j \leqslant 67$$

$$W'_j = W_j \oplus W_{j+4}, 0 \leqslant j \leqslant 63$$

式中，<<< 表示循环左移；P_1 是消息扩展中的置换函数，表达式为：

$$P_1(X) = X \oplus (X <<< 15) \oplus (X <<< 23)$$

（3）迭代过程。

令压缩函数为 CF，每一次迭代过程的输入由一个 512 比特的输入消息分组和上一次迭代过程的 256 比特输出组成，每一次迭代过程的输出长度为 256 比特。执行一次 SM3 算法，需要进行 n 次迭代，迭代过程为 $V_{i+1}=CF(B_i,V_i)$，$0 \leqslant i \leqslant n-1$，其中，初始迭代值 V_0 是规定的 256 比特的常量 IV。当全部 n 个消息输入分组都经过迭代压缩后，所得到的 V_n 就是 SM3 杂凑算法输出的 256 比特杂凑值。

（4）压缩函数。

SM3 算法中的单次迭代压缩过程如图 1-16 所示，令 A、B、C、D、E、F、G、H 为 32 比特变量寄存器，$SS1$、$SS2$、$TT1$、$TT2$ 为中间变量。单次迭代过程包含 64 轮迭代的压缩，函数 CF 执行过程如下：

$$
\begin{aligned}
&ABCDEFGH = V_i \\
&\text{For } j = 0 \text{ To } 63 \\
&\quad SS1 = ((A <<< 12) + E + (T_j <<< (j \bmod 32))) <<< 7 \\
&\quad SS2 = SS1 \oplus (A <<< 12) \\
&\quad TT1 = FF_j(A,B,C) + D + SS2 + W'_j \\
&\quad TT2 = GG_j(E,F,G) + H + SS1 + W_j \\
&\quad A = TT1,\ B = A,\ C = B <<< 9,\ D = C \\
&\quad E = P_0(TT2),\ F = E,\ G = F <<< 19,\ H = G \\
&\text{EndFor} \\
&V_{i+1} = ABCDEFGH \oplus V_i
\end{aligned}
$$

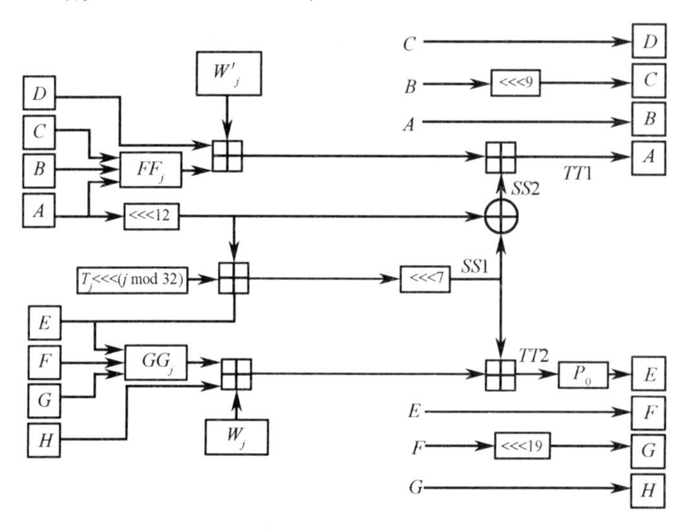

图 1-16　SM3 算法中的单次迭代压缩过程

其中，FF_j、GG_j 是布尔函数，T_j 表示每轮的常数，P_0 是压缩函数中的置换函数，这些函数的表达式分别为：

$$FF_j(X,Y,Z) = \begin{cases} X \oplus Y \oplus Z, 0 \leqslant j \leqslant 15 \\ (X \wedge Y) \vee (X \wedge Z) \vee (Y \wedge Z), 16 \leqslant j \leqslant 63 \end{cases}$$

$$GG_j(X,Y,Z) = \begin{cases} X \oplus Y \oplus Z, 0 \leqslant j \leqslant 15 \\ (X \wedge Y) \vee (\neg X \wedge Z), 16 \leqslant j \leqslant 63 \end{cases}$$

$$P_0(X) = X \oplus (X <<< 9) \oplus (X <<< 17)$$

式中，∧、∨、¬分别表示按位的与、或、非运算。

2）SM3 算法的安全性和效率

SM3 算法在 M-D 结构的基础上，新增了 16 步全异或操作、消息双字介入、加速雪崩效应的P置换等多种设计技术，能够有效避免高概率的局部碰撞，有效抵抗强碰撞性的差分分析、弱碰撞性的线性分析和比特追踪等密码分析方法。公开文献表明，SM3算法能够抵抗目前已知的攻击方法，具有较高的安全冗余。在实现上，SM3算法运算速率高，灵活易用，支持跨平台的高效实现，具有较好的实现效能。

SM3算法在结构上和SHA-256相似，消息分组大小、迭代轮数、输出长度均与SHA-256相同。但相比于SHA-256，SM3算法增加了多种新的设计技术，从而在安全性和效率上具有优势。在保障安全性的前提下，SM3算法的综合性能指标与SHA-256在同等条件下相当。

3）HMAC

HMAC是利用杂凑算法，将一个密钥和一个消息作为输入，生成一个消息摘要作为输出。HMAC可用作数据完整性检验，检验数据是否被非授权修改；也可用作消息鉴别，保证消息源的真实性。例如，IPSec和SSL协议中均用到了HMAC，将其用于完整性校验和数据源身份鉴别。我国国家标准GB/T 15852.2-2012《信息技术 安全技术 消息鉴别码 第2部分：采用专用杂凑函数的机制》对HMAC算法进行了规范。关于采用分组密码和泛杂凑函数的MAC产生机制分别见GB/T 15852.1-2008和GB/T 15852.3-2019。

HMAC计算时调用了两次完整的杂凑函数H，对于密钥K、消息D，计算公式如下：

$$HMAC(K,D) = MSB_m(H((\overline{K} \oplus OPAD) \| H((\overline{K} \oplus IPAD) \| D)))$$

其中，m表示MAC长度，应是一个正整数且不大于杂凑值的比特长度；函数$MSB_m(X)$表示取比特串X最左边m比特。密钥K的长度为k：$L_2 \leqslant k \leqslant L_1$，$L_1$为消息分组比特长度，$L_2$为杂凑值的比特长度。对于SM3，$L_1 = 512$，$L_2 = 256$。

在HMAC计算过程中，首先对密钥进行填充，在密钥K的右侧填充$L_1 - k$个0，所得的长度为L_1的比特串为$\overline{K}$。将十六进制的值“36”（二进制表示为“00110110”）重复$L_1/8$次连接起来，所得的比特串记作$IPAD$，然后将$\overline{K}$和比特串$IPAD$相异或，将异或值和待杂凑的消息D相连接，并将连接后的值进行第一次杂凑运算。将十六进制的值“5C”（二进制表示为“01011100”）重复$L_1/8$次连接起来，所得比特串记作$OPAD$，然后将$\overline{K}$和比特串$OPAD$相异或，将异或值与第一次杂凑值相连接，并将连接后的值作为第二次杂凑运算的输入。取第二次杂凑运算输出的最左边m比特，作为HMAC的输出。

4. 国外杂凑算法介绍

常见的国外杂凑算法有 MD5 密码杂凑算法和安全杂凑算法（Secure Hash Algorithm，SHA）系列算法。SHA 系列算法主要包括 SHA-0、SHA-1、SHA-2 和 SHA-3。

MD5 算法：MD5 是由麻省理工学院计算机科学实验室的 Rivest 提出的，其前身有 MD2、MD4 等密码算法。MD5 算法可用于数字签名、完整性保护、安全认证、口令保护等。MD5 算法首先将输入的信息划分成若干个 512 比特的分组，再将每个分组划分成 16 个 32 比特的子分组，经一系列变换后，最终输出 128 比特的消息摘要。根据王小云教授提出的分析方法，2005 年国际密码学家给出了 MD5 算法的碰撞实例，后来又成功伪造了 SSL 数字证书。目前，一部智能手机仅用 30 秒就可以找到 MD5 算法的碰撞。这些研究成果的碰撞案例表明 MD5 算法已不再适合实际应用。

SHA-1 算法：SHA-1 算法是 1995 年由美国国家安全局（NSA）和 NIST 提出的标准算法。SHA-1 设计思想基于 MD4 算法，在很多方面也与 MD5 算法有相似之处，其输入长度应小于 2^{64} 比特，消息摘要长度为 160 比特。2005 年，我国王小云教授首次给出了 SHA-1 的碰撞攻击，复杂度为 2^{69} 次运算。2017 年 2 月，荷兰计算机科学与数学研究中心和谷歌研究人员合作找到了世界首例针对 SHA-1 算法的碰撞实例，生成了两个 SHA-1 算法消息摘要完全相同但内容截然不同的文件，针对 SHA-1 算法的攻击从理论变为现实，继续使用 SHA-1 算法存在重大安全风险，这标志着 SHA-1 算法继 MD5 算法后也将退出历史舞台。2017 年 4 月，国家密码管理局发布了使用 SHA-1 密码算法的风险警示，要求相关单位遵循密码国家标准和行业标准，全面支持和应用 SM3 等密码算法。

SHA-2 算法：SHA-2 算法是由 NSA 和 NIST 于 2001 年提出的标准算法。SHA-2 算法虽然也是基于 M-D 结构，但是增加了很多重大变化以提升安全性。SHA-2 算法支持 224、256、384 和 512 比特四种长度的输出，包含 6 个算法：SHA-224、SHA-256、SHA-384、SHA-512、SHA-512/224、SHA-512/256。其中，SHA-256 和 SHA-512 是主要算法，其他算法都是在这两者基础上输入不同初始值，并对输出进行截断。目前没有发现对 SHA-2 算法的有效攻击。

SHA-3 算法：与 MD5、SHA-1、SHA-2 算法等采用经典 M-D 结构不同，SHA-3 算法在设计上采用了新的结构——“海绵”结构。与 SHA-2 算法类似，SHA-3 算法也包含多个算法：SHA3-224、SHA3-256、SHA3-384、SHA3-512、SHAKE128、SHAKE256。

1.4.4 密码算法分析概要

现代密码学有一个著名的假设，称为柯克霍夫斯（Kerckhoffs）原则：评估一个密码算法安全性时，必须假定攻击者不知道密钥，但知道密码算法的所有细节。基于此准则，密码算法的安全性应该基于密钥的保密（即密钥不被攻击者所知），而不是所用算法的隐蔽性。

密码算法分析的目的是通过各种攻击方式，找到密码算法的弱点或者不完美的地方。密码分析和密码编码是对立统一、互不可缺的两个方面。密码编码为密码分析提供对象，并且以抵抗现有的分析方法为设计目标；密码分析为密码编码提供表示安全强度的具体数据，同时促进密码编码不断发展。

1. 基本概念

以加密算法为例，按照攻击者获取信息的能力，可以将密码分析划分为唯密文攻击、已知明文攻击、选择明文攻击和选择密文攻击四种方式。

（1）唯密文攻击。攻击者只能获得密文的信息。这是在公开的网络中能获得的最现实的能力。

（2）已知明文攻击。攻击者拥有某些密文以及相应的明文。例如，假设攻击者截获了一份加密的通信稿，并在第二天看到了解密后的通信稿。对许多弱密码系统来说，知道一些明密文对就足以找到密钥了。即使是对于第二次世界大战中使用的恩尼格玛密码机这样比较强的密码系统，这种信息对破译恩尼格玛密码机也起到了很大的作用。

（3）选择明文攻击。攻击者有接触加密机器的机会，不能打开机器找到密钥，但可以加密大量经过精心挑选的明文，然后利用所得的密文推断密钥的信息或试图对其他密文进行解密。

（4）选择密文攻击。攻击者有接触解密机器的机会，对选择的密文进行解密操作，然后试着用所得结果推断密钥或试图对其他密文进行解密。

2. 对称密码的分析

自20世纪80年代差分攻击技术提出以来，差分类攻击和线性类攻击便成为分析对称密码最有效的分析方法。基于差分攻击演化出一系列密码分析方法，包括相关密钥差分攻击、截断差分攻击、统计饱和攻击、不可能差分攻击、高阶差分攻击、飞去来器攻击、多差分分析和线性差分分析、多线性分析和线性区分攻击等。以分组密码分析为例，攻击者一般是先构造一个区分器，将分组密码和随机置换区分开，然后利用这一区分器，进行密钥恢复攻击。通常对于全轮的分组密码算法，有效的攻击方法是几乎不可能的，一般从分析低轮的算法入手，一步步向全轮算法逼近。针对流密码的攻击包括相关攻击、猜测确定攻击等。

3. 公钥密码的分析

公钥密码的设计一般依赖于计算困难的数学问题。这些问题包括大整数因子分解、离散对数、格中向量问题、子集和问题、线性纠错码译码、多变量多项式方程组求解、组合群论及椭圆曲线上的双线性 Diffie-Hellman 问题等。在现实世界中，这些问题被证明或公认是实际难解的，它们可以提供正确设计的公钥密码系统理论上的安全性。公钥密码的设计一般都可以做到可证明安全，即证明了如果底层的数学问题是困难的，上层的公钥密码方案也是安全的。因此，对公钥密码分析多集中于对底层困难问题的分析，以及上层方案实际安全性的分析。

格理论和算法在密码学领域有着广泛的应用，在公钥密码分析领域也是一种很强大的工具。LLL 算法等格基约化算法的提出，极大推动了对公钥密码算法的分析，特别是对 RSA、DSA/ECDSA 等算法的分析。

4. 杂凑函数的分析

杂凑函数和分组密码的分析方法在很多时候都是相通的，分析杂凑函数经常用到的攻击方法主要包括差分攻击、模差分攻击、中间相遇攻击等，都是围绕杂凑函数的三个性质开展的。

5. 侧信道分析

上述对密码算法的分析都是基于数学理论的分析方法，其特点是假定密码算法在一个封闭、可信的计算环境里运行，攻击者既不能观察运算过程中的内部状态也不能修改或干扰它。除此之外，有针对密码的实现方式和应用方式提出的侧信道分析，这种分析是基于物理实现的分析方法。在实际应用中，密码系统会通过物理装置泄露一些信息，如能量消耗、电磁辐射、运行时间等。由于无须实施入侵或破解密码算法就可以分析获得密钥等敏感数据，侧信道分析对密码算法实现的实际安全构成了巨大威胁，密码实现的抵抗侧信道分析能力也成为密码产品检测中重要的考量指标。

1.5　密钥管理

密钥的安全是保证密码算法安全的基础。如何对密钥进行安全管理是密码产品、密码应用的设计开发人员关注的重点，也往往是不了解或刚涉入密码领域的人所忽视的一项重要内容。本节首先介绍密钥在其生命周期各个环节的管理要点，然后分别介绍对称密钥管理和公钥管理的相关内容。

1.5.1　密钥生命周期管理

密钥生命周期指的是密钥从生成到销毁的时间跨度。不同的密钥有不同的生命周期：签名密钥对可能有数年的生命周期；而一些临时密钥（如 IPSec 协议中的会话密钥）的生命周期为单次会话，使用完毕后立即销毁。一般而言，使用频率越高的密钥要求其生命周期尽量短。单个密钥的生命周期也不是固定的，如果密钥泄露，其生命周期应立即终止并销毁密钥。

此外，有些与安全相关的敏感参数也应该视同密钥进行安全防护，包括但不限于用户口令、密钥生成和密码计算过程中使用的随机数或中间结果（如 SM2 签名算法中使用的随机数和密钥协商过程中生成的共享秘密）。

根据 GM/T 0054-2018《信息系统密码应用基本要求》，信息系统中的密钥在其生命周期内涉及到生成、存储、导入和导出、分发、使用、备份和恢复、归档、销毁等环节，以下具体介绍每个环节。

1. 密钥生成

密钥生成是密钥生命周期的起点，所有密钥都应当直接或间接地根据随机数生成。密钥生成的方式包括利用随机数直接生成、通过密钥派生函数（Key Derivation Function，KDF）生成。其中，后一种方式被认为是随机数间接生成，因为派生函数使用的主密钥、共享秘密信息的生成都与随机数相关。无论采用何种生成方式，密钥都应在密码产品内部产生。此外，利用用户口令派生密钥也是一种常见的方式：通过实体唯一标识和其他相关信息，从口令中派生出密钥。口令生成密钥的密钥空间依赖于口令的复杂度，但是相比于密钥的预期复杂度（比如 SM4 密钥空间为 2^{128}），口令仅提供小得多的熵（8 位数字口令提供 2^{27} 的密钥空间），极大地降低了穷举搜索攻击的难度。因此，这种密钥派生方式不推荐使用，尤其不能用于网络通信数据的保护，仅在某些特定环境（如加密存储设备）中使用。

密钥生成时，一般会伴随生成密钥控制信息，包括但不限于密钥拥有者、密钥用途、密钥索引号、生命周期起止时间，这些信息可以不进行保密性保护，但是应进行完整性保护以确保密钥被正确使用。下面介绍密钥生成的两种主要方式。

1）利用随机数直接生成

利用随机数直接生成是密钥生成的常见方式，密钥的安全性直接取决于随机数发生器的质量，因此需要使用核准的随机数发生器进行密钥生成。在使用随机数直接作为密钥时，应检查密钥是否符合具体算法的要求（如 SM2、SM9 算法私钥值须小于椭圆曲线群的阶），必要的时候进行调整或者重新生成新的随机数作为密钥。

2）通过 KDF 生成

在有些场景中，密钥可能不是由随机数发生器直接生成的，而是通过某个秘密值进行派生。该秘密值与其他相关数据（如随机数、计数器等）一同作为KDF的输入，由 KDF 生成指定长度的密钥。KDF 的设计应保证从派生的密钥无法推断出秘密值本身，同时，也必须保证从某个派生的密钥无法推断出其他派生的密钥。KDF 一般基于对称密码算法或密码杂凑算法来构造。

使用 KDF 生成密钥主要有以下两类情形。

（1）在密钥协商过程中从共享秘密派生密钥。这种情形主要发生在密钥协商过程中。通信双方在密钥协商过程中，首先利用 Diffie-Hellman、MQV 等算法获得一个共享秘密。该共享秘密一般不直接作为密钥，而是将该共享秘密作为密钥材料利用 KDF 生成密钥。这种密钥派生方式的主要示例包括 SM2/SM9 的密钥协商和公钥加密算法中使用的基于 SM3 的 KDF。

（2）从主密钥派生密钥。这种密钥派生的方法也称为密钥分散。对于一些需要生成大量对称密钥的场景，比如大规模分发智能 IC 卡时，发卡方无法保存每个实体的密钥。一种常见做法就是发卡方保存主密钥，根据实体唯一标识和其他相关信息，从主密钥中派生出每个实体单独的密钥。使用时，发卡方可以根据主密钥、实体唯一标识重新生成该密钥，然后进行身份鉴别或者加密通信等后续操作。

2. 密钥存储

为了保证密钥存储安全，可以将密钥存储在核准的密码产品中，或者在对密钥进行保密性和完整性保护后，存储在通用存储设备或系统（如数据库）中。需要指出的是，并非所有密钥都需要存储，一些临时密钥或一次一密的密钥在使用完就要立即进行销毁。

1）存储在密码产品中

密码产品的密钥防护机制，可以用于保护密钥在存储过程中的保密性和完整性。密码产品中的密钥一般采取分层次的方式，逐层进行保护：下层的密钥利用上层的密钥加密密钥进行保护；对于顶层的密钥加密密钥，则需要采取严格的安全防护措施（如微电保护）在密码产品中明文存储，以防止密钥被非授权地获取和篡改。

2）加密保存在通用存储设备中

对于某些应用场景，由于密钥数量较大，密码产品本身只负责密码计算，而将密钥存储在通用存储设备或系统（如数据库）中。这种情况下，需要利用密码算法对密钥进行必要的保密性和完整性保护。需要指出的是，不能简单地只采用密码杂凑算法进行完整性保护，因为它无法阻止恶意的篡改。

3. 密钥导入和导出

密钥的导入和导出主要指密钥在密码产品中的进出，既可以在同一个密码产品中进行密钥的导入和导出（用于密钥的外部存储、备份和归档），也可以将密钥从一个密码产品导出后再导入到另一个密码产品中（用于密钥的分发）。为了保证密钥的安全性，密钥一般不能明文导出到密码产品外部。安全的密钥导入和导出方式包括加密传输和知识拆分。

1）加密传输

利用加密算法进行密钥的导入和导出是最简单和高效的方法。对称加密技术和非对称加密技术都可以完成密钥的导入和导出，但前提是通信双方需要预先共享一个密钥加密密钥或获取被导入方的公钥。同时，为了保证密钥的完整性，在密钥的导入和导出过程中，需要加入完整性保护和校验机制。利用非对称加密技术完成的密钥加密一般称为数字信封。SM2 加密和解密算法自身具有完整性校验的功能，可以直接用于密钥加密传输。

2）知识拆分

知识拆分是指将密钥拆分为几个独立的密钥分量，导出到密码产品外部；导入时，每个密钥分量单独导入，最终在密码产品内部进行合成。常见的知识拆分方法有以下两类。

①将密钥 K 拆分成若干个与其长度一致的分量 K_1，…，K_n，导入时利用异或计算恢复出原有密钥，即 $K = K_1 \oplus \cdots \oplus K_n$。

②利用门限算法进行拆分：例如，利用 Shamir 秘密分享方案，将 K 拆分为 n 个密钥分量，只有大于等于 t（$t<n$）个密钥分量才能恢复出 K。

需要注意的是，知识拆分不应当降低密钥的安全性，简单地将密钥截取为若干段的方式是不允许的，如将一个 128 比特的 SM4 密钥拆成两个 64 比特的密钥分量。因为对于任何一个密钥分量的持有者而言，该密钥的密钥空间从 2^{128} 降低到 2^{64}，极大降低了穷举搜索攻击的难度。

除了禁止密钥的明文进出，高安全等级的密码产品（如符合 GM/T 0028-2014 安全三/四级的密码模块）还要求，进行知识拆分后的密钥分量要通过可信信道传输。可信信道在密码模块和发送者或接收者之间建立安全可信的通信链接，用以安全传输未受保护的关键安全参数、密钥分量和鉴别数据。可信信道能够在模块定义的输入或输出端之间及模块到目的终端的通信链路上，防止窃听以及来自恶意实体、恶意进程或其他装置的物理篡改或逻辑篡改。

4. 密钥分发

密钥分发主要用于不同密码产品间的密钥共享。根据分发方法，密钥分发主要分为人工（离线）分发和自动（在线）分发。这两者的主要区别在于人工分发方式需要人工参与，在线下通过面对面等方式完成密钥的安全分发；而自动的分发方式一般借助密码技术在线自动完成密钥分发。

1）人工分发

人工分发密钥指的是利用加密传输、知识拆分等手段通过人工将密钥从一个密码产品（如密钥管理系统、密钥分发系统等）分发到其他产品中，实现密钥共享。人工分发的效率较低，只适用于少量密钥的分发，一般用于根密钥（密钥加密密钥）的分发。人工分发过程必须保证以下几点：

①密钥由授权的分发者分发，并由授权的接收者接收。

②进行人工分发的实体是可信的。

③有足够的机制（如加密、紧急销毁机制等）保证密钥的安全性，提供对截取、假冒、篡改、重放等攻击手段的对抗能力。

2）自动分发

对称密钥和公钥加密密钥对的私钥可以通过数字信封、对称密钥加密等方式进行自动加密分发。自动分发的安全性主要通过密码技术本身来保证。

5. 密钥使用

密钥一般只能在核准的密码产品内部使用。用于核准的密码算法的密钥，不能再被非核准的密码算法使用，因为这些算法可能导致密钥泄露。特别是，不同类型的密钥不能混用，一个密钥不能用于不同用途（加密、签名、MAC 等），这主要有以下几个原因。

①将一个密钥用于不同的用途，可能会降低密钥的安全性。

②不同用途的密钥对密钥的要求互不相同。比如，加密密钥对可能会将其私钥归档以解密历史数据，而签名密钥对的私钥在其生命周期结束时应当立即销毁；如果一个密钥对同时用作加密和签名，将会产生矛盾。

③限制密钥的用途可以降低密钥泄露时可能造成的损害。

此外，虽然不需要保护公钥的保密性，但在使用前（如签名验证或者密钥协商过程）需要验证公钥的完整性，以及实体与公钥的关联关系，以确保公钥来源的真实性。

6. 密钥备份和恢复

密钥备份的主要目的是保护密钥的可用性，作为密钥存储的补充以防止密钥的意外损坏。密钥备份与密钥存储非常类似，只不过备份的密钥处于不激活状态（不能直接用于密码计算），只有完成恢复后才可以激活。密钥备份需要保护备份密钥的保密性、完整性及其与拥有者身份和其他信息的关联关系。密钥备份时一般将备份的密钥存储在外部存储介质中，需要有安全机制保证仅有密钥拥有者才能恢复出密钥明文。密钥备份或恢复时应进行记录，并生成审计信息；审计信息应包括备份或恢复的主体、备份或恢复的时间等。

7. 密钥归档

密钥在其生命周期结束时，应当进行销毁。但是出于解密历史数据和验证历史签名的需要，有些不在生命周期内的密钥可能需要持续保存，需要注意的是签名密钥对的私钥不应进行归档。

密钥归档与密钥备份在形式上类似，主要区别在于密钥归档是在密钥的生命周期之外（销毁之后）对密钥进行保存，在现有系统中该密钥已经不再使用；而密钥备份则针对仍在生命周期内的密钥。密钥归档时，也应当继续对这些密钥提供安全保护，以保证历史加密数据的安全性。密钥归档时应进行记录，并生成审计信息，审计信息应包括归档的密钥和归档时间等。

8. 密钥销毁

密钥的销毁是密钥生命周期的终点。密钥生命周期结束后，要对原始密钥进行销毁，并根据情况重新生成密钥，完成密钥更换。密钥进行销毁时，应当删除所有密钥副本（但不包括归档的密钥副本）。密钥销毁主要有两种情况。

①正常销毁。密钥在设计的使用截止时间到达时自动进行销毁，比如，临时密钥在使用完毕时应当立即销毁。

②应急销毁。密钥在已经泄露或存在泄露风险时进行的密钥销毁。对于存储在密码产品中的密钥，一般配备了紧急情况下自动销毁密钥的机制；当密钥所有者发现密钥存在泄露风险时，可能需要手动提前终止密钥的生命周期，进行密钥销毁。

1.5.2 对称密钥管理

密钥管理因所使用的密码体制（对称密码体制和公钥密码体制）不同，管理方式也有很大区别。相对于公钥管理，对称密钥管理中最具有特色的是对称密钥的分发，即通信双方建立起相同的对称密钥进行安全通信。因此，本小节着重介绍对称密钥的分发。

对称密码在一些特殊系统中应用广泛，如门禁系统、金融系统等。在门禁系统中，GM/T 0036-2014《采用非接触卡的门禁系统密码应用技术指南》规定了基于对称密钥体系的密钥分散过程。一般来说，首先通过门禁后台管理系统使用密钥管理子系统的密码设备生成门禁系统根密钥，然后将根密钥安全导入安全模块。在门禁卡发卡时，通过后台管理系统使用对称加密算法对系统根密钥进行密钥分散，实现一卡一密，即为每个卡片生成唯一卡片密钥。具体而言，可以利用根密钥对门禁卡的唯一标识（UID）以及用于密码分散的特定发行信息（如有）进行加密，获得卡片的唯一对称密钥，并将对称密钥安全下载到门禁卡中，实现门禁系统中对称密钥的分散。

在金融系统中，对称密钥管理标准有美国国家标准 ANSI X9.17《金融机构密钥管理（零售）》，这个标准为用于加密密钥的保护和交换规定了统一的处理方式，不仅适用于金融机构间的互操作，而且也可保证金融机构和大宗用户间的互操作。我国关于对称密钥管理相关的标准有 GB/T 17901.1-1999《信息技术 安全技术 密钥管理 第1部分：框架》，针对金融系统发布了国家标准 GB/T 27909.2-2011《银行业务 密钥管理（零售）第2部分：对称密码及其密钥管理和生命周期》。

接下来将结合上述标准着重介绍一下金融系统中的对称密钥分发，可以作为其他系统中对称密钥管理体系的参考。

在金融机构密钥使用过程中，用于加密大部分数据的密钥需要频繁更改（例如，每天更改一次或每次会话更改一次），这些密钥不适用于通过人工分发密钥来完成，因为这种实现方式的代价太高。因此，在银行业务的对称密钥管理体系中一般将密钥分成两类：数据密钥（Data Key，DK）和密钥加密密钥（Key Encrypting Key，KEK）。数据密钥用于保护数据，有时也称为会话密钥；密钥加密密钥用于保护数据密钥。对称密钥分发主要有两种基本结构，一种是点到点结构，另一种是基于密钥中心的结构。

1. 点到点结构

点到点结构如图 1-17 所示。在这种结构中，通信双方共享一个通过人工分发的 KEK，当双方需要通信时，通信发起方产生新的 DK，用 KEK 加密 DK，并将加密后的 DK 发送给另一方，实现 DK 的在线自动建立。

点到点结构存在的一个主要问题是，如果有 n 个成员组成的团体希望互相通信，那么需要人工分发的 KEK 数为 $n(n-1)/2$。在一个大型的网络中，KEK 的分发问题就变得极难处理。

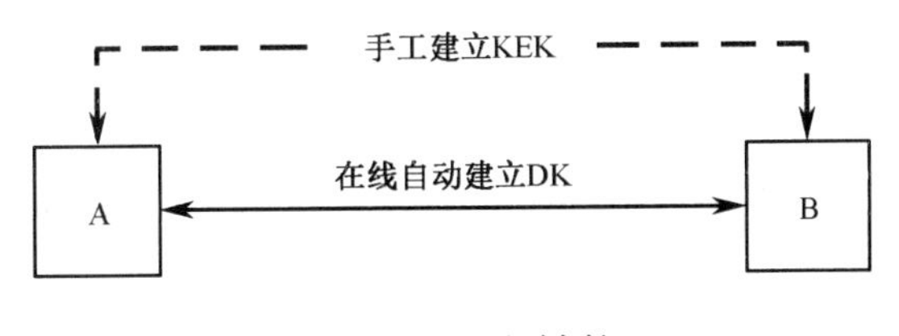

图 1-17　点到点结构

2. 基于密钥中心的结构

为解决点对点结构中大量 KEK 分发困难的问题，在密钥加密密钥分发结构中引入了密钥中心，这就是第二类结构。在这类结构中，每个通信方和密钥中心共享一个人工分发的KEK，但是通信方之间无共享的KEK。因此，对于一个由 n 个成员组成的团体，人工分发的KEK数量仅为 n。

密钥中心结构有两种：密钥转换中心（Key Translation Centre，KTC）和密钥分发中心（Key Distribution Centre，KDC）。

在密钥转换中心结构中，数据密钥DK由通信发起方产生，如图1-18所示。密钥分发过程如下：①当A希望和B进行通信时，由通信发起方A产生一个DK，产生的DK利用A与KTC共享的 KEK_A 进行加密保护，A将加密后的DK发送给KTC；②KTC解密得到DK，用KTC和B共享的 KEK_B 重新加密DK，KTC直接将加密后的DK传给B；或者，③KTC解密得到DK，用KTC和B共享的 KEK_B 重新加密DK，KTC将加密后的DK返回给A，由A再传送给B使用。

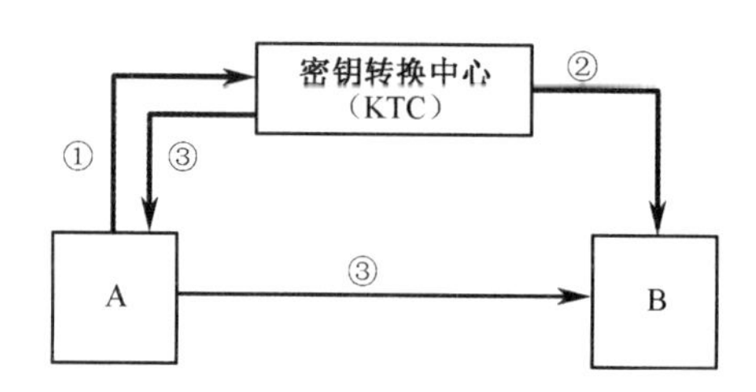

图1-18　密钥转换中心结构

在密钥分发中心结构中，数据密钥DK由KDC产生，如图1-19所示。密钥分发过程如下：①当A希望和B建立一个对称密钥时，A向KDC申请一个与B的共享密钥；②KDC产生一个DK，分别用与A、B共享的KEK加密DK，并分别返回给A和B。

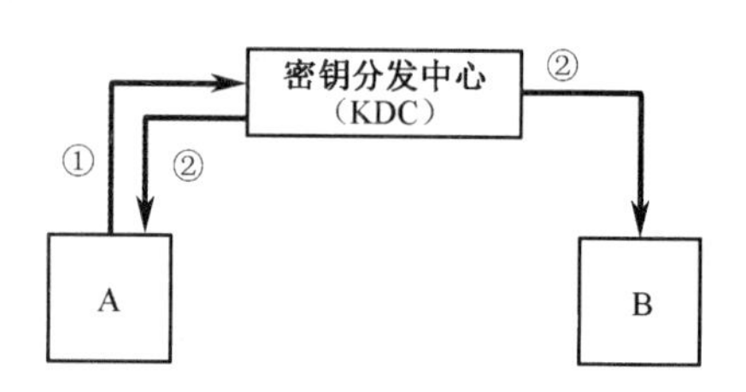

图1-19　密钥分发中心结构

在对称密钥分发过程中，密钥管理协议需要能抵抗旧密钥传输的重放攻击，防范方法有以下几种。

①密钥计数器。用于传输消息的密钥都有一个标记它的序列号，该序列号被附加到使用该密钥的一对用户所传输的每一个消息上。

②密钥调整。将一个与 KEK 有关的计数序列与 KEK 进行异或后，再加密所分配的 DK。接收者在解密之前也同样地用计数序列调整 KEK。

③时间戳。每个传输消息有一个标记它的时间戳，时间戳太旧的消息将被接收者拒绝接收。

1.5.3　公钥基础设施

公钥基础设施（Public Key Infrastructure，PKI）是基于公钥密码技术实施的具有普适性的基础设施，可用于提供信息的保密性、信息来源的真实性、数据的完整性和行为的不可否认性等安全服务。

PKI 主要解决公钥属于谁的问题。需要强调的是，这里所说的公钥属于谁，实际上是指谁拥有与该公钥配对的私钥，而不是简单的公钥持有。确认公钥属于谁是希望确认谁拥有对应的私钥。

目前，国内外有很多标准化组织为 PKI 的实施和应用制定了一系列标准。ITU-T 标准化部门制定的 X.509 标准，为解决 X.500 目录中的身份鉴别和访问控制问题而设计，是目前使用最广泛、最成功的证书格式。IETF 公钥基础实施工作组（PKIX）为互联网上使用的公钥证书定义了一系列标准，旨在使 X.509 标准中所做的证书和证书撤销列表工作，满足在互联网环境中建立 PKI 需要。美国 RSA 公司制定的公钥密码学标准（Public Key Cryptography Standards，PKCS）对 PKI 体系的加密和解密、签名、密钥交换、分发格式及行为等内容进行了规范。我国制定的 GM/T 0034-2014《基于 SM2 密码算法的证书认证系统密码及其相关安全技术规范》等系列标准对我国公众服务的数字证书认证系统的设计、建设、检测、运行及管理进行了规范。

1.PKI 系统组件

PKI 系统包括以下几类组件。

①证书认证机构（Certification Authority，CA）。具有自己的公私钥对，负责为其他人签发证书，用自己的密钥来证实用户的公钥信息。一个 PKI 系统中可能会有多级 CA，包括根 CA 和各级子 CA。

②证书持有者（Certificate Holder）。证书持有者拥有自己的证书和与证书中公钥匹配的私钥。证书持有者的身份信息和对应的公钥会出现在证书中，也称为用户。

③依赖方（Relying Party）。一般将 PKI 应用过程中使用其他人的证书来实现

安全功能（保密性、身份鉴别等）的通信实体称为依赖方，或者证书依赖方。

④证书注册机构（Registration Authority，RA）。作为CA与申请者的交互接口，专门负责各种信息的检查和管理工作。只有在对申请者的各种检查通过之后，RA才会将信息发送给CA，要求CA签发证书。

⑤资料库（Repository）。用于实现证书分发，负责存储所有的证书，供依赖方下载。

⑥证书撤销列表（Certificate Revocation List，CRL）。包含了当前所有被撤销证书的标识，验证者根据最新的CRL就能够判断证书是否被撤销。

⑦在线证书状态协议（Online Certificate Status Protocol，OCSP）。一种实时检查证书撤销状态的协议标准。该协议是一种“请求－响应”协议，证书验证者向OCSP服务器查询某一张特定证书是否被撤销，服务器返回的响应消息表明该证书的撤销状态（正常、撤销或者未知）。OCSP和CRL都是为了解决证书撤消状态查询的问题，相比较而言，OCSP的实时性更高，部署起来也相对更复杂一些。

⑧轻量目录访问协议（Lightweight Directory Access Protocol，LDAP）。一种开放的应用协议，提供访问控制和维护分布式信息的目录信息。CA通过把新签发的证书与证书撤销链送到LDAP目录服务器，供用户查询、下载。

⑨密钥管理系统（Key Management System，KM）。为PKI系统中其他实体提供专门的密钥服务，包括生成、备份、恢复、托管等多种功能。

2. 数字证书结构

数字证书也称公钥证书，在证书中包含公钥持有者信息、公开密钥、有效期、扩展信息以及由CA对这些信息进行的数字签名。PKI通过数字证书解决密钥归属问题。在PKI中，CA也具有自己的公私钥对，对每一个“公钥证明的数据结构”进行数字签名，实现了公钥获得的数据起源鉴别、数据完整性和不可否认性。由于证书上带有CA的数字签名，用户可以在不可靠的介质上存储证书而不必担心被篡改，可以离线验证和使用，不必每一次使用都向资料库查询。

我国数字证书结构和格式遵循GM/T 0015-2012《基于SM2密码算法的数字证书格式规范》标准，标准中采用GB/T 16262系列标准的特定编码规则（DER）对证书项中的各项信息进行编码，组成特定的证书数据结构。ASN.1 DER编码是关于每个元素的标记、长度和值的编码系统。

证书数据结构由tbsCertificate、signatureAlgorithm和signatureValue三个域构成，如图1-20所示。

① tbsCertificate 域包含了主体名称和颁发者名称、主体的公钥、证书的有效期及其他相关信息。

② signatureAlgorithm 域包含了证书签发机构签发该证书所使用密码算法的标识符。该域的算法标识符必须与 tbsCertificate 中的 signature 标识的签名算法项相同。签名算法如为 SM2，其算法标识符为 1.2.156.10197.1.301。

③ signatureValue 域包含了对 tbsCertificate 域进行数字签名的结果。采用 ASN.1 DER 编码的 tbsCertificate 作为数字签名的输入，而签名的结果则按照 ASN.1 编码成 BIT STRING 类型并保存在证书签名值域内。

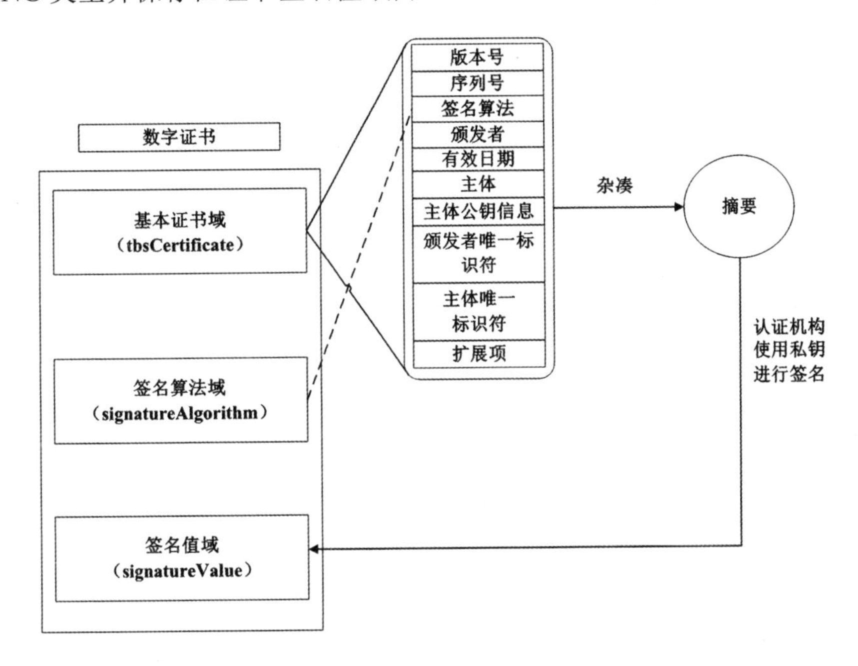

图 1–20　数字证书结构

3. 数字证书生命周期

证书的生命周期从证书的起始时间开始进入有效状态，在有效状态下的证书可以进行各种操作，生命周期的结束是当前时间进入了数字证书的失效日期或是数字证书被撤销，表明数字证书进入无效阶段。

数字证书的各种操作可归纳为五个方面：证书的产生、证书的使用、证书的撤销、证书的更新及证书的归档。

1）证书的产生

证书的产生主要包括密钥生成、提交申请、审核检查和证书签发四个步骤。

（1）密钥生成。证书申请者在本地生成一个公私密钥对。此公钥应包含在申请材料中，如果申请成功，CA 所颁发的数字证书中将把此公钥和申请者的个人信息绑定。

（2）提交申请。证书的申请者向 CA 或者 RA 提交申请材料。CA 一般会提供在线或者离线的提交方式以供选择。在线方式是指用户通过互联网等登录到用户注册管理系统后申请证书；离线方式是指用户到指定的 RA 申请证书。

（3）审核检查。CA（或被授权的 RA）应对申请材料进行相应的审核，判断资料来源和申请者身份的真实性，以及审定可签发的数字证书种类。

（4）证书签发。证书签发可进一步细分成证书的签署和证书的发布。证书的签署是指 CA 首先按照数字证书的标准格式组合出证书所需的各项数据内容，然后用自己的私钥对这些数据内容的杂凑值进行签名，并在数据内容后附上签名结果。这些反映公钥和身份的内容及 CA 的签名结果组合在一起就构成了证书。CA 签署证书后就应把证书公开发布，供各依赖方使用。CA 会给申请者本人发送其获得的数字证书，同时 CA 也会把该证书放入数字证书资料库中供其他人获取。数字证书发布的方式相对灵活，可以在线发布和离线发布。由于数字证书的公开性质，数字证书的发布不必采用保密信道。

2）证书的使用

证书的使用操作包括证书获取、验证使用和证书存储。

（1）证书获取。

①根 CA 自签名证书：由于无法通过 PKI 系统的技术手段对其进行验证，所以只能采用带外方式获取。

②用户证书：可以从 CA 的数字证书资料库获取证书，也可以是证书的持有者通过其他途径发送给依赖方。

（2）验证使用。

数字证书存在的目的是能被用来验证该公钥确实属于证书持有者。单个数字证书验证的基本内容包括证书中数字签名的有效性、证书的有效期和证书的撤销状态。

①在进行证书验证时，应首先验证证书中数字签名的有效性，只有签名有效性验证通过之后，才能进一步提取出证书中的其他信息进行验证。具体验证过程为：首先从签发该证书的 CA 证书中获得公钥，然后从证书中提取出签名算法信息，再对证书除去签名算法和签名结果的部分进行签名验证。如果验证通过，那么就能确保证书的完整性，可以继续对证书进行其他方面的验证；如果验证不通过，那就说

明证书是伪造的或被篡改的，不用进行其他的检查，直接认为此证书无效。

②证书有效期的验证主要是检查当前时间是否在证书中有效期字段对应的时间段内。如果当前时间在有效期内，就对证书的其他内容进行进一步验证；否则，认为证书是无效的。

③证书撤销状态的查询通常可以采用查询 CRL、OCSP 的方式。通过证书撤销状态查询，如果发现证书已经被撤销，那么证书就是无效的，用户不能使用该证书。

在实际应用中，大部分 PKI 系统都是采用多层次 CA 结构，根 CA 用自己的私钥对下级 CA 的证书签名，下级 CA 再用自己的私钥对下下级 CA 的证书签名，以此生成一条证书认证路径。因此在进行证书验证时需要沿着这条路径验证每一个上级 CA 的证书，直到信任路径的终点，即根 CA 证书。因此，证书的验证是一个复杂的流程，实际应用中这些复杂的流程大多都由 PKI 系统自动完成。

（3）证书存储。

用户将证书存储在本地以便日后使用。主要的使用形式就是直接发送给其他实体，供其鉴别自己的身份。除了数字证书在本地进行存储之外，用户的私钥也将存储在本地，以便进行后继签名或者解密等。不同于证书的存储，用户的私钥由于其保密性的要求，在本地必须以安全的形式进行存储。一般来说，可以用硬件设备保护、对称加密保护的方式来保障私钥在本地的存储安全。

3）证书的撤销

数字证书的“生命”不一定会持续到失效日期。当用户个人身份信息发生变化或用户私钥丢失、泄露或者疑似泄露时，证书用户应及时向 CA 提出证书撤销请求，CA 也应及时把此证书放入公开发布的 CRL 或更新 OCSP 服务内容。证书撤销也表示了证书生命的终结。

4）证书的更新

证书的更新必然需要 CA 签发一份新的证书，但是此时的审核签发过程与用户第一次申请不同。更新后的证书与原证书内容基本一样，甚至可沿用以前的公钥，不同之处仅在于序列号、生效和失效日期。

5）证书的归档

PKI 系统必须支持对曾有数据的归档处理，以能在需要的时候为 PKI 系统依赖方找到所需要的旧的数字证书和 CRL 为原则。证书的归档没有固定的形式，但是是必不可少的。

4. 双证书体系

公钥密码的密钥既可以用于加密应用，又可以用于签名应用。然而，一方面，监管和用户自身的密钥恢复需求要求私钥在用户之外得到备份；另一方面，数字签名应用的私钥不能在用户之外再有备份。作为同时满足加密和签名两方面看似矛盾的需求解决方案，能够区分签名证书和加密证书的“双证书体系”得以引入。目前我国 PKI 系统采用的就是双证书体系。

在我国双证书体系中，用户同时具有两个私钥，分别称为签名私钥和加密私钥。签名私钥由用户在本地生成并专有掌握，对应的证书被称为“签名证书”；加密私钥用于解密和密钥交换，由专门的可信机构（如密钥管理中心）生成并和用户共同掌握，对应的证书被称为“加密证书”。可信机构保存的加密私钥可用于密钥恢复，可信机构需保证所保存的加密私钥的安全性。

1.6 密码协议

保障信息的安全不能单纯依靠安全的密码算法，还需要通过安全的密码协议在实体之间安全地分配密钥或其他秘密信息，以及进行实体之间的鉴别等。密码协议是指两个或两个以上参与者使用密码算法时，为达到加密保护或安全认证目的而约定的交互规则。

本节首先介绍密钥交换协议，然后结合国家标准 GB/T 15843 介绍实体鉴别协议，最后，介绍两个较为综合的密码协议实例——IPSec 和 SSL 协议。

1.6.1 密钥交换协议

在使用对称密码进行保密通信之前，必须向通信双方分发密钥使得双方共享密钥。然而在公钥密码出现之前通信双方建立共享密钥是一个困难问题。相对于对称密码，公钥密码的一个优点就是可以在不安全的信道上进行密钥交换。密钥交换协议旨在让两方或者多方在不安全的信道上协商会话密钥，从而建立安全的通信信道。

1. Diffie-Hellman 密钥交换协议

1976 年 Diffie 和 Hellman 提出公钥密码学概念，并提出了著名的 Diffie-Hellman 密钥交换协议。经典的 Diffie-Hellman 密钥交换协议运算在有限循环群上。该协议在初始化阶段选择大素数 p，令 g 为模 p 乘法群的生成元，并公开参数 p 和 g。用户 A 和用户 B 之间的 Diffie-Hellman 密钥交换协议如图 1-21 所示。

①用户 A 随机选择 $x\in[1,p-1]$，计算 $X=g^x \bmod p$，并将 X 发送给用户 B；

②用户 B 随机选择 $y\in[1,p-1]$，计算 $Y=g^y \bmod p$，并将 Y 发送给用户 A；

③用户 A 计算 $k=Y^x \bmod p$ 为会话密钥；

④用户 B 计算 $k=X^y \bmod p$ 为会话密钥。

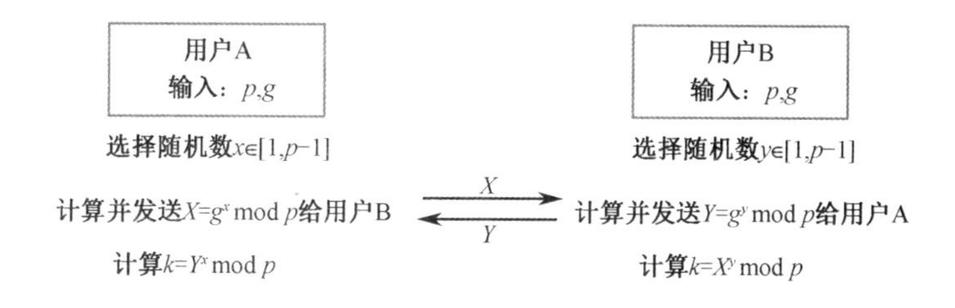

图 1–21　经典 Diffie–Hellman 密钥交换协议

然而，Diffie-Hellman 密钥交换协议只能提供建立会话密钥的功能，并不能抵抗中间人攻击，同时也不能提供相互鉴别的安全保障。在具有鉴别功能的密钥交换协议中，Menezes 等人在 1995 年给出的 MQV 方案最具代表性。

2. MQV 密钥交换协议

在经典 Diffie-Hellman 密钥交换协议的基础上，MQV 密钥交换协议在协议交互过程中用到了双方公钥信息，只有拥有相应私钥的用户才能计算出与对方相同的会话密钥，从而达到隐式鉴别的效果。基于效率方面的考虑，MQV 选择了椭圆曲线加法群作为基本的计算群。令点 G 为加法群的生成元，点 G 的阶为 n。用户 A 的公钥为点 $P_A=d_AG$，私钥为 d_A；用户 B 的公钥为点 $P_B=d_BG$，私钥为 d_B。每一个用户选择随机数，计算并发送临时的消息给对方（具体地，用户 A 选择随机数 r_A 计算 r_AG 发送给对方，用户 B 选择随机数 r_B 计算 r_BG 发送给对方）。协议的双方在验证公钥合法性（点 r_AG、r_BG 是否在椭圆曲线上）的前提下通过计算 P_A、P_B、r_AG、r_BG 的组合得到会话密钥。

令 w 为大于或等于 $(\log_2 n+1)/2$ 的最小整数，h 为余因子（在标准中一般为 1）。MQV 密钥交换协议的详细过程如下所示：

①用户 A 选择$r_A \in [1,n-1]$，计算 $R_A=r_AG=(x_1, y_1)$，并将 R_A 发送给用户 B；同时计算 $h_x=x_1 \bmod 2^w+2^w$，以及 $t_A=h_x d_A+r_A \bmod n$。

②用户 B 选择$r_B \in [1,n-1]$，计算 $R_B=r_BG=(x_2, y_2)$，并将 R_B 发送给用户 A；同时计算 $h_y=x_2 \bmod 2^w+2^w$，以及 $t_B=h_y d_B+ r_B \bmod n$。

③用户 A 接收到 R_B 后验证其是否在椭圆曲线上（验证临时消息的合法性）；计算 $h_y=x_2 \bmod 2^w+2^w$。

④用户 B 接收到 R_A 后验证其是否在椭圆曲线上（验证临时消息的合法性）；计算 $h_x=x_1 \bmod 2^w+2^w$。

⑤用户 A 计算 $k=ht_A(R_B+h_yP_B)$ 为共享密钥。

⑥用户 B 计算 $k=ht_B(R_A+h_xP_A)$ 为共享密钥。

容易验证，合法的用户 A 和用户 B 最终计算出共同的会话密钥 k。

3. SM2 密钥交换协议

SM2 密钥交换协议为 MQV 的一个变种，同样具有鉴别通信双方身份真实性的功能。该协议可满足通信双方经过两次（或供选择的三次）信息传递过程，计算并获取一个由双方共同决定的会话密钥。SM2 密钥交换协议的具体交互流程已在本书 1.4.2 节中介绍。

1.6.2 实体鉴别协议

实体鉴别机制用于证实某个实体就是他所声称的实体，待鉴别的实体通过表明它确实知道某个秘密来证明其身份。我国国家标准 GB/T 15843 规定了进行实体鉴别的机制，这些机制定义了实体间的信息交换，以及需要与可信第三方的信息交换。GB/T 15843 系列标准已经发布了六个部分，分别为：

- GB/T 15843.1-2017《信息技术 安全技术 实体鉴别 第 1 部分：总则》；
- GB/T 15843.2-2017《信息技术 安全技术 实体鉴别 第 2 部分：采用对称加密算法的机制》；
- GB/T 15843.3-2016《信息技术 安全技术 实体鉴别 第 3 部分：采用数字签名技术的机制》；
- GB/T 15843.4-2008《信息技术 安全技术 实体鉴别 第 4 部分：采用密码校验函数的机制》；
- GB/T 15843.5-2005《信息技术 安全技术 实体鉴别 第 5 部分：使用零知识

技术的机制》；

- GB/T 15843.6-2018《信息技术 安全技术 实体鉴别 第6部分：采用人工数据传递的机制》。

实体鉴别应用机制包括单向鉴别和相互鉴别两种。单向鉴别是指使用该机制时两实体中只有一方被鉴别，相互鉴别是指两个通信实体运用相应鉴别机制对彼此进行鉴别。其中单向鉴别按照消息传递的次数，又分为一次传递鉴别和两次传递鉴别；相互鉴别根据消息传递的次数，分为两次传递鉴别、三次传递鉴别或更多次传递鉴别。如果采用时间值或序号，则单向鉴别只需一次传递，而相互鉴别则需两次传递；如果采用使用随机数的“挑战—响应”方法，单向鉴别需两次传递，相互鉴别则需三次或四次传递（依赖于所采用的机制）。本小节主要对GB/T 15843规定的采用对称加密算法、采用数字签名技术和采用密码校验函数的无可信第三方单向鉴别机制进行介绍，关于其他鉴别机制可参阅该标准。

1. 一次传递鉴别

一次传递鉴别只需要进行一次消息传递过程。一次传递的单向鉴别机制如图1-22所示，身份声称者A向验证者B发送能证明自己身份的Token_{AB}，由B来进行鉴别。为了防止重放攻击，一次传递鉴别的Token中应当包含时间值T_{A}或序列号N_{A}。

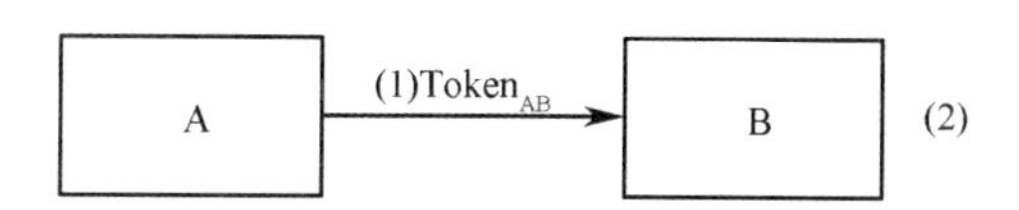

图1-22 一次传递的单向鉴别机制

1）采用对称加密算法

在采用对称加密算法的实体鉴别机制中，声称者A通过表明他知道某秘密鉴别密钥来证实其身份。鉴别时，A使用秘密密钥K_{AB}加密特定数据，与A共享该密钥的验证者B将加密后的数据解密，从而验证A的身份。

声称者A发送的Token的形式为：$\text{Token}_{\text{AB}}=\text{Text2}\|e_{K_{\text{AB}}}(\frac{T_{\text{A}}}{N_{\text{A}}}\|\text{B}\|\text{Text1})$，其中$e_K(M)$表示使用密钥$K$对消息$M$进行加密。Token是否包含可区分标识符B是可选的，Token中的Text1内容可以与Text2相同，也可以是A、B预共享的，如预留信息。验证时，B将加密部分解密并检验可区分标识符B（如果有）以及时间值或序号的正确性。

2）采用密码校验函数

HMAC 等 MAC 产生机制是常用的密码校验函数，具体构造方法可参考 GB/T 15852 系列标准。鉴别时，A 使用秘密密钥 K_{AB} 和密码校验函数对指定数据计算密码校验值，与 A 共享该密钥的验证者 B 重新计算密码校验值并与所收到的值进行比较，从而验证 A 的身份。

声称者 A 发送的 Token 的形式为：$\mathrm{Token}_{AB} = \genfrac{}{}{0pt}{}{T_A}{N_A} \| \mathrm{B} \| \mathrm{Text2} \| f_{K_{AB}}(\genfrac{}{}{0pt}{}{T_A}{N_A} \| \mathrm{B} \| \mathrm{Text1})$，其中函数 $f_K(M)$ 表示使用密钥 K 计算消息 M 的密码校验值。验证时，B 根据时间值或序号，重新计算校验值 $f_{K_{AB}}(\genfrac{}{}{0pt}{}{T_A}{N_A} \| \mathrm{B} \| \mathrm{Text1})$，并与 Token 中的密码校验值进行比较。

3）采用数字签名技术

在采用数字签名技术的实体鉴别机制中，声称者 A 通过表明它拥有某个私有签名密钥来证明其身份。鉴别时，A 使用其私钥 d_A 对特定数据进行签名，任何实体都可以使用 A 的公钥进行验证。

声称者 A 发送的 Token 的形式为：$\mathrm{Token}_{AB} = \genfrac{}{}{0pt}{}{T_A}{N_A} \| \mathrm{B} \| \mathrm{Text2} \| S_{d_A}(\genfrac{}{}{0pt}{}{T_A}{N_A} \| \mathrm{B} \| \mathrm{Text1})$，其中函数 $S_d(M)$ 表示使用私钥 d 对消息 M 进行签名。作为可选项，A 还可以将自己的公钥证书与 Token 一同发送给 B。验证时，B 根据时间值或序号，利用 A 的公钥对签名结果进行验证。

2. 两次传递鉴别

为了防止重放攻击，一次传递鉴别需要双方保持时间同步，或者鉴别方验证序列号没有重复，这在一些情况下可能是难以实现的。采用“挑战—响应”机制可以有效克服这种困难，即如图 1-23 所示的两次传递单向鉴别机制。鉴别时，由 B 发起鉴别过程，将随机数 R_B 作为挑战发送给 A（并可选的发送一个文本字段 Text1），A 通过对称加密、计算密码校验值或者私钥签名的方法计算 Token，并发送给 B 作为自己身份的证明，B 通过对称解密、重新计算密码校验值或者签名验证的方法验证 Token 的有效性，从而对 A 的身份进行鉴别。Token 的计算和验证的具体过程与一次传递过程类似，主要变化是将一次传递过程中用于防重放攻击的因子 T_A 或 N_A 换为 R_B，在此不再赘述。

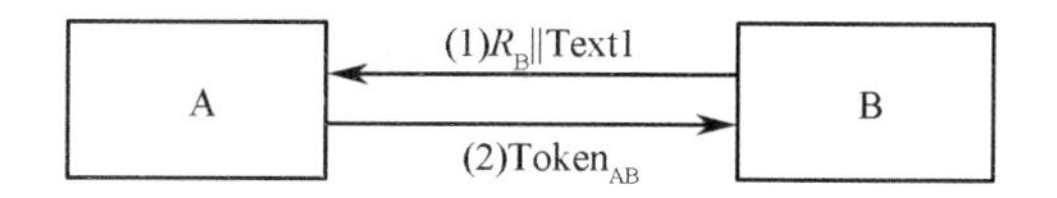

图 1-23 两次传递单向鉴别机制

1.6.3 综合密码协议举例

IPSec 协议和 SSL 协议是两个较为综合的密码协议，支持采用多种密码技术为通信交互中的数据提供全面安全保护，包括数据保密性、完整性校验、数据源身份鉴别和抗重放攻击等。不同的是，IPSec 工作在网络层，而 SSL 工作在应用层和传输层之间。IPSec 一般用于两个子网之间的通信，称为站到站的通信；SSL 一般用于终端到子网之间的通信，称为端到站的通信。

1. IPSec

IPSec 协议是国际组织 IETF 以 RFC（Request For Comments）形式公布的一组 IP 密码协议集，其基本思想是将基于密码技术的安全机制引入 IP 协议中，实现网络层的通信安全。IPSec 最初是针对 IPv6 网络环境开发的，却首先在 IPv4 网络中广泛部署。考虑到当前网络设备对 IPSec 协议实现的兼容性，目前 IPSec 在 IPv4 和 IPv6 是一项建议的可选服务。

IETF 于 1994 年成立 IPSec 工作组专门制定和推动 IPSec 协议标准。1995 年 8 月，IETF 首次公布关于 IPSec 的 RFC 建议标准；而后在 1998 年发布更新后的标准，并新增了一个用于相互身份鉴别的机制和互联网密钥交换（Internet Key Exchange，IKE）协议。2005 年 12 月，RFC 4301、RFC 4309 等作为 IPSec 的新标准发布，其中，RFC 4301 规定了 IPSec 的标准架构，RFC 4309 提出了 IKE 的第二版标准 IKEv2。当前，IETF 仍在持续开展对 IPSec 规范文档的制定和修订工作。我国于 2014 年发布了密码行业标准 GM/T 0022-2014 《IPSec VPN 技术规范》，其对 IPSec 协议技术进行了规范。该标准主要参考了 RFC 4301 等文档，并增加了对商用密码算法和双证书（签名证书和加密证书）的支持等内容。

IPSec 协议实际上是一套协议集合，而不是一个单独的协议。它为网络层上的通信数据提供一整套的安全体系结构，包括 IKE 协议、认证头（Authentication Header，AH）协议、封装安全载荷（Encapsulating Security Payload，ESP）协议和用于网络身份鉴别及加密的一些算法等。从工作流程上看，IPSec 协议可分为两个环节：IKE 是第一个环节，完成通信双方的身份鉴别、确定通信时使用的 IPSec 安全策略和密钥；第二个环节是使用数据报文封装协议和 IKE 中协定的 IPSec 安全策略和密钥，实现对通信数据的安全传输。

AH 和 ESP 协议可以工作在传输模式或隧道模式下。传输模式一般用于端到端的应用场景，只有 IP 载荷部分被保护，对 IP 头不做改动；隧道模式对整个 IP 数据报文提供加密和认证功能，并在此基础上添加新的 IP 头，一般用于创建虚拟专用网（Virtual Private Networks，VPN）隧道链路。

下面简要对 IPSec 中 IKE、AH 和 ESP 三个安全机制进行介绍，这部分内容主要参考 GM/T 0022-2014 对 IPSec 协议实现的描述。

1）IKE 协议

IKE 协议用于鉴别通信双方身份、创建安全联盟（Security Association，SA）、协商加密算法以及生成共享会话密钥等，其中 ISAKMP 是 IKE 的核心协议，定义了建立、协商、修改和删除 SA 的过程和报文格式，并定义了密钥交换数据和身份鉴别数据的载荷格式。ISAKMP 的一个核心功能就是创建和维护 SA。SA 作为通信双方之间对某些要素的一种协定，是 IPSec 的基础，协定的内容包括数据报文封装协议、IPSec 工作模式、密码算法等安全策略和密钥。IPSec 的两种封装协议（AH 和 ESP）均使用 SA 中协定的内容保护通信安全。另外，SA 是单向的，一个 SA 为单一通信方向上传输的数据提供一种安全服务，通信双方需要产生属于自己的 SA。若使用多个安全服务保护数据流，例如，同时提供认证和加密服务，那么应该创建多个 SA 来分别实现不同安全服务对数据的保护，即每个 SA 对应一个安全服务。

ISAKMP 分为两个阶段：第一阶段是主模式，通信双方建立一个 ISAKMP SA，并实现双方的身份鉴别和密钥交换，得到工作密钥，该工作密钥用于保护第二阶段的协商过程；第二阶段是快速模式，使用已建立的 ISAKMP SA 提供保护，实现通信双方 IPSec SA 的协商，确定通信双方 IPSec 安全策略和会话密钥。其中，IPSec 安全策略定义了哪些服务以何种形式提供给 IP 数据报文，如数据加密服务以 SM4 的 CBC 模式实现。

（1）第一阶段：主模式。主模式是一个身份保护的交换，其交换过程由 6 个消息组成。双方身份的鉴别采用数字证书的方式实现。ISAKMP 的主模式工作流程如图 1-24 所示。

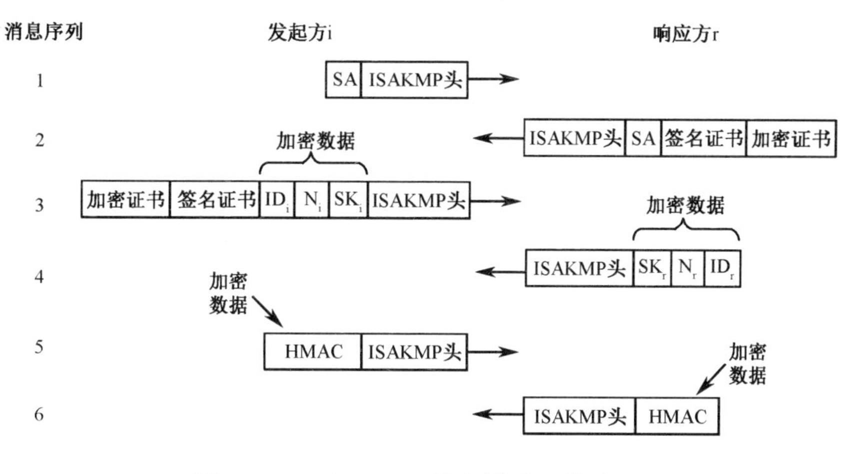

图 1–24 ISAKMP 的主模式工作流程

① 消息 1：发起方向响应方发送一个封装有建议载荷的 ISAKMP SA 载荷，告知响应方它优先选择的密码协议（如 ISAKMP、AH 或 ESP）以及希望协商中的 SA 采用的密码算法。

② 消息 2：响应方发送一个 SA 载荷及响应方的签名证书和加密证书（双证书），该载荷表明它所接受的发起方发送的 SA 提议。双证书则用于随后密钥交换时的数据加密和身份鉴别。

③ 消息 3 和 4：双方完成基于数字签名的身份鉴别，并通过交换数据得到为第二阶段（快速模式）提供保护的工作密钥。密钥交换的数据内容包括 Nonce 载荷（N_i 和 N_r）、身份标识载荷（ID_i 和 ID_r）等，其中 Nonce 载荷是生成工作密钥所必需的参数。这些数据使用双方各自随机生成的临时密钥 SK 进行对称加密保护，SK 用对方的加密证书中的公钥进行加密保护。双方各自对交换数据进行数字签名，这一过程使用签名证书对应的私钥来完成，并将签名结果发给对方。同时，发起方的双证书也在消息 3 中发给响应方。

消息 3 和 4 完成后，参与通信的双方利用 Nonce 载荷等交换数据经伪随机函数（Pseudo-Random Function，PRF）派生出基本密钥参数，并通过 PRF 用基本密钥参数派生出三个对称密钥，分别是用于产生会话密钥的密钥参数、用于验证完整性和数据源身份的工作密钥及用于加密的工作密钥。

④ 消息 5 和 6：发送方和响应方对前面的协商过程内容进行鉴别确认。这两个消息中传递的信息使用用于加密的工作密钥进行对称加密保护。对称密码算法由消息 1 和 2 确定，如使用 SM4 算法的 CBC 模式。为了检查交换内容，双方通过计算 HMAC 验证身份和协定的 SA 信息。

（2）第二阶段：快速模式。在主模式建立了 ISAKMP SA 后，通信双方就可以使用快速模式了。快速模式用于协商建立通信时使用的 IPSec SA，包括 IPSec 安全策略和会话密钥。会话密钥有两个，均为对称密钥，分别用于通信数据加密，以及完整性校验和数据源身份鉴别。快速模式交换的数据由主模式协定的 ISAKMP SA 提供保护，即除了 ISAKMP 头外所有的载荷都是加密的，加密密钥选用用于加密的工作密钥。同时，在 ISAKMP 头之后会紧跟一个 HMAC 载荷，用于验证交换数据的完整性和数据源身份。ISAKMP 的快速模式工作流程如图 1-25 所示。

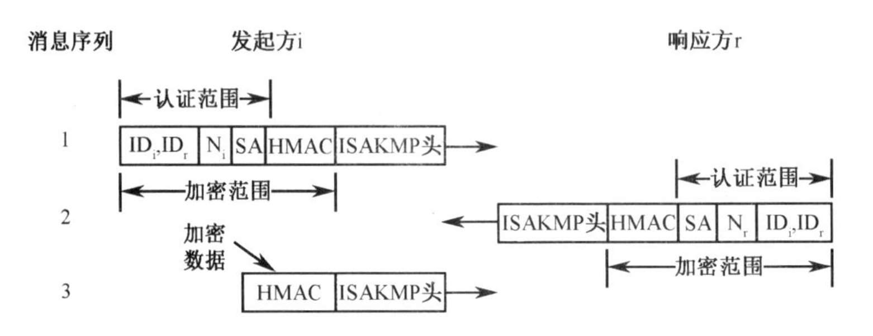

图 1-25　ISAKMP 的快速模式工作流程

最后，将主模式消息 3 和 4 中派生出的用于产生会话密钥的密钥参数经 PRF 计算得到会话密钥。PRF 的输入还包括双方的 Nonce 载荷、从主模式建立的 ISAKMP SA 中获得的协议值和安全参数索引（SPI），其中 SPI 用于唯一标识一个数据报文对应的 SA。用于加密的会话密钥与用于验证完整性和数据源身份的会话密钥则按照密码算法要求的长度，从会话密钥素材中依次选取。

2）AH 协议

AH 协议提供数据源身份鉴别、完整性和抗重放等安全功能。不过，AH 不提供任何保密性服务。标准 GM/T 0022-2014 规定，AH 不得单独用于封装 IP 数据报文，应和封装安全载荷协议 ESP 嵌套使用。

AH 协议的主要作用是为整个 IP 数据报文（IP 头和 IP 载荷）提供高强度完整性校验，以确保被篡改过的数据包可以被检查出来。AH 使用 MAC 对 IP 数据报文进行认证，最常用的 MAC 是 HMAC，而 HMAC 对 IP 数据报文处理所用的密钥就是 IKE 协定的用于验证完整性和数据源身份的会话密钥。

AH 在传输模式和隧道模式中分别有不同的放置位置，保护的范围有所不同，如图 1-26 所示。使用传输模式时，AH 放在原 IP 头之后，上层（传输层）协议之前，为整个 IP 数据报文（原 IP 头和 IP 载荷）提供认证保护；使用隧道模式时，AH 放在新建外部 IP 头之后，原 IP 数据报文之前，为整个原 IP 数据报文及新建外部 IP 头提供认证保护。需要注意的是，由于 AH 不提供加密服务，因此图 1-26 中的 AH 和 ESP 嵌套使用，共同保护 IP 数据报文。

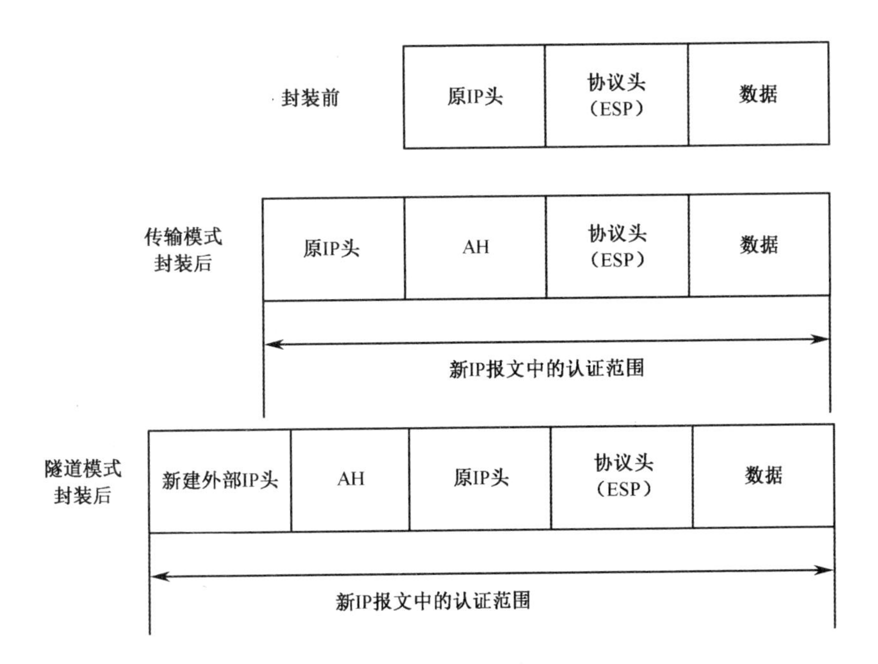

图 1-26 传输模式和隧道模式下 AH 位置

3）ESP 协议

和 AH 协议相比，ESP 协议增加了对数据报文的加密功能，它可同时使用用于加密的会话密钥及用于验证完整性和数据源身份的会话密钥，来为数据提供全面保护。由于 ESP 提供的安全功能更为全面，在标准 GM/T 0022-2014 中规定，ESP 可单独使用，并同时选择保密性和数据源身份鉴别服务；当 ESP 和 AH 结合使用时，无须 ESP 提供数据源身份鉴别服务，而由 AH 提供该项安全服务。由于单独使用 ESP 封装方式时，不会对数据报文的 IP 头进行认证，因此这种情况支持网络地址转换（NAT）穿越。

ESP 头在传输模式和隧道模式中分别有不同的放置位置，保护范围也有所不同，如图 1-27 所示。使用传输模式时，ESP 头放在原 IP 头之后，上层协议之前，为 ESP 头后的载荷提供保密性保护，为原 IP 头后的内容提供认证保护；使用隧道模式时，ESP 头放在新建外部 IP 头之后，原 IP 数据报文之前，为整个原 IP 报文提供保密性保护，为新建外部 IP 头后的内容提供认证保护。

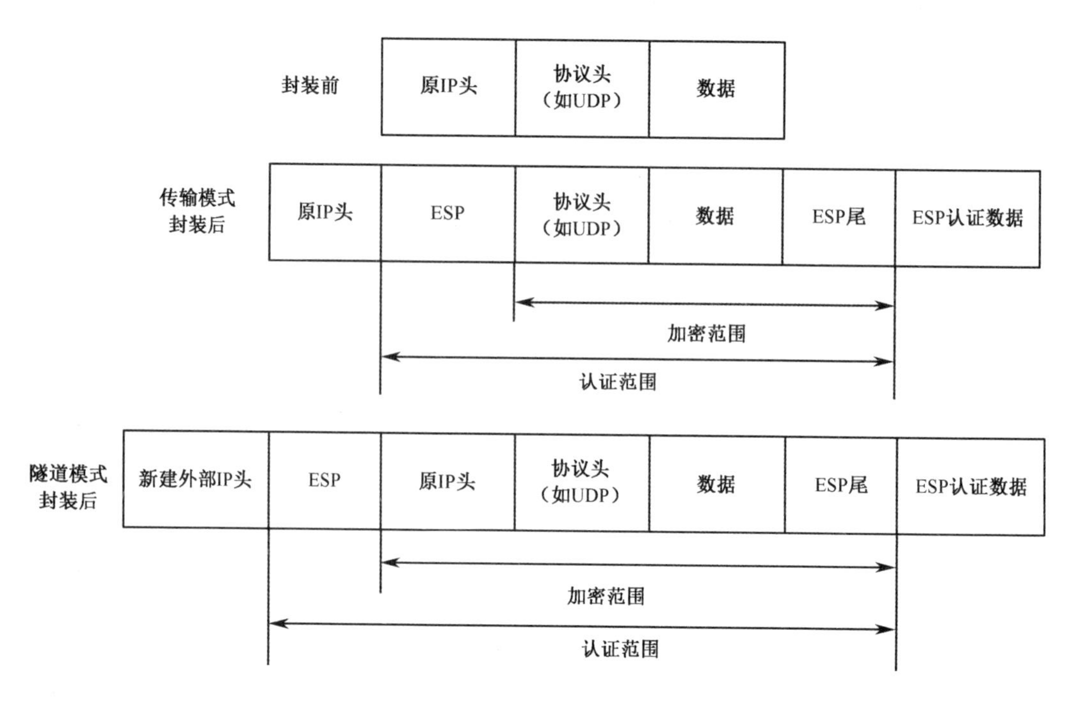

图 1-27　传输模式和隧道模式下 ESP 头位置

2. SSL

SSL 协议是网络上实现数据安全传输的一种通用协议，采用浏览器 / 服务端（B/S）结构是 SSL 协议的一种典型实现方式。该协议是由网景（Netscape）通信公司在推出 Web 浏览器时提出的，旨在保证经 Web 传输的重要或敏感数据的安全性。SSL 协议的安全功能和 IPSec 类似，有数据加密、完整性保护、数据源鉴别和抗重放攻击等功能。SSL 的 3 个版本（SSL 1.0/2.0/3.0）都由网景通信公司设计开发。1999 年，IETF 开展 SSL 标准化工作，将 SSL 3.0 改版为传输层安全（Transport Layer Secure，TLS）协议，即 TLS 1.0。经历了 TLS 1.1 和 TLS 1.2 版本后，2018 年 8 月，TLS 1.3 正式版本通过 RFC 8446 发布。相比于 TLS 1.2，TLS 1.3 在安全性和效率上都有重要提升。

我国于 2014 年发布了密码行业标准 GM/T 0024-2014《SSL VPN 技术规范》，对 SSL 协议技术进行规范。标准 GM/T 0024-2014 参考了 RFC 4346（TLS 1.1 版本），

并在 TLS 1.1 握手协议中增加了 ECC、IBC 身份鉴别模式和密钥交换模式，取消了 DH 密钥交换方式，修改了密码套件的定义以使其支持商用密码算法。

SSL 不是单个协议，而是由多个协议组成的两层协议集合，如图 1-28 所示。SSL 协议工作于应用层和传输层之间，协议的上层有握手协议等四个协议，下层是记录层协议（Record Protocol）。记录层协议用于封装不同的更高层协议的数据，为数据提供保密性、完整性和数据分段等服务，特别是它可为 B/S 的交互提供传输服务的超文本传输协议（HTTP）提供安全服务。SSL 协议中定义了三个更高层协议：握手协议、密码规格变更协议和报警协议。其中，握手协议实现了服务端和客户端之间相互的身份鉴别、交互过程中密码套件（公钥密码算法、对称密码算法和密码杂凑算法的集合）与密钥的协商；密码规格变更协议则是用于通知对方其后的通信消息将用刚刚协商的密码规格及相关联的密钥来保护；报警协议用于关闭连接的通知，以及对整个连接过程中出现的错误进行报警，其中关闭通知由发起者发送，错误报警由错误的发现者发送，报警消息中包含报警级别和报警内容。

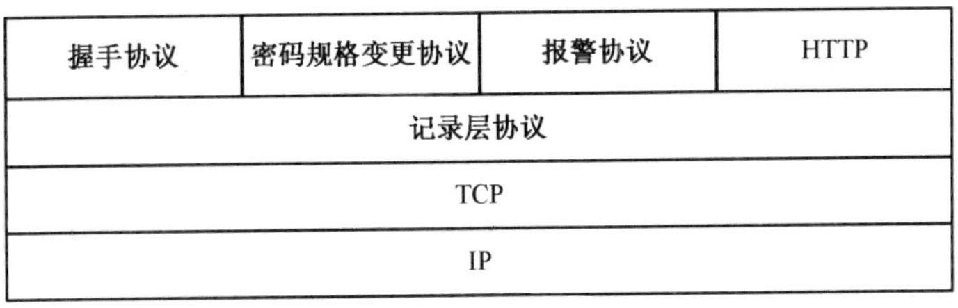

握手协议	密码规格变更协议	报警协议	HTTP
记录层协议			
TCP			
IP			

图 1-28　SSL 协议栈

下面对 SSL 中的两个主要部分——握手协议和记录层协议进行介绍。之所以选取这两个子协议，是因为记录层协议发挥了 SSL “承上启下”的作用，它对从上层应用接收到的待传输数据进行分块、压缩、封装等处理，而后将处理后的数据传输给下层，再传输给通信的另一方；而握手协议是通信双方准备建立 SSL 连接通信时，用到的第一个子协议，它是 SSL 协议中最复杂、涉及密码技术最多的协议。这部分内容参考 GM/T 0024-2014 对 SSL 协议实现的描述。

1）握手协议

握手协议的主要作用有两点：一是通信双方对彼此进行身份鉴别；二是协商连接会话所需的密码参数（如密码算法、密钥），其中各类密码算法组成的集合称为密码套件。握手协议工作流程如图 1-29 所示，分为四个主要的阶段。

阶段一：客户端向服务端发送 Client Hello 消息，服务端回应 Server Hello 消息。若服务端未回应，则产生一个致命错误并且断开连接。Client Hello 和 Server Hello 消息用于在客户端和服务端之间进行密码套件协商及确定安全传输能力（包括协议版本、会话标识等属性），并且产生和交换随机数。

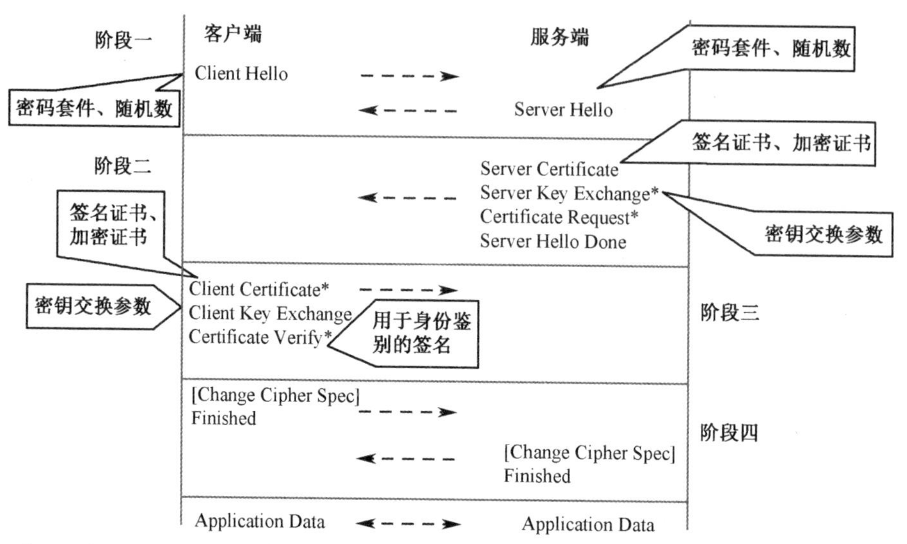

注：* 表示可选或依赖于上下文关系的消息，不是每次都发送。[] 不属于握手协议消息。

图 1-29　握手协议工作流程

阶段二：在客户端和服务端 Hello 消息之后是身份鉴别和密钥交换过程。在服务端发送完 Hello 消息之后，服务端将发送证书 Server Certificate（签名证书和加密证书）和服务端密钥交换消息 Server Key Exchange（用于生成预主密钥）。如果服务端需要验证客户端身份，则向客户端发送证书请求消息 Certificate Request，之后发送服务端 Hello 完成消息 Server Hello Done，表示 Hello 消息阶段已经结束，服务端等待客户端的返回消息。

阶段三：若服务端发送了一个证书请求消息 Certificate Request，客户端必须返回一个证书消息 Client Certificate。然后，客户端发送密钥交换消息 Client Key Exchange，消息内容取决于双方 Hello 消息协商出的密钥交换算法，如交换算法为 ECC，则客户端应产生 46 字节随机数与版本号一起构成预主密钥，并采用服务端的加密公钥进行加密并放在 ClientKey Exchange 消息中发送给服务端；如交换算法为 ECDHE，则 ClientKey Exchange 消息包含计算预主密钥的客户端密钥交换参数。同时，客户端根据双方的密钥交换消息生成预主密钥。如果客户端发送了证书消息

Client Certificate，那么也应发送一个带数字签名的消息 Certificate Verify 供服务端验证客户端的身份。在对交换数据进行加密和签名计算时，交换数据的加密运算采用对方加密证书中的公钥来完成；交换数据的签名运算采用本方签名私钥来完成，而且签名计算的输入应包括加密证书。

阶段四：客户端发送密码规格变更消息，并立即使用刚协商的算法和密钥，发送加密的握手结束消息。服务端则回应密码规格变更消息，使用刚协商的算法和密钥，发送加密的握手结束消息。至此，握手过程结束，服务端和客户端可以开始进行数据安全传输。

（1）密钥计算。主密钥为48字节对称密钥，由预主密钥、客户端随机数、服务端随机数、常量字符串，经 PRF 计算生成。

工作密钥的具体密钥长度由选用的密码算法决定，由主密钥、客户端随机数、服务端随机数、常量字符串经 PRF 计算生成。工作密钥包括两个对称密钥：用于加密的工作密钥，用于验证完整性和数据源身份的工作密钥。

（2）会话重用。如果客户端和服务端决定重用之前的会话，可不必重新协商安全参数。客户端发送 Client Hello 消息，并且带上要重用的会话标识。服务端在会话缓存中检查该标识，如果服务端有匹配的会话存在，服务端则使用相应的会话状态接受连接，发送一个具有相同会话标识的服务端 Hello 消息。然后通信双方根据从重用会话中提取的主密钥进行后续操作，以及发送密码规格变更消息和握手结束消息。如果服务端没有匹配的会话标识，服务端会生成一个新的会话标识进行一个新的完整的握手过程。

2）记录层协议

当客户端和服务端握手成功后，待传输的应用数据通过记录层协议封装，并得到保密性和完整性保护，具体过程如图1-30所示。接收到这些信息的实体要将该过程逆向执行一遍，从而获取原始数据。

第1步：数据分段。当记录层从上面的应用层接收到不间断的数据流时，将对数据进行分段，每一个记录块的长度为 2^{14} 字节或者更小。

第2步：数据压缩。所有的记录块使用当前会话状态指定的压缩算法进行压缩。压缩应采用无损压缩方法，并且增加长度不超过1024字节。在标准 GM/T 0024-2014 中没有指定压缩算法，默认的压缩算法为空。

第 3 步：数据添加 MAC。使用握手协议的密码套件中协定的密码杂凑算法和用于校验的工作密钥，对每块明文记录计算 MAC。

第 4 步：对数据和 MAC 加密。使用握手协议的密码套件中协定的对称密码算法和用于加密的工作密钥，对压缩的数据及与之相关联的 MAC 进行加密。

第 5 步：附加 SSL 记录报头。增加由内容类型、主要版本、次要版本和压缩长度组成的首部。

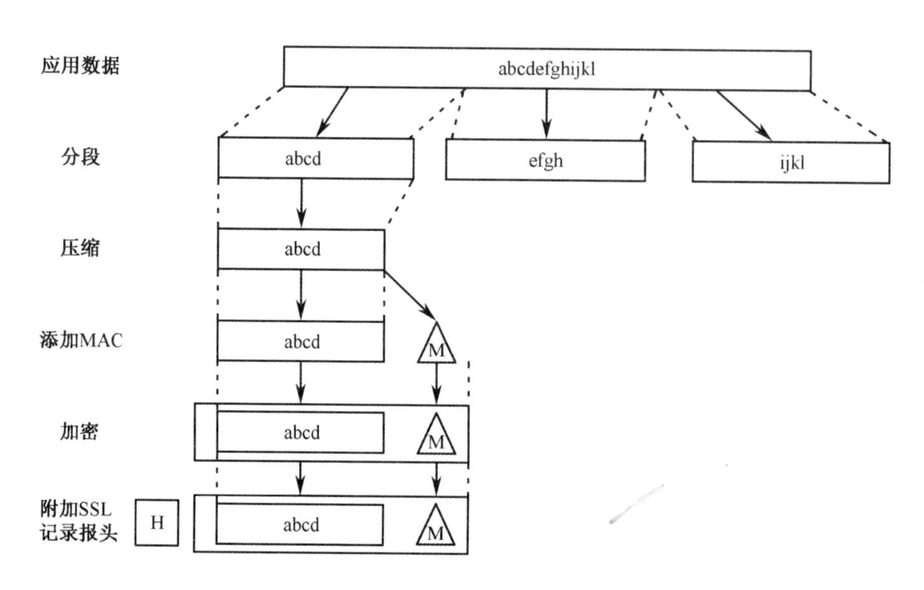

图 1–30 记录层协议

1.6.4 密码协议分析概要

对密码协议的分析和设计是相互交织并且相辅相成、共同发展的。在早期研究中，研究人员根据具体应用需求设计了大量密码协议，并基于经验和单纯的软件测试等分析其安全特性。多数协议是通过和已有协议进行对比或者分析对已知攻击的抵抗等经验来说明协议的安全性。然而，事实证明，根据经验设计的密码协议是非常脆弱和危险的，各种未知的攻击会不断涌现。以密钥交换协议为例，其前期分析工作只进行启发式的安全说明，缺乏严格的安全性证明，针对其未曾预料的攻击层出不穷。

针对上述缺点，研究人员在近几年提出了一系列密码协议设计原则，并且给出了一套形式化的分析方法，从而从理论上保证了密码协议的安全性。

设计原则有助于在协议设计阶段通过充分考虑一些不恰当的结构来避免不必要

的错误，具体包括消息独立完整性原则、消息前提准确原则、主体身份鉴别标识原则、加密目的原则、签名原则、随机数使用原则、时间戳使用原则及编码原则。

形式化方法采用正规的标准化方法，借助可证明安全的方法对协议进行分析以检查协议是否满足其安全目标。密码协议的形式化分析技术可以使设计者将注意力集中于接口、系统环境的假设、系统的不同状态与不变属性等，通过系统验证提供必要的保证。形式化分析有助于界定密码协议的边界、准确地描述密码协议的行为和特性、更准确地衡量敌手的能力，以及准确地分析其满足安全目标或者在什么条件下不满足安全目标。

对一个具体的密码协议进行分析时，研究人员的一个基本共识是对协议进行形式化抽象与刻画，并采用可证明安全的手段进行说明，将协议安全保证归约到底层的数学问题的困难性或者密码组件的安全属性上，从而保证协议安全性。例如，针对密钥交换协议，研究人员已经提出了一些严格的安全模型，并采用可证明安全的方法证明所设计的方案符合某个安全模型的安全定义，这其中具有代表性的就是HMQV、NAXOS等方案；针对TLS 1.3协议，研究人员用形式化的方法定义合适的安全模型，并从理论证明的角度分析其不同版本之间的可组合性及对称密钥协议的可组合性。

1.7　密码功能实现示例

本节从实现角度，给出实现保密性、完整性、真实性和不可否认性等密码功能的典型方法，也是对密码算法的具体应用和总结。

1.7.1　保密性实现

信息保密性保护的目的是避免信息泄露或暴露给未授权的实体。实现保密性保护有三种基本方法：一是访问控制的方法，防止敌手访问敏感信息；二是信息隐藏的方法，避免敌手发现敏感信息的存在；三是信息加密的方法，允许敌手观测到信息的表示，但是无法从表示中得到原始信息的内容或提炼出有用的信息。加密是数据通信和数据存储中实现保密性保护的一种主要机制，保密性保护也是密码技术最初的目标。

对于加密机制的应用，需要考虑密码体制的选取（对称密码体制或者公钥密码体制）、算法的选择、工作模式、填充需要、初始化需要等因素。公钥密码技术和对称密码技术都可以用来实现加密机制，实现保密性保护。一般来说，公钥密码技术加密和解密方式灵活，但是计算成本高，主要应用于信息量不大、分享方式复杂的信息保密性保护，如密钥的协商或加密传输。大量信息传输或存储的保密性保护主要通过对称密码技术完成。公钥密码技术可以为对称密码应用提供密钥协商或安全传输的支撑。

在对称密码实现保密性保护时，尤其需要注意工作模式的安全性。例如，CBC模式下的初始向量一般需要随机产生，而不是只需不重复即可；CTR模式下的计数器值需要每次加密都各不相同，即对于同一个密钥，一个计数器值只能使用一次。

1.7.2 完整性实现

数据完整性保护的目的在于保护信息免受非授权实体的篡改或替代。数据完整性的破坏包括有意或者无意的损坏。数据完整性保护也有两种基本方法：一是访问控制方法，限制非授权实体修改被保护的数据；二是损坏—检测方法，这种方法无法避免数据损坏，但能确保这些损坏能够被检测出来，并能够被纠正或报警。一般通过消息鉴别码（MAC）或数字签名机制来实现完整性保护。在特殊应用中，在确保杂凑值无法被修改时，也可以单纯采用杂凑算法保护数据的完整性。例如，用于系统镜像完整性保护的杂凑值往往被存储在可信计算模块或一次性编程ROM中。下面主要介绍利用MAC和数字签名机制实现完整性保护的方法。

1. 消息鉴别码实现完整性

对称密码和杂凑算法都可用于消息鉴别码的生成。基于对称密码算法生成消息鉴别码时，一般对消息使用CBC模式进行加密，取密文的最后一个分组作为消息鉴别码。但需要注意的是，使用CBC模式生成MAC时，不能使用初始向量（初始向量为全0），而且消息长度需要双方预先约定。利用杂凑算法生成消息鉴别码是应用中经常采用的方式，相应的技术称为HMAC，具体的产生过程在本书1.4.3节中已经介绍。

基于MAC的消息完整性保护过程如图1-31所示，MAC往往以消息标签的形式存在。消息发送者针对所发送的消息生成一个MAC作为消息标签，并将该标签和消息传输给接收者；消息接收者在将消息作为真实消息接收之前，通过共享的密钥和接收到的消息重新计算 MAC，验证计算出的 MAC 是否和接收到的 MAC 一致，如果二者一致则认为接收到的消息是完整的。

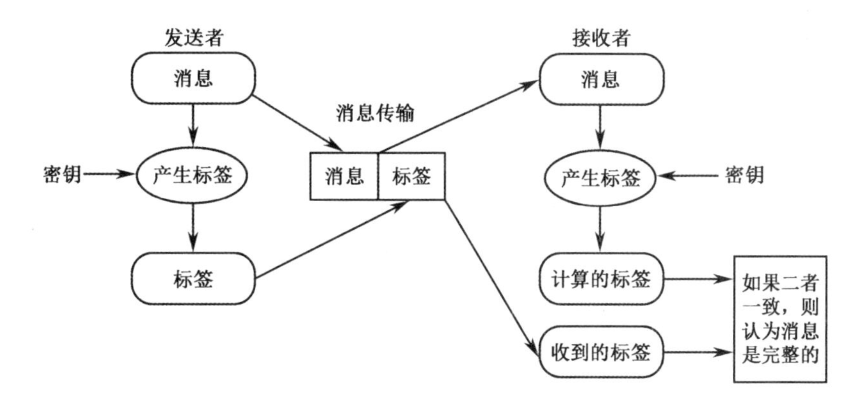

图 1-31　基于 MAC 的消息完整性保护过程

2. 数字签名实现完整性

数字签名也可以看作是标签的一种。基于对称密码或者杂凑算法的完整性保护机制能够确保接收者接收消息之前的消息完整性，但是不能防止接收者对消息的伪造；基于公钥密码技术的数字签名不仅可以防止敌手对消息进行篡改，还能防止接收者对消息进行伪造，即同时实现消息发送行为的不可否认性。

基于数字签名的消息完整性保护流程如图 1-32 所示。消息发送者使用私钥对发送的信息进行签名，并将签名结果作为标签，连同消息一起发送给接收者；接收者用公钥对签名信息进行验证，即利用接收到的消息及标签，以及发送方的公钥来验证接收到的消息的完整性。为了提升效率和安全性，方案还引入了杂凑函数，先对要签名的消息进行压缩，然后对压缩后的消息摘要进行签名产生标签。由于杂凑函数的引入，签名的对象变成消息摘要，而不是消息本身，从而减少了签名计算过程的计算量。

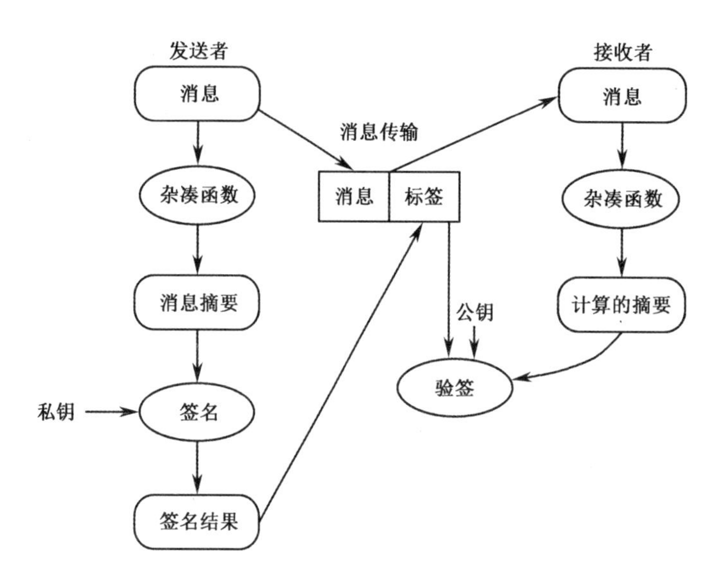

图 1-32　基于数字签名的消息完整性保护流程

1.7.3　真实性实现

实现信息来源真实性的核心是鉴别。使用密码技术可以安全地实现对实体身份的鉴别。常用的鉴别方式包括：基于对称密码、公钥密码等密码技术的鉴别，基于静态口令的鉴别，基于动态口令的鉴别，以及基于生物特征的鉴别。后面三种鉴别方式虽然不是直接基于密码技术进行鉴别的，但在鉴别过程中仍需密码技术提供保护或支撑。

1. 基于密码技术的鉴别机制

基于密码技术鉴别机制的基本原理是：基于声称者知道某一秘密密钥这一事实，实现验证者对声称者身份的鉴别。对称密码技术和公钥密码技术都可用于鉴别机制的实现，详细的鉴别协议已经在 1.6.2 节中介绍。这里给出一个基于密码技术鉴别的框架，如图 1-33 所示。使用对称密码技术和公钥密码技术进行鉴别都可以用该框架进行描述。

基于对称密码技术的最简单的鉴别方法是声称者和验证者共享一个对称密钥。声称者用该密钥加密某一消息或计算该消息的 MAC。如果验证者能够成功解密消息，或者验证杂凑值是正确的，那么验证者相信消息来自声称者。被加密或被杂凑的消息内容通常是一个非重复的值，以抵抗重放攻击，也可以使用“挑战—响应”机制来抵抗重放攻击（1.6.2 节中“二次传递”鉴别方式）。

基于公钥密码技术的鉴别方法也是类似的。声称者使用私钥对某一消息进行签名，验证者使用声称者的公钥验证签名结果的有效性。如果签名能够验证通过，那么验证者相信声称者是声称者本人。另外，消息中也可以包含一个非重复值以抵抗重放攻击。

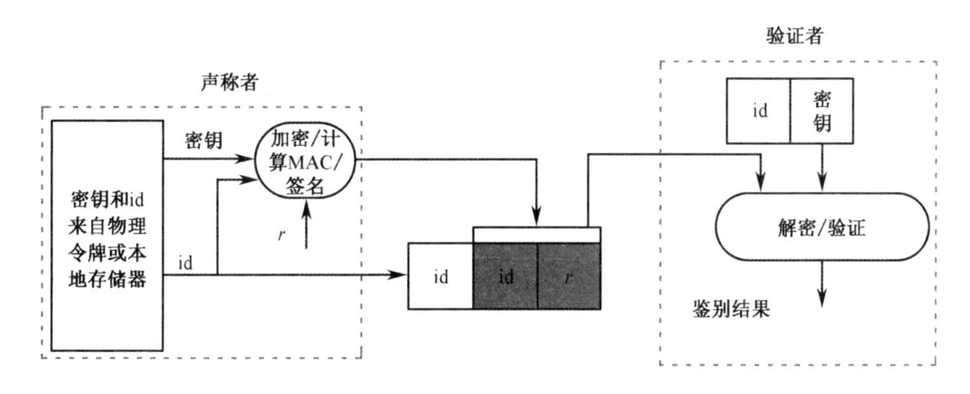

图 1-33 基于密码的鉴别方案的基本框架

1）在线认证服务器

如果每一对声称者和验证者都共享一对密钥，将会导致“密钥爆炸”。针对密钥爆炸问题，可以通过引入中心在线认证服务器（这里“认证服务器”是沿用通俗的叫法，实际上完成的是鉴别功能）来解决。有两种中心认证在线服务器的部署方式，如图 1-34 所示。

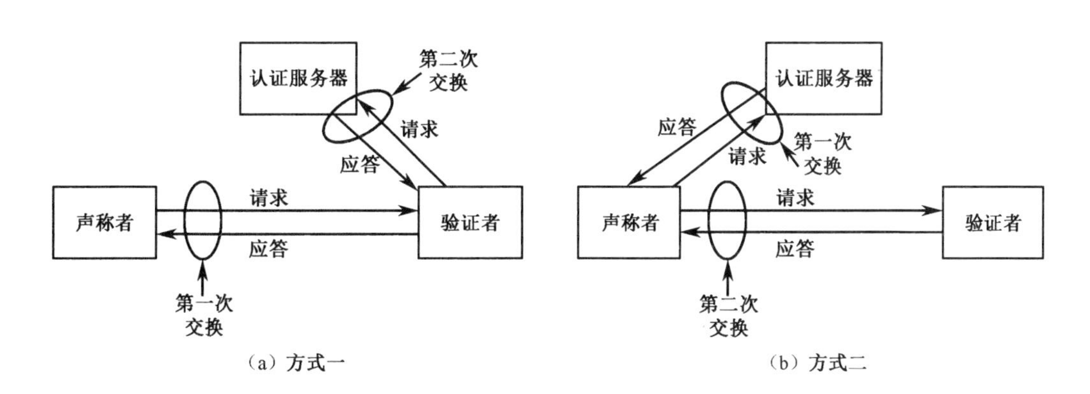

图 1-34 在线中心认证服务器部署

在图 1-34 的两种方式中，声称者和验证者之间都不共享密钥，但是都和中心认证服务器共享密钥。在方式一中，声称者用它的密钥进行加密、签名等操作，然后发送给验证者。因为验证者与发送者之间没有共享密钥，因此不能直接解密/验证，所以验证者将鉴别消息转发给中心认证服务器。中心认证服务器完成解密或者验证后，再用其和验证者共享的密钥，保护鉴别信息，并将其发送给验证者，验证者可以验证鉴别信息。在第二种方式中，声称者首先从认证服务器中获得一个许可证，并将该许可证发送给验证者。声称者和中心认证服务器之间的通信用他们共享的密钥保护。许可证用中心认证服务器和验证者之间的共享密钥保护，因此验证者能够解密 / 验证许可证。著名的 Kerberos 系统就是方式二的一个具体实例。

2）离线认证服务器

基于对称密码的鉴别方案需要维持一个在线服务器，导致其在分布式网络中的应用存在困难。利用公钥密码技术可以避免使用在线认证服务器。基于公钥密码技术的鉴别方案的典型代表是公钥基础设施（PKI）系统。只要验证者拥有声称者的证书，就可以独立地完成对声称者身份的鉴别。但是，PKI 系统中有效的和已撤销的证书列表仍需要从服务器获取。相比于在线认证服务器，离线认证服务器可以避免鉴别过程中与在线服务器交互而带来的时间延迟，并节省服务器的通信容量，同时可以消除服务器的暂时故障对鉴别过程的影响。关于 PKI 技术的相关内容已经在本书 1.5.3 节进行了介绍。

2. 基于静态口令的鉴别机制

静态口令或者个人识别码（PIN）是最常用的鉴别信息之一，也是很多人口中的“密码”。直接使用口令进行鉴别有许多脆弱点，最严重的是外部泄露和口令猜测，以及窃听、重放攻击等。用密码技术可以有效提升口令鉴别过程的安全性。在口令传输过程中，可以采用对称加密、杂凑算法、公钥加密等方式保证口令的安全性。一个典型的使用杂凑算法保护的口令鉴别方案如图 1-35 所示，该方案能够有效抵御口令窃听和重放等攻击，为防止对口令的字典攻击，还可以加入“盐（salt）”值，对存储的口令进行保护。

在图 1-35 中，声称者使用杂凑函数对口令 p' 和身份标识 id 进行杂凑函数计算，输出 q'，q' 与时变值 r 一起通过杂凑函数 g 计算，生成 t'。t'、id 和 r 打包在一起形成鉴别消息。验证者接收到鉴别消息后，利用接收到的 r 和自己存储的 q 值（口令 p 和 id 组合的杂凑值），通过杂凑函数运算生成 t，并与接收到的 t' 进行对比，完成对鉴别消息的验证。其中 r 是一个非重复的值，可以是一个时间值或者单向递增值。由于 r 不会重复，使得鉴别消息的 t' 值在每次鉴别时都不一样，抵御了重放攻击；杂凑函数的使用使得无法从 t' 得到真实的口令信息，从而抵御了在链路上对口令的窃听攻击。

图 1-35 中“一次传递”的鉴别方式需要验证者验证时变值 r 是否被使用过，这一点通常是比较困难的。使用“挑战—响应”机制不仅可以解决这个问题，还能有效提升抵抗重放攻击的能力。在“挑战—响应”方案中，验证者首先给声称者发送一个确定的 r 值，此时产生非重复值 r 的能力完全掌握在验证者手中。但是，在这种情况下，通信代价随之增加，因为需要增加一次挑战消息发送的通信。

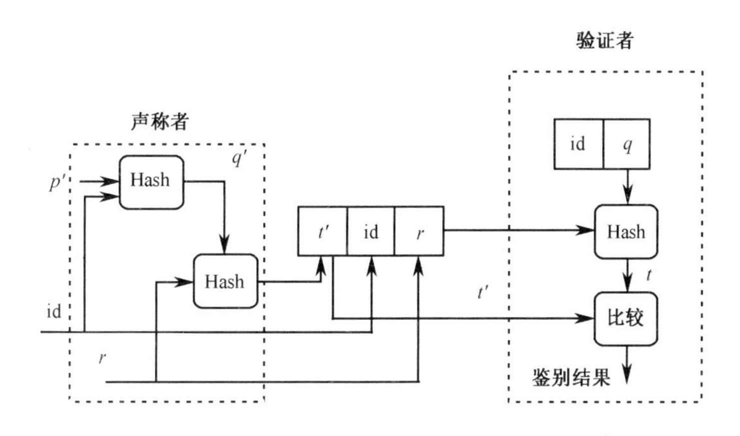

图 1-35 使用杂凑算法保护的口令鉴别方案

3. 基于动态口令的鉴别机制

动态口令的使用主要用于抵抗重放攻击。在基于动态口令的鉴别方案中，用户每次使用的口令都是不同的。通常情况下，声称者和验证者共同使用一个初始状态同步的随机序列发生器，或者维持同步时钟。具体来说，声称者拥有一个存储秘密值（又称种子密钥）的动态令牌，动态令牌采用密码算法（如分组密码算法或杂凑算法），将秘密值、时间戳（或者计数器值）和其他一些信息作为输入，计算动态口令信息。由于声称者和验证者维持相同口令序列发生器，并保持同步，所以验证者能够产生正确的口令信息，从而验证声称者的身份。时间戳或者计数值的引入使得动态口令只有一次有效。我国密码行业标准 GM/T 0021-2012《动态口令密码应用技术规范》规定了动态口令系统中密码技术的应用要求。

4. 基于生物特征的鉴别机制

当对一个自然人实体进行鉴别时，一些较为稳定的生物特征可以作为鉴别信息，包括指纹、声音、虹膜、人脸等。生物特征识别技术在本质上与口令类似，但是因为生物特征与自然人实体的不可分离性及信息量大的特点，所以，基于生物特征的鉴别机制在一定程度上避免了口令猜测、外部泄露等攻击。但是，与传统的静态口令鉴别机制面临的问题相同，基于生物特征的鉴别机制也容易受到窃听和重放攻击。因此，基于生物特征的鉴别机制一般不直接用于远程鉴别，而只用于设备对自然人的鉴别，身份验证通过后，设备再使用密码技术与应用服务器进行安全交互。例如，在线快捷身份鉴别(Fast IDentity Online，FIDO)联盟提出的通用鉴别框架协议(UAF)就是基于该流程设计。

1.7.4 不可否认性实现

使用不可否认功能，虽然不能防止通信参与方否认通信交换行为的发生，但是能够在产生纠纷时提供可信证据，有利于纠纷解决。网络环境中的不可否认可以分为起源的不可否认和传递的不可否认，主要通过数字签名技术来实现。

1. 起源的不可否认

起源的不可否认关系到某一特定方是否产生了特定数据的证据。产生证据的主体是发起者，在某些场景下也可以有可信第三方的参与。起源不可否认证据要把各种信息片段用无可辩驳的方式连接起来，这些信息至少包括发起者的身份和数据的精确值。起源不可否认证据产生的方法包括以下两种。

1）使用发起者的数字签名

一个提供数据起源的不可否认的机制是使用发起者的数字签名。发起者对要保护的数据用自己的私钥进行签名，并将其发给接收者，签名就是不可否认证据的主要内容。数字签名被接收者接收保存，在日后发生纠纷时作为证据支持纠纷解决。证据验证过程中公钥的合法性必须得到保证，公钥的合法性可以用公钥证书来保证。由于公钥证书存在被撤销的风险，因此签名证据生成过程中需要包含准确的时间信息。如果证据生成时间在证书有效期内，则证据有效，反之证据无效。

2）使用可信第三方数字签名

可信第三方可以作为发起者的担保。通过这一机制，发起者把数据传递给可信第三方。可信第三方对数据、发起者身份和其他所需信息（如时间信息）进行签名。这个签名被作为证据传递给接收者用于验证和证据储存。发起者和可信第三方之间的通信需要完整性和真实性保护。

发起者也可以将数据的杂凑值发送给可信第三方，用于生成不可否认证据。用数据的杂凑值代替数据可以减少与可信第三方的通信量。此外，由于可信第三方不知道数据的具体内容，这种方法还可以保证原数据的保密性。

2. 传递的不可否认

传递的不可否认是关于某一特定接收者接收到特定数据的证据。在这种情形下，产生证据的主体是接收者，在某些场景下也可以有可信第三方参与，证据验证者是发起者。传递不可否认将各种信息连接起来，形成证据。这些信息至少包括接收者的身份和数据的精确值。传递不可否认证据产生的方法包括三种。

1）使用接收者的签名确认

接收者收到消息后，产生一个确认信息送回给发起者。这个确认信息包含对以下信息的数字签名：被传递的数据副本或其杂凑值，以及其他信息（如接收时间）。签名必须由接收者或者担保接收者的可信第三方生成。类似起源不可否认，传递不可否认证据的签名也需要考虑证书撤销和有效期问题。

2）使用可信传递代理

接收者签名不能防止接收者阅读了信息内容但是拒绝生成证明的情况。可信传递代理可以解决这个问题。可信传递代理介入发起者和接收者之间的通信链路，在接收者接收消息之前，首先生成不可否认证据，然后再将信息转发给接收者。

3）使用两阶段传递

发送者在发送消息给接收者之前，先发送一个预接收消息给接收者。预接收消息是一个接收者不能解释其内容的数据标识，如数据的杂凑值。接收者对预接收消息进行签名，将其作为一个确认消息发给发送者。发送者在验证预接收消息的确认消息后，发送完整消息给接收者。接收者对消息进行签名生成确认消息，回传给发送者。预接收消息确认消息和完整消息确认消息共同作为接收不可否认证据。两阶段传递不仅证明了接收到消息的事实，而且还证明了通信链路的状态。在需要时间证明的情况下，预接收消息确认信息还可以包含时间信息，用于证明接收时间。

第 2 章

商用密码应用与安全性评估政策法规

党的十八大以来，我国商用密码管理和应用在法治化、规范化基础上，逐步向科学化、体系化方向迈进。深化商用密码管理改革，强化商用密码自主创新，推进商用密码合规、正确、有效应用，是新时期商用密码发展面临的重要任务。

本章对商用密码应用与安全性评估政策法规进行介绍。首先，简要介绍国内外网络空间安全形势，并指出商用密码应用现状及安全性评估的重要性。然后，从商用密码管理、应用和安全性评估的角度，阐述商用密码管理法律法规、商用密码应用法律政策要求和商用密码应用安全性评估工作。

2.1 网络空间安全形势与商用密码工作

当前，国际国内网络空间安全形势严峻，安全事件层出不穷。密码应用既是保障网络空间安全的迫切需要，也是促进密码创新发展、发挥密码功能特性的必然选择，开展商用密码应用安全性评估是发挥密码作用的必要手段。

2.1.1 国际国内网络空间安全形势

当今世界，由海量数据、异构网络、复杂应用共同组成的“网络空间”，已成为与陆地、海洋、天空、太空同等重要的人类“第五空间”。网络空间正在加速演变为各国争相抢夺的新疆域、战略威慑与控制的新领域、意识形态斗争的新平台、维护经济社会稳定的新阵地、未来军事角逐的新战场。当前，信息技术变革方兴未艾，科技进步日新月异，以网络安全为代表的非传统安全威胁持续蔓延，网络空间安全风险持续增加，威胁挑战日益严峻，安全形势不容乐观。

1. 国际网络空间安全形势

1）网络空间安全纳入国家战略

发展网络空间科技、维护国家网络空间主权，是一项长期性、战略性任务。世界各国纷纷将网络空间安全纳入国家战略，作为国家总体安全战略的重要组成部分。密码也随之上升到国家战略层面，只有在算法设计、产品研发、设备制造、系统建设及服务提供等方面做到全产业链自主可控，才能牢牢掌握网络空间安全主动权。美国、日本、欧盟等国家和组织先后推出网络空间战略和行动计划。我国也于2016年发布了《国家网络空间安全战略》，提出在总体国家安全观指导下，统筹国内国际两个大局和统筹发展安全两件大事，推进网络空间“和平、安全、开放、合作、有序”的战略发展目标，确立了共同维护网络空间和平与安全的“尊重维护网络空间主权、和平利用网络空间、依法治理网络空间、统筹网络安全与发展”四项原则。

2）网络攻击在国家对抗中深度应用

一些有政府或军方背景的机构通过组织实施大规模网络攻击，达到扰乱他国社会秩序的目的。2010年，“震网”（Stuxnet）病毒破坏伊朗核设施，致使伊朗纳坦兹铀浓缩基地至少五分之一的离心机因感染该病毒而被迫关闭，导致有毒放射性物质泄漏。2015年12月，乌克兰国家电力部门遭受恶意代码攻击，超过27家变电站系统被破坏。乌克兰的伊万诺弗兰克夫斯克州近一半家庭（约140万人）断电数小时。2016年12月，乌克兰电网再度被攻击，造成首都基辅北部及周边地区断电超过1小时。2019年3月，委内瑞拉最大的电力设施古里水电站计算机系统控制中枢遭受到网络攻击，引发全国性大面积停电，约3000万人口受到影响。近年来发生的网络安全事件，无不显示出互联网作战效果已经不亚于一场战争，网络安全对抗已逐步升级为网络战争。

3）网络攻击已逐步深入网络底层固件

随着网络攻击技术不断发展，网络攻击已从网络应用层深入网络底层固件，网络安全威胁无处不在。2017年3月7日，维基解密曝光了8761份网络攻击活动的秘密文件，曝光了一个规模庞大、种类齐全、技术先进、功能强大的黑客工具库，入侵对象涉及 Windows、Android、iOS、Mac OS、Linux 等操作系统，以及智能电视、车载智能系统等智能设备。

2. 国内网络空间安全形势

1）核心技术受制于人的局面没有得到根本性改变

我国网络与信息系统应用的操作系统、高性能芯片等核心软硬件短板瓶颈问题突出，对国外厂商依赖程度高，带来巨大安全威胁，并且严重影响我国安全可控信息技术体系形成。2018 年 4 月，中兴事件直击我国通信产业关键核心技术缺失的痛点，深刻揭示了我国关键核心技术受制于人的局面没有得到根本性改变这一事实。

2）信息产品存在巨大安全隐患

我国金融、电信、航空、政府、军工等领域关键信息基础设施大量使用不可控的产品和技术（如芯片、操作系统和密码算法等），存在巨大的安全隐患。一旦这些产品潜在的漏洞被利用发起规模化攻击，造成的安全威胁和产生的后果难以想象。“震网”“火焰”等病毒就是利用产品存在的漏洞实施攻击，造成了巨大的经济损失。这些攻击一旦实施，轻则导致秘密失泄、基础数据篡改蒸发，重则可能引发金融紊乱、供电中断、交通瘫痪等社会困局。

3）关键信息基础设施安全防护能力仍然薄弱

截至 2019 年 6 月，我国网民规模为 8.54 亿，互联网普及率达 61.2%。我国互联网发展迅速，但网络安全防护体系尚不健全。一方面，我国网络安全投入比重较低，占整个 IT 产业比重仅为 1% ～ 2%，远低于西方国家 10% 的平均水平，系统防御体系尚未建立或不完善的情况是常态。另一方面，防护方式陈旧，以“入侵检测、防火墙、防病毒”老三样为主的传统网络安全防护方式，已不能满足日益复杂、多变的网络安全环境需求。以云计算为例，作为一种托管服务，服务商具有对用户数据的优先访问权，在数据从终端到云端的传输过程中，可能被黑客或恶意相邻租户截获并篡改；许多数据直接以明文形式存储在云端，未采取任何保密性保护措施；海量交易数据以非加密方式进行传输和存储，一旦被窃取，将对我国数据安全、个人隐私安全，乃至国家安全造成不可估量的损害。

3. 密码在网络空间中的重要作用

密码是保障网络安全的核心技术，是构建网络信任的基石。利用密码在安全认证、加密保护、信任传递等方面的重要作用，能够有效消除或控制潜在的“安全危机”，实现被动防御向主动免疫的战略转变。

（1）密码支撑构建网络空间安全防护综合体。密码在网络安全防护中具有保底作用，是最后一道防线。通过同步设计开发基于密码的内生安全机制，合规、正确地使用密码技术、密码产品、密码服务等，能够使系统有效满足当前OSI网络安全架构“鉴别、访问控制、保密性、完整性、抗抵赖”五种基本安全需求，形成包括网络基础资源、信息设施、计算分析、应用服务、网络通道、接入终端、设备控制等的全体系平台安全，为网络空间构筑坚强的密码防线。

（2）密码助力打造网络空间数据共享价值链。数据的核心在于融合与挖掘，数据的价值在于共享与开放，而共享、交换的基础在信任，密码在数据保护和共享协作中具有信任传递作用。一方面，密码支撑构造数据安全防护链。利用基于密码的身份鉴别、信任管理、访问控制、数据加密、可信计算、密文计算、数据脱敏等措施，有效解决数据产生、传输、存储、处理、分析、使用、销毁和备份等全生命周期安全。另一方面，密码支撑构建数据共享价值链。利用基于密码的数据标识、数字签名、数字内容和产权保护等技术，可以有效保证平台及参与方身份的真实性、上下游数据的完整性和来源真实性等，及时定位追溯协作链条上的任何一个环节，构建真实不可抵赖的“数字契约”，打通数据融通的“信任瓶颈”，实现数据资源开放共享、安全交互。

（3）密码推动形成网络空间安全协同生态圈。密码在上下游安全机制对接上具有桥梁纽带作用。世界主要发达国家高度重视密码安全的整体性安排。在国家层面，美国NIST、ETSI（欧洲电信标准化协会）等一直在积极抢占密码理论研究和算法前沿高地，形成算法—协议—接口—应用相互衔接的技术体系并系统推进为国际标准。在联盟层面，主流软硬件厂商共同组成的IETF、GP等组织都对从最底层硬件到最上层功能服务各层面涉及的密码应用做了详细规定，并上下兼容成为体系。在公司层面，IBM、谷歌、微软、波音等公司都具备独立的密码研究和安全设计能力，都建设有顶尖的密码专业人才队伍（谷歌有顶尖的密码分析与量子计算团队；微软有专门的可信计算事业部）。事实证明，通过在上下游产品间、产品与系统间、系统与业务间实现对密码的相互支持、协同配合，有助于掌握网络安全的核心架构，有助于营造网络安全的产业生态，有助于形成安全可控的技术体系。

（4）密码促进激发网络空间安全发展创造力。密码与新兴技术双向促进。一方面，围绕密码的攻防驱动技术创新。第二次世界大战时期，为破解德军恩尼格玛机械密码机而设计的图灵机，成为现代计算机的原型；20 世纪 90 年代为了破解 RSA 密码算法而提出的量子大整数因子分解 Shor 算法，推动了量子计算机研制由理论变为现实。另一方面，技术创新倒逼密码创新。云计算为同态密码理论创新注入了强大动力；移动互联和物联网使得终端密码计算过程安全成为新工程实现的挑战；量子计算使得抗量子密码算法设计成为新发展方向，等等。当前，新旧技术频繁更替成为常态，相继出现了以 iOS 和 Android 系统为代表的移动智能终端操作系统逆袭以 Windows 为代表的 PC 操作系统，云操作系统架构颠覆传统信息服务系统架构等经典案例。抓住新兴技术对安全、对密码的迫切需求，及其在业态和模式上的颠覆性特征，促进新技术与密码深度融合、协同创新，是我国核心技术换道超车和网络安全迎头赶上的重要机遇。

2.1.2　商用密码的由来与发展

商用密码工作是密码工作的重要组成部分。商用密码主要用于保护不属于国家秘密的信息，广泛用于通信、金融、税控、社保、能源等重要领域，在维护国家安全、促进经济发展、保护人民群众利益中发挥不可替代的作用。1996 年 7 月，中央政治局常委会专题研究商用密码，做出在我国大力发展商用密码和加强对商用密码管理的决定，“商用密码”从此成为专有名词。经过 20 多年的发展，我国商用密码从无到有、从弱到强，取得了丰硕成果。特别是党的十八大以来，在习近平总书记网络强国战略思想指引下，商用密码工作全面推进，在依法管理、科技创新、产业发展、应用推广、检测认证等方面成绩斐然，实现了跨越式发展。

在科技创新方面，理论和技术研究取得重要进展，在序列密码、分组密码、密码杂凑算法的设计与分析等方面取得了一系列高水平、原创性科研成果；椭圆曲线公钥密码算法 SM2、密码杂凑算法 SM3、分组密码算法 SM4、序列密码算法 ZUC、标识密码算法 SM9 等算法标准发布实施，这标志着我国商用密码算法体系已基本形成；密码标准体系日益完善，截至 2019 年 12 月，共发布密码行业标准 91 项，覆盖了密码算法、产品、技术、检测、应用等各个方面；密码算法国际标准化工作取得重大突破，ZUC 算法成为 4G 国际标准，SM2、SM9 数字签名算法和 SM3 密码杂凑算法成为 ISO/IEC 国际标准，SM4 算法国际化推进工作也正在有序展开。

在产业发展方面，供给质量和基础支撑能力持续增强。在供给质量方面，商用密码产品种类不断增多，功能不断丰富，性能不断优化。截至2019年12月，2000余款密码产品通过审批，涵盖密码芯片、密码板卡、密码机、密码系统等，形成了较完整的产业链条和产品体系。目前，这些密码产品和技术已出口数十个国家和地区，积极服务“一带一路”建设，向世界提供中国方案，贡献中国智慧。在支撑能力方面，商用密码管理体制不断完善，产品检测能力显著提升，商用密码应用安全性评估试点逐步展开，密码应用政策宣传和普及得到加强，密码的社会认可度大幅提升。

在应用推进方面，商用密码已经在金融、教育、社保、交通、通信、能源、公共安全、国防工业等重要领域得到广泛应用。截至2019年7月，在金融领域，已发放使用商用密码的金融IC卡6.1亿张；在能源领域，使用商用密码的智能电表已超过5.2亿只；在公共安全领域，使用商用密码的第二代居民身份证已成功换发18.1亿张。未来，基于商用密码的云CA管理服务将成为趋势，并逐步达到为数十亿网络实体提供认证服务的能力。

2.1.3 商用密码应用问题及安全性评估的重要性

如何合规、正确、有效使用商用密码，充分发挥商用密码在保障网络空间安全中的核心技术和基础支撑作用，关乎国家大局、关乎网络空间安全、关乎用户个人隐私。因此，要在保证商用密码应用大力推进和普及的同时，做好网络与信息系统的商用密码应用安全性评估，确保商用密码应用的合规、正确、有效。

1. 密码应用问题

密码安全形势严峻，商用密码应用现状不容乐观，主要存在以下问题。

1）密码应用不广泛

目前，我国网络的整体安全防护能力十分脆弱，大量数据没有使用密码技术保护，处于“裸奔”状态，有些数据即使用了密码技术保护措施也是使用了不合规的密码技术，存在巨大的安全隐患。有关部门对所辖信息系统进行检查，结果表明商用密码应用比重较低，系统安全防护能力十分薄弱。

2）密码应用不规范

1999年《商用密码管理条例》提出，任何单位或个人只能使用经国家密码管理机构认可的商用密码产品，不得使用自行研制的或者境外生产的密码产品。虽然中央、地方、行业相继出台一些规定和配套制度、要求，但在一些地区和部门并未得到有效实施。一些单位重信息化建设、轻信息安全保护，信息系统密码使用不规范、不正确，在密钥管理、密码系统运行维护等方面存在风险。

3）密码应用不安全

现有大量系统依旧在使用MD5、SHA-1、RSA-512、RSA-1024、DES等已被警示有风险的密码算法，以及基于这些密码算法提供的不安全密码服务。此外，应用系统未按规范要求使用密码服务、或者错误调用密码应用接口等等，这给信息系统带来了严重安全隐患。

2. 商用密码应用安全性评估是发挥密码作用的必要手段

商用密码应用安全性评估（“密评”）是商用密码检测认证体系建设的重要组成部分，是衡量商用密码应用是否合规、正确、有效的重要抓手。开展密评是维护网络空间安全、规范商用密码应用的客观要求，是深化商用密码“放管服”改革、加强事中事后监管的重要手段，也是重要领域网络与信息系统运营者和主管部门必须承担的法定责任。

1）开展密评是应对网络安全严峻形势的迫切需要

建立密评体系，就是为了解决商用密码应用中存在的突出问题，为重要网络与信息系统的安全提供科学评价方法，以评促建、以评促改、以评促用，逐步规范商用密码的使用和管理，从根本上改变商用密码应用不广泛、不规范、不安全的现状，确保商用密码在网络与信息系统中的有效使用，切实构建起坚实可靠的网络空间安全密码屏障。

2）开展密评是系统安全维护的必然要求

商用密码应用安全是整体的、系统的、动态的。密码安全是网络与信息系统安全的前提，构建成体系的、安全有效的密码保障系统，对重要网络与信息系统有效抵御网络攻击具有关键作用和重要意义。密码应用是否合规、正确、有效，涉及密码算法、协议、产品、技术体系、密钥管理、密码应用等多个方面。有必要委托专业机构、专业人员，采用专业工具和专业手段，对系统整体的商用密码应用安全进行专项测试和综合评估，形成科学准确的评估结果，以便及时掌握商用密码安全现状，采取必要的技术和管理措施。

3）开展密评是相关责任主体的法定职责

《中华人民共和国密码法》（以下简称《密码法》）规定，法律、行政法规和国家有关规定要求使用商用密码进行保护的关键信息基础设施，其运营者应当使用商用密码进行保护，自行或者委托商用密码检测机构开展商用密码应用安全性评估。《中华人民共和国网络安全法》（以下简称《网络安全法》）也指出，网络运营者应当履行网络安全保护义务，并明确在网络安全等级保护制度的基础上，对关键信息基础设施实行重点保护。采取技术措施和其他必要措施，维护网络数据的完整性、保密性和可用性。《网络安全等级保护条例（征求意见稿）》强化密码应用要求，突出密码应用监管，重点面向网络安全等级保护第三级及以上系统，落实密码应用安全性评估制度。因此，针对网络安全等级保护第三级及以上信息系统、关键信息基础设施开展密评，将是网络运营者和主管部门的法定责任。

2.2 商用密码管理法律法规

2019年10月26日《密码法》颁布，于2020年1月1日实施。《密码法》明确了“党管密码”的根本原则，要求密码工作坚持总体国家安全观，遵循统一领导、分级负责，创新发展、服务大局，依法管理、保障安全的原则。本节首先介绍《密码法》实施前我国的商用密码法律法规体系，供读者了解我国商用密码法治化发展的历史沿革，然后介绍《密码法》实施后商用密码法律法规体系的有关情况。

2.2.1 《密码法》实施前商用密码法律法规体系

随着我国改革开放的不断深入和社会主义市场经济体制的逐步建立，社会经济活动信息化进程不断加快，国家经济、文化及社会管理等方面的有价值信息面临的安全问题日益突出。一方面，商用密码是保护信息安全的可靠技术手段，采用商用密码保护敏感信息是时代需要。另一方面，密码技术本身属于两用物项，需要严格管理和控制；否则，任由无序开发、生产和经营，或者盲目引进，会造成商用密码使用和管理上的混乱，留下诸多隐患，不利于保护国家利益及公民、法人和其他组织的合法权益。为此，党中央决定，大力推进商用密码应用，加强商用密码管理，确定“统一领导，集中管理，定点研制，专控经营，满足使用”的商用密码管理方针，并明确提出商用密码发展和管理方面的政策、原则和措施，为商用密码的发展和管理指明方向。

国务院于 1999 年颁布《商用密码管理条例》，将党中央、国务院关于商用密码工作的方针、政策和原则以国家行政法规的形式确定下来。《商用密码管理条例》是我国密码领域的第一部行政法规，也是首次以国家行政法规形式明确了商用密码定义、管理机构和管理体制，同时对商用密码科研、生产、销售、使用、安全保密等方面做出规定。

商用密码管理的总体原则有两个：一是党管密码。密码管理工作直接关系国家的政治安全、经济安全、国防安全和信息安全，党和国家历来高度重视机要密码工作，商用密码作为机要密码的重要组成部分，必须遵从“党管密码”这个总体原则，贯穿到商用密码管理各项工作。二是依法行政。国务院于 2004 年发布《全面推进依法行政实施纲要》，提出依法行政六项基本要求，即合法行政、合理行政、程序正当、高效便民、诚实守信、权责统一。这六项基本要求，是对我国依法行政实践经验的总结，集中体现了依法行政重在治官、治权的内在精髓。全面推进依法行政，就是要使政府的权力、政府的运行、政府的行为和活动，都以宪法和法律为依据，都受宪法和法律的规范和约束，确保行政法规、政府规章、规范性文件和政策性文件同宪法和法律保持统一和协调，形成职责权限明确、执法主体合格、适用法律有据、救济渠道畅通、问责监督有力的政府工作机制。密码管理是国家行政管理的组成部分，国家密码管理部门承担着依据《商用密码管理条例》管理全国商用密码的职责。因此，在商用密码管理中，必须严格按照《全面推进依法行政实施纲要》提出的依法行政六项基本要求，创新管理方式，提高行政管理效能，做到依法、公开行政，并在管理过程中体现服务理念。

在《密码法》实施前，商用密码管理依据的法律法规主要包括：一部涉及规范多项密码管理工作的法律，一部行政法规，八个专项管理规定及若干规范性文件。法律法规体系如图 2-1 所示。

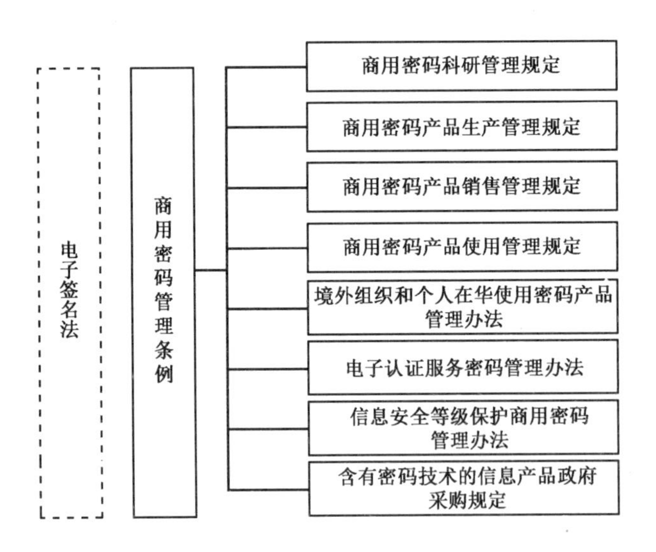

图 2-1　密码法实施前的商用密码法律法规体系

（1）“一部涉及规范多项密码管理工作的法律”是指《电子签名法》，该法赋权国家密码管理局对电子认证服务使用密码以及政务活动中使用电子签名、数据电文的行为依法实施管理。

（2）“一部行政法规”是指《商用密码管理条例》，由国务院于 1999 年 10 月颁布实施，该法规赋权了国家密码管理局对商用密码产品的研发、生产、销售和使用实行专控管理。《商用密码管理条例》总则规定：“国家密码管理委员会及其办公室主管全国的商用密码管理工作。省、自治区、直辖市负责密码管理的机构根据国家密码管理机构的委托，承担商用密码的有关管理工作。”2005 年经中央机构编制委员会批准，国家密码管理委员会办公室正式更名为国家密码管理局。2008 年国务院发布《国务院关于部委管理的国家局设置的通知》（国发〔2008〕12 号），国家密码管理局作为部委管理的国家局列入国务院机构序列，主管全国的商用密码管理工作。2018 年，《中共中央关于深化党和国家机构改革的决定》指出，国家密码管理局与中央密码工作领导小组办公室，一个机构两块牌子，列入中共中央直属机关的下属机构序列。

国家密码管理局商用密码管理职责是：负责草拟商用密码管理政策法规，拟定商用密码发展规划和商用密码具体管理规定，指导各省（自治区、直辖市）、中央和国家机关有关部门的商用密码管理工作；负责商用密码技术、重大项目、科研成果与奖励、密码基金、国家电子认证根 CA 的管理工作，组织商用密码重大项目实施、科研成果审查鉴定；负责密码行业标准管理工作，对口联系密码行业标准化技术委员会和全国信息安全标准化技术委员会密码工作组；负责商用密码产品、服务、检测（测评）、电子认证服务使用密码许可的审批，以及电子政务电子认证服务机构资质认定和管理等工作；负责商用密码应用推进、宣传培训、试点示范、安全性评估等工作；负责组织实施商用密码监督检查和执法工作，依法开展商用密码事中事后监管，受理投诉举报，组织查处和督办商用密码违法违规案件，承办商用密码监督执法协作机制联席会议办公室日常工作；负责商用密码政务公开，组织拟订涉外答复口径；负责商用密码算法、产品和密码系统的检测及认证工作；负责指导全国学术性密码研究，管理有关密码理论研究项目。

（3）“八个专项管理规定”是指《商用密码科研管理规定》《商用密码产品生产管理规定》《商用密码产品销售管理规定》《商用密码产品使用管理规定》《境外组织和个人在华使用密码产品管理办法》《电子认证服务密码管理办法》《信息安全等级保护商用密码管理办法》《含有密码技术的信息产品政府采购规定》。这八个专项管理规定是国家密码管理局根据法律法规的授权，以及商用密码管理工作的现实需要制定的，分别对商用密码科研、生产、销售、使用等行为做出了详细规定。此外，为加强商用密码管理、构建商用密码管理闭环，国家密码管理局还在研究制定《商用密码行政处罚实施办法》。

（4）“若干规范性文件”是指国家密码管理局以通知的形式发布的一些规范性文件，包括《关于加强通信类密码产品管理的通知》等，以及国务院其他部门与国家密码管理部门联合制定的、涉及密码管理的相关法规，如公安部2007年43号文《信息安全等级保护管理办法》（即将修订为《网络安全等级保护条例》）。

（5）密码相关标准规范也是国家密码管理部门对密码依法依规依标准管理的重要内容。这些标准规范都是在业内专家和相关企业广泛参与的基础上制定的，是商用密码技术管理的基本依据。

党的十八大以来，国家密码管理局推进“放管服”改革，加快行政审批取消下放和中介服务、证明事项清理规范进度。经国务院批准，取消“商用密码科研单位审批”等7项审批事项，取消“商用密码产品生产单位财务审计”等全部7项中介服务事项，取消全部23项证明事项，废止了《商用密码产品销售管理规定》《商用密码产品使用管理规定》和《境外组织和个人在华使用密码产品管理办法》。同时，加强事中事后监管。截至《密码法》实施前，行政审批事项和监管事项形成了两个清单，包括8项行政审批事项和18项监管事项：

8项行政审批事项

（1）商用密码科研成果审查鉴定；
（2）商用密码产品品种和型号审批；
（3）商用密码产品质量检测机构审批；
（4）密码产品和含有密码技术的设备进口许可；
（5）商用密码产品出口许可；
（6）电子认证服务使用密码许可；
（7）信息安全等级保护商用密码测评机构审批；
（8）电子政务电子认证服务机构认定。

18项监管事项

（1）对商用密码产品生产单位的监管；
（2）对生产商用密码产品的监管；
（3）对商用密码产品销售单位的监管；
（4）对销售商用密码产品的监管；
（5）对境外组织和个人在华使用进口的密码产品或者含有密码技术的设备的监管；
（6）对外商投资企业使用进口的密码产品或者含有密码技术的设备的监管；
（7）对进口密码产品和含有密码技术的设备的监管；
（8）对出口商用密码产品的监管；
（9）对商用密码产品质量检测机构的监管；
（10）对信息安全等级保护商用密码测评机构的监管；
（11）对使用商用密码产品的监管；
（12）对商用密码产品科研、生产、销售、运输、保管的安全、保密措施的监管；
（13）对非法攻击商用密码，危害国家的安全和利益、危害社会治安或者进行其他违法犯罪活动的监管；
（14）对泄露商用密码技术秘密、非法攻击商用密码或者利用商用密码从事危害国家的安全和利益的活动的监管；
（15）对信息安全等级保护中使用商用密码的监管；
（16）对电子认证服务使用密码的监管；
（17）对电子政务电子认证服务机构的监管；

（18）对使用电子政务电子认证服务的监管。

2.2.2　《密码法》立法情况和商用密码法律法规体系建设展望

随着《密码法》的颁布和实施，原有的《商用密码管理条例》等法规正在修订，以《密码法》为主导的全新密码管理法律法规体系将逐步形成，原有的商用密码行政管理体制将得到重塑，我国密码行业也将迎来前所未有的发展机遇。

1.《密码法》立法情况

2014 年 8 月，党中央决定将《密码法》纳入国家安全法律体系重要组成。2014 年 12 月，国家密码管理局启动立法工作。2017 年 4 月至 5 月，国家密码管理局将《密码法（草案征求意见稿）》向社会公开征求意见，并于 2017 年 6 月，向国务院报送了《密码法（草案送审稿）》。2019 年 6 月 10 日，国务院常务会议讨论通过《密码法（草案）》。2019 年 6 月 25 日，第十三届全国人大常委会第十一次会议初次审议《密码法（草案）》，并于 7 月 5 日至 9 月 2 日向社会公开征求意见。2019 年 10 月 26 日，第十三届全国人大常委会第十四次会议通过《密码法》，习近平主席签署主席令予以公布，于 2020 年 1 月 1 日起正式施行。

1）《密码法》的立法目的

新时代密码工作面临许多新的机遇和挑战，担负更加繁重的保障和管理任务。《密码法》立法主要有三个方面的目的：

第一，坚决贯彻党管密码根本原则，落实中央指示批示精神。制定《密码法》，就是要以习近平新时代中国特色社会主义思想为指导，全面贯彻落实习近平总书记关于密码工作的系列重要指示批示精神，以及中央关于密码工作的方针政策，确保党的主张通过法定程序成为国家意志，立足我国国情，走中国特色密码发展道路。

第二，规范密码应用和管理，促进密码事业发展。制定《密码法》，就是要将国家对关键信息基础设施商用密码的应用等要求及时上升为法律规范，并对现行商用密码管理制度做出调整，切实为企业松绑减负，促进密码科技进步和创新，促进密码产业健康发展。

第三，保障网络与信息安全，维护国家安全和社会公共利益，保护公民、法人和其他组织的合法权益。制定《密码法》，就是要更好地促进密码产业发展，营造良好市场秩序，为社会提供更多优质高效的密码，充分发挥密码在网络空间中信息加密、安全认证等方面的重要作用。

2）《密码法》的立法精神

《密码法》立法既注意总结我国密码管理中形成的一系列好传统、好经验、好做法，又适应新情况、新问题、新挑战，改革重塑了现行相关管理制度，体现了继承发展、守正创新精神。《密码法》的立法精神主要体现在三个方面：

第一，坚持党管密码和依法管理相统一。党管密码原则是密码工作长期实践和历史经验的深刻总结，密码工作大权在党中央，密码工作大政方针必须由党中央决定，密码工作重大事项必须向党中央报告。《密码法》规定，坚持中国共产党对密码工作的领导。旗帜鲜明地把党管密码这一根本原则写入法律，同时明确中央密码工作领导机构统一领导全国密码工作，这是《密码法》最根本性的规定。随着全面依法治国基本方略的深入实施，依法管理已经成为党管密码的基本方式和内在要求。只有坚持党管密码，才能保证密码管理沿着正确的方向不偏离、不走样。只有依靠依法管理，才能将党管密码的具体制度纳入法治化轨道。

第二，坚持创新发展和确保安全相统一。安全是发展的前提，发展是安全的保障。《密码法》依法确立了促进密码事业发展的一系列制度措施，努力为密码科技创新、产业发展和应用推广营造良好环境。同时要看到，密码作为一种典型的“两用物项”，用得好会造福社会，用得不好或者被坏人利用，就可能给党和国家利益带来不可估量的损失。因此，《密码法》明令禁止任何组织或者个人窃取他人加密保护的信息，非法侵入他人的密码保障系统，或者利用密码从事危害国家安全、社会公共利益、他人合法权益等违法犯罪活动。

第三，坚持简政放权和加强监管相统一。党的十九大报告指出，转变政府职能，深化简政放权，创新监管方式。《密码法》明确了密码分类管理原则，规定核心密码、普通密码用于保护国家秘密信息，由密码管理部门实行严格统一管理。在商用密码管理方面，充分体现职能转变和“放管服”改革要求，充分体现非歧视原则，大幅削减行政许可事项，进一步放宽市场准入，对国内外产品、服务以及内外资企业一视同仁，规范和加强事中事后监管，切实为商用密码从业单位松绑减负。

3）《密码法》的主要内容

《密码法》是总体国家安全观框架下，国家安全法律体系的重要组成部分，也是一部技术性、专业性较强的专门法律。《密码法》共五章四十四条，重点规范了以下内容（全文见本书附录A）：第一章总则部分，规定了立法目的、密码工作的基本原则、领导和管理体制，以及密码发展促进和保障措施。第二章核心密码、普通密码部分，规定了核心密码、普通密码使用要求、安全管理制度以及国家加强核心密码、普通密码工作的一系列特殊保障制度和措施。第三章商用密码部分，规定了商用密码标准化制度、检测认证制度、市场准入管理制度、使用要求、进出口管理制度、电子政务电子认证服务管理制度以及商用密码事中事后监管制度。第四章法律责任部分，规定了违反本法相关规定应当承担的相应的法律后果。第五章附则部分，规定了国家密码管理部门的规章制定权、解放军和武警部队密码立法事宜以及本法的施行日期。

《密码法》是密码领域的综合性、基础性法律，根据《中华人民共和国立法法》的规定，《密码法》比《商用密码管理条例》立法程序更严、效力位阶更高、适用范围更广。《密码法》的颁布实施，重塑了商用密码管理制度，为完善商用密码法律法规体系提供了法治依据，为商用密码规范化管理提供了强有力的法治保障。

2. 商用密码管理法规制度制修订情况

《密码法》颁布实施后，商用密码管理的法律法规体系将做出体系性的调整，总体思路和主要变化可以概括为：夯实基础、落实保障，鼓励创新、促进合作，简政放权、转变方式，注重安全、重点管控，行业自律、强化监督。

（1）夯实基础、落实保障。《密码法》明确了密码人才培养和队伍建设（第九条第二款）、密码教育培训（第十条）、密码经费保障（第十一条）的基本要求，为进一步夯实商用密码的人才基础、教育基础，强化密码安全意识、落实密码工作经费保障提供了法律依据。

（2）鼓励创新、促进合作。所谓鼓励创新，就是在科研、技术、产业、标准等方面，采取鼓励、支持和促进性的措施。《密码法》鼓励和支持密码科学研究和创新，鼓励商用密码技术的研究开发和应用，鼓励和促进商用密码产业发展，鼓励和支持相关主体在符合有关要求的前提下参与标准化活动。所谓促进合作，就是促进商用密码领域的学术交流、技术合作，包括国际交流与合作。《密码法》规定，遵循非歧视原则依法平等对待包括外商投资企业在内的各类从业单位，外商投资企业自愿开展商用密码技术合作。

（3）简政放权、转变方式。所谓简政放权，就是落实国务院“放管服”改革的有关要求，大幅精简行政审批事项，调整对象范围，优化完善审批流程。原《商用密码管理条例》中的科研、生产、销售单位，产品型号审批均已取消，进口许可和出口管制的范围进行了重新调整。所谓转变方式，就是将原有的产品等管理由行政审批等模式调整为检测认证方式，并针对不同情况细化明确了自愿和强制性检测认证的情形。

（4）注重安全、重点管控。在鼓励、支持、促进，精简优化审批的基础上，对涉及国家安全、国计民生、社会公共利益的密码产品、服务、应用系统，进行重点管控。涉及上述方面的，对商用密码产品、服务实施强制性检测或认证，对国家关键信息基础设施要求使用商用密码保护，并开展商用密码应用安全性评估。可能影响国家安全的，进行国家安全审查。

（5）行业自律、强化监督。支持协会组织依法开展相关活动，加强行业自律，推动行业诚信建设，加强行政机关事中事后监管，形成行业自律、社会监督、事中事后监管相统一的市场运行和监督体系。

3. 与密码管理密切相关的法律法规制修订情况

密码在国家网络空间安全中发挥着核心技术和基础支撑作用，国家在网络安全治理体系中，高度重视密码的作用和对密码的应用管理。在法律法规体系建设方面，除《密码法》外，国家还在《网络安全法》《个人信息保护法（起草中）》《网络安全等级保护条例（征求意见稿）》《电子认证服务密码管理办法》《政务信息系统政府采购管理暂行办法》等法律、法规以及部门规章中，以密码应用要求的形式规定了相关密码管理措施，详见2.3.1节。

2.3 商用密码应用法律政策要求

新时期，网络环境日益复杂而深刻，密码应用需求日益多样化。推进商用密码合规、正确、有效应用，是新时期商用密码管理和创新发展的重中之重。

2.3.1 国家法律法规有关密码应用的要求

面对国家安全的新形势，我国已在多部法律法规中明确规定了密码应用的要求，包括《密码法》《网络安全法》《商用密码管理条例》《关键信息基础设施安全保护条例（征求意见稿）》《网络安全等级保护条例（征求意见稿）》等。

1.《密码法》

《密码法》按照中央确定的密码管理原则和应用政策，规定了密码应用的主要制度和要求。一是强调国家积极规范和促进密码应用，提升使用密码保障网络与信息安全的水平，保护公民、法人和其他组织依法使用密码的权利。二是建立商用密码检测认证体系，鼓励从业单位自愿接受商用密码检测认证。涉及国家安全、国计民生、社会公共利益的商用密码产品，应当依法列入网络关键设备和网络安全专用产品目录，由具备资格的机构检测认证合格后，方可销售或者提供。商用密码服务使用网络关键设备和网络安全专用产品的，应当经商用密码认证机构对该商用密码服务认证合格。三是明确关键信息基础设施使用密码和进行密码应用安全性评估的要求，规定法律、行政法规和国家有关规定要求使用商用密码进行保护的关键信息基础设施，其运营者应当使用商用密码进行保护，自行或者委托商用密码检测机构开展商用密码应用安全性评估。四是建立安全审查机制，规定对可能影响国家安全的、涉及商用密码的网络产品和服务按照国家安全审查的要求进行安全审查。五是规定国家密码管理部门对采用商用密码技术从事电子政务电子认证服务的机构进行认定。

2.《网络安全法》

《网络安全法》对网络运营者应该履行的安全保护义务做出了明确要求，而维护网络数据的完整性、保密性、真实性及不可否认性，都需要发挥密码技术的核心支撑作用。《网络安全法》第十条："建设、运营网络或者通过网络提供服务，应当依照法律、行政法规的规定和国家标准的强制性要求，采取技术措施和其他必要措施，保障网络安全、稳定运行，有效应对网络安全事件，防范网络违法犯罪活动，维护网络数据的完整性、保密性和可用性。"《网络安全法》第十六条："国务院和省、自治区、直辖市人民政府应当统筹规划，加大投入，扶持重点网络安全技术产业和项目，支持网络安全技术的研究开发和应用，推广安全可信的网络产品和服务，保护网络技术知识产权，支持企业、研究机构和高等学校等参与国家网络安全技术创新项目。"而安全可信的网络产品和服务，需要以密码为基因构建。《网络安全法》第二十一条："国家实行网络安全等级保护制度。网络运营者应当按照网络安全等级保护制度的要求，履行下列安全保护义务，保障网络免受干扰、破坏或者未经授权的访问，防止网络数据泄露或者被窃取、篡改：……采取数据分类、重要数据备份和加密等措施。”

3.《商用密码管理条例》

1999年发布的《商用密码管理条例》规定国家对商用密码产品的研发、生产、销售和使用实行专控管理，规定“商用密码产品，必须经国家密码管理机构指定的产品质量检测机构检测合格”，“任何单位或个人只能使用经国家密码管理机构认可的商用密码产品，不得使用自行研制的或者境外生产的密码产品”等。为落实《密码法》有关立法精神，《商用密码管理条例》修订将充分体现国家“放管服”改革要求，取消对科研、生产、销售单位等的行政许可事项，强化密码应用要求，突出对关键信息基础设施和网络安全等级保护第三级及以上信息系统的密码应用监管，并实施商用密码应用安全性评估和安全审查制度。

4.《关键信息基础设施安全保护条例（征求意见稿）》

国家对于关键信息基础设施中的密码应用高度重视。《网络安全法》第三十一条规定：“国家对公共通信和信息服务、能源、交通、水利、金融、公共服务、电子政务等重要行业和领域，以及其他一旦遭到破坏、丧失功能或者数据泄露，可能严重危害国家安全、国计民生、公共利益的关键信息基础设施，在网络安全等级保护制度的基础上，实行重点保护。”按照《网络安全法》要求，《关键信息基础设施保护条例》正在起草制定，并于2017年7月向社会公开征求意见。

《关键信息基础设施安全保护条例（征求意见稿）》明确了在关键信息基础设施保护工作中，依据密码管理法律法规开展有关密码管理工作，充分体现了密码管理在国家网络安全大局中的重要地位和作用。其中规定，“运营单位对保护工作部门开展的网络安全检查工作，以及公安、国家安全、保密行政管理、密码管理等有关部门依法开展的检查应当予以配合”，“对使用未经或未通过安全审查网络产品和服务的责任单位处采购金额一倍以上十倍以下罚款，对责任人员处一万元以上十万元以下罚款”，“关键信息基础设施密码的使用和管理，还应当遵守密码法律、行政法规的规定”。该《条例》明确了关键信息基础设施的密码应用要求，压实了网络安全运营者和主管部门有关密码应用和密码安全的主体责任，为密码管理部门开展网络空间密码保护工作，尤其是网络安全检查和安全审查等工作提供了法律依据，同时也为开展密评工作提供了强有力的支撑。

5.《网络安全等级保护条例（征求意见稿）》

2018年6月27日，《网络安全等级保护条例（征求意见稿）》向社会公开征求意见，其中设置了密码管理专章，体现了密码管理在网络安全等级保护工作中的重要作用，明确了网络安全等级保护密码管理的主要思路、方式和手段，强调了网络安全等级保护第三级及以上系统使用密码进行保护的义务，突出了商用密码应用安全性评估作为等级保护密码管理主要抓手的地位和作用，强化了密码管理部门在等级保护技术标准制定、监督检查、密码应用安全性评估工作开展等方面的职权，明确规定了"国家密码管理部门负责网络安全等级保护工作中有关密码管理工作的监督管理"，还从网络安全等级保护的事前备案审核、事中应用要求，以及事中事后监管和法律责任各环节对密码管理和应用进行了规定。《网络安全等级保护条例》颁布实施后，将替代现行的《信息安全等级保护管理办法》，对我国的网络安全等级保护进行规范和管理。届时，国家密码管理局将与公安部等部门密切配合，依法开展密评工作，并修订《信息安全等级保护商用密码管理办法》等配套规章。

6.《信息安全等级保护商用密码管理办法》

《信息安全等级保护商用密码管理办法》规定："信息安全等级保护中使用的商用密码产品，应当是国家密码管理局准予销售的产品"，"信息安全等级保护中第二级及以上的信息系统使用商用密码产品应当备案，填写《信息安全等级保护商用密码产品备案表》"，"国家密码管理局和省、自治区、直辖市密码管理机构对第三级及以上信息系统使用商用密码的情况进行检查"，明确了商用密码产品的使用要求和各级密码管理部门的监管要求。为配合《信息安全等级保护商用密码管理办法》的实施，进一步规范信息安全等级保护商用密码工作，国家密码管理局印发《信息安全等级保护商用密码管理办法实施意见》，规定"第三级及以上信息系统的商用密码应用系统建设方案应当通过密码管理部门组织的评审后方可实施"，"第三级及以上信息系统的商用密码应用系统，应当通过国家密码管理部门指定测评机构的密码测评后方可投入运行。密码测评包括资料审查、系统分析、现场测评、综合评估等"，这些制度均明确了信息安全等级保护第三级及以上信息系统的商用密码应用要求。

7.《电子认证服务密码管理办法》

《电子认证服务密码管理办法》主要规定面向社会公众提供电子认证服务应当

使用商用密码，明确了申请电子认证服务使用密码许可应当具备的基本条件和程序，对电子认证服务系统的运行和技术改造等做出了规定。同时，要求电子认证服务系统要由具有商用密码产品生产和密码服务能力的单位，按照GM/T 0034-2014《基于SM2密码算法的证书认证系统密码及其相关安全技术规范》的要求承建，并通过国家密码管理局组织的安全性审查。

8.《政务信息系统政府采购管理暂行办法》

2017年12月26日，财政部印发的《政务信息系统政府采购管理暂行办法》第八条规定："采购需求应当落实国家密码管理有关法律法规、政策和标准规范的要求，同步规划、同步建设、同步运行密码保障系统并定期进行评估。"第十二条规定："采购人应当按照国家有关规定组织政务信息系统项目验收，根据项目特点制定完整的项目验收方案。验收方案应当包括项目所有功能的实现情况、密码应用和安全审查情况、信息系统共享情况、维保服务等采购文件和采购合同规定的内容，必要时可以邀请行业专家、第三方机构或相关主管部门参与验收。"

9.《国家政务信息化项目建设管理办法》

2019年12月30日，《国家政务信息化项目建设管理办法》发布，对国家政务信息系统的规划、审批、建设、共享和监管做出规定，其中明确规定了多项密码应用有关要求。政务信息化项目建设单位，应同步规划、同步建设、同步运行密码保障系统并定期进行评估；按要求向发改委备案的备案文件应当包括密码应用方案和密码应用安全性评估报告；项目的密码应用和安全审查情况应当作为项目验收的重要内容之一，密码应用安全性评估报告应当作为提交验收申请的必要材料；对于不符合密码应用和网络安全要求的政务信息系统，不安排运行维护经费，项目建设单位不得新建、改建、扩建政务信息系统；国务院有关部门对密码应用情况实施监督管理，不符合要求的，视情予以通报批评、暂缓安排投资计划、暂停项目建设直至终止项目；国务院各部门应当严格按要求采用密码技术，并定期开展密码应用安全性评估，确保政务信息系统运行安全和政务信息资源共享交换的数据安全。

2.3.2 国家战略和规划有关密码应用的要求

在国务院和有关部门出台的网络安全与信息化方面的规划和政策文件中，或者在一些重大战略、重大工程中也明确了对密码应用的要求。

1. 国家网络安全和信息化、科技产业支撑规划

1）《“十三五”国家信息化规划》

2016年12月25日，国务院印发《“十三五”国家信息化规划》，在多个方面提到了密码应用要求。

首先，在重大任务和重点工程中提出健全网络安全保障体系。一是要求在国家互联网大数据平台建设工程中，“注重数据安全保护”“实施大数据安全保障工程”“推进数据加解密、脱密、备份与恢复、审计、销毁、完整性验证等数据安全技术研发及应用”。实现数据的加解密、完整性验证，必须使用密码技术为其提供基础支撑。二是要强化网络安全顶层设计，完善网络安全法律法规体系，推动出台《网络安全法》《密码法》《个人信息保护法》。在政策措施部分，提出“优先推进电信、网络安全、密码、个人信息保护、电子商务、电子政务、关键信息基础设施等重点领域相关立法工作”。三是要构建关键信息基础设施安全保障体系，具体来讲，要加强金融、能源、水利、电力、通信、交通、地理信息等领域关键信息基础设施核心技术装备威胁感知和持续防御能力建设，增强网络安全防御能力和威慑能力，加强重要领域密码应用。

其次，在优先行动中提出数据资源共享开放行动，对此要规范数据共享开放管理，明确“按照网络安全管理和密码管理等规范标准，加快应用自主核心技术及软硬件产品，提升数据开放平台的安全保障水平”。

最后，在重点任务分工方案中，将国家密码管理局作为负责“加强数据安全保护，实施大数据安全保障工程，建立跨境数据流动安全监管制度”“构建关键信息基础设施安全保障体系”“加快信息化法律制度建设”等任务的重要职能部门。

2）《政府网站发展指引》

2017年，《政府网站发展指引》发布，明确要求对重要数据、敏感数据进行分类管理，做好加密存储和传输。《政府网站发展指引》要求“使用符合国家密码管理政策和标准规范的密码算法和密码产品，逐步建立基于密码的网络信任、安全支撑和运行监管机制”。政府网站汇聚了大量政务服务数据和公民个人信息，数据一旦遭到泄露，将造成严重后果。因此，文件对政府网站提出了使用密码进行数据保护的要求，其核心目标就是建立合规、安全、有效的密码保障体系，为政府网站安全保驾护航。

3）《“十三五”国家政务信息化工程建设规划》

2017 年，国家发展改革委印发《“十三五”国家政务信息化工程建设规划》，明确要求政务信息化工程建设要筑牢网络信息安全防线，全面推进安全可靠产品和密码应用，提高自主保障能力，切实保障政务信息系统的安全可靠运行。

4）《国家信息化发展战略纲要》

2016 年 7 月，《国家信息化发展战略纲要》发布。《国家信息化发展战略纲要》提出：“到 2025 年，根本改变核心关键技术受制于人的局面，形成安全可控的信息技术产业体系，电子政务应用和信息惠民水平大幅提高，实现技术先进、产业发达、应用领先、网络安全坚不可摧的战略目标。”这一目标的实现离不开密码应用。《国家信息化发展战略纲要》还把确保安全作为基本方针，提出“网络安全和信息化是一体之两翼、驱动之双轮，必须统一谋划、统一部署、统一推进、统一实施，做到协调一致、齐头并进”，这与加强密码应用，做到同步规划、同步建设、同步运行密码保障系统并定期开展密码应用安全性评估（简称“三同步一评估”）的要求是一致的。《国家信息化发展战略纲要》还强调要维护网络空间安全，提出了“加快构建关键信息基础设施安全保障体系，加强党政机关及重点领域网站的安全防护”“建立实施网络安全审查制度，对关键信息基础设施中使用的重要信息技术产品和服务开展安全审查”“健全信息安全等级保护制度”等措施，这与推进商用密码应用的目的是一致的。

5）《国家网络空间安全战略》

2016 年 12 月 27 日，《国家网络空间安全战略》发布，提出了网络空间的“七个新”，即信息传播的新渠道、生产生活的新空间、经济发展的新引擎、文化繁荣的新载体、社会治理的新平台、交流合作的新纽带、国家主权的新疆域。这为推进密码应用提供了指引和方向。此外，战略还明确了“统筹网络安全与发展”的原则，强调“没有网络安全就没有国家安全，没有信息化就没有现代化。网络安全和信息化是一体之两翼、驱动之双轮。正确处理发展和安全的关系，坚持以安全保发展，以发展促安全”。这也是推进密码应用必须遵循的原则。最后，战略还明确了夯实网络安全基础的战略任务，提出“建立完善国家网络安全技术支撑体系。加强网络安全基础理论和重大问题研究。加强网络安全标准化和认证认可工作，更多地利用标准规范网络空间行为。做好等级保护、风险评估、漏洞发现等基础性工作，完善网络安全监测预警和网络安全重大事件应急处置机制”。这为密码应用提供了广阔空间。

6）《国家创新驱动发展战略纲要》

2016 年 5 月 19 日，《国家创新驱动发展战略纲要》发布，把“自主创新能力大幅提升”作为战略目标之一，强调要“突破制约经济社会发展和国家安全的一系列重大瓶颈问题，初步扭转关键核心技术长期受制于人的被动局面”。同时，在战略任务中明确提出：“发展新一代信息网络技术，增强经济社会发展的信息化基础。推动宽带移动互联网、云计算、物联网、大数据、高性能计算、移动智能终端等技术研发和综合应用，加大集成电路、工业控制等自主软硬件产品和网络安全技术攻关和推广力度，为我国经济转型升级和维护国家网络安全提供保障。”密码作为网络安全保障的核心技术和基础支撑，引领信息技术发展，在突破关键核心技术方面将发挥举足轻重的作用。

2. 国家重大专项和行动

1）《关于加快推进“互联网 + 政务服务”工作的指导意见》

2016 年 9 月 25 日，国务院印发《关于加快推进“互联网 + 政务服务”工作的指导意见》，从三个方面明确了推进“互联网 + 政务服务”的具体要求。其中之一就是夯实政务服务支撑基础，对此明确了“完善网络基础设施”“加强网络和信息安全保护”等具体任务，提出了“切实加大对涉及国家秘密、商业秘密、个人隐私等重要数据的保护力度，提升信息安全支撑保障水平和风险防范能力”等具体要求。这些都离不开密码保障，只有充分应用密码，“互联网 + 政务服务”工作中的网络和信息安全才有牢固基础。

2）《关于积极推进“互联网 +”行动的指导意见》

2015 年 7 月 5 日，国务院印发《关于积极推进“互联网 +”行动的指导意见》。在基本原则中，提出“坚持安全有序。完善互联网融合标准规范和法律法规，增强安全意识，强化安全管理和防护，保障网络安全。”在保障支撑部分，把保障安全基础作为夯实发展基础的重要内容之一。强调要“制定国家信息领域核心技术设备发展时间表和路线图，提升互联网安全管理、态势感知和风险防范能力，加强信息网络基础设施安全防护和用户个人信息保护”“按照信息安全等级保护等制度和网络安全国家标准的要求，加强‘互联网 +’关键领域重要信息系统的安全保障”。

密码作为保障信息安全的核心技术，必将为“互联网+”行动提供坚实的安全保障。

3）《促进大数据发展行动纲要》

2015年8月31日，国务院印发《促进大数据发展行动纲要》，在“强化安全保障，提高管理水平，促进健康发展”这一主要任务中，明确要求健全大数据安全保障体系，建立大数据安全评估体系。要求“切实加强关键信息基础设施安全防护，做好大数据平台及服务商的可靠性和安全性评测、应用安全评测、监测预警和风险评估”。这为推进大数据平台密码应用与安全评估提出了要求。在与之对应的网络和大数据安全保障工程中，《促进大数据发展行动纲要》明确了网络和大数据安全支撑体系建设近期目标，提出“在涉及国家安全稳定的领域采用安全可靠的产品和服务，到2020年，实现关键部门的关键设备安全可靠，完善网络安全保密防护体系。”

4）《工业控制系统信息安全行动计划》

2017年12月12日，工业和信息化部印发《工业控制系统信息安全行动计划》。在总体要求中，提出“确保信息安全与信息化建设同步规划、同步建设、同步运行”。在主要行动部分，提出“通过落实企业主体责任、落实监督管理责任来提升安全管理水平”“通过加强技术防护研究和建立健全标准体系来提升安全防护能力”。这与密码应用“三同步一评估”的要求十分契合，有助于规范和督促工业控制系统中的密码应用，切实保障工业控制系统信息安全。

5）《推进互联网协议第六版（IPv6）规模部署行动计划》

2017年11月，《推进互联网协议第六版（IPv6）规模部署行动计划》发布，提出了“创新发展、保障安全”的基本原则。强调“坚持发展与安全并举，大力促进下一代互联网与经济社会各领域的融合创新，同步推进网络安全系统规划、建设、运行，保障互联网安全可靠、平滑演进”。同时，还提出了“强化网络安全保障，维护国家网络安全”的重点任务，部署了“升级安全系统”“强化地址管理”“加强安全防护”“构筑新兴领域安全保障能力”等具体工作，这些都离不开密码的应用和支撑。

2.3.3 行业和地区有关密码应用要求

为增强金融和重要领域网络与信息系统的安全风险防控能力，充分发挥密码在维护网络与信息安全方面的重要作用，切实加强本行业、本地区的密码应用工作，许多行业主管部门和地方陆续出台了一系列政策文件，对密码应用提出了明确的要求。

1. 金融行业密码应用政策要求

中国人民银行对银行机构使用的密码基础设施、金融 IC 卡、网上银行、移动支付、关键信息系统提出了密码应用要求，要求采用符合国家密码法律法规和标准要求的密码算法和密码产品， 构建安全可控的密码保障体系。2016 年，中国人民银行会同原中国银行业监督管理委员会发布《银行卡清算机构管理办法》，要求银行卡清算业务基础设施应满足国家信息安全等级保护要求，使用经国家密码管理部门认可的商用密码产品。

中国证券监督管理委员会明确提出逐步在网上证券、网上期货、网上基金等业务中规范密码应用，按照国家法律法规和标准的要求，推广使用合规有效的密码算法和密码产品。

原中国保险监督管理委员会要求逐步在电子保单、电子认证、办公系统，以及各类保险业务系统中规范密码引用，使用符合国家密码法律法规和标准要求的密码算法和密码产品，加强密码应用的检测评估，确保密码应用合规、正确、有效。

2. 其他重要行业密码应用政策要求

教育、公安、住建、交通、水利、卫生计生、工商、能源等领域主管部门，均制定了本领域密码应用总体规划或工作方案，明确要求使用符合国家密码法律法规和标准规范的密码算法和密码产品，实现密码在本领域的全面应用。

教育部要求，在教育和科研计算机网、教育管理、教育资源、电子校务、教育基础数据、教育卡等信息系统，以及面向社会服务的教育政务系统中加强密码应用。

公安部要求，在信息安全等级保护第三级及以上的网络信息系统、国家级信息化项目、全国或跨地区联网的网络与信息系统、公安信息网基础设施、面向社会服务的政务信息系统中加强密码应用。

财政部要求，在政务信息系统采购需求、项目验收等方面加强密码应用。

住房和城乡建设部要求，在城市基础设施信息系统、面向社会服务的政务信息系统、行业性业务系统和办公系统中加强密码应用。

交通运输部要求，在高速公路不停车电子收费系统（ETC）、交通一卡通系统、联网售票系统、出行服务系统、运政管理系统、地理信息系统等领域加强密码应用。中国铁路总公司要求，在铁路基础网络、重要信息系统、公众服务平台等领域加强密码应用。

水利部要求，在重要水利枢纽、重要水文水利系统中加强密码应用。国务院三峡办要求，在三峡水利枢纽工业控制系统中加强密码应用。

原国家卫生计生委要求，建设卫生计生行业密码应用基础设施，在人口健康信息平台、卫生计生行业重要信息系统中加强密码应用。

原国家工商总局要求，在工商部门面向社会服务的信息系统中，加快推进基于密码的网络信任、安全管理和运行监管体系建设，规范密码应用。

国家能源局要求，在电力系统、核电厂、石油天然气、油气管道等重要信息系统和重要工业控制系统中加强密码应用。

原国家测绘地理信息局要求，在卫星导航基准站、面向社会服务的测绘地理信息政务系统中加强密码应用。

3. 各地区密码应用政策要求

除各行业领域主管部门外，一些省区市也出台了密码应用相关政策要求。

安徽省密码管理局、安徽省财政厅印发《关于重要领域信息系统密码应用工作的通知》，要求凡申报使用财政性资金建设的重要领域信息系统项目，必须提供密码应用方案。

北京市明确将密码应用建设过程中的新建项目所需经费列入同级政府固定资产投资，升级改造和运行维护经费列入同级财政预算，并对密码应用情况进行事前审查。

吉林省制定出台13项密码应用“增量”管控措施，部署在项目立项、项目论证、招标采购等环节，对项目建设实施管控，明确采用密码进行保护的刚性约束。吉林省还出台36项密码供给能力建设扶持政策，涵盖金融、土地、税收、出口等方面，对密码产业、产品和服务等供给侧给予优惠扶持。

江苏省财政厅、省密码管理局联合印发通知并颁布《江苏省密码产品采购管理目录》，明确密码产品相关采购要求。

天津市委办公厅、市政府办公厅联合印发《关于重要领域网络与信息系统规范使用密码的通知》。

贵州省委办公厅、省政府办公厅印发《贵州省重要领域网络与信息系统密码应用审核实施意见》，要求使用财政性资金新建或改造重要领域网络与信息系统，应当报密码管理部门进行密码使用合规性审查，密码部门出具的审核意见应作为财政部门审批资金的必备材料。

河北省财政厅、密码管理局、公共资源交易监督办公室联合印发《关于面向社会服务的政务信息系统使用国产密码技术设备的通知》，要求相关信息系统在新建、改建、扩建时，与商用密码应用同步规划、同步建设、同步运行、定期评估。

2.4　商用密码应用安全性评估工作

密评工作不仅对规范密码应用具有重大意义，同时对维护网络与信息系统密码安全，切实保障网络安全，都具有不可替代的重要作用。

本节将重点介绍密评体系发展历程、密评相关政策法规和规范性文件，以及密评的基本要求和主要内容。

2.4.1　商用密码应用安全性评估体系发展历程

密评最早于 2007 年提出，经过十余年的积累，密评制度体系不断成熟，其发展经历了四个阶段。

第一阶段：制度奠基期（2007 年 11 月至 2016 年 8 月）。2007 年 11 月 27 日，国家密码管理局印发 11 号文件《信息安全等级保护商用密码管理办法》，要求信息安全等级保护商用密码测评工作由国家密码管理局指定的测评机构承担。2009 年 12 月 15 日，国家密码管理局印发管理办法实施意见，进一步明确了与密码测评有关的要求。

第二阶段：再次集结期（2016 年 9 月至 2017 年 4 月）。国家密码管理局成立起草小组，研究起草《商用密码应用安全性评估管理办法（试行）》。2017 年 4 月 22 日，正式印发《关于开展密码应用安全性评估试点工作的通知》（国密局（2017）138 号文），在七省五行业开展密评试点。

第三阶段：体系建设期（2017 年 5 月至 2017 年 9 月）。国家密码管理局成立密评领导小组，研究确定了密评体系总体架构，并组织有关单位起草 14 项制度文件。经征求试点地区、部门意见和专家评审，2017 年 9 月 27 日，国家密码管理局印发《商用密码应用安全性测评机构管理办法（试行）》《商用密码应用安全性测评机构能力评审实施细则（试行）》《信息系统密码应用基本要求》（后以密码行业标准 GM/T 0054 形式发布）和《信息系统密码测评要求（试行）》，密评制度体系初步建立。

密评体系总体架构如图 2-2 所示。密评体系借鉴了信息安全等级保护工作十多年的实施经验，并考虑影响密评试点实施的关键要素，分为两层共七大要素。

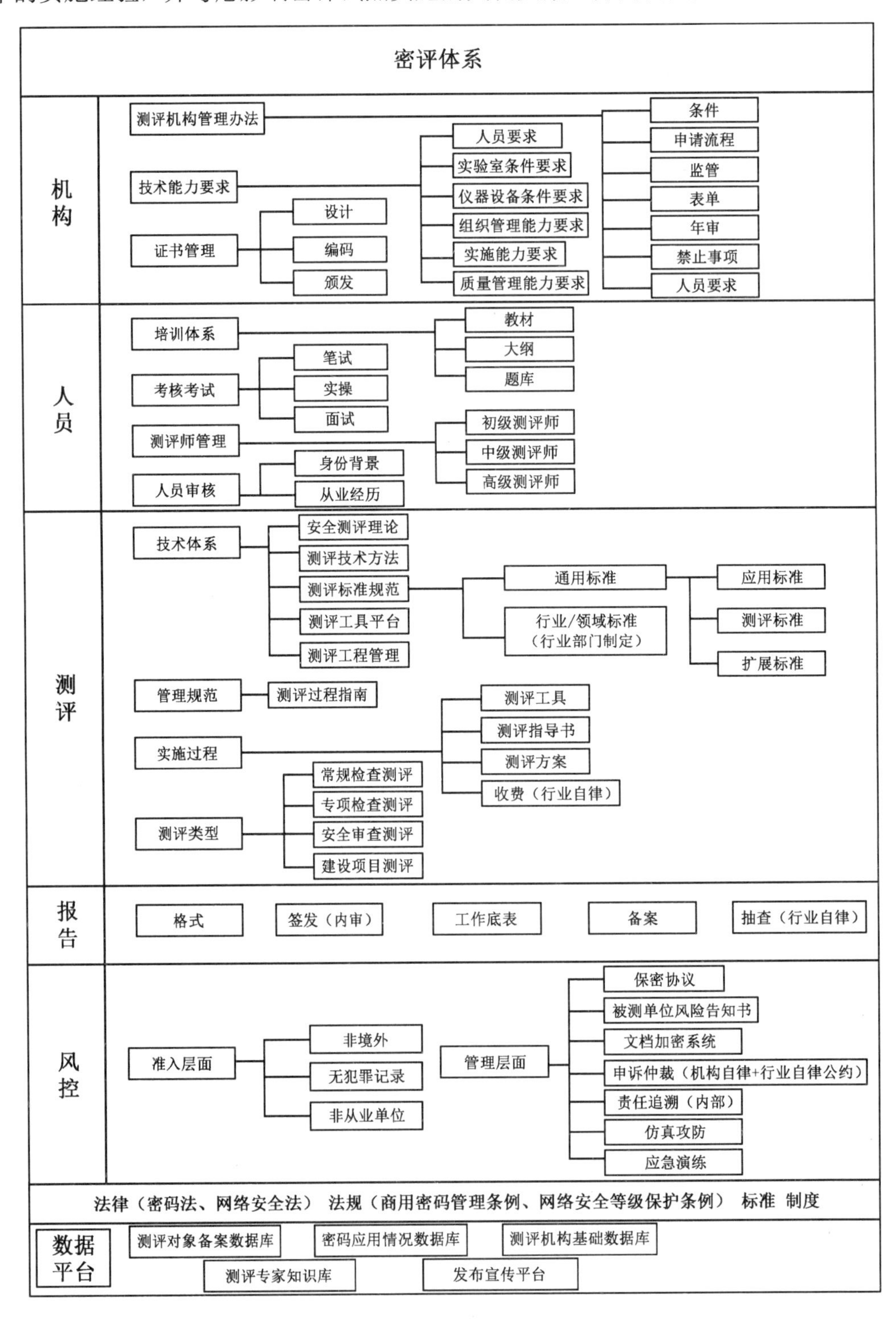

图 2-2 密评体系总体架构

1）第一层

体系的底层是支撑层，包括法律法规制度和支撑平台两个要素。

①法律法规制度要素主要是《密码法》《网络安全法》，正在修订的《商用密码管理条例》，正在制定的《网络安全等级保护条例》，以及与密评相关的管理办法。

②支撑平台要素包括四类数据平台和发布宣传平台，即测评对象备案数据库（系统定级、基本情况、建设实施情况等）、密码应用情况数据库、测评机构基础数据库、测评专家知识库（测评知识、方法和实际经验等）和发布宣传平台（如监督举报、查处发布、奖惩）等。

2）第二层

体系的上层是实施层，包括机构、人员、测评、报告、风控五要素。

①机构要素：包括测评机构管理办法、技术能力要求、证书管理等。

②人员要素：包括培训体系（教材、大纲、题库等）、考核考试、测评师管理、人员审核等。

③测评要素：包括技术体系（测评理论、技术、方法、标准规范等）、管理规范、实施过程、测评类型等。

④报告要素：包括报告格式、内部审核的签发管理要求、备案要求、抽查机制等。

⑤风控要素：包括准入和管理两个层面，从人员、管理制度、测评措施等方面防范可能给被测系统带来的风险。

密评体系有些要素已基本具备（如机构要素中的测评机构管理办法、技术能力要求，测评要素中的应用标准、测评标准、测评过程指南等），有些要素还有待完善。在密评工作开展过程中，既要严格遵守已有规定，又要不断完善充实制度体系。

第四阶段：密评试点开展期（2017 年 10 月至今）。试点开展过程同时也是机构培育过程，包括机构申报遴选、考察认定、发布目录、开展试点测评工作并提升测评机构能力、总结试点经验、完善相关规定等。2019 年上半年对第一批密评试点做了评审总结，对参与试点的 27 家机构进行能力再评审，择优选出 16 家扩大试点，对另 11 家机构给予 6 个月能力提升整改期。2019 年 10 月，开始启动第二批密评试点工作。

按照《密码法》有关规定，商用密码应用安全性测评机构将作为商用密码检测机构，纳入依法管理轨道，由国家市场监管总局和国家密码管理局依据有关法律法规和标准、技术规范的规定实施评价许可。未来，机构许可拟按照统一管理、分工协作、共同实施的机制，制定资质认定规则，发布和调整资质认定目录，并组织开展资质认定监管。在许可程序之“技术评审管理”环节，拟强化对机构测评能力的专业审查，切实把住机构实际能力的关口。考虑到测评机构整体能力偏低和密评人才供给极度短缺的现状，拟组织对申请机构进行培育辅导，切实提升机构测评能力。商用密码应用安全性测评管理规章制度正在修订。在测评机构的培育认定上，坚持“总量控制、科学布局、择优选取、培育辅导、行政许可”的总体思路。

为提高测评机构“含金量”，为密评工作营造良好声誉，在机构认定上坚持“严进”，设置较高准入要求，引入竞争和评审机制，对达不到要求的申请机构坚决拒之门外。在日常监管上要“严管”，对能力不足、违规测评的机构和人员要严肃处理，对不符合要求的测评机构要坚决淘汰。

2.4.2 商用密码应用安全性评估的主要内容

1. 评估依据和基本原则

密评工作应当遵循国家法律法规及相关标准。测评机构开展评估应当遵循商用密码管理政策和GM/T 0054-2018《信息系统密码应用基本要求》《信息系统密码测评要求（试行）》等相关密码标准和指导性文件的要求，遵循独立、客观、公正的原则。

2. 评估的主要内容

密评的对象是采用商用密码技术、产品和服务集成建设的网络与信息系统，评估的内容包括密码应用安全的三个方面：合规性、正确性和有效性。

1）商用密码应用合规性评估

商用密码应用合规性评估是指判定信息系统使用的密码算法、密码协议、密钥管理是否符合法律法规的规定和密码相关国家标准、行业标准的有关要求，使用的密码产品和密码服务是否经过国家密码管理部门核准或由具备资格的机构认证合格。

2）商用密码应用正确性评估

商用密码应用正确性评估是指判定密码算法、密码协议、密钥管理、密码产品和服务使用是否正确，即系统中采用的标准密码算法、协议和密钥管理机制是否按照相应的密码国家和行业标准进行正确的设计和实现，自定义密码协议、密钥管理机制的设计和实现是否正确，安全性是否满足要求，密码保障系统建设或改造过程中密码产品和服务的部署和应用是否正确。

3）商用密码应用有效性评估

商用密码应用有效性评估是指判定信息系统中实现的密码保障系统是否在信息系统运行过程中发挥了实际效用，是否满足了信息系统的安全需求，是否切实解决了信息系统面临的安全问题。

2.4.3　商用密码应用安全性评估政策法规和规范性文件

为规范密评工作，国家密码管理局制定印发了《商用密码应用安全性评估管理办法（试行）》《商用密码应用安全性测评机构管理办法（试行）》《商用密码应用安全性测评机构能力评审实施细则（试行）》等管理文件，对测评机构、网络与信息系统责任单位、管理部门提出要求，对评估程序、评估方法、监督管理等进行明确，对测评机构审查认定工作提出要求。同时，组织编制《信息系统密码应用基本要求》标准，以及《信息系统密码测评要求（试行）》《商用密码应用安全性评估测评过程指南（试行）》《商用密码应用安全性评估测评作业指导书（试行）》《商用密码应用安全性评估测评工具使用需求说明（试行）》等指导性文件，指导测评机构规范有序开展评估工作。本部分涉及的政策法规和规范性文件，主要还是在密评试点中提出的制度要求，还将根据《密码法》及配套法规规章的制修订，不断完善和规范。

1.《商用密码应用安全性评估管理办法（试行）》

1）出台背景和目标

为发挥密码在维护安全与促进发展综合平衡中的重要支撑作用，我国法律法规和政策性文件都对密码应用提出明确要求。在此背景下，国家密码管理局制发《商用密码应用安全性评估管理办法（试行）》（以下简称《办法》），目标是明确国家和省（部）密码管理部门在密码应用安全性评估中的指导、监督和检查职责；明确重要信息系统的建设、使用、管理单位在评估工作中的主体责任；依法培育测评机构，规范评估行为，以评促改、以评促用，形成规范有序的密码应用安全性评估审查机制，并与网络安全等级保护等已有制度做好衔接。

2）主要内容

《办法》聚焦于建立密评审查机制、规范密评工作，规定了测评机构、网络与信息系统责任单位、管理部门的权利义务，明确了评估程序、评估方法、监督管理等内容。《办法》共四章二十二条。

（1）第一章是总则。明确了制定《办法》的目的和立法依据，对密码和密码应用安全性评估进行定义，明确适用范围和管理机构职能。

《办法》明确密评工作的责任主体是涉及国家安全和社会公共利益的重要领域网络与信息系统的建设、使用、管理单位；明确密评对象范围包括基础信息网络、涉及国计民生和基础信息资源的重要信息系统、重要工业控制系统、面向社会服务的政务信息系统，以及关键信息基础设施、网络安全等级保护第三级及以上信息系统。与《信息安全等级保护商用密码管理办法》相比，《办法》适用对象范围更广，更加突出评估结果在系统规划、建设、运行等环节的约束力。

国家密码管理部门、省（部）密码管理部门对密评工作的指导、监督和检查职责。

（2）第二章介绍了评估程序。规定了责任单位和测评机构职责，提出独立、客观、公正的评估原则，对重要信息系统如何实施密码应用安全性评估做出规定。规定责任单位应当在系统规划、建设和运行阶段，组织开展商用密码应用安全性评估工作。规定密评由国家密码管理部门认定的密码测评机构承担，国家密码管理部门组织测评机构业务培训。规划阶段的密评主要内容是对密码应用方案进行审查；建设和运行阶段的密评主要内容是对照密码应用方案对系统的安全性开展评估。在系统发生密码相关重大安全事件、重大调整或特殊紧急情况，应及时组织测评机构开展商用密码应用安全性评估。

测评机构完成密评工作后，应在 30 个工作日内将评估结果报国家密码管理部门备案。责任单位完成规划、建设、运行和应急评估后，应在 30 个工作日内将评估结果报主管部门及所在地区（部门）密码管理部门备案。其中，网络安全等级保护第三级及以上信息系统，评估结果应同时报所在地区公安部门备案。

（3）第三章介绍了监督管理。规定密码管理部门要不定期开展评估专项检查和抽查工作，对测评机构进行监督检查，明确其他主管部门应将密评情况作为网络与信息系统安全检查的重要内容。规定测评机构应保守在测评活动中知悉的国家秘密、商业秘密和个人隐私，对出具的评估结果负责。对于弄虚作假、泄露秘密等违反相关规定的行为，按照国家相关法律法规予以处罚。

（4）第四章是附则。分别对《办法》实施前已投入使用的重要信息系统、未设立密码管理机构的有关部门，以及不在《办法》所列范围内的其他网络与信息系统如何开展密评做出规定。

下一步，《办法》将根据《密码法》的要求进一步修订完善并公开发布。

3）密评工作与网络安全等级保护工作的关系

《办法》的制定充分考虑了与网络安全等级保护（简称“等保”）的结合和相互衔接。《办法》根据《网络安全法》《商用密码管理条例》及国家关于网络安全等级保护和重要领域密码应用的有关要求制定，对网络安全等级保护第三级及以上信息系统提出密码应用安全性评估要求。

《网络安全等级保护条例》的制定和等保相关标准的修订也充分体现了密码应用安全性评估的要求，主要表现在：在网络安全等级保护的制度设计中，将密码应用的具体要求体现在等保系列主体标准中；在《网络安全等级保护基本要求》及相关配套标准中明确等保各级系统在哪些环节使用密码。为避免重复测评，在条件允许的情况下，密评工作与等保测评工作合并开展，公安部与国家密码管理局在等保测评制度设计上相互衔接，统筹考虑规划、建设、运行三阶段的测评程序和要求，这也是落实《密码法》相关要求的具体举措。

2.《商用密码应用安全性测评机构管理办法（试行）》

1）适用范围

根据《商用密码应用安全性评估管理办法（试行）》确定的在试点期间的主要原则，为规范培育商用密码应用安全性测评机构，《商用密码应用安全性测评机构管理办法（试行）》提出了试点期间对测评机构的管理原则，适用在中华人民共和国境内对商用密码应用安全性测评机构的监督管理，也适用于对测评机构、测评人员及其测评活动的管理与规范。

2）测评机构遴选的基本原则

测评机构遴选应按照“依法合规、公正公开、客观独立”的原则有序开展。

3）测评机构的监管主体

国家密码管理局根据各省部密码管理部门的推荐，负责测评机构的受理、能力评审和监督检查等。

4）测评机构的基本条件

申请测评机构应具备以下条件：在中华人民共和国境内注册，由国家投资、法人投资或公民投资成立的企事业单位；要求产权关系明晰，注册资金500万元以上；成立年限在2年以上，从事信息系统安全相关工作1年以上，无违法记录；要求具备与从事系统测评相适应的独立、集中、可控的工作环境，测评工作场地应不小于200平方米；具备必要的检测设施、设备，使用的设施设备应满足实施密评工作的要求；具备完善的人员结构，包括专业技术人员和管理人员，通过“密码应用安全性评估人员考核”的人员数量不少于10人；具有完备的安全保密管理、项目管理、质量管理、人员管理、培训教育、客户管理和投诉处理等规章制度。其中，具体要求如下：

①安全保密管理规定应当涉及测评活动的安全进行、客户和国家秘密的保守、客户所有权信息的保护、专用测评工具的安全保管等内容。

②项目管理规定应当涉及测评项目实施的全生命周期，从项目立项到结束，以保证测评结果的公正性和准确性。

③质量管理规定应当涉及影响测评质量“人机料法环”的各个方面。

④人员管理规定应当涉及关键管理人员和测评人员的考核、授权和上岗等要求。

⑤培训教育管理规定应当涉及培训计划的制定、培训过程的记录、培训结果的评估等内容，以保证人员具有合格和持续的测评能力。

⑥客户管理规定应当涉及客户需求的满足、客户满意度的调查、客户意见的采纳和反馈等内容。

⑦投诉处理管理规定应当描述对客户投诉的处理过程，以及处理结果对测评机构质量管理体系的改进作用，其中投诉包括客户的直接投诉和由密码管理部门转达的客户投诉。

⑧排他要求：本单位及直接控股的母公司或子公司不得从事商用密码产品生产、销售、集成以及运营等可能影响测评结果公正性的活动（测评工具类除外）。

⑨法律法规要求的其他条件。

总体来看，申请单位要具备独立的法人主体资格，能够承担相应的法律责任，且要有一定的资金实力，具有独立开展密码应用安全性评估工作的资金保障。同时，申请单位要具备相应的从业经验，有开展密评工作的基础。质量管理规定应当涉及影响测评质量“人机料法环”的各个方面，具体到密评工作而言，主要是指人员、设备与工具、方法、环境等方面。排他要求是保证测评工作客观公正公允的一个重要审核条件，各申请单位需要签署承诺书，如果填报不实，国家密码管理局将会一票否决。

5）申请测评机构应提交的材料

申请测评机构应提交的材料主要包括：

①《商用密码应用安全性测评机构申请表》。

②从事与商用密码相关工作情况的说明。

③开展测评工作所需的软硬件及其他服务保障设施配备情况。

④管理制度建设情况（需要提供相关制度的文本文件）。

⑤申请单位及其测评人员基本情况（需要提供人员的基本信息）。

⑥申请单位认为有必要提交的其他材料。

6）测评机构的申请流程

国家密码管理局设立申请材料初审工作组，对申请材料进行初审，出具初审结论。初审结果按程序报批后，告知申请单位。通过初审的申请单位，应在 60 个工作日内参加培训、考核和能力评审。测评人员培训、考核工作由国家密码管理局委托的机构承担，申请单位应当确保本单位测评人员全程参加。考核通过后，测评人员方可参加密码应用安全性评估工作。

国家密码管理局设立测评机构能力评审专家组，负责申请单位的能力评审工作，根据《商用密码应用安全性测评机构能力评审实施细则（试行）》等要求，开展材料核查、现场评审和综合评议。

能力评审工作结束后，国家密码管理局组织召开综合评定会，研究形成综合评定结论，确定测评机构名单，并印发试点地区和部门。

7）测评机构的责任和义务

测评机构的设施环境以及人员是保证测评质量的重要基础。测评机构的地址或测评实验室的位置发生变化，则需要对新设施和环境进行额外的考核，以核实其是否仍能够满足本办法的要求。主要负责人包括测评机构的质量负责人，以及负责密码应用安全性评估领域的技术负责人，主要负责人变更后，也需要对变更后人员的能力进行重新考核。总的来说，测评机构下列事项发生变更时，应在 10 个工作日内向国家密码管理局报告。

①测评机构名称、地址、主要负责人发生变更的。

②测评机构法人、股权结构发生变更的。

③其他重大事项发生变更的。

8）测评机构的监督检查

监督检查是保证测评机构能力持续性的重要途径，也是在测评初期保证测评队伍质量、建立测评体系信誉的主要途径。密码管理部门会着重对以下过程进行监督检查：测评人员的完整性、测评能力是否保持、质量管理体系运行的合规性、测评过程是否由有资质的测评人员执行及测评报告的准确性和公正性等。测评项目实施过程中，测评机构应接受国家密码管理局的监督管理。测评机构应当在年底编制密评工作报告，并报送国家密码管理局。国家密码管理局、测评机构所属省部密码管理局对测评机构负有监督检查职责，根据需要开展测评机构检查工作。

9）测评机构的法律责任

测评机构有下列情形之一的，国家密码管理局应责令其限期整改；情节严重的，予以通报或做出其他严肃处理。

①未按照有关标准规范开展测评或未按规定出具测评报告的。

②严重妨碍被测评信息系统正常运行，危害被测评信息系统安全的。

③未妥善保管、非授权占有或使用密码应用安全性评估相关资料及数据文件的。

④分包或转包测评项目，以及有其他扰乱测评市场秩序行为的。

⑤限定被测评单位购买、使用指定信息安全和密码相关产品的。

⑥测评人员未通过培训考核，但从事密码应用安全性评估工作的。

⑦未按本办法规定提交材料、报告情况或弄虚作假的。

⑧其他违反密码应用安全性评估工作有关规定的行为。

测评机构有下列情形之一的，国家密码管理局应取消其商用密码应用安全性测评机构试点资格。

①因单位股权、人员等情况发生变动，不符合商用密码应用安全性测评机构基本条件的。

②故意泄露被测评单位工作秘密、重要信息系统数据信息的。

③故意隐瞒测评过程中发现的安全问题，或者在测评过程中弄虚作假未如实出具测评报告的。

④自愿退出测评机构目录的。

测评人员有下列行为之一的，责令测评机构督促其限期改正；情节严重的，责令测评机构暂停其参与测评工作；情形特别严重的，从密码应用安全性测评人员名单中移除，并对其所在测评机构进行通报。

①未经允许擅自使用或泄露、出售密码应用安全性评估工作中收集的数据信息、资料或测评报告的。

②测评行为失误或不当，影响重要领域网络与信息系统安全或造成运营使用单位利益损失的。

③其他违反密码应用安全性评估工作有关规定的行为。

测评机构及其测评人员违反本办法的相关规定，给被测评信息系统运营使用单位造成严重危害和损失的，由相关部门依照有关法律法规予以处理。任何单位和个人如发现测评机构、测评人员有违法、违规行为的，可向国家密码管理局举报、投诉。

3.《商用密码应用安全性测评机构能力评审实施细则（试行）》

《商用密码应用安全性测评机构能力评审实施细则（试行）》通过对申请机构的组织管理能力、测评实施能力、设施和设备安全与保障能力、质量管理能力、风险防范能力等进行公平、公正、独立、客观的能力评审，为规范测评机构的建设和管理、提高测评机构能力提供支撑。

1）实施细则的主要内容

实施细则阐述了商用密码应用安全性测评机构能力评审工作中相关机构的工作职责、评审工作的具体流程、评审结果的量化及认定等。

2）基本原则

申请单位能力评审遵循公平、公正、独立、客观的原则。

3）适用范围

适用于对申请单位的能力评审。

4）工作职责

国家密码管理局组织对申请单位的测评能力进行评审。能力评审实行专家组负责制。国家密码管理局在能力评审中的具体职责包括：

①负责能力评审工作的组织管理，审核申请资料的完整性与规范性。

②建立并维护能力评审专家库。

③设立评审专家组，在能力评审专家库随机抽取评审专家，指定专家组组长，由专家组负责对申请单位的能力进行评估、判定。

④负责与申请单位的沟通协调，组织并监督现场评审。

⑤负责出具能力评审结论。

5）评审程序

国家密码管理局组成评审专家组，组织专家评审。评审分为材料核查、现场评审、综合评议三个阶段。

（1）材料核查。专家组对照评审内容和要求对申请单位提交的材料进行查阅，重点对《商用密码应用安全性测评机构申请表》和《商用密码应用安全性测评机构能力评估申请表》进行审阅。对需要现场核实的内容予以记录，以备现场评审时核查。

（2）现场评审。专家组前往申请单位，采取查看、问询、模拟测试、问卷考试等形式，对照《商用密码应用安全性测评机构能力要求》对测评机构的基本情况、人员结构、测评实验室条件、仪器设备条件、测评实施能力、质量管理能力和风险控制能力七个方面进行评审。专家组根据现场评审情况，对照《商用密码应用安全性测评机构能力评审专家评分表》逐项量化评价。

（3）综合评议。专家组组长主持召开会议，综合材料审查和现场评审情况进行研讨和评议，汇总专家评分情况，填写《商用密码应用安全性测评机构能力评审汇总表》，提交国家密码管理局。在第二批测评机构试点培育中，将增加实际测评能力仿真评价的环节，确保申请机构有实战经验，而且能力特别突出。

6）工作要求

测评机构能力评审工作过程中，专家组应遵循如下要求：遵守法律法规和技术规范要求，坚持客观、独立、科学、公正的原则，专家对量化评价负责；按时参加评审活动，认真履行职责，廉洁自律，不得借评审谋取私利；遵守相关保密规定，对评审中接触到的有关情况负有保密责任；有下列情形之一的，专家应当主动向国家密码管理局申请回避，如未主动申请回避，一经发现，取消其专家资格。

①专家担任申请单位技术顾问等职务的。

②专家所在单位与申请单位存在利益关系的。

③专家与申请单位存在利益关系的其他情况。

7）《商用密码应用安全性测评机构能力要求》

《商用密码应用安全性测评机构能力评审实施细则（试行）》的附件《商用密码应用安全性测评机构能力要求》，对测评机构能力提出了具体要求。主要包括基本情况、人员结构、测评实验室条件、仪器设备条件、测评实施能力、质量管理能力和风险控制能力等方面的要求。

（1）基本情况。测评机构应在中华人民共和国境内注册，由国家投资、法人投资或公民投资成立的企事业单位；产权关系明晰，注册资金500万元以上；成立年限在2年以上，从事信息安全系统相关工作年限1年以上，无违法记录。

（2）人员要求。主要有三条：

①测评机构应配备测评技术负责人与质量负责人各1人，应熟悉信息系统密码应用安全性测评业务，从事商用密码或质量管理相关工作5年以上。

指定一名员工作为质量负责人，赋予其在任何时候都能确保与质量有关的管理体系得到有效实施和遵循的权力。质量负责人应有直接渠道接触决定实验室政策或资源的最高管理者。质量负责人的地位不能太低，必须能够与测评机构的最高管理者（或其代理人）直接接触和沟通。测评机构可能会有多个技术负责人负责不同的检测领域，但至少应当有一位技术负责人是负责商用密码应用安全性评估领域。技术负责人应当全面负责技术工作（如方法的验证，作业指导书的制定，方法偏离的批准等）的管理和协调。要提供确保检测机构运作质量所需的资源，如物资资源、人力资源、信息（包括人才信息、设备信息、标准信息）资源。

②测评人员应为签订正式合同的员工，具有本科及以上学历和密码相关经验，且通过“密码应用安全性测评人员考核”的测评人员不少于10人。

通过“密码应用安全性测评人员考核”是测评人员上岗的必要条件之一，其中，测评人员的政治素养和立场是考核的一项关键内容。测评机构要在“密码应用安全性测评人员考核”的基础上进一步规定本单位人员考核办法或上岗规定，如对测评工具的操作能力、对测试结果的分析能力、对原始记录和测评报告的填写能力等。

③测评人员的审核以通过培训考核的测评人员名单为依据。

（3）测评实验室条件要求。实验室清洁整齐，工作场地不小于200平方米，采光、通风、温湿度、防震等应满足实际测评的需求；实验室环境、安全、环保、功能布局等应符合质量管理的相关规定，并配有必要的防污染、防火、控制进入等安全措施，各个测评实验室或一个实验室的不同测评区域开展的项目应当互不影响；凡是对测评方法或测评仪器有要求的，应按要求对测评场所的温度、湿度等环境条件进行有效、准确的测量，并记录在案。

测评实验室环境条件是正确进行测评工作的重要保证，是确保测评结果准确性和有效性的重要因素，必须给予足够重视。测评机构应当确保其环境条件不会使测评结果无效，或对所要求的测量结果产生不良影响。特别要注意的是，在测评机构固定场所外进行检测时，应当保证检测场所的环境条件也满足上述要求。当环境条件危及测评结果时，应当立即停止测评，并按照相关程序执行。当相邻区域的工作互相影响时，测评机构应当对相关区域进行隔离（包括空间隔离、电磁场的隔离等），采取措施消除影响。测评环境应当保持良好的内务管理，要有措施确保环境满足舒适、规范、有序、安全、环保的要求。

（4）仪器设备条件要求。主要有三条：

①测评机构应具备符合相关要求的机房及必要的软硬件设备，满足技术培训、测评验证和模拟测试的需要；配备满足密码应用安全性评估工作需要的测评设备和工具，包括密码相关标准符合性分析工具、网络数据分析工具、网络协议分析仪等，测评设备和工具需要定期核查，确保其运行状态良好，有校准要求的仪器设备需要按时送至校准实验室进行专门校准，并确保所进行的校准可溯源到国际单位制。

对于国家密码管理部门认可的专用测评工具，测试时应当保证是最新版本，并且要有相关的管理措施来保证该工具在使用时没有被修改；对于测评机构自己研发的测评工具，如果外部没有适合的校准机构进行校准，则测评机构需要通过外部比对、问题样品重测等方式对该测评工具的准确性进行验证；对于校准实验室的选择，应当是经过认可的校准机构，并且在其校准范围之内。测评工具体系构建是一个逐步丰富完善的过程，需要各测评机构在今后的测评实践中不断丰富完善。

②测评机构应具有完备的设备和工具管理制度。设备档案和标识管理，以及故障设备和工具管理有明确要求。对测评设备和工具统一登记、统一标识，标识完整、摆放合理，具有配套防护如防尘等措施，对于有故障的设备和工具应通过加盖明显标识进行区分，并采取有效措施防止继续使用。

用于测评并且对测评结果有影响的每一个设备和工具都应当赋予唯一性标识，以防止不同设备或工具的混淆。对于经过校准的设备，要标明校准状态标识，包括校准周期等内容，以防止使用未校准的设备或工具。测评机构对曾经处置不当、给出可疑结果，或已显示出缺陷、超出规定限度的设备，均应当停止使用。这些设备应加贴标签以标明设备已停用，直至修复并通过校准或检测表明能正常工作为止。测评机构还应当核查这些缺陷或偏离对先前测评结果的影响，如果造成了不利影响，则应当按照相关程序进行纠正。

③仪器设备具有完整的操作、维护规程，仪器设备使用说明书、校准报告、使用记录、定期维修核查制度和记录、存放地点及保管人等信息规范完整。

测评机构应当具有安全存放、使用和有计划维护测量设备的规定，以确保这些仪器设备功能正常并防止性能退化或损坏。在实验室固定场所外使用仪器设备进行测评时，也要保证这些设备的使用满足相关的要求，特别是设备或工具不能由测评机构以外的人员操作。

（5）测评实施能力要求。主要有六条：

①测评机构应具有把握国家密码政策，理解和掌握相关技术标准，熟悉测评方法、流程和工作规范等方面知识及能力的测评人员，测评人员应能够依据测评结果做出专业判断及出具测评报告等。

测评人员应当熟悉密码应用安全性评估相关的管理规定、把握密码政策及发展方向，理解密码应用相关的技术标准，如信息系统密码测评标准、密码算法类（SM2/3/4等）标准、密码协议类（IPSec、SSL等）标准、密码产品类（VPN、密码机等）标准。在测评过程中，对于测评工具不能直接出具测评结果的，测评人员应当依据自己的专业能力或测评机构的作业指导书给出专业判断，并且应当将判断的依据或方法形成文件。

②测评机构应具备密码应用安全性技术测评实施能力，包括身份鉴别、访问控制、数据安全、密钥管理、安全审计等方面作业指导书的开发、使用、维护及获取相关结果的专业判断。

对于标准中规定的技术要求，测评机构要有能力开发相应的作业指导书，作业指导书要涵盖信息系统场景和具体的操作过程，也需要给出从测评数据到测评结果的判断方法或依据。

③测评机构应具备密码应用安全性管理测评实施能力，包括人员、制度、实施、应急等方面测评指导书的开发、使用、维护及获取相关结果的专业判断。

对于标准中规定的管理要求，测评机构要有能力开发相应的作业指导书，而不局限于测评标准本身，作业指导书要涵盖信息系统场景和具体的操作过程，也需要给出从测评数据到测评结果的判断方法或依据。

④测评机构应具备系统整体评估能力，能根据单元测评的结果记录部分、结果

汇总部分和问题分析部分，进行综合分析，给出测评结论。

信息系统密码应用安全性评估是一个整体的工程，对技术和管理要素进行测评后，测评机构要有能力对各个单元测评结果进行汇总和分析，通过对这些离散信息的深入理解和有效综合，给出信息系统密码应用整体安全性的测评结论。

⑤测评机构宜具备搭建密码应用模拟系统的能力，以展现密码应用安全性技术测评实施能力、管理测评实施能力和详细测评工作流程。

对实际或模拟系统的测试是考察测评机构能力的有效手段。测评机构可以自行搭建模拟的信息系统，对该系统进行密码应用安全性的测评，测评尽量涵盖所有的测评要素或指标，并且测评过程应当从项目开始执行到结束，即从项目委托一直到最后的报告出具，整个过程应当全部展现出来以供专家考察。这是证明密码应用安全性评估能力的重要手段。

⑥依据测评工作流程，有计划有步骤地开展测评工作，并保证测评活动的每个环节都得到有效的控制，主要包括四个阶段。

a）测评准备阶段。收集被测系统的相关资料信息，全面掌握被测系统密码使用的详细情况，为测评工作的开展打下基础。

b）方案编制阶段。正确合理确定测评对象、测评边界、测评指标等内容，并依据技术标准、规范编制测评方案、测评结果记录表格，测评方案应通过技术评审并有相关记录。

c）现场测评阶段。严格执行测评方案中的内容和要求，并依据操作规程熟练地使用测评设备和工具，规范、准确、完整地填写测评结果记录，获取足够证据，客观、真实、科学地反映出系统的密码安全防护状况，测评过程应予以监督并记录。特别需要强调的是，测评过程中，要强化对系统数据的获取和分析，能够发现系统的漏洞和密码应用的问题。

d）报告编制阶段。通过对测评数据的综合分析得出被测信息系统密码安全防护现状与相应的技术标准要求之间的差距，分析差距可能导致被测系统面临的风险，给出测评结论，形成测评报告，测评报告应依据国家密码管理部门统一编制的报告模板的格式和内容要求编写；测评报告应包括所有测评结果、根据这些结果做出的专业判断，以及理解和解释这些结果所需要的相关信息，以上信息均应正确、准确、清晰地表述。

上述过程应当融入测评机构的作业指导书中，并且根据测评机构自身的理解和实际情况进一步细化和明确，要有很好的可操作性。

（6）质量管理能力要求。测评机构应当有相应的质量管理制度文件或程序，并能够通过实际运行来体现质量管理体系的有效性。主要有五个要素：

①建立质量管理体系，制定相应的质量目标，指定质量主管，并明确其管理职责。

②根据国家有关保密规定制定保密管理制度，明确保密范围、保密职责及有关罚则等内容，定期对工作人员进行保密教育，防止发生泄露国家秘密、商业秘密、敏感信息和个人隐私的事件，测评人员应当签订《保密责任书》，规定其应当履行的安全保密义务和承担的法律责任。

③依据相关技术标准制定测评项目管理程序，主要应包括测评工作的组织形式、工作职责，测评各阶段的工作内容和管理要求等。

④保证管理体系的有效运行，持续改进自身的测评质量和管理水平，发现问题及时反馈并采取纠正措施，确保其有效性。

⑤制定投诉及争议处理制度，严格遵守制度并应记录采取的措施。

（7）风险控制能力要求。风险控制是对信息系统进行测评需要考虑的重要方面，测评机构应当有相应的程序或制度对一些风险进行合理的估计，以及给出风险发生后应当采取的应对措施，以保证测评过程的安全性。主要有两条：

①充分估计测评过程可能给被测系统带来的风险，风险包括但不限于以下几个方面。

a）由于自身能力或资源不足造成的风险。

b）测评验证活动可能对被测系统正常运行造成影响的风险。

c）测评设备和工具接入可能对被测系统正常运行造成影响的风险。

d）测评活动残留数据的保护和清理。

e）测评过程中可能发生的被测系统重要信息（如网络拓扑、IP地址、业务流程、安全机制、安全隐患和有关文档等）泄露的风险等。

②针对上述风险制定规避和控制措施。

2.4.4 商用密码应用安全性评估各方职责

根据《商用密码应用安全性评估管理办法（试行）》《商用密码应用安全性测评机构管理办法（试行）》等有关规定的要求，测评机构和测评人员、网络与信息系统责任单位、密码管理部门三方在密评工作中的职责各不相同，只有三方通力协作配合，才能将密评工作扎实做好。

1. 测评机构和测评人员的职责

商用密码应用安全性评估工作是一项专业性很强的工作，需要专门的测评机构派出专业测评人员实施测评，测评结果作为密码应用安全性评估结论的重要依据。

测评机构是商用密码应用安全性评估的承担单位，应当按照有关法律法规和标准要求科学、公正地开展评估。承担商用密码应用安全性评估工作的测评机构，需要经过国家密码管理部门组织的试点培育，经评审后，纳入试点测评机构目录；在测评过程中，需要全面、客观地反映被测系统的密码应用安全状态，不得泄露被测评对象的工作秘密和重要数据，不得妨碍被测系统的正常运行。测评机构完成商用密码应用安全性评估工作后，应在 30 个工作日内将评估结果报国家密码管理部门备案。

从事商用密码应用安全性评估工作的测评人员应当通过国家密码管理部门（或其授权的机构）组织的考核，遵守国家有关法律法规，按照相关标准，为用户提供安全、客观、公正的评估服务，保证评估的质量和效果。

2. 网络与信息系统责任单位的职责

网络与信息系统责任单位即网络与信息系统建设、使用、管理单位，是商用密码应用安全性评估的责任单位，应当健全密码保障系统，并在规划、建设和运行阶段，组织开展商用密码应用安全性评估工作，并负主体责任。重要领域网络与信息系统的运营者，应按如下要求开展工作。

第一，系统规划阶段，网络与信息系统责任单位应当依据商用密码技术标准，制定商用密码应用建设方案（简称密码应用方案），组织专家或委托具有相关资质的测评机构进行评估。其中，使用财政性资金建设的网络与信息系统，商用密码应用安全性评估结果应作为项目立项的必备材料。

第二，系统建设完成后，网络与信息系统责任单位应当委托具有相关资质的测评机构进行商用密码应用安全性评估，评估结果作为项目建设验收的必备材料，评估通过后，方可投入运行。

第三，系统投入运行后，网络与信息系统责任单位应当委托具有相关资质的测评机构定期开展商用密码应用安全性评估。未通过评估的，网络与信息系统责任单位应当按要求进行整改并重新组织评估。其中，关键信息基础设施、网络安全等级保护第三级及以上信息系统每年至少评估一次。

第四，系统发生密码相关重大安全事件、重大调整或特殊紧急情况时，网络与信息系统责任单位应当及时组织具有相关资质的测评机构开展商用密码应用安全性评估，并依据评估结果进行应急处置，采取必要的安全防范措施。

第五，完成规划、建设、运行和应急评估后，网络与信息系统责任单位应当在 30 个工作日内将评估结果报主管部门及所在地区（部门）的密码管理部门备案（部委建设直管的系统及其延伸系统，商用密码应用安全性评估结果报部委密码管理部门备案）。

网络与信息系统责任单位应当认真履行密码安全主体责任，明确密码安全负责人，制定完善的密码管理制度，按照要求开展商用密码应用安全性评估、备案和整改，配合密码管理部门和有关部门的安全检查。

3. 密码管理部门的职责

国家密码管理部门负责指导、监督和检查全国的商用密码应用安全性评估工作；省（部）密码管理部门负责指导、监督和检查本地区、本部门、本行业（系统）的商用密码应用安全性评估工作。

国家密码管理部门依据有关规定，组织对测评机构工作开展情况进行监督检查。检查内容主要包括两方面：对测评机构出具的评估结果的客观、公允和真实性进行评判；对测评机构开展评估工作的客观、规范和独立性进行检查。

各地区（部门）密码管理部门根据工作需要，定期或不定期地对本地区、本部门重要领域网络与信息系统商用密码应用安全性评估工作落实情况进行检查。国家密码管理部门对全国的商用密码应用安全性评估工作落实情况进行抽查。检查的主要内容包括：是否在规划、建设、运行阶段按照要求开展商用密码应用安全性评估，评估后问题整改情况，评估结果有效性情况等。

第 3 章

商用密码标准与产品应用

对密码算法及相关技术进行标准化和规范化，是密码技术走向大规模商用的必然要求。科学的密码标准体系不仅是促进密码产业发展、保障密码产品质量、规范密码技术应用的重要保障，也是加强密码管理的重要手段。密码产品标准化是密码标准应用的重要体现。近年来，我国商用密码产业自主创新能力持续增强，产业支撑能力不断提升，已建成种类丰富、链条完整、安全适用的商用密码产品体系，部分产品性能指标已达到国际先进水平。

本章对商用密码标准与产品应用进行介绍。首先，对我国密码标准化工作的进展情况进行介绍，并给出密码标准框架，进而对现有密码标准分类介绍。其次，介绍商用密码产品的类型、采用行政审批管理时的产品型号命名规则和《密码法》实施后的检测认证制度安排等内容。再次，对商用密码产品检测框架进行介绍，并对安全等级符合性检测进行详细讲解。最后，以商用密码标准及应用案例的形式，对常见的商用密码产品进行介绍，包括产品概述、相关标准规范、标准与产品应用要点等。

3.1 密码标准框架

本节首先介绍我国密码标准化的工作进展情况，包括密码行业标准、国家标准和国际标准化等，然后给出密码标准框架，并对现有密码标准进行分类介绍。

3.1.1 密码标准化概况

2006年，国家密码管理局组织研究商用密码算法和技术标准化工作。2011年10月，经国家标准化管理委员会和国家密码管理局批准，密码行业标准化技术委员会（以下简称“密标委”）正式成立，负责密码技术、产品、系统和管理等方面的标准化工作。密标委的建立标志着商用密码标准化工作正式纳入国家标准管理体系。密标委目前设有总体工作组、基础工作组、应用工作组和测评工作组，分别从密码标准体系规划、通用基础密码标准建立、行业应用密码标准建立，以及产品检测和系统测评标准建立等方面开展工作。

自2012年以来，密标委陆续发布了一系列我国自主的密码技术标准。截至2019年12月，已发布密码行业标准91项，范围涵盖基础密码算法、密码应用协议、密码设备接口等方面，已经初步形成体系化的密码技术标准，基本满足了我国社会各行业在构建信息安全保障体系时的应用需求。自2015年起，以全国信息安全标准化技术委员会（以下简称“信安标委”）WG3工作组为依托，具有通用性的密码行业标准陆续转化为国家标准。截至2020年3月，已发布28项密码国家标准，与密码行业标准的对应关系如表3-1所示（其中部分密码国家标准无对应密码行业标准）。已发布密码行业标准的全文可以在密标委官方网站 http://www.gmbz.org.cn 查看；已发布的国家标准可以在信安标委网站 https://www.tc260.org.cn 查看。

为指导国内各行业对密码算法、协议及产品等标准的正确使用，密标委编制了GM/Y 5001《密码标准应用指南》，对已发布的密码行业标准和国家标准进行分类阐述。行业信息系统用户在信息安全产品研发或信息系统建设中对密码技术应用产生需求时，可根据该指南并结合自身应用特点，查询该领域适用的密码标准，以指导研发和建设工作正确开展。

在相关部门共同努力下，我国密码标准正快速走向国际。2011年，ZUC算法纳入3GPP国际组织4G LTE标准；2018年10月，SM3密码杂凑算法纳入ISO/IEC 10118-3:2018正文发布；2018年11月，SM2/SM9数字签名算法纳入ISO/IEC 14888-3:2018正文发布。截至2018年11月，SM4分组算法已经获批纳入ISO/IEC 18033-3正文，进入最终国际标准草案阶段。

表 3-1　密码国家标准与密码行业标准的对应关系（截至 2020 年 3 月）

序号	密码国家标准		密码行业标准	
	标准编号	标准名称	标准编号	标准名称
1	GB/T 33133.1-2016	祖冲之序列密码算法 第 1 部分：算法描述	GM/T 0001.1-2012	祖冲之序列密码算法 第 1 部分：算法描述
2	GB/T 32907-2016	SM4 分组密码算法	GM/T 0002-2012	SM4 分组密码算法
3	GB/T 32918.1-2016	SM2 椭圆曲线公钥密码算法 第 1 部分：总则	GM/T 0003.1-2012	SM2 椭圆曲线公钥密码算法 第 1 部分：总则
4	GB/T 32918.2-2016	SM2 椭圆曲线公钥密码算法 第 2 部分：数字签名算法	GM/T 0003.2-2012	SM2 椭圆曲线公钥密码算法 第 2 部分：数字签名算法
5	GB/T 32918.3-2016	SM2 椭圆曲线公钥密码算法 第 3 部分：密钥交换协议	GM/T 0003.3-2012	SM2 椭圆曲线公钥密码算法 第 3 部分：密钥交换协议
6	GB/T 32918.4-2016	SM2 椭圆曲线公钥密码算法 第 4 部分：公钥加密算法	GM/T 0003.4-2012	SM2 椭圆曲线公钥密码算法 第 4 部分：公钥加密算法
7	GB/T 32918.5-2017	SM2 椭圆曲线公钥密码算法 第 5 部分：参数定义	GM/T 0003.5-2012	SM2 椭圆曲线公钥密码算法 第 5 部分：参数定义
8	GB/T 32905-2016	SM3 密码杂凑算法	GM/T 0004-2012	SM3 密码杂凑算法
9	GB/T 32915-2016	二元序列随机性检测方法	GM/T 0005-2012	随机性检测规范
10	GB/T 33560-2017	密码应用标识规范	GM/T 0006-2012	密码应用标识规范
11	GB/T 35276-2017	SM2 密码算法使用规范	GM/T 0009-2012	SM2 密码算法使用规范
12	GB/T 35275-2017	SM2 密码算法加密签名消息语法规范	GM/T 0010-2012	SM2 密码算法加密签名消息语法规范
13	GB/T 29829-2013	可信计算密码支撑平台功能与接口规范	GM/T 0011-2012	可信计算 可信密码支撑平台功能与接口规范
14	GB/T 20518-2018	公钥基础设施 数字证书格式（修订）	GM/T 0015-2012	基于 SM2 密码算法的数字证书格式规范
15	GB/T 35291-2017	智能密码钥匙应用接口规范	GM/T 0016-2012	智能密码钥匙密码应用接口规范
16	GB/T 36322-2018	密码设备应用接口规范	GM/T 0018-2012	密码设备应用接口规范
17	GB/T 36968-2018	IPSec VPN 技术规范	GM/T 0022-2014	IPSec VPN 技术规范

续表

序号	密码国家标准		密码行业标准	
	标准编号	标准名称	标准编号	标准名称
18	GB/T 37092-2018	密码模块安全要求	GM/T 0028-2014	密码模块安全技术要求
19	GB/T 25056-2018	证书认证系统密码及其相关安全技术规范（修订）	GM/T 0034-2014	基于 SM2 密码算法的证书认证系统密码及其相关安全技术规范
20-22	GB/T 37033-2018（3 个部分）	射频识别系统密码应用技术要求	GM/T 0035-2014（5 个部分）	射频识别系统密码应用技术要求
23	GB/T 38540-2020	安全电子签章密码技术规范	GM/T 0031-2014	安全电子签章密码技术规范
24	GB/T 38541-2020	电子文件密码应用指南	GM/T 0071-2019	电子文件密码应用指南
25	GB/T 38556-2020	动态口令密码应用技术规范	GM/T 0021-2012	动态口令密码应用技术规范
26	GB/T 17901.1-2020	密钥管理 第 1 部分：框架		
27	GB/T 17964-2008	分组密码算法的工作模式		
28	GB/T 32922-2016	IPSec VPN 安全接入基本要求与实施指南		

3.1.2 密码标准体系概要

2019 版密码标准体系框架从技术、管理和应用三个维度对密码标准进行刻画，如图 3-1 所示。

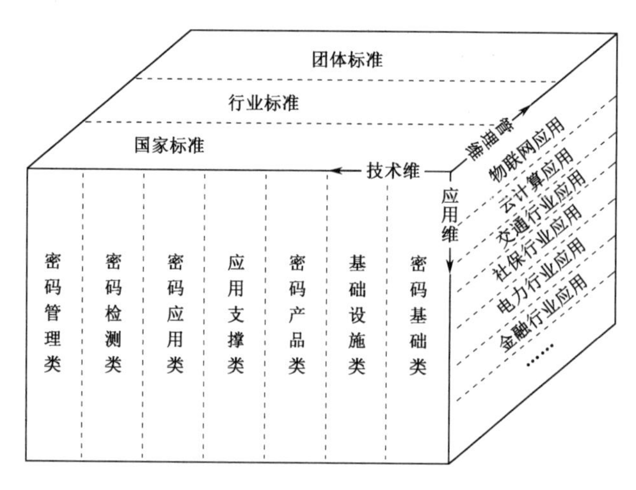

图 3-1　2019 版密码标准体系框架

1. 技术维

技术维主要从标准所处技术层次的角度进行刻画，共有七大类，包括：密码基础类、基础设施类、密码产品类、应用支撑类、密码应用类、密码检测类和密码管理类，每大类又包含若干子类。这七类标准的关系如图 3-2 所示。

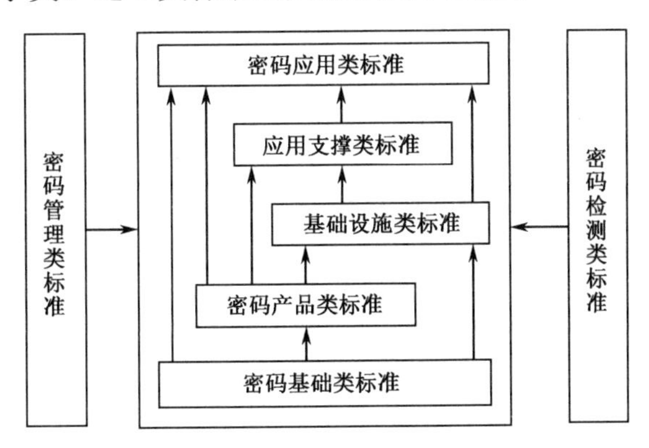

图 3-2 技术维七类标准的关系

以下分别描述每大类标准的涵盖内容，并列出每大类中截至 2019 年 12 月已发布的密码行业标准（对应的国家标准也自然归属相应类别）。

1）密码基础类标准

密码基础类标准主要对通用密码技术进行规范，它是体系框架内的基础性规范，主要包括密码术语与标识标准、密码算法标准、密码设计与使用标准等。包括以下标准：

- GM/T 0001-2012《祖冲之序列密码算法》；
- GM/T 0002-2012《SM4 分组密码算法》；
- GM/T 0003-2012《SM2 椭圆曲线公钥密码算法》；
- GM/T 0004-2012《SM3 密码杂凑算法》；
- GM/T 0006-2012《密码应用标识规范》；
- GM/T 0009-2012《SM2 密码算法使用规范》；
- GM/T 0010-2012《SM2 密码算法加密签名消息语法规范》；
- GM/T 0044-2016《SM9 标识密码算法》；
- GM/Z 4001-2013《密码术语》。

2）基础设施类标准

基础设施类标准主要针对密码基础设施进行规范，包括：证书认证系统密码协议、数字证书格式、证书认证系统密码及相关安全技术等。目前已颁布的密码标准只涉及公钥基础设施，未来可能还会出现标识基础设施等其他密码基础设施类标准。包括以下标准：

- GM/T 0014-2012《数字证书认证系统密码协议规范》；
- GM/T 0015-2012《基于 SM2 密码算法的数字证书格式规范》；
- GM/T 0034-2014《基于 SM2 密码算法的证书认证系统密码及其相关安全技术规范》。

3）密码产品类标准

密码产品类标准主要规范各类密码产品的接口、规格以及安全要求。密码产品类标准，对于智能密码钥匙、VPN、安全认证网关、密码机等密码产品给出设备接口、技术规范和产品规范；对于产品的安全性，则不区分产品功能的差异，而以统一的密码模块分级安全性标准给出要求；对于密码产品的配置和技术管理架构，则以 GM/T 0050-2016《密码设备管理 设备管理技术规范》为基础统一制定。包括以下标准：

- GM/T 0012-2012《可信计算 可信密码模块接口规范》；
- GM/T 0016-2012《智能密码钥匙密码应用接口规范》；
- GM/T 0017-2012《智能密码钥匙密码应用接口数据格式规范》；
- GM/T 0018-2012《密码设备应用接口规范》；
- GM/T 0022-2014《IPSec VPN 技术规范》；
- GM/T 0023-2014《IPSec VPN 网关产品规范》；
- GM/T 0024-2014《SSL VPN 技术规范》；
- GM/T 0025-2014《SSL VPN 网关产品规范》；
- GM/T 0026-2014《安全认证网关产品规范》；
- GM/T 0027-2014《智能密码钥匙技术规范》；
- GM/T 0028-2014《密码模块安全技术要求》；
- GM/T 0029-2014《签名验签服务器技术规范》；
- GM/T 0030-2014《服务器密码机技术规范》；
- GM/T 0045-2016《金融数据密码机技术规范》；
- GM/T 0050-2016《密码设备管理 设备管理技术规范》；
- GM/T 0051-2016《密码设备管理 对称密钥管理技术规范》；
- GM/T 0052-2016《密码设备管理 VPN 设备监察管理规范》；

- GM/T 0053-2016《密码设备管理 远程监控与合规性检验接口数据规范》；
- GM/T 0056-2018《多应用载体密码应用接口规范》；
- GM/T 0058-2018《可信计算 TCM 服务模块接口规范》。

4）应用支撑类标准

应用支撑类标准针对密码报文、交互流程、调用接口等方面进行规范，包括通用支撑和典型支撑两个层次。通用支撑规范（GM/T 0019-2012）通过统一的接口向典型支撑标准和密码应用标准提供加解密、签名验签等通用密码功能，典型支撑类标准是基于密码技术实现的与应用无关的安全机制、安全协议和服务接口，如可信密码支撑平台接口、证书应用综合服务接口等。包括以下标准：

- GM/T 0011-2012《可信计算 可信密码支撑平台功能与接口规范》；
- GM/T 0019-2012《通用密码服务接口规范》；
- GM/T 0020-2012《证书应用综合服务接口规范》；
- GM/T 0032-2014《基于角色的授权与访问控制技术规范》；
- GM/T 0033-2014《时间戳接口规范》；
- GM/T 0057-2018《基于 IBC 技术的身份鉴别规范》；
- GM/T 0067-2019《基于数字证书的身份鉴别接口规范》；
- GM/T 0068-2019《开放的第三方资源授权协议框架》；
- GM/T 0069-2019《开放的身份鉴别框架》。

5）密码应用类标准

密码应用类标准是对使用密码技术实现某种安全功能的应用系统提出的要求以及规范，包括应用要求和典型应用两类。应用要求旨在规范社会各行业信息系统对密码技术的合规使用，典型应用则定义了具体的密码应用，如动态口令、安全电子签章等。典型应用类标准也包括其他行业标准机构制定的跟行业密切相关的密码应用类标准，如 JR/T 0025《中国金融集成电路（IC）卡规范》中，对金融 IC 卡业务过程中的密码技术应用做了详细规范。包括以下标准：

- GM/T 0021-2012《动态口令密码应用技术规范》；
- GM/T 0031-2014《安全电子签章密码技术规范》；
- GM/T 0035-2014《射频识别系统密码应用技术要求》；
- GM/T 0036-2014《采用非接触卡的门禁系统密码应用技术指南》；
- GM/T 0054-2018《信息系统密码应用基本要求》；
- GM/T 0055-2018《电子文件密码应用技术规范》；

- GM/T 0070-2019《电子保单密码应用技术要求》；
- GM/T 0071-2019《电子文件密码应用指南》；
- GM/T 0072-2019《远程移动支付密码应用技术要求》；
- GM/T 0073-2019《手机银行信息系统密码应用技术要求》；
- GM/T 0074-2019《网上银行密码应用技术要求》；
- GM/T 0075-2019《银行信贷信息系统密码应用技术要求》；
- GM/T 0076-2019《银行卡信息系统密码应用技术要求》；
- GM/T 0077-2019《银行核心信息系统密码应用技术要求》。

6）密码检测类标准

密码检测类标准针对标准体系所确定的基础、产品和应用等类型的标准出台对应检测标准，如针对随机数、安全协议、密码产品功能和安全性等方面的检测规范。其中对于密码产品的功能检测，分别针对不同的密码产品定义检测规范；对于密码产品的安全性检测则基于统一的准则执行。包括以下标准：

- GM/T 0005-2012《随机性检测规范》；
- GM/T 0008-2012《安全芯片密码检测准则》；
- GM/T 0013-2012《可信计算 可信密码模块接口符合性测试规范》；
- GM/T 0037-2014《证书认证系统检测规范》；
- GM/T 0038-2014《证书认证密钥管理系统检测规范》；
- GM/T 0039-2015《密码模块安全检测要求》；
- GM/T 0040-2015《射频识别标签模块密码检测准则》；
- GM/T 0041-2015《智能 IC 卡密码检测规范》；
- GM/T 0042-2015《三元对等密码安全协议测试规范》；
- GM/T 0043-2015《数字证书互操作检测规范》；
- GM/T 0046-2016《金融数据密码机检测规范》；
- GM/T 0047-2016《安全电子签章密码检测规范》；
- GM/T 0048-2016《智能密码钥匙密码检测规范》；
- GM/T 0049-2016《密码键盘密码检测规范》；
- GM/T 0059-2018《服务器密码机检测规范》；
- GM/T 0060-2018《签名验签服务器检测规范》；
- GM/T 0061-2018《动态口令密码应用检测规范》；
- GM/T 0062-2018《密码产品随机数检测要求》；

- GM/T 0063-2018《智能密码钥匙密码应用接口检测规范》；
- GM/T 0064-2018《限域通信（RCC）密码检测要求》。

7）密码管理类标准

密码管理类标准主要包括国家密码管理部门在技术管理、标准管理、产业管理、测评管理、监查管理等方面的管理规程和实施指南。包括以下标准：

- GM/T 0065-2019《商用密码产品生产和保障能力建设规范》；
- GM/T 0066-2019《商用密码产品生产和保障能力建设实施指南》。

2. 管理维

2018 年生效的新版《中华人民共和国标准化法》（以下简称《标准化法》）对国家标准、行业标准、团体标准等不同管理级别上的标准做了更为清晰的界定。当前已经发布的密码标准涉及国家标准和行业标准，但 2017 版及以前的密码标准体系框架并不能很好体现这一级别划分。因而在 2019 版密码标准体系框架中引入管理维，以表达密码标准在管理层级上的不同。

《标准化法》第十一条规定“对满足基础通用、与强制性国家标准配套、对各有关行业起引领作用等需要的技术要求，可以制定推荐性国家标准”，第十二条规定“对没有推荐性国家标准、需要在全国某个行业范围内统一的技术要求，可以制定行业标准”。据此，密码标准体系中对国家、行业两级标准的界定原则如下：

——如果具体标准的使用者 / 遵循者广泛分布于全社会各行业、各领域，则适宜作为密码国家标准；

——如果具体标准的使用者 / 遵循者主要限于密码行业内，则适宜作为密码行业标准。

举例来说，密码算法标准是全社会皆能用到的，符合《标准化法》所述的“基础”特征，因而建议为国家标准；密码设备的应用编程接口标准（如《智能密码钥匙密码应用接口规范》），各行业搭建信息系统时可能直接调用设备接口来使用密码设备，符合《标准化法》所述的“通用”特征，因而建议为国家标准；密码应用要求标准（如《信息系统密码应用基本要求》）用以指导全社会各行业信息系统规范化使用密码，符合《标准化法》所述的“各有关行业起引领作用”特征，因而建议为国家标准。密码设备的数据格式规范，基本只有密码设备制造商会用到，因而建议为密码行业标准；密码检测标准，基本只有密码检测机构会用到，因而建议为密码行业标准。

3. 应用维

应用维从密码应用领域的视角来描述密码标准体系。“应用领域”既包括不同的社会行业，如金融、电力、交通等，也包括不同的应用场景，如物联网、云计算等。当前对于这些应用领域所适用密码标准的理解较为混乱，出现了“金融密码标准体系”“云计算密码标准体系”等众多说法。2019版密码标准体系框架引入应用维来作为单独的维度刻画密码标准，是为了明确这样一个原则：任何应用领域的密码标准体系，其技术维和管理维框架都是相同的，即其在技术层次上皆遵循相同的层次结构，也都可能以国家标准、行业标准、团体标准存在。

根据业务应用特点和管理要求，不同应用领域所涉及的具体密码标准可能存在差异，这种差异主要体现在某一技术层次上，不同应用领域密码标准体系所包含的具体密码标准有所不同。例如，在金融密码标准体系中，“密码产品类.技术规范”子类包含“GM/T 0045-2016《金融数据密码机技术规范》”，“密码应用类.典型应用”子类包含“JR/T 0025.17-2013《中国金融集成电路（IC）卡规范第17部分：借记/贷记应用安全增强规范》”，而电力领域密码标准体系中则不包含这二者。

3.2 商用密码产品类别

商用密码产品是指实现密码运算、密钥管理等密码相关功能的硬件、软件、固件或其组合。本节首先介绍商用密码产品的分类、每类产品的常见实例以及施行行政审批时的产品型号命名规则，然后介绍《密码法》关于商用密码产品检测认证的制度安排。

3.2.1 商用密码产品类型

1. 商用密码产品的形态类型

商用密码产品按形态可以划分为六类：软件、芯片、模块、板卡、整机、系统。

软件是指以纯软件形态出现的密码产品，如密码算法软件。芯片是指以芯片形态出现的密码产品，如算法芯片、安全芯片。模块是指将单一芯片或多芯片组装在同一块电路板上，具备专用密码功能的产品，如加解密模块、安全控制模块。板卡是指以板卡形态出现的密码产品，如智能IC卡、智能密码钥匙、密码卡。整机是指以整机形态出现的密码产品，如网络密码机、服务器密码机。系统是指以系统形态出现，由密码功能支撑的产品，如证书认证系统、密钥管理系统。

与前述模块含义不同，GM/T 0028-2014《密码模块安全技术要求》中的“密码模块”是一个逻辑概念，应当视为一个专有名词，指实现了密码功能的硬件、软件和 / 或固件的集合，并且包含在划定的密码边界以内，不再是仅仅以背板形态出现且不提供完整密码功能的产品。

2. 商用密码产品的功能类型

商用密码产品按功能可以划分为七类：密码算法类、数据加解密类、认证鉴别类、证书管理类、密钥管理类、密码防伪类和综合类。

1）密码算法类产品

密码算法类产品主要是指提供基础密码运算功能的产品，如密码芯片等。

密码芯片主要用于实现各类密码算法及相应的安全功能。具体又可分为两小类：第一类以实现密码算法逻辑为主，一般不涉及密钥或敏感信息的安全存储，通常称为算法芯片，如椭圆曲线密码算法芯片、数字物理噪声源芯片；第二类在第一类的基础上，增加了密钥和敏感信息存储等安全功能，所起的作用相当于一个“保险柜”，最重要的算法数据都存储在芯片中，加密和解密的运算是在芯片内部完成的，通常称为安全芯片。安全芯片自身具有较高安全防护能力，能够保护内部存储的密钥和信息数据不被非法读取和篡改，可作为密码板卡的主控芯片。

密码芯片广泛应用于各类密码产品和安全产品，主要提供基础且安全的密码运算功能。密码芯片的安全能力对于保障整个系统的安全举足轻重。因此，应根据预期的安全服务，以及应用与环境的安全要求，选择支持商用密码算法、达到一定安全等级并取得商用密码产品型号证书或认证证书的密码芯片。

2）数据加解密类产品

数据加解密类产品主要是指提供数据加解密功能的产品，如服务器密码机、云服务器密码机、VPN 设备、加密硬盘等。

服务器密码机是数据加解密类产品的典型代表之一，主要提供数据加解密、数字签名验签及密钥管理等高性能密码服务。服务器密码机通常部署在应用服务器端，能够同时为多个应用服务器提供密码服务。

服务器密码机作为基础密码产品，既可以为安全公文传输系统、安全电子邮件系统、电子签章系统等提供高性能的数据加解密服务，又可以作为主机数据安全存储系统、身份认证系统，以及对称/非对称密钥管理系统的主要密码设备和核心组件，广泛应用于银行、保险、证券、交通、电子商务、移动通信等行业的安全业务应用系统。一些厂家还针对云计算环境的需求，研制了云服务器密码机，这种密码机利用虚拟化技术在物理服务器密码机的基础上虚拟出多个逻辑服务器密码机供租户使用。

VPN 设备为远程访问提供安全接入手段，为网络通信提供保密性、完整性保护，以及数据源的身份鉴别和抗重放攻击等安全功能。

加密硬盘是一种以数据安全存储为目的的大容量存储设备，一般采用密码芯片对数据进行加密保护，数据以密文形式存储在硬盘上。同时，加密硬盘还带有对用户身份鉴别的功能，该功能可与智能 IC 卡等身份鉴别产品配合实现。使用加密硬盘可以有效防止因硬盘丢失或被非法持有人访问而带来的数据泄露风险。

3）认证鉴别类产品

认证鉴别类产品主要是指提供身份鉴别等功能的产品，如认证网关、动态口令系统、签名验签服务器等。

认证网关是认证鉴别类产品的典型代表之一。认证网关主要为网络应用提供基于数字证书的高强度身份鉴别服务，可以有效保护对网络资源的访问安全。认证网关是用户进入应用服务系统前的接入和访问控制设备，通常部署在用户和被保护的服务器之间。认证网关的外网口与用户网络连接，内网口与被保护服务器相连，由于被保护服务器通过内部网络与认证网关连接，因此，用户与服务器的连接被认证网关隔离，无法直接访问被保护服务器，只有通过网关认证才能获得服务。同时，认证网关将服务器与外界网络隔离，避免了对服务器的直接攻击。

动态口令系统是一种包含动态令牌和动态令牌认证的综合系统，可以为信息系统提供动态口令认证服务。动态令牌认证系统由认证系统和密钥管理系统组成。动态令牌负责生成动态口令，认证系统负责验证动态口令的正确性，密钥管理系统负责动态令牌的密钥管理，信息系统负责将动态口令按照指定的协议发送至认证系统进行认证。

4）证书管理类产品

证书管理类产品主要是指提供证书产生、分发、管理功能的产品，如证书认证系统等。

证书认证系统是对生命周期内的数字证书进行全过程管理的系统，包括用户注册管理、证书/CRL 的生成与签发、证书/CRL 的存储与发布、证书状态的查询及安全管理等，通常还与密钥管理系统配合部署（“双中心”）。

5）密钥管理类产品

密钥管理类产品主要是指提供密钥产生、分发、更新、归档和恢复等功能的产品，如密钥管理系统等。密钥管理类产品常以系统形态出现，通常包括产生密钥的硬件，如密码机、密码卡，以及实现密钥存储、分发、备份、更新、销毁、归档、恢复、查询、统计等服务功能的软件。密钥管理类产品一般是各类密码系统的核心，如同给房子上锁需要保护好钥匙一样。这也是现代密码学的核心理念之一，即密码系统的安全性不取决于对密码算法自身的保密，而取决于对密钥的保密。因此，密钥管理类产品的核心功能是确保密钥的安全性。典型的密钥管理类产品有金融 IC 卡密钥管理系统、证书认证密钥管理系统、社会保障卡密钥管理系统、支付服务密钥管理系统等。

6）密码防伪类产品

密码防伪类产品主要是指提供密码防伪验证功能的产品，如电子印章系统、时间戳服务器等。

电子印章系统是密码防伪类产品的典型代表之一。电子印章系统通常将传统印章与数字签名技术结合起来，采用组件技术、图像处理技术及密码技术，对电子文件进行数据签章保护。电子印章具有和物理印章同样的法律效力，一般在受保护文档中采用图形化的方式进行展现，具有和物理印章相同的视觉效果。盖章文档中所有文字、空格、数字字符、电文格式全部被封装固定，不可篡改。通常，电子印章系统包括电子印章制作系统与电子印章服务系统两部分。电子印章制作系统主要用于制作电子印章，印章数据通过离线的方式导入电子印章服务系统。电子印章服务系统主要用于电子印章的盖章、验章。用户终端安装客户端软件，可以联网在线应用或离线应用。

时间戳服务器是一款基于 PKI 技术的时间戳权威系统，对外提供精确可信的时间戳服务，可广泛应用于网上交易、电子病历、网上招投标和数字知识产权保护等电子政务和电子商务活动中。

7）综合类产品

综合类产品是指提供含上述六类产品功能的两种或两种以上的产品，如自动柜员机（ATM）密码应用系统等。

ATM 密码应用系统用于金融领域，提供账户查询、转账、存 / 取款、圈存圈提等一系列金融服务。目前很多 ATM 密码应用系统已支持商用密码算法，在物理安全方面配有防窥屏、防窥镜，具有视频监控系统、密码键盘与强拆数据自毁功能等。

3.2.2 商用密码产品型号命名规则

1999 年发布的《商用密码管理条例》第八条规定：“商用密码产品指定生产单位生产的商用密码产品的品种和型号，必须经国家密码管理机构批准，并不得超过批准范围生产商用密码产品。”在过去的很长一段时间内，商用密码产品都由国家密码管理局进行行政审批，审批通过的商用密码产品可获得商用密码产品型号证书。

根据不同产品类型，国家密码管理局制定了商用密码产品型号命名规则，如图 3-3 所示。商用密码产品型号共计 3 节 8 位。

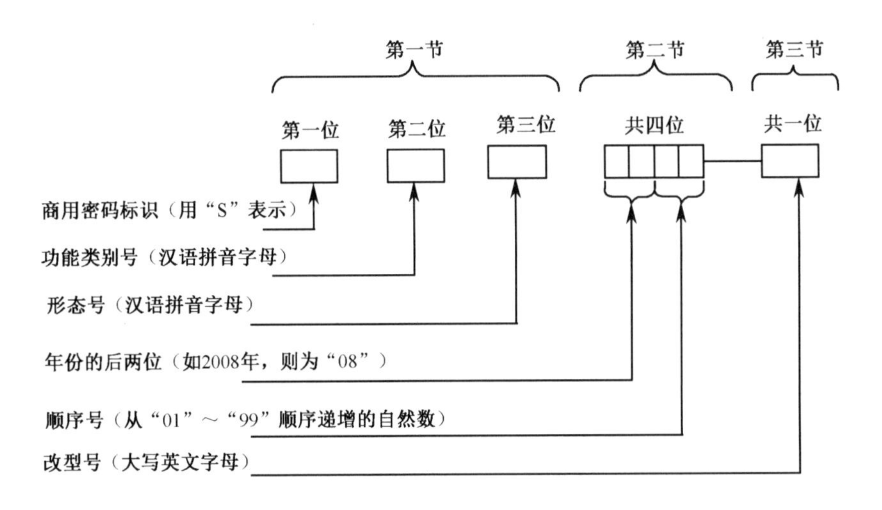

图 3-3　商用密码产品型号命名规则

第一节由 3 位英文字母组成，第一位是商用密码标识，用固定的大写汉语拼音字母“S”表示；第二位表示产品的类别，根据商用密码产品的功能进行划分，用大写汉语拼音字母表示，规则如表 3-2 所示；第三位表示产品的形态类别，按照产品的实现形态进行划分，用大写汉语拼音字母表示，规则如表 3-3 所示。第二节共由四位数字组成。其中前两位表示年份（如 2008 年，则为“08”），后两位表示产品顺序号，用从“01”～“99”顺序递增的自然数表示，顺序号按照同规格产品登记型号的先后顺序排列。第三节由一位组成，用大写英文字母按 A、B、C…的顺序表示产品的改型次数。改型次数是指在产品基型不变的情况下，有局部改变或升级的次数。若产品首次登记，不存在改型，则该位为空。第二节与第三节之间用短横线“-”隔开。当第三节为空时，则没有短横线。

表 3-2　商用密码产品型号第一节第二位含义

名称	简称	标识	名称	简称	标识
密码算法类	算	S	密钥管理类	钥	Y
数据加解密类	加	J	密码防伪类	防	F
认证鉴别类	认	R	综合类	合	H
证书管理类	证	Z			

表 3-3　商用密码产品型号第一节第三位含义

名称	简称	标识	名称	简称	标识
软件	软	R	板卡	卡	K
芯片	芯	X	整机	机	J
模块	模	M	系统	统	T

3.2.3　商用密码产品检测认证制度安排

根据《密码法》第二十六条的规定“涉及国家安全、国计民生、社会公共利益的商用密码产品，应当依法列入网络关键设备和网络安全专用产品目录，由具备资格的机构检测认证合格后，方可销售或者提供”，自 2020 年 1 月 1 日起，国家密码管理局不再实施商用密码产品品种和型号管理，不再发放商用密码产品型号证书。下一步，随着《密码法》的颁布施行，商用密码产品将实施检测认证管理（包括强制性认证和自愿性认证），引导密码从业单位提质升级，激发市场活力和创造力，推动构建统一、开放、竞争、有序的商用密码市场体系，促进商用密码产业发展。

下面给出了《密码法》实施前国家密码管理局对商用密码产品品种和型号审批的服务流程，供读者了解。关于商用密码产品检测认证的最新工作安排，可关注国家密码管理局与市场监管总局发布的相关文件。

1. 受理和审批机构

受理机构：各省（区、市）密码管理局，新疆生产建设兵团密码管理局，深圳市密码管理局，国家密码管理局。

审批机构：国家密码管理局。

2. 申请人条件

申请商用密码产品品种和型号的申请单位应当具备以下条件：

①具有独立的法人资格；

②具有与开发、生产商用密码产品相适应的技术力量和场所；

③具有确保商用密码产品质量的设备、生产工艺和质量保证体系。

3. 申请材料

商用密码产品品种和型号申请材料清单（2020 年之前）如表 3-4 所示。

表 3-4　商用密码产品品种和型号申请材料清单（2020 年之前）

<table>
<tr><th>序号</th><th>提交材料名称</th><th>原件 / 复印件</th><th>份数</th><th>纸质 / 电子</th><th>要求</th><th>备注</th></tr>
<tr><td>1</td><td>商用密码产品品种和型号申请书</td><td>原件</td><td>1</td><td>纸质和电子版</td><td>加盖申请单位公章</td><td rowspan="2">两部分独立编页，按顺序装订，封面加盖申请单位公章</td></tr>
<tr><td>2</td><td>商用密码产品相关技术材料（技术工作总结报告、安全性设计报告、用户手册）</td><td>原件</td><td>1</td><td>纸质和电子版</td><td>加盖申请单位公章</td></tr>
</table>

4. 办理流程

商用密码产品品种和型号审批流程（2020 年之前）如图 3-4 所示。

5. 批准条件

申请的商用密码产品具备或符合如下条件的，准予批准：

①申请品种和型号的商用密码产品由具有相应开发、生产能力的单位生产；

②商用密码产品通过国家密码管理局安全性审查；

③商用密码产品采用经国家密码管理局认可的算法，并应符合相关密码标准和技术规范；

④符合国家相关法律法规和政策要求。

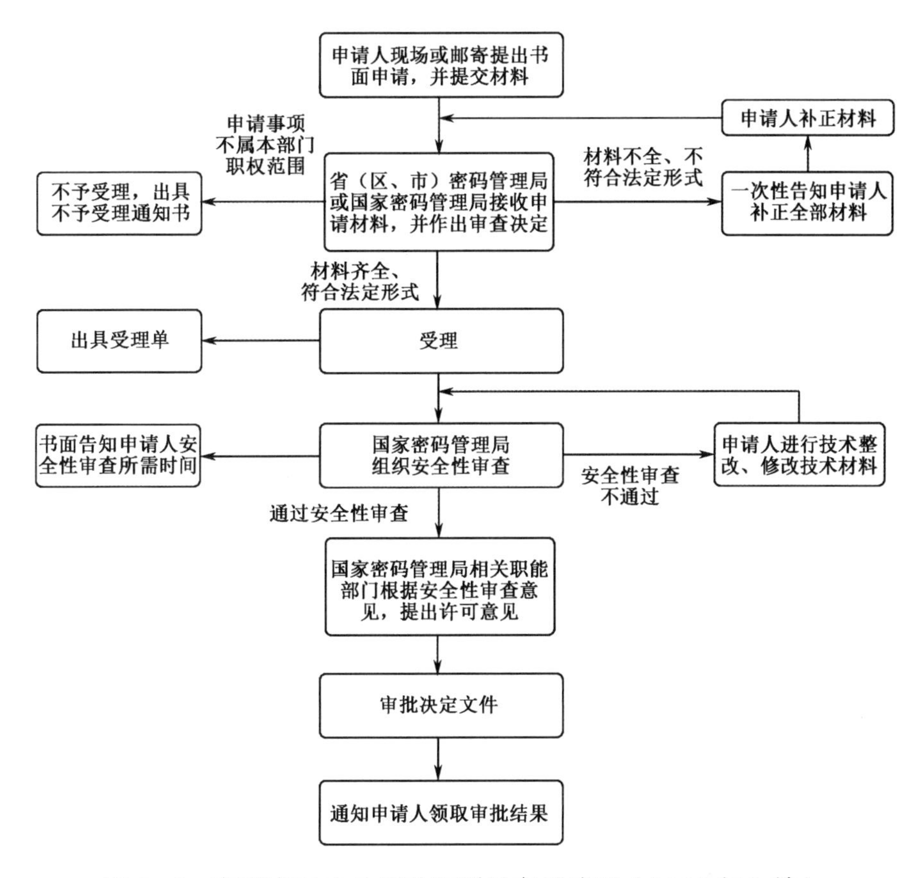

图 3-4　商用密码产品品种和型号审批流程（2020 年之前）

6. 审批结果

审批通过的商用密码产品可获得商用密码产品型号证书，图 3-5 所示为证书样例（2020 年之前），证书左下角为防伪二维码。证书内容包括证书编号、单位名称、申报名称、批准型号、有效期、依据的标准（和相应的安全等级）及必要的说明。审批通过的商用密码产品，可在国家密码管理局网站查询，具体网址为“http://www.sca.gov.cn →在线服务→商用密码产品目录”。

商用密码产品型号证书

（证书编号：SXH　　　号）

单位名称：

申报名称：

批准型号：SHM　　智能移动终端安全密码模块

说明：1.符合 GM/T 0028-2014《密码模块安全技术要求》安全等级第二级相关要求

2.软件产品，应防范运行环境网络安全风险

3.证书有效期五年

国家密码管理局

2018 年　月　日

图 3-5　商用密码产品型号证书样例（2020 年之前）

为贯彻落实《密码法》“国家推进商用密码检测认证体系建设”要求，顺利实现商用密码管理从行政许可向检测认证过渡，国家密码管理局联合国家市场监管总局共同组织实施商用密码检测认证体系建设工作。正在开展或拟开展的工作包括：发布关于开展商用密码检测认证工作的实施意见，从制度层面建立商用密码产品国推认证制度，明确工作原则、管理机制、认证实施、监督管理等；设立商用密码认证技术委员会，对认证目录、依据标准、实施规则等认证实施过程中的重大技术文档和问题进行审核把关，提出专业技术意见；制定发布统一的商用密码产品认证目录和实施规则，明确实施检测认证的商用密码产品种类和依据标准，以及认证模式、实施流程、认证证书和标志等；做好商用密码产品型号审批工作衔接，确保有关工作平稳有序过渡；建设商用密码认证中心；认定商用密码检测机构。

目前，市场监管总局会同国家密码管理局已建立国家统一推行的商用密码认证制度（简称国推商用密码认证），采取支持措施，鼓励商用密码产品获得认证。2019 年 12 月 30 日，国家密码管理局和市场监管总局联合发布关于调整商用密码产品管理方式的公告：

（一）自 2020 年 1 月 1 日起，国家密码管理局不再受理商用密码产品品种和型号申请，停止发放《商用密码产品型号证书》。自 2020 年 7 月 1 日起，已发放的《商用密码产品型号证书》自动失效。

（二）市场监管总局会同国家密码管理局另行制定发布国推商用密码认证的产

品目录、认证规则和有关实施要求。自认证规则实施之日起，商用密码从业单位可自愿向具备资质的商用密码认证机构提交认证申请。

对于有效期内的《商用密码产品型号证书》，持证单位可于 2020 年 6 月 30 日前，自愿申请转换国推商用密码产品认证证书，经认证机构审核符合认证要求后，直接换发认证证书，认证证书有效期与原《商用密码产品型号证书》有效期保持一致。为方便证书转换，持证单位所在地省（区、市）密码管理部门可协助认证机构受理转换认证申请。

对于尚未完成商用密码产品品种和型号审批的，原审批申请单位可于 2020 年 6 月 30 日前，自愿转为认证申请；审批期间已经开展的审查及检测，认证机构不再重复审查、检测。

3.3　商用密码产品检测

商用密码产品提供的安全功能能够正确有效的实现是保障重要网络与信息系统安全的基础。商用密码产品检测是对商用密码产品提供的安全功能进行核验的有效手段，也是产品获得证书的前提。随着系列密码产品技术和检测标准规范出台，商用密码产品检测工作科学化、规范化水平不断提升。截至 2019 年 12 月，已有 2000 余款产品通过检测和审批，涵盖密码芯片、密码板卡、密码机、密码系统等，形成了较完整的产业链条和产品体系，丰富的产品类型能够满足各类信息系统的需要。

本节给出商用密码产品检测框架，并对其中的安全等级符合性检测和密码算法合规性检测进行重点介绍，其他功能检测见 3.4 节中关于典型产品的介绍。

3.3.1　商用密码产品检测框架

商用密码产品检测框架如图 3-6 所示，分为安全等级符合性检测和功能标准符合性检测两方面。安全等级符合性检测针对密码产品申报的安全等级，对该安全等级的敏感安全参数管理、接口安全、自测试、攻击缓解、生命周期保障等方面的要求进行符合性检测，即进行安全等级的核定；功能标准符合性检测对算法合规性、产品功能、密钥管理、接口、性能等具体产品标准要求的内容进行符合性检测。

其中，除了包含对密码算法实现正确性测试，算法合规性检测还包含对随机数生成方式的检测，如通过统计测试标准对生成随机数的统计特性进行测试。

根据产品形态的不同，安全等级符合性检测分为对密码模块的检测和对安全芯片的检测，相关标准对安全等级进行了划分。GM/T 0028-2014《密码模块安全技术要求》将密码模块安全分为从一级到四级安全性逐次增强的 4 个等级，GM/T 0008-2012《安全芯片密码检测准则》将安全芯片安全分为从一级到三级安全性逐次增强的 3 个等级。功能标准符合性检测是按照不同产品各自的标准分别开展，例如，智能 IC 卡按照 GM/T 0041-2015《智能 IC 卡密码检测规范》进行检测。

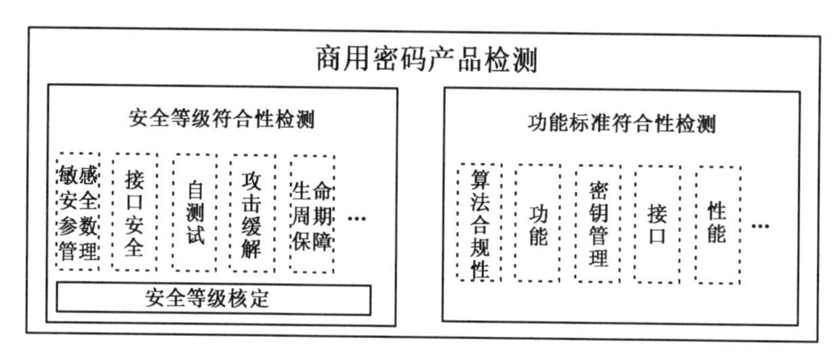

图 3-6　商用密码产品检测框架

根据《国家密码管理局关于进一步加强商用密码产品管理工作的通知》（国密局字〔2018〕419 号），截至《密码法》实施前，国家密码管理局已全面实施申报商用密码产品品种和型号标准合规性检测工作，既对送检产品满足的技术规范进行合规性检测，同时对该产品申报的安全芯片安全等级或密码模块安全等级进行符合性检测。对申请到期换证的，若该产品相关技术标准没有发生变化，只对该产品申报的安全芯片安全等级或密码模块安全等级进行符合性检测。商用密码产品符合的标准规范及达到的安全等级将在型号证书中予以标注。

对于不同安全等级密码产品的选用，应考虑以下两个方面：

（1）运行环境提供的防护能力。密码产品及其运行的环境共同构成了密码安全防护系统。运行环境的防护能力越低，环境中存在的安全风险就越高；而防护能力越高，则安全风险也会随之降低。因此，在低安全防护能力的运行环境中，需选用高安全等级的密码产品；而在高安全防护能力的运行环境中，也可选用较低安全等级的密码产品。

（2）所保护信息资产的重要程度。信息资产包括数据、系统提供的服务及相关的各类资源，其重要程度与所在的行业、业务场景及影响范围有很大关系。以电子银行系统为例，后台系统与银行账户资金直接相关，用户终端仅影响单一账户资金安全，资产的重要程度有所不同。信息资产重要程度的界定由用户机构或其主管机构负责，可参考标准 GB/T 22240-2008《信息安全技术 信息系统安全保护等级定级指南》和 GB/T 20984-2007《信息安全技术 信息安全风险评估规范》。此外，重要信息系统中密码产品的选用还要符合其业务主管部门及相关标准规范的要求。例如，根据《金融领域国产密码应用推进技术要求》，应用的金融 IC 卡芯片应满足安全二级及以上要求。

选择合适的安全等级后，商用密码产品在部署时还应当按要求进行配置和使用，以切实地发挥产品所能提供的安全防护能力。对于密码模块，用户应当参考每个密码模块的安全策略文件，明确模块适用的环境及厂商规则要求等，确保模块被正确地配置和使用；对于安全芯片，开发者需要参照安全芯片用户指南所规定的芯片配置策略和函数使用方法，保证安全芯片可以安全可靠地工作。

3.3.2　密码算法合规性检测

1. 概述

密码算法合规性检测包含两部分内容：商用密码算法实现的合规性检测和随机数生成合规性检测。

（1）商用密码算法实现合规性，是指商用密码算法应按照密码算法标准要求进行参数设置和代码实现。检测商用密码算法实现的合规性时，首先通过送检产品对指定的输入数据进行相应密码计算，产生输出数据，该过程中的输入和输出作为测试数据；再将测试数据中的输入作为商用密码算法实现的合规性检测工具的输入，通过检测工具产生输出结果。如果送检产品的输出结果与检测工具的输出结果一致，则说明密码算法实现正确，即合规。一般地，需要准备多组测试数据（如 10 组）进行测试，输入数据的长度也会有所不同。当所有测试结果均一致时，才能说明密码算法实现是合规的。商用密码算法实现的合规性检测项目包括：

① ZUC 算法：基于 ZUC 的机密性算法 128-EEA3 的合规性检测；基于 ZUC 的完整性算法 128-EIA3 的合规性检测。

② SM2、SM9 算法：密钥对生成合规性检测；加 / 解密实现的合规性检测；签名 / 验签实现的合规性检测；密钥协商实现（发起方 / 响应方）的合规性检测。

③ SM3 算法：杂凑算法实现的合规性检测。

④ SM4 算法：在 ECB、CBC 等不同工作模式下加 / 解密实现的合规性检测。

（2）随机数生成合规性检测，是密码算法合规性检测中的另一项重要检测内容。

随机数在密码学中广泛应用，例如，在密钥产生过程、数字签名方案、密钥交换协议和实体鉴别协议都用到了随机数，产生随机数的部件称为随机数发生器。对随机数质量的检测是保证密码产品安全的基础，几乎在所有密码产品标准中都有对随机数质量的要求。

目前，针对随机数检测的已发布标准有两个，分别是测试随机数统计特性的GM/T 0005-2012《随机性检测规范》（对应国家标准为GB/T 32915-2016《二元序列随机性检测方法》），以及规范随机数在不同类型密码产品中检测方式的GM/T 0062-2018《密码产品随机数检测要求》。此外，还有一些关于随机数发生器设计和检测的标准正在制定过程中，如《密码随机数生成模块设计》《软件随机数发生器设计指南》《随机数发生器总体框架》等标准。

2. 相关标准规范

在密码行业标准中，已发布多项与商用密码算法相关的基础标准和两项随机数的相关标准，包括商用密码算法和算法使用的规范、随机性检测规范和密码产品随机数检测要求。下面对如下相关标准规范进行简要介绍：

- GM/T 0001-2012《祖冲之序列密码算法》；
- GM/T 0002-2012《SM4 分组密码算法》；
- GM/T 0003-2012《SM2 椭圆曲线公钥密码算法》；
- GM/T 0004-2012《SM3 密码杂凑算法》；
- GM/T 0005-2012《随机性检测规范》；
- GM/T 0009-2012《SM2 密码算法使用规范》；
- GM/T 0010-2012《SM2 密码算法加密签名消息语法规范》；
- GM/T 0044-2016《SM9 标识密码算法》；
- GM/T 0062-2018《密码产品随机数检测要求》。

1）GM/T 0001-2012《祖冲之序列密码算法》（第 1 部分对应国家标准为 GB/T 33133.1-2016《信息安全技术 祖冲之序列密码算法 第 1 部分：算法描述》）

（1）用途与适用范围。本标准描述祖冲之密码算法，以及使用祖冲之算法实现保密性和完整性保护的方法。祖冲之密码算法是 128 比特密钥的序列密码算法，本标准中定义了使用祖冲之算法产生密钥流并加密明文，或对明文生成 MAC 的方法，其中 MAC 为 32 比特。本标准的内容与 3GPP LTE 机密性算法 128-EEA3 和完整性算法 128-EIA3 保持一致。虽然祖冲之算法的初始设计是为移动通信服务的，但同样适用于其他采用 128 比特密钥的数据加密和完整性保护场合。

（2）内容概要。GM/T 0001《祖冲之序列密码算法》共分为三个部分：GM/T 0001.1《祖冲之序列密码算法 第 1 部分：算法描述》描述祖冲之密码算法的基本原理；GM/T 0001.2《祖冲之序列密码算法 第 2 部分：基于祖冲之算法的机密性算法》描述使用祖冲之密码算法加密明文数据流的方法；GM/T 0001.3《祖冲之序列密码算法 第 3 部分：基于祖冲之算法的完整性算法》则描述使用祖冲之密码算法针对明文生成 32 比特 MAC 值的方法。

2) GM/T 0002-2012《SM4 分组密码算法》(对应国家标准为 GB/T 32907-2016《信息安全技术 SM4 分组密码算法》)

（1）用途与适用范围。标准描述了 SM4 分组密码算法，是一种密钥长度 128 比特，分组长度也是 128 比特的密码算法。SM4 分组密码算法是我国自主设计的分组密码算法，适用于使用分组密码算法进行数据保护的场合，实现对数据的加密保护等功能。

（2）内容概要。标准描述 SM4 分组密码算法，分为 7 章。第 1 章范围；第 2 章术语和定义；第 3 章符号和缩略语；第 4 章介绍 SM4 算法的结构，SM4 的加密和解密在计算结构上完全相同，只是轮密钥的次序相反；第 5 章介绍 SM4 的 128 比特密钥和 32 个 32 比特轮密钥，以及算法中用到参数的取值；第 6 章介绍每轮运算的轮函数；第 7 章详细描述算法的实现，包括加密算法、解密算法及密钥扩展算法。

3) GM/T 0003-2012《SM2 椭圆曲线公钥密码算法》(对应国家标准为 GB/T 32918-2016《信息安全技术 SM2 椭圆曲线公钥密码算法》)

（1）用途与适用范围。标准描述 SM2 公钥密码算法，可广泛用于 SSL、IPSec 等使用公钥密码算法的安全协议，以及电子支付、通信保护等应用场合，以实现数字签名、密钥协商、公钥加密等安全机制。

（2）内容概要。标准分为 5 个部分。第 1 部分描述 SM2 算法的数学原理，包括椭圆曲线及椭圆曲线上有限域的概念，椭圆曲线涉及的参数、数据类型及其转换等；第 2 部分定义使用 SM2 算法进行数字签名和验签的方法，并在附录 A 给出了一个数字签名与验证的示例；第 3 部分定义使用 SM2 算法进行密钥交换的协议和流程，并在附录 A 给出一个密钥交换的示例；第 4 部分定义使用 SM2 算法进行公钥加密和解密的方法，并在附录 A 给出一个公钥加解密运算的示例；第 5 部分定义 SM2 算法的椭圆曲线参数，并在附录中给出基于此参数进行数字签名验签、密钥协商及公钥加解密的示例。

4) GM/T 0004-2012《SM3密码杂凑算法》(对应国家标准为GB/T 32905-2016《信息安全技术 SM3密码杂凑算法》)

（1）用途与适用范围。标准规定SM3密码杂凑算法的计算方法和计算步骤。该标准所描述的SM3密码杂凑算法是一种杂凑值长度为256比特的算法，适用于我国商用密码应用中的数字签名和验证、消息鉴别码的生成和验证以及随机数的生成，可满足多种密码应用的安全需求。同时，该标准还可为安全产品生产商提供产品和技术的标准定位及标准化参考，提高安全产品的可信性与互操作性。

（2）内容概要。标准描述了SM3密码杂凑算法，分为5章。第1章范围；第2章术语和定义；第3章符号；第4章描述SM3算法涉及的初始值和常量的取值，以及用到的布尔函数和置换函数；第5章介绍SM3的算法实现及过程，包括填充、迭代压缩和杂凑计算。该标准的附录A给出两个SM3密码杂凑算法的计算示例。

5) GM/T 0005-2012《随机性检测规范》(对应国家标准为GB/T 32915-2016《信息安全技术 二元序列随机性检测方法》)

（1）用途与适用范围。标准是针对随机数发生器所产生随机数序列的质量检测规范，用于对所有的随机数发生软/硬件产品所产生的随机数进行检测，并判断其质量是否合规。

该标准适用于随机数发生器软/硬件产品或含有随机数发生器单元的密码产品的生产和检测。产品厂商可利用该标准自测随机数质量是否合规，检测机构利用该标准对送检产品的随机数质量进行检测，检测结果是否符合该标准的要求将作为产品认证的重要依据。

（2）内容概要。标准的主体内容包含范围、术语和定义、符号和缩略语、二元序列的检测和随机数发生器的检测等5个章节。第4章描述了针对二元序列，即二进制随机数序列样本的检测方法，包括其数据格式、样本长度、显著性水平等要求。对于二元序列采用的检测项目共有15项，分别为单比特频数检测、块内频数检测、扑克检测、重叠子序列检测、游程总数检测、游程分布检测、块内最大“1”游程检测、二元推导检测、自相关检测、矩阵秩检测、累加和检测、近似性检测、线性复杂度检测、Maurer通用统计检测、离散傅立叶检测。第5章描述了随机数发生器产品的检测过程，包括采样、存储、检测和判定。该标准的附录A描述了15种二元序列检测项目的技术原理。

6) GM/T 0009-2012《SM2密码算法使用规范》(对应国家标准为GB/T 35276-

2017《信息安全技术 SM2密码算法使用规范》)

(1)用途与适用范围。标准旨在为使用SM2密码算法的产品提供统一的算法使用规范，为算法的实现方、使用方和检测方提供依据和指导，为包含SM2密码算法的产品开发、使用及检测提供基准，有利于提高密码产品的标准化和互联互通。

(2)内容概要。标准主要包括10章。第1章范围；第2章规范性引用文件；第3章术语和定义；第4章符号和缩略语；第5章SM2算法公钥和私钥的表示；第6章数据转换过程，包括数据在位串与字符串之间的转换方法，整数和字符串之间的转换方法；第7章数据格式，主要内容为密钥数据格式、加密数据格式、签名数据格式、密钥对保护数据格式，对密文的结构定义中没有采用GM/T 0003-2012中的自然顺序，而是使用了方便程序访问的数据元次序；第8章预处理，包括Z值计算过程和签名操作所需的杂凑操作；第9章计算过程，包括生成密钥、加密、解密、数字签名、签名验证和密钥协商；第10章用户身份标识，提供了用户身份标识的默认值。

7) GM/T 0010-2012《SM2密码算法加密签名消息语法规范》(对应国家标准为GB/T 35275-2017《信息安全技术 SM2密码算法加密签名消息语法规范》)

(1)用途与适用范围。标准定义了使用SM2密码算法的加密签名消息语法，适用于使用SM2算法进行加密和签名操作时对操作结果的标准化封装。该标准定义的加密签名消息语法可广泛用在密码芯片、密码模块、密码设备、密码服务、密码应用系统之中，增强不同设备或系统之间的互联互通性，也可为检测提供参考。

(2)内容概要。标准包含12章。第1章范围；第2章规范性引用文件；第3章术语和定义；第4章符号和缩略语；第5章给出语法中用到的OID的定义；第6章给出语法中用到的基本类型的定义；第7章至第12章分别对数据类型、签名数据类型、数字信封数据类型、签名及数字信封数据类型、加密数据类型和密钥协商类型进行详细定义；附录A为规范性附录，定义了SM2密钥格式。

8) GM/T 0044-2016《SM9标识密码算法》

(1)用途与适用范围。标准描述了基于标识的密码算法SM9。SM9属于公钥密码算法的一种，可用于数字签名、数据加密、密钥协商等。

基于标识的密码算法，其典型特点是：公钥是由用户身份标识唯一确定的，因而无须使用“数字证书”来将二者绑定，这使密钥管理环节可得到适当简化。该标准(2016版)对于私钥的管理有自己的特点：用户标识(公钥)对应的私钥并非由用户自行产生，而是由密钥生成中心（KGC）根据用户的标识计算而得出。这意味着在基于标识的密码体制中，私钥具有内在的可托管性质。

该标准分为5个部分，描述SM9算法的数学基础、数学原理、数字签名算法、加密算法、密钥协商算法等，适用于任何使用SM9算法的应用场合，同时也是检测SM9算法合规性判断依据。

（2）内容概要。标准分为5个部分。第1部分描述必要的数学基础知识与相关密码技术，以帮助了解和实现该标准其他各部分所规定的密码机制，包括有限域和椭圆曲线、双线性对和安全曲线。本部分还介绍该标准用到的数据类型及其相互转换方法，以及标识密码算法使用的系统参数。第2部分定义采用SM9的数字签名算法，包括算法参数与辅助函数，数字签名流程及数字签名验签流程。第3部分定义采用SM9的密钥交换协议，包括其算法参数与辅助函数，以及密钥交换协议的流程。第4部分定义采用SM9的密钥封装机制和公钥加密算法，包括其算法参数与辅助函数，密钥封装的机制和流程，以及公钥加密的算法和流程。第5部分给出SM9算法的参数定义，包括椭圆曲线方程及参数、群的生成元等，同时还给出了扩域元素的表示方法。

9）GM/T 0062-2018《密码产品随机数检测要求》

（1）用途与适用范围。标准规定了在商用密码产品应用中，硬件实现随机数发生器产生随机数的随机性检测指标和检测要求。

该标准将随机数检测划为A类、B类、C类、D类和E类五个不同产品形态，对每个产品形态的随机数检测划分为送样检测、出厂检测、上电检测、使用检测四个不同的应用阶段，并对每种产品形态的各应用阶段提出随机数检测要求。五种形态的主要特征如下：

A类产品的主要特征为不能独立作为功能产品使用；典型产品形态为随机数发生器芯片等。

B类产品的主要特征为用时上电，随机数检测处理能力有限，对上电响应速度有严格要求；典型产品形态为IC卡等。

C类产品的主要特征为用时上电，随机数检测处理能力有限，对上电响应速度没有严格要求；典型产品形态为智能密码钥匙等。

D类产品的主要特征为长期加电，随机数检测处理能力有限，对上电响应速度没有严格要求；典型产品形态为POS机等。

E类产品的主要特征为长期加电，具有较强的随机数检测处理能力，对上电响应速度没有要求；典型产品形态为服务器等。

（2）内容概要。该标准的主体内容包含范围、规范性引用文件、术语定义和缩略语、随机数检测说明、A 类产品随机数检测、B 类产品随机数检测、C 类产品随机数检测、D 类产品随机数检测、E 类产品随机数检测 9 个章节。第 4 章规定产品形态划分和应用划分，并介绍了 GB/T 32915-2016《信息安全技术 二元序列随机性检测方法》的使用说明，如检测项目选择、显著性水平和参数设置等。第 5 章至第 9 章分别对 A 类到 E 类产品给出对随机数检测的要求，包括送样检测、出厂检测、上电检测和使用检测。

3.3.3 密码模块检测

根据 GM/T 0028-2014《密码模块安全技术要求》的定义，密码模块是硬件、软件、固件，或它们之间组合的集合，该集合至少使用一个经国家密码管理局核准的密码算法、安全功能或过程来实现一项密码服务，并且包含在定义的密码边界内。简单地说，密码模块是实现了核准的安全功能的硬件、软件或固件的集合，并且被包含在密码边界内。

截至 2019 年 12 月，已有 490 款密码模块按照标准 GM/T 0028-2014 要求通过了安全等级符合性检测。在这些产品中，达到安全等级一级的有 177 款，达到安全等级二级及以上的有 313 款，后续还会有越来越多的密码产品按照密码模块标准进行安全性检测。

1. 概述

1）安全功能

密码模块中的安全功能与传统理解上的安全功能（如入侵检测设备和防火墙提供的安全防护功能）有所不同，它是特指与密码相关的运算。GM/T 0028-2014《密码模块安全技术要求》核准的安全功能包括分组密码、流密码、公钥密码算法和技术、消息鉴别码、杂凑函数、实体鉴别、密钥管理和随机比特生成器。在密码模块中实现的这些安全功能应当符合相关标准、规范或国家密码管理部门的要求。

2）密码边界

密码边界是密码模块中特有的重要概念。根据 GM/T 0028-2014 的定义，密码边界是由定义明确的边线（如硬件、软件或固件部件的集合）组成的，该边线建立了密码模块所有部件的边界。密码边界应当至少包含密码模块内所有安全相关的算法、安全功能、进程和部件。非安全相关的算法、安全功能、进程和部件也可以包含在密码边界内。用于核准工作模式的非安全相关的算法、安全功能、过程和部件的实现应当不干扰或破坏密码模块核准的运行。密码边界内的某些硬件、软件或固件部件可以从标准 GM/T 0028-2014 的要求中排除，但被排除的硬件、软件或固件部件的实现应当不干扰或不破坏密码模块核准的安全操作。

特别需要指出的是，密码模块的密码边界是相对的，一个密码模块产品有可能包含另一个或几个规模更小的密码模块。如一个实现复杂密码服务功能的加密机，其本身可定义为一个密码模块，而该密码机内部可能包含了一个或多个密码卡，而密码卡本身也可以作为独立的密码模块来定义。

3）密码模块类型

按照密码边界划分方式不同，密码模块可分为硬件密码模块、软件密码模块、固件密码模块和混合密码模块。

（1）硬件密码模块。硬件密码模块的密码边界为硬件边线，在硬件边界内可以包含固件和 / 或软件，其中还可以包括操作系统。具体来说，硬件密码模块的边界包括：

①在部件之间提供互联的物理配线的物理结构，包括电路板、基板或其他表面贴装；

②有效的电器元件，如半集成、定制集成或通用集成的电路、处理器、内存、电源、转换器等；

③封套、灌封或封装材料、连接器和接口之类的物理结构；

④固件，可以包含操作系统；

⑤上面未列出的其他部件类型。

（2）软件密码模块。软件密码模块的密码边界为执行在可修改运行环境中的纯软件部件（可以是一个或多个软件部件）。软件密码模块的运行环境所包含的计算平台和操作系统，在定义的密码边界之外。可修改运行环境指能够对系统功能进行增加、删除和修改等操作的可配置运行环境，如 Windows/Linux/Mac OS/Android/iOS 等通用操作系统。具体地说，软件密码模块的边界包括：

①构成密码模块的可执行文件或文件集；

②保存在内存中并由一个或多个处理器执行的密码模块的实例。

（3）固件密码模块。固件密码模块的密码边界为执行在受限的或不可修改的运行环境中的纯固件部件。固件密码模块的运行环境所包含的计算平台和操作系统，在定义的密码边界之外，但是与固件模块明确绑定。受限运行环境指允许受控更改的软件或者固件模块，如 Java 卡中的 Java 虚拟机等。不可修改的运行环境指不可编程的固件模块或硬件模块。具体地说，固件密码模块的边界包括：

①构成密码模块的可执行文件或文件集；

②保存在内存中并由一个或多个处理器执行的密码模块的实例。

（4）混合密码模块。混合密码模块分为混合软件模块和混合固件模块。密码边界为软 / 固件部件和分离的硬件部件（即软 / 固件部件不在硬件模块边界中）的集合。软 / 固件运行的环境所包含的计算平台和操作系统，在定义的混合软 / 固件模块边界之外。具体地说，混合软 / 固件密码模块的边界包括：

①由模块硬件部件的边界及分离的软 / 固件部件的边界构成；

②包含每个部件所有端口和接口的集合；

③除了分离的软 / 固件部件，硬件部件可能还包含嵌入式的软 / 固件。

4）安全策略文件

每个密码模块都有一个安全策略（Security Policy）文件，GM/T 0028-2014 的附录 B 给出了对密码模块安全策略文件的要求。该文件对密码模块进行了较为详细的说明，包括对密码模块在 11 个安全域的安全等级及所达到的整体安全等级的说明；按照 11 个安全域的具体要求对密码模块所能达到的安全等级进行详细阐述，如密码模块的形态、密码边界、所支持的算法、密钥体系、运行环境、物理安全；以及密码模块在所能达到的安全等级下的使用说明，如环境如何配置、物理安全如何保证等。安全策略文件也明确说明了密码模块运行应遵从的安全规则，包含了从密码模块安全要求标准导出的规则及厂商要求的规则。

对于实际使用密码模块的用户来说，安全策略是选用该密码模块的重要考量依据，因为密码模块的安全策略可能无法与用户的实际使用环境和应用需求相适应。密码模块规定的安全等级，需要通过密码模块产品和安全策略的配合来保证。如果不按照安全策略使用密码模块，则认为未使用密码模块或使用的是不合规的密码模块，因为在这种情况下，密码模块失去基本安全假设的支持，各类敏感参数都直接暴露在威胁之下。当然，安全策略不能随意制定，还要受到标准的约束。一般而言，安全等级越高的密码模块，安全策略越简单，即安全等级高的密码模块可以运行在相对不太安全的环境下。

2. 相关标准规范

密码行业标准中，已发布两项与密码模块相关的标准，即 GM/T 0028-2014《密码模块安全技术要求》和 GM/T 0039-2015《密码模块安全检测要求》，分别针对密码模块安全技术和安全检测提出了具体要求。

1）GM/T 0028-2014《密码模块安全技术要求》（对应国家标准为 GB/T 37092-2018《信息安全技术 密码模块安全要求》）

（1）用途与适用范围。标准是针对实现密码功能的密码模块的安全技术要求。密码模块是密码应用的核心部件，密码系统的安全性与可靠性直接取决于实现它们的密码模块。密码模块可以是软件、硬件、固件，或它们之间组合的集合，可以是独立产品如密码芯片、密码机等，也可以是某应用产品中实现密码功能的部分，如具备密码功能的 CPU。

该标准虽然对密码模块提出了安全要求，但不对密码模块的正确应用和安全部署进行规范。密码模块的操作员在应用或部署模块时，有责任确保模块提供的安全保护是充分的，且对信息所有者而言是可接受的，同时有任何残余风险要告知信息所有者。必须选取合适的安全等级的密码模块，使得模块能够满足应用的安全需求并适应所处环境的安全现状。

该标准适用于密码模块的设计、生产、使用和检测，密码模块厂商可参照本标准执行设计，以确保产品满足该标准指定等级的安全要求；商用密码检测机构依据该标准执行检测，以确认送检产品是否达到了声称的安全等级。此外，该标准也适用于密码和信息相关的方案咨询、标准编制活动，当其中涉及对密码模块的安全要求时，可引用该标准的相应等级。

（2）内容概要。标准包含 7 章，各章节内容如下。

第 1 章范围。第 2 章规范性引用文件。第 3 章术语和定义。第 4 章缩略语。第 5 章描述四个安全等级的含义。第 6 章介绍密码模块功能性安全目标。第 7 章描述所有的安全要求，共有 12 个条款：通用要求，密码模块规格，密码模块接口，角色、服务与鉴别，软件 / 固件安全，运行环境，物理安全，非入侵式安全，敏感安全参数管理，自测试，生命周期保障及对其他攻击的缓解。每个条款包含若干项要求，以 [xx.yy] 的形式表示，例如，[01.01] 表示通用要求条款的第 1 项要求。在这所有的要求中，凡没有阐明特定等级的，则表示所有密码模块均需遵循；特定等级需要遵循的不同要求，则在文中明确进行了分级表述。

附录 A 为规范性附录，规定对各个条款的文档要求。附录 B 为规范性附录，规定对各个条款安全策略表述的要求。附录 C 为规范性附录，给出适用于该标准的核准的安全功能列表，包括分组密码、流密码、公钥密码、消息鉴别码、杂凑函数、实体鉴别、密钥管理和随机数生成器。附录 D 为规范性附录，给出适用于该标准的敏感安全参数生成和建立方法列表。附录 E 为规范性附录，给出适用于该标准的核准的鉴别机制列表。附录 F 为规范性附录，给出适用于该标准的非入侵式攻击及常用的缓解方法。

（3）密码模块安全等级。GM/T 0028-2014 规定了从安全一级到安全四级四个安全要求递增的安全等级。从密码模块规格，密码模块接口，角色、服务和鉴别，软件 / 固件安全，运行环境，物理安全，非入侵式安全，敏感安全参数管理，自测试，生命周期保障及对其他攻击的缓解 11 个安全方面进行安全分级。每个安全方面又称为一个安全域，表 3-5 总结每个域的安全要求。11 个安全域中，有些域随着安全等级的递增，安全要求也相应增加，密码模块在这些域中获得的评级反映了模块在该域中所能达到的最高安全等级，即密码模块必须满足该域针对该等级的所有安全要求。另外一些域的安全要求不分安全等级，那么密码模块在这些域中将获得与整体评级相当的评级。除了在每个安全域中获得独立的评级之外，密码模块还将获得一个整体评级。整体评级设定为 11 个域所获得的最低评级。

在密码模块检测中，除“物理安全”（对软件密码模块可选）和“其他攻击的缓解”两个安全域外，其他的安全域都是必选检测项目，不能只选部分安全域做检测。

表 3-5　密码模块安全技术要求总表

<table>
<tr><th>安全域</th><th>安全一级</th><th>安全二级</th><th>安全三级</th><th>安全四级</th></tr>
<tr><td>1. 密码模块规格</td><td colspan="4">密码模块、密码边界、核准的密码功能及正常的工作模式的说明；
密码模块的描述，包括所有硬件、软件和固件部件；
所有服务提供状态信息以指示服务何时按照核准的方式使用核准的密码算法、安全功能或过程</td></tr>
<tr><td>2. 密码模块接口</td><td colspan="2">要求的和可选的接口；
所有接口和所有输入 / 输出数据路径的说明</td><td colspan="2">可信信道</td></tr>
<tr><td>3. 角色、服务与鉴别</td><td>要求的角色、服务与可选的角色、服务逻辑上相隔离</td><td>基于角色或基于身份的操作员鉴别</td><td>基于身份的鉴别</td><td>多因素鉴别</td></tr>
<tr><td>4. 软件 / 固件安全</td><td>核准的完整性技术和定义的 SFMI、HFMI 及 HSMI；可执行代码</td><td>基于核准的数字签名或带密钥消息鉴别码的完整性测试</td><td colspan="2">基于核准的数字签名的完整性测试</td></tr>
</table>

续表

<table>
<tr><th colspan="2">安全域</th><th>安全一级</th><th>安全二级</th><th>安全三级</th><th>安全四级</th></tr>
<tr><td colspan="2">5. 运行环境</td><td>不可修改的、受限的或可修改的；对敏感安全参数的控制</td><td>可修改的；
基于角色或自主访问控制；审计机制</td><td colspan="2"></td></tr>
<tr><td colspan="2">6. 物理安全</td><td>产品级部件</td><td>拆卸证据；不透明的遮盖物或外壳</td><td>封盖和门上的拆卸检测与响应电路；牢固的外壳或涂层；防止直接探测的保护；EFP 或 EFT</td><td>拆卸检测和响应封壳；EFP；错误注入的缓解</td></tr>
<tr><td colspan="2" rowspan="2">7. 非入侵式安全</td><td colspan="4">能够缓解附录 F 中规定的非入侵式攻击</td></tr>
<tr><td colspan="2">文档阐明附录 F 中规定的缓解技术和有效性</td><td>提供缓解测试方法</td><td>缓解测试</td></tr>
<tr><td colspan="2" rowspan="3">8. 敏感安全参数管理</td><td colspan="4">随机比特生成器、敏感安全参数生成、建立、输入和输出、存储及置零</td></tr>
<tr><td colspan="4">自动的敏感安全参数传输或敏感安全参数协商使用核准方法</td></tr>
<tr><td colspan="2">手动建立的敏感安全参数可以以明文的形式输入或输出</td><td colspan="2">手动建立的敏感安全参数可以以加密的形式、通过可信信道或使用知识拆分过程输入或输出</td></tr>
<tr><td colspan="2" rowspan="2">9. 自测试</td><td colspan="4">运行前：软件 / 固件完整性测试、旁路测试及关键功能测试</td></tr>
<tr><td colspan="4">条件：密码算法、配对一致性、软件 / 固件加载、手动输入、旁路及关键功能测试</td></tr>
<tr><td rowspan="7">10. 生命周期保障</td><td>1）配置管理</td><td colspan="2">密码模块、部件和文档的配置管理系统；每一项在整个生命周期中都有唯一标识并可追踪</td><td colspan="2">自动配置管理系统</td></tr>
<tr><td>2）设计</td><td colspan="4">模块设计成允许对所有提供的安全相关服务进行测试</td></tr>
<tr><td>3）FSM</td><td colspan="4">有限状态模型</td></tr>
<tr><td>4）开发</td><td>有注释的源代码、版图或 HDL</td><td colspan="2">软件高级语言；硬件高级描述语言</td><td>文档注明模块部件执行的前置条件，以及当部件执行完毕时预期为真的后置条件</td></tr>
<tr><td>5）测试</td><td colspan="2">功能测试</td><td colspan="2">底层测试</td></tr>
<tr><td>6）配送与操作</td><td>初始化流程</td><td>配送流程</td><td colspan="2">使用厂商提供的鉴别信息的操作员鉴别</td></tr>
<tr><td>7）指导文档</td><td colspan="4">管理员与非管理员指南</td></tr>
<tr><td colspan="2">11. 其他攻击的缓解</td><td colspan="3">缓解其他攻击的说明，目前对这些攻击还没有可测试要求</td><td>验证缓解技术的有效性</td></tr>
</table>

为了对密码模块的安全等级有更简洁清晰的了解，下面按照逐级增强的方式对安全一级到安全四级的密码模块安全要求进行对比阐述。

①安全一级。

安全一级是基础级，提供了最低等级的安全要求。在设计安全一级密码模块时，“软件/固件安全”“非入侵安全”“自测试”“敏感参数管理”（尤其是随机数产生部分）4个安全域需要着重考虑，其他域的安全要求相对容易满足。例如，模块应当至少使用一个核准的安全功能或核准的敏感安全参数建立方法。软件或固件模块可以运行在不可修改的、受限的或可修改的运行环境中。安全一级硬件密码模块除了需要达到产品级部件的基本要求之外，没有其他特殊的物理安全机制要求。模块实现的针对非入侵式攻击或其他攻击的缓解方法需要有文档记录。安全一级密码模块的例子有：个人计算机中的硬件加密板卡、运行在手持设备或通用计算机上的密码工具包。

安全一级密码模块一般不具有物理安全防护能力。对于硬件密码模块，探针攻击和对部件的直接观察都是可行的；对于软件密码模块，对操作系统、应用和数据的访问都是可行的。安全一级密码模块的安全应当由操作员负责，在无保护运行环境下，受安全一级密码模块保护数据的价值是较低的。当模块外部的应用系统已经配置了物理安全、网络安全及管理过程等控制措施，提供了相对全面的安全防护时，安全一级的模块就非常适用。

②安全二级。

安全二级在安全一级的基础上增加了拆卸证据、基于角色的鉴别等功能要求。硬件密码模块的拆卸证据可以是拆卸存迹的涂层或封条，或者在封盖或门上加防撬锁等手段以提供拆卸证据。当通过物理方式访问模块内的安全参数时，模块上拆卸存迹的涂层或封条就必须破碎。角色鉴别要求密码模块鉴别并验证操作员的角色，以确定其是否有权执行对应的服务。软件密码模块能够达到的最高整体安全等级限定为安全二级。

安全二级硬件密码模块虽然具有拆卸证据，但不针对探针攻击；对安全二级软件密码模块的逻辑保护由操作系统提供，可以运行在可修改的环境中，该环境应实现基于角色的访问控制或自主访问控制，但自主访问控制应当能够定义新的组，通过访问控制列表（ACL）分配权限，以及将一个用户分配给多个组。访问控制措施应防止非授权的执行、修改及读取实现密码功能的软件。安全二级软件密码模块所在的进程应当由密码模块自己所有，并且与调用者在内的其他进程逻辑隔离；应当使用不依赖运行环境的安全机制，保护存储的敏感安全参数。安全二级密码模块可以抵抗使用简单工具的主动攻击。在无保护运行环境下，受安全二级密码模块保护数据的价值是一般的。

③安全三级。

安全三级在安全二级的基础上，增强了物理安全、身份鉴别、环境保护、非入侵式攻击缓解、敏感参数管理等安全机制。安全三级密码模块可以抵抗直接的探针攻击，并且具有防拆卸外壳或封装材料，若有门或盖的入侵，也可以提供主动防护的功能。例如，这些物理安全机制应该能够以很高的概率检测到以下行为并做出响应：直接物理访问、密码模块的使用或修改，以及通过通风孔或缝隙对模块的探测。上述物理安全机制可以包括坚固的外壳、拆卸检测装置及响应电路。当密码模块的封盖 / 门被打开时，响应电路应当将所有的关键安全参数置零。

安全三级要求基于身份的鉴别机制，以提高安全二级中基于角色的鉴别机制的安全性。密码模块需要鉴别操作员的身份，并验证经鉴别的操作员是否被授权担任特定的角色及是否能够执行相应的服务。安全三级要求手动建立的明文关键安全参数是经过加密的、使用可信信道或使用知识拆分来输入或输出，以有效保护明文关键安全参数或密钥分量的输入和输出。安全三级的密码模块应有效防止电压、温度超出模块正常运行范围对密码模块安全性的破坏，能够通过环境失效测试（EFT）或具备环境失效保护（EFP）确保不会因环境异常而破坏模块的安全性。安全三级的密码模块应提供非入侵式攻击缓解技术的有效性证据和测试方法。安全三级的密码模块增加了对生命周期保障的要求，如自动配置管理、详细设计、底层测试及基于厂商所提供的鉴别信息的操作员鉴别。

安全三级密码模块可以抵抗使用简单工具的中等强度攻击，其安全性可以由密码模块提供。在无保护运行环境下，受安全三级密码模块保护数据的价值是较高的。

④安全四级。

安全四级是标准中的最高安全等级。该等级包括安全一级、安全二级、安全三级中所有的安全特性，并增加了一些扩展特性。安全四级的密码模块提供完整的封套保护，无论外部电源是否供电，都能够检测并响应所有非授权的物理访问，从任何方向穿透密码模块的外壳都会以很高的概率被检测到，并立刻置零所有未受保护的敏感安全参数；支持多因素身份鉴别，至少包括“已知某物、拥有某物、物理属性”中的两个；实现规定的非入侵式攻击的缓解方法；具有 EFP 和防止错误注入攻击的能力，从而能抵抗因环境异常带来的安全威胁。

安全四级密码模块可以抵抗使用特制工具的高强度长时间攻击。因此，安全四级密码模块自身具有很高的安全机制，特别适用于无物理保护的运行环境。在无保护运行环境下，受安全四级密码模块保护数据的价值是很高的。

2）GM/T 0039-2015《密码模块安全检测要求》

（1）用途与适用范围。标准旨在描述可供检测机构检测密码模块是否符合GM/T 0028-2014《密码模块安全技术要求》的一系列方法。这些方法是为了保证在检测过程中高度的客观性，并确保各检测机构测试结果的一致性。该标准还给出了送检单位提供给检测机构材料的要求。在将密码模块提交给检测机构之前，送检单位可将该标准作为指导来判断该密码模块是否符合GM/T 0028-2014《密码模块安全技术要求》所提出的要求。

（2）内容概要。标准分为6章，各章节内容如下。

第1章范围；第2章规范性引用文件；第3章术语和定义；第4章缩略语；第5章为规范的文档结构介绍，对第6章安全检测要求的描述方法和思路进行总体介绍；第6章为规范的安全检测要求，从不同领域详细描述遵循该标准的密码模块应满足的安全要求和对应的检测要求。该标准的附录A到附录F为规范性附录，附录G为资料性附录，分别对文档要求，密码模块安全策略，核准的安全功能，核准的敏感安全参数生成和建立方法，核准的鉴别机制，非入侵式攻击及常用的缓解方法，不同检测要求的安全等级对应表等几个方面进行补充介绍和说明。

3.3.4　安全芯片检测

1. 概述

安全芯片是含有密码算法、安全功能，可实现密钥管理机制的集成电路芯片（GM/T 0008-2012）。与纯粹的算法芯片不同，安全芯片在实现密码算法的基础上，增加了密钥和敏感信息存储等安全功能以及对应用提供一定的运算支撑能力。实现的算法包括分组密码、公钥密码、杂凑密码、序列密码、随机数生成等。另外，安全芯片能提供针对密码算法运算和敏感数据的防护保障，如物理防护、存储保护、工作环境条件监控等，保证密码运算和对密钥、用户敏感信息处理安全可靠地运行。

典型的安全芯片一般具有CPU，可以运行固件、片上操作系统（COS）及各类应用程序。作为使用商用密码算法（如SM2、SM4）提供身份鉴别服务的智能卡的安全平台载体，安全芯片能够提供电路和固件层级的安全防护。GM/T 0008-2012《安全芯片密码检测准则》从安全防护能力角度，将安全芯片划分为安全性依次递增的三个安全等级。选用高安全等级的安全芯片有助于设计高安全等级的密码产品。具有高安全等级已经成为安全芯片在重要领域应用的硬性要求。目前，金融领域应用的金融IC卡芯片必须满足安全二级及以上要求。

近十年以来，在电子证照、金融支付、社会保障、网络认证、移动支付、电信等行业领域中，安全芯片广泛应用于包括身份证、电子护照、社保卡、银行卡、SIM卡等多种安全芯片产品。安全芯片的安全性受到了国内各安全芯片厂商、应用服务商、政府机构、银行等的高度重视。截至2019年12月，已有近200款安全芯片获得商用密码产品型号证书。

2. 相关标准规范

安全芯片产品遵循的密码行业标准是GM/T 0008-2012《安全芯片密码检测准则》。

1）用途与适用范围

该标准在密码算法、安全芯片接口、密钥管理、敏感信息保护、安全芯片固件安全、自检、审计、攻击的削弱与防护和生命周期保证9个领域考查安全芯片的安全能力，并对每个领域的安全能力划分为安全性依次递增的三个安全等级，对每个安全等级均提出了安全性要求。安全芯片的整体安全等级定为该安全芯片在以上9个领域中达到安全等级的最低等级。

该标准可以为选择满足应用与环境安全要求的适用安全等级的安全芯片提供依据，亦可为安全芯片的研制提供指导。

2）内容概要

该标准分为13个章节。第1章至第3章说明了标准的适用范围、规范性引用文件、术语、定义及缩略语，标准的主体部分包括第4章至第13章；第4章介绍安全芯片三个安全等级的划分依据和各安全等级的应用场合；第5章至第13章对安全芯片具有的9项安全能力，即密码算法、安全芯片接口、密钥管理、敏感信息保护、安全芯片固件安全、自检、审计、攻击的削弱与防护和生命周期保证提出具体的安全性要求。

3）安全芯片的安全等级划分

为了对安全芯片的安全等级有一个更简洁清晰的了解，下面按照逐级增强的方式对安全一级到三级的安全芯片的安全要求进行对比。

（1）安全一级。

安全一级要求安全芯片对密钥和敏感信息提供基本的保护措施，是安全芯片的安全能力需满足的最低要求。安全一级的安全芯片对内部密码算法、敏感信息保护、密钥管理、固件安全等提供较弱的保护。安全一级的安全芯片可以应用在安全芯片所部署的外部运行环境能够保障安全芯片自身物理安全和输入输出信息安全的应用场合。

安全一级的安全芯片通常具备对常用密码算法的支持，明确规定了安全芯片应具有的两个独立的物理随机源，能够产生符合要求的随机数，能够正确地进行密钥管理和敏感信息保护，能够进行密码算法上电及复位自检并生成自检状态，应具有唯一标识，不对攻击的削弱与防护做特定要求。

（2）安全二级。

安全二级规定了安全芯片的安全能力所能达到的中等安全等级要求，对内部密码算法、敏感信息保护、密钥管理、固件安全等提供中等的保护。安全二级的安全芯片可以应用于安全芯片所部署的外部环境不能保障安全芯片自身物理安全和输入输出信息安全的应用场合，在该环境下安全芯片对各种风险具有基本的防护能力。

安全二级在安全一级的基础上增加了对安全芯片物理随机源数量的要求，明确规定安全二级安全芯片应具有4个独立物理随机源，另外还增加了密码算法核心运算需要采用专用硬件实现的要求。安全二级的安全芯片应能够对密钥和敏感信息进行保护，具有对抗攻击的逻辑或物理的防护措施。安全芯片应支持带校验的密钥存储，并为密钥提供可控且专用的存储区域，同时具有相应的权限管理机制。敏感信息应以密文形式存储。达到安全二级的安全芯片还应具有较全面的生命周期保障。

符合安全二级要求的安全芯片对攻击的削弱与防护有了全面而具体的要求。安全芯片及算法实现应当能够对抗常见的侧信道攻击及故障注入攻击等。从安全二级开始，要求送检单位能够对相应防御措施进行有效性的说明，即对送检安全芯片的防御措施方案和具体安全设计进行功能和实现的阐述，将防御措施与具体实现进行对照说明。

（3）安全三级。

安全三级规定了安全芯片的安全能力所能达到的高安全等级要求，对内部密码算法、敏感信息保护、密钥管理、固件安全等提供高安全等级的保护。安全三级的安全芯片可以应用于外部环境不能保障安全芯片自身物理安全和输入输出信息安全的应用场合，在该环境下安全芯片对各种风险具有全面的防护能力。

安全三级在安全二级的基础上进一步增加了对安全芯片物理随机源数量的要求：应具有8个相互独立且分散布局的物理随机源。物理随机源应至少采用两种以上的设计原理实现。安全三级明确要求密码算法全部采用专用硬件实现。

安全三级要求安全芯片能够对密钥和敏感信息提供高级保护，要求安全芯片具有逻辑或物理安全机制，能够对密钥和敏感信息提供完整的保护。密钥应以密文形式进行存储，同时还规定了固件应以密文形式进行存储。针对攻击的削弱与防护，要求安全芯片能够防御标准 GM/T 0008-2012 指定的所有攻击。安全芯片应具有主动的屏蔽层，并提出了送检单位要能够证明相关防御措施有效性的要求。

3.4 商用密码标准与产品

本节从商用密码标准及应用案例角度，对常见的商用密码产品进行介绍，分为产品概述、相关标准规范及标准与产品应用要点。在产品概述中，介绍产品的基本概念、技术原理、分类、应用场景等；在相关标准规范中，简要介绍与该产品相关的密码行业标准；在标准与产品应用要点中，结合具体产品的相关标准对产品应用的要点进行阐述。

3.4.1 智能 IC 卡标准与产品

1. 产品概述

智能 IC 卡是将一个或者多个集成电路芯片嵌装于塑料基片上制成的卡片，卡内的集成电路具有数据存储、运算和判断功能，并能与外部进行数据交换。智能 IC 卡可以封装成卡式，或是射频标签、纽扣、钥匙、饰物等特殊形状。

1）智能 IC 卡的分类

智能 IC 卡根据所嵌入的芯片不同进行分类，可以分为存储器卡、逻辑加密卡和智能 CPU 卡。值得注意的是，虽然通常所有的 IC 卡都称作智能 IC 卡，但严格地讲，只有智能 CPU 卡才具有智能特征，是真正意义上的“智能卡”。本书提到的智能 IC 卡如不作特殊说明，均指智能 CPU 卡。下面，对上述三类 IC 卡进行介绍。

（1）存储器卡。存储器卡内的芯片是非易失性存储器芯片，如带电可擦除可编程只读存储器（EEPROM），可存储少量信息。存储器卡内部一般不包含密码安全机制，不具备信息处理能力，外部可对片内信息任意存取，因此存储器卡一般用于存放不需要保密的信息。

（2）逻辑加密卡。逻辑加密卡内除了具有非易失性存储器外，还带有硬件加密逻辑，具备简单的信息处理能力。逻辑加密卡存储容量较小，价格便宜，只具有低层次的安全防护能力，无法防范恶意攻击，适用于保密要求较低的场合。

（3）智能CPU卡。智能CPU卡内集成电路包括微处理器单元（CPU）、存储单元（如随机存储器RAM、只读存储器ROM和EEPROM）、卡与读卡器通信的I/O接口、加密协处理器、随机数发生器等。RAM用于存放运算过程中的中间数据，ROM中固化有COS，EEPROM用于存放持卡人的个人信息及发行单位等有关信息。CPU负责信息的加密、解密、访问控制和传输，严格防范非法访问卡内信息。装载有COS的智能CPU卡不仅具有数据存储功能，还具有良好的信息处理能力和优良的数据保密性保护能力，不仅能验证卡和持卡人的合法性，而且可鉴别读写终端，广泛应用于一卡多用及对数据安全保密性要求特别高的场合，如银行卡、门禁卡、护照、身份证、社保卡、手机SIM卡等。

根据智能IC卡与外界数据交换界面的不同，可以将智能IC卡分为接触式智能卡、非接触式智能卡和双界面卡。接触式智能卡需要通过卡表面的多个金属触点将卡的集成电路与外部接口设备直接接触连接；非接触式智能卡基于射频技术，通过智能卡内部天线与读卡器天线发送和接收的电磁波来交换信号；双界面卡则是接触式和非接触式智能卡的结合。

2）智能IC卡的应用

在金融领域，金融IC卡成为智能IC卡的一个重要应用，是取代磁条卡的新一代银行卡。金融IC卡具有不可复制、支持多应用及存储容量大等优点，从而增强了各类银行卡应用的安全性。在身份识别领域，智能IC卡在第二代居民身份证、电子营业执照等方面应用广泛。第二代居民身份证使用非接触式智能IC卡芯片可有效防止身份证被伪造。电子营业执照利用PKI数字证书技术进行身份鉴别，来保证企业在互联网上身份的真实性，是企业营业执照副本的表现形式之一。

此外，目前一卡多用已经逐渐普及，如集图书卡、饭卡、门禁卡等功能于一体的校园卡，集医保卡、公交卡等功能于一体的社保卡；还有的智能IC卡被封装成SD卡、TF卡的形状，应用于移动设备中，提供密码运算功能。读卡器中的安全存取模块（Secure Access Module，SAM）卡也是智能IC卡的一种应用，可实现智能IC卡读卡器的安全管控。智能IC卡还可以作为身份鉴别的凭据，提供密钥存储和计算服务，例如，在一些不支持商用密码算法的操作系统中进行各类数据完整性的保护，或作为密钥导入的材料，如利用智能IC卡向密码机内导入密钥。

截至2019年12月，已有200余款智能IC卡、SD密码卡、TF密码卡、SAM卡等密码产品获得了商用密码产品型号证书。

3）智能 IC 卡应用系统

智能 IC 卡可以构建多种应用系统，如门禁卡系统、公交卡系统、银行卡系统。如图 3-7 所示，在实际应用场景中，一个简单的智能 IC 卡应用系统包括以下最基本的组件：智能 IC 卡发卡系统、智能 IC 卡、智能 IC 卡接口设备（如读卡器）、PC 机，较大的智能 IC 卡应用系统还包括后台服务器等。发卡系统完成 IC 卡的业务管理、个人化应用的管理，实现智能 IC 卡的发行（如金融 IC 卡的发行）。用户执行交易时，直接使用智能 IC 卡与读卡器进行交互（如利用金融 IC 卡进行消费），智能 IC 卡与读卡器之间的数据一般通过应用协议数据单元（Application Protocol Data Unit，APDU）进行封装传输。与读卡器相连接的后台管理系统完成具体的应用功能，并返回执行结果。

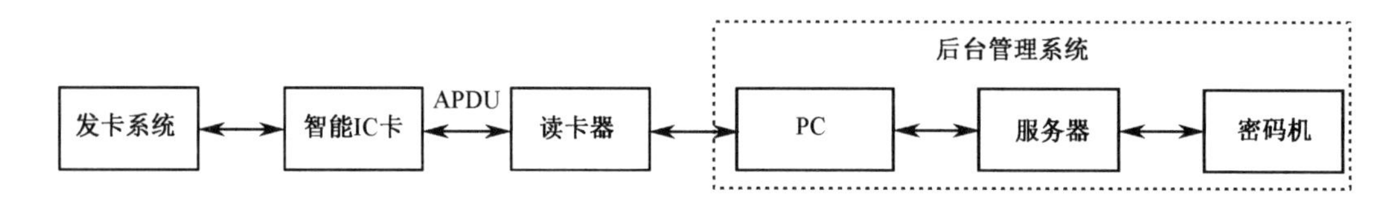

图 3–7　智能 IC 卡应用系统的应用场景

4）应用协议数据单元（APDU）

APDU 是智能 IC 卡与读卡器之间的应用层数据传输协议。APDU 应用协议中的一次交互由发送命令、接收实体处理及发回的响应组成，特定的响应对应于特定的命令。读卡器发送给智能 IC 卡使用的 APDU 结构称为命令 APDU（Command APDU），智能 IC 卡返回给读卡器使用的 APDU 结构称为响应 APDU（Response APDU）。

ISO 针对智能 IC 卡规定了一系列 APDU 指令，具体包括 ISO/IEC 7816-4 中规定的智能 IC 卡基本指令，ISO/IEC 7816-8 中规定的智能 IC 卡安全指令，ISO/IEC 7816-9 中规定的智能 IC 卡附加指令，以及 ISO/IEC 14443 中规定的非接触式智能 IC 卡命令等。

5）智能 IC 卡应用中的鉴别机制

智能 IC 卡应用中的鉴别是指智能 IC 卡和外部系统之间的身份鉴别，双方之间的鉴别最终通过对被鉴别一方是否正确拥有一个密钥或其他私有特征的验证来完成。按鉴别对象的不同，鉴别可分为智能 IC 卡对持卡人的鉴别、智能 IC 卡对读卡器的鉴别、读卡器对智能 IC 卡的鉴别及读卡器和智能 IC 卡的相互鉴别四种方式。

（1）智能 IC 卡对持卡人的鉴别。智能 IC 卡对持卡人的鉴别主要利用持卡人已知的秘密或者特征进行鉴别，通常以 PIN 码的方式进行鉴别。用户将 PIN 码输入终端，终端通过读卡器将 PIN 码发送到智能 IC 卡中，智能 IC 卡把输入的 PIN 码和卡内存储的 PIN 码进行比较：如果相同，则鉴别过程通过，卡片改变内部安全状态；如果不同，则鉴别过程失败，卡片的鉴别计数器将递减，如果鉴别计数器减至为 0，则卡片被锁住。

（2）智能 IC 卡对读卡器的鉴别。智能 IC 卡对外部接口设备（如读卡器）的鉴别，又称外部鉴别，用于检测外部接口设备是否合法。外部鉴别的典型工作流程是基于对称密码的“挑战—响应”，具体如下：读卡器向智能 IC 卡发送取随机数指令，智能 IC 卡产生随机数后发送给读卡器；读卡器用对称密钥加密随机数，以外部鉴别命令的形式将密文发送给智能 IC 卡；智能 IC 卡用预先共享的对称密钥解密密文，并将解密后的明文与原随机数比较。若两者一致，则证明读卡器是合法的，否则读卡器是非法的。

（3）读卡器对智能 IC 卡的鉴别。读卡器对智能 IC 卡的鉴别，又称内部鉴别，是指读卡器对智能 IC 卡进行鉴别的过程，利用智能 IC 卡所独有的密钥进行验证。内部鉴别的典型工作流程同样基于对称密码的“挑战—响应”，具体如下：读卡器产生随机数，以内部鉴别命令的形式将随机数发送给智能 IC 卡；智能 IC 卡用对称密钥加密随机数，并将加密后的随机数发给读卡器；读卡器用预先共享的对称密钥解密密文，并将解密后的明文与原随机数比较，以此来鉴别智能 IC 卡的真伪。

（4）读卡器和智能 IC 卡的相互鉴别。相互鉴别过程可以结合外部鉴别和内部鉴别机制来实现。

2. 相关标准规范

在密码行业标准中，与智能 IC 卡产品相关的标准有 1 项，即 GM/T 0041-2015《智能 IC 卡密码检测规范》。下面简要介绍该密码行业标准。

1）用途与适用范围

该标准规定了智能 IC 卡产品的检测项目及检测方法。该标准适用于智能 IC 卡产品的密码检测，也可用于指导智能 IC 卡产品的研发。智能 IC 卡产品包括但不限于金融 IC 卡、公交 IC 卡、社保 IC 卡、SIM 卡等。

2）内容概要

该标准分为 7 章。第 1 章范围；第 2 章规范性应用文件；第 3 章术语和定义；

第 4 章符号和缩略语；第 5 章检测项目，包含 7 个部分：COS 安全管理功能检测、COS 安全机制检测、密钥的素性检测、随机数质量检测、密码算法实现正确性检测、密码算法实现性能检测和设备安全性测试；第 6 章检测方法，分别针对第 5 章涉及的检测项目进行详细说明，明确检测步骤和方法；第 7 章合格性判定准则，对测试结果的合规性进行了补充说明。

3. 标准和产品应用要点

智能 IC 卡产品的开发、检测和使用应遵循标准 GM/T 0041-2015《智能 IC 卡密码检测规范》。

1）在智能 IC 卡发卡过程中，应注意密钥文件的建立与主控密钥的更新

在智能 IC 卡发卡过程中需要建立卡内部的文件结构，定义卡应用类型及其数据信息，之后写入个人化数据及密钥文件。在这个过程中，尤其要注意密钥文件的建立及对主控密钥的更新。

智能 IC 卡中各个密钥文件在创建时必须慎重考虑以下要素：文件大小的分配、有关权限和密钥使用后的后续状态值的规定。密钥文件的大小分配取决于要装载的密钥个数，在发卡过程中，常常会出现因为密钥文件的大小分配不够而造成后面的密钥无法写入。规定密钥文件建立过程中的有关权限和密钥使用后的后续状态值，一方面对密钥文件本身的安全起到维护作用，另一方面也将决定智能 IC 卡操作的流程。

在发卡程序设计过程中，还要注意智能 IC 卡主控密钥、应用密钥等的关系及其写入要求。智能 IC 卡主控密钥是对整个智能 IC 卡访问起控制作用的密钥，一般由智能 IC 卡生产商先行写入（主要用于对智能 IC 卡进行测试），再由发卡方替换为发卡方的智能 IC 卡主控密钥。发卡过程中，在对智能 IC 卡进行任何操作之前必须使用智能 IC 卡的主控密钥进行外部鉴别。一般来说，发卡方替换智能 IC 卡的主控密钥之后，为验证替换工作是否正确，需再用新的智能 IC 卡主控密钥做一次外部鉴别。

2）应结合智能 IC 卡应用建立过程，理解智能 IC 卡应用系统的密钥体系

一般情况下，智能 IC 卡应用系统基于对称密码体制完成身份鉴别、数据加密等功能。在智能 IC 卡应用系统密钥体系建立过程中，最重要的过程是根密钥的生成和根密钥经密钥分散得到应用密钥。

①智能 IC 卡应用系统的根密钥由密钥管理系统的密码设备生成，并安全导入

读卡器或者后台管理系统的安全模块中。

②在智能IC卡建立应用过程中，一般通过密钥管理系统使用对称加密算法对根密钥进行密钥分散得到应用密钥，来实现一卡一密，如用根密钥加密卡片的唯一ID和密钥分散用的特定发行信息。随着一卡多用的普及，一张智能IC卡中可能支持多个应用。为了独立地管理一张卡上的不同应用，智能IC卡中的每一个应用都放在一个单独的应用专用文件中。每个应用专用文件中包含对应应用的应用密钥，各个应用只能访问（包括改写、读取）对应应用专用文件下的密钥文件中的密钥。

3.4.2 智能密码钥匙标准与产品

1. 产品概述

智能密码钥匙是一种具备密码运算、密钥管理能力，可提供密码服务的终端密码设备，其主要作用是存储用户秘密信息（如私钥、数字证书），完成数据加解密、数据完整性校验、数字签名、访问控制等功能。智能密码钥匙一般使用USB接口形态，因此也被称作USB Token或者USB Key。

随着数字证书在网上银行的普及推广，如何存储、保护用户私钥及数字证书成为关键。为此，专门用于存储秘密信息的智能密码钥匙成为保存用户私钥、数字证书的最佳载体之一，智能密码钥匙技术也因此得到了迅速发展。

智能密码钥匙与智能IC卡相比，相似之处在于两者的处理器芯片基本是相同的，业内一般统称为智能卡芯片；智能IC卡领域的大量技术及标准被智能密码钥匙产品所使用；智能IC卡国际标准ISO/IEC 7816-4所定义的APDU指令也同样是智能密码钥匙产品所广泛使用的指令格式。两者的主要不同之处在于智能IC卡的主要作用是对卡中的文件提供访问控制功能，与读卡器进行交互；智能密码钥匙作为私钥和数字证书的载体，向具体的应用提供密码运算功能。

典型的智能密码钥匙的外形与普通U盘类似，其特征主要包括使用USB接口，内置安全智能芯片；有一定的存储空间（一般是从几KB到几MB不等），可以存储用户私钥及数字证书等数据；具备密码运算能力，能够完成密钥生成和安全存储、数据加密和数字签名等功能；采用基于身份的用户鉴别机制，通常采用个人识别码（PIN）来实现；配有供其他应用程序调用的软件接口程序及驱动。有的智能密码钥匙中不仅配有智能IC卡芯片，还配有USB控制芯片，也就是说在智能密码钥匙功能基础上，增加了大容量移动存储的功能。

为避免智能密码钥匙为伪造的数据生成签名，交互型电子签名在生成电子签名过程中增加了与用户的交互过程。相应地，具备双向交互功能、配有屏幕和操控按键的智能密码钥匙称为第二代智能密码钥匙。第二代智能密码钥匙每次收到指令以后，可以在内部解析指令内容，从待签名数据中提取关键信息，及时显示在屏幕上供用户确认。如果屏幕显示信息与用户真实交易意图不符，说明信息被篡改，用户可以马上取消操作。如果信息无误，用户可以通过内置的“确认”按键控制操作进一步执行。第二代智能密码钥匙的主机接口除USB外，也出现了更多形态，如Wi-Fi、蓝牙、音频、Lightening、NFC、红外等，这些新型智能密码钥匙的区别主要是使用接口不同，所具备的功能类似。

以网上银行交易为例，如图3-8所示，用户登录网上银行系统，选择需要进行的银行服务（如转账）；用户确认交易信息后，输入PIN码；PIN码验证正确后，用户将用自己的私钥对交易信息进行签名，并将签名的交易信息、数字证书等发送给网银系统服务器；网银系统服务器利用预置的根CA证书验证用户所发送的数字证书的有效性，同时通过CA验证用户所发送的数字证书是否被撤销，在确定用户证书有效的情况下，利用用户的签名公钥验证用户签名的交易信息；若验证通过，则执行交易，并返回交易成功。

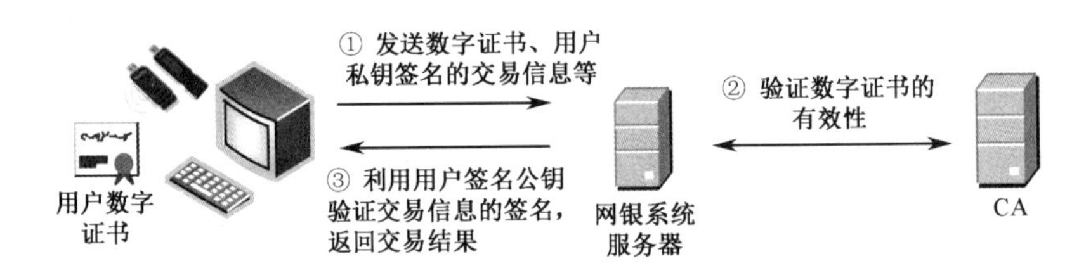

图3-8 智能密码钥匙在网上银行交易过程中的应用

截至2019年12月，已有180余款智能密码钥匙产品获得了商用密码产品型号证书。

2. 相关标准规范

密码行业标准中，已发布4项关于智能密码钥匙产品的标准，包括GM/T 0016-2012《智能密码钥匙应用接口规范》、GM/T 0017-2012《智能密码钥匙密码应用接口数据格式规范》、GM/T 0027-2014《智能密码钥匙技术规范》和GM/T 0048-2016《智能密码钥匙密码检测规范》。下面简要介绍这4项密码行业标准。

1）GM/T 0016-2012《智能密码钥匙应用接口规范》（对应国家标准为GB/T

35291-2017《信息安全技术 智能密码钥匙应用接口规范》）

（1）用途与适用范围。标准用于规范智能密码钥匙的应用接口，为智能密码钥匙中间件和应用提供统一的服务接口。该标准定义了基于PKI密码体制的智能密码钥匙应用接口，描述了密码应用接口的函数、数据类型、参数结构和设备安全要求。该标准适用于智能密码钥匙产品的研制、使用和检测，还可为智能密码钥匙生产商提供产品和技术的标准定位及标准化的参考，提高智能密码钥匙产品的安全性、易用性与互操作性。

（2）内容概要。标准描述了智能密码钥匙的应用接口。第1章范围；第2章规范性引用文件；第3章术语和定义；第4章缩略语；第5章结构模型，给出了智能密码钥匙应用接口与智能密码钥匙设备、驱动、应用之间的层次关系，给出了应用接口访问时所需的角色、容器、密钥和文件模型；第6章数据类型，定义了接口所需的参数和返回值的数据类型和常量；第7章接口函数，定义了智能密码钥匙对上层提供的功能函数接口，接口函数按照用途分为设备管理、访问控制、应用管理、文件管理、容器管理和密码服务等类别；第8章安全要求，对设备的生命周期、权限管理、密钥管理和抗攻击性提出了要求。

在该标准中定义了智能密码钥匙在典型PKI应用中的结构模型，该结构支持设备认证密钥和多应用，同时划分了管理员和用户角色。通过对文件、证书和多容器的支持，可以在一个设备上支持多个安全应用。

2）GM/T 0017-2012《智能密码钥匙密码应用接口数据格式规范》

（1）用途与适用范围。标准对智能密码钥匙的应用数据接口进行规范，用于指导智能密码钥匙的数据层互操作。该标准用于规范智能密码钥匙的APDU报文、接口函数的编码和设备协议等内容，适用于智能密码钥匙产品的研制、使用和检测。

（2）内容概要。标准主要包括10章内容。第1章范围；第2章规范性引用文件；第3章术语和定义；第4章缩略语；第5章给出了正文中用到的记号；第6章给出了智能密码钥匙的结构模型，并明确了该标准在模型中所处的层次关系；第7章APDU报文结构，定义了命令报文的响应报文的数据结构；第8章给出了命令头、数据字段和响应字段的编码约定；第9章给出了智能密码钥匙的APDU指令的详细编码及APDU响应的编码；第10章给出了智能密码钥匙支持的设备协议。

该标准中对APDU指令编码按照指令用途进行了分类。APDU指令包含设备管理、访问控制、应用管理、文件管理、容器管理和密码服务等指令。为了保证智能密码钥匙的设备接入能力，该标准还明确了使用USB Mass Storage（大容量存储设备）、HID（人机接口设备）、CCID（集成电路卡接口设备）通信协议时协议编码相关内容。

3）GM/T 0027-2014《智能密码钥匙技术规范》

（1）用途与适用范围。标准定义了智能密码钥匙的相关术语，详细描述了智能密码钥匙的功能要求、硬件要求、软件要求、性能要求、安全要求、环境适应性要求和可靠性要求等有关内容。

该标准阐明了智能密码钥匙应该遵循的各方面要求，相当于智能密码钥匙产品的白皮书。智能密码钥匙研制者通过查阅该标准，能够获得关于智能密码钥匙应遵循所有标准的综合性索引。该标准适用于智能密码钥匙的研制、使用，也可用于指导智能密码钥匙的检测。

（2）内容概要。标准包括 11 章。第 1 章范围；第 2 章规范性引用文件；第 3 章术语和定义；第 4 章缩略语；第 5 章描述智能密码钥匙的功能要求，包括应具备的出厂初始化和使用初始化能力、对密码算法的支持要求、密钥管理要求、设备管理要求、自检要求等；第 6 章描述智能密码钥匙的硬件要求，包括电路接口、芯片等；第 7 章描述智能密码钥匙的软件要求，主要是对 GM/T 0017-2012 的遵循要求；第 8 章给出智能密码钥匙的性能要求，具体技术指标在附录 A 给出；第 9 章给出智能密码钥匙的安全要求，包括算法配用、密钥安全、多应用隔离、传输安全、软件防护等；第 10 章给出智能密码钥匙的环境适应性要求，包括温湿度、机械性能等；第 11 章给出智能密码钥匙的可靠性要求，包括平均无故障时间、文件写入次数、掉电保护。

附录 A 为资料性附录，给出了智能密码钥匙应达到的具体性能指标。

4）GM/T 0048-2016《智能密码钥匙密码检测规范》

（1）用途与适用范围。标准定义了智能密码钥匙的相关术语，详细描述了智能密码钥匙的检测环境、检测内容和检测方法等有关内容。该标准适用于智能密码钥匙密码检测，也可用于指导智能密码钥匙的研制和使用。

标准的制定将会促进智能密码钥匙提供商开发出满足 GM/T 0016-2012《智能密码钥匙密码应用接口规范》、GM/T 0017-2012《智能密码钥匙密码应用接口数据格式规范》和 GM/T 0027-2014《智能密码钥匙技术规范》标准的产品，有利于相关检测机构对该类产品的规范化检测。

（2）内容概要。标准分为 7 章。第 1 章范围；第 2 章规范性应用文件；第 3 章术语和定义；第 4 章缩略语；第 5 章规定智能密码钥匙产品的检测环境，其中包括对检测环境拓扑图、检测仪器和检测软件的要求；第 6 章规定智能密码钥匙产品的检测内容，其中包括对功能检测、性能检测和安全性检测内容的要求；第 7 章规定智能密码钥匙产品的检测方法，其中包括对功能检测、性能检测和安全性检测方法的要求。

3. 标准和产品应用要点

标准 GM/T 0016-2012《智能密码钥匙应用接口规范》和 GM/T 0017-2012《智能密码钥匙密码应用接口数据格式规范》规定了智能密码钥匙的接口要求。智能密码钥匙的产品技术和检测过程分别遵循标准 GM/T 0027-2014《智能密码钥匙技术规范》和 GM/T 0048-2016《智能密码钥匙密码检测规范》。下面将根据上述产品标准给出应用要点。

1）应结合产品的应用逻辑结构，理解智能密码钥匙的密钥体系结构

智能密码钥匙最常见的用途是作为用户私钥、数字证书的载体使用。标准 GM/T 0016-2012 对智能密码钥匙的应用逻辑结构进行了描述，如图 3-9 所示，该图也展示了智能密码钥匙中的密钥体系结构。

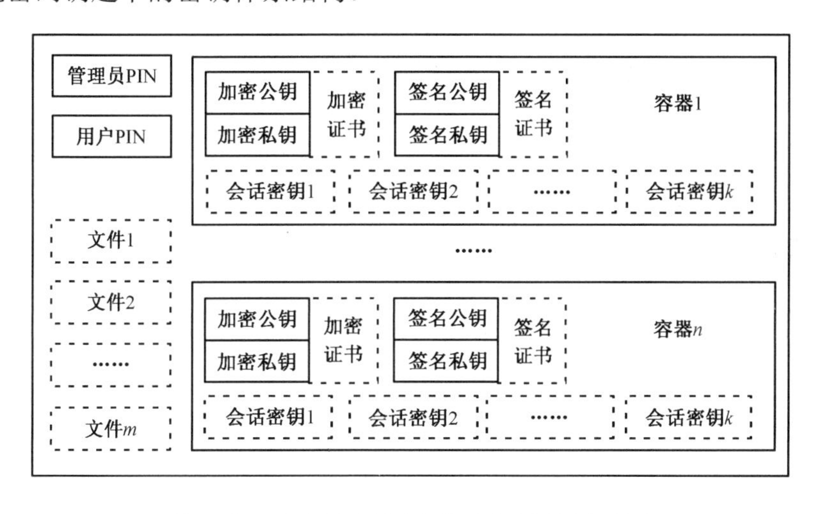

图 3-9　智能密码钥匙的应用逻辑结构图

智能密码钥匙产品一般基于非对称密码体制，至少支持三种密钥：设备认证密钥、用户密钥、会话密钥。设备认证密钥用于终端管理程序与设备之间的相互鉴别，以获得终端对设备上应用的管理权限。用户密钥指用于签名和签名验证、加密和解密的非对称密钥对。会话密钥指临时从外部密文导入或内部临时生成的对称密钥，使用完毕或设备断电后即消失。

在智能密码钥匙发行、初始化阶段，需要从 CA 中将数字证书下载到智能密码

钥匙中。一个智能密码钥匙设备可存在多个应用，应用之间相互独立。应用由管理员 PIN、用户 PIN、文件和容器（用于保存密钥所划分的唯一性存储空间）组成，每个应用维护各自的与管理员 PIN 和用户 PIN 相关的权限状态。

容器中存放用户密钥（包括加密密钥对和签名密钥对）和会话密钥，其中加密密钥对用于保护会话密钥，签名密钥对用于数字签名和验证，会话密钥用于数据加解密和 MAC 运算。容器中也可以存放与加密密钥对对应的加密数字证书和与签名密钥对对应的签名数字证书。其中，加密密钥对由外部产生并安全导入，签名密钥对由内部产生，会话密钥可由内部产生或者由外部产生并安全导入。

2）在智能密码钥匙的初始化时应注意区分出厂初始化和应用初始化

智能密码钥匙的初始化包括出厂初始化和应用初始化。出厂初始化时需对设备认证密钥进行初始化。应用初始化是在应用提供商对设备进行发行时，需对设备认证密钥进行修改，并建立相应的应用。建立应用时，需设置的参数包含管理员 PIN、用户 PIN、应用中容器个数、应用中密钥对最大个数、应用需求支持的最大证书个数、应用可创建的最大容器个数等。

3）应使用商用密码算法进行密码运算

智能密码钥匙在使用时应注意：除特殊情况（如国际互联互通需要）外，产品应使用商用密码算法。具体而言，公钥密码算法应使用 SM2 或 SM9；对称密码算法应使用 SM4；密码杂凑算法应使用 SM3。

4）应注意口令 PIN 和对称密钥的存储和使用安全

口令 PIN 长度不小于 6 个字符，使用错误口令登录的次数限制不超过 10 次；采用安全的方式存储和访问口令，存储在智能密码钥匙内部的口令不能以任何形式输出；在管理终端和智能密码钥匙之间传输的所有口令和密钥均采用加密传输，并在传输过程中能够防范重放攻击。

5）在签名前应执行身份鉴别，以保证签名密钥的使用安全

智能密码钥匙每次执行签名等敏感操作前会对用户进行身份鉴别，每次执行签名等敏感操作后会立即清除相应身份鉴别结果，下一次执行敏感操作前仍需要进行身份鉴别。

3.4.3　密码机标准与产品

1. 产品概述

密码机是以整机形态出现，具备完整密码功能的产品，通常实现数据加解密、签名 / 验证、密钥管理、随机数生成等功能。它可供各类应用系统调用，为其提供数据加解密、签名 / 验证等密码服务。其外部形态与一般的服务器、工控机等类似，可以部署在通用的机架中。目前国内的密码机主要呈现以下三大类：

（1）通用型的服务器密码机；

（2）应用于证书认证领域的签名验签服务器；

（3）应用于金融行业的金融数据密码机。

签名验签服务器和金融数据密码机，从硬件组成角度而言，与通用的服务器密码机并无区别，主要是针对特定应用场景，在通用型的服务器密码机基础上，进一步封装了特定接口，以便于应用调用。

密码机本身一般仅提供最为基础的密码计算和密钥管理功能，大多数情况下，密码机作为后台设备，采用网络直连的方式连接具体业务系统，业务系统直接调用密码机完成密码计算和密钥管理，完成应用系统安全功能。

随着密码实现技术的发展，我国密码机产品在算法性能指标、安全防护能力等方面获得巨大突破，部分密码机达到国际先进水平甚至处于国际领先水平，如 SM3、SM4 处理速率可达 10 吉比特 / 秒，SM2 签名速率可达 150 万次 / 秒。为满足云计算应用环境需求，有些厂家研制了云服务器密码机，利用密码服务的虚拟化和密码资源的虚拟化的方式实现对于云计算应用环境的支撑。

截至 2019 年 12 月，三类密码机已有 130 余款产品获得了商用密码产品型号证书：服务器密码机近 50 余款，金融数据密码机近 30 款，签名验签服务器 50 余款。

1）服务器密码机

服务器密码机作为通用型密码机产品，主要为应用提供最为基础和底层的密钥管理和密码计算服务。图 3-10 是典型的服务器密码机软 / 硬件架构。

从硬件组成上看，服务器密码机通常分为两类，一类服务器密码机采用“工控机 +PCI/PCI-E 密码卡”的结构：PCI/PCI-E 密码卡进行实际的密钥管理和密码计算，集成在工控机上供其调用；另一类服务器密码机采取硬件自主设计的技术路线，将计算机主板的功能和密码芯片集成到一个板卡上，以进一步提高集成度和稳定性。

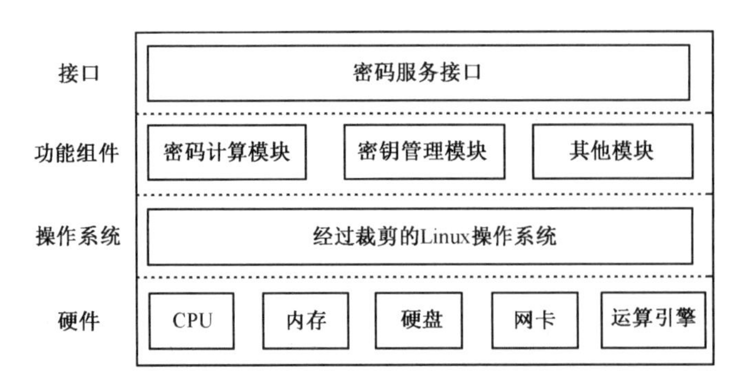

图 3–10　典型的服务器密码机软 / 硬件架构

服务器密码机的管理员一般拥有较高的权限，为了对管理员身份进行有效鉴别，服务器一般还配备智能卡、智能密码钥匙等身份鉴别介质，使用其存储的对称 / 非对称密钥，利用“挑战—响应”等机制完成对于管理员的鉴别需求。近年来，一些服务器密码机为了提高便利性和可用性，提供了安全管理链路等机制，实现了设备的远程集中管理。

从软件组成上看，工控机上一般运行经过剪裁的 Linux 操作系统，在操作系统上调用 PCI/PCI-E 密码卡的密钥管理和密码计算功能，并进一步封装，通过网络等接口对外提供服务，以满足各类应用的需求。当然，服务器密码机未必一定包括传统意义上的操作系统。事实上，有些高安全服务器密码机通常只运行那些自己设计实现的代码，将不必要的功能进行裁剪以降低安全隐患。

2）签名验签服务器

签名验签服务器是为应用实体提供基于 PKI 体系和数字证书的数字签名、验证签名等运算功能的服务器，可以保证关键业务信息的真实性、完整性和不可否认性，主要用于数字证书认证系统，也可以用于电子银行、电子商务、电子政务等基于 PKI 的业务系统，为这类业务系统提供数字证书的管理和验证服务。

签名验签服务器在软 / 硬件组成上与服务器密码机基本类似。厂商可在 GM/T 0018-2012《密码设备应用接口规范》的基础上，对服务器密码机进一步封装，实现签名验签功能，满足应用系统对数字签名和验证的需求。

签名验签服务器可以通过三种方式提供服务：

（1）API 调用方式。用户通过 GM/T 0020-2012《证书应用综合服务接口规范》中规定的 API 接口访问签名验签服务器。

（2）通用请求响应方式。通过 GM/T 0029-2014 的附录 A“消息协议语法规范”中规定的协议，请求者将数字签名、验证数字签名等请求发送给签名验签服务器，由签名验签服务器完成签名验签服务并返回结果。

（3）HTTP 请求响应方式。其工作原理与请求响应模式类似，不同的是将消息格式从二进制的 ASN.1 格式，转换为易于在 Web 应用和 HTTP 协议中传递的文本格式。通过 GM/T 0029-2014 的附录 B“基于 HTTP 的签名消息协议语法规范”的 HTTP 请求发送给签名验签服务器，由签名验签服务器完成签名验签服务并返回结果。

为了更好地适配于数字认证系统，除了最为基本的签名验签和数字证书验证服务外，签名验签服务器还需要支持初始化、与 CA 连接（主要是支持 CRL 连接配置、OCSP 连接配置）、应用管理、证书管理（应用实体的密钥产生、证书申请、用户证书导入和存储、应用实体的证书更新等）、备份和恢复等功能。

3）金融数据密码机

金融数据密码机在软 / 硬件组成上与服务器密码机基本类似，主要用于金融领域内的数据安全保护，提供 PIN 加密、PIN 转加密、MAC 产生、MAC 校验、数据加解密、签名验证及密钥管理等金融业务相关功能。金融数据密码机除用于金融行业实际业务外，还可以提供基本的密码算法服务，为通用业务提供密码计算服务，例如，电子商务行业数字签名的生成和验证，动态令牌、时间戳服务器的数字签名生成等。

2. 相关标准规范

密码行业标准中，已发布 7 项与密码机产品相关的标准，包括 3 项技术规范和 3 项配套的检测规范，以及 1 项与服务器密码机相关的接口规范 GM/T 0018-2012《密码设备应用接口规范》。表 3-6 给出了不同类型的密码机所要遵循的技术和检测规范。

表 3-6　不同类型的密码机所要遵循的技术和检测规范

	技术规范	检测规范
服务器密码机	GM/T 0030-2014《服务器密码机技术规范》	GM/T 0059-2018《服务器密码机检测规范》
签名验签服务器	GM/T 0029-2014《签名验签服务器技术规范》	GM/T 0060-2018《签名验签服务器检测规范》
金融数据密码机	GM/T 0045-2016《金融数据密码机技术规范》	GM/T 0046-2016《金融数据密码机检测规范》

下面简要介绍这 3 项技术规范和 1 项接口规范（对 3 项检测规范则不作讲解）。

1）GM/T 0030-2014《服务器密码机技术规范》

（1）用途与适用范围。标准适用于服务器密码机的研制、使用，也可用于指导服务器密码机的检测，规定了服务器密码机的功能要求、硬件要求、软件要求、安全性要求及检测要求，保证服务器密码机基本技术规格的一致性，尽可能实现不同厂家提供的服务器密码机在具体应用中的设备通用性，避免重复开发，便于用户的使用，同时也有利于主管部门的统一测评、认证和管理。

该标准规定了服务器密码机在研发、生产、使用过程中必须遵循的技术要求，规定了服务器密码机需提供的功能，对外提供的安全服务接口，支持的密码算法、密钥管理等方面的技术要求；同时也定义了服务器密码机必须提供的物理安全防护措施，以保护设备自身的安全，以及用户在服务器密码机的使用和管理上必须满足的要求。

（2）内容概要。标准主要包括 10 章内容。第 1 章范围；第 2 章规范性引用文件；第 3 章术语和定义；第 4 章缩略语；第 5 章服务器密码机功能要求，包括密码机的初始化、密码运算、密钥管理、随机数生成和检验、访问控制、设备管理、日志审计、设备自检的要求；第 6 章服务器密码机硬件要求，包括密码机对外接口、随机数发生器、环境适应性及可靠性；第 7 章服务器密码机软件要求，包括基本要求、应用编程接口和管理工具；第 8 章服务器密码机安全要求，包括密码算法、密钥管理、系统要求、使用要求、管理要求、设备物理安全防护、设备状态、过程保护；第 9 章服务器密码机检测要求，包括外观和结构的检查、提交文档的检查、功能检查、性能检查、环境适应性检查等；第 10 章是合格判定。

2）GM/T 0029-2014《签名验签服务器技术规范》

（1）用途与适用范围。标准定义了签名验签服务器的相关术语，规定了签名验签服务器的功能要求、安全要求、接口要求、检测要求和消息协议语法规范等有关内容。

该标准规范了签名验签服务器的服务功能，包括无格式和有格式的数字签名服务、无格式和有格式的签名验证服务、数字证书的验证服务等。该标准规范了三种服务模式下的服务接口。签名验签服务器是提供外包式运算的设备，为应用系统提供签名验签运算服务。该标准规定了签名验签服务器在研发、生产、使用过程中所必须遵循的技术要求，规定了签名验签服务器需提供的功能，对外提供的安全服务接口，支持的密码算法、密钥管理等方面的技术要求。

该标准适用于签名验签服务器的研制设计、应用开发、管理和使用，也可用于指导签名验签服务器的检测。

（2）内容概要。标准主要包括8章内容。第1章范围；第2章规范性引用文件；第3章术语和定义；第4章符号和缩略语；第5章签名验签服务器的功能要求，主要阐述签名验签服务器的初始化功能、与基础设施的连接功能、应用管理功能、证书管理和验证功能、数字签名功能、访问控制功能、日志管理功能、系统自检功能、时间源同步功能；第6章签名验签服务器的安全要求，包括密码设备、系统要求、使用要求、管理要求、设备物理安全防护、网络部署要求、应用编程接口、环境适应性及可靠性；第7章签名验签服务器检测要求，包括外观和结构的检查、提交文档的检查、功能检查、性能检查、环境适应性检查等；第8章给出合格判定的标准。

该标准的附录A、B、C都是资料性附录，其中，附录A给出签名验签服务器的消息协议语法规范，附录B给出基于HTTP的签名消息协议语法规范，附录C给出了响应码定义和说明。

3）GM/T 0045-2016《金融数据密码机技术规范》

（1）用途与适用范围。标准规定了金融数据密码机的功能要求、硬件要求、业务要求、安全性要求和检测要求等有关内容，可用于指导金融数据密码机的研制、检测、使用和管理。

该标准侧重于保护金融业务数据的安全及相应的密钥管理技术，同时该标准也适用于金融数据密码机的研制、运行、维护管理及密码机自身的安全保护。

该标准的制定将会促进各金融数据密码机生产厂商形成统一的产品标准，有利于主管部门对金融数据密码机的管理，以及相关检测机构对该类产品的规范化检测，有利于最终用户对金融数据密码机的正确选择，并且提供用户在选用不同厂商产品时的技术标准，提升用户对设备的规范使用和管理水平，同时可以节省设备生产商的研发成本和难度，有利于各厂家产品之间的互联互通，实现行业范围内具有多家金融数据密码机提供商的市场竞争格局。

（2）内容概要。标准主要包括10章内容。第1章范围。第2章规范性引用文件。第3章术语和定义。第4章缩略语。第5章对金融数据密码机的功能方面做了规定，其中包括密码算法，密钥管理、访问控制和设备管理等功能方面的要求。密码算法包括对称密码算法、公钥密码算法、密码杂凑算法；密钥管理中，对包括密钥全生命周期的管理及随机数产生进行了规定；访问控制包括物理访问控制和逻辑访问控制；设备管理包括设备自检和设备中的日志审计等方面内容。第 6 章对金融数据密码机的硬件方面提出要求，规定了设备的物理接口、状态指示、随机数发生器、环境适应性和可靠性。第 7 章根据金融行业的业务功能需求，描述了金融数据密码必须提供的安全机制、安全服务功能和应用编程接口等技术要求；本部分的描述中，根据不同的金融业务类型，分别描述了磁条卡业务、IC 卡业务和基础密码运算服务等金融业务的要求。第 8 章对金融数据密码机的安全性提出要求，安全性要求包括密码算法的使用、密钥管理、系统方面、使用方面、管理员管理、设备管理、设备初始化、设备自检和设备的物理安全方面的内容。第 9 章根据第 5 章至第 8 章的功能要求、软件要求和硬件要求，提出相应的检测方法和检测标准。其中包括设备的外观和结构检查，提交的研发和设计文档的检查，功能检测、性能检测及环境适应性等方面。第 10 章规定金融数据密码机的合格性判定标准。

4）GM/T 0018-2012《密码设备应用接口规范》（对应国家标准为 GB/T 36322-2018《信息安全技术 密码设备应用接口规范》）

（1）用途与适用范围。标准是服务端密码设备的接口规范，为服务端的多用户、多应用提供统一的基本密码服务。该标准可为该类密码设备的开发、使用及检测提供标准依据和指导，有利于提高该类密码设备的产品化、标准化和系列化水平。

该标准只规范服务接口，不规范管理接口；密码设备需要提供管理界面，通过管理界面管理设备。该标准遵循密钥的默认使用原理，按指令功能选用密钥；设置了设备密钥，用于设备的管理。

该标准适用于服务器密码机、PCI/PCI-E 密码卡等密码设备的应用接口的定义和规范，可用于服务器密码机、PCI/PCI-E 密码卡等密码设备的研制、使用，以及基于该类密码设备的应用开发，也可用于指导该类密码设备的检测。

（2）内容概要。标准主要包括 7 章。第 1 章范围；第 2 章规范性引用文件；第 3 章术语和定义；第 4 章符号和缩略语；第 5 章算法标识和数据结构，规定算法标识定义、设备信息定义、密钥分类及存储定义等，并规定了 RSA 密钥数据结构、ECC 密钥数据结构、ECC 加密数据结构、ECC 签名数据结构、ECC 加密密钥对保护结构等；第 6 章设备接口描述，定义设备管理类函数、密钥管理类函数、非对称算法运算类函数、对称算法运算类函数、杂凑运算类函数、用户文件操作类函数；

第 7 章安全要求，主要对密钥管理、密码服务、设备状态等提出安全性要求。附录 A 为规范性附录，给出函数调用返回代码的定义。

3. 标准和产品应用要点

1）服务器密码机的标准和产品应用要点

服务器密码机的服务接口遵循 GM/T 0018-2012《密码设备应用接口规范》，其功能、硬件、软件、安全性等遵循 GM/T 0030-2014《服务器密码机技术规范》。下面根据上述产品标准给出应用要点。

（1）应结合服务接口类型，理解服务器密码机产品的密钥体系结构。标准 GM/T 0030-2014 中规定服务器密码机必须至少支持三层密钥体系结构，如图 3-11 所示，包括管理密钥、用户密钥/设备密钥/密钥加密密钥、会话密钥。除管理密钥外，其他密钥可被用户使用，提供数据的加解密等服务。下面介绍密钥体系中的各层密钥的用途和相关规定。

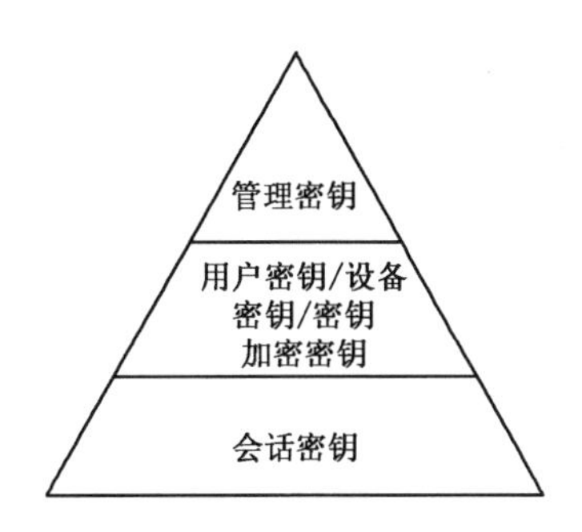

图 3–11　服务器密码机密钥体系结构

①管理密钥：管理密钥主要是用于保护服务器密码机中密钥和敏感信息安全的密钥，它一般与应用无关，而与设备的安全性设计相关。管理密钥包括但不限于：管理员密钥、与管理工具建立安全管理通道的密钥、保护其他各层次密钥的密钥加密密钥、保护设备固件完整性的密钥、保护设备日志完整性等的密钥。管理密钥与设备本身的安全性设计相关，与外部应用没有关联，其使用不对应用系统开放。

②用户密钥：用户密钥是用户的身份密钥，包括签名密钥对和加密密钥对。签名密钥对由服务器密码机生成或安装，用于实现用户签名、验证、身份鉴别等，代表用户或应用者的身份；而加密密钥对则由密钥管理系统下发到设备中，主要用于对会话密钥的保护和数据的加解密等。用户密钥存储在服务器密码机内部的安全存

储区域。

③设备密钥：与用户密钥类似，设备密钥是服务器密码机的身份密钥，包括签名密钥对和加密密钥对，用于设备管理，代表服务器密码机的身份。设备密钥的签名密钥对在设备初始化时通过管理工具生成或者安装，加密密钥由密钥管理系统下发到设备中，设备密钥对存储在服务器密码机内部的安全存储区域。事实上，设备密钥和用户密钥存储在同一区域，设备密钥可以视作表征设备身份的特殊“用户密钥”。

④密钥加密密钥：密钥加密密钥是定期更换的对称密钥，用于在预分配密钥情况下，对会话密钥的保护。密钥加密密钥通过密码设备管理工具生成或安装，与用户密钥和设备密钥存储在不同的存储区。

⑤会话密钥：会话密钥是对称密钥，一般直接用于数据的加解密。会话密钥使用服务器密码机的接口生成或导入，使用时利用句柄检索。为了保证会话密钥的安全，它不能以明文形态进出密码机，服务器密码机的接口采用数字信封、密钥加密密钥加密传输或者密钥协商等方式进行会话密钥的导入 / 导出。

服务器密码机的密钥管理还应满足以下要求：

- 管理密钥的使用不对应用系统开放；
- 除公钥外，所有密钥均不能以明文形式出现在服务器密码机外；
- 服务器密码机内部存储的密钥应具备有效的防止解剖、探测和非法读取密钥保护机制；
- 服务器密码机内部存储的密钥应具备防止非法使用和导出的权限控制机制；
- 服务器密码机内部存储的密钥应具备安全销毁功能。

（2）应结合具体密码服务，理解服务器密码机的接口类别和调用。服务器密码机的服务接口遵循 GM/T 0018-2012。服务器密码机通过 GM/T 0018-2012 定义的基础密码服务包括密钥生成、单一的密码运算、文件管理等的服务。接口以 C 语言 API 形式呈现，使用密钥时不传入密钥明文，而是利用密钥句柄使用密钥。相关接口类型包括：

- 设备管理类：主要是对于密码设备、会话、私钥权限的管理，包括打开 / 关闭设备、创建 / 关闭会话、获取 / 释放私钥使用权限等；
- 密钥管理类：主要涉及会话密钥生成、密钥的导入 / 导出、密钥销毁等密钥生命周期管理；
- 非对称算法运算类函数：主要包括数字签名的计算和公钥加解密操作；

- 对称算法运算类函数：主要包括对称加解密和MAC的计算；
- 杂凑运算类函数：主要支持杂凑的多包运算；
- 文件类函数：对内存存储的文件进行管理。

需要注意的是，服务器密码机的接口使用是一个有状态的过程，需要遵循一定的顺序，并且需要维持上下文。以下介绍服务器密码机两类典型应用的操作流程：

客户端调用服务器密码机存储的用户密钥进行签名的一般顺序为：

- SDF_OpenDevice：打开设备，获得设备句柄；
- SDF_OpenSession：创建会话，获得会话句柄；
- SDF_GetPrivateKeyAccessRight：获取内部私钥使用权限；
- SDF_InternalSign_ECC：使用内部存储的私钥进行签名；
- SDF_ReleasePrivateKeyAccessRight：释放私钥权限；
- SDF_CloseSession：关闭会话，销毁会话句柄；
- SDF_CloseDevice：关闭设备，销毁设备句柄。

完成签名后，其他应用可以使用对应的公钥 / 公钥证书来验证签名的正确性。

客户端调用服务器密码机使用会话密钥加密数据的一般顺序为：

- SDF_OpenDevice：打开设备，获得设备句柄；
- SDF_OpenSession：创建会话，获得会话句柄；
- SDF_GenerateKeyWithEPK_ECC：生成会话密钥，并利用外部公钥加密形成数字信封；
- SDF_Encrypt：利用会话密钥加密数据；
- SDF_CloseSession：关闭会话，销毁会话句柄；
- SDF_CloseDevice：关闭设备，销毁设备句柄。

完成数据加密后，持有外部公钥所对应私钥的用户可以打开数字信封，获得会话密钥句柄，并利用该会话密钥解密获得数据明文。

2）签名验签服务器的标准和产品应用要点

签名验签服务器的功能要求、硬件要求、软件要求、安全性要求等遵循标准GM/T 0029-2014，其服务接口要求遵循标准GM/T 0029-2014的附录A“消息协议语法规范”、附录B“基于HTTP的签名消息协议语法规范”或标准GM/T 0020-2012《证书应用综合服务接口规范》，可为应用实体提供有格式和无格式的数字签名服务、有格式和无格式的数字签名验证服务、数字证书的验证等服务。

签名验签服务器一般通过标准 GM/T 0018-2012 所定义的设备接口调用密码产品或密码模块完成密码计算和密钥管理，其密钥体系结构与服务器密码机基本类似。

3）金融数据密码机的标准和产品应用要点

标准 GM/T 0045-2016 规定了金融数据密码机产品的功能要求、硬件要求、业务要求、安全性要求等。下面将根据上述产品标准给出应用要点。

（1）应结合金融领域数据特点，理解金融数据密码机的密钥体系结构。根据金融业务系统的需求，金融数据密码机采用基于对称密码体制的三层密钥体系结构，如图 3-12 所示，分别为主密钥、次主密钥和数据密钥三层。金融数据密码机中的密钥采用“自上而下逐层保护”的分层保护原则，即主密钥保护次主密钥，次主密钥保护数据密钥。所有的密钥都不能以明文形态出现在金融数据密码机外部，必须采用加密或者知识拆分的方式进行密钥的导入 / 导出。其中数据密钥直接被用户使用，提供金融数据的加解密等服务。下面介绍密钥体系中的各层密钥用途和相关规定。

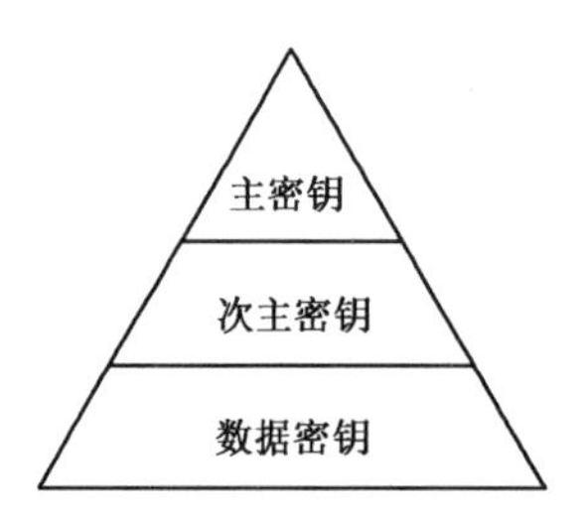

图 3–12　金融数据密码机的密钥体系结构

①主密钥。主密钥是一种密钥加密密钥，其主要作用是保护其下层密钥的安全传输和存储。主密钥的存储必须采用强安全措施，不能以明文方式出现在密码机外。主密钥可采用加密存储或微电保护存储方式。采用微电保护存储方式时，密钥可以明文方式存储，但需要设计有销毁密钥的触发装置，当触发装置被触发时，销毁存储的所有密钥。

②次主密钥。次主密钥是一种密钥加密密钥，其主要作用是保护数据密钥的安全传输、分发和存储。由于采用的是对称密码体制，因此一般需要通过离线分发的方式进行密钥的共享。

③数据密钥。数据密钥是实际保护金融业务数据安全的密钥，直接用于加密或校验各类应用数据，包括 PIN 密钥和 MAC 密钥等。数据密钥一般不在密码机中长期存储，多个密码机在共享次主密钥的基础上，利用次主密钥保护各类数据密钥的安全传输以完成数据密钥的共享。数据密钥的使用最为频繁，一般需要按时更新。

（2）应结合具体调用请求，理解金融数据密码机的接口类别。金融数据密码机的接口符合 GM/T 0045-2016 的接口要求。不同于设备接口规范的 API 接口形式，金融数据密码机的接口直接以网络数据包格式的形式定义，可利用 SOCKET 编程直接调用。其接口主要分为几大类：

①磁条卡应用接口：主要支持各类密钥的生成、注入、合成、转加密等。

② IC 卡应用接口：主要支持数据加解密、数据转加密、脚本加解密、MAC 计算等。

③基础密码运算服务接口：提供最基本的各类密码计算服务，包括 SM2 签名验签、加密解密、SM4 加密解密、SM3 消息摘要等。

金融数据密码机支持密钥存储，密码机生成密钥后可以将其存储在内部的安全存储区域内，用户通过密钥索引号进行调用。有些情况下，金融数据密码机生成密钥后不将其存储在本地，而是利用主密钥加密后导出给用户；用户需要进行密码计算时，将由主密钥加密的密钥作为接口参数传给密码机，然后密码机解密该密钥后使用。这样的做法可以保证密钥不以明文形式出现在金融数据密码机外。

3.4.4　VPN 标准与产品

1. 产品概述

虚拟专用网络（Virtual Private Network，VPN）技术是指使用密码技术在公用网络（通常指互联网）中构建临时的安全通道的技术。其之所以称为虚拟网，主要是因为 VPN 中任意两个节点间的连接并没有使用传统专网所需的端到端的物理链路，而是在公用网络服务商提供的网络平台上形成逻辑网络，用户数据在逻辑链路中进行传输。VPN 使得分散在各地的企业子网和个人终端安全互联，实现了物理分散、逻辑一体的目的。通过 VPN 技术提供的安全功能，用户可以实现在外部对企业内网资源的安全访问。VPN 技术具有以下特点：

①节省搭建网络的成本。利用现有的公用网络资源建立 VPN 隧道，不需要租用专门的物理链路，相比于物理专网的搭建节省了开销。

②连接方便灵活。通信双方在联网时，如果使用传统物理专网，则需要协商如何在双方之间建立租用线路等；使用 VPN 之后，只需要双方配置安全连接信息，连接十分便捷。

③传输数据安全可靠。VPN 产品采用了加密、身份鉴别等密码技术，保证通信双方身份的真实性和通信数据的保密性、完整性等。

目前，主流的VPN产品包括IPSec VPN网关和SSL VPN网关。在安全认证网关中，大多数产品也是基于IPSec或SSL协议实现的，并提供了与IPSec VPN、SSL VPN产品相近的安全功能。因此，在这里也一并对安全认证网关进行介绍。

截至2019年12月，VPN网关或安全认证网关已有100余款产品获得了商用密码产品型号证书：IPSec VPN网关80余款，SSL VPN网关60余款，安全认证网关6款。

1）IPSec VPN和SSL VPN

IPSec VPN和SSL VPN是两种典型的VPN产品实现技术，它们分别采用IPSec和SSL密码协议为公用网络中通信的数据提供加密、完整性校验、数据源身份鉴别和抗重放攻击等安全功能。但是，由于两者工作于不同的网络层次来搭建网络安全通道，因此，在部署方式和控制粒度方面还存在一定差异。

IPSec VPN产品采用工作在网络层的VPN技术，对应用层协议完全透明。在建立IPSec VPN隧道后，就可以在安全通道内实现各种类型的连接，如Web（HTTP）、电子邮件（SMTP）、文件传输（FTP）、网络电话（VoIP），这是IPSec VPN的最大优点。另外，IPSec VPN产品在实际部署时，通常向远端开放的是一个网段，也就是IPSec VPN产品通常是保护一个内网整体，而非单个主机、服务器端口。所以，针对单个主机、单个传输层端口的安全控制部署较复杂，因此其安全控制的粒度相对较粗。

SSL VPN产品采用工作在应用层和传输层之间的VPN技术。由于它所基于的SSL协议内嵌在浏览器中，所以，接入端在不增加设备、不改动网络结构的情形下即可实现安全接入。这种基于B/S的架构是SSL VPN最为常见的应用方式。此外，SSL VPN安全控制粒度可以更为精细，能够仅开放一个主机或端口。

2）安全认证网关

安全认证网关是采用数字证书为应用系统提供用户管理、身份鉴别、单点登录、传输加密、访问控制和安全审计服务等功能的产品，保证了网络资源的安全访问。安全认证网关与一般安全网关产品的主要区别在于它采用了数字证书技术。在产品分类上，安全认证网关可分为代理模式和调用模式，其中代理模式是基于IPSec/SSL VPN实现的网关产品；调用模式的产品一般提供专用的安全功能（如身份鉴别），被信息系统所调用。目前，大多数安全认证网关产品基于IPSec/SSL协议实现。

3）典型应用场景

由于IPSec VPN和SSL VPN各自不同的技术特点，在实际部署中，IPSec VPN

产品通常部署于站到站(Site to Site)模式和端到站(End to Site)模式的安全互联场景，端到端（End to End）模式的场景并不多见。其中，端到站、站到站之间的IPSec VPN通信需采用隧道模式，而端到端之间的IPSec VPN通信可以采用隧道模式或者传输模式。这三种IPSec VPN产品的典型应用场景如图3-13所示。SSL VPN产品则更多地用于端到站的应用场景。对于IPSec VPN产品，站到站部署模式要求两端网络出口成对部署IPSec VPN网关；而端到站和端到端两种部署模式，一般要求接入端安装IPSec客户端。SSL VPN在应用时，只需在内网出口部署SSL VPN网关，接入端采用集成SSL协议的终端即可，如图3-14所示。

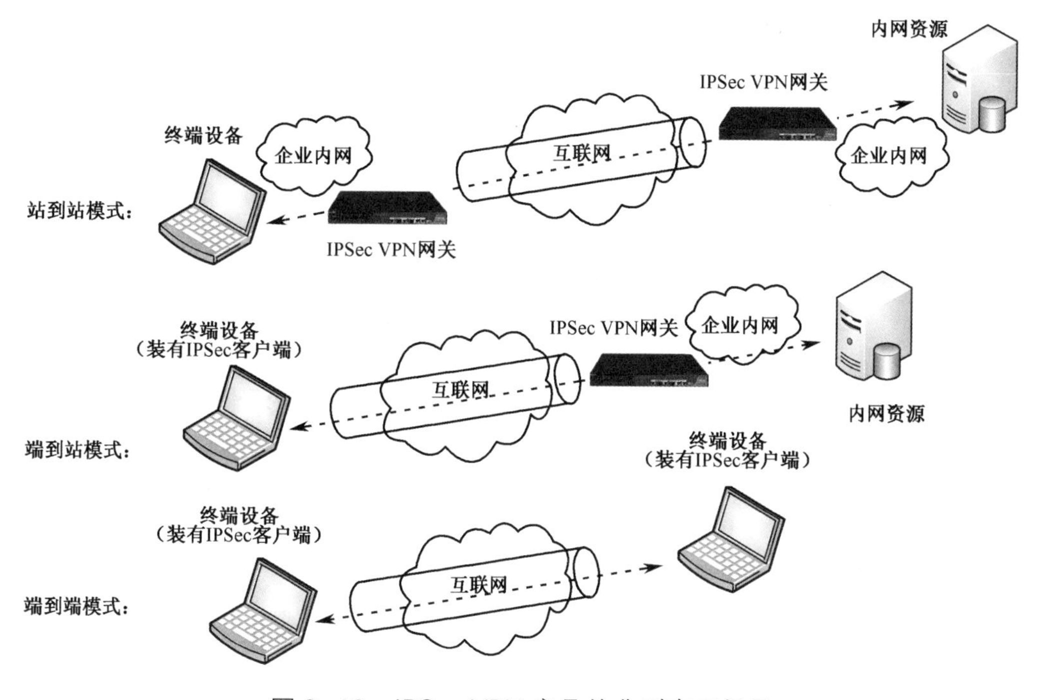

图3-13 IPSec VPN产品的典型应用场景

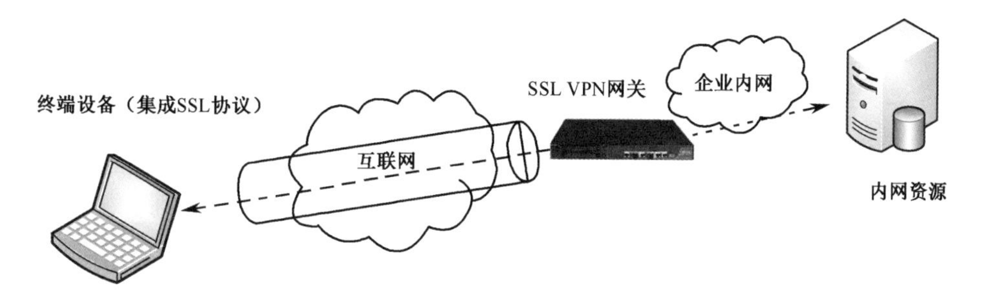

图3-14 SSL VPN产品的典型应用场景

2. 相关标准规范

密码行业标准中，已发布5项与VPN和安全认证网关相关的产品标准，包括GM/T 0022-2014《IPSec VPN技术规范》、GM/T 0023-2014《IPSec VPN网关产品规范》、GM/T 0024-2014《SSL VPN技术规范》、GM/T 0025-2014《SSL VPN网关产品规范》和GM/T 0026-2014《安全认证网关产品规范》。此外，还有1项国家标准GB/T 32922-2016《信息安全技术 IPSec VPN安全接入基本要求与实施指南》，提出了IPSec VPN安全接入应用过程中有关网关、客户端及安全管理等方面的要求，同时给出了IPSec VPN安全接入的实施过程指导。下面简要介绍这5项密码行业标准，其中标准中关于IPSec和SSL协议的内容已经在本书第1章进行了介绍。

1）GM/T 0022-2014《IPSec VPN技术规范》（对应国家标准为GB/T 36968-2018《信息安全技术 IPSec VPN技术规范》）

（1）用途与适用范围。标准对IPSec VPN的技术协议、产品的功能、性能和管理及检测进行了规定，用于指导IPSec VPN产品的研制、检测、使用和管理。

标准的协议部分主要依据RFC4301、RFC4302、RFC4303、RFC4308、RFC4309等标准制定。按照我国相关密码政策和法规，结合我国实际应用需求及产品生产厂商的实践经验，对密钥协商、密码算法及使用、某些功能项的实施方法提出了一些特定的要求。

2008年发布的《IPSec VPN技术规范》白皮书，为IPSec VPN产品的研制、检测、使用和管理提供了标准支持。随着我国商用密码技术的发展，商用密码算法的标准发布，电子认证体系的健全和完善，以及该规范在执行中发现的问题，GM/T 0022-2014《IPSec VPN技术规范》对原来的《IPSec VPN技术规范》白皮书进行了修订和完善，主要修订内容包括：

① 进一步明确和规范了对SM2、SM3和SM4等商用密码算法的支持和使用方法。

② 增加对双证书（签名证书和加密证书）的支持，明确采用加密证书中的公钥，实现密钥协商中的对称密钥的加密保护，不能使用签名证书中的公钥进行对称密钥的加密保护。身份鉴别方式必须采用数字证书方式，不再支持公私钥对方式。

③ 为适应下一代互联网IPv6网络环境，在《IPSec VPN技术规范》中增加对IPv6网络的支持。

④ 对原来规范中一些描述不清晰、不准确的语句，进行了修改和完善。

（2）内容概要。标准主要包括 8 章内容。第 1 章至第 4 章为总述性内容，介绍标准的范围、引用文件、术语与缩略语、密码算法和密钥种类。第 5 章至第 8 章，主要包括协议、IPSec VPN 产品要求、IPSec VPN 产品检测和合格判定。其中，第 5 章协议，规定了密钥交换协议和安全报文协议，密钥交换协议包括交换阶段及模式、NAT 穿越、密钥交换的载荷格式、数据包格式等，安全报文协议包括鉴别头协议 AH、封装安全载荷 ESP、NAT 穿越和匹配安全策略等。第 6 章 IPSec VPN 产品要求，规定 IPSec VPN 产品的功能要求、性能要求和安全管理要求。功能要求规定了随机数生成、工作模式、密钥交换、安全报文封装、NAT 穿越、鉴别方式、IP 协议版本支持、抗重放攻击、密钥更新等要求；产品性能要求规定了加解密吞吐率、加解密时延、加解密丢包率、每秒新建连接数等要求；安全管理要求规定了密钥管理、数据管理、人员管理、设备管理等要求。第 7 章 IPSec VPN 产品检测，规定 IPSec VPN 产品的功能检测、性能检测和安全管理检测要求。第 8 章合格判定，规定了 IPSec VPN 产品合格判定的要求。

2）GM/T 0023-2014《IPSec VPN 网关产品规范》

（1）用途与适用范围。标准对 IPSec VPN 网关产品的功能、性能、管理、合规性和检测方法进行了规范，规定了 IPSec VPN 的功能要求、硬件要求、软件要求、安全性要求和检测要求等有关内容，可用于指导 IPSec VPN 网关产品的研制、检测、使用和管理。

标准的制定将会促进各 IPSec VPN 设备厂商形成统一的产品标准，有利于主管部门对 IPSec VPN 设备的管理及相关检测机构对该类产品的规范化检测，有利于最终用户对 IPSec VPN 网关产品的正确选择并降低用户选用产品的技术门槛，提升用户对产品的规范使用和管理水平，同时可以节省产品开发商的开发成本和降低开发难度，有利于各厂家产品之间的互联互通，实现行业范围内具有多家 IPSec VPN 设备提供商的市场竞争格局。

（2）内容概要。标准主要包括 7 章内容。第 1 章至第 4 章为总述性内容，介绍规范的范围、引用文件、术语与缩略语、密码算法和密钥要求。第 5 章至第 7 章，主要内容包括 IPSec VPN 网关产品要求、IPSec VPN 网关产品检测和合格判定。其中，在第 5 章中，对产品功能要求提出随机数生成、工作模式、密钥协商、安全报文封装、密钥更新等 10 大项主要功能的要求；明确了加解密吞吐率、时延、丢包率、每秒新建隧道数和最大并发隧道数等 5 项性能指标要求；从密钥管理、硬件安全和软件安全三大方面提出了安全性要求；从配置管理、人员管理、设备管理三个层次对管理维护方面进行了说明；加入了远程管理部分，对 IPSec VPN 网关产品的远程合规性验证、远程配置管理、远程监控功能要求进行了详细的描述；硬件要求方面，除了对外接口、密码部件和随机数发生器提出要求，还细化了环境适应性和可靠性要求，增加了电磁兼容性要求部分。第 6 章 IPSec VPN 网关产品检测，根据第 5 章的功能要求、性能要求和管理要求，提出对应的检测方法。第 7 章规定 IPSec VPN 网关产品的合格性判定标准。

3）GM/T 0024-2014《SSL VPN 技术规范》

（1）用途与适用范围。标准对 SSL VPN 的技术协议、产品的功能、性能和管理及检测进行了规定。该标准适用于 SSL VPN 产品的研制，也可用于指导 SSL VPN 产品的检测、管理和使用。

（2）内容概要。标准主要从以下几部分对 SSL VPN 的技术协议、产品的功能、性能和管理及检测进行了规范。第 1 章描述了本规范的适用范围、规范的边界等。第 2 章描述本规范应用的相关文件，包括《随机数检测规范》《SM2 密码算法使用规范》《基于 SM2 密码算法的数字证书格式规范》等。第 3 章和第 4 章列出规范中使用的术语及定义、符号和缩略语。第 5 章描述规范中使用的密码算法和密钥种类。第 6 章为本规范的关键章节，详细介绍 SSL VPN 协议的握手协议、密码规格变更协议、报警协议、网关到网关协议和记录层协议的内容。第 7 章从产品功能、产品性能、安全管理等方面对 SSL VPN 产品提出具体要求。第 8 章根据第 7 章的产品要求，介绍如何检测 SSL VPN 产品。第 9 章说明产品的合格判定标准。

4）GM/T 0025-2014《SSL VPN 网关产品规范》

（1）用途与适用范围。标准对 SSL VPN 网关产品的功能、性能、管理、合规性和检测方法进行了规范。标准规定了 SSL VPN 的功能要求、硬件要求、软件要求、安全性要求和检测要求等有关内容，可用于指导 SSL VPN 网关产品的研制、检测、使用和管理。

（2）内容概要。标准主要从以下几部分对 SSL VPN 网关产品的功能、性能、管理、合规性和检测方法进行了规范。第 1 章至第 3 章为总述性内容，介绍规范的整体情况、关键术语及其在基础设施框架中的地位等。第 4 章介绍产品中使用的密码算法和密钥种类。第 5 章（SSL VPN 网关产品要求）为重点章节，详细描述 SSL VPN 网关产品的功能要求、产品性能要求、安全性要求、管理要求、设备管理及硬件要求。第 6 章为相应的产品检测要求。第 7 章为合格性判定。

5）GM/T 0026-2014《安全认证网关产品规范》

（1）用途与适用范围。标准对安全认证网关产品的功能、性能、管理、合规性和检测方法进行了规范。标准规定了安全认证网关产品的密码算法和密钥要求、功能要求、硬件要求、软件要求、安全性要求和检测要求等有关内容，可用于指导安全认证网关产品的研制、检测、使用和管理。

（2）内容概要。标准主要从以下几部分对安全认证网关产品的功能、性能、管理、合规性和检测方法进行了规范。第 1 章描述了本标准的适用范围、规范的边界等。第 2 章描述规范性引用文件。第 3 章和第 4 章介绍规范中使用的术语、符号和缩略语。第 5 章是安全认证网关产品的概述。第 6 章列出规范中使用的密码算法和密钥种类。第 7 章和第 8 章为本规范的关键章节。第 7 章从产品功能、产品性能、安全性要求和管理要求等方面对安全认证网关产品提出具体要求。根据第 7 章的产品要求，第 8 章规定了安全认证网关产品必须完成的检测。第 9 章说明产品的合格判定标准。

3. 标准和产品应用要点

1）VPN 的标准和产品应用要点

VPN 商用密码产品的设计、检测和使用应遵循标准 GM/T 0022-2014《IPSec VPN 技术规范》、GM/T 0023-2014《IPSec VPN 网关产品规范》、GM/T 0024-2014《SSL VPN 技术规范》和 GM/T 0025-2014《SSL VPN 网关产品规范》的相关要求。下面将根据上述产品标准给出 6 个应用要点。

（1）应使用商用密码算法进行密码运算。VPN 在使用时应注意：除特殊情况（如国际互联互通需要）外，产品应使用商用密码算法。具体而言，公钥密码算法应使用 SM2 或 SM9；对称密码算法应使用 SM4；密码杂凑算法应使用 SM3。

在标准 GM/T 0022-2014 中，规定了 IPSec VPN 中各类密码算法或鉴别方式的属性值，如表 3-7 所示。通过对 IPSec 协议中 IKE 阶段的报文数据进行解析，可以查看算法属性值，进而判断具体用到的算法。需要注意的是，因为历史原因，部分早期 VPN 产品中 SM4 算法的属性值为 127。

在标准 GM/T 0024-2014 中，规定了 SSL VPN 产品支持的密码套件列表和属性值，如表 3-8 所示。通过对 SSL 协议中握手阶段的报文数据进行解析，可以查看密码套件属性值，进而判断具体用到的算法组合。

表 3-7　IPSec VPN 中密码算法的属性值定义

类别	可选择算法的名称	描述	值
加密算法	ENC_ALG_SM1	SM1 分组密码算法	128
	ENC_ALG_SM4	SM4 分组密码算法	129
杂凑算法	HASH_ALG_SM3	SM3 密码杂凑算法或基于 SM3 的 HMAC	20
	HASH_ALG_SHA	SHA-1 密码杂凑算法或基于 SHA-1 的 HMAC	2
公钥算法或鉴别方式	ASYMMETRIC_SM2	SM2 椭圆曲线密码算法	2
	ASYMMETRIC_RSA	RSA 公钥密码算法	1
	AUTH_METHOD_DE	公钥数字信封鉴别方式	10

表 3-8　SSL VPN 中密码套件的属性值定义

序　　号	名　　称	值
1	ECDHE_SM1_SM3	{0xe0,0x01}
2	ECC_SM1_SM3	{0xe0,0x03}
3	IBSDH_SM1_SM3	{0xe0,0x05}
4	IBC_SM1_SM3	{0xe0,0x07}
5	RSA_SM1_SM3	{0xe0,0x09}
6	RSA_SM1_SHA1	{0xe0,0x0a}
7	ECDHE_SM4_SM3	{0xe0,0x11}
8	ECC_SM4_SM3	{0xe0,0x13}
9	IBSDH_SM4_SM3	{0xe0,0x15}
10	IBC_SM4_SM3	{0xe0,0x17}
11	RSA_SM4_SM3	{0xe0,0x19}
12	RSA_SM4_SHA1	{0xe0,0x1a}

注：标准 GM/T 0024-2014 中规定实现 ECC 和 ECDHE 的算法为 SM2，实现 IBC 和 IBSDH 的算法为 SM9。

（2）应结合具体密码协议，理解 VPN 产品的密钥体系结构。密钥管理方面的要求在标准 GM/T 0022-2014（对应 IPSec VPN 产品）和 GM/T 0024-2014（对应

SSL VPN 产品）中分为两部分，一是对密钥体系的要求；二是对密钥生命周期防护的要求，即密钥的产生（来自产品内部还是外部产生）、导入 / 导出、存储的安全防护、备份方式、销毁条件等。

标准 GM/T 0022-2014 中规定 IPSec VPN 产品的密钥体系应分为如图 3-15 所示的三层，这三层密钥分别为设备密钥、工作密钥和会话密钥。下面介绍密钥体系中各层密钥的用途和相关规定。

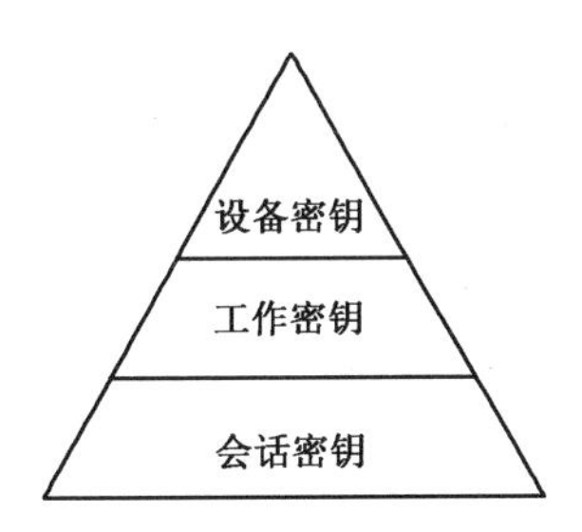

图 3–15　IPSec VPN 产品的三层密钥体系

①设备密钥：非对称密钥对，包括签名密钥对和加密密钥对，用于实体身份鉴别、数字签名和数字信封等。其中，用于签名的设备密钥对在 IKE 第一阶段提供基于数字签名的身份鉴别服务；用于加密的设备密钥对在 IKE 第一阶段对交换数据提供保密性保护。

②工作密钥：对称密钥，在 IKE 第一阶段经密钥协商派生得到，用于对会话密钥交换过程的保护。其中，用于加密的工作密钥为 IKE 第二阶段交换的数据提供保密性保护；用于完整性校验的工作密钥为 IKE 第二阶段传输的数据提供完整性保护及对数据源进行身份鉴别。

③会话密钥：对称密钥，在 IKE 第二阶段经密钥协商派生得到，直接用于数据报文及报文 MAC 的加密和完整性保护。其中，用于加密的会话密钥为通信数据和 MAC 值提供保密性保护；用于完整性校验的会话密钥为通信数据提供完整性保护。

标准 GM/T 0022-2014 中规定对 IPSec VPN 产品中密钥生命周期的防护方法应遵循表 3-9 中的要求。

表 3-9 IPSec VPN 产品中密钥生命周期的防护方法

<table>
<tr><th>类型</th><th>名称</th><th>生成</th><th>导入 / 导出</th><th>存储</th><th>备份</th><th>销毁</th></tr>
<tr><td rowspan="2">设备密钥</td><td>用于签名的设备密钥对</td><td>设备内部产生</td><td>公钥应能从产品中导出，用于产生签名证书。签名证书在产品出厂或初始化时被导入产品中</td><td rowspan="2">私钥应采用安全保护措施，如加密存储在硬盘中，或采用微电保护措施，当异常触发机制启动时销毁密钥，这种方式下允许密钥以明文形式存储</td><td rowspan="2">采用密钥分片等安全形式备份</td><td rowspan="2">（1）恢复出厂设置；
（2）启动异常触发机制；
（3）密钥更新时覆盖原密钥</td></tr>
<tr><td>用于加密的设备密钥对</td><td>外部密钥管理机构产生</td><td>加密证书和加密密钥对的私钥在产品出厂或初始化时被导入产品中</td></tr>
<tr><td rowspan="2">工作密钥</td><td>用于加密的工作密钥</td><td rowspan="2">在 IKE 第一阶段，根据通信双方协商数据，通过伪随机函数（PRF）派生出</td><td rowspan="4">不导入 / 导出</td><td rowspan="4">密钥存储在易失性存储介质中，掉电即丢失，如 RAM</td><td rowspan="4">不备份</td><td rowspan="4">在连接断开或设备断电时应销毁</td></tr>
<tr><td>用于完整性校验的工作密钥</td></tr>
<tr><td rowspan="2">会话密钥</td><td>用于加密的会话密钥</td><td rowspan="2">在 IKE 第二阶段，根据通信双方协商数据，通过伪随机函数（PRF）派生出</td></tr>
<tr><td>用于完整性校验的会话密钥</td></tr>
</table>

标准 GM/T 0024-2014 中规定 SSL VPN 产品的密钥体系应分为如图 3-16 所示的三层，这三层密钥分别是：①用于管理的设备密钥；②用于生成工作密钥的预主密钥和主密钥；③用于保护通信数据的工作密钥。下面介绍密钥体系中各层密钥的用途和相关规定。

① 设备密钥：非对称密钥对，包括签名密钥对和加密密钥对。其中，签名密钥对用于握手协议中通信双方的身份鉴别；加密密钥对用于预主密钥协商时所用交换

参数的保密性保护。

②预主密钥、主密钥：对称密钥，其中预主密钥是双方协商通过伪随机函数（PRF）生成的密钥素材，用于生成主密钥；主密钥由预主密钥、双方随机数等交换参数，经 PRF 计算生成的密钥素材，用于生成工作密钥。

③工作密钥：对称密钥，对通信数据安全性提供保护。其中，数据加密密钥用于数据的加密和解密；校验密钥用于数据的完整性计算和校验。在标准 GM/T 0024-2014 中规定，发送方使用的工作密钥称为写密钥，接收方使用的工作密钥称为读密钥。

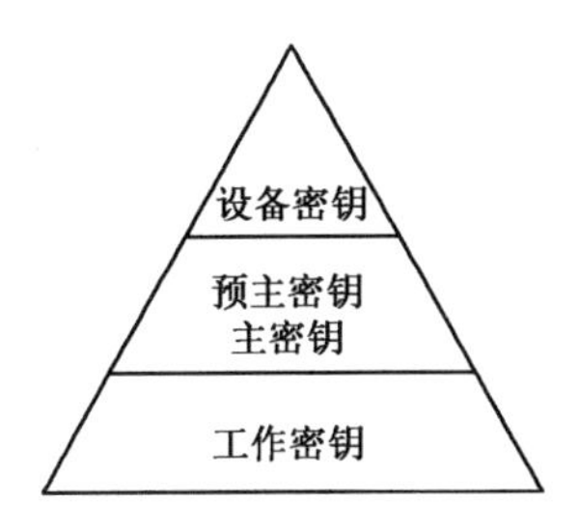

图 3–16　SSL VPN 产品的三层密钥体系

标准中规定对 SSL VPN 产品中密钥生命周期的防护方法应遵循表 3-10 中的要求。

表 3-10　SSL VPN 产品的密钥生命周期

<table>
<tr><th>类型</th><th>名称</th><th>生成</th><th>导入 / 导出</th><th>存储</th><th>备份</th><th>销毁</th></tr>
<tr><td rowspan="2">服务端密钥</td><td>签名密钥对</td><td>设备内部产生</td><td>公钥应能从产品中导出，用于产生签名证书。签名证书在产品出厂或初始化时被导入产品中</td><td rowspan="4">私钥应采用安全保护措施，如加密存储在硬盘中，或采用微电保护措施，当异常触发机制启动时销毁密钥，这种方式下允许密钥以明文形式存储</td><td rowspan="4">采用密钥分片等安全形式备份</td><td rowspan="4">(1) 恢复出厂设置;
(2) 启动异常触发机制;
(3) 密钥更新时覆盖原密钥</td></tr>
<tr><td>加密密钥对</td><td>外部密钥管理机构产生</td><td>加密证书和加密密钥对的私钥在产品出厂或初始化时被导入产品中</td></tr>
<tr><td rowspan="2">客户端密钥</td><td>签名密钥对</td><td>设备内部产生</td><td>公钥应能从产品中导出，用于产生签名证书。签名证书在产品出厂或初始化时被导入产品中</td></tr>
<tr><td>加密密钥对</td><td>外部密钥管理机构产生</td><td>加密证书和加密密钥对的私钥在产品出厂或初始化时被导入产品中</td></tr>
</table>

续表

<table>
<tr><th>类型</th><th>名称</th><th>生成</th><th>导入/导出</th><th>存储</th><th>备份</th><th>销毁</th></tr>
<tr><td>预主密钥</td><td>—</td><td>在握手协议中，由客户端根据密钥协商数据通过 PRF 派生</td><td rowspan="4">不导入/导出</td><td rowspan="2">不存储</td><td rowspan="4">不备份</td><td rowspan="4">在连接断开或设备断电时应销毁</td></tr>
<tr><td>主密钥</td><td>—</td><td>在握手协议中，由预主密钥、双方随机数等 PRF 派生</td></tr>
<tr><td rowspan="2">工作密钥</td><td>用于加密的工作密钥</td><td rowspan="2">在握手协议中，由主密钥、密钥协商数据等 PRF 派生</td><td rowspan="2">密钥存储在易失性存储介质中，掉电即丢失，如 RAM</td></tr>
<tr><td>用于完整性校验的工作密钥</td></tr>
</table>

在标准中还规定 IPSec VPN 的设备密钥或 SSL VPN 的服务端/客户端密钥对应的签名证书和加密证书均应由外部认证机构签发。通信双方证书可以由同一家认证机构签发，也可以由建立信任关系的两家机构签发。

（3）应注意 IPSec VPN 的数据报文封装模式，其分为隧道模式和传输模式，其中隧道模式是必备功能，用于主机和网关的 VPN 实现；传输模式是可选功能，仅用于主机的 VPN 实现。

（4）应注意 SSL VPN 的工作模式，其分为客户端—服务端模式（端到站）和网关—网关模式（站到站）两种，第一种是产品必须支持的，第二种是可选支持的。

（5）应理解 IPSec VPN 中 AH 和 ESP 协议提供的安全功能。IPSec VPN 产品的安全报文封装协议分为 AH 协议和 ESP 协议。其中，AH 协议应与 ESP 协议嵌套使用，这种情况下不启用 ESP 协议中的数据源身份鉴别服务。与 AH 协议相比，ESP 协议具有加密功能，可单独使用，单独使用时应启动 ESP 协议中的数据源身份鉴别服务。

（6）应注意对管理员的分权管理机制，并采用基于数字证书方式对管理员身份进行鉴别。VPN 产品对管理员采用分权管理，包括安全管理员、系统管理员、审计管理员。其中，安全管理员负责设备参数配置，策略配置，授权管理，设备密钥的生成、导入、备份和恢复等操作。系统管理员负责对软件环境日常运行的管理和维护，对管理员的管理和权限分配，以及对系统的备份和恢复。审计管理员负责对系统中的日志进行安全审计。

管理员应持有表征用户身份（如证书、公私钥对）信息的硬件装置，与登录口令相结合登录系统，进行管理操作前应通过身份鉴别。登录口令长度不小于 8 个字符，应不包含全部或部分用户账号名，并至少包含以下四类字符中的三类：大写字母、小写字母、数字、键盘上的符号。使用错误口令或非法身份登录的次数限制应小于或等于 8。口令应注意定期更换。

2）安全认证网关的标准与产品应用要点

安全认证网关产品的设计、检测和使用应遵循标准 GM/T 0026-2014《安全认证网关产品规范》的相关要求。除在管理员分权管理等方面与 VPN 产品规定了相同的要求外，在安全认证网关使用时还应注意产品的部署模式：物理串联是产品的必备模式。

安全认证网关的部署模式分为物理串联和物理并联两种方式，如图 3-17 和图 3-18 所示。其中，物理串联的部署模式是安全认证网关产品的必备模式。同时，考虑到实际情况的需要，安全认证网关可以在支持物理串联部署模式之外，也支持物理并联部署方式。

①物理串联：指从物理网络拓扑上，用户必须经过网关才能访问到受保护的应用。

②物理并联：指从物理网络拓扑上，用户可以不经过网关就访问到受保护的应用，可以由应用或防火墙上进行某种逻辑判断，来识别出未经网关访问的用户（如通过来源 IP），以达到逻辑上串联的效果。

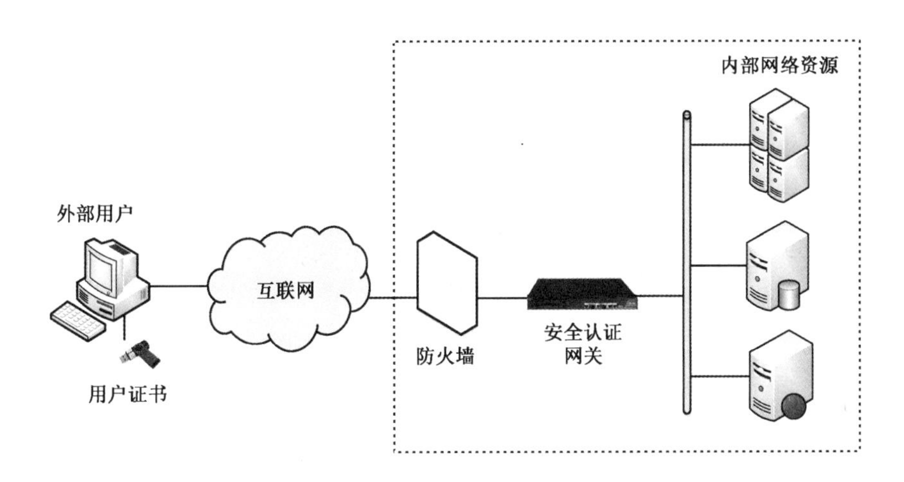

图 3–17　安全认证网关物理串联部署模式

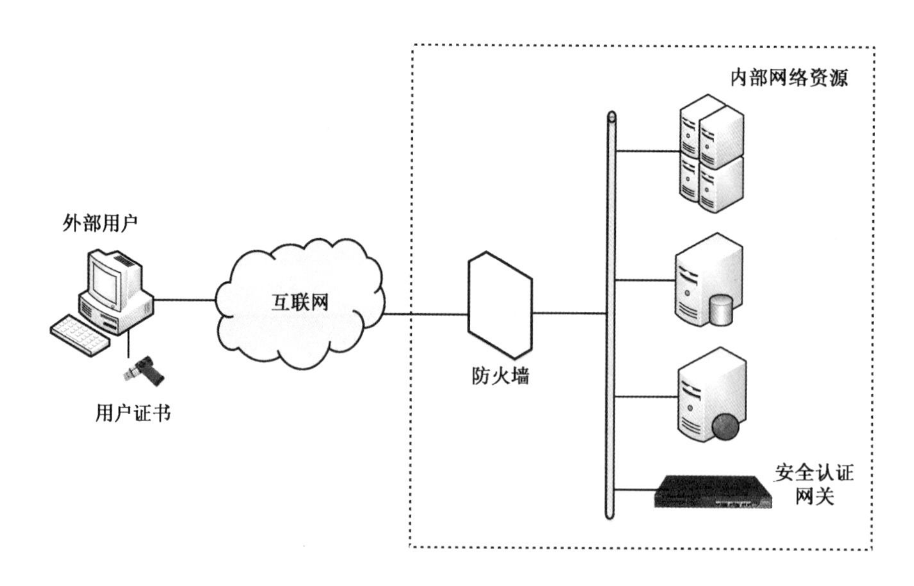

图 3-18　安全认证网关物理并联部署模式

3.4.5　电子签章系统标准与产品

1. 产品概述

电子签章将传统印章与电子签名技术进行结合，通过采用密码技术、图像处理技术等，使电子签名操作和纸质文件盖章操作具有相同的可视效果，让电子文档的电子签章具有了和传统印章一样的功能。同时，电子签章基于公钥密码技术标准体系，以电子形式对电子文档进行数字签名及签章，确保了“签名”文档来源的真实性和文档的完整性，防止对文档未经授权的篡改，并确保签章行为的不可否认性。

电子签章业务中，有两个概念需要区分，即电子印章和电子签章。电子印章对应于传统印章，具体形态上，电子印章是一种由制作者签名的包括持有者信息和图形化内容的数据，可用于签署电子文件。电子签章指使用电子印章签署电子文件的过程，电子签章过程产生的包含电子印章信息和签名信息的数据称为电子签章数据。电子印章的生成、电子签章的生成、电子印章验证和电子签章验证四部分构成了电子签章的密码处理过程。

电子签章系统（或称电子印章系统）主要实现电子印章管理、电子签章和电子签章验证等业务，它包含电子印章管理系统和电子签章软件。其中，电子印章管理系统的功能包括印章管理员管理、电子印章制作与管理、电子印章状态查询服务、电子印章验证服务及安全审计等。电子签章软件是使用电子印章对各类电子文档进行电子签章的软件。制章人和签章人是操作和使用电子签章系统的两种角色。其中，制章人是电子签章系统中具有电子印章制作和管理权限的机构。电子印章中的图片和信息必须经制章人的数字证书进行数字签名，该数字证书是制章人（机构）的单位证书。签章人是电子签章系统中对文档进行签章操作的最终用户。

电子签章系统可以应用在电子公文、电子合同、电子证照、电子票据等诸多领域。各领域的应用系统可以和电子签章系统结合，在应用系统处理电子文档的流程中使用电子签章。各领域的电子签章产品主要功能并无差别，所不同的是电子文档承载的内容，以及由此带来的使用形态和应用流程的差别。例如，在电子公文领域的应用中，电子签章可以和公文处理系统结合，如图 3-19 所示。电子印章管理系统先完成电子印章的制作与管理，公文处理系统完成电子公文从拟制到成文的流程，再由电子签章软件对成文后的电子公文签章，最后由公文处理系统完成签章后的电子公文的发文、阅览、归档等流程。在阅览公文时，可使用电子签章软件验证公文中的电子签章。

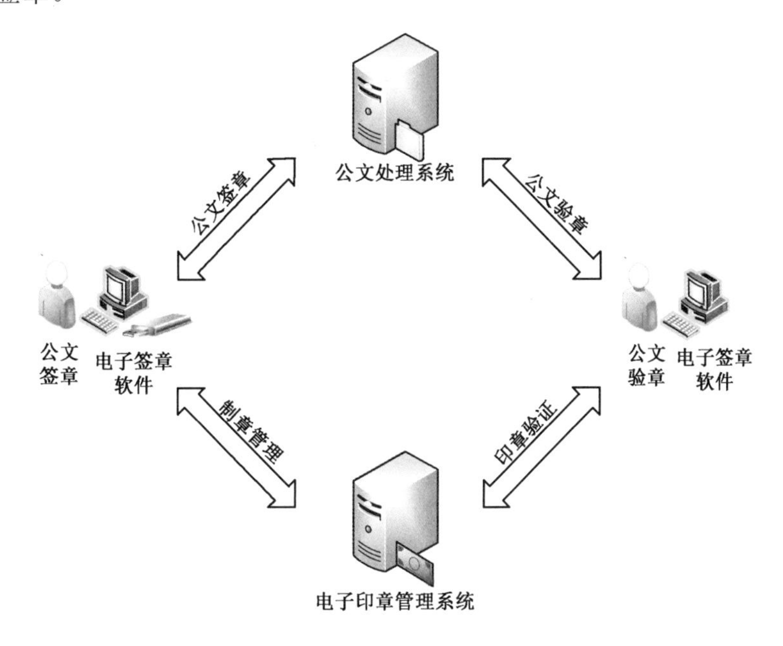

图 3-19 电子签章系统在电子公文领域的应用

截至 2019 年 12 月，已有 40 余款电子签章产品获得了商用密码产品型号证书。

2. 相关标准规范

密码行业标准中，已发布两项与电子签章系统相关的标准，分别从技术和检测角度提出要求，包括 GM/T 0031-2014《安全电子签章密码技术规范》和 GM/T 0047-

2016《安全电子签章密码检测规范》。

另外，相关国家标准有 GB/T 33190-2016《电子文件存储与交换格式版式文档》和 GB/T 33481-2016《党政机关电子印章应用规范》。其中，GB/T 33190-2016 规定了版式电子文件的存储与交换格式。该标准中定义了一种独立于软件、硬件、操作系统、输出设备的版式文档格式，称为开放版式文档（OFD）。依照该标准中数字签名的定义，可以在 OFD 文档中实现电子签章业务。GB/T 33481-2016 规定了党政机关电子公文中应用电子印章的通用要求、制章要求、用章要求、验章要求及相关的安全要求；还规定了签章组件的应用接口和相关约定。标准适用于非涉密的电子印章系统建设，以及电子印章的制作、管理、使用和验证。其他场景的电子印章系统建设可在满足行业相关要求的前提下参照执行。该标准可以指导电子签章软件提供标准的服务接口，供电子文件阅读器等调用，实现电子公文的电子签章及验章功能。下面简要介绍 GM/T 0031-2014《安全电子签章密码技术规范》和 GM/T 0047-2016《安全电子签章密码检测规范》这两项密码行业标准。

1）GM/T 0031-2014《安全电子签章密码技术规范》（对应国家标准为 GB/T 38540-2020《信息安全技术 安全电子签章密码技术规范》）

（1）用途与适用范围。标准为电子签章产品提供统一的技术要求，为电子签章产品的实现方和使用方提供依据和指导，规范电子签章产品所用的数据结构和密码处理流程，有利于此类产品的标准化和互联互通。该标准适用于电子签章产品的研发、应用和检测。

（2）内容概要。标准共有 6 章内容。第 1 章范围。第 2 章规范性引用文件。第 3 章术语和定义。第 4 章符号和缩略语。第 5 章提供了电子签章应用的安全机制。电子签章将传统印章与电子签名技术进行结合，通过采用密码技术、图像技术及组件技术，以电子形式对电子文档进行数字签名及签章，以图像形式对文档来源的真实性及文档的完整性进行展示，用以防止电子文档系统的用户对电子文档的误用。第 6 章中提供了电子签章的密码应用协议，是该标准的主体部分。在本章中采用逐层细化的方式定义了电子印章的数据格式；明确了电子印章的验证流程；采用定义电子签章的数据格式，明确了电子签章的生成流程和电子签章的验证流程。该标准使用了 ASN.1 的形式对数据进行描述。

2）GM/T 0047-2016《安全电子签章密码检测规范》

（1）用途与适用范围。标准规范了按照 GM/T 0031-2014《安全电子签章密码技术规范》设计的安全电子签章的密码检测内容、检测要求、检测方法及合格判定准则，适用于按照 GM/T 0031-2014 标准设计的安全电子签章系统密码技术的检测。

（2）内容概要。标准共有 8 章内容。其中第 1 章至第 4 章为总述性内容，介绍规范的范围、规范性引用文件、术语和定义、缩略语等；第 5 章为检测内容，主要描述检测对象，以及数字签名算法检测、电子印章数据检测、电子印章验证检测、电子签章数据检测、电子签章验证检测等五个方面检测内容的要求；第 6 章为检测方法，围绕数字签名算法检测、电子印章数据检测、电子印章验证检测、电子签章数据检测、电子签章验证检测五个方面检测内容，规范检测方法与步骤；第 7 章为送检技术文档要求；第 8 章为合格判定，明确检测结果的合格判定要求。

3. 标准和产品应用要点

电子签章产品的设计、检测和使用应遵循标准 GM/T 0031-2014《安全电子签章密码技术规范》和 GM/T 0047-2016《安全电子签章密码检测规范》。下面将根据上述产品标准给出应用要点。

1）应使用商用密码算法进行密码运算

电子签章系统在使用时应注意：除特殊情况（如国际互联互通需要）外，产品应使用商用密码算法。具体而言，在制作电子印章时，制章人对电子印章的数字签名应使用 SM2 算法。在电子签章时，签章人电子签章的数字签名应使用 SM2 算法，密码杂凑算法应使用 SM3 算法。

2）应注意电子印章和电子签章二者在数据格式上的关联和区别

在 GM/T 0031-2014 中定义了一个安全的电子印章数据格式，以确保电子印章的完整性、不可伪造性，以及合法用户才能使用。该数据格式通过数字签名，将印章图像数据与签章使用者及印章属性进行安全绑定，形成安全电子印章。在使用印章过程中，也能够很方便地对电子印章进行安全性验证。

电子印章管理系统制作生成的电子印章，其数据格式如图 3-20 所示。

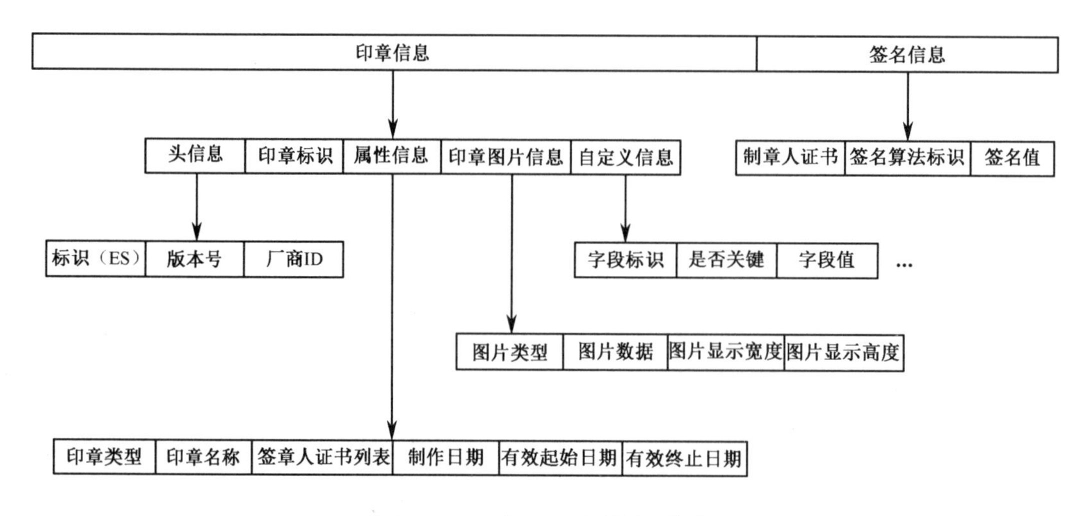

图 3-20　电子印章数据格式

电子签章过程产生的电子签章数据不仅包含电子印章信息，还有待签名的电子文件和签名人数字证书等信息，按照 GM/T 0031-2014 规定，其数据格式如图 3-21 所示。

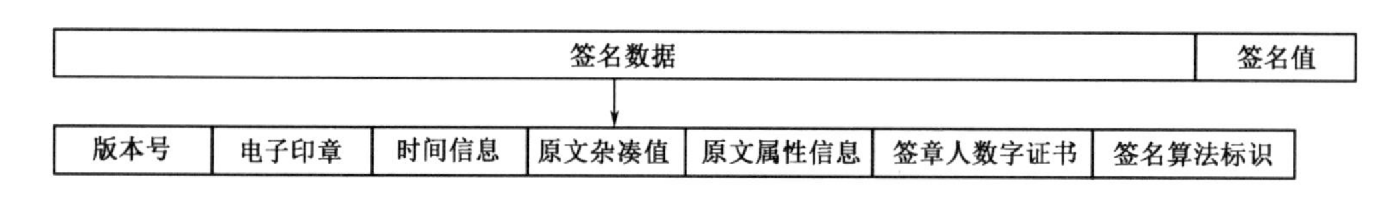

图 3-21　电子签章数据格式

3）电子印章的验证

签章人和用户都可以对电子印章验证，验证可以通过电子签章系统中的电子印章管理系统或电子签章软件完成。GM/T 0031-2014 规定了电子印章的验证内容，如果这些验证项均符合要求，则电子印章验证合规有效。具体包括：

①电子印章格式验证：按照标准 GM/T 0031-2014 中定义的电子印章格式，解析电子印章，验证电子印章的格式是否规范。

②印章签名验证：根据印章信息数据、制章人证书和签名算法标识验证电子印章签名信息中的签名值。

③制章人证书有效性验证：验证制章人证书的有效性，验证项至少包括制章人证书信任链验证、制章人证书有效期、制章人证书是否被吊销、密钥用法是否正确。

④印章有效期验证：根据印章属性中的印章有效起始日期和有效终止日期，验证电子印章是否过期。

4）生成电子签章的操作流程

签章人使用电子签章软件生成电子签章。GM/T 0031-2014 规定了电子签章生成的流程。在对电子文档进行电子签章时，用电子文档阅读器打开待签章文档，采用以下流程生成电子签章数据：

第一步：选择拟进行电子签章的签章人的签名证书，并验证证书的有效性。验证证书的有效性至少应包括签章人证书信任链验证、证书有效期、证书是否被吊销、密钥用法是否正确等安全验证。

第二步：获取电子印章，并验证印章的合规性、有效性，具体参看上文中“电子印章的验证”这一应用要点。

第三步：验证签章人的数字证书是否存在于电子印章的签章人证书列表中。读取电子印章中的签章人证书列表，并逐一检查当前签章人证书是否在列表中。当签章人证书发生了更新、重签发等操作时，应重新制作电子印章。

第四步：按照原文属性信息中的签名保护范围，获取待签名原文。

第五步：对待签名原文数据进行杂凑运算，形成原文杂凑值。

第六步：按照电子签章数据格式组装待签名数据。待签名数据包括版本号、电子印章、时间信息、原文杂凑值、原文属性信息、签章人证书、签名算法标识。

第七步：签章人对待签名数据进行数字签名，生成电子签章签名值。

第八步：按照电子签章数据格式，把待签名数据、电子签章签名值打包形成电子签章数据。电子签章数据生成后，由电子文档阅读器放置到电子文档中，得到签章的电子文档。

5）电子签章的验证

签章人和用户都可以验证电子文件上的电子签章，验证可以通过电子签章系统中的电子印章管理系统或电子签章软件完成。标准 GM/T 0031-2014 规定，对电子签章的验证应包含以下内容：

①电子签章格式验证：根据 GM/T 0031-2014 中定义的电子签章数据格式，解析电子签章数据，验证电子签章的格式是否规范。

②电子签章签名验证：从电子签章数据格式中获取电子签章签名数据，并将其作为待验证数据，验证电子签章的签名值是否正确。待验证数据包括版本号、电子印章、时间信息、原文杂凑值、原文属性信息、签章人证书、签名算法标识。

③签章人证书有效性验证：从电子签章数据中获得签章人数字证书，验证签章人证书有效性，验证项至少包括签章人证书信任链验证、证书有效期、证书是否被吊销、密钥用法是否正确。

④签章时间有效期验证：根据签章人数字证书有效期和电子签章中的时间信息，验证签章时间的有效性。签章时间应在签章人证书的有效期内，并且在签章时间内签章人证书未吊销。

⑤签章原文杂凑值验证：按照原文属性信息中的签名保护范围获取待签名原文，进行杂凑运算，形成待验证原文杂凑值。验证待验证原文杂凑值与电子签章数据中的原文杂凑值是否一致。

⑥签章中电子印章的有效性验证：验证签章时间是否在电子印章的有效期内。

另外，在标准 GM/T 0047-2016 中还提出对签章人证书列表验证，以确认签章人数字证书是否存在于电子印章的签章人证书列表中。

3.4.6　动态口令系统标准与产品

1. 产品概述

动态口令是一种一次性口令机制。用户无须记忆口令，也无须手工更改口令，口令通过用户持有的客户端器件生成，并基于一定的算法与服务端形成同步，从而作为证明用户身份的依据。动态口令机制可广泛用于身份鉴别场合，如 Web 系统登录、金融支付。

动态口令系统包括三部分：动态令牌、认证系统和密钥管理系统。动态令牌用于生成动态口令，认证系统用于验证动态口令的正确性，密钥管理系统用于动态令牌的密钥管理。动态口令系统的认证原理如图 3-22 所示。认证双方首先共享密钥，也称种子密钥。每次认证时用户端（拥有动态令牌）与认证服务提供端（认证系统）分别根据共享的种子密钥、同一随机参数（时间、事件等）和相同的密码算法，生成用于认证的动态口令，并进行比对，以完成整个认证过程。通常，口令的比对由认证服务提供端完成。

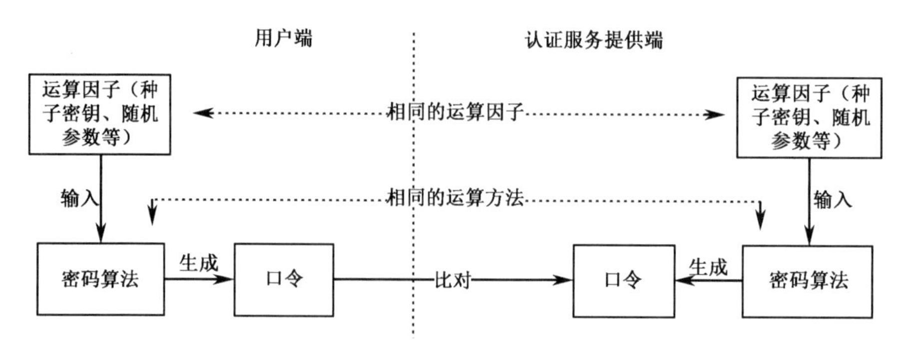

图 3-22　动态口令系统的认证原理

动态口令的生成可以基于对称密码算法或密码杂凑算法。在具体运算时，种子密钥作为对称密码算法或密码杂凑算法的输入，并同时向密码算法中输入时间因子、事件因子和双方经过协商获得的挑战因子等随机参数。经密码运算后，对运算结果进行截位后生成动态口令，生成的动态口令一般为 6 位到 8 位数字。

动态口令系统广泛应用于采用用户名和口令方式实现身份鉴别的场景，如单点登录、操作系统登录和 VPN 设备登录。下面，以动态口令系统在 VPN 设备登录中的应用场景为例进行介绍。如图 3-23 所示，当用户登录内网 VPN 时，输入动态口令，VPN 设备将该口令发送到动态口令认证系统进行验证，验证通过后才允许登录的用户访问内网资源。

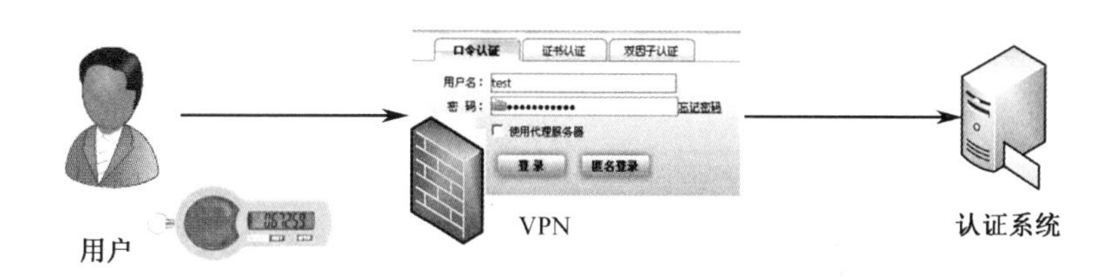

图 3–23　动态口令系统在 VPN 设备登录中的应用

截至 2019 年 12 月，已有近 60 款动态口令产品获得了商用密码产品型号证书，包括动态令牌、动态令牌认证系统、动态口令系统等。

2. 相关标准规范

密码行业标准中，与动态口令系统相关标准为 GM/T 0021-2012《动态口令密码应用技术规范》和配套的 GM/T 0061-2018《动态口令密码应用检测规范》。下面简要介绍 GM/T 0021-2012《动态口令密码应用技术规范》（对应国家标准为 GB/T 38556-2020《信息安全技术 动态口令密码应用技术规范》），对检测规范不作讲解。

（1）用途与适用范围。标准规定了与动态口令应用相关的动态口令系统、动态口令生成方式、动态令牌特性、认证系统、密钥管理系统等内容，适用于动态口令相关产品的研制、生产、使用，以及指导相关产品的检测。

（2）内容概要。标准的主体内容包括范围、规范性引用文件、术语和定义、符号、动态口令系统、动态口令生成方式、动态令牌特性、认证系统、密钥管理系统。其中，第 5 章介绍动态口令系统的组成和原理。第 6 章描述动态口令的生成方式，该标准给出了基于 SM3 密码杂凑算法和基于 SM4 分组密码算法两种选择，并对基于这两种算法的生成方式分别予以描述。第 7 章描述动态令牌的特性，包括物理特性、安全特性，这些特性实质上为动态令牌的产品制造提出了要求。第 8 章描述认证系统，即动态令牌应用的服务端系统的构成及功能要求。第 9 章描述动态口令系统所依赖的密钥管理系统的构成和功能要求。密钥管理系统在动态口令应用中具有关键地位，它负责设定和分发令牌，以及将相应的种子密钥提供给认证系统。

3. 标准和产品应用要点

动态口令系统的设计、检测和使用应遵循标准 GM/T 0021-2012《动态口令密码应用技术规范》和 GM/T 0061-2018《动态口令密码应用检测规范》的相关要求。下面将根据上述产品标准给出应用要点。

1）*应结合动态口令生成过程，理解动态口令系统的密钥体系结构*

根据标准 GM/T 0021-2012 可知，动态口令系统包含主密钥 K_m、种子密钥加密密钥 K_s、厂商生产主密钥 K_p、厂商种子密钥加密密钥 K_{ps}、传输密钥 K_t 和种子密钥六种密钥。根据密钥功能，将它们分为管理类密钥、密钥加密类密钥和用户类密钥三层体系结构，如图 3-24 所示。其中，用户类密钥（种子密钥）直接被用户使用，用于生成动态口令。下面介绍密钥体系中各层密钥的用途和相关规定。

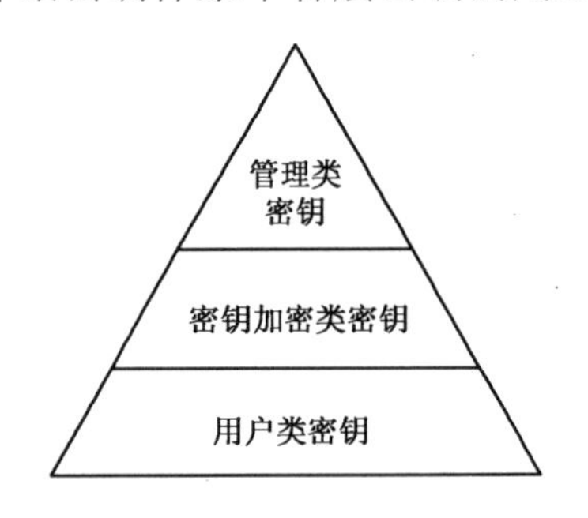

图 3-24　动态口令系统的密钥体系

①管理类密钥。

- 主密钥 K_m：系统的根密钥，用于生成种子密钥加密密钥 K_s、厂商生产主密钥 K_p。
- 厂商生产主密钥 K_p：用于生成厂商种子密钥加密密钥 K_{ps}。

②密钥加密类密钥。

- 种子密钥加密密钥 K_s：在令牌应用服务商系统（密钥管理系统和认证系统）中，用于对种子密钥进行加密存储的密钥。
- 厂商种子密钥加密密钥 K_{ps}：在令牌厂商（动态令牌）系统中，用于对种子密钥进行加密存储的密钥。
- 传输密钥 K_t：用于加密保护厂商生产主密钥 K_p 的交换，保障生产所用的硬件密码设备和认证所用的硬件密码设备之间厂商生产主密钥 K_p 交换的安全。

③用户类密钥。

- 种子密钥：用于动态口令生成。

标准 GM/T 0021-2012 规定了动态口令系统中密钥管理的流程，如图 3-25 所示。

2）应注意种子密钥写入动态令牌过程的安全

种子密钥写入动态令牌时，该过程必须在安全的生产环境中依照安全的管理机制进行。种子密钥在写入令牌时应保证其写入线路的安全性。其中，安全的生产环境是指用于安装密钥管理系统的计算机必须位于封闭、无网络连接的环境中。安全的管理机制是指在生产过程中的安全管理措施，包括但不限于以下内容：

①生产环境中需安装监控设备，以监视进入生产环境的工作人员。

②种子密钥生成系统需两人同时输入用户名和口令才能启动，制作过程中一人操作，一人审核。

③限制 USB 存储设备的使用，只有获得允许才能使用。

3）种子密钥应当以加密形式导入至认证系统中，并以密文存储

种子密钥应通过硬件传输方式（如光盘）导入相关认证系统中，并在传输时采用密文形式。

种子密钥在认证服务器中需要以密文的方式存储。加密存储种子密钥应使用 SM4 算法和种子密钥加密密钥 K_s。加密完成后，将 K_s 和明文种子密钥数据销毁。

4）应注意种子密钥的使用安全

种子密钥的使用安全是指使用种子密钥计算动态口令过程中的安全。种子密钥的使用过程应全部在硬件密码设备内完成，以杜绝种子密钥在使用过程中泄露的可能。计算动态口令时，对加密的种子密钥进行解密并计算完动态口令后，种子密钥解密密钥 K_s 和明文种子密钥数据会被销毁。

5）令牌在使用时应采用 PIN 保护

具有数字和功能按键的令牌产品支持 PIN 保护功能，PIN 长度不少于 6 位的十进制数，并具有 PIN 防暴力穷举功能。PIN 连续输入错误的次数一般不超过 5 次，若超过，需至少等待 1 小时才可继续尝试。PIN 输入超过最大尝试次数的情况不超过 5 次，否则令牌被永久锁定，不可再使用。而且，用户可对令牌设置锁定机制，当一个令牌连续尝试认证失败次数累计达到上限时，则令牌锁定。

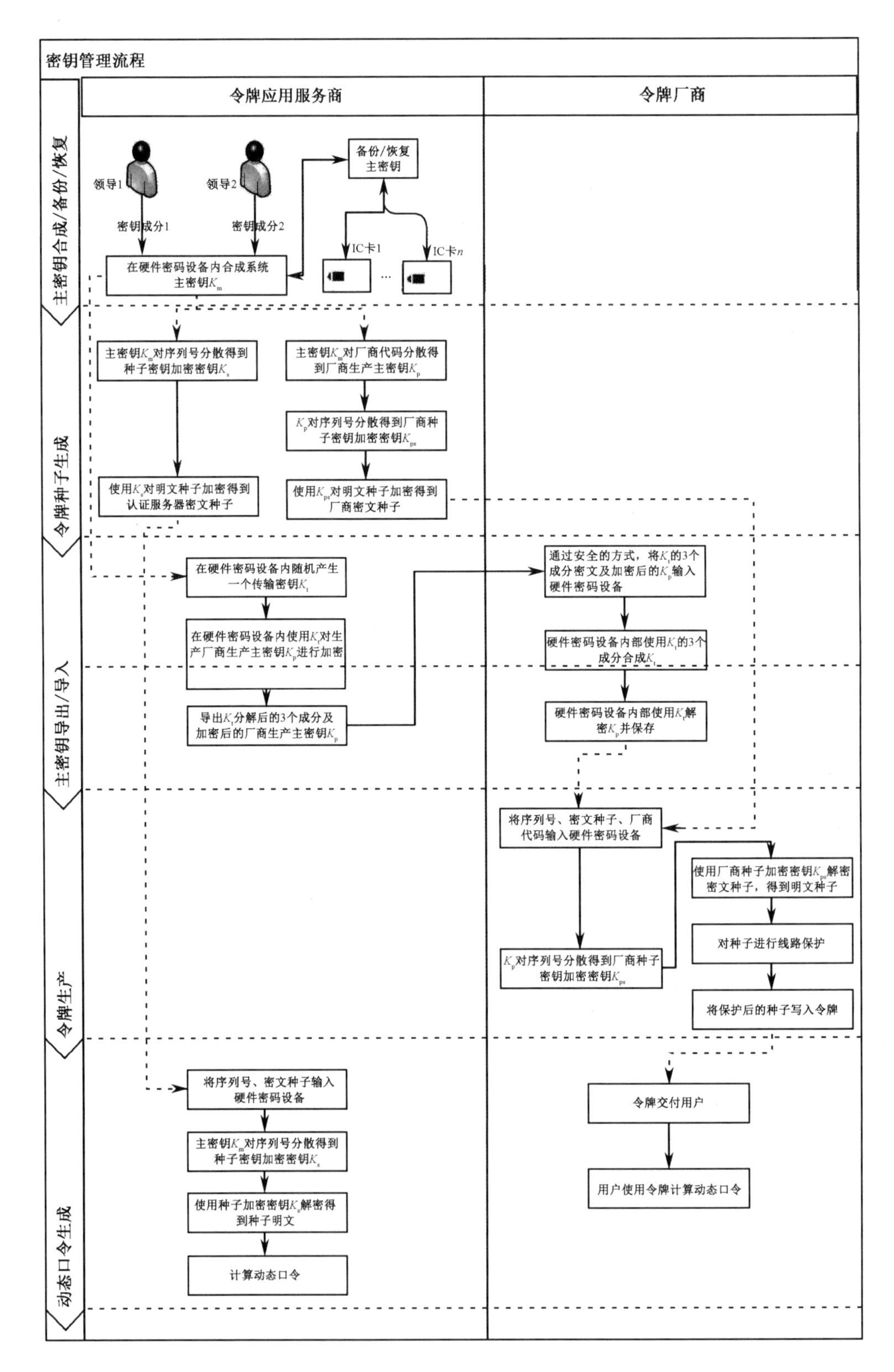

图 3-25　动态口令系统中密钥管理的流程

6）认证服务器和应用服务器通信应注意敏感字段的加密

为防止网络上对认证数据的窃听，认证服务器和应用服务器之间的通信数据须做加密处理。例如，厂商生产主密钥 K_p 在从应用服务商传输给厂商的过程中，需要使用传输密钥 K_t 做加密保护。

3.4.7　电子门禁系统标准与产品

1. 产品概述

电子门禁系统是实现物理环境访问控制的有效手段，目前通常基于非接触式智能 IC 卡实现。GM/T 0036-2014《采用非接触卡的门禁系统密码应用技术指南》规定了采用非接触式 IC 卡的门禁系统使用的密码算法、密码设备、密码协议和密钥管理等技术要求。截至 2019 年 12 月，已有 10 余款电子门禁相关产品获得了商用密码产品型号证书。

1）电子门禁系统的组成

采用非接触式智能 IC 卡的门禁系统基于对称密码体制，其密码应用涉及应用系统、密钥管理及发卡系统，如图 3-26 所示。

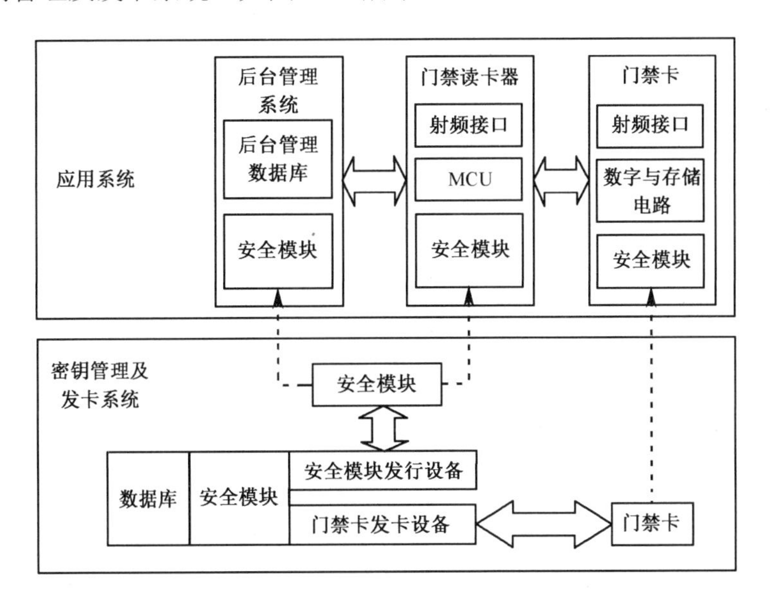

图 3-26　门禁系统中密码应用结构图

应用系统一般由门禁卡、门禁读卡器和后台管理系统构成，通过各设备内的安全模块对系统提供密码安全保护。主要有两种模块：

①门禁卡内的安全模块：用于门禁读卡器或后台管理系统对门禁卡进行身份鉴别时（鉴别门禁卡是否合法）提供密码服务（如计算鉴别码）。

②门禁读卡器 / 后台管理系统内的安全模块：用于对门禁卡进行身份鉴别时提供密码服务（如密钥分散、验证鉴别码）。在门禁系统的具体方案设计时，可选择在门禁读卡器或后台管理系统内配用安全模块。在门禁读卡器中，射频接口模块负责读卡器与门禁卡间的射频通信；微控制单元（Microcontroller Unit，MCU）负责读卡器内部数据交换，并与后台管理系统及门禁执行机构进行通信。

密钥管理及发卡系统分为密钥管理子系统和发卡子系统，主要功能如下：

①密钥管理子系统的功能是为门禁系统的密码应用生成密钥。具体地，通过该子系统中的密码模块发行设备来初始化密码模块，并向密码模块中注入密钥，从而完成密码模块的发行。

②发卡子系统的功能是通过门禁卡发卡设备进行发卡。具体地，依次完成初始化门禁卡、向门禁卡中注入密钥和写入应用信息等工作。

2）电子门禁系统的密码应用方案

在 GM/T 0036-2014 中，针对非接触式智能 IC 卡介绍了两种密码应用参考方案，第一种是基于 SM7 分组加密算法的非接触式逻辑加密卡方案，第二种是基于 SM1/SM4 分组加密算法的非接触式 CPU 卡方案。由于 CPU 卡应用范围较广，且 SM4 算法是我国标准分组密码算法，所以，下面着重介绍基于 SM4 分组密码算法的非接触式 CPU 卡方案。

采用基于 SM4 算法的非接触式 CPU 卡作为门禁卡的系统如图 3-27 所示。门禁卡采用 SM4 算法的智能 CPU 卡，卡内存放发行信息和卡片密钥，并具有 COS；门禁卡与非接读卡器之间采用 SM4 算法进行身份鉴别和数据加密通信；在发卡系统和读写器各自的安全模块中同样采用 SM4 算法进行门禁卡的密钥分散，实现一卡一密。

根据安全模块所在的位置，基于 SM4 算法的非接触式 CPU 卡方案的电子门禁系统有两种实现方式：方式一是将安全模块部署在门禁卡及门禁读卡器中，方式二是将安全模块部署在门禁卡及后台管理系统中。

采用方式一的电子门禁系统如图 3-28 所示，门禁读卡器直接对门禁卡做身份鉴别，并根据鉴别结果控制门禁功能的执行。门禁读卡器使用安全模块的 SM4 算法对安全模块内预存的系统根密钥进行分散，得到与当前门禁卡对应的卡片密钥，然后使用安全模块的 SM4 算法和该卡片密钥对门禁卡进行身份鉴别。门禁读卡器上传门禁卡身份鉴别的结果给后台管理系统，后台管理系统进行实时或非实时门禁权限及审计管理，门禁执行机构具体执行，完成门禁操作。

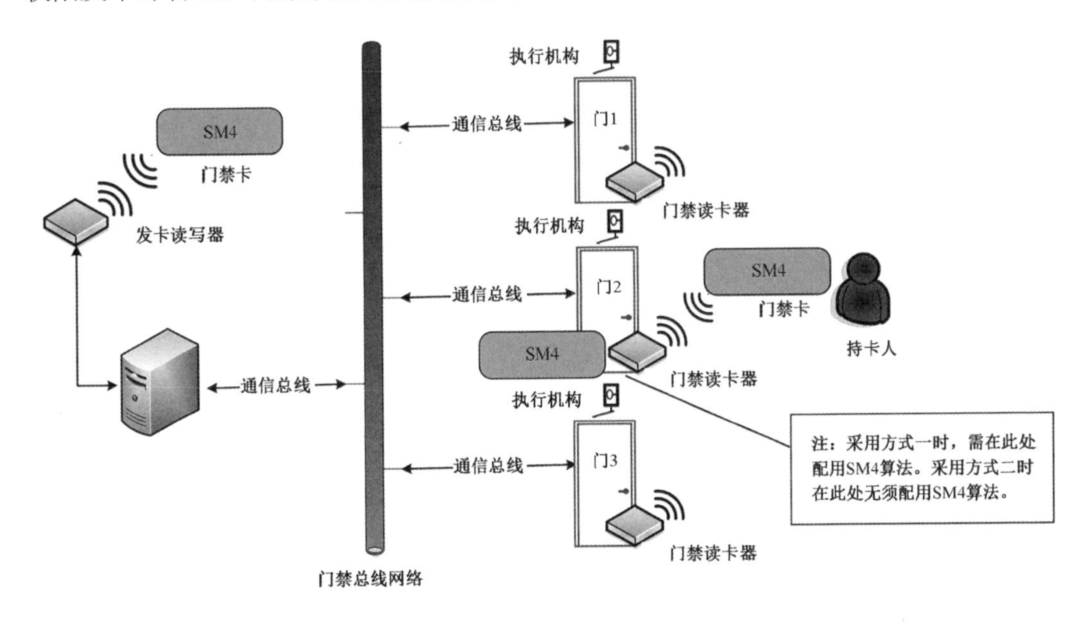

图 3-27　采用基于 SM4 算法的非接触式 CPU 卡作为门禁卡的系统示意图

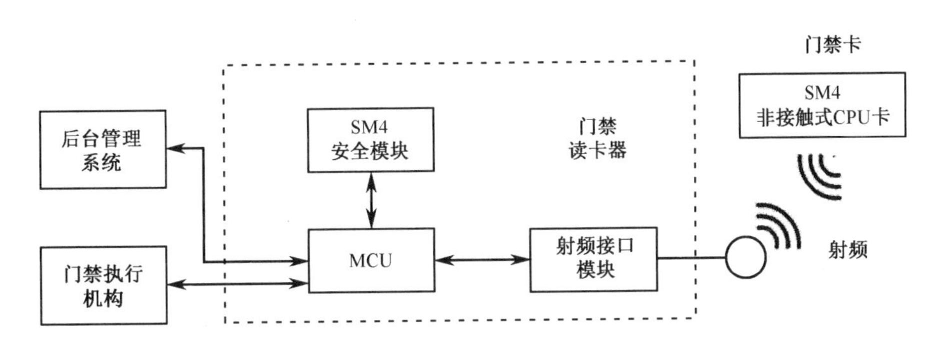

图 3-28　采用方式一的电子门禁系统示意图

采用方式二的电子门禁系统如图 3-29 所示，门禁读卡器不直接对门禁卡做身份鉴别，而是由后台管理系统（通过支持 SM4 算法的安全模块）对卡片进行身份鉴别，并根据鉴别结果控制门禁功能的执行，因此适用于门禁读卡器实时在线操作的情况。其身份鉴别的具体过程如图 3-30 所示，具体如下：

第 1 步：门禁读卡器读取门禁卡。

第 2 步：门禁卡将卡片唯一标识（UID），以及用于卡片一卡一密密钥分散用的特定发行信息 C_i（如有）发送给读卡器。

第 3 步：门禁读卡器发送一个内部鉴别命令给门禁卡，并发送随机数 R_a 给门禁卡。

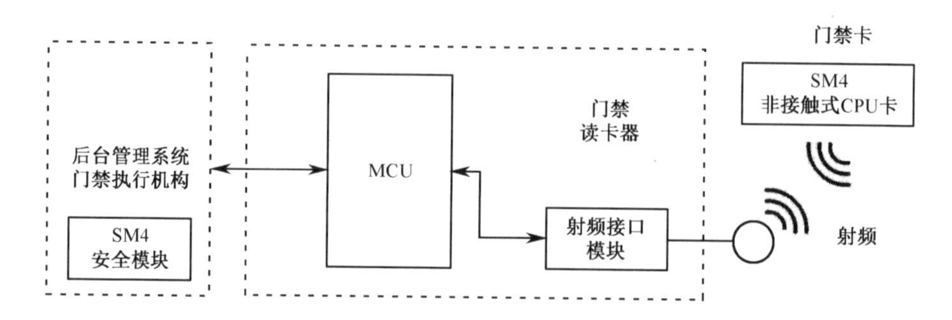

图 3-29　采用方式二的电子门禁系统示意图

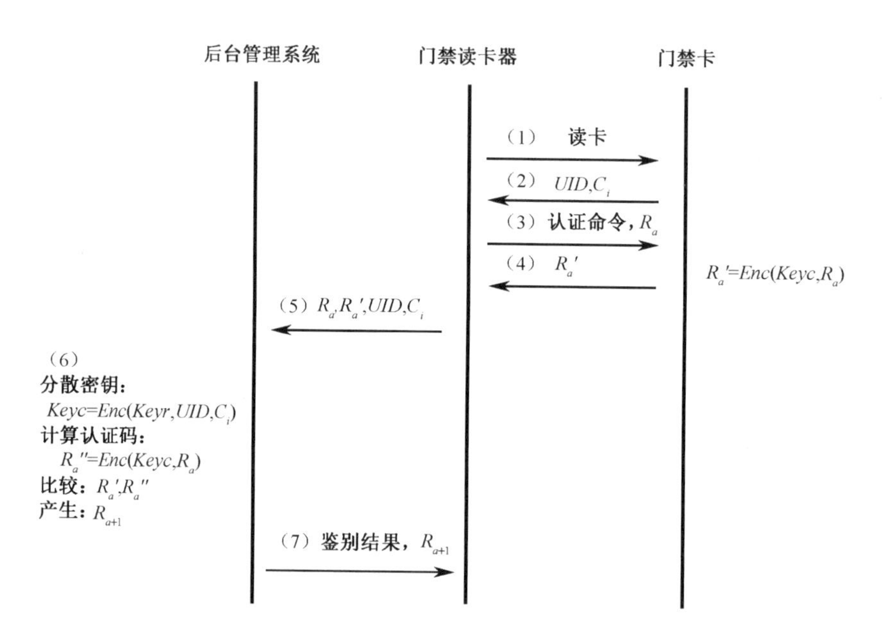

图 3-30　基于 SM4 算法的非接触式 CPU 卡系统身份鉴别过程（方式二）

第 4 步：门禁卡内部用存在卡片中的一卡一密密钥 *Keyc* 对该随机数用 SM4 算法做加密运算，得到 $R_a' = Enc(Keyc, R_a)$ 并回发给门禁读卡器。

第 5 步：门禁读卡器传送该 R_a（也可以不上传）、R_a'、*UID* 和 C_i（如有）到后台管理系统。

第 6 步：后台管理系统在得到上述信息后，即可以进行门禁卡的身份鉴别工作。首先利用门禁卡的 *UID* 和 C_i（如有）等分散因子，利用保存在安全模块中的系统根密钥 *Keyr*，用 SM4 算法分散得到门禁卡的一卡一密密钥 *Keyc*，即 $Keyc = Enc(Keyr, UID, C_i)$。再用此一卡一密密钥对 R_a（记录在后台管理系统中或由读卡器上传）采用 SM4 算法做加密运算，即 $R_a'' = Enc(Keyc, R_a)$，如果 $R_a' == R_a''$，则对门禁卡的身份鉴别通过，否则鉴别不通过。

第 7 步：后台管理系统鉴别卡片唯一标识是否为黑名单，如不是，则卡片为系统内合法门禁卡，发出开门信息到门禁执行机构开门。同时使用安全模块产生下一次门禁读卡器用于身份鉴别的随机数 Ra+1，并同本次鉴别结果（无论本次鉴别结果是否合法）发送至门禁读卡器。门禁读卡器接收并存储该随机数，将其用于下一次门禁的内部鉴别命令的身份鉴别过程。

2. 相关标准规范

在密码行业标准中，与电子门禁相关的标准是 GM/T 0036-2014《采用非接触卡的门禁系统密码应用技术指南》。下面对该标准进行简要介绍。

（1）用途和适用范围。标准规定了采用非接触式 IC 卡的门禁系统中使用的密码算法、密码设备、密码协议和密钥管理等的技术要求。该标准适用于采用非接触式 IC 卡的门禁系统的研制、使用和管理。

（2）内容概要。标准共包含 8 章。第 1 章范围。第 2 章规范性应用文件。第 3 章术语和定义。第 4 章符号和缩略语。第 5 章主要规定系统构成，包括应用系统、密钥管理及发卡系统。应用系统一般由门禁卡、门禁卡读卡器和后台管理系统构成，通过门禁卡 / 读卡器 / 后台管理系统内的密码模块提供密码安全保护；密钥管理及发卡系统分为密钥管理子系统和发卡子系统，密钥管理子系统完成生成密钥、初始化密钥模块、向密码模块注入密钥等功能。发卡子系统完成门禁卡初始化、注入密钥和写入应用信息等功能。第 6 章主要规定密码应用方案、密码设备、密码算法、密码协议和密钥管理等安全技术要求。密码应用方案应遵循相关密码算法使用要求；密码设备包括应用系统密码模块、密钥管理及发卡系统密码模块，密码设备应具备物理防护能力，并遵循相应密码算法使用要求；密码算法使用必须符合国家密码管理机构要求，并遵循相关密码算法使用要求；密码协议主要包括门禁卡与读卡器或后台管理系统之间的通信，要遵循 GM/T 0035.4-2014；密钥管理包括密钥生成的保密性和随机性，要符合国家密码管理机构要求，密钥注入要防止明文密钥的泄露，在保证密钥或敏感数据安全的情况下才能加载到密码设备中，在密钥生成、注入、更新及存储等过程中应保证密钥不被泄露。第 7 章主要规定了两种密码应用方案，分别是附录 A 规定的基于商用密码算法 SM7 的非接触逻辑加密卡方案，和附录 B 规定的基于国产密码算法 SM1、SM4 的非接触式 CPU 卡方案。第 8 章主要规定除该标准关注的密码应用安全要求之外的安全因素，包括后台管理系统的管理要求、读卡器与后台管理系统的安全保障、其他与密码安全机制无关的管理及技术措施。

标准的附录 A、附录 B 为资料性附录。附录 A 从系统构成、方案原理、密码安全应用流程、密码产品现状、改造内容和方案特点 6 个方面规定基于 SM7 算法的非接触式逻辑加密卡方案，其中密码安全应用流程包括密钥管理及发卡系统、门禁控制两个流程。附录 B 从系统构成、方案原理、密码安全应用流程、改造内容和方案特点 5 个方面规定基于 SM1、SM4 算法的非接触式 IC 卡方案，其中密码安全应用流程包括密钥管理及发卡系统、门禁控制两个流程。

3. 标准和产品应用要点

采用非接触式智能 IC 卡的电子门禁系统在使用时应遵循标准 GM/T 0036-2014《采用非接触卡的门禁系统密码应用技术指南》。下面将根据上述产品标准给出应用要点。

1）*应结合门禁卡发卡过程，理解电子门禁系统的密钥管理机制*

电子门禁系统的根密钥存放在执行密码算法的安全模块中，安全模块的发行是通过门禁后台管理系统使用密钥管理子系统密码设备，生成门禁系统的根密钥，然后将根密钥安全导入安全模块中。

以基于 SM4 算法的非接触式 CPU 卡系统为例，门禁卡发卡是通过后台管理系统使用 SM4 算法对系统根密钥进行密钥分散，实现一卡一密，为每个卡片生成唯一的卡片密钥。具体而言，发卡读写器采用 SM4 算法对卡片进行身份鉴别，完成应用目录、文件系统等数据结构的初始化并完成卡片密钥下载，以及对卡片进行持卡人信息与签发单位信息的写入。

2）*应综合考虑电子门禁系统整体的安全性*

标准 GM/T 0036-2014 只强调了对密码应用的安全要求，从系统整体的安全性出发，在系统使用时还应考虑以下因素：

①后台管理系统的管理要求；

②门禁读卡器与后台管理系统的安全保障；

③其他与密码安全机制无关的管理及技术措施，如口令识别、生物特征识别、人员值守等。

在系统方案设计及应用时，需针对具体应用情况在使用密码技术提供安全保障的基础上，采取其他适当的管理和技术措施，以增强门禁系统的安全性。

3.4.8　数字证书认证系统标准与产品

1. 产品概述

数字证书认证系统（也简称为证书认证系统）是对生命周期内的数字证书进行全过程管理的安全系统。数字证书认证系统必须采用双证书（用于数字签名的证书和用于数据加密的证书）机制，并按要求建设双中心（证书认证中心和密钥管理中心）。数字证书认证系统在逻辑上可分为核心层、管理层和服务层，其中，核心层由密钥管理中心、证书 /CRL 生成与签发系统、证书 /CRL 存储发布系统构成；管理层由证书管理系统和安全管理系统构成；服务层由证书注册管理系统（包括远程用户注册管理系统）和证书查询系统构成。一般的数字证书认证系统的逻辑结构如图 3-31 所示。

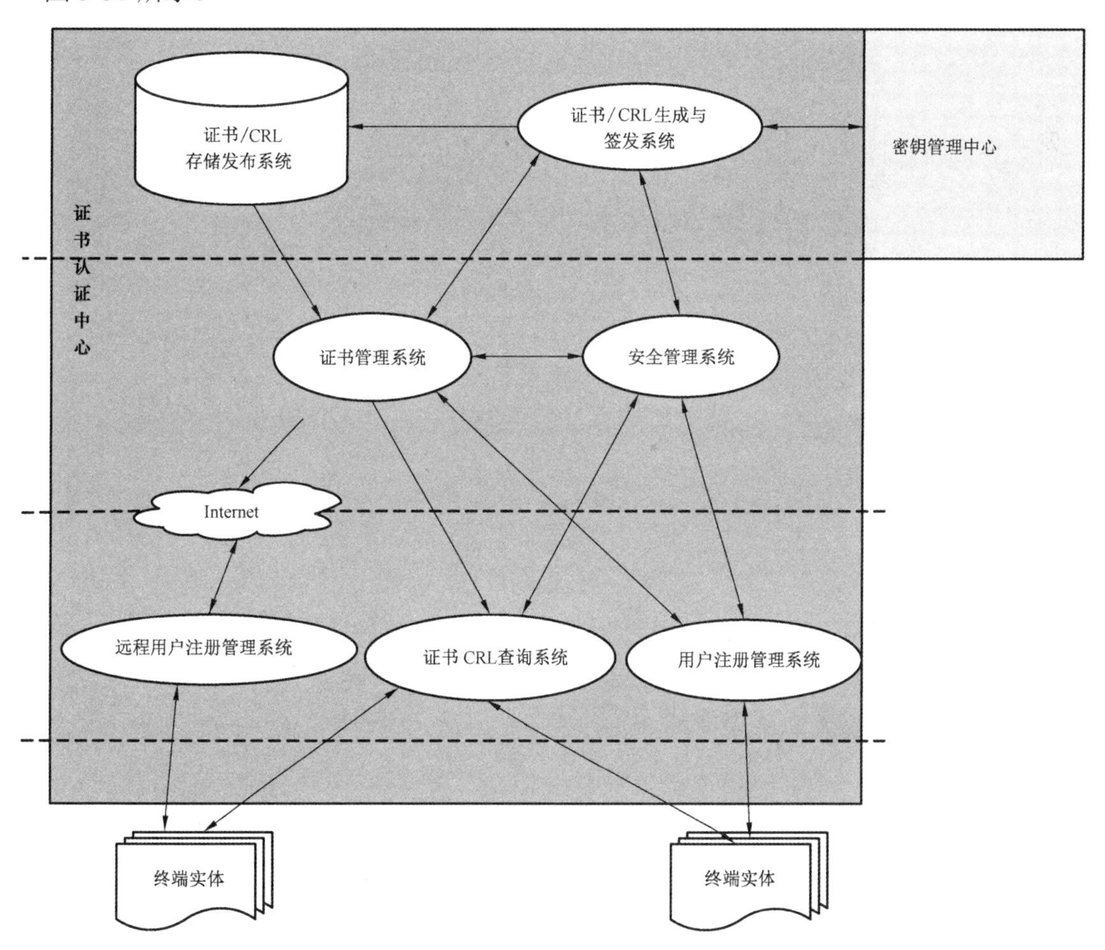

图 3-31　数字证书认证系统的逻辑结构图

在数字证书认证系统中，CA[1]提供的服务功能主要包括：提供数字证书在其生命周期中的管理服务；提供RA的多种建设方式，RA可以全部托管在CA，也可以部分托管在CA，部分建在远端；提供人工审核或自动审核两种审核模式；支持多级CA认证；提供证书签发、证书查询、证书状态查询、证书撤销列表下载、目录服务等功能。

RA负责用户的证书申请、身份审核和证书下载，可分为本地注册管理系统和远程注册管理系统。证书申请和下载均可采用在线和离线两种方式。RA主要功能包括用户信息的录入、审核、用户证书下载、安全审计、安全管理及多级审核。

KM为系统内其他实体提的功能包括：生成非对称密钥对、对称密钥、用于签名过程的随机数；接收、审核CA的密钥申请；调用备用密钥库中的密钥对；向CA发送密钥对；对调用的备用密钥库中的密钥对进行处理，并将其转移到在用密钥库；对在用密钥库中的密钥进行定期检查，将超过有效期的或被撤销的密钥转移到历史密钥库；对历史密钥库中的密钥进行处理，将超过规定保留期的密钥转移到规定载体；接收与审查关于恢复密钥的申请，依据安全策略进行处理；对进入本系统的有关操作进行人员的身份与权限认证。

在双证书（签名证书和加密证书）体系下，用户持有两对不同的公私密钥对。KM提供了对生命周期内的加密证书密钥对进行全过程管理的功能，包括密钥生成、密钥存储、密钥分发、密钥备份、密钥更新、密钥撤销、密钥归档和密钥恢复等，具体如下。

①密钥生成：根据CA的请求为用户生成非对称密钥对，该密钥对由密钥管理中心的硬件密码设备生成。

②密钥存储：密钥管理中心生成的非对称密钥对，经硬件密码设备加密后存储在数据库中。

③密钥分发：密钥管理中心生成的非对称密钥对，通过证书认证系统分发到用户证书载体中。

④密钥备份：密钥管理中心采用热备份、冷备份和异地备份等措施实现密钥备份。

---

1 这里的CA是狭义的概念，指的是证书认证系统中负责证书签发、存储和发布等功能的组件。需要注意的是，CA一词在不同的语境中可能具有不同的含义，包括证书认证机构（电子认证服务机构）、证书认证系统（包括证书认证中心和密钥管理中心）、证书认证中心或者特指证书认证中心中排除RA的部分。

⑤密钥更新：当证书到期或用户需要时，密钥管理中心根据 CA 请求为用户生成新的非对称密钥对。

⑥密钥撤销：当证书到期、用户需要或管理机构依据合同规定认为必要时，密钥管理中心根据 CA 请求撤销用户当前使用的密钥。

⑦密钥归档：密钥管理中心为到期或撤销的密钥提供安全长期的存储。

⑧密钥恢复：密钥管理中心可为用户提供密钥恢复服务，可为司法取证提供特定密钥恢复。密钥恢复需依据相关法规并按管理策略进行审批，一般用户只限于恢复自身密钥。

作为一种普适性的安全基础设施，数字证书认证系统应用非常广泛，能够在保密性、数据完整性、数据起源鉴别、身份鉴别和不可否认服务等方面为各种不同的应用系统提供安全服务。数字证书认证系统签发的证书可以用于标明设备、用户、机构身份。

电子商务是数字证书认证系统的典型应用场景之一，如图 3-32 所示。电子商务应用中主要有五个交易参与方：买家、商户、银行、第三方支付机构和认证机构（建设有数字证书认证系统）。交易各方通过认证机构获取各自的数字证书。交易产生之前要对交易各方进行身份鉴别，通过认证机构颁发的数字证书（加密证书和签名证书）以及数字签名技术完成网上交易双方的身份鉴别，并实现交易过程中对传输数据的保密性、完整性和行为的不可否认性。

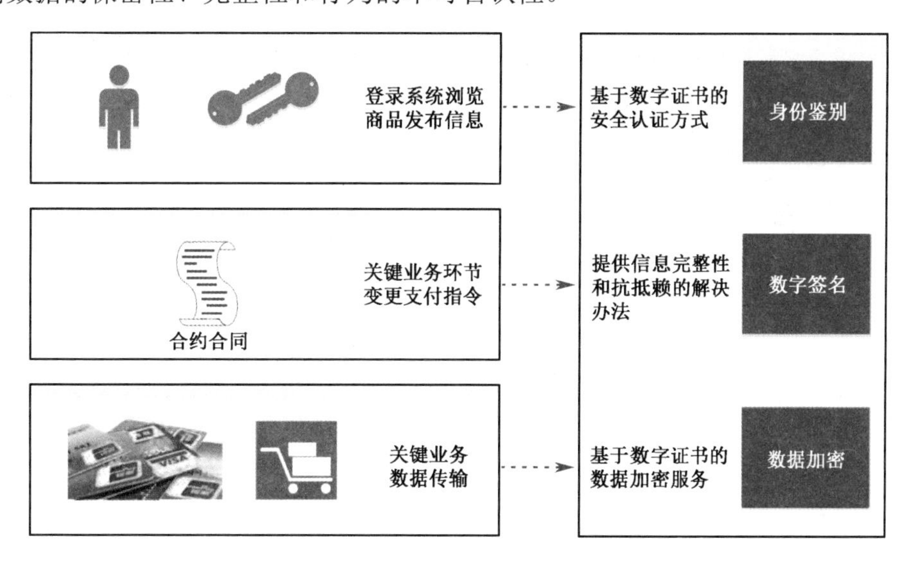

图 3–32　数字证书认证系统在电子商务中的应用

截至2019年12月，已有近30款数字证书认证系统[1]获得了商用密码产品型号证书；在第三方电子认证服务方面，共有52家第三方电子认证服务机构按照《电子认证服务密码管理办法》的要求通过了国家密码管理局的安全性审查，获得了电子认证服务使用密码许可证；在电子政务电子认证服务方面，共有50家相关机构通过服务能力评估，列入了《电子政务电子认证服务机构目录》。

2. 相关标准规范

我国制定了一系列标准，以规范数字证书认证系统管理和证书使用，具体内容包括以下标准：

（1）基础设施类标准。

- GM/T 0014-2012《数字证书认证系统密码协议规范》，该标准描述了证书认证和数字签名中通用的安全协议流程、数据格式和密码函数接口等内容；
- GM/T 0015-2012《基于SM2密码算法的数字证书格式规范》，该标准规定了数字证书和证书撤销列表的基本结构，对数字证书和证书撤销列表中的各项数据内容进行描述；
- GM/T 0034-2014《基于SM2密码算法的证书认证系统密码及其相关安全技术规范》，该标准规定了为公众服务的数字证书认证系统的设计、建设、检测、运行及管理规范。

（2）应用支撑类标准。

- GM/T 0020-2012《证书应用综合服务接口规范》，该标准主要为上层的证书应用系统提供简洁、易用的调用接口。

（3）密码检测类标准。

- GM/T 0037-2014《证书认证系统检测规范》，该标准规定了证书认证系统的检测内容与检测方法；
- GM/T 0038-2014《证书认证密钥管理系统检测规范》，该标准规定了证书认证密钥管理系统的检测内容与检测方法；
- GM/T 0043-2015《数字证书互操作检测规范》，该标准对数字证书格式和互操作检测进行规范。

下面简要介绍GM/T 0034-2014、GM/T 0015-2012和GM/T 0020-2012三个标准，

---

1 目前审批的数字证书认证系统密码产品并不包含密钥管理功能，还需要与密钥管理系统配合部署。

关于其他标准的介绍可以查看密标委编制的《密码标准应用指南》。

1）GM/T 0034-2014《基于SM2密码算法的证书认证系统密码及其相关安全技术规范》（对应国家标准为GB/T 25056-2018《信息安全技术 证书认证系统密码及其相关安全技术规范》）

（1）用途与适用范围。标准规定了为公众服务的数字证书认证系统的设计、建设、检测、运行及管理规范，其目标是为实现数字证书认证系统的互连互通和交叉认证提供统一的依据，指导第三方电子认证服务机构的数字证书认证系统的建设和检测评估，规范数字证书认证系统中密码及相关安全技术的应用，有利于相关检测机构对该类产品的规范化检测。标准还规定了基于SM2密码算法的数字证书认证系统的密码及相关安全的技术要求，包括证书认证中心，密钥管理中心，密码算法、密码设备及接口等。

标准适用于指导第三方认证机构的数字证书认证系统的建设和检测评估，规范数字证书认证系统中密码及相关安全技术的应用。非第三方认证机构的数字证书认证系统的建设、运行及管理也可参照该标准。

（2）内容概要。该标准分为12章。第1章范围；第2章规范性引用文件；第3章术语；第4章缩略语；第5章介绍证书认证系统的设计细节，包括系统的总体设计和各子系统设计，并提供了设计原则及各个子系统的实现方式；第6章描述密钥管理中心的组成模块，包括密钥生成、密钥管理、密钥库管理、认证管理、安全审计、密钥恢复和密码服务等模块；第7章定义证书认证系统和密钥管理中心使用的密码算法、密码设备和接口；第8章从系统、安全、数据备份、可靠性、物理安全、人事管理制度等方面规范证书认证中心的建设；第9章从系统、安全、数据备份、可靠性、物理安全、人事管理制度等方面规范密钥管理中心的建设；第10章从人员管理、业务运行管理、密钥分管、安全管理、安全审计、文档配备等方面对证书认证中心的运行管理要求进行规范；第11章从人员管理、业务运行管理、密钥分管、安全管理、安全审计、文档配备等方面对密钥管理中心的运行管理要求进行规范；第12章定义了证书操作流程。

附录A是资料性附录，给出证书认证系统的网络结构图。

2）GM/T 0015-2012《基于SM2密码算法的数字证书格式规范》（对应国家标准为GB/T 20518-2018《信息安全技术 公钥基础设施 数字证书格式》）

（1）用途与适用范围。标准规定了数字证书和证书撤销列表的基本结构，并对数字证书和证书撤销列表中的各数据项内容进行了描述。它适用于数字证书认证系统的研发、数字证书认证机构的运营及基于数字证书的安全应用，并可用于指导各 PKI/CA 厂商研发具有统一规范的 SM2 证书应用安全产品，指导应用系统实现基于数字证书的应用集成，方便证书应用开发和项目实施，满足应用系统对数字证书和密码应用的需求，实现证书应用安全标准化和统一化，促进基于数字证书应用的推广，提升应用系统的安全保障能力。

（2）内容概要。标准分为 5 章。第 1 章范围；第 2 章规范性引用文件；第 3 章术语和定义；第 4 章缩略语；第 5 章详细定义基于 SM2 密码算法的数字证书和 CRL 的格式。附录 A 为规范性附录，简明表述证书结构。附录 B 为规范性附录，分别给出用户证书、服务器证书的结构实例。附录 C 为规范性附录，定义证书的内容表。附录 D 为资料性附录，定义 SM2 证书的编码实例。

3）GM/T 0020-2012《证书应用综合服务接口规范》

（1）用途与适用范围。证书应用综合服务接口主要为上层的证书应用系统提供简洁、易用的调用接口，屏蔽了各类密码设备（服务器密码机和智能密码钥匙等）的设备差异性和密码应用接口差异性，实现了应用与密码设备的无关性，可简化应用开发的复杂性。

证书应用综合服务接口分成客户端接口和服务器端接口两类，可满足 B/S 和 C/S 等多种架构的应用系统的调用需求，有利于密码服务接口产品的开发，有利于应用系统在密码服务过程中的集成和实施，有利于实现各应用系统的互联互通。

标准规定了与密码协议、密钥管理、密码设备管理无关的面向证书应用的统一服务接口，为密码系统中间件提供规范依据。

标准适用于公钥密码应用技术体系下密码应用服务产品的开发、密码应用支撑平台的研制及检测，也可用于指导直接使用密码设备和密码服务的应用系统的集成和开发。

（2）内容概要。标准主要包括 7 章内容。第 1 章范围；第 2 章规范性引用文件；第 3 章术语和定义；第 4 章缩略语；第 5 章算法标识和数据结构，规定标识和数据结构的定义和说明；第 6 章证书应用综合服务接口概述，主要对客户端服务接口、服务器端服务接口进行简要说明；第 7 章证书应用综合服务接口函数定义，分别对客户端控件接口函数、服务器端 COM 组件接口函数、JAVA 组件接口函数的每个函数列表进行定义和说明。

标准的附录 A 是规范性附录，给出证书应用综合服务接口的错误代码定义；附录B为资料性附录，给出一个证书应用综合服务接口的典型部署模型；附录C是资料性附录，给出一个证书应用综合服务接口的集成示例。

3. 标准和产品应用要点

第三方电子认证服务机构的数字证书认证系统的建设、检测和使用应满足GM/T 0034-2014《基于SM2密码算法的证书认证系统密码及其相关安全技术规范》、GM/T 0037-2014《证书认证系统检测规范》、GM/T 0038-2014《证书认证密钥管理系统检测规范》标准的相关要求，非第三方电子认证服务机构（如自建CA）的数字证书认证系统的建设、检测、运行及管理，可参照以上标准。下面将根据上述标准给出应用要点。

1）证书认证系统的检测类别有产品和项目之分，不同的类别对应的检测内容也不同

GM/T 0037-2014《证书认证系统检测规范》标准中将检测对象分为产品和项目两类。产品指由CA服务器、RA服务器、OCSP服务器、LDAP服务器、密码机、证书与私钥存储介质及相关软件等组成的证书认证系统。项目指采用证书认证系统产品，按照GM/T 0034-2014《基于SM2密码算法的证书认证系统密码及其相关安全技术规范》要求建设的证书认证服务运营系统。其中，物理区域、安全管理、多层结构支持、数据备份和恢复、第三方安全产品等项测试内容只适用于项目检测，不适用于产品检测；系统初始化、CA证书更新等测试内容只适用于产品检测，不适用于项目检测。

类似地，GM/T 0038标准也将检测对象分为产品和项目两类。产品主要由密钥管理服务器、密钥管理数据库服务器、密码机、KM管理终端、KM审计终端以及相关软件等组成。项目指采用证书认证密钥管理产品，按照GM/T 0034中第9章要求建设的证书认证密钥管理系统。其中物理区域、安全管理、数据备份和恢复、第三方安全产品等项测试内容只适用于项目检测，不适用于产品检测；系统初始化、支持多个CA等测试内容只适用于产品检测，不适用于项目检测。

2）应采用双证书机制，并建设双中心

系统应采用双证书机制，每个用户拥有两张数字证书，一张用于数字签名，另一张用于数据加密。用于数字签名的密钥对可以由用户利用具有密码运算功能的证书载体产生；用于数据加密的密钥对由密钥管理中心产生，并负责安全管理。签名证书和加密证书一起保存在用户的证书载体中，用户可通过查看证书中 Key Usage 扩展字段的内容（用于加密或用于签名），区分签名证书和加密证书。而且，系统应建设双中心，即同时具有证书认证中心和密钥管理中心。

3）应使用商用密码算法进行密码运算

数字证书认证系统使用对称密码算法、公钥密码算法和密码杂凑算法三类算法，实现有关密码服务的各项功能。其中，对称密码算法用于实现数据加 / 解密及消息认证，公钥密码算法用于实现签名 / 验签及密钥交换，密码杂凑算法用于实现待签名消息摘要运算。公钥密码算法使用 SM2，对称密码算法使用 SM4，密码杂凑算法使用 SM3。

4）应遵循相关标准以满足密码服务接口的要求

密码设备的接口遵循 GM/T 0018-2012《密码设备应用接口规范》、智能密码钥匙的接口遵循 GM/T 0016-2012《智能密码钥匙密码应用接口规范》、密码协议接口遵循 GM/T 0014-2012《数字证书认证系统密码协议规范》、密码服务的接口遵循 GM/T 0019-2012《通用密码服务接口规范》和 GM/T 0020-2012《证书应用综合服务接口规范》。

5）应对 CA 和 KM 的管理员进行分权管理

CA 和 KM 均应设置超级管理员、审计管理员、审计员、业务管理员和业务操作员。其中，“超级管理员”负责 CA/KM 系统的策略设置，设置各子系统的业务管理员，并对其管理的业务范围进行授权。“业务管理员”分别负责 CA/KM 的某个子系统的业务管理，设置本子系统的业务操作员并对其操作的权限进行授权。“业务操作员”按其权限进行具体的业务操作。“审计管理员”负责创建审计员并进行管理。“审计员”负责对涉及系统安全的事件和各类管理和操作人员的行为进行审计和监督。

上述各类人员应使用证书进行登录，其中“超级管理员”和“审计管理员”的证书应在 CA 和 KM 进行初始化时同时产生。KM 工作人员的证书应由 KM 自建的独立内部 CA 签发，自建的独立 CA 的根证书必须由国家级认证机构的根 CA 签发。

6）应为证书认证系统进行物理区域划分，并进一步对 KM 物理区域进行划分

证书认证系统的物理区域应划分为公共区、服务区、管理区、核心区。进入各

区域的顺序依次为管理区、服务区、核心区。在服务区应放置证书/证书注销列表的存储与发布服务器、LDAP/OCSP查询服务器（如果存在OCSP查询服务器）及连接的密码机、注册管理服务器及连接的密码机、入侵检测探测设备、漏洞扫描设备；在管理区应放置注册管理终端、注册审计终端、证书/证书注销列表的生成与签发管理终端、入侵检测管理控制台；在核心区应放置证书/证书注销列表的生成与签发服务器及连接的密码机、数据库服务器、保管密钥备份材料及介质的保险箱等；在各区域间应放置防火墙。核心区应设置独立的电磁屏蔽。在各区域放置的设备上，应在醒目的位置标识出设备在系统中的名称。各区域应设置监控探头、消防探头及门禁系统，并设置监控室，对各区域进行实时监控。

KM的物理区域应划分为密钥服务区和密钥管理区。进入各区域的顺序依次为密钥管理区、密钥服务区。在密钥服务区放置密钥管理服务器及连接的密码机、数据库服务器、防病毒服务器、入侵检测探测设备、漏洞扫描设备；在密钥管理区放置KM管理终端、KM审计终端、入侵检测管理控制台；在各物理区域间应放置防火墙。密钥服务区应设置独立的电磁屏蔽。在各区域放置的设备上，应在醒目的位置标识出设备在系统中的名称，各区域应设置监控探头、消防探头及门禁系统，并设置监控室对各区域进行实时监控。

7）应配置安全策略保障网络安全

如果KM与CA处于同一局域网内，应通过防火墙与CA连接。如果它们不处于同一局域网内，应通过网络密码机与CA连接。网络密码机应是经国家密码管理部门审批或由具备资格的机构检测认证合格的产品。

系统各相邻网段之间采用不同的防火墙进行隔离，防火墙工作模式设置为路由模式，应关闭所有系统不需要的端口，对防火墙发现的安全事件应有相应的响应策略。

应在服务区交换机上部署入侵检测探测设备，保证对外来所有信息包的检测。入侵检测管理控制台与入侵检测探测设备采取直连方式，保证其独立的管理及检测。入侵检测对信息包的检测与分析设置为高警戒级别。对入侵检测设备发现的安全事件应有相应的响应策略。最后，入侵检测的特征库应及时更新。

应定期对关键的服务器设备、网络设备及网络安全设备进行漏洞扫描，对扫描发现的安全漏洞应有相应的响应策略，并及时进行更新漏洞库。关键的服务器及操作、管理终端应部署防病毒产品，对防病毒产品发现的安全事件应有相应的响应策略，应及时更新病毒库。

系统中密码机应是经国家密码管理部门审批或由具备资格的机构检测认证合格的产品，应通过独立的物理端口与服务器连接。

8）应采取多种安全措施对CA中所使用密钥的整个生命周期进行防护

密钥安全的基本要求是，密钥的生成和使用必须在硬件密码设备中完成，且必须有安全可靠的管理机制；存在于硬件密码设备之外的所有密钥必须加密；密钥必须有安全可靠的备份恢复机制；对密码设备操作必须由多个操作员实施。

根CA密钥存放在生成该密钥的密码设备中，并采用密钥分割或秘密共享机制进行备份，应设置3个或5个分管者保存分割后的根密钥，选定的分管者分别用自己输入的口令保护分管的密钥。分管的密钥应存放在智能密码钥匙中。智能密码钥匙也应备份，并安全存放。对根CA密钥的产生过程必须进行记录。恢复或更新根CA密钥时，要有满足根CA密钥恢复所必需的分管者人数。各个分管者输入各自的口令和分管的密钥成分，以便在密码设备中恢复。根CA密钥的废除应与根CA密钥的更新同步。根CA密钥的销毁应与备份的根CA密钥一同销毁，并由密码管理部门授权的机构实施。非根CA密钥的安全性要求与根CA密钥的安全性要求一致。管理员证书密钥的安全性应满足下列要求：

①管理员证书密钥的产生和使用必须在证书载体中完成；

②密钥的生成和使用必须有安全可靠的管理机制；

③管理员的口令长度为8个字符以上；

④管理员的账号要和普通用户账号严格分类管理。

9）应有数据备份和恢复策略，能够实现对系统的数据备份与恢复

系统应选择适当的存储备份系统对重要数据进行备份。不同的应用环境可以有不同的备份方案，但应满足以下基本要求：备份要在不中断数据库使用的前提下实施，备份方案应符合国家有关信息数据备份的标准要求，应提供人工和自动备份功能，实时和定期备份功能，还应增加备份功能、日志记录功能、归档检索与恢复功能。

10）应保障系统各组件间通信安全

应采取通信加密、安全通信协议等安全措施保障CA各子系统之间、CA与KM之间、CA与RA之间的安全通信。

第 4 章

密码应用安全性评估实施要点

密码应用安全性评估包括两部分重要内容：信息系统规划阶段对密码应用方案的评审 / 评估和建设完成后对信息系统开展的实际测评。本章阐述密码应用方案设计、密码应用基本要求及其实现要点、密码测评要求及其测评方法、测评过程、测评工具、测评报告编制报送和监督检查等内容，可将其作为信息系统密码应用方案设计与密码应用安全性评估实施的重要参考依据。

首先，本章从设计与实现角度，明确密码应用方案的设计原则和设计要点，并以 GM/T 0054-2018《信息系统密码应用基本要求》中的条款为主线，逐条对总体要求、物理和环境安全、网络和通信安全、设备和计算安全、应用和数据安全、密钥管理和安全管理 7 个方面的相关条款进行解读，并给出实现要点。

其次，本章从测评角度，对《信息系统密码测评要求（试行）》中的每个测评单元，给出对应的测评方法；按照测评流程，介绍密码应用方案评估的主要内容与要求，以及测评准备、方案编制、现场测评、报告编制等阶段的主要任务；介绍密评工作中可能涉及的测评工具，并描述了典型工具的功能。

最后，本章针对测评结果的最终呈现形式——测评报告，介绍测评报告管理、信息报送和监督检查等方面的要求。

4.1 密码应用方案设计

本节在明确密码应用方案设计原则的基础上，简述其设计要点，并给出针对已建信息系统提炼密码应用方案时应重点把握的问题。

4.1.1 设计原则

密码应用方案设计是信息系统密码应用的起点，它直接决定着信息系统的密码应用能否合规、正确、有效地部署实施。此外，密码应用方案还是开展信息系统密码应用情况分析和评估工作的基础条件，是开展密评工作不可或缺的重要参考文件。密码应用方案需依照《信息系统密码应用基本要求》，结合信息系统的实际情况进行设计，并保证其具有总体性、科学性、完备性和可行性。密码应用方案设计应遵循以下原则：

①总体性原则。密码在信息系统中的应用不是孤立的，必须与信息系统的业务相结合才能发挥作用。密码应用方案应做好顶层设计，明确应用需求和预期目标，与信息系统整体网络安全保护等级相结合，通过系统总体方案和密码支撑总体架构设计来引导密码在信息系统中的应用。对于正在规划阶段的新建系统，应同时设计系统总体方案和密码支撑总体架构；对于已建但尚未规划密码应用方案的系统，信息系统责任单位要通过调研分析，梳理形成系统当前密码应用的总体架构图，提炼密码应用方案，作为后续测评实施的基础。需要注意的是，密评的对象应当是完整的等级保护定级对象（含关键信息基础设施），抽取这些信息系统的一部分进行密评是不合适的，也是没有意义的。

②科学性原则。《信息系统密码应用基本要求》是密码应用的通用要求，在应用方案设计中不能机械照搬，或简单地对照每项要求堆砌密码产品，应通过成体系、分层次的设计，形成包括密码支撑总体架构、密码基础设施建设部署、密钥管理体系构建、密码产品部署及管理等内容的总体方案。通过密码应用方案设计，为实现《信息系统密码应用基本要求》在具体信息系统上的落地创造条件。

③完备性原则。信息系统安全防护效果符合“木桶原理”，即任何一个方面存在安全风险均有可能导致信息系统安全防护体系的崩塌。密码应用方案设计，应按照《信息系统密码应用基本要求》对密码技术应用（包括物理和环境安全、网络和通信安全、设备和计算安全、应用和数据安全四个层面）、密钥管理和安全管理的相关要求，组成完备的密码支撑保障体系。

④可行性原则。密码应用方案设计需进行可行性论证，在保证信息系统业务正常运行的同时，综合考虑信息系统的复杂性、兼容性及其他保障措施等因素，保证方案切合实际、合理可行。要科学评估密码应用解决方案和实施方案，可采取整体设计、分期建设、稳步推进的策略，结合实际情况制订项目组织实施计划。

4.1.2　设计要点

密码应用方案包括密码应用解决方案、实施方案和应急处置方案。密码应用解决方案应符合内容全面、思路清晰、重点突出、资料翔实、数据可靠、方法正确等要求；密码应用实施方案应符合任务目标明晰、计划科学合理、配套措施完备等要求；密码应用应急处置方案应符合针对性强、安全事件识别准确、处置措施合理有效等要求。

1. 密码应用解决方案设计要点

《信息系统密码应用基本要求》把信息系统密码技术应用分为四个层面：物理和环境安全、网络和通信安全、设备和计算安全、应用和数据安全，前三个层面是对信息系统支撑平台的密码应用要求，第四个层面是对信息系统业务应用的密码应用要求。因此，在设计密码应用解决方案时，应关注两大方面内容：一是信息系统支撑平台的密码应用，主要解决前三个层面的密码相关安全问题，并为业务应用提供密码支撑服务；二是信息系统业务应用的密码应用，主要在应用与数据安全层面，利用密码技术处理具体业务在实际开展过程中存在的安全问题，形成使用密码技术保护的具体业务处理机制和流程，这也是整个密码应用解决方案的重中之重。

不同信息系统的支撑平台密码应用解决方案可能大同小异，但是业务应用的密码应用解决方案则是与业务应用强耦合的。在设计业务应用的密码应用解决方案时，应用和数据安全层面的相关要求主要发挥指引性作用，更重要的是，要围绕具体开展的业务应用，梳理业务的安全需求，确定需要保护的重要数据，利用支撑平台层提供的密码支撑服务，来设计面向具体业务的密码应用解决方案。

密码应用解决方案主要包括系统现状分析、安全风险及控制需求、密码应用需求、总体方案设计、密码技术方案设计、管理体系设计与运维体系设计、安全与合规性分析等几个部分，并附加密码产品和服务应用情况、业务应用系统改造 / 建设情况、系统和环境改造 / 建设情况等内容。

①要进行系统现状分析，主要对目标系统的规模、业务应用情况、网络拓扑、

信息资源、软硬件组成、管理机制和密码应用等现状加以分析，从而明确密码应用解决方案所要保护的信息资源和所涉及的范围，并对信息系统有一个总体认识。

②要对信息系统面临的安全风险和风险控制需求进行分析，描述风险分析结果（包括每个风险点涉及的威胁、脆弱点和影响），并给出降低每个风险点的控制措施，同时应重点标示拟通过密码技术解决的风险控制需求。通过对风险控制需求分析，进一步明确密码应用需求，同时需要确保密码应用的合规性，即符合国家法律法规和相关标准的规定。方案设计需要明确设计的基本原则和依据，并给出密码应用方案的总体架构。

③要从技术角度阐述密码应用解决方案的详细设计，重点对各个子系统、密码产品和服务、密码算法和协议、密码应用工作流程、密钥管理实现等部分进行描述，目的是从细节层面确定密码技术的具体部署情况，以便分析和论证是否符合各项要求。在设备配置上，需要列出已有的密码产品和密码服务，并在此基础上给出需要备选的密码产品和新增的密码服务。

④要进行管理体系设计和运维体系设计，主要是通过制度、人员、实施、应急等保障措施，合规、正确、有效地将密码技术方案部署到信息系统中，确保密码技术方案在实施、运行阶段能够按照预期的设计目标对信息系统进行安全保护。

⑤要对所设计的密码应用解决方案进行自查，通过逐条对照《信息系统密码应用基本要求》中的条款，对标准符合性和密码合规性进行检查，并详细介绍自评估具体情况，情况中要介绍《信息系统密码应用基本要求》中每个要求项对应的密码产品 / 服务和实现思路。在最终的密码应用解决方案自查结果中，每个要求项只能是“符合”或“不适用”。需要特别指出的是，对于不适用项应逐条论证，论证内容至少包括：网络或数据的安全需求（资产、数据等的重要性及其安全需求通常由等级保护定级、关键信息基础设施识别等来确定，密码应用解决方案设计时应继承这些内容）、不适用的具体原因（如环境约束、业务条件约束、经济社会稳定性等）和可满足安全要求并达到等效控制的其他替代性风险控制措施。

⑥要对密码产品和服务应用情况、业务系统改造 / 建设情况、系统和环境改造 / 建设情况等加以说明。

2. 密码应用实施方案设计要点

密码应用实施方案是密码应用方案具体项目实施、落地的一整套解决方案。实施方案应包括项目概述、项目组织、实施内容、实施计划、保障措施、经费概算等内容。需要说明的是，新建系统如果有“整体设计、分步实施”的计划，则应在实施方案中明确实施节点和阶段性目标。

3. 密码应用应急处置方案设计要点

密码应用应急处置方案应当首先对潜在的安全威胁（风险）进行分析，重点识别在项目实施过程中和在密码系统 / 设备运行过程中可能发生的安全事件，并对安全事件进行分类和分级描述。应急处置方案应明确应急处置组织的结构与职责，并针对潜在安全威胁给出技术和管理上的应急响应机制及风险防范措施。应急处置方案还应当包括在安全事件发生后的信息公告流程和损失评估程序，并给出各个应急处置方案的激活条件。

4. 已建信息系统密码应用方案提炼

对于已建信息系统，从中提炼密码应用方案时应重点把握和解决以下问题：

①明确信息系统的详细网络拓扑；

②摸清系统中已有的密码产品，包括嵌入在通用设备中的密码部件，如密码卡、软件密码模块等，并明确各密码产品在信息系统网络拓扑中的位置；

③梳理密钥管理层次，给出密钥全生命周期的管理过程；

④针对重要数据和敏感信息，梳理其在信息系统中的流转过程和受保护情况（如使用物理防护、密码技术保护或安全管理控制等）。

4.2　密码应用基本要求与实现要点

本节从实现要点的角度解读《信息系统密码应用基本要求》相关内容，既可以用于规范信息系统密码应用的建设，又可以指导测评人员开展信息系统密码应用安全性评估。

4.2.1　标准介绍

2018 年 2 月 8 日，GM/T 0054-2018《信息系统密码应用基本要求》由国家密码管理局发布并实施。该标准由 9 个正文章节和 2 个资料性附录组成，包括总体要求、密码功能要求、密码技术应用要求、密钥管理、安全管理等内容。

① 总体要求规定了密码算法、密码技术、密码产品和密码服务应当符合商用密码管理的相关规定，满足标准规范的相关要求，即合规性。

② 密码功能要求从保密性、完整性、真实性和不可否认性四个方面，规定了信息系统中需要用密码保护的对象。

③ 密码技术应用要求是标准的核心内容，分别从物理和环境安全、网络和通信安全、设备和计算安全、应用和数据安全四个层面规定了密码技术的应用要求。在给出总则的基础上，每个层面还包含了等级保护四个不同级别的具体要求。总则从整体角度给出了每个方面涉及的技术需求，但不规定具体要求。四个等级的要求以条款增加和强制性增强的方式逐级别提升。

④ 密钥管理对密钥全生命周期的各个环节（密钥的生成、存储、分发、导入、导出、使用、备份、恢复、归档与销毁等）作了要求，分别规定了等级保护四个不同级别的密钥管理要求。

⑤ 安全管理从制度、人员、实施和应急等方面，规定了等级保护四个不同级别的安全管理要求。

⑥ 附录 A 给出了不同安全保护等级信息系统中的密码技术应用要求，汇总了要求的各个条款和不同等级的推荐强度（无要求、可、宜、应）。

⑦ 附录 B 列出了已经发布的密码行业标准。

《信息系统密码测评要求（试行）》是《信息系统密码应用基本要求》的配套指导性文件，规定了对《信息系统密码应用基本要求》中条款的测评方法。对于《信息系统密码应用基本要求》中的每项要求，《信息系统密码测评要求（试行）》给出了相应的测评单元，测评单元由测评指标、测评对象、测评实施和结果判定四个部分组成，为测评人员提供了具体的实施和判定方法。

本节主要对《信息系统密码应用基本要求》中等级保护第三级和第四级的信息系统所要求的条款进行解读，并标注了仅第四级信息系统要求的条款。对于等级保护其他级别的信息系统，可参考标准对照理解。

4.2.2 总体要求解读

1. 条款 [5.1]：密码算法

条款要求：信息系统中使用的密码算法应当符合法律、法规的规定和密码相关国家标准、行业标准的有关要求。

解读：该条款的目的是规范密码算法的选用，要求信息系统应使用国家密码管理部门或相关行业认可的标准算法。这样一方面能为算法本身的安全性提供保证，另一方面也能够为信息系统的互联互通提供便利。

一般来说，有三种类型的密码算法可以满足该条款的要求：

① 以国家标准或国家密码行业标准形式公开发布的密码算法：密码应用中使用的绝大多数算法都是这类算法，包括 ZUC、SM2、SM3、SM4、SM9 等算法。

② 为特定行业、特定需求设计的专用算法及未公开的通用算法：这类算法在密码应用中相对涉及较少，使用这类算法前应向国家密码管理部门咨询有关政策。

③ 由于国际互联互通等需要而兼容的其他算法：在选取这些算法前，信息系统责任单位须同时咨询行业主管部门和国家密码管理部门的意见，且应在应用中默认优先使用商用密码算法。例如，银行业为满足国际互联互通需求，需采用符合安全强度要求的 RSA 算法。

2. 条款 [5.2]：密码技术

条款要求：信息系统中使用的密码技术应遵循密码相关国家标准和行业标准。

解读：该条款的目的是规范密码技术的使用，要求使用的密码技术应符合国家或行业标准规定。密码技术是指实现密码的加密保护和安全认证等功能的技术，除密码算法外，还包括密钥管理和密码协议等。密码技术相关国家或行业标准规定了密码技术在密码产品中或不同应用场景下的使用方法，信息系统应当依据相关要求实现所需的安全功能。例如，在 GM/T 0036-2014 电子门禁系统标准中，规定了采用基于 SM4 等算法的密钥分散技术实现密钥分发；在 GM/T 0022-2014 IPSec VPN 标准中，规定了采用 SM4 等对称密码算法、SM2 等公钥密码算法和 SM3 等密码杂凑算法进行保密性保护、身份鉴别和完整性保护的方法。

3. 条款 [5.3]：密码产品

条款要求：信息系统中使用的密码产品与密码模块应通过国家密码管理部门核准。

解读：该条款的目的是规范密码产品和密码模块的使用，要求所有信息系统中的密码产品与密码模块都应通过国家密码管理部门的核准 / 审批。这里所称的“密码产品”和“密码模块”是狭义的概念，事实上都属于广义上的“密码产品”。需要说明的是，2020 年 1 月 1 日《密码法》正式实施后，国家密码管理局不再实施商用密码产品品种型号管理，原有的商用密码产品型号证书转换为认证证书。此外，若信息安全产品中包含商用密码（如安全路由器等），则也属于商用密码产品检测的范畴，应当取得国家密码管理部门认可的商用密码检测机构出具的合格检测报告。

按照商用密码产品检测的趋势，密码产品（除密码系统外）不仅要在功能上满足相关产品标准，还要在自身安全性（安全防护能力）上满足特定安全等级的要求。考虑到部分历史产品未进行安全等级符合性检测，《信息系统密码应用基本要求》的四个安全等级均允许使用硬件形态的密码产品；待它们的证书有效期满后，在进行重新检测时，将在原有检测内容基础上增加对安全等级的单独检测。

在原理上，信息系统的安全等级与选用的密码产品的安全等级并没有严格对应关系，密码模块等级的选用，应当综合考虑密码模块的安全性及被保护系统和被保护资产的价值等各方面因素。但是，由于现阶段人们对密码模块安全等级的理解程度不一，为更好地保障信息系统的安全，《信息系统密码应用基本要求》要求高安全等级的信息系统应当使用高安全等级的密码模块。在实际密码应用中，在经过充分论证的情况下，信息系统可以选用适合自身安全等级的密码模块；选用理由应当在密码应用方案中阐述，而且密码应用方案应当通过评估。在默认情况下，信息系统应当按照《信息系统密码应用基本要求》中的规定选取和部署相关的密码产品，具体要求如下：

① 等级保护第一级信息系统，对选用的密码产品的安全级别无特殊要求。

② 等级保护第二级信息系统，“宜”采用符合 GM/T 0028-2014 的二级及以上密码模块或通过国家密码管理部门核准的硬件密码产品，实现密码运算和密钥管理。

③ 等级保护第三级信息系统，“宜”采用符合 GM/T 0028-2014 的三级及以上密码模块或通过国家密码管理部门核准的硬件密码产品，实现密码运算和密钥管理。

④ 等级保护第四级信息系统，“应”采用符合 GM/T 0028-2014 的三级及以上密码模块或通过国家密码管理部门核准的硬件密码产品，实现密码运算和密钥管理。

4. 条款 [5.4]：密码服务

条款要求：信息系统中使用的密码服务应通过国家密码管理部门许可。

解读：该条款的目的是规范密码服务的使用，要求使用国家密码管理部门许可（或商用密码认证机构认证合格）的密码服务。现阶段，密码服务许可的范围还集中在较为成熟的电子认证服务行业。国家密码管理局为通过安全性审查的第三方电子认证服务提供商颁发电子认证服务使用密码许可证，对电子政务电子认证服务机构进行认定；商用密码认证机构将为认证合格的其他密码服务颁发相应的认证证书。

4.2.3　密码技术应用要求与实现要点

1. 物理和环境安全的要求与实现要点

物理和环境安全密码应用总则如下：

① 采用密码技术实施对重要场所、监控设备等的物理访问控制。

② 采用密码技术对物理访问控制记录、监控信息等物理和环境的敏感信息数据实施完整性保护。

③ 采用密码技术实现的电子门禁系统应遵循 GM/T 0036-2014 要求。

物理和环境安全是信息系统安全的基础层面。如果信息系统的物理和环境安全得不到保障，则设备、数据、应用等都将直接暴露在威胁之下，信息系统的安全就无从谈起。利用密码技术确保信息系统的物理和环境安全，可以有效阻断外界对信息系统各类重要场所、监控设备的直接入侵，并确保监控记录信息不被恶意篡改。对于物理和环境安全性的要求主要有两方面：一是对于物理和环境的访问控制，即未授权人员无法访问重要场所、重要设备和监控设备；二是对各类物理和环境的监控信息的完整性保护，包括人员进入记录、监控记录等，实现事前威慑、事中监控、事后追责。

实现要点概述：为保障物理和环境安全，一种典型的做法是将信息系统部署在机房，机房配套部署电子门禁系统和视频监控设备。采用电子门禁系统是实现物理和环境访问控制的有效手段。但是，当前采用或启用密码技术的电子门禁系统还不普遍，复制门禁卡的行为还时有发生。国家密码管理局于 2014 年发布了 GM/T 0036-2014《采用非接触卡的门禁系统密码应用技术指南》，信息系统责任单位应尽可能选择符合该标准的电子门禁系统保护物理和环境安全。

1）条款 [7.1.5a]：身份鉴别

条款要求：应使用密码技术的真实性功能来保护物理访问控制身份鉴别信息，保证重要区域进入人员身份的真实性。

实现要点：电子门禁系统应采用密码技术实现身份标识和鉴别信息绑定，保护物理访问控制身份鉴别信息。使用遵循 GM/T 0036-2014 要求的电子门禁系统（称为安全门禁系统）可满足该条款要求。符合该标准的电子门禁系统使用 SM4 等算法进行密钥分散，实现门禁卡的一卡一密，并基于 SM4 等算法鉴别人员身份。

2）条款 [7.1.5b]：电子门禁记录数据完整性

条款要求：应使用密码技术的完整性功能来保证电子门禁系统进出记录的完整性。

实现要点：电子门禁系统进出记录应严格进行完整性保护，完整的进出记录是实现安全管理、事后追责的重要基础。信息系统可根据自身需求，选择合适的密码产品（如智能密码钥匙、服务器密码机等），采用 MAC 或数字签名等技术对记录进行完整性保护。

3）条款 [7.1.5c]：视频记录数据完整性

条款要求：应使用密码技术的完整性功能来保证视频监控音像记录的完整性。

实现要点：与条款 [7.1.5b] 类似，可采用 MAC 或数字签名等技术对视频监控音像记录进行完整性保护。不同的是，音像记录文件较大，考虑效率因素，信息系统可采用专用设备（如服务器密码机、加密存储设备、视频加密系统等）实现音像记录存储的完整性保护。

4）条款 [7.1.5d]：密码模块实现

条款要求：应采用符合 GM/T 0028-2014 要求的三级及以上密码模块或通过国家密码管理部门核准的硬件密码产品实现密码运算和密钥管理（第四级信息系统要求，第三级信息系统推荐）。

实现要点：在默认情况下，选用符合 GM/T 0028-2014 要求的三级及以上密码模块或通过国家密码管理部门核准的硬件密码产品实现电子门禁系统的密钥管理，以及进出记录数据和视频监控音像记录的完整性保护。

2. 网络和通信安全的要求与实现要点

网络和通信安全密码应用总则如下：

① 采用密码技术对连接到内部网络的设备进行安全认证。

② 采用密码技术对通信的双方身份进行认证。

③ 采用密码技术保证通信过程中数据的完整性。

④ 采用密码技术保证通信过程中敏感信息数据字段或整个报文的保密性。

⑤ 采用密码技术保证网络边界访问控制信息、系统资源访问控制信息的完整性。

⑥ 采用密码技术建立一条安全的信息传输通道，对网络中的安全设备或安全组件进行集中管理。

信息系统一般通过网络技术来实现与外界的互联互通。网络和通信安全层面的密码应用要求主要指利用密码技术保护网络通信链路的安全，不涉及其他层次的相关概念。本总则中提到的身份、系统资源访问控制信息等是网络和通信安全层面的概念，虽然与其他层面的保护方式较为类似，但应避免与其他层面的类似概念相混淆，避免遗漏需要保护的对象。例如，“采用密码技术对通信的双方身份进行认证”要求中的通信双方指的是建立网络通信链路的两台设备（如 IPSec/SSL VPN），并非指应用和用户；因通信链路上可能承载多个不同应用，这些应用可能需要对各自的用户实施更细粒度的身份标记和鉴别，因此，该层面的鉴别一般情况下不能替代其他层面的鉴别。需要读者注意的是，GM/T 0054-2018 在本层面相关条款要求的“身份认证”称为“身份鉴别”更为准确。

如果在 TCP/IP 模型中的网络层和传输层使用通用安全通信协议，通用安全通信协议应符合国内标准要求。我国 IPSec/SSL VPN 协议标准和国外标准在密码算法、数字证书使用等方面要求不同，在选用时应注意使用符合我国密码行业标准的通信协议。若在网络层和传输层使用非通用安全通信协议，信息系统责任单位应将整体技术方案，以及对应标准或对应方案提交国家密码管理部门审查。

实现要点概述：在网络边界部署核准的 IPSec VPN 或 SSL VPN 设备，是满足网络和通信安全层面要求的通用实现方法。对网络边界内的安全设备、安全组件进行集中管理时，需建立一条与普通业务数据通信链路相隔离的专用信息安全传输通道，用于保护设备远程管理的数据和鉴别信息。对于等级保护第四级信息系统，还应对接入内网的所有设备进行身份鉴别。

1）条款 [7.2.5a]：身份鉴别

条款要求：应在通信前基于密码技术对通信双方进行验证或认证，使用密码技术的保密性和真实性功能来实现防截获、防假冒和防重用，保证传输过程中鉴别信息的保密性和网络设备实体身份的真实性。

实现要点：通信实体身份真实性鉴别通常采用 PKI 技术实现。在实现 PKI 时，可参考 GM/T 0034-2014《基于 SM2 密码算法的证书认证系统密码及其相关安全技术规范》要求执行“双中心、双证书”部署方式，或者直接使用合规的第三方电子认证服务。对于一些网络设备较少、拓扑简单的小型信息系统，可以不需要 PKI 证书体系来完成证书的签发、验证、撤销等维护工作，但必须对实体标识与鉴别数据进行有效绑定。例如，通过预共享密钥、预置证书或公钥等方式。没有实体标识与鉴别数据绑定功能的方案将无法验证实体的真实性。对于实体的鉴别方式，要使用 GB/T 15843《信息技术 安全技术 实体鉴别》中规定的鉴别方式，保证鉴别过程的安全性。

2）条款 [7.2.5b]：内部网络安全接入（第四级信息系统要求）

条款要求：应采用密码技术对连接到内部网络的设备进行身份鉴别，确保接入网络的设备真实可信。

实现要点：为确保接入内部网络的设备真实可信，首先需利用 PKI 等技术对所有授权接入设备进行身份唯一性标识，并配备证书、密钥等鉴别数据。连接到内部网络的设备分为两种情形：一种是设备从网络边界外远程接入内部网络，这种情况下可通过 IPSec/SSL VPN 或安全认证网关对设备进行接入控制；另一种是设备从网络边界内连接内网，例如，管理员将设备直接接入内网核心交换机，此时需要在网络边界内部配备身份鉴别设备（如身份鉴别系统），并建立访问控制机制，对接入设备进行接入控制，只有通过鉴别的设备才能访问信息系统内网资源。

3）条款 [7.2.5c]：访问控制信息完整性

条款要求：应使用密码技术的完整性功能来保证网络边界和系统资源访问控制信息的完整性。

实现要点：除使用防火墙等安全产品外，利用密码技术也能够实现对网络边界的完整性保护，如使用 IPSec/SSL VPN 内部的网络边界控制机制等。对于网络访问控制信息（如访问控制列表）保护，可采用密码产品对访问控制信息计算 MAC 或签名后保存，以保证信息的完整性。

4）条款 [7.2.5d]：通信数据完整性

条款要求：应采用密码技术保证通信过程中数据的完整性。

实现要点：通信数据的保密性和完整性保护是信息系统中最普遍的需求。信息系统可根据需求选择网络中的不同层次（如网络层、传输层）进行完整性保护。通常可以采用符合标准的 IPSec/SSL VPN 来实现通信数据加密和完整性保护（也可以同时实现身份鉴别）。

5）条款 [7.2.5e]：通信数据保密性

条款要求： 应采用密码技术保证通信过程中敏感信息数据字段或整个报文的保密性。

实现要点： 一般在实现通信数据完整性时，可同时实现通信数据的保密性，可参考条款 [7.2.5d]。某些情况下，考虑系统实际应用（如实时性、系统资源占用等），针对非敏感网络字段（如命令字、状态信息等）可不进行保密性保护，但仍需要进行完整性保护。

6）条款 [7.2.5f]：集中管理通道安全

条款要求： 应采用密码技术建立一条安全的信息传输通道，对网络中的安全设备或安全组件进行集中管理。

实现要点： 安全设备或组件的管理直接关系到信息系统的安全，因此在进行设备远程管理时，即便认为内网网络相对安全，也应对管理通道内的敏感数据（如管理员鉴别信息）进行保密性和完整性保护，并与内部网络中的业务通道相分离。一种实现方式是利用 IPSec/SSL VPN 在内部网络中构建管理内网，管理员通过管理内网对网络中的安全设备或组件进行管理。

7）条款 [7.2.5g]：密码模块实现

条款要求： 应基于符合 GM/T 0028-2014 要求的三级及以上密码模块或通过国家密码管理部门核准的硬件密码产品实现密码运算和密钥管理（第四级信息系统要求，第三级信息系统推荐）。

实现要点： 在默认情况下，选用符合 GM/T 0028-2014 要求的三级及以上密码模块或通过国家密码管理部门核准的硬件密码产品（如 VPN、服务器密码机、证书认证系统、智能密码钥匙等）来实现密钥管理、身份鉴别、数据加解密、MAC 计算、数字签名计算等功能。

3. 设备和计算安全的要求与实现要点

设备和计算安全密码应用总则如下：

① 采用密码技术对登录的用户进行身份鉴别。

② 采用密码技术的完整性功能来保证系统资源访问控制信息的完整性。

③ 采用密码技术的完整性功能来保证重要信息资源敏感标记的完整性。

④ 采用密码技术的完整性功能对重要程序或文件进行完整性保护。

⑤ 采用密码技术的完整性功能来对日志记录进行完整性保护。

设备和计算安全主要是针对信息系统中设备的用户身份鉴别信息、日志记录、访问控制信息、重要程序或文件、重要信息资源敏感标记等提出的安全要求。本总则中提到的用户[1]、日志记录、访问控制信息等是设备和计算安全层面的概念，虽然与其他层面的保护方式较为类似，但应避免与其他层面的类似概念相混淆，避免遗漏需要保护的对象。例如，“采用密码技术对登录的用户进行身份鉴别”要求中的用户指的是登录设备的用户，而不是登录设备中应用的用户，一台设备上可能承载多个应用，而每个应用对各自用户的身份标记、鉴别方式和粒度均可能存在差异。再如，“采用密码技术的完整性功能来保证系统资源访问控制信息、日志记录的完整性”要求中所指的是设备系统资源访问控制信息和日志记录，不应与网络和通信安全层面、应用和数据安全层面的类似信息混淆。

实现要点概述：设备和计算安全的本质是保障密码技术的运行和计算环境安全，重点针对或指向两大类对象：一类是密码产品自身，可直接完成密钥管理和密码计算；另一类是通用设备，需要密码技术完成各类关键系统资源、文件、程序的完整性保护。

对于密码产品，若已通过国家密码管理部门的审批或已经由具备资格的机构检测认证合格，其自身的安全性可以得到保证，因此，在实现时，应重点考虑通用产品的设备安全。使用密码技术对通用产品的设备和计算安全进行保护，主要有两种实现方式：一是使用内置密码部件（如密码卡、软件密码模块、安全芯片、加密硬盘等），完成各类关键系统资源、文件、程序的完整性保护；二是对通用产品配备外置智能密码钥匙（适合性能要求不高的场景）或服务器密码机（适合性能要求较高的场景）等完成类似保护。使用密码技术对通用设备的具体保护方式如下：

① 利用智能密码钥匙、软件密码模块等身份鉴别介质作为设备管理员的身份凭证，在设备管理员进行设备登录时对其身份进行鉴别；

② 对于通用设备重要审计日志信息、系统资源访问控制信息、重要信息资源敏感标记等，利用内置可信计算模块、密码卡、加密硬盘、软件密码模块或外接智能密码钥匙、服务器密码机等对它们进行数字签名 / MAC 计算，来验证这些信息在信息系统中的完整性。

1　此处用户指广义用户，即所有登录设备进行操作的实体均被认为是用户，包括管理员、运维人员等。

1）条款 [7.3.5a]：身份鉴别

条款要求：应使用密码技术对登录的用户进行身份标识和鉴别，身份标识具有唯一性，身份鉴别信息具有复杂度要求并定期更换。

实现要点：这里的用户是指登录到设备的用户。身份鉴别有三种方式，即利用“知道什么”（如口令）、“拥有什么”（如动态令牌、智能密码钥匙）和“是什么”（如指纹）来鉴别，其中前两种都可基于密码技术实现，可参考本书 1.7 节给出的真实性实现方法进行身份鉴别。信息系统中用户的身份标识信息应具有唯一性，并对用户的身份鉴别数据复杂度进行要求（例如，使用口令时，口令长度不应少于一定位数、不应全为数字，使用密码算法的安全强度符合当前要求等），并且更换周期和更换方法应当在安全手册（或类似文件）中进行规范。

2）条款 [7.3.5b]：远程管理鉴别信息保密性

条款要求：在远程管理时，应使用密码技术的保密性功能来实现鉴别信息的防窃听。

实现要点：本条款的目的是防止鉴别信息在传输通道上被以明文方式窃取。信息系统可通过条款 [7.2.5f] 搭建的加密传输通道，对鉴别信息加密实现防窃听。

3）条款 [7.3.5c]：访问控制信息完整性

条款要求：应使用密码技术的完整性功能来保证系统资源访问控制信息的完整性。

实现要点：实现重要设备信息完整性保护主要有两种方式：一是利用设备内嵌的密码部件（如密码卡、软件密码模块、加密硬盘等）执行密码计算；二是利用外部密码产品（如密码机、智能密码钥匙等）执行密码计算。密码部件或密码产品需进行 MAC 或数字签名计算，对存储的系统资源访问控制信息、重要信息资源敏感标记和日志记录等进行完整性保护。

4）条款 [7.3.5d]：敏感标记完整性

条款要求：应使用密码技术的完整性功能来保证重要信息资源敏感标记的完整性。

实现要点：可参考条款 [7.3.5c]。

5）条款 [7.3.5e]：重要程序或文件完整性

条款要求：应采用可信计算技术建立从系统到应用的信任链，实现系统运行过程中重要程序或文件完整性保护。

实现要点："可信计算模块—BIOS—操作系统—重要程序或文件"是一种典型的基于可信计算技术的完整信任链，信任链基于PKI技术实现，将根CA证书存放在可信的安全单元内。采用的可信计算密码模块或支撑平台，应符合GM/T 0011-2012《可信计算 可信密码支撑平台功能与接口规范》（对应国家标准为GB/T 29829-2013《信息安全技术 可信计算密码支撑平台功能与接口规范》）、GM/T 0012-2012《可信计算 可信密码模块接口规范》等标准的要求。如果信息系统不支持可信计算功能，可将信任锚（如根证书、公钥）存储在安全的环境下，通过基于该信任锚的数字签名技术来实现对重要程序或文件的完整性保护。

6）条款[7.3.5f]：日志记录完整性

条款要求：应使用密码技术的完整性功能来对日志记录进行完整性保护。

实现要点：可参考条款[7.3.5c]，涉及身份鉴别、远程管理和操作等关键日志记录需要进行完整性保护。需要指出的是，由于日志记录可与设备日常运行相分离，因此可将日志记录统一发送到专门的日志服务器中，由日志服务器使用内置或外部的密码产品对日志进行完整性保护。考虑到日志信息更新的频繁性，信息系统可以制定自身的安全策略定期对日志记录进行安全存储和完整性校验。

7）条款[7.3.5g]：密码模块实现

条款要求：应采用符合GM/T 0028-2014要求的三级及以上密码模块或通过国家密码管理部门核准的硬件密码产品实现密码运算和密钥管理（第四级信息系统要求，第三级信息系统推荐）。

实现要点：在默认情况下，选用符合GM/T 0028-2014要求的三级及以上密码模块或通过国家密码管理部门核准的硬件密码产品（如服务器密码机、证书认证系统、动态口令系统、可信计算模块、智能IC卡、智能密码钥匙等）来实现密钥管理、身份鉴别、MAC计算、数字签名计算等功能。

4. 应用和数据安全的要求与实现要点

应用和数据安全密码应用总则如下：

① 采用密码技术对登录用户进行身份鉴别。

② 采用密码技术的完整性功能来保证系统资源访问控制信息的完整性。

③ 采用密码技术的完整性功能来保证重要信息资源敏感标记的完整性。

④ 采用密码技术保证重要数据在传输过程中的保密性、完整性。

⑤ 采用密码技术保证重要数据在存储过程中的保密性、完整性。

⑥ 采用密码技术对重要程序的加载和卸载进行安全控制。

⑦ 采用密码技术实现实体行为的不可否认性。

⑧ 采用密码技术的完整性功能来对日志记录进行完整性保护。

应用和数据安全主要是对信息系统中关键业务应用的用户身份鉴别信息、系统资源访问控制信息、重要信息资源敏感标记、重要数据传输、重要数据存储、行为不可否认、日志记录等提出的安全要求。本总则中提到的用户[1]、日志记录、访问控制信息等是应用和数据安全层面的概念，虽然与其他层面的保护方式较为类似，但应避免与其他层面的类似概念相混淆，避免遗漏需要保护的对象。例如，“采用密码技术对登录用户进行身份鉴别”要求中的用户指的是登录应用的用户，而不是登录设备的用户，一台设备上可能承载多个应用，而每个应用对各自用户的身份标记、鉴别方式和粒度均可能存在差异。再如，“采用密码技术的完整性功能来保证系统资源访问控制信息、日志记录的完整性”要求中所指的是业务应用的系统资源访问控制信息和日志信息，不能与网络和通信安全层面、设备和计算安全层面的类似信息混淆。需要说明的是，由于密码应用需求的多样性，信息系统应当结合自身具体的应用需求设计有针对性的密码应用方案，下面给出的实现要点仅供参考。

实现要点概述：虽然网络和通信安全层面以及设备和计算安全层面能够提供底层的安全防护，但一些具有特殊安全需求的业务应用系统仍然需要在“应用和数据安全”层面也实现安全防护机制。例如，对于单设备多应用、单通信链路多应用的情况，可能需要利用密码技术对每个应用进行保护；对于一些需要“端到端”安全保护的应用场景，也需要在“应用和数据安全”层面实现安全机制。这种多层次的深度防御措施能够有效防止单层安全机制的失效，例如，网络通信层安全机制被攻破后，重要数据在应用层仍然是加密传输的，它们的保密性依然有保证。另外，对于真实性的要求在不同层面是无法相互替代的。例如，通信设备身份真实并不意味着业务用户身份不会被假冒。

信息系统可采用以下密码产品保护其应用和数据安全层面的安全：

① 利用智能密码钥匙、智能 IC 卡、动态令牌等作为用户登录应用的凭证。

② 利用服务器密码机等设备对重要数据进行加密和计算 MAC 后传输，实现对重要数据（在应用和数据安全层面）在传输过程中的保密性和完整性保护。

---

1 此处用户指广义用户，所有登录应用进行操作的实体均被认为是用户，包括管理员、运维人员，甚至是其他应用。

③ 利用服务器密码机等设备对重要数据进行加密、计算 MAC 或签名后存储在数据库中，实现对重要数据在存储过程中的保密性和完整性保护。

④ 利用签名验签服务器、智能密码钥匙、电子签章系统、时间戳服务器等设备实现对可能涉及法律责任认定的数据原发、接收行为的不可否认性。

1）条款 [7.4.5a]：身份鉴别

条款要求：应使用密码技术对登录的用户进行身份标识和鉴别，实现身份鉴别信息的防截获、防假冒和防重用，保证应用系统用户身份的真实性。

实现要点：这里的用户是指登录到业务应用系统的用户，业务应用系统对用户身份的鉴别方式可以参见条款 [7.2.5a] 和 [7.3.5a]。

2）条款 [7.4.5b]：访问控制信息和敏感标记完整性

条款要求：应使用密码技术的完整性功能来保证业务应用系统访问控制策略、数据库表访问控制信息和重要信息资源敏感标记等信息的完整性。

实现要点：可参考条款 [7.3.5c]。但需要注意的是，这里主要是从业务应用的角度实现对系统访问控制策略、数据库表访问控制信息和重要信息资源敏感标记等进行完整性保护。

3）条款 [7.4.5c]：数据传输保密性

条款要求：应采用密码技术保证重要数据在传输过程中的保密性，包括但不限于鉴别数据、重要业务数据和重要用户信息等。

实现要点：实现重要数据传输保密性保护可以在业务应用系统应用层面利用密码产品对重要数据加密后再传输。需要指出的是，在某些复杂场景下，仅在网络和通信安全层面搭建安全通信链路实现保密性保护并不能完全满足安全要求，还应在“应用和数据安全”层面直接对应用层重要数据进行加密保护。例如，在拥有多个应用的信息系统中采用“站到站”或“端到站”模式通过 VPN 实现数据传输，不同应用的传输数据在内网中明文传输，可能存在某些应用截获内部传输数据和非授权访问其他应用数据的风险，因此，应为不同应用配发不同密钥，在应用层对各应用关键数据实现“端到端”加密保护。

4）条款 [7.4.5d]：数据存储保密性

条款要求：应采用密码技术保证重要数据在存储过程中的保密性，包括但不限于鉴别数据、重要业务数据和重要用户信息等。

实现要点：信息系统可选择具有商用密码产品型号的加密存储设备（如加密硬

盘、存储加密系统等）或内置密码模块对重要数据进行加密保护；或将重要数据发送到服务器密码机等密码产品进行保密性保护后存放至数据库或其他存储介质中。

5）条款 [7.4.5e]：数据传输完整性

条款要求：应采用密码技术保证重要数据在传输过程中的完整性，包括但不限于鉴别数据、重要业务数据、重要审计数据、重要配置数据、重要视频数据和重要用户信息等。

实现要点：与条款 [7.4.5c] 中的数据传输保密性类似，不同的是，完整性保护使用的是 MAC 或数字签名技术。

6）条款 [7.4.5f]：数据存储完整性

条款要求：应采用密码技术保证重要数据在存储过程中的完整性，包括但不限于鉴别数据、重要业务数据、重要审计数据、重要配置数据、重要视频数据和重要用户信息、重要可执行程序等。

实现要点：一般存储介质提供的数据存储完整性保护功能，仅能防止不经意的错误（如硬盘自带校验功能可检测并纠正硬件故障导致的存储错误），但为防止存储的重要数据被恶意篡改，还需采用带密钥的密码技术（如 MAC、数字签名等）来实现数据存储完整性的保护。实现时，可将重要数据发送到服务器密码机等密码产品中进行完整性保护后，再存放至数据库或其他存储介质中。

7）条款 [7.4.5g]：日志记录完整性

条款要求：应使用密码技术的完整性功能来实现对日志记录完整性的保护。

实现要点：可参考条款 [7.3.5f]，但这里指的是属于应用的日志记录。

8）条款 [7.4.5h]：重要应用程序的加载和卸载

条款要求：应采用密码技术对重要应用程序的加载和卸载进行安全控制。

实现要点：通过密码技术提供的真实性和完整性功能可以对重要程序的加载和卸载进行安全控制。利用真实性功能对重要应用程序的操作员身份进行鉴别，确保仅具备权限的操作员才可以对重要应用程序执行加载和卸载操作；利用完整性功能对重要应用程序在加载内容时进行完整性校验，确保重要应用程序内容未被非法篡改。这些功能可由应用程序本身提供，也可由操作系统或运行环境提供。

9）条款 [7.4.5i]：抗抵赖（第四级信息系统要求）

条款要求：在可能涉及法律责任认定的应用中，应采用密码技术提供数据原发证据和数据接收证据，实现数据原发行为的不可否认性和数据接收行为的不可否认性。

实现要点： 抗抵赖又称为不可否认性，数据原发行为的不可否认性主要是防止数据发送方否认其曾经发送过某个数据的行为；而数据接收行为的不可否认性则主要是防止数据接收方谎称未收文件（如风险告知书等）而拒绝承担相应义务、逃避责任的情况。数字签名技术是解决这两类行为的常用方法，具体方法可以参考本书1.7节中的不可否认性实现。此外，对于具有电子印章的单位，还可以配合电子签章系统实现数据原发行为和接收行为的不可否认性；对于一些对时间敏感的业务应用，还可以配合时间戳服务器，为行为的发生时间提供可信证明。

10）条款[7.4.5j]：密码模块实现

条款要求： 应采用符合GM/T 0028-2014要求的三级及以上密码模块或通过国家密码管理部门核准的硬件密码产品实现密码运算和密钥管理（第四级信息系统要求，第三级信息系统推荐）。

实现要点： 在默认情况下，选用符合GM/T 0028-2014要求的三级及以上密码模块或通过国家密码管理部门核准的硬件密码产品（如服务器密码机、证书认证系统、动态口令系统、可信计算模块、智能IC卡、智能密码钥匙等）来实现密钥管理、身份鉴别、MAC计算、数字签名计算等功能。

4.2.4 密钥管理要求与实现要点

密钥管理是密码应用的基础支撑，基本概念已在本书1.5节作过介绍。根据《信息系统密码应用基本要求》所定义的密码技术应用的四个安全层面，对应密码技术所涉及的密钥也可分为四个层次。通常这四个层次的密钥之间应相对独立，即使这些层面所提供的应用功能类似，但使用的密钥也不应相同，例如，登录设备和登录应用的用户密钥（或数字证书）一般是独立的。为了有助于更好理解不同密码应用层面上的密钥管理方式，本小节首先给出不同密码应用层中的典型密钥，然后对密钥生命周期的每个节点给出相应的实现要点。

1. 不同密码应用层面中的典型密钥

1）物理和环境安全层面的典型密钥

信息系统一般应部署典型的满足GM/T 0036-2014标准要求的电子门禁系统，

以及对进出日志和监控记录进行完整性保护的密码产品。物理和环境安全层面中的典型密钥主要包括以下两类。

（1）真实性保护密钥。主要指电子门禁系统用于鉴别身份的密钥。在符合 GM/T 0036-2014 标准要求的电子门禁系统中，这类密钥为对称密钥，电子门禁系统利用对称加解密完成“挑战—响应”，以实现身份鉴别。

（2）完整性保护密钥。主要指保护电子门禁系统的进出记录、视频监控音像记录完整性的密钥。根据所使用完整性保护技术的不同，这类密钥可以是对称密钥（用于 MAC 计算），也可以是非对称密钥对（用于数字签名）。对称密钥和非对称密钥对中的私钥应进行保密性和完整性保护，一般做法是将它们安全地存储在特定密码产品中，公钥则一般封装为数字证书形式以保证其完整性（以下相同）。

2）网络和通信安全层面的典型密钥

信息系统一般通过部署 IPSec/SSL VPN 来满足网络和通信安全层面的密码技术应用要求。“网络和通信安全”层面中的典型密钥主要包括以下三类：

（1）真实性保护密钥。主要是指在 IPSec VPN 的 IKE 协议阶段和 SSL VPN 握手协议阶段进行身份鉴别所使用的非对称密钥对。

（2）保密性保护密钥。主要是指 IPSec VPN 会话密钥和 SSL VPN 工作密钥中的数据加密密钥，利用对称加密技术完成对传输数据的保密性保护。这类密钥一般临时保存在 IPSec/SSL VPN 中，生命周期较短。

（3）完整性保护密钥。主要是指 IPSec VPN 会话密钥和 SSL VPN 工作密钥中的校验密钥，利用 MAC 技术完成对传输数据的完整性保护。这类密钥一般临时保存在 IPSec/SSL VPN 中，生命周期较短。此外，完整性保护密钥还包括对网络边界和系统资源访问控制信息等进行完整性保护的密钥，根据使用完整性保护技术的不同，这类密钥可以是对称密钥（用于 MAC 计算），也可以是非对称密钥对（用于数字签名）。

3）设备和计算安全层面的典型密钥

设备和计算安全层面中的典型密钥主要包括以下两类。

（1）真实性保护密钥。主要是指对各类设备用户 / 管理员身份进行鉴别所涉及的密钥。根据使用的真实性保护技术的不同，可以是对称密钥（用于对称加 / 解密或 MAC 计算），也可以是非对称密钥对（用于数字签名）。

（2）完整性保护密钥。主要是指对设备的系统资源访问控制信息、重要信息资源敏感标记、日志信息进行完整性保护的密钥。根据使用完整性保护技术的不同，这类密钥可以是对称密钥（用于 MAC 计算），也可以是非对称密钥对（用于数字签名）。

（3）保密性保护密钥。主要是指对设备远程管理鉴别信息进行保密性保护的密钥。

4）应用和数据安全层面的典型密钥

应用和数据安全层面中的典型密钥主要包括以下四类：

（1）真实性保护密钥。主要是指对各类应用用户 / 管理员身份进行鉴别所涉及的密钥。根据使用的真实性保护技术的不同，可以是对称密钥（用于对称加 / 解密或 MAC 计算），也可以是非对称密钥对（用于非对称加解密或数字签名）。

（2）保密性保护密钥。主要是指保护重要数据保密性的密钥。这类密钥一般是对称密钥，在传输数据量较少、实时性要求不高的场景下，也可以是非对称密钥。

（3）完整性保护密钥。主要是指对重要数据、业务应用系统访问控制策略、数据库表访问控制信息和重要信息资源敏感标记、日志等完整性保护的密钥。根据使用完整性保护技术的不同，这类密钥可以是对称密钥（用于 MAC 计算），也可以是非对称密钥对（用于数字签名）。

（4）用于不可否认功能的密钥。主要是指在数字签名技术中用于实现数据原发行为和数据接收行为不可否认性的密钥。

需要指出的是，应用和数据安全层的密钥与应用紧密相关，并且为应用的用户提供所需的安全功能。一个简单的应用和数据安全层密钥体系可分为 3 个层次，分别是主密钥、应用密钥和用户密钥，如图 4-1 所示。

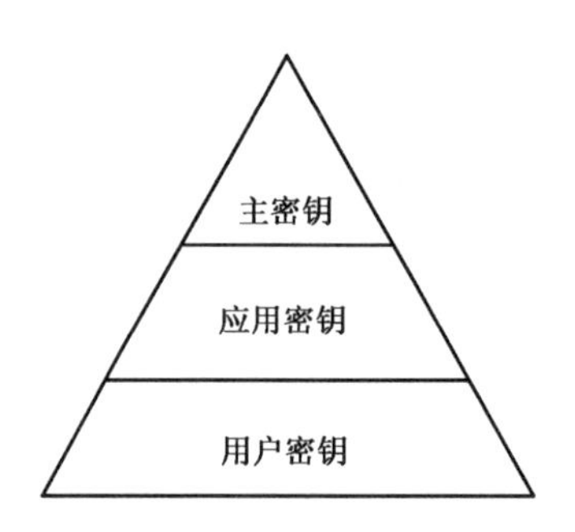

图 4-1　一个简单的应用和数据安全层密钥体系

主密钥：该密钥对应用是“透明”的，保存在服务器密码机中，是服务器密码机中的管理密钥之一，主要用于对应用密钥的加密保护。主密钥一般为 SM4 对称密钥。

应用密钥：信息系统包含多个应用，为确保各应用数据之间相互隔离，每个应用的数据均有独立的数据库加密密钥、数据库 MAC 密钥、日志完整性校验密钥等密钥，用于对其中重要数据（包括用于用户身份鉴别的用户密钥）进行保密性和完整性保护。应用密钥经主密钥加密后存储在服务器密码机中，因此这些应用也相当于服务器密码机的“用户”。

用户密钥：该密钥主要用于鉴别应用用户身份。根据身份鉴别协议的不同，用户密钥可以是对称密钥，也可以是非对称密钥。用户密钥一般使用应用密钥（如数据库加密密钥、数据库 MAC 密钥）进行保密性和完整性保护后存储在数据库中。

2. 条款 [8.5a]：密钥生成

条款要求：

① 密钥生成使用的随机数应符合 GM/T 0005-2012 要求，密钥应在符合 GM/T 0028-2014 的密码模块中产生（第三级信息系统要求）。

② 应使用国家密码管理部门批准的硬件物理噪声源产生随机数（第四级信息系统要求）。

③ 密钥应在密码设备内部产生，不得以明文方式出现在密码设备之外。

④ 应具备检查和剔除弱密钥的能力。

⑤ 应生成密钥审计信息，密钥审计信息包括：种类、长度、拥有者信息、使用起始时间、使用终止时间（第四级信息系统要求）。

实现要点：密钥生成的方式，包括随机数直接生成或者通过密钥派生函数生成（具体见本书 1.5 节），其中用于产生密钥的随机数发生器应当是经过国家密码管理部门核准的。无论何种生成方式，密钥均应在核准的密码产品内部生成。此外，在密钥生成时，一般会伴随生成对应的密钥控制信息，包括但不限于密钥拥有者、密钥用途、密钥索引号、生命周期起止时间等，这些信息可不进行保密性保护，但是应进行完整性保护以确保密钥被正确使用。

3. 条款 [8.5b]：密钥存储

条款要求：

① 密钥应加密存储，并采取严格的安全防护措施，防止密钥被非法获取。

② 密钥加密密钥应存储在符合 GM/T 0028-2014 要求的二级及以上密码模块中

（第三级信息系统要求）。

③ 密钥加密密钥、用户签名私钥应存储在符合 GM/T 0028-2014 要求的三级及以上密码模块中或通过国家密码管理部门核准的硬件密码产品中（第四级信息系统要求）。

④ 应具有密钥泄露时的应急处理和响应措施（第四级信息系统要求）。

实现要点：密钥存储有两种安全的方式，一种是加密存储在外部介质中，另一种是保存在核准的密码产品中。对于一些信任根，如根密钥、设备密钥、主密钥等，若无法进行加密存储，则应存储在核准的密码产品中，使用核准的密码产品自身提供的物理防护功能来保证存储密钥的安全。应急处理和响应措施包括停止原密钥使用、暂停业务系统服务、更新密钥等措施。

4. 条款 [8.5c]：密钥分发

条款要求：密钥分发应采取身份鉴别、数据完整性、数据保密性等安全措施，应能够抗截取、假冒、篡改、重放等攻击，保证密钥的安全性。

实现要点：密钥分发主要用于不同密码产品间的密钥共享。离线分发的效率较低，只适用于少量密钥分发，一般用于根密钥（如密钥加密密钥、PKI 信任锚证书）的分发。由于涉及人的参与，离线分发过程需要对相关实体进行身份鉴别，在线分发则借助数字信封、对称加密等方式实现密钥的安全分发。

5. 条款 [8.5d]：密钥导入与导出

条款要求：

① 应采取有效的安全措施，保证密钥导入与导出的安全，以及密钥的正确性。

② 应保证系统密码服务不间断（第四级信息系统要求）。

③ 应采用密钥分量的方式或专用设备的方式（第四级信息系统要求）。

实现要点：对密钥的导入与导出，应严格按照密码产品管理要求由专门的密码管理人员操作，采用加密、知识拆分等方法保证密钥导入、导出过程的安全性。密钥的导入和导出主要是指密钥从密码产品中的进出，既可以在同一个密码产品中进行密钥的导入和导出（用于密钥的外部存储、备份和归档），也可以将密钥从一个密码产品中导出后导入另一个密码产品中（用于密钥的分发）。为了保证密钥的安全性，密钥一般不能明文导出到密码产品外部。此外，在密钥导入和导出过程中，应当确保系统的密码服务不间断，即不影响密码服务的正常运转。

6. 条款 [8.5e]：密钥使用

条款要求：

① 密钥应明确用途，并按用途正确使用。

② 对于公钥密码体制，在使用公钥之前应对其进行验证。

③ 应有安全措施防止密钥的泄露和替换。

④ 密钥泄露时，应停止使用，并启动相应的应急处理和响应措施。

⑤ 应按照密钥更换周期要求更换密钥，应采取有效的安全措施，保证密钥更换时的安全性。

实现要点：每种密钥应当有明确的用途，例如，用于公钥解密的私钥和签名的私钥要明确区分，信息系统应当按照当初设定的用途规范使用这些密钥。不同类型的密钥不能混用，一个密钥不能用于不同用途。例如，用于保密性保护的对称密钥一般不能再用于完整性保护，用于加密和签名用途的公私钥对要进行明显区分。第一次使用公钥前，应当对证书（如果有）的有效性进行验证。对于密码产品操作手册中有明确更换周期的密钥，要按照操作手册中的要求进行更换，关于密钥泄露的应急处置，参见条款 [8.5b]。

7. 条款 [8.5f]：密钥备份与恢复

条款要求：

① 应制定明确的密钥备份策略，采用安全可靠的密钥备份恢复机制，对密钥进行备份或恢复。

② 密钥备份或恢复应进行记录，并生成审计信息。

③ 审计信息应包括备份或恢复的主体、备份或恢复的时间等。

实现要点：信息系统应当根据自身的安全需求制定密钥备份策略，特定情况下还可采用密码产品自身提供的密钥导出和导入功能进行密钥的备份和恢复，但必须确保备份和恢复机制的安全性。密钥备份和恢复的操作应在密码产品内留存有日志记录信息。

8. 条款 [8.5g]：密钥归档

条款要求：

① 应采取有效的安全措施，保证归档密钥的安全性和正确性。

② 归档密钥只能用于解密该密钥加密的历史信息或验证该密钥签名的历史信息。

③ 密钥归档应进行记录，并生成审计信息。

④ 审计信息应包括归档的密钥、归档的时间等。

⑤ 归档密钥应进行数据备份，并采用有效的安全保护措施。

实现要点：密钥归档是对不再使用的密钥分类记录并安全保存的管理过程。对于有密钥归档需求的信息系统，应制定密钥归档操作规程，保证归档密钥的安全性和正确性（例如，可以通过解密被加密历史数据的方式来验证其正确性）。密钥归档的操作应当被安全管理员记录，并在密钥设备中生成日志记录（例如，进行密钥导出操作）。归档后的密钥应当进行备份以防止存储设备故障或丢失，并应采用必要的访问控制措施保证归档密钥的安全性。

9. 条款 [8.5h]：密钥销毁

条款要求：应具有在紧急情况下销毁密钥的措施。

实现要点：一般情况下，密钥在到达设计的使用时限时，将自动进行销毁。在紧急情况下，有两种密钥销毁方式：一种是由密码产品自身进行自动销毁，例如，在符合 GM/T 0028-2014 要求的三级及以上密码模块中均具有拆卸响应功能，即当模块检测到外界入侵后将自动销毁密码模块内的密钥和其他敏感安全参数；另一种是需要人工执行销毁操作，操作员发现密码产品被入侵（如留下了拆卸证据）后可手动执行密钥销毁操作。信息系统应当根据自身的安全需求，制定密钥的销毁策略和操作规程，尤其是针对那些没有拆卸响应功能的密码产品所保存的密钥。

4.2.5 安全管理要求

密码应用的安全性不仅依赖完善的密码应用方案设计，同时还需要健全的管理机制以确保密码技术被正确、合规、有效地实施。《信息系统密码应用基本要求》对于安全管理的要求分为制度、人员、实施、应急 4 个方面。

1. 制度要求

1） 条款 [9.1.4a]

应制定密码安全管理制度及操作规范、安全操作规范。密码安全管理制度应包括密码建设、运维、人员、设备、密钥等密码管理相关内容。

2）条款 [9.1.4b]

定期对密码安全管理制度的合理性和适用性进行论证和审定，对存在不足或需要改进的安全管理制度进行修订。

3）条款 [9.1.4c]

应明确相关管理制度发布流程。

4）条款 [9.1.4d]（第四级信息系统要求）

制度执行过程应留存相关执行记录。

2. 人员要求

1）条款 [9.2.4a]

应了解并遵守密码相关的法律法规。

2）条款 [9.2.4b]

应能够正确使用密码产品。

3）条款 [9.2.4c]

应根据相关密码管理政策、数据安全保密政策，结合组织实际情况，设置密钥管理人员、安全审计人员、密码操作人员等关键岗位；建立相应岗位责任制度，明确相关人员在安全系统中的职责和权限，对关键岗位建立多人共管机制；密钥管理、安全审计、密码操作人员职责应建立多人共管制度，互相制约互相监督，相关设备与系统的管理和使用账号不得多人共用（其中，多人共管制度是第四级信息系统要求）。

4）条款 [9.2.4d]（第四级信息系统要求）

密钥管理员、密码设备操作人员应从本机构在编的正式员工中选拔，并进行背景调查。

5）条款 [9.2.4e]

应建立人员考核制度，定期进行岗位人员考核，建立健全奖惩制度。

6）条款 [9.2.4f]

应建立人员培训制度，对于涉及密码的操作和管理以及密钥管理的人员进行专门培训。

7）条款 [9.2.4g]

应建立关键岗位人员保密制度和调离制度，签订保密合同，承担保密义务。

3. 实施要求

1）条款 [9.3.1.4]

信息系统规划阶段，责任单位应依据密码相关标准，制定密码应用方案，组织专家进行评审，评审意见作为项目规划立项的重要材料。通过专家审定后的方案应作为建设、验收和测评的重要依据。

2）条款 [9.3.2.4a]

应按照国家相关标准，制定实施方案，方案内容应包括但不少于信息系统概述、安全需求分析、密码系统设计方案、密码产品清单（包括产品资质、功能及性能列表和产品生产单位等）、密码系统安全管理与维护策略、密码系统实施计划等。

3）条款 [9.3.2.4b]

应选用经国家密码管理部门核准的密码产品和许可的密码服务。

4）条款 [9.3.3.4a]

信息系统投入运行前，应经测评机构进行安全性评估，评估通过方可投入正式运行。

5）条款 [9.3.3.4b]

信息系统投入运行后，责任单位每年应委托测评机构开展密码应用安全性评估，并根据评估意见进行整改；有重大安全隐患的，应停止系统运行，制定整改方案，整改完成并通过评估后方可投入运行。

4. 应急要求

1）条款 [9.4.4a]

应制订应急预案，做好应急资源准备，当安全事件发生时，按照应急预案结合实际情况及时处置。

2）条款 [9.4.4b]

安全事件发生后，应及时向信息系统的上级主管部门和同级的密码管理部门进行报告（其中，向同级的密码管理部门报告是第四级信息系统要求）。

3）条款 [9.4.4c]

安全事件处置完成后，应及时向同级的密码管理部门报告事件发生情况及处置情况。

4.3　密码测评要求与测评方法

本节按照《信息系统密码应用基本要求》，结合《信息系统密码测评要求（试行）》给出每个要求条款的测评实施方法。首先给出总体要求、典型密码产品应用、密码功能的测评实施方法，然后从物理和环境安全测评、网络和通信安全测评、设备和计算安全测评、应用和数据安全测评、密钥管理测评和安全管理测评 6 个方面给出具体的测评实施方法，最后强调进行综合测评的重要性，供测评人员参考。需要说明的是，在本书编写时，《信息系统密码测评要求》还未以标准形式正式发布，本节讲述的"测评对象"和"测评实施"参考该标准的征求意见稿，开展测评时，测评人员应当以最近更新版本或正式发布的版本为准。

4.3.1　总体要求测评方法

总体要求是贯穿整个《信息系统密码应用基本要求》标准的主线，所有涉及密码算法、密码技术、密码产品和密码服务的条款，都需要满足总体要求中的规定。在进行密码应用安全性评估时，测评人员需要对密码算法、密码技术、密码产品和密码服务进行核查。

在进行具体的核查之前，测评人员需要首先确认，在信息系统中，应当使用密码保护的资产是否采用了密码技术进行保护。这里的"应当"，默认情况下是按照《信息系统密码应用基本要求》中的条款要求进行判定的；如果有不适用项，信息系统责任方应当在密码应用方案中对每条不适用项及不适用原因进行论证。密码应用方案应在测评活动开展前首先通过评估，开展测评时，测评人员可以参考通过评估的密码应用方案，对密码算法、密码技术、密码产品和密码服务进行核查。若信息系统确无密码应用方案，则需要测评人员对所有不适用项及具体情况进行逐条核查、评估，详细论证被测信息系统具体的安全需求、不适用的具体原因，以及是否采用了可满足安全要求的其他替代性措施来达到等效控制。

1. 密码算法核查

测评人员应当首先了解信息系统使用的算法名称、用途、位置、执行算法的设备及其实现方式（软件、硬件或固件等）。针对信息系统使用的每个密码算法，测评人员应当核查密码算法是否以国家标准或行业标准形式发布，或是否取得国家密码管理部门同意其使用的证明文件。

2. 密码技术核查

在密码算法核查基础上，测评人员应当进一步核查密码协议、密钥管理等密码技术是否符合密码相关国家和行业标准规定。需要注意的是，若密码技术由已经获得审批或检测认证合格的商用密码产品实现，即意味着其内部实现的密码技术已经符合相关标准，在测评过程中，测评人员应当重点评估这些密码技术的使用是否符合标准规定。例如，《信息系统密码应用基本要求》等标准规定了使用证书或公钥之前应对其进行验证，因此，在使用数字证书前应当按照验证策略对证书的有效性和真实性进行验证。

3. 密码产品核查

密码产品核查是测评过程的重点。测评时测评人员应首先确认，所有实现密码算法、密码协议或密钥管理的部件或设备是否获得了国家密码管理部门颁发的商用密码产品型号证书（或商用密码认证机构颁发的认证证书），或国家密码管理部门认可的商用密码检测机构出具的合格检测报告。已满足上述要求的密码产品，证明该产品标准符合性和安全性已经通过了检测。在测评过程中，测评人员应当重点评估这些密码产品是否被正确、有效使用。一种常见的情况是，采用了已审批过或检测认证合格的产品，但使用了未经认可的密码算法或密码协议，针对这种情况的测评，可与密码算法核查和密码技术核查一并进行。另一种更复杂的情况是，密码产品被错误使用、配置，甚至被旁路，实际并没有发挥预期作用，此时需要测评人员通过配置检查、工具检测等方式进行综合判定。

4. 密码服务核查

如果信息系统使用了第三方提供的电子认证服务等密码服务，测评人员应当核查信息系统所采用的相关密码服务是否获得了国家密码管理部门或商用密码认证机构颁发的相应证书，如《电子认证服务使用密码许可证》，且证书在有效期内。

4.3.2　典型密码产品应用的测评方法

密评与密码产品检测既有区别又有联系，主要体现在以下几个方面：

①对象不同。密评面向的是已经或将要实地部署的信息系统，信息系统采用密码产品实现密码功能，来保障网络与信息安全；而密码产品检测的对象是产品样品。

②依据不同。虽然密评和产品检测都是将被测对象从逻辑上当作一个整体，对其密码的合规性、正确性、有效性进行评判，但评判的依据不同。密码产品检测主要依据算法和产品的标准和规范，而密评除了依据相关标准外，还要依据被测信息系统的安全设计目标和密码应用方案等，有针对性地评判被测信息系统的安全性。

③目的不同。密码产品检测主要评估密码产品中的密码技术是否被安全“实现”，相关的功能、接口是否符合标准，目的是为密码产品提供统一的评价准绳，方便用户选用和互联互通；而密评主要评估当前信息系统中的密码技术是否被安全应用，目的是分析其密码保障系统是否可以应对信息系统的安全风险。

④方法不同。密码产品检测一般采用白盒检测方式，送检厂商需要提供必要的文档和源代码帮助检测人员深入理解密码产品内部机制，评价密码产品功能和安全符合性；密评实施则一般不深入密码产品内部，而是将已经通过检测的密码产品作为黑盒，核查密码产品是否在信息系统中正确、有效地发挥作用。

⑤联系紧密。使用的密码产品是否通过检测是密评过程中一项重要的测评内容，密码产品的检测结果是密评工作顺利开展的重要参考。同时，密码产品检测和密评工作相互协作，也能够有效提升密码产品标准化、规范化水平。

密码产品是测评人员直接面对的测评对象，信息系统使用的密码算法和密码技术都应由合规的密码产品提供。因此，测评人员应当在本书第 3 章的基础上，进一步掌握对密码产品应用安全性的基本测评方法，即判断密码产品在信息系统中是否被正确和有效地应用。下面给出一些典型密码产品应用的测评方法示例，供测评人员开展现场测评工作参考。测评人员也可以根据信息系统特点和自身经验进一步细化、补充和完善。

1. 智能 IC 卡 / 智能密码钥匙应用测评

①进行错误尝试试验，验证在智能 IC 卡或智能密码钥匙未使用或错误使用（如使用他人的介质）时，相关密码应用过程（如鉴别）不能正常工作。

②条件允许情况下，在模拟的主机或抽选的主机上安装监控软件（如 Bus Hound），用于对智能 IC 卡、智能密码钥匙的 APDU 指令进行抓取和分析，确认调用指令格式和内容符合预期（如口令和密钥是加密传输的）。

③如果智能 IC 卡或智能密码钥匙存储数字证书，测评人员可以将数字证书导出后，对证书合规性进行检测，具体检测内容见对证书认证系统应用的测评。

④验证智能密码钥匙的口令长度不小于 6 个字符，错误口令登录验证次数不大于 10 次。

2. 密码机应用测评

①利用协议分析工具，抓取应用系统调用密码机的指令报文，验证其是否符合预期（如调用频率是否正常、调用指令是否正确）。

②管理员登录密码机查看相关配置，检查内部存储的密钥是否对应合规的密码算法，密码计算时是否使用合规的密码算法等。

③管理员登录密码机查看日志文件，根据与密钥管理、密码计算相关的日志记录，检查是否使用合规的密码算法等。

3. VPN 产品和安全认证网关应用测评

①利用端口扫描工具，探测 IPSec VPN 和 SSL VPN 服务端所对应的端口服务是否开启，如 IPSec VPN 服务对应的 UDP 500、4500 端口，SSL VPN 服务常用的 TCP 443 端口（视产品而定）。

②利用通信协议分析工具，抓取 IPSec 协议 IKE 阶段、SSL 协议握手阶段的数据报文，解析密码算法或密码套件标识是否属于已发布为标准的商用密码算法。IPSec 协议 SM4 算法标识为 129（由于历史原因，在部分早期产品中该值可能为 127），SM3 算法标识为 20，SM2 算法标识为 2；SSL 协议中 ECDHE_SM4_SM3

套件标识为 {0xe0，0x11}，ECC_SM4 _SM3 套件标识为 {0xe0，0x13}，IBSDH_SM4_SM3 套件标识为 {0xe0，0x15}，IBC_SM4_SM3 套件标识为 {0xe0，0x17}。

③利用协议分析工具，抓取并解析 IPSec 协议 IKE 阶段、SSL 协议握手阶段传输的证书内容，判断证书是否合规，具体检测内容见对证书认证系统应用的测评。

4. 电子签章系统应用测评

①检查电子签章和验章的过程是否符合 GM/T 0031-2014《安全电子签章密码技术规范》的要求，其中部分检测内容可以复用产品检测的结果。

②使用制章人公钥证书，验证电子印章格式的正确性；使用签章人公钥证书，验证电子签章格式的正确性。

5. 动态口令系统应用测评

①判断动态令牌的 PIN 码保护机制是否满足以下要求： PIN 码长度不少于 6 位数字；若 PIN 码输入错误次数超过 5 次，则需至少等待 1 小时才可继续尝试；若 PIN 码输入超过最大尝试次数的情况超过 5 次，则令牌将被锁定，不可再使用。

②尝试对动态口令进行重放，确认重放后的口令无法通过认证系统的验证。

③通过访谈、文档审查或实地察看等方式，确认种子密钥是以密文形式导入动态令牌和认证系统中的。

6. 电子门禁系统应用测评

①尝试发一些错误的门禁卡，验证这些卡无法打开门禁。

②利用发卡系统分发不同权限的卡，验证非授权的卡无法打开门禁。

7. 证书认证系统应用测评

①对信息系统内部署证书认证系统，测评人员可以参考 GM/T 0037-2014《证书认证系统检测规范》和 GM/T 0038-2014《证书认证密钥管理系统检测规范》的要求进行测评。

②通过查看证书扩展项 KeyUsage 字段，确定证书类型（签名证书或加密证书），并验证证书及其相关私钥是否正确使用。

③通过数字证书格式合规性检测工具，验证生成或使用的证书格式是否符合 GM/T 0015-2012《基于 SM2 密码算法的数字证书格式规范》的有关要求。

4.3.3 密码功能测评方法

《信息系统密码应用基本要求》规定了在不同层面对密码功能（保密性、完整性、真实性和不可否认性）实现的要求。事实上，对于不同层面上实现的同一个密码功能，对它们的测评方法也有很多类似的地方。下面，从传输保密性、存储保密性、传输完整性、存储完整性、真实性、不可否认性等方面对密码功能实现的测评方法举例介绍，供测评人员开展现场测评工作参考。测评人员也可以根据自身经验和信息系统特点进一步细化、补充和完善。

1. 对传输保密性实现的测评方法

①利用协议分析工具，分析传输的重要数据或鉴别信息是否是密文，数据格式（如分组长度等）是否符合预期。

②如果信息系统以外接密码产品的形式实现传输保密性，如 VPN、密码机等，参考对这些密码产品应用的测评方法。

2. 对存储保密性实现的测评方法

①通过读取存储的重要数据，判断存储的数据是否是密文，数据格式是否符合预期。

②如果信息系统以外接密码产品的形式实现存储保密性，如密码机、加密存储系统、安全数据库等，参考对这些密码产品应用的测评方法。

3. 对传输完整性实现的测评方法

①利用协议分析工具，分析受完整性保护的数据在传输时的数据格式（如签名长度、MAC 长度）是否符合预期。

②如果是使用数字签名技术进行完整性保护的，测评人员可以使用公钥对抓取的签名结果进行验证。

③如果信息系统以外接密码产品的形式实现传输完整性，如 VPN、密码机等，参考对这些密码产品应用的测评方法。

4. 对存储完整性实现的测评方法

①通过读取存储的重要数据，判断受完整性保护的数据在存储时的数据格式（如签名长度、MAC 长度）是否符合预期。

②如果是使用数字签名技术进行完整性保护的，测评人员可以使用公钥对存储的签名结果进行验证。

③条件允许的情况下，测评人员可尝试对存储数据进行篡改（如修改MAC或数字签名），验证完整性保护措施的有效性。

④如果信息系统以外接密码产品的形式实现存储完整性保护，如密码机、智能密码钥匙，参考对这些密码产品应用的测评方法。

5. 对真实性实现的测评方法

①如果信息系统以外接密码产品的形式实现对用户、设备的真实性鉴别，如VPN、安全认证网关、智能密码钥匙、动态令牌等，参考对这些密码产品应用的测评方法。

②对于不能复用密码产品检测结果的，还要查看实体鉴别协议是否符合GB/T 15843中的要求，特别是对于“挑战—响应”方式的鉴别协议，可以通过协议抓包分析，验证每次挑战值是否不同。

③对于基于静态口令的鉴别过程，抓取鉴别过程的数据包，确认鉴别信息（如口令）未以明文形式传输；对于采用数字签名的鉴别过程，抓取鉴别过程的挑战值和签名结果，使用对应公钥验证签名结果的有效性。

④如果鉴别过程使用了数字证书，参考对证书认证系统应用的测评方法。如果鉴别未使用证书，测评人员要验证公钥或密钥与实体的绑定方式是否可靠，实际部署过程是否安全。

6. 对不可否认性实现的测评方法

①如果使用第三方电子认证服务，则应对密码服务进行核查；如果信息系统中部署了证书认证系统，参考对证书认证系统应用的测评方法。

②使用相应的公钥对作为不可否认性证据的签名结果进行验证。

③如果使用电子签章系统，参考对电子签章系统应用的测评方法。

4.3.4　密码技术应用测评

1. 物理和环境安全测评

1）条款[7.1.5a]：身份鉴别

测评指标：应使用密码技术的真实性功能来保护物理访问控制身份鉴别信息，保证重要区域进入人员身份的真实性。

测评对象：物理安全负责人、电子门禁系统、技术文档。

测评实施：访谈物理安全负责人，了解电子门禁系统使用的密码技术；查看电子门禁系统相关的技术文档，了解电子门禁系统中密码技术的实现机制；验证电子门禁系统是否采用密码技术对重要区域进入人员的身份鉴别信息进行保护，确保人员的身份鉴别信息的真实性。

测评方法：对于使用满足 GM/T 0036-2014 并获得商用密码产品型号的电子门禁系统，可以复用产品检测结果，并通过查看电子门禁系统后台配置和实地察看等方式，检测和评估电子门禁系统身份鉴别机制的正确性和有效性；在条件允许的情况下，可以通过抓取电子门禁系统后台与门禁系统的通信数据的方式进行分析验证。

2）条款 [7.1.5b]：电子门禁记录数据完整性

测评指标：应使用密码技术的完整性功能来保证电子门禁系统进出记录的完整性。

测评对象：物理安全负责人、电子门禁系统、技术文档。

测评实施：访谈物理安全负责人，了解电子门禁系统使用的密码技术；查看电子门禁系统相关的技术文档，了解电子门禁系统中密码技术的实现机制；验证电子门禁系统是否使用密码技术的完整性功能来保证电子门禁系统进出记录的完整性。

测评方法：测评人员应当识别电子门禁系统进出记录的完整性是如何保护的，确认是否采用了合规的密码技术和密码产品，即实现密码技术完整性保护操作的密码产品是否合规。对门禁系统进出记录，参考对存储完整性实现的测评方法。

3）条款 [7.1.5c]：视频记录数据完整性

测评指标：应使用密码技术的完整性功能来保证视频监控音像记录的完整性。

测评对象：物理安全负责人、视频监控系统、技术文档。

测评实施：访谈物理安全负责人，了解保证视频监控音像记录数据完整性的保护机制；查看技术文档，了解保护视频监控音像记录数据完整性的实现机制；查看视频监控系统所使用的密码算法是否符合密码相关国家标准和行业标准；验证视频监控音像记录数据是否正确和有效。

测评方法：测评人员应当识别视频监控音像记录的完整性是如何保护的，确认是否采用了合规的密码技术和密码产品，即实现密码技术完整性保护操作的密码产品是否合规。对视频监控音像记录，参考对存储完整性实现的测评方法。

4）条款 [7.1.5d]：密码模块实现

测评指标：应采用符合 GM/T 0028-2014 要求的三级及以上密码模块或通过国家密码管理部门核准的硬件密码产品，实现密码运算和密钥管理（第四级信息系统要求，第三级信息系统推荐）。

测评对象：安全管理员、密码产品、技术文档。

测评实施：应访谈安全管理员，询问信息系统中采用的密码模块或密码产品是否经国家密码管理部门核准或经商用密码认证机构认证合格；应查看技术文档，了解信息系统中采用何种密码模块或密码产品，以及相关的密码算法和密钥管理说明；应检查密码产品，查看信息系统中密码模块或密码产品的型号和版本等信息，检查是否采用了符合 GM/T 0028-2014 要求的三级及以上密码模块或通过国家密码管理部门核准的硬件密码产品。

测评方法：对所有实现密码运算和密钥管理的密码产品，查看它们的商用密码产品型号证书或认证证书，确认其是否符合密码应用方案中的选型；若密码应用方案中未选定具体产品指标或安全等级，测评人员应当确认其是否属于 GM/T 0028-2014 要求三级及以上的密码模块或硬件密码产品。

2. 网络和通信安全测评

1）条款 [7.2.5a]：身份鉴别

测评指标：应在通信前基于密码技术对通信双方进行验证或认证，使用密码技术的保密性和真实性服务来实现防截获、防假冒和防重用，保证传输过程中鉴别信息的保密性和网络设备实体身份的真实性。

测评对象：安全管理员、网络设备、密码产品、技术文档。

测评实施：应访谈安全管理员，询问是否对通信双方进行身份鉴别，以及使用何种鉴别机制和保密性与完整性保护机制；应查看技术文档，了解通信双方主体鉴别机制，以及通信过程中的保密性和完整性保护机制；应检查密码产品，查看与身份鉴别、数据完整性和保密性保护相关的配置是否正确；应测试密码产品，验证通信双方身份鉴别，以及数据传输保密性和完整性保护的有效性；应查看密码算法、密码协议是否符合密码相关国家标准和行业标准，密码产品是否获得相应证书。

测评方法：对于通信双方的实体鉴别，参考对真实性实现的测评方法。需要注意，这里是针对“网络和通信安全”层面的测评，测评的对象主要是VPN设备。对鉴别过程中鉴别信息的传输，参考对传输保密性实现的测评方法。

2）条款[7.2.5b]：内部网络安全接入（第四级信息系统要求）

测评指标：应采用密码技术对连接到内部网络的设备进行身份鉴别，确保接入网络的设备真实可信。

测评对象：安全管理员、网络设备、密码产品、技术文档。

测评实施：应访谈安全管理员，询问是否采用密码技术对连接到内部网络的设备进行身份鉴别，以及身份鉴别的实现机制；应查看技术文档，了解对连接到内部网络的设备身份鉴别的实现机制；应检查密码产品，查看对连接到内部网络设备身份鉴别的相关配置是否正确；应测试密码产品，验证是否有效地对连接到内部网络的设备进行身份鉴别；应查看密码算法、密码协议是否符合密码相关国家标准和行业标准，密码产品是否获得相应证书。

测评方法：测评人员应当识别信息系统采用了何种机制对接入内部网络的设备进行身份鉴别，采用的身份鉴别服务器和身份鉴别介质是否经过国家密码管理部门核准或经商用密码认证机构认证合格；在条件允许的情况下，测评人员可尝试将未授权设备接入内部网络，核实即便非授权设备使用了合法IP地址，也无法访问内部网络。对接入设备的身份鉴别，参考对真实性实现的测评方法。

3）条款[7.2.5c]：访问控制信息完整性

测评指标：应使用密码技术的完整性功能来保证网络边界和系统资源访问控制信息的完整性。

测评对象：安全管理员、网络设备、密码产品、技术文档。

测评实施：应访谈安全管理员，询问是否对网络边界和系统资源访问控制信息进行了完整性保护，以及采用何种完整性保护机制；应查看技术文档，了解网络边界和系统资源访问控制信息的完整性保护机制；应检查密码产品，查看网络边界和系统资源访问控制信息完整性保护配置是否正确；应测试密码产品，验证网络边界和系统访问控制信息保护机制是否有效；应查看密码算法是否符合相关法规和密码标准的要求，密码产品是否已获得相应证书。

测评方法：首先进行密码产品核查，确认密码产品功能可用于网络边界访问控制信息和系统资源访问控制信息（如访问控制策略）的完整性保护；其次检查用于 MAC 或数字签名的密钥的安全性。对网络的访问控制信息，参考对存储完整性实现的测评方法。需要注意的是，“网络和通信安全”层面的一些访问控制信息是存储在密码产品（如 VPN 设备）内部的，对这部分对象的测评可以复用密码产品检测的结果。

4）条款 [7.2.5d]：通信数据完整性

测评指标：应采用密码技术保证通信过程中数据的完整性。

测评对象：安全管理员、网络设备、密码产品、技术文档。

测评实施：应访谈安全管理员，询问是否对通信过程中的数据进行了完整性保护，以及采用何种机制；应查看技术文档，了解通信过程中采用的完整性保护实现机制；应检查密码产品，查看通信过程中数据完整性保护配置是否正确；应测试密码产品，验证通信过程中数据完整性保护是否有效；查看系统所使用的密码算法、密码协议是否符合密码相关国家标准和行业标准，相关网络安全设备是否经过了国家密码管理部门核准或经商用密码认证机构认证合格。

测评方法：首先进行密码产品核查，确认密码产品的功能可以用于通信数据的完整性保护；再检查使用的密钥的安全性。对通信数据，参考对传输完整性实现的测评方法。

5）条款 [7.2.5e]：通信数据保密性

测评指标：应采用密码技术保证通信过程中敏感信息数据字段或整个报文的保密性。

测评对象：安全管理员、网络设备、密码产品、技术文档。

测评实施：应访谈安全管理员，询问是否对通信过程中的敏感字段或整个报文进行了保密性保护，以及采用何种机制；应查看技术文档，了解通信过程中采用的保密性保护实现机制；应检查密码产品，查看通信过程中数据保密性保护配置是否正确；应测试密码产品，验证通信过程中数据保密性保护是否有效；查看系统所使用的密码算法、密码协议是否符合密码相关国家标准和行业标准，相关网络安全设备是否经过了国家密码管理部门核准或经商用密码认证机构认证合格。

测评方法：首先进行密码产品核查，确认密码产品的功能可以用于通信数据的保密性保护；其次检查使用的密钥的安全性。对通信数据，参考对传输保密性实现的测评方法。

6）条款 [7.2.5f]：集中管理通道安全

测评指标：应采用密码技术建立一条安全的信息传输通道，对网络中的安全设备或安全组件进行集中管理。

测评对象：安全管理员、网络设备、密码产品、技术文档。

测评实施：应访谈安全管理员，询问是否采用密码技术建立了安全传输通道，实现对安全设备或安全组件集中管理，以及采用何种机制实现安全传输通道；应查看技术文档，了解安全的信息传输通道建立实现机制；应检查密码产品，查看信息传输通道建立的配置是否正确；应测试密码产品，验证信息传输通道是否有效，是否实现对网络中的安全设备或安全组件进行集中管理；应查看系统所使用的密码算法、密码协议是否符合密码相关国家标准和行业标准，相关网络安全设备是否经过了国家密码管理部门核准或经商用密码认证机构认证合格。

测评方法：首先进行密码产品核查，确认密码产品的功能可以用于集中管理信息的安全保护。对集中管理信息测评，参考对传输保密性实现的测评方法和对传输完整性实现的测评方法。

7）条款 [7.2.5g]：密码模块实现

测评指标：应基于符合 GM/T 0028-2014 要求的三级及以上密码模块或通过国家密码管理部门核准的硬件密码产品实现密码运算和密钥管理（第四级信息系统要求，第三级信息系统推荐）。

测评对象：安全管理员、密码产品、技术文档。

测评实施：应访谈安全管理员，询问信息系统中采用的密码模块或密码产品是否经国家密码管理部门核准或经商用密码认证机构认证合格；应查看技术文档，了解信息系统中采用何种密码模块或密码产品，以及相关的密码算法和密钥管理说明；应检查密码产品，查看信息系统中密码模块或密码产品的型号和版本等信息，检查是否采用了符合 GM/T 0028-2014 要求的三级及以上密码模块或通过国家密码管理部门核准的硬件密码产品。

测评方法：对所有实现密码运算和密钥管理的密码产品，查看相应证书，确认其是否符合密码应用方案中的选型；若密码应用方案中未选定具体产品指标或安全等级，测评人员应当确认其是否属于 GM/T 0028-2014 要求的三级及以上的密码模块或硬件密码产品。

3. 设备和计算安全测评

1）条款 [7.3.5a]：身份鉴别

测评指标： 应使用密码技术对登录的用户进行身份标识和鉴别，身份标识具有唯一性，身份鉴别信息具有复杂度要求并需要定期更换。

测评对象： 系统管理员、数据库管理员、核心服务器操作系统、核心数据库管理系统、密码产品、技术文档。

测评实施： 应结合技术文档访谈系统管理员和数据库管理员，了解用户在本地登录核心数据库或核心服务器时，系统对用户实施身份鉴别的过程中是否采用了密码技术对鉴别信息进行密码保护，具体采用何种密码技术；检查主机身份鉴别机制中所采用的加密算法是否符合相关法规和密码标准的要求；确认相关密码功能是否正确有效。

测评方法： 首先对采用密码技术实现用户鉴别的密码产品或密码模块进行产品核查，检查鉴别方式的合规性和正确性（参见对条款 [7.2.5a] 的测评方法）。通过查看系统技术文档、系统配置信息或日志信息，确认身份标识的唯一性。查看相关文档、配置策略和更新记录，确认身份鉴别信息的复杂度是否符合要求，并且定期进行更换。对登录设备的用户身份鉴别，参考对真实性实现的测评方法。

2）条款 [7.3.5b]：远程管理鉴别信息保密性

测评指标： 在远程管理时，应使用密码技术的保密性功能来实现鉴别信息的防窃听。

测评对象： 网络设备、安全设备、服务器、操作系统、数据库系统、密码产品、技术文档。

测评实施： 查看技术文档，了解远程管理时是否采用了密码技术对远程管理用户身份鉴别信息进行保密性保护；查看并验证远程管理所采用的密码机制的正确性和有效性。

测评方法： 首先进行密码产品核查。对远程管理鉴别信息，参考对传输保密性实现的测评方法。

3）条款 [7.3.5c]：访问控制信息完整性

测评指标： 应使用密码技术的完整性功能来保证系统资源访问控制信息的完

整性。

测评对象：网络设备、安全设备、操作系统、数据库系统、密码产品、技术文档。

测评实施：查看技术文档中访问控制信息完整性保护所采用的密码技术及实现机制；查看系统是否使用以及使用何种密码技术对系统资源访问控制信息进行完整性保护；查看密码算法是否符合密码相关国家标准和行业标准，密码产品是否获得相应证书。

测评方法：首先进行密码产品核查，确认密码产品的功能是否可以用于设备内系统资源访问控制信息（如访问控制列表）的完整性保护；其次检查用于 MAC 或数字签名的密钥的安全性。对设备的访问控制信息，参考对存储完整性实现的测评方法。

4）条款 [7.3.5d]：敏感标记完整性

测评指标：应使用密码技术的完整性功能来保证重要信息资源敏感标记的完整性。

测评对象：网络设备、安全设备、操作系统、数据库系统、密码产品、技术文档。

测评实施：查看技术文档中重要信息资源敏感标记完整性保护所采用的密码技术及实现机制；查看并验证系统中重要信息资源敏感标记完整性保护的正确性和有效性；查看密码算法是否符合密码相关国家标准和行业标准，密码产品是否获得相应证书。

测评方法：首先进行密码产品核查，确认密码产品的功能是否可以用于重要信息资源敏感标记的完整性保护；再检查用于 MAC 或数字签名的密钥的安全性。对敏感标记，参考对存储完整性实现的测评方法。

5）条款 [7.3.5e]：重要程序或文件完整性

测评指标：应采用可信计算技术建立从系统到应用的信任链，实现系统运行过程中重要程序或文件的完整性保护。

测评对象：网络设备、安全设备、操作系统、数据库系统、密码产品、技术文档。

测评实施：查看技术文档中关于可信计算技术建立从系统到应用信任链的实现机制；查看技术文档中关于系统运行过程中重要程序或文件完整性保护所采用的技术及实现机制；查看并验证可信计算技术建立从系统到应用信任链实现机制的正确性和有效性；查看并验证在系统运行过程中重要程序或文件完整性保护技术及实现

机制的正确性和有效性；查看所使用的密码算法、密码协议是否符合密码相关国家标准和行业标准。

测评方法：进行密码产品核查。检查信任链内的密钥体系是否合理，信任锚的保护方式是否安全，是否存在该信任机制被绕过的可能。对设备重要程序或文件，参考对存储完整性实现的测评方法。

6）条款 [7.3.5f]：日志记录完整性

测评指标：应使用密码技术的完整性功能来对日志记录进行完整性保护。

测评对象：网络设备、安全设备、操作系统、数据库系统、密码产品、技术文档。

测评实施：查看技术文档中日志信息完整性保护密码技术及实现机制；查看并验证完整性保护功能的正确性和有效性。

测评方法：首先进行密码产品核查，确认密码产品的功能是否可以用于设备日志的完整性保护；其次检查用于 MAC 或数字签名的密钥的安全性。对设备的日志，参考对存储完整性实现的测评方法。

7）条款 [7.3.5g]：密码模块实现

测评指标：应采用符合 GM/T 0028-2014 要求的三级及以上密码模块或通过国家密码管理部门核准的硬件密码产品实现密码运算和密钥管理（第四级信息系统要求，第三级信息系统推荐）。

测评对象：安全管理员、密码产品、技术文档。

测评实施：应访谈安全管理员，询问信息系统中采用的密码模块或密码产品是否经国家密码管理部门核准或经商用密码认证机构认证合格；应查看技术文档，了解信息系统中采用何种密码模块或密码产品，以及相关的密码算法和密钥管理说明；应检查密码产品，查看信息系统中密码模块或密码产品的型号和版本等信息，检查是否采用了符合 GM/T 0028-2014 要求的三级及以上密码模块或通过国家密码管理部门核准的硬件密码产品。

测评方法：对所有实现密码运算和密钥管理的密码产品，查看相应证书，确认其是否符合密码应用方案中的选型；若密码应用方案中未选定具体产品指标或安全等级，测评人员应当确认其是否属于 GM/T 0028-2014 要求的三级及以上的密码模块或硬件密码产品。

4. 应用和数据安全测评

1）条款 [7.4.5a]：身份鉴别

测评指标：应使用密码技术对登录的用户进行身份标识和鉴别，实现身份鉴别信息的防截获、防假冒和防重用，保证应用系统用户身份的真实性。

测评对象：应用系统管理员、应用系统、密码产品、技术文档。

测评实施：应结合技术文档访谈应用系统管理员，了解应用系统在对用户实施身份鉴别的过程中是否使用了密码技术进行有效鉴别，具体采用了何种密码技术和安全设备；检查应用系统用户身份鉴别过程中所使用的密码算法是否符合密码相关国家标准和行业标准，密码产品是否经过了国家密码管理部门核准或经商用密码认证机构认证合格，确认相关密码功能正确有效。

测评方法：对采用密码技术进行用户鉴别的密码产品或密码模块进行产品核查，检查鉴别机制的合规性。如果应用系统除密码技术外，还采用了口令鉴别的方式进行用户身份鉴别，要确认在口令的鉴别过程中是否能够防截获、防假冒和防重用，即要对口令鉴别过程中采用的密码保护技术的有效性进行验证。对登录应用的用户身份鉴别，参考对真实性实现的测评方法。

2）条款 [7.4.5b]：访问控制信息和敏感标记的完整性

测评指标：应使用密码技术的完整性功能来保证业务应用系统的访问控制策略、数据库表的访问控制信息和重要信息资源敏感标记等信息的完整性。

测评对象：应用系统管理员、应用系统、密码产品、技术文档。

测评实施：审阅技术文档，访谈系统管理员，了解系统如何对业务应用系统的访问控制策略、数据库表的访问控制信息和重要信息资源敏感标记等重要信息进行完整性保护；如果重要信息进行了完整性保护，了解是否使用了密码技术对重要信息进行完整性保护；如果采用了密码技术，检查系统采用的密码算法是否符合密码相关国家标准和行业标准，密码产品是否经过了国家密码管理部门核准或经商用密码认证机构认证合格，相关密码功能是否正确有效。

测评方法：首先进行密码产品核查，确认密码产品的功能是否可以用于业务系统的访问控制策略、数据库表的访问控制信息和重要信息资源敏感标记等重要信息的完整性保护；其次检查用于 MAC 或数字签名的密钥的安全性。对应用的访问控制信息和敏感标记，参考对存储完整性实现的测评方法。

3）条款 [7.4.5c]：数据传输保密性

测评指标：应采用密码技术保证重要数据在传输过程中的保密性，包括但不限于鉴别数据、重要业务数据和重要用户信息等。

测评对象：业务系统、密码产品、技术文档。

测评实施：查看技术文档中关于业务系统中的重要数据在传输过程中的保密性保护技术及实现机制；查看并验证业务系统中的重要数据在传输过程中的保密性保护的正确性和有效性；查看所使用的密码算法是否符合密码相关国家标准和行业标准；检查密码产品是否经过了国家密码管理部门核准或经商用密码认证机构认证合格，相关密码功能是否正确有效。

测评方法：除在网络和通信安全层面搭建安全通信链路对重要数据进行保密性保护（参见对条款 [7.2.5e] 的测评方法）外，业务系统还可以在应用层实现重要数据在传输过程中的保密性保护。此时，测评人员需要对应用层通信协议的保密性保护功能进行检查，特别要关注密钥在整个生命周期内的安全性，可以采用网络抓包的方式对保密性保护功能的有效性进行确认。对应用数据，参考对传输保密性实现的测评方法。

4）条款 [7.4.5d]：数据存储保密性

测评指标：应采用密码技术保证重要数据在存储过程中的保密性，包括但不限于鉴别数据、重要业务数据和重要用户信息等。

测评对象：业务系统、密码产品、技术文档。

测评实施：查看技术文档中关于业务系统中的重要数据在存储过程中的保密性保护技术及实现机制；查看并验证业务系统中的重要数据在存储过程中的保密性保护功能的正确性和有效性；查看所使用的密码算法是否符合密码相关国家标准和行业标准；检查密码产品是否经过了国家密码管理部门核准或经商用密码认证机构认证合格，相关密码功能是否正确有效。

测评方法：对于重要数据的保密性保护，存储方式有三种：①存储在具有商用密码产品型号的加密硬盘中；②存储在外部具有商用密码产品型号的存储加密设备中；③利用外部服务器密码机加密后再存储到本地设备中。对于第一种情况，测评人员可以读出硬盘中的数据以确定存储数据保护机制的有效性；对于其他两种情况，测评人员可以抓取进出外部密码产品的数据或查阅密码产品的日志，以确定存储数据保护机制的有效性。对应用数据，参考对存储保密性实现的测评方法。

5）条款 [7.4.5e]：数据传输完整性

测评指标：应采用密码技术保证重要数据在传输过程中的完整性，包括但不限于鉴别数据、重要业务数据、重要审计数据、重要配置数据、重要视频数据和重要用户信息等。

测评对象：业务系统、密码产品、技术文档。

测评实施：查看技术文档中关于业务系统中重要数据在传输过程中的完整性保护技术及实现机制；查看并验证业务系统中的重要数据在传输过程中的完整性保护功能的正确性和有效性；查看所使用的密码算法是否符合密码相关国家标准和行业标准；检查密码产品是否经过了国家密码管理部门核准或经商用密码认证机构认证合格，相关密码功能是否正确有效。

测评方法：除在网络和通信安全层面搭建的安全通信链路保护重要数据（参见对条款 [7.2.5d] 的测评方法）外，业务信息系统还可以在应用层利用 MAC 或数字签名技术实现重要数据在传输过程中的完整性保护。此时，测评人员需要对应用层通信协议的完整性保护功能进行检查，特别要关注密钥生命周期的安全性，可以采用网络抓包的方式对完整性保护功能的有效性进行确认。对应用传输的数据，参考对传输完整性实现的测评方法。

6）条款 [7.4.5f]：数据存储完整性

测评指标：应采用密码技术保证重要数据在存储过程中的完整性，包括但不限于鉴别数据、重要业务数据、重要审计数据、重要配置数据、重要视频数据和重要用户信息、重要可执行程序等。

测评对象：业务系统、密码产品、技术文档。

测评实施：查看技术文档中关于业务系统中的重要数据在存储过程中的完整性保护技术及实现机制；查看并验证业务系统中的重要数据在存储过程中的完整性保护功能的正确性和有效性；查看所使用的密码算法是否符合密码相关国家标准和行业标准；检查密码产品是否经过了国家密码管理部门核准或经商用密码认证机构认证合格，相关密码功能是否正确有效。

测评方法：对于重要数据存储的完整性保护，存储方式有两种：①存储在具有完整性保护功能的存储型密码产品中；②利用外部服务器密码机提供的完整性保护

（如 MAC 或数字签名）后再存储到本地设备中。

对于前一种情况，测评人员可以读出密码产品中的数据以确定存储数据保护机制的有效性；对于后一种情况，测评人员可以抓取进出外部密码产品的数据或查阅密码产品的日志以确定存储数据保护机制的有效性。对应用存储的数据，参考对存储完整性实现的测评方法。

7）条款 [7.4.5g]：日志记录完整性

测评指标：应使用密码技术的完整性功能来实现对日志记录的完整性保护。

测评对象：安全审计员、应用系统、密码产品、技术文档。

测评实施：审阅技术文档，访谈安全审计员，了解应用系统是否具有日志记录的功能，了解是否进行了完整性保护；如果日志记录进行了完整性保护，了解是否使用了密码技术对日志记录进行完整性保护；如果采用了密码技术，检查系统采用的密码算法是否符合有关国家标准和行业标准，密码产品是否经过了国家密码管理部门核准或经商用密码认证机构认证合格，相关密码功能是否正确有效。

测评方法：测评人员应对提供完整性保护功能的密码产品进行核查，检查密钥管理方式是否合理。对应用的日志信息，参考对存储完整性实现的测评方法。

8）条款 [7.4.5h]：重要应用程序的加载和卸载

测评指标：应采用密码技术对重要应用程序的加载和卸载进行安全控制。

测评对象：系统管理员、应用系统、密码产品、技术文档。

测评实施：审阅技术文档，访谈系统管理员，了解应用系统是否采用密码技术对重要程序的加载和卸载进行安全控制；如果采用了密码技术，检查系统采用的密码技术是否符合有关国家标准和行业标准，密码产品是否经过了国家密码管理部门核准或经商用密码认证机构认证合格，相关密码功能是否正确有效。

测评方法：对提供安全控制的密码产品进行核查，确认其提供的安全控制机制能够保证重要应用程序的安全加载和卸载。在条件允许的情况下，尝试使用非授权的操作员对受保护的应用程序进行加载或卸载，来验证安全控制机制的有效性。

9）条款 [7.4.5i]：抗抵赖（第四级信息系统要求）

测评指标：在可能涉及法律责任认定的应用中，应采用密码技术提供数据原发证据和数据接收证据，实现数据原发行为的不可否认性和数据接收行为的不可否认性。

测评对象：应用系统、密码产品、技术文档。

测评实施：应核查技术文档，是否采用了密码技术保证数据发送和数据接收操作的不可否认性；检查系统采用的密码技术是否符合有关国家标准和行业标准，密码产品是否经过了国家密码管理部门核准或经商用密码认证机构认证合格，相关密码功能是否正确有效。

测评方法：对于需要数据原发证据和数据接收证据的应用，进行密码服务（电子认证服务）的合规性核查，以及必要的密码产品的合规性核查（如证书认证系统、电子签章系统）。对于数据原发和接收行为，参考对不可否认性实现的测评方法。

10）条款 [7.4.5j]：密码模块实现

测评指标：应采用符合 GM/T 0028-2014 要求的三级及以上密码模块或通过国家密码管理部门核准的硬件密码产品实现密码运算和密钥管理（第四级信息系统要求，第三级信息系统推荐）。

测评对象：安全管理员、密码产品、技术文档。

测评实施：应访谈安全管理员，询问信息系统中采用的密码模块或密码产品是否经国家密码管理部门核准或经商用密码认证机构认证合格；应查看技术文档，了解信息系统中采用何种密码模块或密码产品，以及相关的密码算法和密钥管理说明；应检查密码产品，查看信息系统中密码模块或密码产品的型号和版本等信息，检查是否采用了符合 GM/T 0028-2014 要求的三级及以上密码模块或通过国家密码管理部门核准的硬件密码产品。

测评方法：对所有实现密码运算和密钥管理的密码产品，查看相应证书，确认其是否符合密码应用方案中的选型；若密码应用方案中未选定具体产品指标或安全等级，测评人员应当确认其是否属于符合 GM/T 0028-2014 要求的三级及以上的密码模块或硬件密码产品。

4.3.5 密钥管理测评

密钥管理测评是密码应用安全性评估工作的一项重要内容。测评人员首先确认所有关于密钥管理的操作都是由符合规定的密码产品或密码模块实现的，然后厘清密钥流转的关系，对信息系统内密钥（尤其是对进出密码产品的密钥）的安全性进行检查，给出全生命周期的密钥流转表，即标明这些密钥是如何生成、存储、分发、导入与导出、使用、备份与恢复、归档、销毁的，并核查是否满足要求。以下分别列出了对第三级信息系统和第四级信息系统中密钥管理的测评与实施方法。

1. 第三级信息系统密钥管理测评

1）测评指标

第三级信息系统密钥管理应包括对密钥的生成、存储、分发、导入与导出、使用、备份与恢复、归档、销毁等进行管理和策略制定的过程，并满足以下要求。

① 条款 [8.4a]：密钥生成。密钥生成使用的随机数应符合 GM/T 0005-2012 的要求，密钥应在符合 GM/T 0028-2014 要求的密码模块中产生；密钥应在密码模块内部产生，不得以明文方式出现在密码模块之外；应具备检查和剔除弱密钥的能力。

② 条款 [8.4b]：密钥存储。密钥应加密存储，并采取严格的安全防护措施，防止密钥被非法获取；密钥加密密钥应存储在符合 GM/T 0028-2014 要求的二级及以上密码模块中。

③ 条款 [8.4c]：密钥分发。密钥分发应采取身份鉴别、数据完整性、数据保密性等安全措施，应能够抗截取、假冒、篡改、重放等攻击，保证密钥的安全性。

④ 条款 [8.4d]：密钥导入与导出。应采取有效的安全措施，防止密钥导入与导出时被非法获取或篡改，并保证密钥的正确性。

⑤ 条款 [8.4e]：密钥使用。密钥应明确用途，并按照用途正确使用；对于公钥密码体制，在使用公钥之前应对其进行验证；应有安全措施防止密钥的泄露和替换；密钥泄露时，应停止使用，并启动相应的应急处理和响应措施；应按照密钥更换周期要求更换密钥；应采取有效的安全措施，保证密钥更换时的安全性。

⑥ 条款 [8.4f]：密钥备份与恢复。应制定明确的密钥备份策略，采用安全可靠的密钥备份恢复机制，对密钥进行备份或恢复；密钥备份或恢复应进行记录，并生成审计信息；审计信息应包括备份或恢复的主体、备份或恢复的时间等。

⑦ 条款 [8.4g]：密钥归档。应采取有效的安全措施，保证归档密钥的安全性和正确性；归档密钥只能用于解密该密钥加密的历史信息或验证该密钥签名的历史信息；密钥归档应进行记录，并生成审计信息；审计信息应包括归档的密钥、归档的时间等；归档密钥应进行数据备份，并采用有效的安全保护措施。

⑧ 条款 [8.4h]：密钥销毁。应具有在紧急情况下销毁密钥的措施。

2）测评对象

测评对象包括密钥管理员、密钥管理制度、应用系统、密码产品。

3）测评实施

① 结合技术文档，了解系统在密钥生成过程中所使用的真随机数生成器是否为经过了国家密码管理部门批准的随机数生成器。

② 查看系统内随机数生成器的运行状态，判断生成密钥是否具有良好的随机性；查看其功能是否正确有效。

③ 结合技术文档，了解系统内部所有密钥是否均以密文形式进行存储，或者位于受保护的安全区域，了解系统使用了何种密码算法对受保护的密钥进行加密处理，相关加密算法是否符合相关法规和标准的要求；了解密钥加密密钥的分发、管理、使用及存储机制；了解系统内部是否具备完善的密钥访问权限控制机制，以保护明文密钥及密文密钥不被非法获取、篡改或使用。

④ 查看系统内部密钥的存储状态，确定密钥均以密文形式存于系统之中，或者位于受保护的安全区域，并尝试导入新的密钥以验证系统对密钥的加密过程正确有效；尝试操作密钥加密密钥的分发、管理、使用处理过程，查看并判定系统是否具有严格的密钥访问控制机制；查验密钥加密密钥是否存储于专用密码产品中，该设备是否经过了国家密码管理部门的核准或经商用密码认证机构认证合格。

⑤ 结合技术文档，了解系统内部采用何种密钥分发方式（如离线分发方式、在线分发方式、混合分发方式），密钥传递过程中系统使用了哪些密码技术对密钥进行处理以保护其保密性、完整性与真实性；在密钥分发期间系统使用了哪些专用网络安全设备、专用安全存储设备，相关设备是否经过了国家密码管理部门的核准或经商用密码认证机构认证合格，算法或协议是否符合有关国家标准和行业标准。

⑥ 结合技术文档，了解在密钥导入、导出过程中系统采用了何种安全措施来保证此操作的安全性及密钥的正确性。

⑦ 结合技术文档，了解系统内部是否具有严格的密钥使用管理机制，以保证所有密钥均具有明确的用途且各类密钥均可被正确地使用、管理；了解系统是否具有公钥认证机制，以鉴别公钥的真实性与完整性，相应公钥密码算法是否符合相关法规和标准的要求；了解系统采用了何种安全措施来防止密钥泄露或替换，是否使用了密码算法，且相关的算法是否符合相关法规和标准的要求；了解系统是否可定期更换密钥，了解详细的密钥更换处理流程；了解当密钥泄露时系统是否具备应急处理和响应措施；了解系统在密钥使用过程中，相关功能是否符合给定的技术实施要求。

⑧ 查看系统提供的数据加密处理操作，判断密钥的使用、管理过程是否安全；查看公钥验证过程的正确性与有效性；对测试用户进行密钥更新操作以便查看相关

过程是否安全；查验系统是否使用了符合相关法规和标准要求的密码算法对相关密钥进行保护。

⑨ 结合技术文档，了解系统内部是否具有较为完善的密钥备份恢复机制；了解系统中密钥的备份策略和备份密钥的存储方式、存储位置等技术细节内容；了解系统内部是否使用了专用存储设备来存储、管理相关的备份密钥，所使用的存储设备是否经过了国家密码管理部门的核准或经商用密码认证机构认证合格；了解系统内部是否具有较为完善的密钥备份审计信息；了解系统中密钥备份操作的审计内容（审计信息至少包括备份或恢复的主体，备份或恢复的时间等），审计记录存储方式、存储位置等技术细节内容。

⑩ 查看系统中备份密钥的存储状态，确认密钥备份功能的正确性与有效性；查看系统所使用的备份密钥存储设备是否经过了国家密码管理部门的核准或经商用密码认证机构认证合格；查看系统中的密钥备份审计记录，验证密钥备份审计功能的正确性与有效性。

⑪ 结合技术文档，了解系统内归档密钥记录、审计信息；是否具有较为完善的安全保护、防泄露机制；了解系统内部是否使用了专用存储设备来存储、管理相关的归档密钥，所使用的存储设备是否经过了国家密码管理部门的核准或经商用密码认证机构认证合格。

⑫ 结合技术文档，了解系统内不同密钥存储介质的销毁机制，了解系统中密钥销毁策略、密钥销毁方式等细节内容；了解系统内部是否具有普通介质存储密钥的销毁机制；了解系统内部是否具有专用设备存储密钥的销毁机制；了解系统内部各销毁机制是否能确保密钥销毁后无法恢复。

2. 第四级信息系统密钥管理测评

1）测评指标

第四级信息系统密钥管理应包括对密钥的生成、存储、分发、导入与导出、使用、备份与恢复、归档、销毁等进行管理和策略制定的过程，并满足以下要求。

① 条款 [8.5a]：密钥生成。应使用国家密码管理部门批准的硬件物理噪声源产生随机数；密钥应在密码产品内部产生，不得以明文方式出现在密码产品之外；应具备检查和剔除弱密钥的能力；应生成密钥审计信息，密钥审计信息应包括种类、长度、拥有者信息、使用起始时间、使用终止时间。

② 条款 [8.5b]：密钥存储。密钥应加密存储，并采取严格的安全防护措施，防

止密钥被非法获取；密钥加密密钥、用户签名私钥应存储在符合 GM/T 0028-2014 要求的三级及以上密码模块中或通过国家密码管理部门核准的硬件密码产品中；应具有密钥泄露时的应急处理和响应措施。

③ 条款 [8.5c]：密钥分发。密钥分发应采取身份鉴别、数据完整性、数据保密性等安全措施，应能够抗截取、假冒、篡改、重放等攻击，保证密钥的安全性。

④ 条款 [8.5d]：密钥导入与导出。应采取有效的安全措施，保证密钥导入与导出过程的安全，以及密钥的正确性；应采用密钥分量的方式或者使用专用设备的方式；应保证系统密码服务不间断。

⑤ 条款 [8.5e]：密钥使用。密钥应明确用途，并按照用途正确使用；对于公钥密码体制，在使用公钥之前应对其进行验证；应有安全措施防止密钥的泄露和替换；密钥泄露时，应停止使用，并启动相应的应急处理和响应措施；应按照密钥更换周期要求更换密钥；应采取有效的安全措施，保证密钥更换时的安全性。

⑥ 条款 [8.5f]：密钥备份与恢复。应制定明确的密钥备份策略，采用安全可靠的密钥备份恢复机制，对密钥进行备份或恢复；密钥备份或恢复应进行记录并生成审计信息；审计信息应包括备份或恢复的主体、备份或恢复的时间等。

⑦ 条款 [8.5g]：密钥归档。应采取有效的安全措施，保证归档密钥的安全性和正确性；归档密钥只能用于解密该密钥加密的历史信息或验证该密钥签名的历史信息；密钥归档应进行记录，并生成审计信息；审计信息应包括归档的密钥、归档的时间等；归档密钥应进行数据备份并采用有效的安全保护措施。

⑧ 条款 [8.5h]：密钥销毁。应具有在紧急情况下销毁密钥的措施。

2）测评对象

测评对象包括密钥管理员、密钥管理制度、应用系统、密码产品。

3）测评实施

① 结合技术文档，了解系统在密钥生成过程中所使用的真随机数生成器是否为经过国家密码管理部门批准的硬件物理噪声源。

② 查看系统内随机数生成器的运行状态，判断生成的密钥是否具有良好的随机性；查看其功能是否正确有效。

③结合技术文档，了解系统内部所有密钥是否均以密文形式进行存储，或者位于受保护的安全区域，了解系统使用了何种密码算法对受保护的密钥进行加密处理，

相关加密算法是否符合相关法规和密码标准的要求；了解密钥加密密钥的分发、管理、使用及存储机制；了解系统内部是否具备完善的密钥访问权限控制机制，以保护明文密钥及密文密钥不被非法获取、篡改或使用。

④ 查看系统内部密钥的存储状态，确定密钥均以密文形式存于系统之中，或者位于受保护的安全区域，并尝试导入新的密钥以验证系统对密钥的加密过程正确有效；尝试操作密钥加密密钥的分发、管理、使用处理过程，查看并判定系统是否具有严格的密钥访问控制机制；查验密钥加密密钥是否存储于专用密码产品中，该设备是否经过国家密码管理部门的核准或经商用密码认证机构认证合格。

⑤ 结合技术文档，了解系统内部采用何种密钥分发方式（如离线分发方式、在线分发方式、混合分发方式），密钥传递过程中系统使用了哪些密码技术对密钥进行处理以保护其保密性、完整性与真实性；在密钥分发期间系统使用了哪些专用网络安全设备、专用安全存储设备，相关设备是否经过国家密码管理部门的核准或经商用密码认证机构认证合格，算法或协议是否符合有关国家标准和行业标准。

⑥ 结合技术文档，了解在密钥导入、导出过程中系统采用了何种安全措施来保证此操作的安全性及密钥的正确性；了解系统是否采用了密钥拆分的方法将密钥拆分成若干密钥片段并分发给不同的密钥携带者，从而实现安全的密钥导出操作；了解被导出的密钥片段是否经过加密处理，以密文形式存在于各传输载体之中，相关的密钥加密算法是否符合相关法规和标准的要求；了解在密钥导入、导出过程中系统是否使用了专用密码存储设备存储、携带相关的密钥数据，相关存储设备是否经过国家密码管理部门的核准或经商用密码认证机构认证合格；了解密钥导入、导出过程中系统是否可保证相关密码服务不被中断。

⑦ 结合技术文档，了解系统内部是否具有严格的密钥使用管理机制，以保证所有密钥均具有明确的用途且各类密钥均可被正确地使用、管理；了解系统是否具有公钥认证机制，以鉴别公钥的真实性与完整性，相应公钥密码算法是否符合相关法规和密码标准的要求；了解系统采用了何种安全措施来防止密钥泄露或替换，是否使用了密码算法，以及相关的算法是否符合相关法规和标准的要求；了解系统是否可定期更换密钥，了解详细的密钥更换处理流程；了解当密钥泄露时系统是否具备应急处理和响应措施；了解系统在密钥使用过程中，相关功能是否符合给定的技术实施要求。

⑧ 查看系统提供的数据加密处理操作，判断密钥的使用、管理过程是否安全；

查看公钥验证过程的正确性与有效性；对测试用户进行密钥更新操作以便查看相关过程是否安全；查验系统是否使用符合相关法规和标准要求的密码算法对相关密钥进行保护。

⑨ 结合技术文档，了解系统内部是否具有较为完善的密钥恢复备份机制，了解系统中密钥的备份策略和备份密钥的存储方式、存储位置等技术细节内容；了解系统内部是否使用了专用存储设备来存储、管理相关的备份密钥，所使用的存储设备是否经过国家密码管理部门的核准或经商用密码认证机构认证合格；了解系统内部是否具有较为完善的密钥备份审计信息，了解系统中密钥备份操作的审计内容（审计信息至少包括备份或恢复的主体，备份或恢复的时间等）、审计记录存储方式、存储位置等技术细节内容。

⑩ 查看系统中备份密钥的存储状态，确认密钥备份功能的正确性与有效性；查看系统所使用的备份密钥存储设备是否经过国家密码管理部门的核准或经商用密码认证机构认证合格；查看系统中的密钥备份审计记录，以验证密钥备份审计功能的正确性与有效性。

⑪ 结合技术文档，了解系统内归档密钥记录、审计信息；是否具有较为完善的安全保护、防泄露机制；了解系统内部是否使用了专用存储设备来存储、管理相关的归档密钥，所使用的存储设备是否经过国家密码管理部门的核准或经商用密码认证机构认证合格。

⑫ 结合技术文档，了解系统内不同密钥存储介质的销毁机制，了解系统中密钥销毁策略，密钥销毁方式等细节内容；了解系统内部是否具有普通介质存储密钥的销毁机制；了解系统内部是否具有专用设备存储密钥的销毁机制；了解系统内部各销毁机制是否确保密钥销毁后无法恢复。

4.3.6 安全管理测评

1. 制度管理测评

1）条款 [9.1.4a]

测评指标：应制定密码安全管理制度及操作规范、安全操作规范。密码安全管理制度应包括密码建设、运维、人员、设备、密钥等密码管理相关内容。

测评对象： 安全管理制度类文档、系统相关人员（包括负责人、安全主管、安全审计员、密码产品管理员、密钥系统管理员等）。

测评实施： 查看各项安全管理制度、安全操作规范和配套的操作规程是否覆盖密码建设、运维、人员、设备、密钥等密码管理相关内容；查看制度制定和发布要求管理文档是否说明安全管理制度的制定和发布流程、格式要求及版本编号等相关内容。

2）条款 [9.1.4b]

测评指标： 定期对密码安全管理制度的合理性和适用性进行论证和审定，对存在不足或需要改进的安全管理制度进行修订。

测评对象： 安全管理制度类文档和记录表单类文档、系统相关人员（包括负责人、安全主管、安全审计员、密码产品管理员、密钥系统管理员等）。

测评实施： 访谈安全主管，确定是否定期对密码安全管理制度体系的合理性和适用性进行审定；查看是否具有安全管理制度的审定或论证记录；如果对制度做过修订，核查是否有修订版本的安全管理制度。

3）条款 [9.1.4c]

测评指标： 应明确相关管理制度的发布流程。

测评对象： 安全管理制度类文档和记录表单类文档、系统相关人员（包括负责人、安全主管、安全审计员、密码产品管理员、密钥系统管理员等）。

测评实施： 访谈安全主管，确定是否具有管理制度发布流程；查看是否具有管理制度发布文件。

4）条款 [9.1.4d]（第四级信息系统要求）

测评指标： 制度执行过程应留存相关执行记录。

测评对象： 安全管理制度类文档和记录表单类文档、系统相关人员（包括负责人、安全主管、安全审计员、密码产品管理员、密钥系统管理员等）。

测评实施： 查看是否具有制度执行过程中留存的相关执行记录文件。

2. 人员管理测评

1）条款 [9.2.4a]

测评指标： 应了解并遵守密码相关法律法规。

测评对象：系统相关人员（包括负责人、安全主管、安全审计员、密码产品管理员、密钥系统管理员等）。

测评实施：访谈系统相关人员，确定是否了解并遵守商用密码相关法律法规。

2）条款 [9.2.4b]

测评指标：应能够正确使用密码产品。

测评对象：系统相关人员（包括负责人、安全主管、安全审计员、密码产品管理员、密钥系统管理员等）。

测评实施：访谈系统相关人员，确定是否正确使用商用密码产品。

3）条款 [9.2.4c]

测评指标1：应根据相关密码管理政策、数据安全保密政策，结合组织实际情况，设置密钥管理人员、安全审计人员、密码操作人员等关键岗位。

测评对象：安全管理制度类文档和记录表单类文档、系统相关人员（包括负责人、安全主管、安全审计员、密码产品管理员、密钥系统管理员等）。

测评实施：查看岗位职责文档是否划分了系统相关人员并定义其岗位职责；查看记录表单类文档是否明确配备了密钥管理、安全审计、密码产品操作岗位人员。

测评指标2：应建立相应岗位责任制度，明确相关人员在安全系统中的职责和权限，对关键岗位建立多人共管机制（其中，多人共管制度是第四级信息系统要求）。

测评对象：安全管理制度类文档和记录表单类文档、系统相关人员（包括负责人、安全主管、安全审计员、密码产品管理员、密钥系统管理员等）。

测评实施：访谈信息安全主管，确定是否明确了相关人员在密码产品管理与密钥系统管理中的职责和权限以及密钥管理安全审计；访谈信息安全主管是否对关键岗位配备了多人；查看安全管理制度类文档是否明确了相关人员在密码产品管理与密钥系统管理中的职责和权限；查看人员配备文档是否针对关键岗位配备多人。

测评指标3：密钥管理、安全审计、密码操作人员职责应建立多人共管制度，互相制约、互相监督，相关设备与系统的管理和使用账号不得多人共用。

测评对象：安全管理制度类文档和记录表单类文档、系统相关人员（包括负责人、安全主管、安全审计员、密码产品管理员、密钥系统管理员等）。

测评实施：访谈信息安全主管，确定是否进行了信息安全管理岗位的划分；访谈安全主管、安全审计员、密码产品管理员、密钥系统管理员等，确认各岗位职责是否存在交叉；访谈信息安全主管是否对关键岗位配备了多人；查看记录表单类文档是否明确配备了密钥管理、安全审计、密码产品操作岗位人员；查看岗位职责文档，确认系统相关人员（包括负责人、安全主管、安全审计员、密码产品管理员、密钥系统管理员等）的岗位职责是否存在交叉，是否规定相关设备与系统的管理和使用账号不得多人共用；查看人员配备文档是否针对关键岗位配备多人。

4）条款 [9.2.4d]（第四级信息系统要求）

测评指标：密钥管理员、密码产品操作人员应从本机构在编的正式员工中选拔，并对相关人员实施必要的审查。

测评对象：安全管理制度类文档和记录表单类文档、系统相关人员（包括负责人、安全主管、安全审计员、密码产品管理员、密钥系统管理员等）。

测评实施：访谈人事负责人关键岗位的人员是否从内部人员选拔担任；查看人员安全管理文档是否说明密码管理、密码产品操作人员应从本机构在编的正式员工中选拔，以及录用人员应实施必要的审查；查看是否具有人员录用时对录用人身份、背景、专业资格和资质等进行审查的相关文档或记录等。

5）条款 [9.2.4e]

测评指标：应建立人员考核制度，定期进行岗位人员考核，建立健全奖惩制度。

测评对象：安全管理制度类文档和记录表单类文档、系统相关人员（包括负责人、安全主管、安全审计员、密码产品管理员、密钥系统管理员等）。

测评实施：查看安全管理制度文档是否包含具体的人员考核制度和惩戒措施；查看记录表单类文档确认是否定期进行岗位人员考核。

6）条款 [9.2.4f]

测评指标：应建立人员培训制度，对于涉及密码的操作和管理的人员以及密钥管理人员进行专门培训。

测评对象：安全管理制度类文档和记录表单类文档、系统相关人员（包括负责人、安全主管、安全审计员、密码产品管理员、密钥系统管理员等）。

测评实施：查看安全教育和培训计划文档是否有对于涉及密码的操作和管理的人员以及密钥管理人员的培训计划；查看安全教育和培训记录是否有培训人员、培训内容、培训结果等的描述。

7）条款 [9.2.4g]

测评指标：应建立关键岗位人员保密制度和调离制度，签订保密合同，承担保密义务。

测评对象：安全管理制度类文档和记录表单类文档、系统相关人员（包括负责人、安全主管、安全审计员、密码产品管理员、密钥系统管理员等）。

测评实施：查看人员离岗的管理文档是否规定了关键岗位人员保密制度和调离制度等；查看保密协议是否有保密范围、保密责任、违约责任、协议的有效期限和责任人的签字等内容；查看是否具有按照离岗程序办理调离手续的记录。

3. 实施管理测评

1）条款 [9.3.1.4]：规划

测评指标：信息系统规划阶段，责任单位应依据密码相关标准，制定密码应用方案，组织专家进行评审，评审意见作为项目规划立项的重要材料。通过专家审定后的方案应作为建设、验收和测评的重要依据。

测评对象：密码应用方案、项目立项规划文档、评审报告、安全管理制度类文档和记录表单类文档、系统相关人员（包括负责人、安全主管、安全审计员、密码产品管理员、密钥系统管理员等）。

测评实施：查看在规划阶段，是否依据密码相关标准，制定密码应用方案；查看责任单位是否组织专家或测评机构对密码应用方案进行评审，评审是否通过，给出的整改建议是否落实。

2）条款 [9.3.2.4a]：建设

测评指标：应按照国家相关标准，制定实施方案，方案内容应包括但不少于信息系统概述、安全需求分析、密码系统设计方案、密码产品清单（包括产品资质、功能及性能列表和产品生产单位等）、密码系统安全管理与维护策略、密码系统实施计划等。

测评对象：密码应用实施方案、安全管理制度类文档和记录表单类文档、系统相关人员（包括负责人、安全主管、安全审计员、密码产品管理员、密钥系统管理员等）。

测评实施：查看是否按照国家相关标准，制定实施方案，方案内容应包括但不少于信息系统概述、安全需求分析、商用密码系统设计方案、商用密码产品清单（包括产品资质、功能及性能列表和产品生产单位等）、商用密码系统安全管理与维护策略、商用密码系统实施计划等。

3）条款 [9.3.2.4b]：建设

测评指标：应选用经国家密码管理部门核准的密码产品和许可的密码服务。

测评对象：密码应用方案、相关产品和服务的资质证书、安全管理制度类文档和记录表单类文档、系统相关人员（包括负责人、安全主管、安全审计员、密码产品管理员、密钥系统管理员等）。

测评实施：查看相关资质证书，确认系统使用的密码产品是否经过国家密码管理部门的核准或经商用密码认证机构认证合格，确认使用的密码服务是否经过国家密码管理部门的许可。

4）条款 [9.3.3.4a]：运行

测评指标：信息系统投入运行前，应经过密码测评机构安全性评估，评估通过后，方可投入正式运行。

测评对象：密码应用安全性评估文档、安全管理制度类文档和记录表单类文档、系统相关人员（包括负责人、安全主管、安全审计员、密码产品管理员、密钥系统管理员等）。

测评实施：访谈系统负责人，信息系统投入运行前，是否组织密码应用安全性测评机构进行了安全性评估；查看是否具有系统投入运行前，由密码应用安全性测评机构出具的测评报告。

5）条款 [9.3.3.4b]：运行

测评指标：信息系统投入运行后，责任单位每年应委托密码测评机构开展密码应用安全性评估，并根据评估意见进行整改；有重大安全隐患的，应停止系统运行并制定整改方案，整改完成并通过评估后方可投入运行。

测评对象：密码应用安全性评估文档、安全管理制度类文档和记录表单类文档、系统相关人员（包括负责人、安全主管、安全审计员、密码产品管理员、密钥系统管理员等）。

测评实施：访谈系统负责人，责任单位是否每年委托密码应用安全性测评机构开展密码应用安全性评估，并根据评估意见进行整改；访谈系统负责人，如发现重大安全隐患，是否立即停止系统运行并制定整改方案，整改完成并通过评估后方可投入运行；查看信息系统投入运行后，责任单位是否具有每年委托密码应用安全性测评机构开展密码应用安全性评估；查看是否具有系统重大安全隐患记录及事件报告文档，是否编制了安全隐患整改方案，是否具有针对方案的评估意见记录文档。

4. 应急管理测评

1）条款 [9.4.4a]

测评指标：制订应急预案，做好应急资源准备，当安全事件发生时，按照应急预案结合实际情况及时处置。

测评对象：安全事件规定文档、安全事件管理制度、应急预案文档、密码相关管理制度类文档、相关记录表单类文档、系统相关人员（包括负责人、安全主管、安全审计员、密码产品管理员、密钥系统管理员等）。

测评实施：查看应急预案及相关管理制度文档，是否根据安全事件等级制定了相应的应急预案及管理制度，是否明确了应急事件处理流程及其他管理措施，并遵照执行；查看如有安全事件发生，是否具有相应的处置记录。

2）条款 [9.4.4b]

测评指标：事件发生后，应及时向信息系统的上级主管部门和同级的密码管理部门进行报告（其中，向同级的密码管理部门报告是第四级信息系统要求）。

测评对象：安全事件规定文档、安全事件管理制度、应急预案文档、密码相关管理制度类文档、相关记录表单类文档、系统相关人员（包括负责人、安全主管、安全审计员、密码产品管理员、密钥系统管理员等）。

测评实施：访谈系统负责人，安全事件发生后，是否及时向信息系统责任单位的上级主管部门和同级的密码管理部门进行了报告；查看是否具有向上级主管部门和同级的密码管理部门汇报的安全事件报告文档。

3）条款 [9.4.4c]

测评指标：安全事件处置完成后，应及时向同级的密码管理部门报告事件发生的情况及处置情况。

测评对象：安全事件规定文档、安全事件管理制度、应急预案文档、密码相关管理制度类文档、相关记录表单类文档、系统相关人员（包括负责人、安全主管、安全审计员、密码产品管理员、密钥系统管理员等）。

测评实施：访谈系统负责人，事件处置完成后，是否及时向同级的密码管理部门报告了事件发生情况及处置情况；查看安全事件处置完成后，是否具有向同级的密码管理部门汇报的安全事件发生情况及处置情况报告。

4.3.7　综合测评

完成以上测评后，测评人员需要先对单项和单元测评结果进行判定，并根据这些判定结果，对被测信息系统进行整体测评。在进行整体测评过程中，部分单项测评结果可能会有变化，需进一步对单项和单元测评结果进行修正。修正完成之后再进行风险分析和评价，并形成最终的被测信息系统密码应用安全性评估结论。详细分析方法见 4.4.6 节。

此外，测评人员还应对可能影响信息系统密码安全的风险进行综合测评。密码是信息系统安全的基础支撑，但即便密码在信息系统中合规、正确、有效地应用，也不意味着密码应用就是绝对安全的。信息系统自身若存在安全漏洞或面临安全风险，将直接威胁到系统的密码应用安全，严重的可造成密钥的泄露和密码技术的失效，因此需根据被测信息系统所承载的业务、部署环境以及与其他系统的连接等情况，综合分析判断信息系统密码应用安全可能面临的外在安全风险，并通过渗透测试、逆向分析等手段对这些风险进行有效验证和分析。

4.4　密码应用安全性评估测评过程指南

本节根据国家密码管理局发布的《商用密码应用安全性评估测评过程指南（试行）》介绍密码应用安全性评估的主要活动和任务，包括密码应用方案评估、测评准备活动、方案编制活动、现场测评活动、分析和报告编制活动，以规范测评机构密码应用安全性评估工作·。

4.4.1　概述

1. 基本原则

1）客观公正原则

测评实施过程中，测评方（测评机构）应保证在最小主观判断情形下，按照与受测方（被测系统责任单位）共同认可的测评方案，基于明确定义的测评方式和解释，实施测评活动。

2）经济性和可重用性原则

测评工作可以重用已有测评结果，包括商用密码安全产品检测结果和商用密码应用安全性评估测评结果。所有重用结果都应以结果适用于待测系统为前提，并能够客观反映系统目前的安全状态。

3）可重复性和可再现性原则

依照同样的要求，使用同样的测评方法，在同样的环境下，不同的测评者对每个测评实施过程的重复执行应得到同样的结果。可重复性和可再现性的区别在于，前者与同一测评者测评结果的一致性有关，后者则关注不同测评者测评结果的一致性。

4）结果完善性原则

在正确理解《信息系统密码应用基本要求》各个要求项内容的基础之上，测评所产生的结果应客观反映信息系统的运行状态。测评过程和结果应基于正确的测评方法，以确保其满足要求。

2. 测评风险控制

测评工作的开展可能会给被测信息系统带来一定风险，测评机构应在测评开始前及测评过程中及时进行风险识别及分析，针对可能发生的风险采取有效措施，以规避风险或降低风险带来的影响。面临的主要风险有以下几种：

1）验证测试可能影响系统正常运行

在现场测评时，需对设备和系统进行一定的验证测试工作，部分测试内容需上机查看信息，可能对系统的运行造成不可预期的影响。

2）工具测试可能影响系统正常运行

在现场测评时，根据实际需要可能会使用一些测评工具进行测试。测评工具使用时可能会产生冗余数据写入，同时可能会对系统的负载造成一定影响，进而对信息系统中的服务器和网络通信造成一定影响甚至损害。

3）可能导致敏感信息泄露

测评过程中，可能泄露被测信息系统的敏感信息，如加密机制、业务流程、安全隐患和有关文档信息。

4）其他可能面临的风险

在测评过程中也可能出现影响信息系统可用性、保密性和完整性的风险。

3. 测评过程

下面给出的测评过程是针对信息系统的首次测评。对于已经实施过一次（或以上）测评的被测信息系统，测评机构和测评人员可根据实际情况调整部分工作任务。需要注意的是，在测评活动开展前，信息系统的密码应用方案需经过测评机构的评估或密码应用专家评审，详见 4.4.2 节。按要求通过评估或评审的密码应用方案可以作为测评实施的依据。

测评过程包括四项基本测评活动：测评准备活动、方案编制活动、现场测评活动、分析与报告编制活动。测评方与受测方之间的沟通与洽谈应贯穿整个测评过程。测评过程如图 4-2 所示。

1）测评准备活动

本活动是开展测评工作的前提和基础，主要任务是掌握被测信息系统的详细情况，准备测评工具，为编制测评方案做好准备。

2）方案编制活动

本活动是开展测评工作的关键活动，主要任务是确定与被测信息系统相适应的测评对象、测评指标及测评内容等，形成测评方案，为实施现场测评提供依据。

3）现场测评活动

本活动是开展测评工作的核心活动，主要任务是依据测评方案的总体要求，分步实施所有测评项目，包括单项测评和单元测评等，以了解系统的真实保护情况，获取足够证据，发现系统存在的密码应用安全性问题。

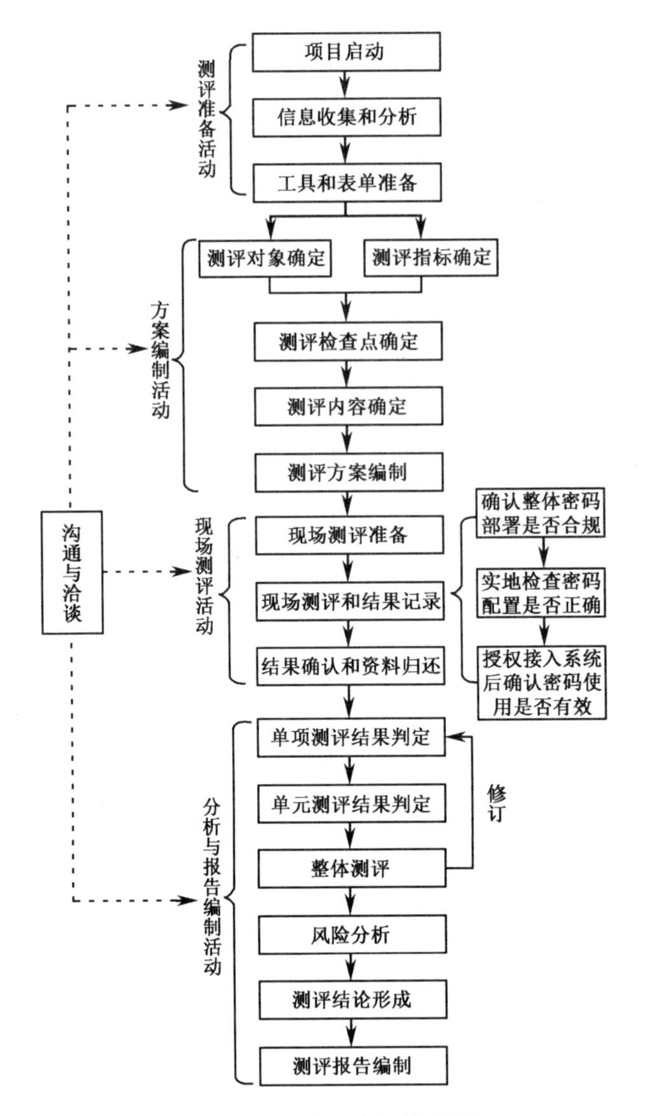

图 4-2　测评过程流程图

4）分析与报告编制活动

本活动是给出测评工作结果的活动，主要任务是根据现场测评结果和《信息系统密码应用基本要求》《信息系统密码测评要求》的有关要求，通过单项测评结果判定、单元测评结果判定、整体测评和风险分析等方法，找出整个系统密码的安全保护现状与相应等级的保护要求之间的差距，并分析这些差距可能导致的被测信息系统面临的风险，从而给出测评结论，形成测评报告。

4.4.2　密码应用方案评估

1. 密码应用方案评估的主要内容

密码应用方案评估主要是依据被测信息系统具体业务情况，审查被测信息系统的密码应用方案是否涵盖了所有需要采用密码保护的核心资产及敏感信息，以及采取的密码保护措施是否均能够达到相应等级的密码使用要求或规定。密码应用方案评估可由信息系统责任单位委托测评机构进行评估或组织密码应用专家进行评审，其中委托测评机构进行密码应用方案评估的情况适用于本节内容。

信息系统责任单位应通过密码应用方案实现《信息系统密码应用基本要求》在具体信息系统上的落地，避免重复建设和过度保护；在进行密码应用方案评估时不能简单对照《信息系统密码应用基本要求》进行“割裂式”的逐条评估，要避免照本宣科、简单机械地进行密码应用方案的评估，应结合实际应用需求，站在总体设计方案的高度，立足多个层面、多个安全要求进行综合论证，从而判断系统在某方面是否存在安全风险、通过总体密码设计是否可以有效解决相应的安全问题。密码应用方案评估的重点包括两部分：

①对所有自查符合项进行评估，确保设计的方案可以达到《信息系统密码应用基本要求》的对应条款要求。

②对所有自查不适用项和对应论证依据进行逐条核查、评估。

密码应用方案评估的内容，主要包括密码应用解决方案评估、实施方案评估和应急处置方案评估三个部分。

1）密码应用解决方案评估要点

（1）方案内容的完整性。检查文档结构是否完整，主体内容是否翔实。

（2）密码应用的合规性。信息系统需要使用国家密码法律法规和标准规范规定的密码算法，使用经过国家密码管理局审批或由具备资格的机构认证合格的产品或服务。评估密码应用的合规性主要包括以下内容：

① 根据网络安全等级保护、关键信息基础设施保护等相关要求，检查是否属于被保护对象。

② 核查是否按照《信息系统密码应用基本要求》进行相应的密码应用设计，重点核实自查表是否如实反映方案设计内容，以及自查结果是否符合标准要求。

③ 核实是否遵循所属行业（领域）相关的密码使用要求。

（3）密码应用的正确性

① 标准密码算法和协议是否按照相应的密码标准进行正确的设计和实现。

② 自定义密码协议和机制设计是否完善，实现是否正确，是否符合商用密码相关标准要求。

③ 密码系统建设 / 改造过程中，密码产品应用和部署是否合理、正确。

（4）密码应用的有效性。密码协议、密码安全防护机制、密钥管理系统、各密码应用子系统应设计合理，在系统运行过程中应能够发挥密码效用，发挥密码的保密性、完整性、真实性和不可否认性保护功能。

2）实施方案评估要点

应检查文档结构是否完整，实施过程是否合理，实施阶段划分是否科学。

3）应急处置方案评估要点

应对照模板检查文档结构是否完整，并重点审查方案提出的风险事件处置措施和应急预案是否完备、合理、周密。

密码应用方案经过评估后，应上报主管部门审核，并报所在地设区市密码管理部门备案。对于密码应用方案已通过评估的系统，密码应用安全性评估时应把方案作为测评的重要依据。对于正在规划阶段的新建系统，应同时设计系统总方案和密码支撑体系总体架构；对于已建但尚未规划密码方案的系统，信息系统责任单位应通过调研分析，梳理形成系统当前密码应用的总体架构图，提炼出密码应用情况，作为后续测评实施的基础。

2. 密码应用方案评估的主要任务

本任务主要对被测信息系统的密码应用方案进行评估。

输入：信息系统密码应用方案。

任务描述：

（1）测评机构对密码应用解决方案的完整性、合规性、正确性，以及实施计划、应急处置方案的科学性、可行性、完备性等方面进行评估。

（2）对于没有通过评估的密码应用方案，由测评机构或专家给出整改建议，被测信息系统责任单位对密码应用方案进行修改完善或重新设计，并向测评机构反馈整改结果，直至整改通过，测评机构出具评估报告。

（3）信息系统的密码应用方案经过评估或整改通过后，方可进入系统建设阶段。

输出：密码应用方案评估报告。

3. 密码应用方案评估的输出文档

密码应用方案评估的输出文档及其内容如表 4-1 所示。

表 4-1　密码应用方案评估的输出文档及其内容

任　　务	输出文档	文档内容
密码应用方案评估	密码应用方案评估报告	对密码应用解决方案的完整性、合规性、正确性、有效性，以及实施计划、应急处置方案的科学性、可行性、完备性等进行评估论证

4.4.3　测评准备活动

1. 测评准备活动的工作流程

测评准备活动的目标是顺利启动测评项目，准备测评所需的相关资料，为编制测评方案打下基础。测评准备活动包括项目启动、信息收集和分析、工具和表单准备三项主要任务。

2. 测评准备活动的主要任务

1）*项目启动*

在项目启动任务中，测评机构组建测评项目组，获取测评委托单位及被测信息系统的基本情况，从基本资料、人员、计划安排等方面为整个测评项目的实施做准备。

输入：委托测评协议书、保密协议等。

任务描述：

（1）根据测评双方签订的委托测评协议书和系统规模，测评机构组建测评项目组，从人员方面做好准备，并编制项目计划书。项目计划书应包含项目概述、工作依据、技术思路、工作内容和项目组织等。

（2）测评机构要求测评委托单位提供基本资料，为全面初步了解被测信息系统准备资料。

输出：项目计划书。

2）信息收集和分析

测评机构通过查阅被测信息系统已有资料或使用调查表格的方式，了解整个系统的构成和密码保护情况，为编写测评方案和开展现场测评工作奠定基础。

输入：调查表格。

任务描述：

（1）测评机构收集测评所需资料，包括被测信息系统总体描述文件、被测信息系统密码总体描述文件、网络安全等级保护定级报告、安全需求分析报告、安全总体方案、安全详细设计方案、用户指南、运行步骤、各种密码安全规章制度，以及相关过程管理记录和配置管理文档等。

（2）测评机构将调查表格提交给测评委托单位，督促被测信息系统相关人员准确填写调查表格。

（3）测评机构收回填写完成的调查表格，并分析调查结果，了解和熟悉被测信息系统的实际情况。分析的内容包括被测信息系统的基本信息、行业特征、密码管理策略、网络及设备部署、软硬件重要性及部署情况、范围及边界、业务种类及重要性、业务流程、业务数据及重要性、信息系统安全保护等级、用户范围、用户类型、被测信息系统所处的运行环境及面临的威胁等。这些信息可以采信自查结果、上次等级测评报告或密评报告中的可信结果。

（4）如果调查表格填写不准确、不完善或存在较多互相矛盾的地方，测评机构应安排现场调查，现场与被测信息系统相关人员进行沟通及调研，以确认调研信息的正确性。

输出：完成的调查表格。

3）工具和表单准备

测评项目组成员在进行现场测评之前，应熟悉与被测信息系统相关的各种组件、调试测评工具、准备各种表单等。

输入：各种与被测信息系统相关的技术资料。

任务描述：

（1）测评人员检查并调试本次测评过程中将用到的测评工具，关于测评工具体系的介绍见4.5节。

（2）如果具备条件，建议测评人员模拟被测信息系统搭建测评环境，进行前期准备和验证，为方案编制活动和现场测评活动提供必要的条件。

（3）准备和打印表单，主要包括现场测评授权书、风险告知书、文档交接单、会议记录表单、会议签到表单等。

输出： 选用的测评工具清单，打印的各类表单，如现场测评授权书、风险告知书、文档交接单、会议记录表单、会议签到表单等。

3. 测评准备活动的输出文档

测评准备活动的输出文档及其内容如表 4-2 所示。

表 4-2　测评准备活动的输出文档及其内容

任　　务	输出文档	文档内容
项目启动	项目计划书	项目概述、工作依据、技术思路、工作内容和项目组织等
信息收集和分析	完成的调查表格	被测信息系统的安全保护等级、业务情况、软硬件情况、密码系统、密码管理情况和相关部门及角色等
工具和表单准备	选用的测评工具清单，打印的各类表单，如现场测评授权书、风险告知书、文档交接单、会议记录表单、会议签到表单等	现场测评授权、测评存在的风险、交接的文档名称、会议记录项目、会议签到项目等

4.4.4　方案编制活动

1. 方案编制活动的工作流程

方案编制活动的目标是完成测评准备活动中获取的信息系统相关资料整理，为现场测评活动提供最基本的文档和指导方案。

方案编制活动包括测评对象确定、测评指标确定、测试检查点确定、测评内容确定及测评方案编制五项主要任务。

2. 方案编制活动的主要任务

1）测评对象确定

根据已经了解到的被测信息系统的情况，分析整个被测信息系统及其涉及的业务应用系统，以及与此相关的密码应用情况，确定本次测评的测评对象。

输入： 完成的调查表格。

任务描述：

（1）识别被测信息系统的基本情况。根据调查表格获得的被测信息系统的情况，识别出被测信息系统的物理环境、网络拓扑结构和外部边界连接情况、业务应用系统，以及与其相关的重要的计算机硬件设备、网络硬件设备和密码产品等，并识别与上述内容相关的密码应用情况。

（2）描述被测信息系统。对上述描述内容进行整理，确定被测信息系统并加以描述。描述被测信息系统时，一般以被测信息系统的网络拓扑结构为基础，采用总分式的描述方法，先说明整体结构，然后描述外部边界连接情况和边界主要设备，最后介绍被测信息系统的网络区域组成、主要业务功能及相关的设备节点，同时务必描述在这些方面所识别的密码应用情况。

（3）确定测评对象。根据信息系统的重要程度及其相关资产、设备和组件的情况，明确核心资产在信息系统内的流转，从而确定与密码相关的测评对象。

测评委托单位需要确定被测信息系统需要保护的核心资产，以及相应的威胁模型和安全策略。核心资产可以是业务应用、业务数据或业务应用的某些设备、组件。核心资产及其他需要保护的配套数据（如审计信息、配置信息、访问控制列表等），敏感安全参数（主要指密钥）的威胁模型和安全策略由测评委托单位根据密码应用方案、等级保护定级报告等继承和确定，并由测评机构进行审查和确认。

（4）资产和威胁评估。资产价值的认定，根据资产的重要性和关键程度，资产价值分为高、中、低三个等级。价值越高的资产遭到威胁时将导致越高的风险。资产价值高低的界定可由测评委托单位根据密码应用方案、等级保护定级报告等继承和确定，并由测评机构进行审查和确认。

对于各类资产和其他敏感信息，测评机构与测评委托单位需要分析可能面临的威胁及威胁发生的频率。威胁发生的频率分为高、中、低三个等级，威胁发生频率越高意味着资产的安全越有可能受到威胁。可能面临的威胁及威胁发生的频率可由测评委托单位根据密码应用方案、等级保护定级报告等继承和确定，并由测评机构进行审查和确认。

（5）描述测评对象。测评对象包括机房及物理环境、业务应用软件、主机和服务器、数据库、网络安全设备、密码产品、访谈人员及密码管理文档等。在对每类测评对象进行描述时一般采用列表的方式，包括测评对象所属区域、设备名称、用途、设备信息等内容。

输出：测评方案的测评对象部分。

2）测评指标确定

根据已经了解到的被测信息系统的等级保护定级结果，确定本次测评的测评指标。

输入：完成的调查表格、《信息系统密码应用基本要求》和《信息系统密码测评要求》。

任务描述：

（1）根据被测信息系统的调查表格，获得被测信息系统的定级结果。

（2）根据《信息系统密码测评要求》选择相应等级对应的测评指标。

（3）对于核心资产、物理环境及其他需要保护的数据，按照被测信息系统的安全策略、标准要求进行逐项确认；然后通过确认保护核心资产、物理环境等的重要数据（如密钥、鉴别数据等），及其全生命周期流转和所流经的密码产品、密码服务，以确定“密钥管理”相关的测试指标，并对应评估通过后的密码应用方案逐项确认指标的适用性。如果确无密码应用方案，则需要对所有不适用项及其具体情况进行逐条核查、评估，详细论证其具体的安全需求、不适用的具体原因，以及是否采用了可满足安全要求的其他替代性风险控制措施来达到等效控制。

输出：测评方案的测评指标部分。

3）测试检查点确定

测评过程中，需要对一些关键安全点进行现场检查确认，防止密码产品、密码服务虽然被正确配置，但是未接入信息系统的情况发生。因此，需通过抓包测试、查看关键设备配置等方法来确认密码算法、密码技术、密码产品、密码服务的正确性和有效性。这些检查点需要测评机构在方案编制时确定，并且充分考虑到检查的可行性和风险，最大限度地避免对被测信息系统的影响，尤其是对在线运行业务系统的影响。

输入：被测信息系统的详细结构，选用的密码算法、密码技术、密码产品、密码服务等详细信息，《信息系统密码应用基本要求》和《信息系统密码测评要求》。

任务描述：

（1）关键设备检查是现场测评的重要环节，关键设备一般为承载核心资产流转、进行密钥管理的设备。测评人员列出需要接受现场检查的关键设备和检查内容。检查内容包括：涉及密码的部分是否使用国家密码管理部门或行业主管部门认可的密码算法、密码技术、密码产品和密码服务等；配置是否与产品的用户手册相符；

是否满足《信息系统密码应用基本要求》和《信息系统密码测评要求》中的相关条款；关键设备的合规性、有效性。

（2）在使用工具进行测评时，应在保证被测信息系统正常、安全运行的情况下，确定测评路径和工具接入点，并结合网络拓扑图，采用图示的方式描述测评工具的接入点、测试目的、测试途径和测试对象等相关内容。当从被测信息系统边界外接入时，测试工具一般接在系统边界设备（通常为交换机）上；从系统内部不同网段接入时，测试工具一般接在与被测对象不在同一网段的内部核心交换机上；从系统内部同一网段接入时，测试工具一般接在与被测对象在同一网段的交换机上。

输出：测评方案的测试检查点部分。

4）测评内容确定

本部分确定现场测评的具体实施内容，即单元测评实施内容。

输入：完成的调查表格，测评方案中测评对象、测评指标及测评工具接入点部分，测评作业指导书，《信息系统密码应用基本要求》和《信息系统密码测评要求》。

任务描述：

依据《信息系统密码应用基本要求》和《信息系统密码测评要求》，首先将已经得到的测评指标和测评对象结合起来，其次将测评对象与具体的测评方法结合起来。具体做法就是把各层面上的测评指标结合到具体的测评对象上，并说明具体的测评方法，构成若干个可以具体实施测评的单元。然后，结合已选定的测评指标和测评对象，概要说明现场单元测评实施的工作内容；涉及现场测试部分时，应根据确定的测试检查点，编制相应的测试内容。

在测评方案中，现场单元测评实施内容通常以表格的形式给出，表格内容包括测评指标、测评内容描述等。

输出：测评方案的单元测评实施部分。

5）测评方案编制

测评方案是测评工作实施的基础，用于指导测评工作的现场实施活动。测评方案应包括但不限于项目概述、测评对象、测评指标、测试检查点及单元测评实施等。

输入：委托测评协议书，完成的调研表格，《信息系统密码应用基本要求》和《信息系统密码测评要求》，测评方案中测评对象、测评指标、测试检查点、测评内容部分。

任务描述：

（1）根据委托测评协议书和完成的调研表格，提取项目来源、测评委托单位整体信息化建设情况及被测信息系统与其他系统之间的连接情况等。

（2）结合被测信息系统的实际情况，根据《信息系统密码应用基本要求》和《信息系统密码测评要求》，明确测评活动所要依据和参考的密码算法、密码技术、密码产品和密码服务相关的标准规范。

（3）依据委托测评协议书和被测信息系统的情况，估算现场测评工作量，工作量可以根据配置检查的节点数量和工具测试的接入点及测试内容等情况进行估算。

（4）根据测评项目组成员，编制工作安排。

（5）根据以往测评经验及被测信息系统规模，编制具体测评计划，包括现场工作人员的分工和时间安排。在进行时间安排时，应尽量避开被测信息系统的业务高峰期，避免给被测信息系统带来影响。同时，在测评计划中应将具体测评工作所需的人员、资料、场所等保障要求一并提出，以确保现场测评工作的顺利展开。

（6）汇总上述内容及方案编制活动中其他任务获取的内容，形成测评方案。

（7）测评方案经测评机构评估通过后，提交给测评委托单位签字认可。

输出：经过评估和认可的测评方案。

3. 方案编制活动的输出文档

方案编制活动的输出文档及其内容如表 4-3 所示。

表 4-3　方案编制活动的输出文档及其内容

任　　务	输出文档	文档内容
测评对象确定	测评方案的测评对象部分	被测信息系统的整体结构、边界、网络区域、重要节点、测评对象等
测评指标确定	测评方案的测评指标部分	被测信息系统安全保护等级对应的适用和不适用的测评指标
测试检查点确定	测评方案的测试检查点部分	测试检查点、检查内容及测试方法
测评内容确定	测评方案的单元测评实施部分	单元测评实施内容
测评方案编制	测评方案文本	项目概述、测评对象、测评指标、测评工具接入点、单元测评实施内容、详细实施计划等

4.4.5 现场测评活动

1. 现场测评活动的工作流程

现场测评活动是指通过与测评委托单位进行沟通和协调，依据测评方案实施现场测评工作。现场测评工作应取得分析与报告编制活动所需的、足够的证据和资料。现场测评活动包括三项主要任务：

（1）现场测评准备；

（2）现场测评和结果记录；

（3）结果确认和资料归还。

2. 现场测评活动的主要任务

1）现场测评准备

本任务启动现场测评，是保证测评机构能够顺利实施测评的前提。

输入：现场测评授权书、测评方案、风险告知书、风险规避方案等。

任务描述：

（1）召开测评现场首次会，测评机构介绍测评工作，进一步明确测评计划和方案中的内容，说明测评过程中具体实施的工作内容、测评时间安排、测评过程中可能存在的安全风险等。

（2）测评方与受测方确认现场测评需要的各种资源，包括测评委托单位的配合人员和需要提供的测评条件等，确认被测信息系统已备份过系统及数据。

（3）测评委托单位签署现场测评授权书。

（4）测评人员根据会议沟通结果，对测评结果记录表单和测评程序进行必要的更新。

输出：会议记录、更新后的测评计划和测评程序、确认的测评授权书等。

2）现场测评和结果记录

测评方根据测评方案及现场测评准备的结果，安排测评人员在现场完成测评工作。

输入：测评方案、测评作业指导书、测评结果记录表格、被测信息系统的相关文档。

任务描述：

（1）测评方安排测评人员在约定的测评时间，通过对与被测信息系统有关人员（个人 / 群体）的访谈、文档审查、实地察看，以及在测试检查点进行配置检查和工具测试等方式，测评被测信息系统是否达到了相应等级的要求。

（2）对于已经取得相应证书的密码产品，测评时不对其本身进行重复检测，主要进行符合性核验和配置检查，对于存在符合性疑问的，可联系密码产品审批部门或相应的检测认证机构加以核实。

（3）进行配置检查时，根据被测单位出具的密码产品的产品型号证书或认证证书（复印件）、安全策略文档或用户手册等，应首先确认实际部署的密码产品与声称情况的一致性，然后查看配置的正确性，并记录相关证据。如果存在不明确的问题，可由产品厂商现场提供证据（如密码产品送检文档）。

（4）进行工具测试时，需要根据信息系统的实际情况选择测试工具，尤其是配置检查无法提供有力证据的情况下，要通过工具测试的方法抓取并分析信息系统相关数据。以下列出了数据采集和分析的几种方式，详细测评方法见 4.3 节。

a) 需要重点采集信息系统与外界通信的数据以及信息系统内部传输和存储的数据，分析使用的密码算法、密码协议、关键数据结构（如数字证书格式）是否合规，检查传输的口令、用户隐私数据等重要数据是否进行了保护（如对密文进行随机性检测、查看关键字段是否以明文出现），验证杂凑值和签名值是否正确；条件允许的情况下，可以重放抓取的关键数据（如身份鉴别数据）验证信息系统是否具备防重放的能力，或者修改传输的数据验证信息系统是否对传输数据的完整性进行保护。

b) 为了验证密码产品被正确、有效地使用，可以采集密码产品和其调用者之间的通信数据，通过采集的密码产品调用指令和响应报文，分析密码产品的调用是否符合预期（比如密码计算请求是否实时发起，数据内容和长度是否符合逻辑）；在无法在密码产品和调用者之间接入工具（比如密码产品是软件密码模块）、且信息系统无法提供源代码等有关证据的情况下，还可以利用逆向分析等方法分析信息系统应用程序的可执行文件二进制代码，探究应用程序内部组成结构及工作原理，审查应用程序调用密码功能的合理性。

c) 在不影响信息系统正常运行的情况下，探测 IPSec VPN 和 SSL VPN 等密码协议所对应的特定端口服务是否开启，利用漏洞扫描工具、渗透测试工具对信息系统进行分析，查看信息系统是否存在与密码相关的漏洞，比如信息系统除了支持合规的商用密码算法外，还支持已经被实际破解的密码算法（如 MD5、SHA-1）或已经被证实有安全问题的密码协议（如 TLS 1.0）。

（5）测评人员根据现场测评结果填写完成测评结果记录表格。

输出：测评结果记录、工具测试完成后的电子输出记录。

3）结果确认和资料归还

输入：测评结果记录、工具测试完成后的电子输出记录。

任务描述：

（1）测评人员在现场测评完成之后，应首先汇总现场测评的测评记录，对遗漏和需要进一步验证的内容实施补充测评。

（2）召开现场测评结束会，测评方与受测方对测评过程中发现的问题进行现场确认。

（3）测评机构归还测评过程中借阅的所有文档资料，并由测评委托单位文档资料提供者签字确认。

输出：现场测评中发现的问题汇总、证据和证据源记录、测评委托单位的书面认可文件。

3. 现场测评活动的输出文档

现场测评活动的输出文档及其内容如表 4-4 所示。

表 4-4　现场测评活动的输出文档及其内容

任　　务	输出文档	文档内容
现场测评准备	会议记录、更新后的测评计划和测评程序、确认的测评授权书等	工作计划和内容安排、双方人员的协调、测评委托单位应提供的配合与支持
现场测评和结果记录	测评结果记录、工具测试完成后的电子输出记录	访谈、文档审查、实地察看和配置检查、工具测试的记录及测评结果
测评结果确认和资料归还	现场测评中发现的问题汇总、证据和证据源记录、测评委托单位的书面认可文件	测评活动中发现的问题、问题的证据和证据源、每项测评活动中测评委托单位配合人员的书面认可文件

4.4.6　分析与报告编制活动

1. 分析与报告编制活动的工作流程

现场测评工作结束后，测评机构应对现场测评获得的测评结果（或称测评证据）进行汇总分析，形成测评结论，并编制测评报告。

测评人员在初步判定单元测评结果后，还需进行整体测评。经过整体测评后，有的单元测评结果可能会有所变化，须进一步修订单元测评结果，而后进行风险分析和评价，最后形成测评结论。分析与报告编制活动包括单项测评结果判定、单元测评结果判定、整体测评、风险分析、测评结论形成及测评报告编制六项主要任务。

2. 分析与报告编制活动的主要任务

1）单项测评结果判定

本任务主要是针对测评指标中的单个测评项，结合具体测评对象，客观、准确地分析测评证据，形成初步单项测评结果。单项测评结果是形成测评结论的基础。

输入：单项测评结果记录、《信息系统密码测评要求》。

任务描述：

（1）按照《信息系统密码测评要求》，针对每个测评项，如果该测评项为适用项，则将测评实施时实际获得的多个测评结果与预期的测评结果相比较，分别判断每项测评结果与预期结果之间的符合性，得出每个测评项对应的测评结果，包括符合和不符合两种情况。

（2）根据多个测评结果的判断情况，综合判定该测评项的测评结果，从而得到多个测评结果。当某测评项的多个测评结果之间出现“矛盾”时，采用“优势证据”法进行判定。

根据“优势证据”的定义，文档审查结果相比访谈结果为“优势证据”；实地察看结果相比文档审查结果为“优势证据”；工具测试结果和配置检查结果相比实地察看结果为“优势证据”；工具测试结果和配置检查结果在判定单项测评结果时应同时考虑，没有是否为“优势证据”之分。从测评方式上来看，单项测评结果的判定可分为以下七种情况：

①当某个单项测评最终只得到了配置检查结果、实地察看结果、文档审查结果或访谈结果之一，此时，该测评结果可直接作为单项测评结果判定的依据。

②当某个单项测评最终得到了文档审查结果和访谈结果，此时文档审查结果作为“优势证据”，根据该“优势证据”的符合程度判断单项测评结果。

③当某个单项测评最终得到了实地察看结果、文档审查结果和访谈结果，此时实地察看结果作为“优势证据”，根据该“优势证据”的符合程度判断单项测评结果。

④当某个单项测评最终得到了配置检查结果、实地察看结果、文档审查结果和访谈结果，此时配置检查结果作为“优势证据”，根据该“优势证据”的符合程度判断单项测评结果。

⑤当某个单项测评最终得到了工具测试结果和配置检查结果两种测评结果，此时，二者都不能单独作为“优势证据”，不能单独根据某个结果做出单项测评结果的判断。由于工具测试方式是对配置检查方式的补充验证，因而，测试结果也是检查结果的补充，在做单项测评结果判定时必须二者同时考虑。只有二者同时符合，单项测评结果才为符合，除此之外，只要二者中有一种不符合要求，则单项测评结果即为不符合。

⑥当某个单项测评最终得到五种测评结果（工具测试结果、配置检查结果、实地察看结果、文档审查结果和访谈结果）时，工具测试结果和配置检查结果同时作为“优势证据”，只要二者中有一种不符合要求，该单项测评结果就为不符合；二者必须同时符合要求，最终单项测评结果才能为符合。其他三种测评结果在此弱化。

⑦根据所取得的最高“优势证据”，确认单项测评的结果。根据在“测评对象确定”阶段评估的对应资产的价值和威胁发生的频率的不同，一些证明力低的测评结果可能无法作为符合的依据。比如在对面临频繁威胁的高价值资产进行测评时，若仅得到了访谈结果，则不能确定该项测评结果为符合。

表 4-5 详细说明了不同资产价值和威胁发生频率下可作为测评依据的测评结果类型。

表 4-5　不同资产价值和威胁发生频率下可作为测评依据的测评结果类型

	高频威胁	中频威胁	低频威胁
高价值	工具测试结果 配置检查结果	工具测试结果 配置检查结果	工具测试结果 配置检查结果
中价值	工具测试结果 配置检查结果	工具测试结果 配置检查结果	工具测试结果 配置检查结果 实地察看结果
低价值	工具测试结果 配置检查结果 实地察看结果	工具测试结果 配置检查结果 实地察看结果 文档审查结果	工具测试结果 配置检查结果 实地察看结果 文档审查结果 访谈结果

输出：测评报告的单项测评的结果记录部分。

2）单元测评结果判定

本任务主要是将单项测评结果进行汇总，分别统计不同测评对象的单项测评结果，从而判定单元测评结果，并以表格的形式逐一列出。

输入：测评报告的单项测评的结果记录部分，《信息系统密码测评要求》。

任务描述：按层面分别汇总不同测评对象对应的测评指标的单项测评结果，包括测评项数目、符合要求项的数目等内容，一般以表格形式列出。

按照《信息系统密码测评要求》，测评对象的某个测评指标的单元测评结果判定原则如下：

（1）测评指标包含的所有测评项的单项测评结果均为符合，则对应测评指标的单元测评结果为符合。

（2）测评指标包含的所有测评项的单项测评结果均为不符合，则对应测评指标的单元测评结果为不符合。

（3）测评指标包含的所有测评项均为不适用项，则对应测评指标的单元测评结果为不适用。

（4）测评指标包含的所有测评项的单项测评结果不全为符合或不符合，则对应测评指标的单元测评结果为部分符合或不符合。

输出：测评报告的单元测评结果汇总部分。

3）整体测评

针对单项测评结果的部分符合项及不符合项，采取逐条判定的方法，给出整体测评的具体结果，并对系统结构进行整体安全测评。

输入：测评报告的单元测评结果汇总部分。

任务描述：

（1）针对测评对象“部分符合”及“不符合”要求的单个测评项，分析与该测评项相关的其他测评项能否和它发生关联关系，发生什么样的关联关系，这些关联关系产生的作用是否可以“弥补”该测评项的不足，以及该测评项的不足是否会影响与其有关联关系的其他测评项的测评结果。

（2）针对测评对象“部分符合”及“不符合”要求的单个测评项，分析与该测评项相关的其他单元的测评对象能否和它发生关联关系，发生什么样的关联关系，这些关联关系产生的作用是否可以“弥补”该测评项的不足，以及该测评项的不足是否会影响与其有关联关系的其他测评项的测评结果。

（3）针对测评对象“部分符合”及“不符合”要求的单个测评项，分析与该测评项相关的其他层面的测评对象能否和它发生关联关系，发生什么样的关联关系，这些关联关系产生的作用是否可以“弥补”该测评项的不足，以及该测评项的不足是否会影响与其有关联关系的其他测评项的测评结果。

（4）汇总上述分析结论，形成表格。表格基本形式如表 4-6 所示。

表 4-6　系统整体测评结果

<table>
<tr><th>序　号</th><th>测评指标</th><th>测评对象</th><th>单项判定结果</th><th>经弥补后的测评结果</th><th>说　　明</th></tr>
<tr><td rowspan="3">1</td><td rowspan="3">测评指标 1</td><td>对象 1</td><td></td><td rowspan="3"></td><td rowspan="3"></td></tr>
<tr><td>对象 2</td><td></td></tr>
<tr><td>…</td><td></td></tr>
<tr><td rowspan="2">2</td><td rowspan="2">测评指标 2</td><td>对象 1</td><td></td><td rowspan="2"></td><td rowspan="2"></td></tr>
<tr><td>…</td><td></td></tr>
<tr><td>…</td><td>…</td><td>…</td><td></td><td></td><td></td></tr>
<tr><td colspan="2">项目小计</td><td></td><td></td><td></td><td></td></tr>
</table>

输出：测评报告的整体测评部分。

4）风险分析

测评人员依据相关规范和标准，采用风险分析的方法，分析测评结果中存在的安全问题可能对被测信息系统安全造成的影响。

输入：完成的调查表格，测评报告的单元测评的结果汇总及整体测评部分，相关风险评估标准。

任务描述：

（1）结合单元测评的结果汇总和整体测评结果，将总体要求、物理和环境安全、网络和通信安全、设备和计算安全、应用和数据安全、密钥管理、安全管理等层面中各个测评对象的测评结果再次汇总分析，统计符合情况。一般可以表格的形式描述，表格的基本形式如表 4-7 所示。

表 4-7　系统测评结果汇总

序　号	层面（类）	测评单元	符合情况			
			符合	部分符合	不符合	不适用
1	总体要求	测评指标 1				
2		…				
3	物理和环境安全	测评指标 1				
4		…				
5	网络和通信安全	测评指标 1				
6		…				
7	设备和计算安全	测评指标 1				
8		…				
9	应用和数据安全	测评指标 1				
10		…				
11	密钥管理	测评指标 1				
12		…				
13	安全管理	测评指标 1				
14		…				
总　计						

（2）根据威胁类型和威胁发生频率，判断测评结果汇总中部分符合项或不符合项所产生的安全问题被威胁利用的可能性，可能性的取值范围为高、中和低。

（3）根据资产价值的高低，判断测评结果汇总中部分符合项或不符合项所产生的安全问题被威胁利用后，对被测信息系统的业务信息安全造成的影响程度，影响程度取值范围为高、中和低。

（4）综合前两步分析结果，测评机构根据自身经验和相关国家标准要求，对被测信息系统面临的安全风险进行赋值，风险值的取值范围为高、中和低。

（5）结合被测信息系统的安全保护等级对风险分析结果进行评价，即对国家安全、社会秩序、公共利益以及公民、法人和其他组织的合法权益造成的风险。如果存在高风险项，则认为信息系统面临高风险；同时也需要考虑多个中低风险叠加后可能导致的高风险问题。

输出：测评报告的测评结果汇总及风险分析和评价部分。

5）测评结论形成

测评人员在测评结果汇总的基础上，形成测评结论。

输入：测评报告的测评结果汇总部分、风险分析和评价结果。

任务描述：

统计系统测评结果汇总表格（表 4-7）中的数据，如果部分符合和不符合项的统计结果全为 0，则该信息系统符合相应级别的密码应用要求，测评结论为符合；如果不符合项的统计结果为 0，部分符合项的统计结果不为 0，需结合风险分析综合判定，如果部分符合项经过风险分析，不会导致信息系统面临高等级安全风险，则测评结论为基本符合，否则判定测评结论为不符合；如果不符合项的统计结果不为 0，则该信息系统不符合相应级别的密码应用要求，测评结论为不符合。

输出：测评报告的测评结论部分。

6）测评报告编制

测评报告应包括但不限于以下内容：概述、被测信息系统描述、测评对象说明、测评指标说明、测评内容和方法说明、单元测评、整体测评、测评结果汇总、风险分析和评价、测评结论、整改建议等。其中，概述部分描述被测信息系统的总体情况、测评目的和依据等。报告编制的详细内容见 4.6 节。

输入：完成的调查表格，测评方案，单元测评的结果记录和结果汇总部分，整体测评部分，风险分析和评价部分，测评结论部分。

任务描述：

（1）测评人员整理任务输出，编制测评报告相应部分。对一个测评委托单位应至少形成一份测评报告；如果一个测评委托单位内有多个被测信息系统，对每个被测信息系统均需要形成一份测评报告。

（2）针对被测信息系统存在的安全隐患，提出相应改进建议，并编制测评报告整改建议部分；

（3）列表给出现场测评文档清单和单项测评记录，以及对各个测评项的单项测评结果判定情况，编制测评报告单元测评的结果记录、问题分析、整体测评结果和风险分析结论等部分内容。

（4）测评报告初稿编制完成后，测评机构应根据委托测评协议书、测评委托单位提交的相关文档、测评原始记录和其他辅助信息，对测评报告初稿进行内部评审。

（5）内部评审通过后，由授权签字人进行签发，提交测评委托单位。关于信息报送的流程和有关要求见 4.6 节。

输出：测评报告文本。

3. 分析与报告编制活动的输出文档

分析与报告编制活动的输出文档及其内容如表 4-8 所示。

表 4-8　分析与报告编制活动的输出文档及其内容

任　务	输出文档	文档内容
单项测评结果判定	测评报告的单项测评的结果记录部分	分析被测信息系统的安全现状（各个层面的基本安全状况）与标准中相应等级的基本要求的符合情况，给出单项测评结果
单元测评结果判定	测评报告的单元测评结果汇总部分	汇总统计单项测评结果，给出单元测评结果
整体测评	测评报告的整体测评部分	分析被测信息系统整体安全状况及对单项测评结果的修订情况
风险分析	测评报告的测评结果汇总及风险分析和评价部分	再次汇总分析各层面中各个测评对象的测评结果，分析被测信息系统存在的风险情况
测评结论形成	测评报告的测评结论部分	对测评结果进行分析，形成测评结论
测评报告编制	测评报告文本	概述、被测信息系统描述、测评对象说明、测评指标说明、测评内容和方法说明、单项测评、整体测评、测评结果汇总、风险分析和评价测评结论，整改建议等

4.5　密码应用安全性评估测评工具

本节根据国家密码管理局发布的《商用密码应用安全性评估测评工具使用需求说明（试行）》，介绍密码应用安全性评估中涉及的测评工具，并给出部分工具的功能介绍，可作为测评机构测评准备和测评实施阶段的参考依据。

4.5.1 测评工具使用和管理要求

测评机构在使用测评工具开展现场测评时，应依据测评方案中确定的测评对象、测评指标、测评工具接入点及测评内容实施。

未来，测评过程中使用的专用测评工具应通过国家密码管理局的审批或者经检测认证合格。为确保工具测试结果的准确可信，测评机构应确认使用的专用工具是最新版本。

4.5.2 测评工具体系

测评工具体系主要包括通用测评工具、工具管理平台、专用测评工具等，如图4-3所示。

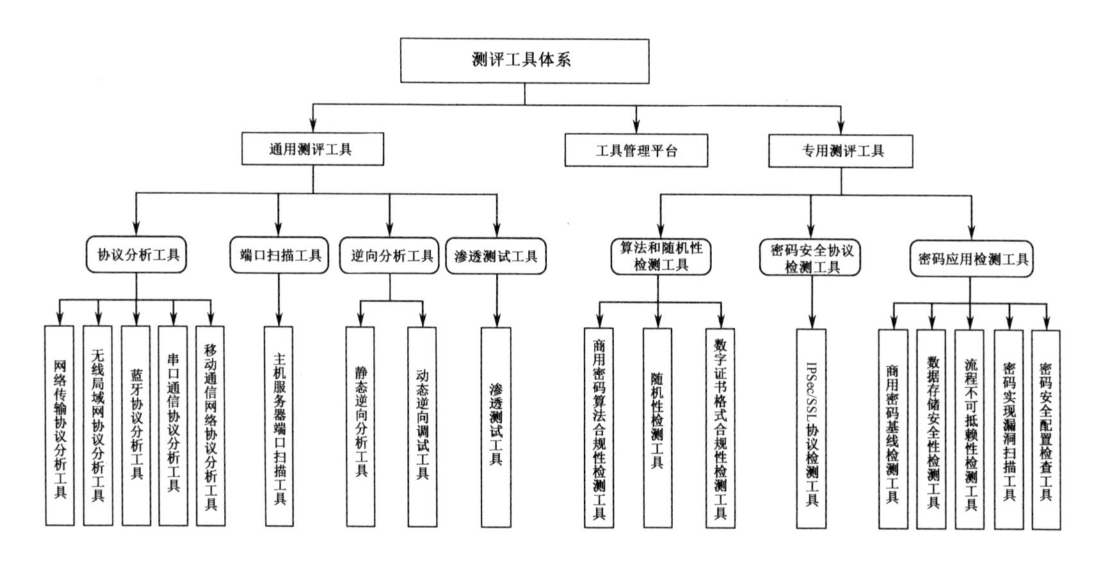

图4-3 测评工具体系

1. 通用测评工具

通用测评工具是指在开展商用密码应用系统安全评估过程中，不限定应用于某一特殊领域、行业，具有一定普适性的检测工具。

1）协议分析工具

协议分析工具主要用于对常见通信协议进行抓包、解析分析，支持对常见的网络传输协议、串口通信协议、蓝牙协议、移动通信协议（3G、4G）、无线局域网协议等进行协议抓包解析。捕获解析的协议数据应能够作为测评人员分析评估通信协议情况的可信依据。

技术指标：能够对常见的网络传输协议、串口通信协议、蓝牙协议、移动通信协议（3G、4G）、无线局域网络协议等进行抓包解析分析。

对应测评工具：网络传输协议分析工具、无线局域网协议分析工具、蓝牙协议分析工具、串口通信协议分析工具、移动通信网络协议分析工具等。

2）端口扫描工具

端口扫描工具主要用于探测和识别被测信息系统中的 VPN、服务器密码机、数据库服务器等设备开放的端口服务，以帮助测评人员分析和判断被测信息系统中密码产品和密码应用系统是否正常开启密码服务。

技术指标：能够对密码产品、操作系统、Web 应用、数据库、网络设备、网络安全设备及应用的端口服务进行自动化探测与识别。

对应测评工具：主机服务器端口扫描工具等。

3）逆向分析工具

逆向分析工具是指在没有源代码的情况下，通过分析应用程序可执行文件二进制代码，探究应用程序内部组成结构及工作原理的工具，一般可分为静态分析工具和动态分析工具。逆向分析工具主要用于对被测信息系统中重要数据保护强度的深入分析。支持对常见格式文件的静态分析，以及对应用程序的动态调试分析。

技术指标：能够对常见应用系统下的应用软件进行动态、静态逆向检测分析，可以分析密钥在存储、应用过程中的安全性、脆弱性。

对应测评工具：静态逆向分析工具、动态逆向调试工具等。

4）渗透测试工具

渗透测试工具主要用于对被测信息系统可能存在的影响信息系统密码安全的风险进行检测识别，支持对被测信息系统开展已知漏洞探测、未知漏洞挖掘和综合测评，并尝试通过多种手段获取系统敏感信息。测评结果能够作为测评人员分析评估被测信息系统密码应用安全的可信依据。

技术指标：能够利用漏洞攻击方法及攻击手段，实现对系统、设备、应用漏洞的深度分析和危害验证。

对应测评工具：渗透测试工具等。

2. 专用测评工具

专用测评工具用于检测和分析被测信息系统的密码应用的合规性、正确性和有效性的一部分或全部环节，可以简化测评人员的工作，提高工作效率。专用测评工具的检测结果能够作为测评人员分析判断被测信息系统的密码应用是否正确、合规、有效的可信依据。

技术指标：能够对密码应用的合规性、正确性、有效性进行分析验证。

对应测评工具：

（1）算法和随机性检测工具：商用密码算法合规性检测工具（支持 SM2、SM3、SM4、ZUC、SM9 等商用密码算法）、随机性检测工具、数字证书格式合规性检测工具。

（2）密码安全协议检测工具：IPSec/SSL 协议检测工具等。

（3）密码应用检测工具：商用密码基线检测工具、数据存储安全性检测工具、流程不可抵赖性检测工具、密码实现漏洞扫描工具、密码安全配置检查工具等。

4.5.3 典型测评工具概述

1. IPSec/SSL 协议检测工具

1）工具概述

IPSec/SSL 协议检测工具主要用于对使用 IPSec/SSL 协议的通信数据进行捕获分析，在密码应用安全性评估过程中，它主要用于密码应用系统 IPSec/SSL VPN 通信过程中的密码算法检测分析。

2）主要功能

IPSec/SSL 协议检测工具具有 VPN 密码检查功能，能够对 IPSec/SSL VPN 的通信报文进行嗅探分析，自动检测 IPSec/ SSL VPN 应用的密码算法，并对密码运算结果的正确性进行验证。利用该工具，测评人员将能够对使用 IPSec/ SSL VPN 的应用系统的通信环节密码应用的合规性、正确性和有效性进行检测。其中，VPN 密码检查功能又分为被动式扫描和主动式扫描。

① 被动式扫描：实现对 SSL VPN 和 IPSec VPN 的被动嗅探分析，解析出当前协议所使用的密码算法。

② 主动式扫描：实现对 SSL VPN 的主动式扫描，可以通过主动式扫描探测发现 SSL VPN 服务器支持的所有密码套件。

2. 商用密码算法检测工具

1）工具概述

商用密码算法检测工具主要用于对常见的商用密码算法计算结果进行正确性验证，工具包括密码算法验证检测工具软件系统和必要的配套软硬件，可用于现场测评过程中的密码算法正确性验证测试。

2）主要功能

商用密码算法检测工具覆盖 SM2、SM3、SM4、ZUC、SM9 等密码算法，能够对数据进行加解密、数字签名、密码杂凑等运算，作为基准工具，以验证其他密码算法实现运算结果的正确性；支持多种不同的检测设置，能依据相应检测设置自动生成检测向量与检测用例；在多项验证数据的基础上进行综合分析与测评，评估算法实现的正确性；同时工具还能对算法验证检测结果进行自动记录、归类并生成检测记录。

3. 随机性检测工具

1）工具概述

随机性检测工具主要依据 GM/T 0005-2012《随机性检测规范》，对信息系统中用于密码运算的随机数进行检测，判断其是否合规。

2）主要功能

随机性检测工具主要对信息系统中用于密码运算的随机数或密文数据的随机性进行检测，测试时应根据 GM/T 0005-2012《随机性检测规范》要求，提供数据格式、大小和显著性水平符合要求的二进制随机序列测试样本，测试内容主要包括单比特频数检测、块内频数检测、扑克检测、重叠子序列检测、游程总数检测、游程分布检测、块内最大“1”游程检测、二元推导检测、自相关检测、矩阵秩检测、累加和检测、近似性检测、线性复杂度检测、Maurer 通用统计检测、离散傅里叶检测共计 15 项检测。检测完成后，工具生成测试结果报告，报告包含每个测试项的测试结果，测试人员可根据工具测试结果判断被测数据的随机性。

4. 数字证书格式合规性检测工具

1）工具概述

数字证书格式合规性检测工具能够依据 GM/T 0015-2012《基于 SM2 密码算法的数字证书格式规范》，对数字证书格式、数字证书签名等进行合规性检测，并能够分析证书使用是否合规。该工具为离线测试工具，测试前可先将存储在智能密码钥匙、网站、安全浏览器中的证书等导出，然后导入检测工具进行检测。数字证书解码示例如图 4-4 所示。

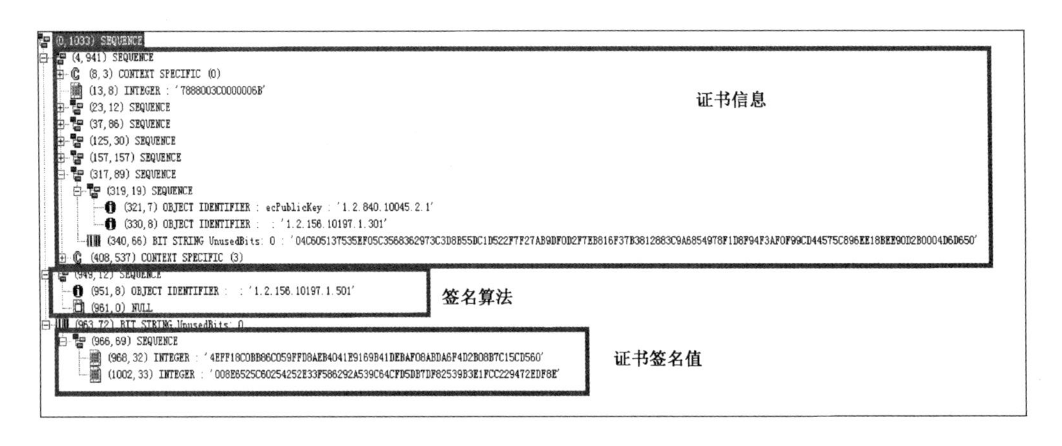

图 4–4　数字证书解码示例

2）主要功能

（1）检测数字证书申请文件是否符合标准的要求，包括 DN（Distinct Name）项顺序及编码、签名值、算法等。

（2）检测数字证书基本项和扩展项是否符合标准的要求，包括用户证书格式编码、密钥用途、签名算法、密钥标识符、证书撤销列表（CRL）发布地址等。

（3）检测 CRL 格式是否符合标准的要求，包括 CRL 签名算法、有效期和签名值等。

5. 商用密码基线检测工具

商用密码基线检测工具主要用于信息系统通信数据使用的密码算法和密码协议的识别和验证。该工具主要由数据采集模块、数据存储模块、数据分析模块、报表管理模块、展示交互模块、系统管理模块等组成。该工具运用旁路监听等检测技术，捕获和解析信息系统中密钥协商阶段数据，识别数据中密码算法标识字段，并根据密码算法标识对密码算法的类型进行验证。

4.6 测评报告编制报送和监督检查

本节介绍测评报告管理要求、测评报告体例、信息报送和监督检查等内容，用于规范测评机构的测评报告编制，明确测评报告和信息报送要求，指导测评机构建立和完善相关报告管理规程。

4.6.1 测评报告管理要求

1. 测评报告生命周期管理流程

测评报告的生命周期包括报告编制、审核、批准和签发、存档、作废和销毁，以及必要时进行报告的更正。测评报告生命周期管理流程如图 4-5 所示。测评机构应对测评报告生命周期全过程进行严格、规范的管理。

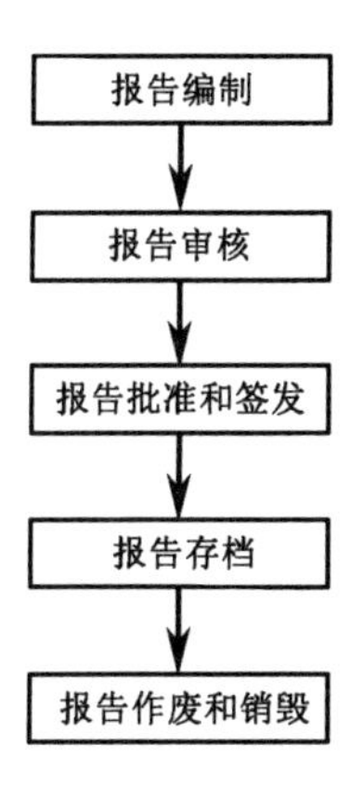

图 4–5 测评报告生命周期管理流程

2. 测评报告编制

测评报告编制应注意以下几方面：

（1）测评报告编制人应当为项目组成员。

（2）测评报告封面使用统一版本，图 4-6 为封面示例。

（3）测评报告应采用统一固定格式，报告格式设计应合理，表达方式尤其是测评数据表达应易于理解，所用标题应标准，测评报告内容应包括说明测评结果所必需的各种信息，以及采用测评方法所要求的全部信息。

（4）测评报告页面应清晰、整洁，报告签发后，不允许随意修改。

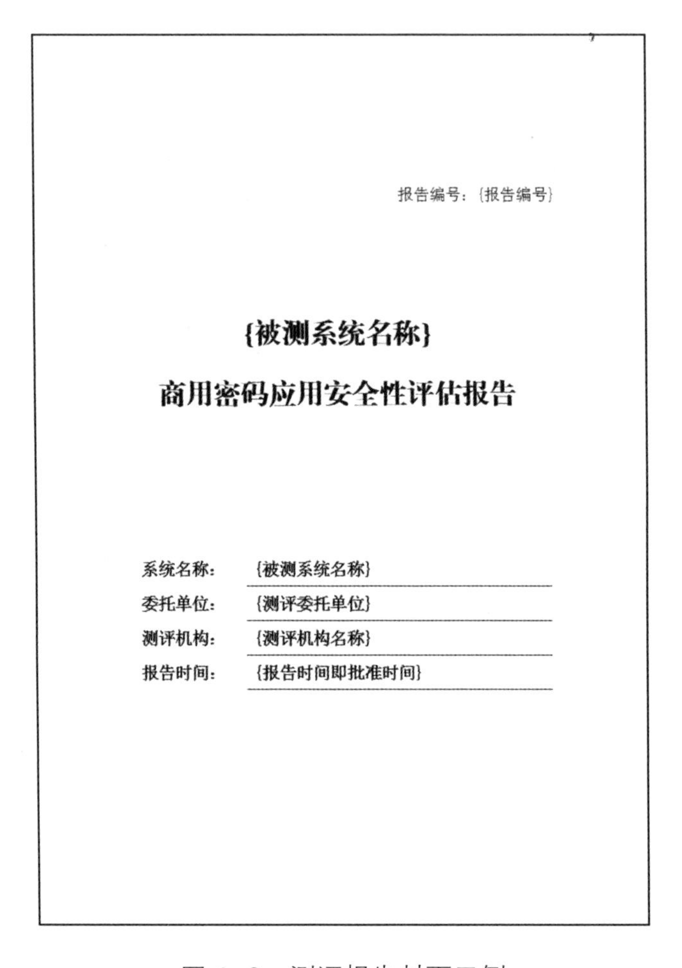

报告编号：{报告编号}

{被测系统名称}

商用密码应用安全性评估报告

系统名称：{被测系统名称}

委托单位：{测评委托单位}

测评机构：{测评机构名称}

报告时间：{报告时间即批准时间}

图 4-6　测评报告封面示例

3. 测评报告审核

测评报告编制完毕后，由项目负责人对报告进行审核。测评报告审核内容应包括：

（1）测评报告编制依据的各种原始记录、单据的规范性和完整性。

（2）测评报告与原始记录的一致性。

（3）采用的测评依据的适用性和有效性。

（4）测评工具的适用性和有效性。

（5）测评报告格式的规范性。

（6）测评报告内容的完整性和正确性。

（7）单项测评结果 / 结论和整体测评结果 / 结论的客观性、准确性。

测评报告审核人员发现问题，应与测评人员和报告编制人员确认，经确认后由报告编制人员进行修改。

4. 测评报告批准和签发

测评报告的批准由测评机构授权签字人负责实施。测评报告批准时应检查以下内容：

（1）测评报告是否经过了审核。

（2）报告内容是否完整规范。

（3）测评结果是否正确，测评结论是否合理。

（4）授权签字人认为有必要检查的其他内容。

在报告批准阶段检查出必须纠正的问题，由授权签字人在测评报告上提出需更改的内容并退回相关部门或人员。报告编制人员应根据纠正要求对报告实施修改。授权签字人认为测评报告符合要求后，在指定处签名。经批准的报告打印装订后，统一加盖测评报告专用章和骑缝章。

5. 测评报告存档

报告经批准盖章后，由测评机构文档管理人员对测评报告副本及相关原始记录（包含电子版）进行归档保存，且原始记录归档前需加盖骑缝章。

测评报告副本及原始记录保存期一般为 6 年。

测评机构存档的报告及相关文档只允许内部人员查阅，查阅测评报告须经过审批。

6. 测评报告更正

发生以下情况，测评机构可以对签发的报告进行更改：

（1）测评委托单位自身原因提出，并经测评机构确认所提要求合理的。

（2）测评委托单位对测评报告存在异议，申诉后经复验证明原测评报告存在问题的。

（3）测评机构发现测评报告存在问题的。

更正报告的编号在原报告编号后加明显标识，以区别原报告。更正报告需在显著位置标明："本报告为××××号报告的更正报告，原报告作废。"更正报告按规定进行编制、审核和批准。更正报告的签发日期为实际签发日期。

7. 测评报告作废和销毁

在需要对作废报告进行销毁时，由测评机构文档管理人员首先填写申请，报测评机构签发部门负责人批准后，再进行统一销毁。对于因为法律、知识积累、溯源等因素需要保留作废文件的，应加盖明显标识印章，防止其与有效文件相混淆，发生误用或乱用。

8. 保密要求

测评机构应提供技术和管理措施确保测评相关信息的安全、保密，这些信息包括但不限于以下内容：

（1）测评委托单位提供的资料。

（2）测评活动生成的数据。

（3）依据上述信息做出的分析与专业判断。

测评机构和测评人员应严格遵守《中华人民共和国保守国家秘密法》等规定，保守在测评活动中知悉的国家秘密、商业秘密、敏感信息和个人隐私等，具体要求包括但不限于以下内容：

（1）与测评无关的人员不得接触被测对象和对象的相关资料，不得参与测评和编制测评报告。知情人员不得私自将有关测评信息透露给与测评无关的人员。

（2）测评机构出具的测评报告未经测评委托单位授权，不得将测评报告转交他人，不得擅自公布测评结果。当测评委托单位要求用电话、图文传真或其他方式传送测评结果时，测评机构应有测评委托单位正式的书面委托并证实相关通信方式可靠后，由报告发放人员执行传送。

（3）留存测评机构保管的所有报告副本及测评原始记录、技术资料，由档案管理员妥善保存。

（4）严格按保密规定权限使用测评报告，无关人员不得接触，必要时采取加密措施。

（5）接触被测单位对象、资料及其他相关信息的人员应履行为被测单位保护所有权的义务，不得利用被测单位的有关知识产权牟利。

4.6.2　测评报告体例

测评报告一般包括报告封面、报告摘要、报告正文和附件。

1. 测评报告封面

测评报告的封面应使用统一版本。报告的封面一般应包含被测信息系统名称、报告编号、测评委托单位名称、测评机构名称和报告批准时间。

2. 测评报告摘要

为方便测评报告阅读人在短时间内获取报告的有效信息，建议在测评报告正文前先给出测评报告的摘要，包括被测信息系统的基本信息和测评结论。

3. 测评报告正文

测评报告的正文部分一般包含测评项目概述、被测信息系统情况、测评指标与方法、单元测评结果汇总、整体测评结果、问题分析与整改建议等内容。其中，被测信息系统的管理和运维人员对密码相关法律法规和政策的了解情况是测评报告需要体现的一项重要内容。

1）测评项目概述

测评项目概述中简要说明测评目的、测评依据、测评过程和报告分发范围。其中，测评依据应列出相应的标准类型、标准名称，适用于测评委托单位的国家和行业标准规范，以及其他相关法律法规要求等。

2）被测信息系统情况

被测信息系统情况可以表格的形式说明系统承载的业务情况，并给出系统的网络结构。对于规划阶段的系统评估，需说明评估相关文档；对于建设和运营阶段的系统测评，需说明系统包含的资产（如机房、网络设备、安全设备等），安全环境威胁分析及前次测评情况（如有）。

3）测评指标与方法

应根据测评依据选择适用的安全要求，作为密码应用安全性评估的基本指标，同时说明某些安全要求不适用的原因。测评方法包括人员访谈、文档审查、配置检查、实地察看、工具测试等。

4）单元测评结果汇总

单元测评一般包含总体要求、物理和环境安全、网络和通信安全、设备和计算安全、应用和数据安全、密钥管理、安全管理 7 个部分。

5）整体测评结果

针对单项测评结果的部分符合项及不符合项，采取逐条判定的方法，给出整体测评的具体结果。

6）问题分析与整改建议

运用风险分析的方法，对测评结果中存在的安全问题可能带来的安全风险进行分析，并给出整改建议。对于规划阶段的系统评估，可在评估结果中阐述评估中发现的问题及整改建议；对于建设和运营阶段的系统测评，可在测评结果中给出被测信息系统的整体测评结果、问题分析和整改建议。其中，要对被测信息系统的管理和运维人员熟悉密码相关法律法规和政策的情况进行明确评价，并据实给出整改建议。

4.6.3 测评相关信息报送

1. 基本要求

测评信息报送是测评机构管理的重要内容，是密码应用信息通报机制的重要来源，其基本要求可以概括为以下两方面。

①测评报告的备案。测评机构在完成测评报告编制和内部审核后，需要将内部审核通过后的测评报告发送给被测信息系统责任单位，由被测信息系统责任单位将测评报告送所在地设区市密码管理部门进行备案，并做好数据的归档保存。

②被测信息系统密码应用数据的采集报送。测评报告正式发出后，测评机构还应按照密码应用数据报送要求，提炼被测信息系统的密码应用信息，填写数据表单，报送所属省部密码管理部门。

2. 测评信息的采集、报送

为全面了解国家重要领域的密码应用情况，建立客观和系统的基础数据库，按照有关工作安排，国家密码管理部门正在组织开展密码应用数据库建设工作。数据主要有三方面来源：一是系统运营单位填报，在全国范围内组织开展密码应用情况调查，以系统运营单位为填报主体进行数据采集；二是在此基础上，结合系统密码应用安全性评估情况，由测评机构填报更为详细的密码应用数据；三是在重要领域密码应用检查时，对有关数据进行核实校正。

1）表单设计

表单包括单位密码应用基本情况表、网络与信息系统密码应用情况表及使用的密码产品情况表等。每个表单包含的主要内容如下。

（1）单位密码应用基本情况表。主要采集测评委托单位密码应用的总体情况数据，以单位为基本填报单元，每个单位填写一张。表数据字段设计为两大项：第一大项为单位的基础信息，包括名称、地址、联络人、单位编码、归口密码管理部门、行业主管部门等字段，用以了解该单位的基本信息；第二大项为密码使用管理信息，包括密码使用管理机构的设立、密码经费投入情况及使用密码产品的综合情况，用以了解测评委托单位在密码建设、使用方面的基本情况及统计信息。测评机构在填报该表时，要注意识别被测信息系统的使用单位，保证单位名称、编码的唯一性和前后填报信息的一致性。

（2）网络与信息系统密码应用情况表。主要采集要报送的信息系统密码应用总体情况数据，每个网络与信息系统均填写一张。该表的内容共包括两大项：第一大项为信息系统基本情况，包括名称、等级保护定级备案与测评情况、是否为关键信息基础设施、密码应用分类及建设实施主体分类情况、系统功能及服务情况、信息系统密码应用安全性评估情况等，用于辨识该系统的重要程度、使用现状；第二大项为信息系统密码应用情况，包括信息系统使用的密码算法、密码技术、密码产品、密码服务等情况，用以了解信息系统密码应用的总体情况。采集到的信息系统密码应用情况表需要与测评报告中的有关数据保持一致。

（3）使用的密码产品情况表。主要采集网络与信息系统使用密码产品的情况，每个网络与信息系统需要填写一张表。该表的内容共包括两大项：第一大项为产品基本信息，包括名称、编号、产品型号、商密型号、使用数量、生产厂商等；第二大项为信息系统使用密码产品的情况，包括是否具有商用密码型号、使用的密码算法和主要用途等，用以获得信息系统在商用密码方面的使用情况。

2）报送流程

测评机构完成系统密码应用安全性评估测评报告后，应依据测评报告提取出被测信息系统密码应用数据进行填报，并提交密码管理部门。测评机构填报的数据可与系统责任单位填报的原始数据互为佐证，并作为检验系统责任单位填报数据的准确性和真实性的判定依据之一。提交的密码应用数据经核实无误后，用于更新数据库原有信息。

下一步，国家密码管理局将基于密码应用数据库建立密码安全信息通报机制和态势感知系统，各测评机构应定期或不定期搜集被测信息系统和所在地（行业）的密码安全动态，并及时报送。

4.6.4 测评报告监督检查

密码应用安全性评估工作监督检查，是指国家和地方密码管理部门、行业管理部门依据有关规定，对测评机构开展的测评工作情况，以及对重要领域的网络与信息系统的密码应用安全性评估工作的落实情况进行监督检查。检查的主要内容分为以下三个部分：一是测评报告的真实性、客观性、公正性检查，二是测评机构开展测评工作的规范性、客观性、公正性、独立性检查，三是重要领域的网络与信息系统的密码应用情况检查。下面主要介绍测评报告监督检查的相关内容。

1. 测评报告监督检查要点

1）检查主体

国家密码管理部门对测评机构进行监督检查，并根据需要对测评机构的评估结果进行检查。

2）检查内容

检查内容主要是测评报告的真实性、客观性、公正性，包括但不限于以下两个方面。

（1）测评报告的规范性。

（2）测评报告内容的完整性。

对存在疑问的报告，可委托其他测评机构对测评对象进行复测，核验两次测评结果的一致性。

3）重点检查

与测评报告相关的测评机构、委托机构和被测系统涉及以下情况的，应重点检查：

（1）被举报、投诉的测评机构。

（2）评估结果过期、近期存在整改不合格记录的重要领域的网络与信息系统。

（3）本年度新建的重要领域的网络与信息系统。

（4）国家密码管理部门确定需要检查的其他测评机构和重要领域的网络与信息系统的密码应用单位。

2. 检查方式

国家密码管理部门按照检查计划，采取抽查方式，对测评报告进行检查。按照国务院发布的“双随机”方式，选取抽查对象、参与抽查的人员。其中，抽查对象选取比例可由国家密码管理部门根据测评机构发展情况和测评报告数量等进行动态调整，但应不低于 5%。

检查工作中，可采取询问情况、查阅及核对材料、调看记录或资料等方式。检查时，如发现测评报告出现问题，应发送处理意见书。对测评报告检查发送处理意见书的情形主要包括：测评报告与实际情况不符，测评结果判定不公正、不客观，以及其他违反规定的情况。

3. 罚则

1）整改

对于检查中发现的一般问题，被检查单位应根据处理意见书的要求进行整改；整改完成后，应当将整改情况报送国家密码管理部门，国家密码管理部门对整改情况进行复查。

2）警告

对测评报告复测结果不一致的，应对出具报告的测评机构给予警告；对逾期不整改的测评机构给予警告。

3）取消资质

对于测评报告存在严重问题的测评机构，取消其测评资质，包括以下情形：

（1）出具的测评报告不合格比例超过 5%。

（2）未按规定流程限期整改。

（3）出现重大测评事故。

（4）出具虚假报告。

（5）其他严重违规的情况。

4.6.5 测评报告编制常见问题

根据密评试点工作经验，报告编制过程经常出现以下四类问题，测评人员应尽量避免。

1. 测评理解不深入

测评过程中要对信息系统的密码应用进行深入理解，深入分析信息系统中影响密码应用安全性的问题，准确把握信息系统密码应用现状和密码应用的主要环节，针对信息系统提出的问题和整改意见要深入系统密码应用本身，专业性和可操作性要强。应避免以下常见问题：

① 未对信息系统实现的密码应用业务逻辑进行梳理，仅介绍系统中各模块的功能，密码应用流程未阐述或梳理不清晰，无法通过报告准确了解密码技术实现及各密码产品在系统中发挥的作用。

② 未明确说明测评指标“不适用”的依据，或“不适用”的依据不合理，仅以“信息系统责任方认为该项不需要利用密码技术进行保护”为由列为不适用项。

③ 整改建议仅是对标准条款的简单重复，信息系统责任单位无法根据整改意见做出切实可行的整改。

2. 测评对象不全面

现有信息系统中，密码应用无所不在，信息系统很难脱离密码技术进行构建，因此在测评时需要结合信息系统实际业务情况，兼顾深度和广度，确定测评对象，避免遗漏测评对象，影响整体的测评结果。应避免以下常见问题：

① 总体要求方面，测评对象不能笼统地定为“整个系统”，应涵盖所有涉及密码技术的具体实现，不仅要包括 IPSec/SSL VPN、签名验签服务器、安全浏览器、智能密码钥匙等明确的密码产品，还要包括电子认证服务等密码服务，以及其他不以具体密码产品形式存在的各类软件、固件、硬件形态的密码技术实现，例如软件

密码模块、远程管理中使用的 SSH 实现、口令的安全存储实现等，这样才能对信息系统的实际密码应用情况梳理清楚。

② 物理和环境安全方面，信息系统所涉及的所有物理环境都应当列为测评对象，包括主机房、灾备机房等，对每一个物理环境的电子门禁系统和视频监控系统都要进行测评。

③ 网络和通信安全方面，测评对象不应只列 VPN 等网络通信相关的密码产品，应当把所需要保护的网络通信信道都列为测评对象，比如一个系统可能涉及与互联网用户的网络信道，与其他关联系统的网络信道，以及相关的集中管理通道等。

④ 设备和计算安全方面，信息系统中所有类型的设备都应当纳入测评对象，不能简单概括为“某系统所有服务器”等说法；对于设备数量较多的情况，可对每一类设备进行抽查。

⑤ 应用和数据安全方面，对于一个系统有多个应用（程序）的情况，应对各个应用逐一进行测评，不能简单概括为“某系统所有应用”。

⑥ 密钥管理方面，首先，对密钥的描述要准确，避免“某系统所有密钥”等过于笼统的说法；其次，由于密钥类型、密钥用途不同，其密钥管理要求也完全不一致（如对称密钥与非对称密钥、签名密钥对与加密密钥对等），在梳理密钥时要严格区分密钥的类型和用途，不能含混指代；最后，密码技术应用要求各个层面涉及到密码技术的部分，理论上都对应有密钥以及相应的密钥管理，这些密钥都应当列为“密钥管理”的测评对象。

⑦ 安全管理方面，测评对象要落到具体的制度、记录、文件、人员等层面，不能过于含糊、笼统，仅简单描述为“某系统管理体系”。

3. 测评过程不合理

测评方法的确定要符合《商用密码应用安全性评估测评过程指南（试行）》的要求，根据信息系统的实际情况以及不同资产价值和威胁发生频率等选定测评方法；测评记录要支撑测评结论的得出，具备可追溯性，即便测评结果为“不符合”或“部分符合”，也要对信息系统当前的情况进行详细的察看和记录，明确现有的状况，如实记录信息系统的现有情况，反映实地察看、工具测试、配置检查的结果，为风险评估、整改建议等提供依据。应避免以下常见问题：

① 测评过程和结果记录描述非常简略，无法判断测评结论的正确性。

② 测评记录简单地照搬标准原文进行应付，如针对“日志记录完整性”的测评记录简单写为“某系统未使用密码技术的完整性功能来实现对日志记录完整性的

保护”。

③ 对于已过检的密码设备仅核查了相应证书，但未进行实地察看、配置检查等工作，如对支持国内外多种算法的密码机未进行配置检查。

④ 明显可以使用工具测试进行测试的部分（如信息系统为互联网提供的 HTTPS 网站服务）却未使用工具进行测评。

4. 测评结论不正确

测评人员要按照《信息系统密码测评要求（试行）》《商用密码应用安全性评估测评过程指南（试行）》的要求进行单项测评、单元测评、整体测评、风险评估等环节，并最后得出结论。应避免以下常见问题：

① 单项测评结果与现行标准规范不符。比如，“密码技术应用要求”和“密钥管理”部分的单项测评结果仅有“符合”“不符合”“不适用”3 种情况，一般不应有“部分符合”。

② 如果仅仅是被测单位声称所使用的商用密码算法是合规的（比如被测单位自己参考商用密码算法标准自行实现了算法），但未经过国家密码管理部门核准，并不能认定所使用的密码算法就是合规的。

③ 风险评估需要对所有“部分符合”和“不符合”项进行风险评估，评估依据要充分结合信息系统目前可能存在的替代性风险控制措施得出；而对于一些国家密码管理部门明确提出风险警示或者已经被实际破解的算法，如 MD5、SHA-1 和 RSA-1024，只使用这些算法实现的安全控制点的风险评估结论一般不应认为是中、低风险。

第 5 章

商用密码应用安全性评估案例

本章在第 4 章的基础上，重点从信息系统具体的密码应用需求、系统架构和业务功能等方面入手，解析具体的密码应用方案和测评实施，并对《信息系统密码应用基本要求》以及密码应用安全性评估进行进一步的解读和说明。

本章的案例包括密钥管理系统、身份鉴别系统、金融IC卡发卡系统和交易系统、网上银行系统、远程移动支付服务业务系统、信息采集系统、智能网联汽车共享租赁业务系统、综合网站群系统、政务云系统等九个等级保护第三级信息系统。需要说明的是，密钥管理系统和身份鉴别系统在实际中一般作为信息系统中的一部分存在，但是，考虑到这两类系统的通用性和重要性，将其作为独立的系统介绍。

本章案例介绍包括以下两部分内容：

①密码应用方案概述。从密码应用需求、密码应用架构、重要设备和关键数据、密钥体系、密码应用工作流程、标准符合性自查六方面介绍系统的密码应用情况。

②密码应用安全性评估测评实施。简要介绍对应的测评方案，包括密码技术应用测评概要、密钥管理测评对象及其生命周期两部分。

由于篇幅有限，本章的各案例在实际部署系统的基础上进行了简化处理，旨在指导和启发测评人员开展实际测评工作。具体简化方式说明如下。

①密码应用方案中使用的密码算法、密码技术、密码产品和密码服务都是合规的，不再重复讲述第 4 章中合规性测评所涉及的具体步骤。

②“物理和环境安全”层面中使用的电子门禁系统、视频监控系统等由于与具体业务应用无关，且其实现和测评方法已在第 4 章进行了介绍，因此本章不再重复

介绍；类似地，对“安全管理”的实现和测评也不再介绍。

③对于密钥体系，主要描述“应用和数据安全”层面中与具体业务应用相关的密钥体系，不再赘述其他层面的密钥（已在第4章有过介绍）和“应用和数据安全”层面的通用性密钥(如访问控制信息完整性保护密钥、日志信息完整性保护密钥等)。

④对于“密钥管理”的测评，与密钥体系相对应，本章仅给出相应的测评对象及其生命周期，测评人员还需要参考第4章给出的测评方法和密码产品检测结果开展测评工作。在实际测评过程中，密钥及其全生命周期过程的梳理是密钥管理测评的重要环节，测评人员需要通过访谈、文档审查、实地察看等方式进行整理。

⑤对于“密码技术应用”的测评，重点描述与现场测评相关的，尤其是与工具测试相关的内容，其中访谈、文档审查、实地察看和配置检查等测评方式在第4章已经进行了具体阐述，本章不再赘述。

⑥所列的密码产品仅为增强理解进行示例，不能简单套用，应结合具体情况，依据相关标准针对性地设计密码应用方案。另外，省略了对密码产品已经通过检测功能的测评，例如，服务器密码机对其管理员身份的鉴别、IPSec/SSL VPN网关对其访问控制信息的完整性保护等。

因此，在实际测评时测评人员不能简单照搬本章给出的案例，而应当根据信息系统密码应用实际情况，严格按照标准开展测评工作。每个案例中给出的“不适用”指标仅供参考，信息系统责任单位需要根据实际密码应用需求具体确定“不适用”指标，并给出详细分析论证。

5.1 密钥管理系统

密钥管理系统实现了对业务系统中各种密钥的全生命周期集中管理。密钥管理系统密码应用方案设计的重点是建立完善的密钥管理体系，以满足其他业务系统对于对称密码体制和非对称密码体制的密钥服务需求。在进行密码应用安全性评估时，一方面需要关注密钥管理系统自身的密钥安全，另一方面需要关注为其他业务系统提供服务时所涉及的业务系统密钥安全。

需要说明的是，不同行业、不同应用场景下，密钥管理系统的构建方法各不相同，并没有一个通用的密钥管理标准进行约束。因此，本案例只是一个相对抽象的示例，描述了密钥体系的常见构建方法，并将对称密钥管理和非对称密钥管理合并为一个系统进行介绍。在实际部署过程中，应当按照具体行业或应用场景的标准进行设计和建设。另外，有一类产品级密钥管理系统遵循密码产品的相关要求，如：证书认证密钥管理系统、IC卡密钥管理系统等。对于使用已审批/认证的密钥管理系统产品建设的信息系统，测评时主要查看密钥管理系统的部署、配置和调用是否正确、有效，否则，测评时还需要关注密钥管理系统内部是否符合标准相关要求。

5.1.1 密码应用方案概述

1. 密码应用需求

密钥是密钥管理系统的核心。在密钥的生成、存储、分发、导入、导出、使用、备份、恢复、归档和销毁等整个生命周期过程中，都需要通过密码技术对密钥进行保护，以确保密钥的全生命周期安全。密钥管理系统的密码应用需求主要包括以下内容：

①密钥的安全分发需求。密钥管理中心主密钥 / 密钥对在本地存储，不进行传输；其他密钥一般采用离线方式或在线方式进行传输，并配以保密性和完整性保护措施。

②关键设备的安全管理需求。在远程管理设备时，实现鉴别信息的防窃听，保证系统资源访问控制信息的完整性，对各类设备的日志记录进行完整性保护。

③业务系统密钥的安全需求。保证密钥等关键数据在传输、存储过程中的保密性、完整性。

④密钥管理需求。对密钥的生成、存储、分发、导入、导出、使用、备份、恢复、归档、销毁等环节进行全生命周期安全管理，采用必要的密码技术保证各环节的密钥保密性和完整性。这些要求不仅适用于本系统所管理的业务系统密钥，也适用于保护密钥管理系统本身而使用的密钥。

2. 密码应用架构

密钥管理系统密码应用部署如图 5-1 所示（图中的 A、B、C 为测试工具接入点，在测评实施时具体讲解）。该系统由密钥管理中心（Key Management Center，KMC）和密钥管理分中心（Sub-KMC，SKMC）两部分组成，最上层的业务系统不在密钥管理系统的边界之内。作为密钥管理系统的核心区域，KMC 为多个不同需求的 SKMC 提供对称密钥和非对称密钥对的管理服务，通过离线分发方式向 SKMC 下发密钥。KMC 不直接面向业务系统，而 SKMC 则直接面向业务系统提供密钥管理服务。密钥管理系统具有对称密钥管理和非对称密钥管理两部分功能[1]。需要说明的是，非对称密钥管理的实现，一般需要配合数字证书认证系统并参考 GM/T 0034 的相关要求进行建设，相关内容已在本书 3.4.8 节中有过阐述，本节不再重复介绍。

1 在信息系统中，用于对称密钥管理和非对称密钥管理的系统一般是独立的两个系统；为了包含尽可能多的情况，本案例中密钥管理系统同时具有对称密钥管理和非对称密钥管理功能。

如无特殊说明，本节所称的密钥对是指以数字证书（包括加密证书和签名证书）形式封装的公钥及其私钥。

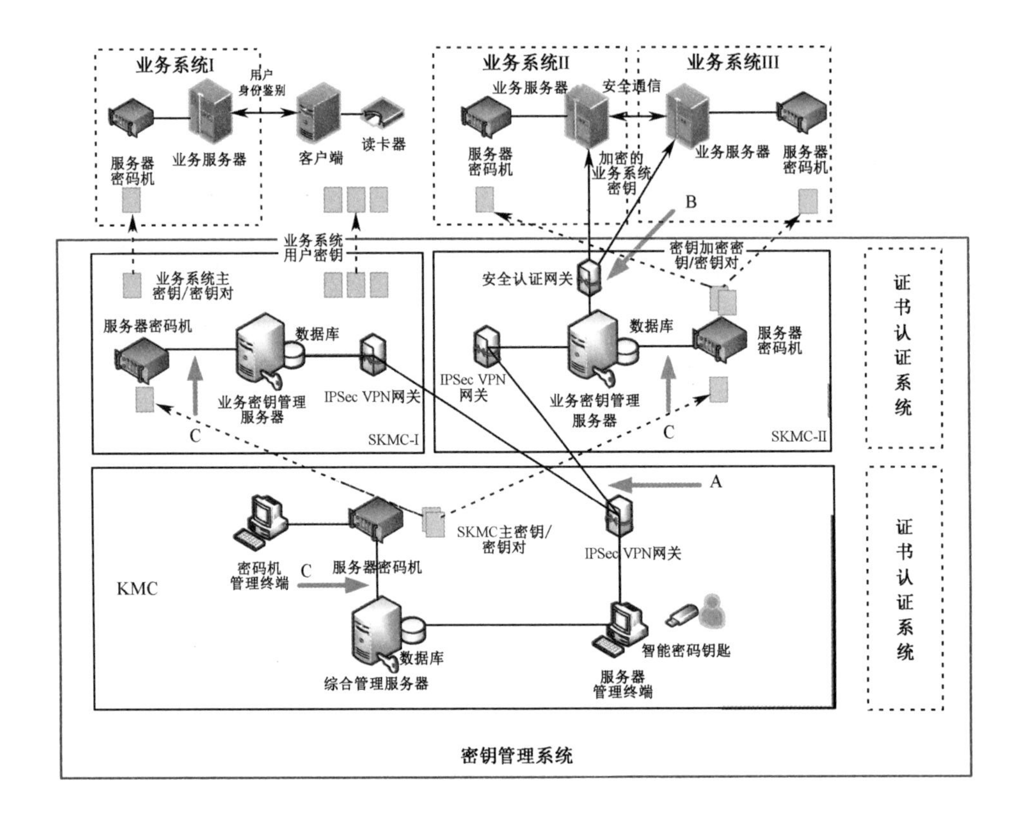

图 5-1　密钥管理系统密码应用部署图

1）KMC 的架构和功能

KMC 的主要功能是为各个 SKMC 分发密钥。考虑到需要分发给 SKMC 的密钥相对较少（主要是 SKMC 主密钥和 SKMC 加密密钥对），KMC 向 SKMC 分发密钥时采用离线分发方式：利用密钥存储介质（如服务器密码机配套的智能 IC 卡）采用人工传递的方式分发密钥。

KMC 主要包括综合管理服务器（含数据库）、服务器密码机、IPSec VPN 网关以及服务器管理终端等设备。设备间的调用关系及功能如下：

①综合管理服务器调用配套的服务器密码机完成相关密码运算和密钥管理，包括对称密钥和非对称密钥的管理。系统中所有涉及的密码运算和密钥管理都在服务器密码机中完成。

②综合管理服务器独立实现系统管理功能，包括设备管理、系统维护、日志管理、

用户管理、访问控制管理和数据库管理等。

③服务器管理终端通过 IPSec VPN 网关对各个 SKMC 的业务密钥管理服务器进行安全的远程管理。

2）SKMC 的架构和功能

SKMC 的管理模式与 KMC 类似，负责业务系统的对称密钥和非对称密钥的管理。密钥管理系统有两类 SKMC：SKMC-I 和 SKMC-II，分别为了满足不同应用场景下的应用系统需求，如图 5-1 所示。

① SKMC-I 为业务系统 I 提供服务，以满足业务系统对用户身份鉴别的需求。具体而言，以智能 IC 卡形式直接向业务系统离线分发业务系统主密钥或密钥对，并基于上述密钥为业务系统的用户分发用户密钥。实际上，如果业务系统 I 也具备发卡能力，用户密钥的分发可以交由业务系统自身完成，SKMC-I 仅为业务系统分发业务系统主密钥或密钥对。

② SKMC-II 为业务系统 II 和 III 提供服务，以支持这两个业务系统之间的安全通信。首先，SKMC-II 以离线方式向业务系统 II 和 III 分别分发不同的密钥加密密钥或（加密）密钥对；然后，以在线方式向这两个业务系统分发上述密钥加密后的密钥，使得它们共享相同的会话密钥。这两个业务系统可以利用该会话密钥保护它们之间交互的业务数据。

3. 重要设备和关键数据

本系统包括的密码产品、通用服务器、关键业务应用和关键数据分别如表 5-1 ～表 5-4 所示。

表 5-1　密钥管理系统部署的密码产品列表

序号	密码产品名称	涉及的密码算法	主要功能
1	服务器密码机	SM2、SM3、SM4	负责密钥管理和密码运算；对设备和应用的相关访问控制信息、日志信息、应用程序等进行完整性保护
2	智能密码钥匙	SM2、SM3、SM4	通用服务器的管理员身份鉴别
3	智能 IC 卡	SM2、SM3、SM4	离线密钥分发时，智能 IC 卡作为密钥存储介质
4	IPSec VPN	SM2、SM3、SM4	KMC 中的管理终端远程管理 SKMC 的通用服务器时，使用 IPSec VPN 搭建安全的通信链路

续表

序号	密码产品名称	涉及的密码算法	主要功能
5	安全认证网关	SM2、SM3、SM4	业务系统 II 和 III 向 SKMC-II 请求密钥服务时，安全认证网关进行业务系统 II 和 III 的身份鉴别

表 5-2 密钥管理系统部署的通用服务器列表

序号	通用服务器名称	主要功能
1	综合管理服务器	通过调用服务器密码机，完成 KMC 相关的密钥生成、存储、分发、导入、导出、使用、备份、恢复、归档、销毁等全生命周期管理，并向 SKMC 分发密钥
2	业务密钥管理服务器	负责接收综合管理服务器分发的密钥，并根据业务系统的业务需求，提供相应的密码业务支撑

表 5-3 密钥管理系统关键业务应用列表

序号	应用名称	主要功能
1	KMC 综合管理应用	负责 KMC 的业务逻辑实现，包含用于存储密文密钥的数据库，该应用安装在综合管理服务器中
2	SKMC 业务密钥管理应用	负责 SKMC 的业务逻辑实现，包含用于存储密文密钥的数据库，该应用安装在业务密钥管理服务器中

表 5-4 密钥管理系统关键数据列表

序号	关键数据	关键数据描述	安全需求
1	业务系统数据	本系统负责管理的其他业务系统的密钥数据	保密性、完整性
2	身份鉴别数据	包括管理员口令，用户或设备证书及其私钥等	保密性、完整性
3	日志数据	包括系统管理日志、密钥管理日志等	完整性

4. 密钥体系

密钥管理系统“应用和数据安全”层面的密钥主要分为对称和非对称两类密钥体系。

1）对称密钥体系

密钥管理系统通过 SM4 算法进行对称密钥的逐级分散以完成对称密钥体系的建立，形成四层密钥体系。密钥在线分发时分别采用 SM4 对称加密和 HMAC-SM3 进行密钥的保密性和完整性保护。密钥管理系统的对称密钥及其功能如表 5-5 所示。

表 5-5 密钥管理系统对称密钥列表

<table>
<tr><th>层次</th><th>密钥名称</th><th>功 能</th></tr>
<tr><td>1</td><td>KMC 主密钥</td><td>用于分散 SKMC 主密钥</td></tr>
<tr><td>2</td><td>SKMC 主密钥</td><td>由 KMC 主密钥和 SKMC 信息进行密钥分散生成，用于业务系统主密钥和业务系统密钥加密密钥的分散。由 KMC 利用离线方式通过智能 IC 卡分发给 SKMC</td></tr>
<tr><td rowspan="2">3</td><td>业务系统主密钥</td><td>由 SKMC 主密钥和业务系统信息进行密钥分散生成，用于业务系统用户对称密钥的分散。由 SKMC 利用离线方式通过智能 IC 卡分发给业务系统</td></tr>
<tr><td>业务系统密钥加密密钥</td><td>由 SKMC 主密钥和业务系统信息进行密钥分散生成，用于业务系统安全通信密钥的安全分发。密钥加密密钥实际上包含两个对称密钥，分别用于对待分发的密钥进行保密性和完整性保护。保密性保护算法是 SM4，完整性保护算法是 HMAC-SM3，即基于 SM3 的 HMAC 算法。SKMC 利用离线方式通过智能 IC 卡分发给业务系统</td></tr>
<tr><td rowspan="2">4</td><td>业务系统用户对称密钥</td><td>由业务系统主密钥和用户信息分散生成，用于业务系统 I 中的用户身份鉴别，SKMC 利用离线方式通过智能 IC 卡分发给业务系统用户</td></tr>
<tr><td>业务系统安全通信密钥</td><td>由 SKMC 随机生成，用于业务系统 II 和 III 之间的安全通信。SKMC 利用业务系统密钥加密密钥（或业务系统密钥对，见表 5-6）加密后分发给业务系统。业务系统安全通信密钥也包含两个，分别用于对通信数据进行保密性和完整性保护。保密性保护算法是 SM4，完整性保护算法是 HMAC-SM3</td></tr>
</table>

2）非对称密钥体系

密钥管理系统利用 PKI 技术，完成非对称密钥体系的建立和证书的逐级签发，形成三层密钥体系。需要说明的是，在双证书体系下，KMC 和 SKMC 的密钥对包括签名密钥对和加密密钥对，但由于本系统并不涉及加密密钥对的使用，本节不具体展开描述。密钥管理系统中涉及的非对称密钥如表 5-6 所示。

表 5-6 密钥管理系统非对称密钥列表

层次	密钥名称	功 能
1	KMC 密钥对	密钥管理系统中主要使用 KMC 密钥对中的签名密钥对，进行 SKMC 证书的签发和验证
2	SKMC 密钥对	密钥管理系统中主要使用 SKMC 密钥对中的签名密钥对，进行业务系统证书的签发和验证

续表

层次	密钥名称	功　　能
3	业务系统密钥对	业务系统使用的密钥对用于签发用户证书和安全通信等。SKMC 可以利用其中的加密公钥向业务系统在线分发密钥，基于 SM2 非对称加密对待分发的密钥同时进行保密性和完整性保护

5. 密码应用工作流程

如图 5-2 所示，密钥管理系统的密码应用工作流程如下：

① KMC 向 SKMC 离线分发密钥。KMC 利用离线方式通过智能 IC 卡将 SKMC 主密钥和 SKMC（加密）密钥对从服务器密码机分发到 SKMC 的服务器密码机中。

② SKMC-I 向业务应用系统 I 离线分发密钥，SKMC-II 向业务应用系统 II 和 III 离线分发密钥。SKMC-I 和 SKMC-II 都采用离线分发方式进行业务系统密钥的分发，区别在于 SKMC-II 和业务系统之间传递的密钥是业务系统密钥加密密钥或业务系统（加密）密钥对，在步骤 ③ 中进行后续密钥的安全传输。

③ SKMC-II 向业务应用系统 II 和 III 在线分发密钥。SKMC-II 按照步骤 ② 向业务应用系统 II 和 III 离线分发业务系统密钥加密密钥或（加密）密钥对完毕后，利用上述密钥对后续密钥进行加密分发。

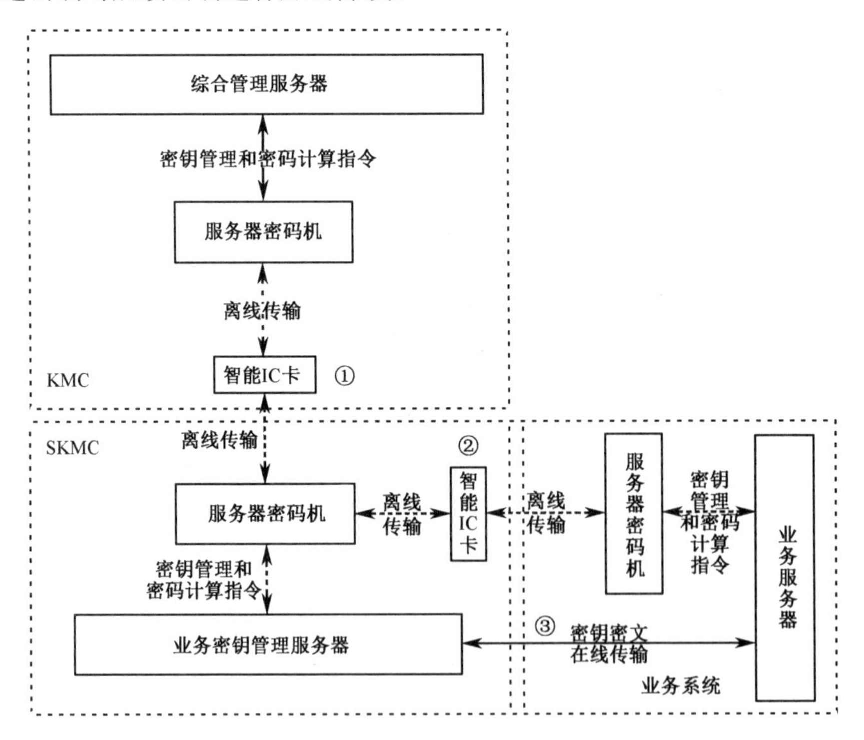

图 5-2　密钥管理系统的密码应用工作流程

6. 密码技术应用要求标准符合性自查情况

密钥管理系统的密码技术应用要求标准符合性自查情况如表 5-7 所示。

表 5-7 密钥管理系统标准符合性自查情况（密码技术应用要求部分）

<table>
<tr><th colspan="2">指标要求</th><th>标准符合性自查情况</th></tr>
<tr><td rowspan="3">物理和环境安全</td><td>身份鉴别</td><td rowspan="3">符合。KMC 和 SKMC 所在的机房按照第 4 章“物理和环境安全”的实现要点进行建设</td></tr>
<tr><td>电子门禁记录数据完整性</td></tr>
<tr><td>视频记录数据完整性</td></tr>
<tr><td rowspan="5">网络和通信安全</td><td>身份鉴别</td><td rowspan="2">符合。情况如下：
• KMC 和 SKMC-I 之间以及 SKMC-I 和业务系统 I 之间采用离线模式进行交互，不涉及“网络和通信安全”相关内容。
• SKMC-II 利用安全认证网关对业务系统 II 和 III 进行身份鉴别，并保证自身的网络边界和系统资源访问控制信息的完整性</td></tr>
<tr><td>访问控制信息完整性</td></tr>
<tr><td>通信数据完整性</td><td rowspan="2">• KMC 和 SKMC-I 之间以及 SKMC-I 和业务系统 I 之间采用离线模式进行交互，不涉及“网络和通信安全”相关内容。
• SKMC-II 和业务系统 II、III 通信时，在“应用和数据安全”层面对通信数据（业务系统之间的安全通信密钥）进行保密性和完整性保护</td></tr>
<tr><td>通信数据保密性</td></tr>
<tr><td>集中管理通道安全</td><td>符合。KMC 通过 IPSec VPN 对 SKMC 中的业务密钥管理服务器进行远程集中管理</td></tr>
<tr><td rowspan="6">设备和计算安全</td><td>身份鉴别</td><td>符合。KMC 管理员使用用户名 / 口令和智能密码钥匙（用于产生“挑战—响应”中的 SM2 数字签名）登录 KMC 的综合管理服务器和 SKMC 的业务密钥管理服务器</td></tr>
<tr><td>访问控制信息完整性</td><td rowspan="2">符合。KMC 的综合管理服务器和 SKMC 的业务密钥管理服务器调用服务器密码机采用 HMAC-SM3 对设备的访问控制信息和日志记录进行完整性保护</td></tr>
<tr><td>日志记录完整性</td></tr>
<tr><td>远程管理身份鉴别信息保密性</td><td>符合。KMC 对 SKMC 网络中的业务密钥管理服务器进行管理时，使用 IPSec VPN 建立的安全通信链路对身份鉴别信息的保密性进行保护</td></tr>
<tr><td>重要程序或文件完整性</td><td>符合。KMC 的综合管理服务器和 SKMC 的业务密钥管理服务器中所有重要程序或文件在生成时利用 SM2 数字签名技术进行完整性保护，使用或读取这些程序和文件时，进行验签以确认其完整性；公钥存放在服务器密码机中，由服务器密码机进行验签操作</td></tr>
<tr><td>敏感标记的完整性</td><td>不适用。本系统不涉及重要信息的敏感标记</td></tr>
</table>

续表

指标要求		标准符合性自查情况
应用和数据安全	身份鉴别	SKMC-II 在“网络和通信安全”层面对请求应用服务的业务系统 II 和 III 进行身份鉴别；密钥管理系统中，由于 KMC 综合管理应用和 KMC 的综合管理服务器一一对应，SKMC 的业务密钥管理服务器也和 SKMC 业务密钥管理应用一一对应，因此，KMC 和 SKMC 仅在“设备和计算安全”层面对登录的管理员进行鉴别
	访问控制信息和敏感标记完整性	符合。KMC 综合管理应用和 SKMC 业务密钥管理应用调用服务器密码机采用 HMAC-SM3 保证业务密钥管理系统访问控制策略、数据库表访问控制信息等信息的完整性
	数据传输安全	符合。SKMC-II 的业务密钥管理应用利用服务器密码机，使用 SM2 非对称加密保证业务系统密钥在传输过程中的保密性和完整性，或使用 SM4 对称加密和 HMAC-SM3 保证保密性和完整性
	数据存储安全	符合。KMC 综合管理应用和 SKMC 业务密钥管理应用利用服务器密码机，采用 SM4 对称加密和 HMAC-SM3，以保证鉴别数据、重要业务数据和重要用户信息在数据库中存储时的保密性和完整性
	日志记录完整性	符合。KMC 综合管理应用和 SKMC 业务密钥管理应用利用服务器密码机，采用 HMAC-SM3 对日志记录进行完整性保护
	重要应用程序的加载和卸载	符合。由于 KMC 综合管理应用和 KMC 的综合管理服务器一一对应，SKMC 的业务密钥管理服务器也和 SKMC 业务密钥管理应用一一对应，且仅有管理员可以进行重要应用程序的加载和卸载，因此，可以通过“设备和计算安全”层面对管理员的身份鉴别，以完成重要应用程序的加载和卸载控制

5.1.2 密码应用安全性评估测评实施

按照《信息系统密码应用基本要求》对等级保护第三级信息系统的密码应用要求及密码应用方案评审意见，测评机构首先需要参考表 5-7 确定测评指标及不适用指标，对不适用指标的论证材料进行核查确认后，开展对适用指标的具体测评。

密钥管理系统的测评对象包括通用服务器、密码产品、设施、人员和文档等。测评实施中涉及的测评工具包括通信协议分析工具、IPSec/SSL 协议检测工具、数字证书格式合规性检测工具和商用密码算法合规性检测工具。

1. 密码技术应用测评概要

密钥管理系统密码技术应用测评概要如表 5-8 所示，测评方式包括访谈、文档审查、实地察看、配置检查和工具测试。需要说明的是，关于访谈、文档审查、实地察看和配置检查等测评方式在第 4 章已经进行了具体阐述，本节只描述与现场工具测评相关的内容。

表 5-8　密钥管理系统密码技术应用测评概要

指标要求		密码技术应用测评概要
物理和环境安全	身份鉴别	具体测评实施参见第 4 章
	电子门禁记录数据完整性	
	视频记录数据完整性	
网络和通信安全	身份鉴别	在 SKMC-II 和业务应用系统 II、III 之间的交换机（图 5-1 的接入点 B）接入以下工具对安全认证网关进行测试，分析认证协议的合规性。 • 通信协议分析工具：捕获通信数据进行后续离线分析。 • IPSec/SSL 协议检测工具：分析安全认证网关相关协议是否合规。 • 数字证书格式合规性检测工具：根据捕获的数据离线验证安全认证网关使用的数字证书是否合规，并验证证书签名结果是否正确
	访问控制信息完整性	
	通信数据完整性	核实替代性风险控制措施的有效性
	通信数据保密性	
	集中管理通道安全	在 KMC 的 IPSec VPN 和 SKMC 的 IPSec VPN 之间的交换机（图 5-1 的接入点 A）接入以下工具进行测试，分析 IPSec 协议的合规性。 • 通信协议分析工具：捕获通信数据进行离线分析。 • IPSec/SSL 协议检测工具：分析 IPSec 协议是否合规。 • 数字证书格式合规性检测工具：根据捕获的数据离线验证 IPSec VPN 使用的数字证书是否合规，并验证证书签名结果是否正确
设备和计算安全	身份鉴别	尝试正常登录和异常登录（包括错误的口令、不插入智能密码钥匙或插入未授权的智能密码钥匙等），查看是否按照预期结果完成身份鉴别
	访问控制信息完整性	• 在服务器密码机和其调用者之间（图 5-1 的接入点 C）设法接入通信协议分析工具捕获通信数据，分析服务器密码机的 HMAC-SM3 功能是否被有效调用。 • 尝试修改访问控制信息、日志记录（或对应的 MAC 值），查看完整性保护机制的有效性
	日志记录完整性	

续表

指标要求		密码技术应用测评概要
设备和计算安全	远程管理身份鉴别信息保密性	在 KMC 的 IPSec VPN 和 SKMC 的 IPSec VPN 之间的交换机（图 5-1 的接入点 A）接入通信协议分析工具，查看用于设备管理涉及的管理员口令等鉴别数据和敏感数据在传输中是否得到了保密性保护
	重要程序或文件完整性	• 在服务器密码机和其调用者之间（图 5-1 的接入点 C）设法接入通信协议分析工具，捕获通信数据，分析服务器密码机的 SM2 数字签名功能是否被有效调用。 • 获取重要程序及其对应数字签名和数字证书，使用商用密码算法合规性检测工具，验证 SM2 数字签名的合规性。 • 尝试修改重要程序（或对应的数字签名），查看完整性保护机制的有效性
	敏感标记的完整性	核实“不适用”的论证依据
应用和数据安全	身份鉴别	核实替代性风险控制措施的有效性
	访问控制信息和敏感标记完整性	• 在服务器密码机和其调用者之间（图 5-1 的接入点 C）设法接入通信协议分析工具，捕获通信数据，分析服务器密码机的 HMAC-SM3 功能是否被有效调用。 • 尝试修改访问控制信息（或对应的 MAC 值），查看完整性保护机制的有效性
	数据传输安全	• 在 SKMC-II 和业务应用系统 II、III 之间的交换机（图 5-1 的接入点 B）接入通信协议分析工具，主要是核查传输的业务系统密钥是否进行保密性和完整性保护，包括利用数字证书格式合规性检测工具分析公钥相关的数字证书是否合规，并验证证书签名结果是否正确。 • 在服务器密码机和其调用者之间（图 5-1 的接入点 C）设法接入通信协议分析工具，捕获通信数据，分析服务器密码机的 SM2 加密、SM4 加密和 HMAC-SM3 功能是否被有效调用
	数据存储安全	• 在服务器密码机和其调用者之间（图 5-1 的接入点 C）设法接入通信协议分析工具，捕获通信数据，分析服务器密码机的 SM4 和 HMAC-SM3 功能是否被有效调用。 • 尝试修改存储数据（或对应的 MAC 值），查看完整性保护机制的有效性
	日志记录完整性	• 在服务器密码机和其调用者之间（图 5-1 的接入点 C）设法接入通信协议分析工具，捕获通信数据，分析服务器密码机的 HMAC-SM3 功能是否被有效调用。 • 尝试修改日志记录（或对应的 MAC 值），查看完整性保护机制的有效性
	重要应用程序的加载和卸载	核实设备对应用程序加载和卸载的安全控制机制

2. 密钥管理测评对象及其生命周期

本系统“应用和数据安全”层面的对称密钥和非对称密钥的全生命周期分别如表 5-9 和表 5-10 所示。

表 5-9 密钥管理系统对称密钥全生命周期

密钥名称	生成	存储	分发	导入和导出	使用	备份和恢复	归档	销毁
KMC 主密钥	KMC 服务器密码机内生成	KMC 服务器密码机内存储	不涉及该密钥的分发	不涉及该密钥的导入和导出	KMC 服务器密码机内使用	KMC 服务器密码机完成备份恢复	不涉及该密钥的归档	KMC 服务器密码机内销毁
SKMC 主密钥	根据 KMC 主密钥和 SKMC 信息进行密钥分散，在 KMC 服务器密码机内生成	SKMC 服务器密码机内存储	由 KMC 进行下发，通过专用介质离线分发	通过专用介质从 KMC 服务器密码机导入到 SKMC 服务器密码机	SKMC 服务器密码机内使用	SKMC 服务器密码机完成备份恢复	不涉及该密钥的归档	SKMC 服务器密码机内销毁
业务系统主密钥	根据 SKMC 主密钥和业务系统信息进行密钥分散，在 SKMC 服务器密码机内生成	不涉及，由业务系统根据实际情况进行安全存储	由 SKMC 进行下发，通过专用介质离线分发	通过专用介质离线导入和导出	不涉及，由业务系统根据实际情况进行安全使用	不涉及，由业务系统根据实际情况进行安全备份恢复	不涉及，由业务系统根据实际情况进行安全归档	不涉及，由业务系统根据实际情况进行安全销毁
业务系统密钥加密密钥	根据 SKMC 主密钥和业务系统信息进行密钥分散，在 SKMC 服务器密码机内生成	在 SKMC 服务器密码机内存储	由 SKMC 进行下发，通过专用介质离线分发	通过专用介质离线导入和导出	SKMC 服务器密码机内使用	SKMC 服务器密码机完成备份恢复	不涉及该密钥的归档	SKMC 服务器密码机内销毁
业务系统用户对称密钥	利用业务系统主密钥和用户信息分散生成	不涉及，由业务系统根据实际情况进行安全存储	由 SKMC 进行下发，通过专用介质离线分发	通过专用介质离线导入和导出	不涉及，由业务系统根据实际情况进行安全使用	不涉及，由业务系统根据实际情况进行安全备份恢复	不涉及，由业务系统根据实际情况进行安全归档	不涉及，由业务系统根据实际情况进行安全销毁

续表

密钥名称	生成	存储	分发	导入和导出	使用	备份和恢复	归档	销毁
业务系统安全通信密钥	在 SKMC 服务器密码机内随机生成	不涉及，由业务系统根据实际情况进行安全存储	由 SKMC 进行下发，通过加密方式在线分发	通过加密方式在线导入和导出	不涉及，由业务系统根据实际情况进行安全使用	不涉及，由业务系统根据实际情况进行安全备份恢复	不涉及，由业务系统根据实际情况进行安全归档	不涉及，由业务系统根据实际情况进行安全销毁

表 5-10　密钥管理系统非对称密钥全生命周期

密钥名称	生成	存储	分发	导入和导出	使用	备份和恢复	归档	销毁
KMC 签名私钥	KMC 服务器密码机内生成	KMC 服务器密码机内存储	签名私钥不进行分发	签名私钥不进行导入和导出	KMC 服务器密码机内使用	利用 KMC 服务器密码机产品自身的密钥备份和恢复机制实现	不涉及该密钥的归档	KMC 服务器密码机内完成销毁
KMC 签名公钥	KMC 服务器密码机内生成	以证书形式存储	以证书形式离线分发	以证书形式导入和导出	以证书形式使用	以证书形式备份恢复	以证书形式进行归档	KMC 对应的数字证书认证系统进行撤销
SKMC 签名私钥	SKMC 服务器密码机内生成	SKMC 服务器密码机内存储	签名私钥不进行分发	签名私钥不进行导入和导出	SKMC 服务器密码机内使用	利用 SKMC 服务器密码机产品自身的密钥备份和恢复机制实现	不涉及该密钥的归档	SKMC 服务器密码机内完成销毁
SKMC 签名公钥	SKMC 服务器密码机内生成	以证书形式存储	以证书形式分发	以证书形式导入和导出	以证书形式使用	以证书形式备份恢复	以证书形式进行归档	KMC 对应的数字证书认证系统进行撤销
业务系统签名私钥	不涉及，由业务系统服务器密码机生成	不涉及，由业务系统根据实际情况进行安全存储	签名私钥不进行分发	签名私钥不进行导入和导出	不涉及，由业务系统根据需要实现	不涉及，由业务系统根据需要实现	不涉及该密钥的归档	不涉及，由业务系统根据需要实现

续表

密钥名称	生成	存储	分发	导入和导出	使用	备份和恢复	归档	销毁
业务系统签名公钥	不涉及，由业务系统服务器密码机生成	以证书形式存储	以证书形式分发	以证书形式进行导入和导出	以证书形式使用	以证书形式备份恢复	以证书形式进行归档	SKMC 对应的数字证书认证系统进行撤销
业务系统加密私钥	SKMC 服务器密码机内生成	由 SKMC 进行安全存储，业务系统根据实际情况进行安全存储	由 SKMC 进行下发，通过专用介质离线分发	由 SKMC 进行下发，利用专用介质以离线的方式进行导入和导出	不涉及，由业务系统根据需要实现	不涉及，由业务系统根据需要实现	不涉及，由业务系统根据需要实现	不涉及，由业务系统根据需要实现
业务系统加密公钥	SKMC 服务器密码机内生成	以证书形式存储	以证书形式分发	以证书形式进行导入和导出	以证书形式使用	以证书形式备份恢复	以证书形式进行归档	SKMC 对应的数字证书认证系统进行撤销

5.2　身份鉴别系统

身份鉴别系统是面向业务网各应用系统平台提供身份鉴别服务的系统，可对各类业务网中应用系统的用户身份进行集中管理并实现身份鉴别和授权。身份鉴别系统的密码应用主要解决用户身份真实性、单点登录场景下鉴别协议的安全性、鉴别和授权过程中敏感数据（如凭证信息和用户信息）传输和存储的安全性等问题。

身份鉴别系统密码应用安全性方案设计的重点包括：①利用密码技术实现身份鉴别的安全性及可靠性；②利用密码技术保证单点登录场景下鉴别协议的安全性及可靠性；③利用密码技术对凭证信息的完整性和用户信息的保密性进行保护。

身份鉴别系统密码应用安全性评估的重点包括：①身份鉴别系统和各应用系统之间的通信是否采用密码技术，保证了通信过程的安全性；②身份鉴别协议执行过程中密码技术应用的正确性和有效性；③身份鉴别过程中是否正确使用密码技术保护敏感信息的保密性和完整性。

5.2.1 密码应用方案概述

1. 密码应用需求

身份鉴别系统在日常运行和管理过程中，密码应用需求主要包括：

①身份鉴别需求。对登录系统的用户以及使用身份鉴别系统获取用户登录状态的应用系统进行身份鉴别，保证用户和应用系统身份的真实性。

②关键数据的安全存储需求。保证用户信息、应用系统信息等关键数据在存储过程中的保密性和完整性。

③关键数据的安全传输需求。保证用户信息、访问令牌（Access Token）等关键数据在传输过程中的保密性或完整性。

2. 密码应用架构

身份鉴别系统包括身份鉴别服务器、数据库服务器、服务器密码机和 SSL VPN 等。业务网终端用户（包括普通用户和系统管理员用户）在访问应用系统前，身份鉴别系统需要对其进行身份鉴别；身份鉴别后获取授权来访问应用系统。身份鉴别系统密码应用部署如图 5-3 所示（图中的 A、B、C 为测试工具接入点，在测评实施时具体讲解）。具体说明如下：

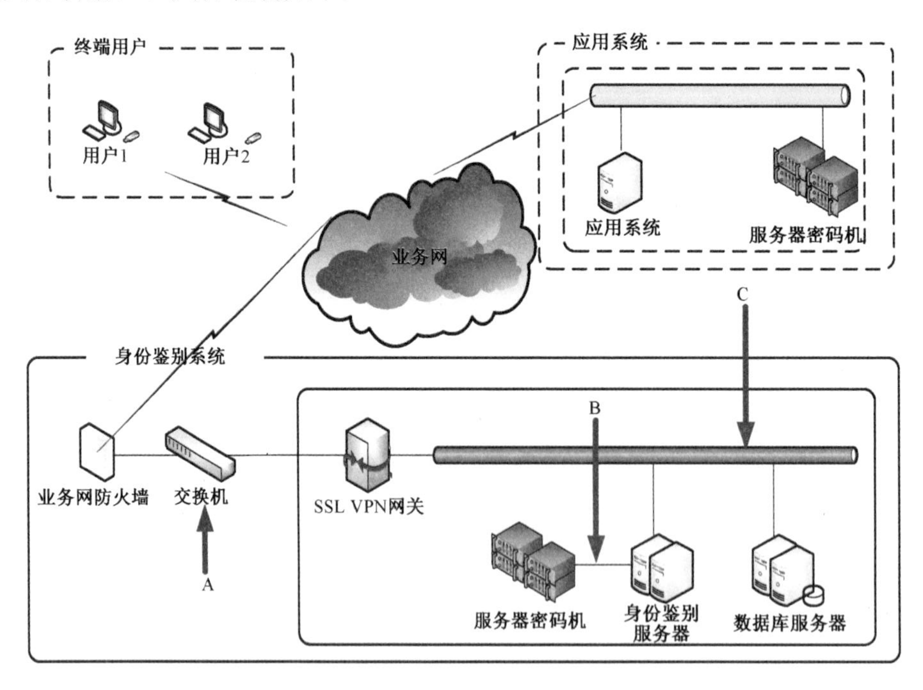

图 5-3　身份鉴别系统密码应用部署图

①在机房部署 SSL VPN 网关，用于安全通信链路的构建。SSL VPN 网关是身份鉴别服务器的外部访问出口，确保通信安全。

②在机房部署身份鉴别服务器，调用服务器密码机，完成身份鉴别协议逻辑的实现。

③在机房部署服务器密码机，为身份鉴别服务器提供数字签名、验证签名和数据加解密等密钥管理和密码运算服务。

3. 重要设备和关键数据

本系统包括的密码产品、通用服务器、关键业务应用和关键数据分别如表 5-11 ～表 5-14 所示。

表 5-11　身份鉴别系统部署的密码产品列表

序号	密码产品名称	涉及的密码算法	主要功能
1	服务器密码机	SM2、SM3、SM4	用于支撑身份鉴别服务器的相关密钥管理和密码运算
2	智能密码钥匙	SM2、SM3、SM4	用于存储用户私钥和数字证书
3	SSL VPN 网关	SM2、SM3、SM4	用于与用户和应用系统建立 SSL 安全通信链路

表 5-12　身份鉴别系统部署的通用服务器列表

序号	通用服务器名称	主要功能
1	身份鉴别服务器	完成身份鉴别协议的业务逻辑
2	数据库服务器	完成用户信息等敏感数据的安全存储

表 5-13　身份鉴别系统的关键业务应用列表

序号	应用名称	主要功能
1	身份鉴别服务	主要面向业务网终端用户，提供身份鉴别、单点登录、访问令牌同步、访问接入等服务

表 5-14　身份鉴别系统的关键数据列表

序号	关键数据	关键数据描述	安全需求
1	Access Token	作为授权凭据	完整性
2	用户信息	用户的账号、头像等授权信息	保密性、完整性
3	鉴别信息	用于用户的身份鉴别，如口令	保密性、完整性
4	日志信息	设备和应用产生的日志信息	完整性

4. 密钥体系

身份鉴别系统“应用和数据安全”层面的密钥主要分为对称和非对称两类密钥体系。

1）对称密钥体系

身份鉴别系统的对称密钥及其功能如表 5-15 所示。

表 5-15　身份鉴别系统的对称密钥列表

序号	密钥名称	功能
1	Access Token 完整性保护密钥	用于身份鉴别系统对 Access Token 的完整性保护

2）非对称密钥体系

本系统涉及的非对称密钥体系基于 PKI 技术实现，包括两层密钥，如表 5-16 所示。需要指出的是，在双证书体系下，证书还包括了加密证书，但由于本系统的应用并不涉及其使用，因此本节涉及的证书指签名证书。

表 5-16　身份鉴别系统的非对称密钥列表

<table>
<tr><th>层次</th><th>密钥名称</th><th>功　能</th></tr>
<tr><td>1</td><td>CA 公钥</td><td>CA 证书是非对称密钥体系的信任源，用于验证用户证书和应用系统证书</td></tr>
<tr><td rowspan="2">2</td><td>用户签名密钥对</td><td>用于身份鉴别系统对用户的身份鉴别，公钥由 CA 签发后形成用户证书，私钥存放在智能密码钥匙内部</td></tr>
<tr><td>应用系统签名密钥对</td><td>用于身份鉴别系统对应用系统的身份鉴别，公钥由 CA 签发后形成应用系统证书，私钥存放在应用系统服务器密码机内</td></tr>
</table>

5. 密码应用工作流程

身份鉴别服务对登录应用系统的用户进行身份鉴别和授权，所涉及的三方包括用户、身份鉴别服务器、应用系统。为了保护传输用户名 / 口令、用户信息的保密性，身份鉴别服务器端部署了 SSL VPN 网关以支持数据的安全传输。身份鉴别系统的工作流程如图 5-4 所示。

身份鉴别系统的密码应用工作流程如下：

① 用户身份鉴别。用户通过用户名 / 口令和智能密码钥匙登录身份鉴别系统；身份鉴别系统对用户的身份进行鉴别，以确保用户身份的真实性。

② 生成 Access Token。身份鉴别服务器根据应用系统的 redirect_uri（回调地址）

和用户信息生成 Access Token，并采用 HMAC-SM3 算法对其进行完整性保护。

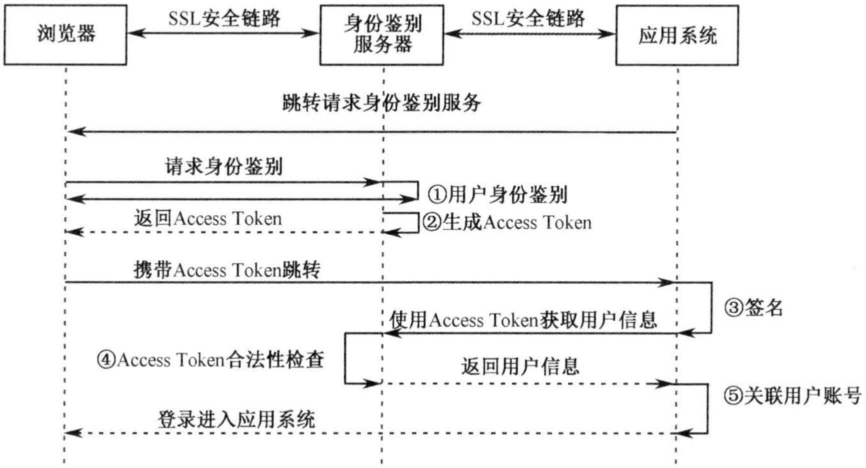

图 5-4　身份鉴别系统的工作流程

③ 应用系统签名。应用系统使用自己的签名私钥对 Access Token 进行签名。

④ Access Token 合法性检查。首先，身份鉴别服务器使用应用系统证书对应用系统签名进行验证，以鉴别应用系统的身份；然后，身份鉴别服务器对 Access Token 进行 HMAC-SM3 验证，以确认 Access Token 的合法性；最后，检查 Access Token 与应用系统是否匹配。

⑤ 应用系统关联用户账户。身份鉴别服务器通过 SSL 安全通信链路将请求的用户信息返回给应用系统，应用系统根据用户信息进行账号关联。

6. 密码技术应用要求标准符合性自查情况

身份鉴别系统的密码技术应用要求标准符合性自查情况如表 5-17 所示。

表 5-17　身份鉴别系统标准符合性自查情况（密码技术应用要求部分）

指标要求		标准符合性自查情况
物理和环境安全	身份鉴别	符合。身份鉴别系统所在的机房按照第 4 章“物理和环境安全”的实现要点进行建设
	电子门禁记录数据完整性	
	视频记录数据完整性	
网络和通信安全	身份鉴别	符合。身份鉴别系统在系统部署边界处配备 SSL VPN 安全网关，完成通信双方的身份鉴别，以及关键数据保密性和完整性的保护。设备管理员通过 SSL VPN 网关对身份鉴别系统内的各个通用服务器进行集中管理
	访问控制信息完整性	
	通信数据完整性	
	通信数据保密性	
	集中管理通道安全	

续表

指标要求		标准符合性自查情况
设备和计算安全	身份鉴别	符合。设备管理员使用用户名/口令和智能密码钥匙（用于产生“挑战—响应”中的SM2数字签名）登录身份鉴别服务器和数据库服务器
	访问控制信息完整性	符合。身份鉴别服务器和数据库服务器调用服务器密码机，利用HMAC-SM3对其访问控制信息、日志记录进行完整性保护
	日志记录完整性	
	远程管理身份鉴别信息保密性	符合。通过SSL VPN建立的安全通信链路对远程管理身份鉴别信息的保密性进行保护
	重要程序或文件完整性	符合。身份鉴别服务器和数据库服务器中所有重要程序或文件在生成时利用SM2数字签名技术进行完整性保护，使用或读取这些程序和文件时，进行验签以确认其完整性；公钥存放在服务器密码机中，由服务器密码机进行验签操作
	敏感标记的完整性	不适用。本系统不涉及重要信息的敏感标记
应用和数据安全	身份鉴别	符合。身份鉴别服务包括对以下角色的身份鉴别： • 对用户的身份鉴别：身份鉴别服务根据用户的用户名/口令和所持有的智能密码钥匙（用于产生“挑战—响应”中的SM2数字签名）进行身份鉴别。 • 对应用系统的身份鉴别：应用系统对Access Token进行SM2数字签名，身份鉴别服务通过验证该签名，以完成对应用系统的身份鉴别。 • 对身份鉴别服务管理员的身份鉴别：身份鉴别服务管理员也就是身份鉴别服务器的设备管理员，在“设备和计算安全”层面完成对其的身份鉴别
	访问控制信息和敏感标记完整性	符合。身份鉴别服务调用服务器密码机采用HMAC-SM3对其访问控制策略、数据库表访问控制信息进行完整性保护
	数据传输安全	符合。身份鉴别服务调用服务器密码机采用HMAC-SM3对传输的Access Token进行完整性保护，防止用户和应用系统篡改。用户信息的传输安全保护在“网络和通信安全”层面完成
	数据存储安全	符合。身份鉴别服务调用服务器密码机对用户信息等关键敏感数据进行加密存储，并利用HMAC-SM3对其进行完整性保护，保证数据保密性和完整性
	日志记录完整性	符合。身份鉴别服务调用服务器密码机采用HMAC-SM3对其日志记录进行完整性保护
	重要应用程序的加载和卸载	符合。仅有设备管理员可以进行重要应用程序的加载和卸载，而设备管理员的身份鉴别在“设备和计算安全”层面完成

5.2.2　密码应用安全性评估测评实施

按照《信息系统密码应用基本要求》对等级保护第三级信息系统的密码应用要求及密码应用方案评审意见，测评机构首先需要参考表 5-17 确定测评指标及不适用指标，对不适用指标的论证材料进行核查确认后，开展对适用指标的具体测评。

身份鉴别系统的测评对象包括通用服务器、密码产品、设施、人员和文档等。测评实施中涉及的测评工具包括通信协议分析工具、IPSec/SSL 协议检测工具、数字证书格式合规性检测工具和商用密码算法合规性检测工具。

1. 密码技术应用测评概要

身份鉴别系统密码技术应用测评概要如表 5-18 所示，测评方式包括访谈、文档审查、实地察看、配置检查和工具测试。需要说明的是，关于访谈、文档审查、实地察看和配置检查等测评方式在第 4 章已经进行了具体阐述，本节只描述与现场工具测评相关的内容。

表 5-18　身份鉴别系统密码技术应用测评概要

<table>
<tr><th colspan="2">指标要求</th><th>密码技术应用测评概要</th></tr>
<tr><td rowspan="3">物理和环境安全</td><td>身份鉴别</td><td rowspan="3">具体测评实施参见第 4 章</td></tr>
<tr><td>电子门禁记录数据完整性</td></tr>
<tr><td>视频记录数据完整性</td></tr>
<tr><td rowspan="5">网络和通信安全</td><td>身份鉴别</td><td rowspan="5">在身份鉴别系统的 SSL VPN 网关与业务网之间（图 5-3 的接入点 A）接入以下工具，对 SSL VPN 网关进行测试，分析 SSL 协议的合规性：
• 通信协议分析工具：捕获通信数据，进行后续离线分析。
• IPSec/SSL 协议检测工具：分析 SSL VPN 网关相关协议是否合规。
• 数字证书格式合规性检测工具：根据捕获的数据离线验证 SSL VPN 网关使用的数字证书是否合规，并验证证书签名结果是否正确</td></tr>
<tr><td>访问控制信息完整性</td></tr>
<tr><td>通信数据完整性</td></tr>
<tr><td>通信数据保密性</td></tr>
<tr><td>集中管理通道安全</td></tr>
<tr><td>设备和计算安全</td><td>身份鉴别</td><td>尝试正常登录和异常登录（包括错误的口令、不插入智能密码钥匙或插入未授权的智能密码钥匙等），查看是否按照预期结果完成身份鉴别</td></tr>
</table>

续表

<table>
<tr><th colspan="2">指标要求</th><th>密码技术应用测评概要</th></tr>
<tr><td rowspan="5">设备和计算安全</td><td>访问控制信息完整性</td><td rowspan="2">• 在服务器密码机和其调用者之间（图 5-3 的接入点 B）接入通信协议分析工具，捕获通信数据，分析服务器密码机的 HMAC-SM3 功能是否被有效调用。
• 尝试修改访问控制信息、日志记录（或对应的 MAC 值），查看完整性保护机制的有效性</td></tr>
<tr><td>日志记录完整性</td></tr>
<tr><td>远程管理身份鉴别信息保密性</td><td>在身份鉴别系统的 SSL VPN 网关与业务网之间（图 5-3 的接入点 A）接入通信协议分析工具，查看用于设备管理涉及的管理员口令等鉴别信息在传输中是否得到了保密性保护</td></tr>
<tr><td>重要程序或文件完整性</td><td>• 在服务器密码机和其调用者之间（图 5-3 的接入点 B）设法接入通信协议分析工具，捕获通信数据，分析服务器密码机的 SM2 数字签名功能是否被有效调用。
• 获取重要程序及其对应数字签名和数字证书，使用商用密码算法合规性检测工具，验证 SM2 数字签名的合规性。
• 尝试修改重要程序（或对应的数字签名），查看完整性保护机制的有效性</td></tr>
<tr><td>敏感标记的完整性</td><td>核实“不适用”的论证依据</td></tr>
<tr><td rowspan="2">应用和数据安全</td><td>身份鉴别</td><td>① 对用户和应用系统的身份鉴别：
• 在 SSL VPN 和服务器之间的交换机（图 5-3 的接入点 C）接入通信协议分析工具，捕获通信数据以进行离线分析；利用数字证书格式合规性检测工具，离线验证身份鉴别时使用数字证书格式的合规性；接入商用密码算法合规性检测工具，离线验证智能密码钥匙身份鉴别时 SM2 数字签名的合规性。
• 在服务器密码机和其调用者之间（图 5-3 的接入点 B）设法接入通信协议分析工具，捕获通信数据分析服务器密码机的 SM2 签名验签功能是否被有效调用。
② 对于身份鉴别服务管理员的身份鉴别，核实替代性风险控制措施的有效性</td></tr>
<tr><td>访问控制信息和敏感标记完整性</td><td>• 在服务器密码机和其调用者之间（图 5-3 的接入点 B）设法接入通信协议分析工具，捕获通信数据，分析服务器密码机的 HMAC-SM3 功能是否被有效调用。
• 尝试修改访问控制策略、数据库表访问控制信息（或对应的 MAC 值），查看完整性保护机制的有效性</td></tr>
</table>

续表

指标要求		密码技术应用测评概要
应用和数据安全	数据传输安全	• 在 SSL VPN 和服务器之间的交换机（图 5-3 的接入点 C）接入通信协议分析工具，捕获 Access Token，检查是否进行完整性保护。 • 在服务器密码机和其调用者之间(图 5-3 的接入点 B)设法接入通信协议分析工具，捕获通信数据，分析服务器密码机的 HMAC-SM3 功能是否被有效调用。 • 尝试修改 Access Token（或对应的 MAC 值），查看完整性保护机制的有效性。 • 核实用户信息传输安全“不适用”的论证依据
	数据存储安全	• 在 SSL VPN 和服务器之间的交换机（图 5-3 的接入点 C）接入通信协议分析工具，捕获发往数据库服务器的通信数据，检查数据存储是否进行保密性和完整性保护。 • 在服务器密码机和其调用者之间（图 5-3 的接入点 B）接入通信协议分析工具，捕获通信数据，分析服务器密码机的 SM4 和 HMAC-SM3 功能是否被有效调用。 • 尝试修改存储数据（或对应的 MAC 值），查看完整性保护机制的有效性
	日志记录完整性	• 在服务器密码机和其调用者之间（图 5-3 的接入点 B）接入通信协议分析工具，捕获通信数据，分析服务器密码机的 HMAC-SM3 功能是否被有效调用。 • 尝试修改日志记录（或对应的 MAC 值），查看完整性保护机制的有效性
	重要应用程序的加载和卸载	核实设备对应用程序加载和卸载的安全控制机制

2. 密钥管理测评对象及其生命周期

本系统“应用和数据安全”层面的对称密钥和非对称密钥的全生命周期分别如表 5-19 和表 5-20 所示。

表 5-19　身份鉴别服务相关对称密钥全生命周期

密钥名称	生成	存储	分发	导入和导出	使用	备份和恢复	归档	销毁
Access Token 完整性保护密钥	身份鉴别系统服务器密码机内生成	身份鉴别系统服务器密码机内存储	不涉及该密钥的分发	不涉及该密钥的导入和导出	身份鉴别系统服务器密码机内使用	利用服务器密码机自身的密钥备份和恢复机制实现	不涉及该密钥的归档	身份鉴别系统服务器密码机内销毁

表 5-20　身份鉴别服务相关非对称密钥全生命周期

密钥名称	生成	存储	分发	导入和导出	使用	备份和恢复	归档	销毁
CA公钥	不涉及，由CA生成	以证书形式存储	以证书形式离线分发	以证书形式离线导入和导出	以证书形式使用	不涉及，由CA进行备份恢复	不涉及该密钥的归档	不涉及，CA进行撤销
应用系统签名私钥	不涉及，应用系统服务器密码机内生成	不涉及，应用系统服务器密码机内存储	签名私钥不进行分发	不涉及，该密钥的导入和导出	不涉及，应用系统服务器密码机内使用	不涉及，利用应用系统服务器密码机自身的密钥备份和恢复机制实现	不涉及该密钥的归档	不涉及，应用系统服务器密码机内销毁
应用系统签名公钥	不涉及，应用系统服务器密码机内生成	以证书形式存储	以证书形式分发	以证书形式导入和导出	以证书形式使用	以证书形式备份恢复	以证书形式进行归档	不涉及，CA进行撤销
用户签名私钥	智能密码钥匙内生成	智能密码钥匙内存储	不涉及该密钥的分发	不涉及该密钥的导入和导出	智能密码钥匙内使用	不涉及该密钥的备份恢复	不涉及该密钥的归档	智能密码钥匙内销毁
用户签名公钥	智能密码钥匙内生成	以证书形式存储	以证书形式分发	以证书形式导入和导出	以证书形式使用	以证书形式备份恢复	以证书形式归档	不涉及，CA进行撤销

5.3　金融 IC 卡发卡系统和交易系统

金融 IC 卡发卡系统和交易系统（以下简称金融 IC 卡系统）是现代信息技术与金融服务的高度融合，通过发行采用芯片技术、符合金融行业标准、可兼具多重功能（如银行卡、保障卡、管理卡等）的金融 IC 卡，从根本上提高银行卡的安全性。金融IC卡系统密码应用主要解决卡片与发卡行之间的身份鉴别、持卡人的身份鉴别、交易数据的传输安全与存储安全等方面的问题。

一般来说，金融 IC 卡发卡系统和交易系统是两个单独的信息系统，本案例为了更好地展示整体的密码应用工作流程，将它们作为一个信息系统进行介绍，并分别命名为“发卡侧”和“交易侧”。

同时，由于金融 IC 卡系统相对比较繁杂，本案例也做了一定简化，比如不考虑跨行交易的情况。详尽的金融 IC 卡密码应用请参见《中国金融集成电路（IC）卡规范》等相关标准。其中，发卡侧密码应用参见《中国金融集成电路（IC）卡规范》第 7 部分：借记贷记应用安全规范和第 10 部分：借记贷记应用个人化指南。交易侧密码应用参见《中国金融集成电路（IC）卡规范》第 6 部分：借记贷记应用终端规范；第 7 部分：借记贷记应用安全规范以及《银联卡受理终端安全规范》。

5.3.1　密码应用方案概述

1. 密码应用需求

金融 IC 卡系统在日常运行和管理过程中，在身份鉴别、关键数据的保密性和完整性保护等方面，都需要使用密码技术。密码应用需求主要包括：

（1）身份鉴别需求：对使用金融 IC 卡的用户进行身份标识和身份鉴别，实现身份鉴别信息的防截获、防假冒和防重用，保证用户身份的真实性。

（2）关键数据的保密性和完整性需求：在传输和存储过程中，对金融 IC 卡数据、持卡人数据、交易信息数据、日志信息等进行保密性和完整性保护。

2. 密码应用架构

金融 IC 卡系统分为发卡侧、交易侧两个部分。金融 IC 卡系统整体架构和部署情况如图 5-5 所示（图中的 A、B、C、D 为测试工具接入点，将在测评实施时具体讲解）。为简化描述，本案例不涉及设备的远程管理。

1）发卡侧

发卡侧主要由 IC 卡业务管理应用、密钥管理应用、数据准备应用、个人化应用组成，实现金融 IC 卡的发行，具体如下：

① IC 卡业务管理应用。负责接收和处理所有 IC 卡业务，包括 IC 卡账户管理、发卡参数管理、柜面类业务处理、脱机消费批处理等。

②密钥管理应用。负责发卡行证书的申请、管理；IC 卡应用相关证书、密钥的

管理；调用密码机实现签名验签、数据加解密、密钥管理等密码功能。

③数据准备应用。分别从 IC 卡业务管理应用、密钥管理应用导入业务数据、卡产品模板数据、发卡行应用数据、密钥数据等制卡数据，同时提供数据解析、文件转换等功能，输出目标制卡数据。

④个人化应用。输入数据准备应用阶段生成的目标制卡数据，制发卡设备将卡片对应的应用数据安全写入卡片，完成个人化操作。

2）交易侧

需要说明的是，本案例不考虑跨行交易的情形。交易侧主要由受理终端设备、收单前置应用、IC 卡前置应用组成，实现金融 IC 卡的交易受理，具体如下：

①受理终端设备。负责读取金融 IC 卡信息，通过与金融 IC 卡、收单前置服务器通信交互，实现金融交易信息和密钥信息的传输、处理，包括 ATM 机、POS 机等。

②收单前置应用。负责接收、处理或转发受理终端设备的交易请求信息，并向受理终端设备返回交易结果信息。

③ IC 卡前置应用。负责接收、处理金融 IC 卡交易请求信息，完成金融 IC 卡业务预处理功能，包括安全报文验证、应用密文验证及产生、金融IC卡柜面类业务等。

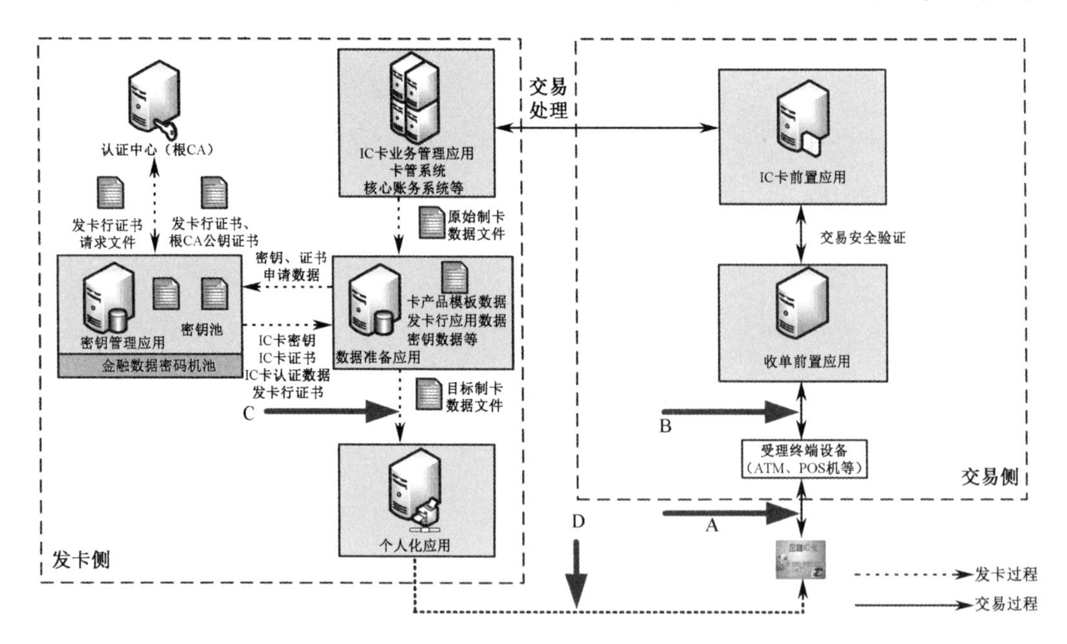

图 5–5　金融 IC 卡系统整体架构和部署情况

3. 重要设备和关键数据

金融 IC 卡系统部署的密码产品、通用服务器、关键业务应用和关键数据分别如表 5-21 ～表 5-24 所示。

表 5-21　金融 IC 卡系统部署的密码产品列表

序号	密码产品名称	涉及的密码算法	主要功能
1	金融数据密码机	SM2、SM3、SM4	用于密钥管理和密码运算
2	POS 机	SM2、SM3、SM4	用于身份鉴别和保护交易报文关键信息
3	ATM 密码键盘及 ATM 密码应用系统	SM2、SM3、SM4	用于保护交易报文关键信息
4	金融 IC 卡	SM2、SM3、SM4	存储密钥、数字证书等个人化信息
5	智能密码钥匙	SM2、SM3、SM4	用于设备管理员登录通用服务器，以及对设备和应用的相关访问控制信息、日志信息、应用程序等进行完整性保护

表 5-22　金融 IC 卡系统部署的通用服务器列表

序号	通用服务器名称	主要功能
1	发卡侧服务器	用于部署 IC 卡业务管理应用、密钥管理应用、数据准备应用、个人化应用等
2	交易侧服务器	用于部署收单前置应用和 IC 卡前置应用等
3	数据库服务器	用于交易数据、业务数据及其他数据的存储
4	日志服务器	用于收集和存储网络设备或服务器产生的日志信息

表 5-23　金融 IC 卡系统关键业务应用列表

序号	应用名称	主要功能
1	发卡侧应用	包括 IC 卡业务管理应用、密钥管理应用、数据准备应用、个人化应用等
2	交易侧应用	包括收单前置应用和 IC 卡前置应用等

表 5-24　金融 IC 卡系统关键数据列表

序号	关键数据	关键数据描述	安全需求
1	金融 IC 卡数据	包括有效期、磁道信息、银行卡卡号等	保密性、完整性
2	持卡人数据	包括持卡人姓名、身份证件号码、手机号及与持卡人相关的交易信息、资信信息、财务信息等	保密性、完整性
3	身份鉴别数据	包括个人标识码（PIN）、通用设备和关键业务应用的用户登录口令等	保密性、完整性

续表

序号	关键数据	关键数据描述	安全需求
4	关键参数数据	包括通用设备配置参数信息、关键业务应用的访问控制策略数据，以及费率、柜员信息、机构编码等相关业务参数信息等	完整性
5	日志数据	包括设备的系统日志和操作日志、关键业务应用的登录日志和操作日志等	完整性

4. 密钥体系

金融 IC 卡系统在“应用和数据安全”层面包括对称和非对称两套密钥体系。

1）对称密钥体系

金融 IC 卡系统发卡侧的对称密钥及其功能如表 5-25 所示。

表 5-25　金融 IC 卡系统发卡侧对称密钥及其功能列表

层次	密钥名称	功　　能
1	传输密钥 KEK/TK、MAC 密钥	用于保护发卡行与卡片个人化应用之间传输的制卡数据文件的保密性和完整性
	发卡行主密钥 KMC[1]（以及其分散的密钥）	用于发卡行保护个人化过程中从卡片个人化应用装载到卡片的个人化数据的保密性和完整性
	发卡行应用密文主密钥 MDK	用于 IC 卡应用密文主密钥 UDK 的分散
2	IC 卡应用密文主密钥 UDK	用于发卡行与卡片之间双向应用密文的产生和验证，由 MDK 分散生成。发卡行与卡片之间进行联机数据认证时，发卡行与卡片之间通过该密钥分散的密钥产生和验证 ARQC/ARPC（授权请求密文 / 授权响应密文）

金融 IC 卡系统交易侧对称密钥遵循经典的三层密钥体系，交易侧的对称密钥及其功能如表 5-26 所示。

表 5-26　金融 IC 卡系统交易侧对称密钥及其功能列表

层次	密钥名称	功　　能
1	金融数据密码机主密钥 MK	保存在金融数据密码机内的顶层密钥，其作用是将所有存放在本地的其他密钥和待加密数据进行加密，在金融数据密码机以外的地方不会以明文形式存放，是三级密钥体系中最高级别的密钥；生成其他密钥并对其他密钥进行加密保护

1　应注意，本节中的 KMC 与 5.1 节中密钥管理中心（KMC）含义不同。

续表

层次	密钥名称	功　　能
2	终端主密钥 TMK	用于保护需要传输的工作密钥，实现工作密钥的联机实时传输或其他形式的异地传输，它在本地存放时，处于本地 MK 的加密保护之下
3	MAC 计算密钥 MAK，PIN 加密密钥 PIK	通常称为数据加密密钥或工作密钥，用于加密交易数据中的 PIN（使用 PIK）和对交易数据做 MAC 校验（使用 MAK），从而实现身份鉴别和传输数据的保密性、完整性保护

2）非对称密钥体系

金融 IC 卡系统涉及的非对称密钥体系基于 PKI 技术实现，分为三层证书体系，如表 5-27 所示。

表 5-27　金融 IC 卡系统非对称密钥列表

层次	类型	功　　能
1	CA 公钥	CA 证书是非对称密钥体系的信任源。CA 为发卡行提供证书服务，负责受理发卡行证书申请，签发发卡行证书
2	发卡行签名密钥对	发卡行证书是发卡行合法性标识，用于发卡行的身份鉴别。公钥由 CA 签发后形成发卡行证书，私钥存放在金融数据密码机内。用于签发 IC 卡静态数据签名及 IC 卡数字证书
3	IC 卡签名密钥对	IC 卡证书是 IC 卡合法性标识，用于金融 IC 卡真实性和完整性的鉴别。采用脱机数据认证方式的卡片需要此密钥对，公钥由发卡行私钥签发形成 IC 卡证书，存储在 IC 卡中，私钥存放在 IC 卡内部

5. 密码应用工作流程

1）金融 IC 卡系统发卡侧密码应用工作流程

金融 IC 卡系统发卡侧的密码应用工作流程如图 5-6 所示，具体过程如下：

①密钥管理应用产生并存储发卡行公私钥对，向 CA 提交发卡行公钥及证书申请信息。

② CA 签发发卡行证书并下发给发卡行。

③密钥管理应用产生 IC 卡公私钥对，并使用发卡行私钥对 IC 卡公钥进行签名，形成 IC 卡数字证书。

④密钥管理应用产生并存储发卡行应用密文主密钥 MDK，同时将 MDK 按照

IC 卡的卡号分散出 IC 卡应用密文主密钥 UDK。

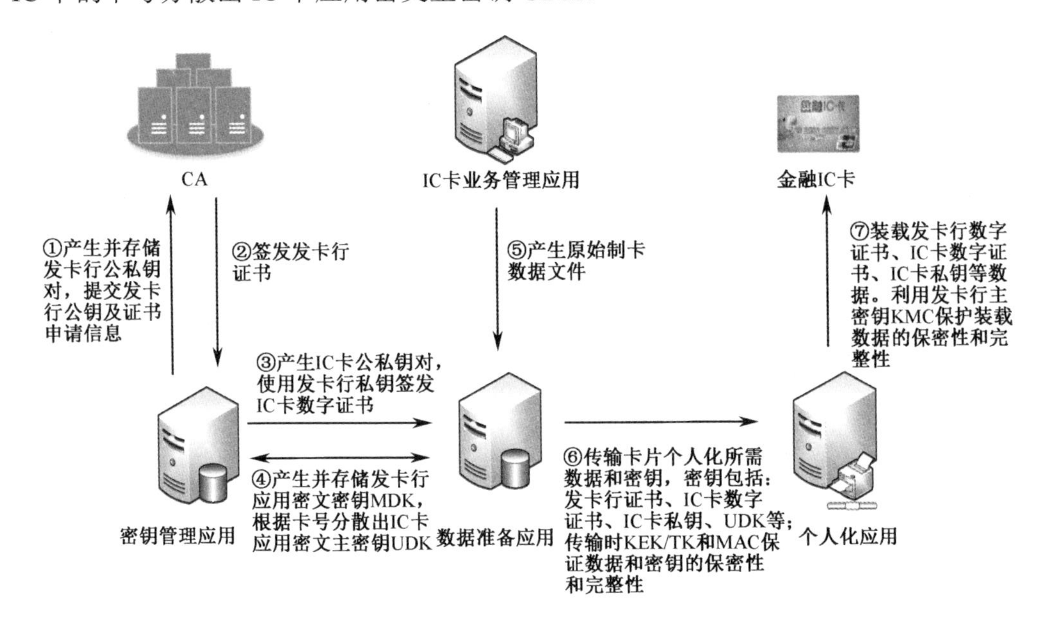

图 5-6　金融 IC 卡系统发卡侧密码应用工作流程

⑤ IC 卡业务管理应用产生原始制卡数据文件，并发送给数据准备应用。

⑥数据准备应用负责卡片个人化前的数据准备工作，并向个人化应用传输卡片个人化所需的所有数据和密钥，包括发卡行应用数据、模板数据及发卡行数字证书、IC 卡数字证书、IC 卡私钥、IC 卡应用密文主密钥 UDK 等。数据准备应用和个人化应用之间，通过 KEK/TK 密钥、MAC 密钥对传输内容进行加密，保证传输内容的保密性和完整性。

⑦个人化应用将发卡行数字证书、IC 卡数字证书、IC 卡私钥、IC 卡应用密文主密钥 UDK 等数据写入卡片，并通过发卡行主密钥 KMC 保护装载数据的保密性和完整性。

2）金融 IC 卡系统交易侧密码应用工作流程

金融 IC 卡系统交易侧密码应用工作流程如图 5-7 所示，发卡行受理本行发行的金融 IC 卡的交易过程如下：

① 金融 IC 卡在 POS 机等受理终端设备进行脱机交易时，受理终端通过预先装载的 CA 证书验证金融 IC 卡内发卡行证书、IC 卡证书以及签名数据的真实性、完整性，验证成功后方可进行交易。

② 金融 IC 卡在进行联机交易时，金融 IC 卡和发卡行之间通过应用密文密钥（MDK 和 UDK）产生应用密文请求和响应（如 ARQC、ARPC），验证卡片和发卡行的真实性。验证成功后方可进行交易。需要说明的是，金融 IC 卡并不一定会在本步骤中单独与发卡行进行一次报文交互，而是将产生的应用密文请求和响应封装在步骤③中的交易报文中，与其他数据一并传输。

③ 受理终端设备负责采集交易信息并传输交易报文发送至发卡行。交易信息包括交易类型、交易金额、PIN 等。传输交易报文时，通过 PIK 密钥保护 PIN 的保密性，通过 MAK 密钥保护交易报文的完整性。

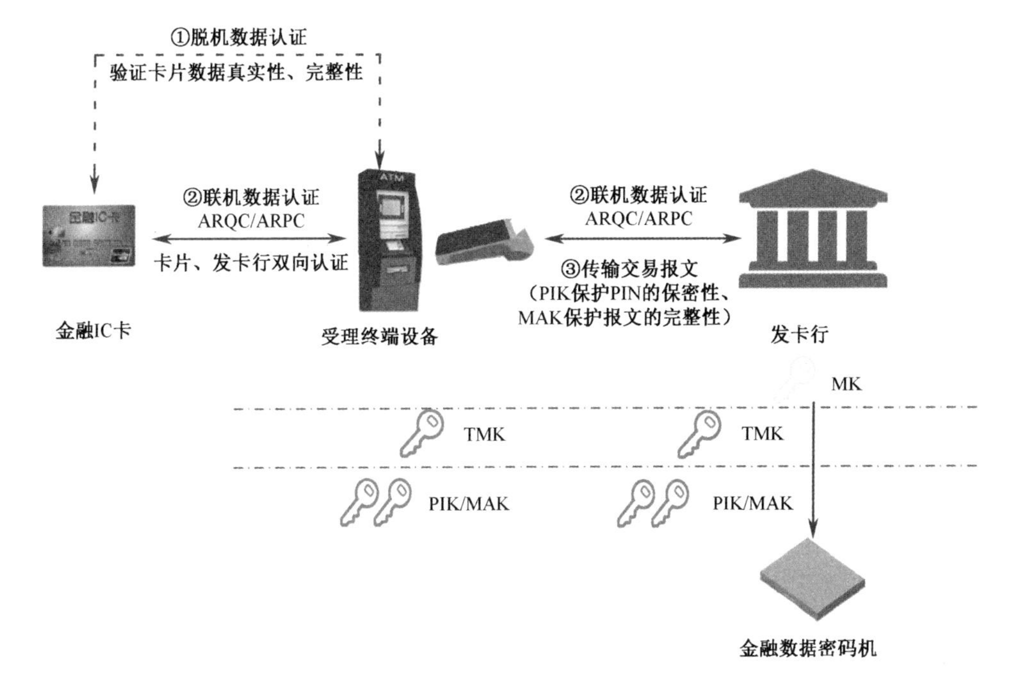

图 5-7　金融 IC 卡系统交易侧密码应用工作流程

6. 密码技术应用要求标准符合性自查情况

金融 IC 卡系统的密码技术应用要求部分的标准符合性自查情况如表 5-28 所示。

表 5-28　金融 IC 卡系统标准符合性自查情况（密码技术应用要求部分）

指标要求		标准符合性自查情况
物理和环境安全	身份鉴别	符合。金融 IC 卡系统所在的机房按照第 4 章“物理和环境安全”的实现要点进行建设
	电子门禁记录数据完整性	
	视频记录数据完整性	

续表

指标要求		标准符合性自查情况
网络和通信安全	身份鉴别	对于通信双方的身份鉴别主要在“应用和数据安全”层面完成，通过脱机数据认证和联机数据认证进行身份鉴别
	访问控制信息完整性	访问控制在“应用和数据安全”层面完成
	通信数据完整性	通信数据完整性在“应用和数据安全”层面完成
	通信数据保密性	通信数据保密性在“应用和数据安全”层面完成
	集中管理通道安全	本系统不涉及设备的远程管理
设备和计算安全	身份鉴别	符合。设备管理员使用用户名 / 口令和智能密码钥匙（用于产生“挑战—响应”中的 SM2 数字签名）登录各类服务器
	访问控制信息完整性	符合。通用服务器调用插入的智能密码钥匙，采用 HMAC-SM3 对设备的访问控制、日志记录进行完整性保护
	日志记录完整性	
	远程管理身份鉴别信息保密性	不适用。本系统不涉及设备的远程管理
	重要程序或文件完整性	符合。所有重要程序或文件在生成时利用 SM2 数字签名技术进行完整性保护，使用或读取这些程序和文件时，进行验签以确认其完整性；公钥存放在智能密码钥匙中，由智能密码钥匙进行验签操作
	敏感标记的完整性	不适用。本系统不涉及重要信息的敏感标记
应用和数据安全	身份鉴别	符合。金融 IC 卡应用主要是在交易前对金融 IC 卡进行身份鉴别，有两种方式，脱机数据认证和联机数据认证： • 脱机数据认证中利用证书完成对金融 IC 卡进行身份标识，根据采用 SM2 数字签名技术进行鉴别。 • 联机数据认证中使用的 UDK 利用 MDK 根据金融 IC 卡相关信息进行分散，采用 SM4 算法利用 ARQC/ARPC 进行鉴别
	访问控制信息和敏感标记完整性	符合。金融 IC 卡应用调用智能密码钥匙，采用 HMAC-SM3 对应用的访问控制信息进行完整性保护
	数据传输安全	符合。情况如下： • 在卡片个人化阶段，利用 KEK/TK 和 MAC 密钥对发卡行与卡片个人化应用之间传输的制卡数据文件进行保密性和完整性保护，利用 KMC 对个人化过程中装载到卡片的个人化数据进行保密性和完整性保护。 • 在交易阶段，利用 MAK 和 PIK 对交易过程中的 PIN、交易报文等关键交易数据进行保密性和完整性的保护

续表

指标要求		标准符合性自查情况
应用和数据安全	数据存储安全	符合。金融 IC 卡应用调用金融数据密码机，采用 SM4 算法和 HMAC-SM3 对关键数据，如持卡人数据、金融 IC 卡数据、关键参数数据等进行保密性保护，存放在数据库服务器中
	日志记录完整性	符合。金融 IC 卡应用调用智能密码钥匙，采用 HMAC-SM3 对日志记录进行完整性保护
	重要应用程序的加载和卸载	符合。仅设备管理员可以进行重要应用程序的加载和卸载，而设备管理员的身份鉴别在“设备和计算安全”层面完成

5.3.2 密码应用安全性评估测评实施

按照《信息系统密码应用基本要求》对等级保护第三级信息系统的密码应用要求及密码应用方案评审意见，测评机构首先需要参考表 5-28 确定测评指标及不适用指标，对不适用指标的论证材料进行核查确认后，开展对适用指标的具体测评。

金融 IC 卡系统的测评对象包括通用服务器、密码产品、设施、人员和文档等。测评实施中涉及的测评工具包括非接触式智能 IC 卡通信协议分析工具、基准测试智能 IC 卡、基准 POS 机、基准 ATM、数字证书格式合规性检测工具和商用密码算法合规性检测工具。

1. 密码技术应用测评概要

金融 IC 卡系统密码技术应用测评概要如表 5-29 所示。测评方式包括访谈、文档审查、实地察看、配置检查和现场工具测试。需要说明的是，访谈、文档审查、实地察看和配置检查等测评方式在第 4 章已经进行了具体阐述，本节只描述与现场工具测试相关的内容。

表 5-29　金融 IC 卡系统密码技术应用测评概要

指标要求		密码技术应用测评概要
物理和环境安全	身份鉴别	具体测评实施参见第 4 章
	电子门禁记录数据完整性	
	视频记录数据完整性	
网络和通信安全	身份鉴别	核实替代性风险控制措施的有效性
	访问控制信息完整性	
	通信数据完整性	
	通信数据保密性	
	集中管理通道安全	

续表

<table>
<tr><th colspan="2">指标要求</th><th>密码技术应用测评概要</th></tr>
<tr><td rowspan="6">设备和计算安全</td><td>身份鉴别</td><td>尝试正常登录和异常登录（包括错误的口令、不插入智能密码钥匙或插入未授权的智能密码钥匙等），查看是否按照预期结果完成身份鉴别</td></tr>
<tr><td>访问控制信息完整性</td><td>• 尝试修改访问控制信息，查看完整性保护机制的有效性。
• 不插入智能密码钥匙或插入未授权的智能密码钥匙，查看完整性保护机制的有效性</td></tr>
<tr><td>日志记录完整性</td><td>• 在相关服务器和日志服务器之间的交换机中设法接入通信协议分析工具，通过捕获发往日志服务器的通信数据，检查日志信息是否进行完整性保护。
• 不插入智能密码钥匙或插入未授权的智能密码钥匙，查看完整性保护机制的有效性。
• 尝试修改日志记录（或对应的 MAC 值），查看完整性保护机制的有效性</td></tr>
<tr><td>远程管理身份鉴别信息保密性</td><td>核实“不适用”的论证依据</td></tr>
<tr><td>重要程序或文件完整性</td><td>• 尝试修改重要程序和文件，查看完整性保护机制的有效性。
• 获取重要程序及其对应数字签名和数字证书，使用商用密码算法合规性检测工具，验证 SM2 数字签名的合规性。
• 不插入智能密码钥匙或插入未授权的智能密码钥匙，查看完整性保护机制的有效性</td></tr>
<tr><td>敏感标记的完整性</td><td>核实“不适用”的论证依据</td></tr>
<tr><td>应用和数据安全</td><td>身份鉴别</td><td>• 脱机数据认证：在 POS 机与 IC 卡之间（见图 5-5 的接入点 A）使用非接触式智能 IC 卡通信协议分析工具，实时抓取和分析受理终端设备与非接触持卡人设备的全部 ISO 14443 Type A/Type B 通信交互数据，捕获数据后，使用数字证书格式合规性检测工具验证脱机数据认证时使用证书格式的合规性，使用商用密码算法合规性检测工具验证脱机数据认证时 SM2 数字签名的合规性。
• 联机数据认证：在 POS 机与 IC 卡之间（见图 5-5 的接入点 A）使用非接触式智能 IC 卡通信协议分析工具，实时抓取和分析受理终端设备与非接触持卡人设备的全部 ISO 14443 Type A/Type B 通信交互数据，针对卡片与发卡行之间 ARQC/ARPC 校验，查看日志解析文件报文 IC 卡域 9F10 第 8 字节是否为“04”，是则代表使用了 SM4 算法。
• 在金融数据密码机和其调用者之间设法接入通信协议分析工具，捕获通信数据，分析金融数据密码机的 SM2 签名验签、SM4 加密和 HMAC-SM3 功能是否被有效调用。
• 使用 SM2/3/4 密码算法基准测试智能 IC 卡，离线测试 ATM 和 POS 机是否使用 SM2/3/4 密码算法。
• 使用 SM2/3/4 密码算法基准测试 ATM 和基准 POS 机，离线测试金融 IC 卡是否使用 SM2/3/4 密码算法</td></tr>
</table>

续表

指标要求		密码技术应用测评概要
应用和数据安全	访问控制信息和敏感标记完整性	• 尝试修改访问控制信息，查看完整性保护机制的有效性。 • 不插入智能密码钥匙或插入未授权的智能密码钥匙，查看完整性保护机制的有效性
	数据传输安全	①发卡阶段 • 在数据准备应用和个人化应用之间（见图 5-5 的接入点 C）接入通信协议分析工具，捕获通信数据，确定个人化数据是否进行加密。 • 在个人化应用和 IC 卡之间（见图 5-5 的接入点 D）使用非接触式智能 IC 卡通信协议分析工具，实时抓取和分析受理终端设备与非接触持卡人设备的全部 ISO 14443 Type A/Type B 通信交互数据，确定个人化数据是否进行加密。 ②交易阶段 • 在收单前置应用服务器节点区交换机（见图 5-5 的接入点 B）接入通信协议分析工具，捕获通信数据，查看报文日志文件及相关算法标识，确定交互双方是否按照金融 IC 卡的受理要求，采用 PIK 对 PIN 进行加密并采用 MAK 进行报文完整性校验。检查 PIN 的密码算法标识是否符合要求，检查 MAC 算法是否正确。 • 使用 SM2/3/4 密码算法基准测试智能 IC 卡，离线测试 ATM 机和 POS 机是否使用 SM2/3/4 密码算法。 • 使用 SM2/3/4 密码算法基准测试 POS 机和基准 ATM，离线测试金融 IC 卡是否使用 SM2/3/4 密码算法
	数据存储安全	• 在相关服务器和数据库服务器之间的交换机中设法接入通信协议分析工具，通过捕获发往数据库服务器的通信数据，检查数据存储是否进行保密性和完整性保护。 • 在金融数据密码机和其调用者之间设法接入通信协议分析工具，捕获通信数据，分析金融数据密码机的 SM4 加密和 HMAC-SM3 功能是否被有效调用。 • 尝试修改存储数据（或对应的 MAC 值），查看完整性保护机制的有效性
	日志记录完整性	• 在相关服务器和日志服务器之间的交换机中设法接入通信协议分析工具，通过捕获发往日志服务器的通信数据，检查日志信息是否进行完整性保护。 • 不插入智能密码钥匙或插入未授权的智能密码钥匙，查看完整性保护机制的有效性。 • 尝试修改日志记录（或对应的 MAC 值），查看完整性保护机制的有效性
	重要应用程序的加载和卸载	核实设备对应用程序加载和卸载的安全控制机制

2. 密钥管理测评对象及其生命周期

金融 IC 卡系统“应用和数据安全”层面的发卡侧对称密钥、交易侧对称密钥和非对称密钥的全生命周期分别如表 5-30 ～表 5-32 所示。

表 5-30　金融 IC 卡系统发卡侧对称密钥全生命周期

密钥名称	生成	存储	分发	导入和导出	使用	备份和恢复	归档	销毁
密钥交换密钥 / 传输密钥 KEK/ TK、MAC 密钥	金融数据密码机内生成	金融数据密码机内存储	从数据准备应用所使用的金融数据密码机离线分发到个人化应用所使用的金融数据密码机	通过专用介质从一台金融数据密码机离线导入到另一台中	金融数据密码机内使用	利用金融数据密码机产品自身的密钥备份和恢复机制实现	不涉及该密钥的归档	金融数据密码机内完成销毁
发卡行主密钥 KMC（及其分散的密钥）	金融数据密码机内生成	金融数据密码机、金融 IC 卡内存储	金融数据密码机离线分发到金融 IC 卡	从一台金融数据密码机离线导入到金融 IC 卡中	金融数据密码机和金融 IC 卡内使用	利用金融数据密码机产品自身的密钥备份和恢复机制实现	不涉及该密钥的归档	金融数据密码机和金融 IC 卡内完成销毁
发卡行应用密文密钥 MDK	金融数据密码机内生成	金融数据密码机内存储	不涉及该密钥的分发	不涉及该密钥的导入和导出	金融数据密码机内使用	利用金融数据密码机产品自身的密钥备份和恢复机制实现	不涉及该密钥的归档	金融数据密码机内完成销毁
IC 卡应用密文主密钥 UDK	根据 MDK 和 IC 卡卡号进行密钥分散，在金融数据密码机内生成	金融 IC 卡内存储	发卡阶段利用发卡行主密钥 KMC 加密传输	加密导入到金融 IC 卡中	金融 IC 卡内使用	不涉及该密钥的备份恢复	不涉及该密钥的归档	金融 IC 卡内完成销毁

表 5-31　金融 IC 卡系统交易侧对称密钥全生命周期

密钥名称	生成	存储	分发	导入和导出	使用	备份和恢复	归档	销毁
主密钥 MK	金融数据密码机内生成	金融数据密码机内存储	不涉及该密钥的分发	不涉及该密钥的导入和导出	金融数据密码机内使用	利用金融数据密码机产品自身的密钥备份和恢复机制实现	不涉及该密钥的归档	金融数据密码机内完成销毁

续表

密钥名称	生成	存储	分发	导入和导出	使用	备份和恢复	归档	销毁
终端主密钥 TMK	金融数据密码机内生成	金融数据密码机和受理终端设备内存储	采用离线分发方式从金融数据密码机分发至受理终端设备	通过专用介质从金融数据密码机离线导入到受理终端设备中	金融数据密码机和受理终端设备内使用	利用金融数据密码机产品自身的密钥备份和恢复机制实现	不涉及该密钥的归档	金融数据密码机和受理终端设备内完成销毁
PIN 加密密钥 PIK/MAC 计算密钥 MAK	金融数据密码机内生成	临时存放在金融数据密码机和受理终端设备中	利用 TMK 加密后采用在线分发方式从金融数据密码机分发至受理终端设备	通过加密方式从金融数据密码机导入到受理终端设备中	金融数据密码机和受理终端设备内使用	不涉及该密钥的备份恢复	不涉及该密钥的归档	金融数据密码机和受理终端设备内完成销毁

表 5-32　金融 IC 卡系统非对称密钥全生命周期

密钥名称	生成	存储	分发	导入和导出	使用	备份和恢复	归档	销毁
CA 公钥	不涉及，由 CA 生成	以证书形式存储	以证书形式离线分发	以证书形式离线导入和导出	以证书形式使用	不涉及，由 CA 进行备份恢复	不涉及，由 CA 进行归档	不涉及，CA 进行撤销
发卡行签名私钥	金融数据密码机内生成	金融数据密码机内存储	签名私钥不进行分发	签名私钥不进行导入和导出	金融数据密码机内使用	利用金融数据密码机产品自身的密钥备份和恢复机制实现	不涉及该密钥的归档	金融数据密码机内完成销毁
发卡行签名公钥	金融数据密码机内生成	以证书形式存储	以证书形式分发	以证书形式导入和导出	以证书形式使用	以证书形式备份恢复	以证书形式归档	不涉及，由 CA 进行撤销
IC 卡签名私钥	金融数据密码机内生成	金融 IC 卡内保存	发卡阶段利用发卡行主密钥 KMC 加密传输	加密导入到金融 IC 卡中	金融 IC 卡内使用	不涉及该密钥的备份恢复	不涉及该密钥的归档	金融 IC 卡内销毁
IC 卡签名公钥	金融数据密码机内生成	以证书形式存储	以证书形式分发	以证书形式导入和导出	以证书形式使用	以证书形式备份恢复	以证书形式归档	发卡行的证书认证系统进行撤销

5.4 网上银行系统

网上银行系统是商业银行等金融机构通过互联网向其用户提供各种金融服务的信息系统，是各银行在互联网中设立的虚拟柜台，通过互联网向客户提供开户、销户、查询、对账、行内转账、跨行转账、信贷、网上证券、投资理财等传统服务项目，使客户足不出户就能够安全、便捷地管理活期和定期存款、支票、信用卡及个人投资等。网上银行系统密码应用的主要目的是解决网上银行用户身份鉴别、关键数据的保密性和完整性保护，以及交易行为的不可否认等安全问题。网上银行系统可以通过个人计算机（PC）、移动终端等提供服务。本案例是一个基于 PC 端安全浏览器的网上银行系统。

5.4.1 密码应用方案概述

1. 密码应用需求

网上银行系统在日常运行和交易过程中，在用户身份鉴别、关键数据保密性和完整性保护、交易行为的不可否认等方面，都需要利用密码技术进行保护。密码应用需求主要包括以下几方面。

①用户身份鉴别需求。对网上银行系统用户进行身份标识和身份鉴别，实现身份鉴别信息的防截获、防假冒和防重用，保证用户身份的真实性。

②关键数据的保密性和完整性保护需求。保护系统数据交换安全，保障账户信息、交易数据、用户信息等关键数据的保密性；使用完整性保护技术，防止非法用户对关键数据进行篡改或删除，防止数据传送过程中可能的数据丢失。

③交易行为的不可否认需求。对于网上交易、账务查询等重要操作，提供数据原发证据和数据接收证据，实现数据原发行为的不可否认和数据接收行为的不可否认。

2. 密码应用架构

网上银行系统密码应用的整体架构和部署情况如图 5-8 所示，分为客户端、业务服务器区和密码服务区三个部分（图中的 A、B、C 为测试工具接入点，在测评实施时具体讲解）。

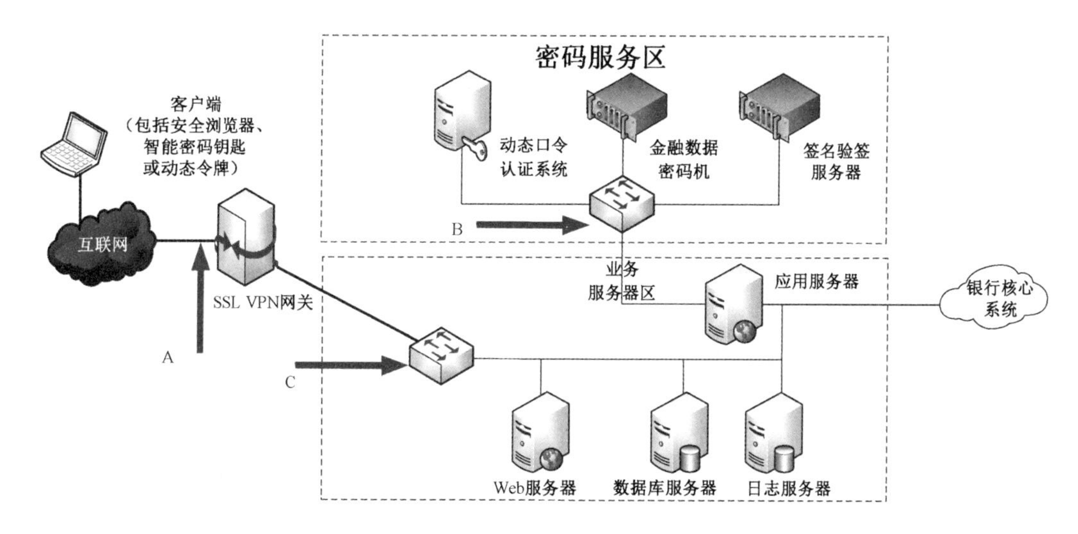

图 5-8　网上银行系统密码应用的整体架构和部署情况

①客户端由安全浏览器、用于用户身份鉴别的密码产品（如智能密码钥匙、动态令牌）等构成。PC 端的安全浏览器与 SSL VPN 网关间建立安全通信链路，保护两者之间的交易数据。

②业务服务器区由 Web 服务器、应用服务器、数据库服务器、日志服务器等通用服务器构成，主要提供用户的 Web 访问和业务处理，包括个人网银、企业网银、手机银行、内部管理、信贷子系统、理财子系统、电子票据等业务。

③密码服务区由动态口令认证系统、金融数据密码机、签名验签服务器等构成，主要提供身份鉴别、签名验签、数据加解密等密码服务。

此外，在交易时网上银行系统还需要与银行核心系统进行安全交互，但考虑到前文金融 IC 卡系统已介绍了该部分内容，本案例不对这部分做详细介绍，而主要描述网上银行客户端和服务端之间的安全交互过程。为简化描述，本案例不涉及设备的远程管理。

3. 重要设备和关键数据

网上银行系统包括的密码产品、通用服务器、关键业务应用和关键数据分别如表 5-33 ～表 5-36 所示。

表 5-33　网上银行系统的密码产品列表

序号	密码产品名称	涉及的密码算法	主要功能
1	安全浏览器	SM2、SM3、SM4	与 SSL VPN 网关建立安全通信链路，保护客户端与 Web 服务器之间通信数据的保密性和完整性，并实现基于证书的鉴别、签名等功能

续表

序号	密码产品名称	涉及的密码算法	主要功能
2	智能密码钥匙	SM2、SM3、SM4	用于设备管理员、用户身份鉴别，以及对设备和应用的相关访问控制信息、日志信息、应用程序等进行完整性保护
3	动态令牌	SM3、SM4	用户身份鉴别介质
4	SSL VPN 网关	SM2、SM3、SM4	与安全浏览器建立安全通信链路，保护两者通信数据的保密性和完整性
5	金融数据密码机	SM2、SM3、SM4	用于密钥管理和密码运算
6	签名验签服务器	SM2、SM3	用于证书验证、数字签名验证功能
7	动态口令认证系统	SM3、SM4	验证动态口令的正确性，实现用户身份鉴别

表 5-34　网上银行系统的通用服务器列表

序号	通用服务器名称	主要功能
1	Web 服务器	用于部署网上银行 Web 应用系统、后台管理系统
2	应用服务器	用于部署网上银行交易应用系统
3	数据库服务器	用于部署数据库管理系统，完成关键数据的安全存储
4	日志服务器	用于接收和存储网络设备或服务器产生的日志信息

表 5-35　网上银行系统关键业务应用列表

序号	应用名称	主要功能
1	网上银行 Web 应用	接收、处理或转发客户端提交的交易请求信息，并向客户端返回交易结果信息
2	后台管理应用	后台服务、管理平台、报表展示
3	网上银行交易应用	接收、处理客户端提交的交易请求信息，完成网银业务处理功能

表 5-36　网上银行系统关键数据列表

序号	关键数据	关键数据描述	安全需求
1	业务数据	包括用户姓名、身份证件号码、银行卡号、手机号及与用户相关的交易信息、资信信息、财务信息等	保密性、完整性
2	鉴别数据	包括用户支付密码、登录密码、通用设备和关键业务应用的用户登录密码等	保密性、完整性
3	日志数据	如通用服务器的系统日志和操作日志、关键业务应用的登录日志和操作日志等	完整性

4. 密钥体系

网上银行系统在“应用和数据安全”层面主要为非对称密钥体系，基于 PKI 技术实现，包括两层证书体系，如表 5-37 所示。

表 5-37　网上银行系统非对称密钥列表

层次	类型	功　能
1	CA 公钥	CA 公钥用于网上银行系统验证 CA 签发的证书
2	网上银行签名密钥对	网上银行证书是网上银行系统的合法性标识，用于用户对网上银行系统的身份鉴别；公钥由 CA 签发后形成网上银行证书，私钥存放在网上银行系统的签名验签服务器内
	用户签名密钥对	用户证书是用户合法性标识，用于用户身份鉴别、交易数据完整性保护和操作的不可否认。公钥由 CA 签发后形成用户证书，私钥存放在智能密码钥匙内

5. 密码应用工作流程

网上银行系统密码应用工作流程如图 5-9 所示，具体过程如下。

①客户端通过安全浏览器与 SSL VPN 网关通过 SSL 协议建立安全通信链路，保障网上银行客户端与银行系统间通信安全，对用户提交的支付信息数据进行保密性和完整性保护。

②客户端使用用户名 / 口令配合动态令牌或智能密码钥匙与应用服务器完成身份鉴别过程。

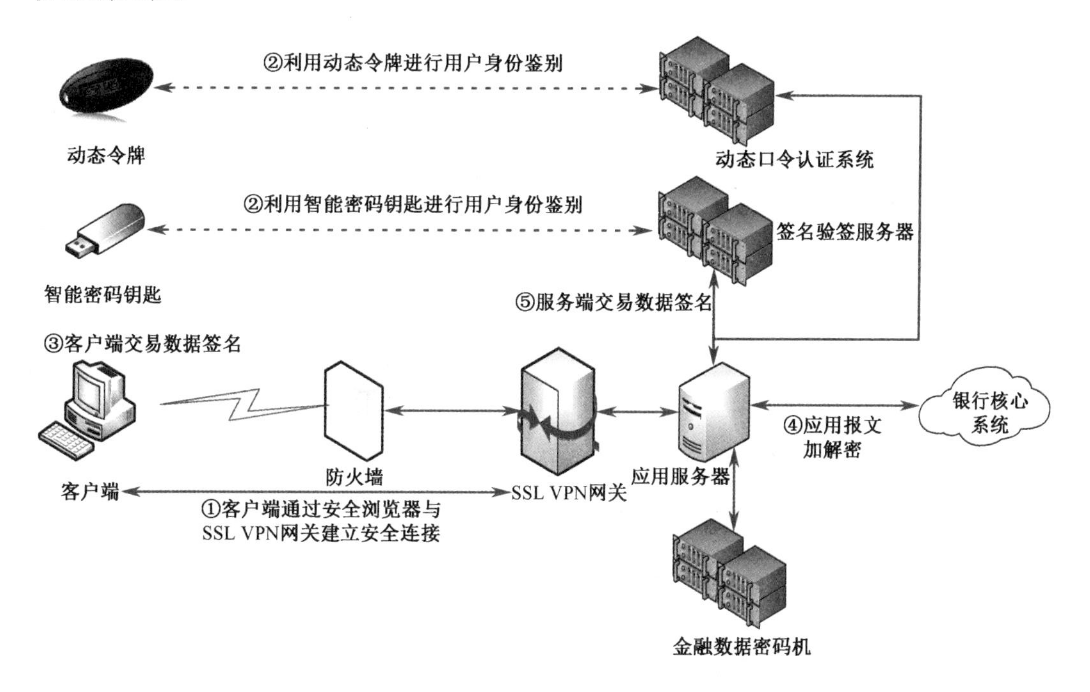

图 5–9　网上银行系统密码应用工作流程

③网上银行系统客户端和应用服务器进行交易时，调用智能密码钥匙对交易数据进行签名。

④网上银行系统应用服务器收到客户端的交易数据和对应签名后，与银行核心系统交互应用报文数据，其中调用金融数据密码机完成对应用报文的保密性和完整性保护。

⑤网上银行系统应用服务器和银行核心系统交易完毕后，调用签名验签服务器对该笔交易进行签名，发回客户端，作为该笔交易的依据。

6. 密码技术应用要求标准符合性自查情况

网上银行系统的密码技术应用要求部分的标准符合性自查情况如表 5-38 所示。

表 5-38　网上银行系统标准符合性自查情况（密码技术应用要求部分）

指标要求		标准符合性自查情况
物理和环境安全	身份鉴别	符合。网上银行系统所在的机房按照第 4 章“物理和环境安全”的实现要点进行建设
	电子门禁记录数据完整性	
	视频记录数据完整性	
网络和通信安全	身份鉴别	符合。客户端使用支持商用密码算法的安全浏览器，数据中心部署 SSL VPN 网关，通过安全浏览器和 SSL VPN 网关完成通信双方的身份鉴别、通信数据的完整性和保密性保护，利用 SSL VPN 网关自身的机制完成对访问控制信息完整性的保护
	访问控制信息完整性	
	通信数据完整性	
	通信数据保密性	
	集中管理通道安全	不适用。本系统不涉及设备的远程管理
设备和计算安全	身份鉴别	符合。设备管理员使用用户名/口令和智能密码钥匙(用于产生“挑战—响应”中的 SM2 数字签名）登录各类服务器
	访问控制信息完整性	符合。通用服务器调用智能密码钥匙，采用 HMAC-SM3 对设备的访问控制信息和日志记录进行完整性保护
	日志记录完整性	
	远程管理身份鉴别信息保密性	不适用。本系统不涉及设备的远程管理
	重要程序或文件完整性	符合。所有重要程序或文件在生成时利用 SM2 数字签名技术进行完整性保护，使用或读取这些程序和文件时，进行验签以确认其完整性；公钥存放在智能密码钥匙中，由智能密码钥匙进行验签操作
	敏感标记的完整性	不适用。本系统不涉及重要信息的敏感标记

续表

指标要求		标准符合性自查情况
应用和数据安全	身份鉴别	符合。客户端部署智能密码钥匙、动态令牌等，服务器端部署金融数据密码机、签名验签服务器，使用数字签名技术实现身份鉴别信息的验证功能，实现身份鉴别信息的防截获、防假冒和防重用，保证应用系统用户身份的真实性
	访问控制信息和敏感标记完整性	符合。网上银行相关应用调用智能密码钥匙，采用 HMAC-SM3 对应用的访问控制信息进行完整性保护
	数据传输安全	仅使用“网络和通信安全”层面的数据传输安全保护（使用 SSL VPN 网关），在“应用和数据安全”层面没有额外保护
	数据存储安全	符合。网上银行相关应用调用金融数据密码机，采用 SM4 算法和 HMAC-SM3 对关键数据，如业务数据、鉴别数据等进行保密性保护，存放在数据库中
	日志记录完整性	符合。网上银行相关应用调用智能密码钥匙，采用 HMAC-SM3 对日志记录进行完整性保护
	重要应用程序的加载和卸载	符合。仅设备管理员可以进行重要应用程序的加载和卸载，而设备管理员的身份鉴别在“设备和计算安全”层面完成
	抗抵赖（4 级要求）	符合。用户操作行为利用智能密码钥匙进行签名，利用签名验签服务器进行签名验证，实现关键操作的不可否认

5.4.2　密码应用安全性评估测评实施

按照《信息系统密码应用基本要求》对等级保护第三级信息系统的密码应用要求及密码应用方案评审意见，测评机构首先需要参考表 5-38 确定测评指标及不适用指标，对不适用指标的论证材料进行核查确认后，开展对适用指标的具体测评。

网上银行系统的测评对象包括通用服务器、密码产品、设施、人员和文档等。测评实施中涉及的测评工具包括通信协议分析工具、IPSec/SSL 协议检测工具、数字证书格式合规性检测工具和商用密码算法合规性检测工具。

1.　密码技术应用测评概要

网上银行系统密码技术应用测评概要如表 5-39 所示。测评方式包括访谈、文档审查、实地察看、配置检查和现场工具测试等。需要说明的是，访谈、文档审查、实地察看和配置检查等测评方式在第 4 章已经进行了具体阐述，本节只描述与现场工具测试相关的内容。

表 5-39　网上银行系统密码技术应用测评概要

指标要求		密码技术应用测评概要
物理和环境安全	身份鉴别	具体测评实施参见第 4 章
	电子门禁记录数据完整性	
	视频记录数据完整性	
网络和通信安全	身份鉴别	在互联网和 SSL VPN 之间（见图 5-8 的接入点 A）接入以下工具，对 SSL VPN 网关进行测试，分析协议的合规性。 • 通信协议分析工具：捕获通信数据，进行后续离线分析。 • IPSec/SSL 协议检测工具：分析 SSL VPN 网关是否合规。 • 数字证书格式合规性检测工具：根据捕获的数据离线验证 SSL VPN 网关使用的证书是否合规，并验证证书签名结果是否正确
	访问控制信息完整性	
	通信数据完整性	
	通信数据保密性	
	集中管理通道安全	核实“不适用”的论证依据
设备和计算安全	身份鉴别	尝试正常登录和异常登录（包括错误的口令、不插入智能密码钥匙或插入未授权的智能密码钥匙等），查看是否按照预期结果完成身份鉴别
	访问控制信息完整性	• 尝试修改访问控制信息，查看完整性保护机制的有效性。 • 不插入智能密码钥匙或插入未授权的智能密码钥匙，查看完整性保护机制的有效性
	日志记录完整性	• 在相关服务器和日志服务器之间的交换机中设法接入通信协议分析工具，通过捕获发往日志服务器的通信数据，检查日志信息是否进行完整性保护。 • 不插入智能密码钥匙或插入未授权的智能密码钥匙，查看完整性保护机制的有效性。 • 尝试修改日志记录（或对应的 MAC 值），查看完整性保护机制的有效性
	远程管理身份鉴别信息保密性	核实“不适用”的论证依据
	重要程序或文件完整性	• 尝试修改重要程序（或其数字签名），查看完整性保护机制的有效性。 • 获取重要程序及其对应数字签名和数字证书，使用商用密码算法合规性检测工具，验证 SM2 数字签名的合规性。 • 不插入智能密码钥匙或插入未授权的智能密码钥匙，查看完整性保护机制的有效性
	敏感标记的完整性	核实“不适用”的论证依据

续表

指标要求		密码技术应用测评概要
应用和数据安全	身份鉴别	① 动态令牌的登录方式可以复用动态口令系统的密码产品检测结果。 ② 对智能密码钥匙的登录方式如下： • 在业务服务器区交换机（见图 5-8 的接入点 C）接入通信协议分析工具，捕获通信数据以进行离线分析；利用数字证书格式合规性检测工具，离线验证身份鉴别时使用数字证书格式的合规性；接入商用密码算法合规性检测工具，离线验证智能密码钥匙身份鉴别时 SM2 数字签名的合规性。 • 在密码服务区交换机（见图 5-8 的接入点 B）接入通信协议分析工具，捕获通信数据，分析签名验签服务器的 SM2 数字签名功能是否被有效调用
	访问控制信息和敏感标记完整性	• 尝试修改访问控制信息，查看完整性保护机制的有效性。 • 不插入智能密码钥匙或插入未授权的智能密码钥匙，查看完整性保护机制的有效性
	数据传输安全	核实替代性风险控制措施的有效性
	数据存储安全	• 在业务服务器区交换机（见图 5-8 的接入点 C）接入通信协议分析工具，捕获发往数据库服务器的通信数据，分析数据存储过程是否进行保密性和完整性保护。 • 在密码服务区交换机（见图 5-8 的接入点 B）接入通信协议分析工具，捕获通信数据，分析金融数据密码机的 SM4 加密和 HMAC-SM3 功能是否被有效调用
	日志记录完整性	• 在相关服务器和日志服务器之间的交换机中设法接入通信协议分析工具，通过捕获发往日志服务器的通信数据，检查日志信息是否进行完整性保护。 • 不插入智能密码钥匙或插入未授权的智能密码钥匙，查看完整性保护机制的有效性。 • 尝试修改日志记录（或对应的 MAC 值），查看完整性保护机制的有效性
	重要应用程序的加载和卸载	核实设备对应用程序加载和卸载的安全控制机制
	抗抵赖（4 级要求）	• 在业务服务器区交换机（见图 5-8 的接入点 C）接入通信协议分析工具，捕获通信数据以进行离线分析；利用数字证书格式合规性检测工具，离线验证身份鉴别时使用数字证书格式的合规性；接入商用密码算法合规性检测工具，离线验证智能密码钥匙身份鉴别时 SM2 数字签名的合规性。 • 在密码服务区交换机（见图 5-8 的接入点 B）接入通信协议分析工具，捕获通信数据，分析签名验签服务器的 SM2 数字签名功能是否被有效调用

2. 密钥管理测评对象及其生命周期

网上银行系统“应用和数据安全”层面的非对称密钥的全生命周期如表 5-40 所示。

表 5-40　网上银行系统非对称密钥全生命周期

密钥名称	生成	存储	分发	导入和导出	使用	备份和恢复	归档	销毁
CA 公钥	不涉及，由 CA 生成	以证书形式存储	以证书形式离线分发	以证书形式离线导入和导出	以证书形式使用	不涉及，由 CA 进行备份恢复	不涉及，由 CA 进行归档	不涉及，由 CA 进行撤销
网上银行系统签名私钥	签名验签服务器内生成	签名验签服务器内存储	签名私钥不进行分发	签名私钥不进行导入和导出	签名验签服务器内使用	利用签名验签服务器产品自身的密钥备份和恢复机制实现	不涉及该密钥的归档	签名验签服务器内完成销毁
网上银行系统签名公钥	签名验签服务器内生成	以证书形式存储	以证书形式分发	以证书形式导入和导出	以证书形式使用	以证书形式备份恢复	以证书形式归档	由 CA 进行撤销
用户签名私钥	智能密码钥匙内生成	智能密码钥匙内存储	签名私钥不进行分发	签名私钥不进行导入和导出	智能密码钥匙内使用	不涉及该密钥的备份恢复	不涉及该密钥的归档	智能密码钥匙内销毁
用户签名公钥	智能密码钥匙内生成	以证书形式存储	以证书形式分发	以证书形式导入和导出	以证书形式使用	以证书形式备份恢复	以证书形式归档	不涉及，由 CA 进行撤销

5.5　远程移动支付服务业务系统

非金融机构支付服务是指非金融机构在收付款人之间作为中介机构提供部分或全部货币资金转移的服务，包括网络支付、预付卡发行与受理、银行卡收单以及中国人民银行确定的其他支付服务，其中网络支付又包括移动支付、互联网支付、固定电话支付等。本案例以移动支付服务场景为例进行具体介绍，称为“远程移动支付服务业务系统”。用户通过移动支付客户端（如智能移动终端）访问远程移动支付服务业务系统，该系统为用户提供移动支付、用户资金转移等服务。该系统的密码应用主要解决支付交易资金转移相关的安全问题，密码应用安全性方案设计和测评的重点是确保支付交易流程和交易重要数据的安全性。

5.5.1　密码应用方案概述

1. 密码应用需求

远程移动支付服务业务系统包含支付客户端和支付平台两部分，用户通过登录移动终端上的支付客户端应用软件发起支付交易请求，支付平台响应和处理支付客户端的交易请求，之后与清算机构系统进行资金结算，最终完成整个支付交易过程。系统的密码应用需求包含以下几个方面。

（1）支付客户端与支付平台交互的安全防护需求。实现支付客户端和支付平台之间的身份鉴别；保证支付客户端和支付平台之间关键数据在传输过程中的保密性和完整性；保护交易数据的完整性及交易行为的不可否认。

（2）支付平台与清算机构交互的安全防护需求。实现支付平台与清算机构之间的身份鉴别；保护支付平台与清算机构之间关键数据在传输过程中的保密性和完整性，以及交易行为的不可否认。

（3）重要数据安全存储需求。保证支付客户端和支付平台交易重要数据存储过程中的保密性和完整性，对支付平台存储的交易日志信息进行完整性保护。

2. 密码应用架构

远程移动支付服务业务系统密码应用架构分为支付客户端密码方案部署和支付平台密码方案部署两部分，整体架构和部署情况如图 5-10 所示（图中的 A、B、C、D 为测试工具接入点，在测评实施时具体讲解）。为简化描述，本案例不涉及设备的远程管理。

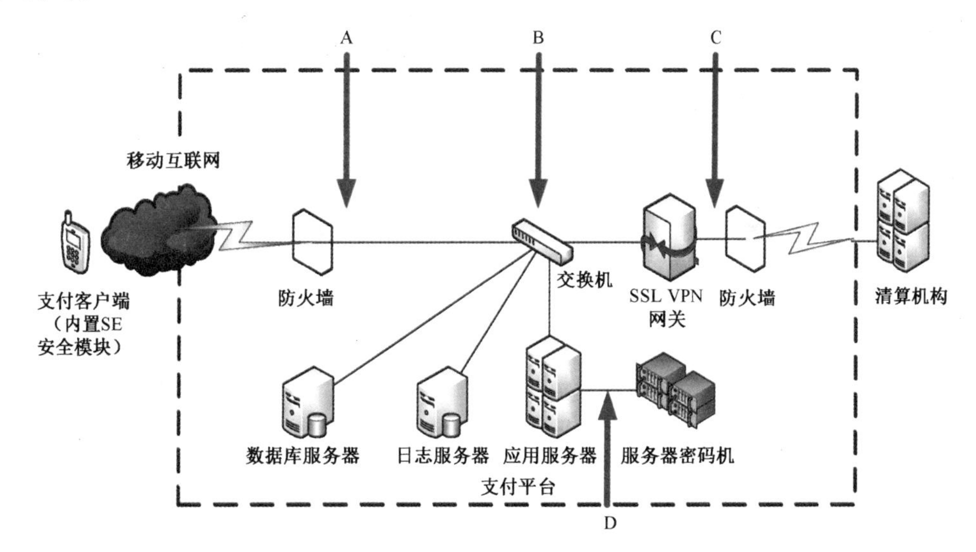

图 5-10　远程移动支付服务业务系统密码应用的整体架构和部署情况

具体的密码应用方案部署情况如下：

（1）支付客户端应用软件运行在部署了安全单元（Secure Element，SE）安全模块的移动终端上，使用SE安全模块提供的密钥管理、证书管理、加密解密、签名验签等服务，实现对支付客户端重要数据的加密存储、报文的签名和验签，以及支付客户端与支付平台之间报文的加密传输。

（2）支付平台部署了服务器密码机和SSL VPN网关，向支付平台业务提供密钥管理、密码运算服务，实现支付平台与清算机构之间的身份鉴别和通信报文的安全传输，以及支付平台重要数据的保密性和完整性保护。

3. 重要设备和关键数据

远程移动支付服务业务系统包括的密码产品、通用服务器、关键业务应用和关键数据分别如表5-41～表5-44所示。

表5-41　远程移动支付服务业务系统的密码产品列表

序号	密码产品名称	涉及的密码算法	主要功能
1	SE安全模块	SM2、SM3、SM4	为移动终端支付应用提供密钥管理和密码运算服务
2	SSL VPN网关	SM2、SM3、SM4	支付平台与清算机构建立安全通信链路
3	服务器密码机	SM2、SM3、SM4	为通用服务器提供密钥管理和密码运算服务
4	智能密码钥匙	SM2、SM3、SM4	支付平台各个通用服务器管理员的身份鉴别

表5-42　远程移动支付服务业务系统的通用服务器列表

序号	通用服务器名称	主要功能
1	数据库服务器	用于交易数据、业务数据及其他数据的存储
2	应用服务器	提供客户管理、交易处理、资金结算等功能
3	日志服务器	用于支付交易过程、系统运行日志信息的存储及完整性保护

表5-43　远程移动支付服务业务系统关键业务应用列表

序号	应用名称	主要功能
1	用户管理应用	部署在支付平台，用于管理用户的身份和账户信息
2	交易处理应用	部署在支付平台，用于非金融支付过程中的交易处理
3	资金结算应用	部署在支付平台，与清算机构交互完成资金结算
4	移动终端支付应用	安装在移动终端的支付应用，调用SE安全模块与支付平台完成支付业务

表 5-44　远程移动支付服务业务系统关键数据列表

序号	关键数据	关键数据描述	安全需求
1	身份鉴别数据	包括用户标识、登录密码、终端设备标识等信息	保密性、完整性
2	支付交易数据	包括交易流水号、交易账号、交易金额等	保密性、完整性
3	用户个人数据	包括用户绑定身份信息、手机号、银行卡等信息	保密性、完整性
4	日志数据	包括支付交易日志信息、通用设备的系统日志和操作日志等	完整性

4. 密钥体系

远程移动支付服务业务系统在“应用和数据安全”层面包括三层密钥体系，如表 5-45 所示。

表 5-45　远程移动支付服务业务系统的三层密钥体系

层次	类型	功能
1	CA 公钥	CA 公钥是非对称密钥体系的信任根，用来签发支付平台证书、支付客户端证书和清算机构证书
2	支付平台密钥对	支付平台证书是支付平台的合法性标识，用于支付客户端对支付平台的身份鉴别、安全通信和交易的不可否认，以及清算机构对支付平台的身份鉴别和交易的不可否认。公钥由 CA 签发后形成支付平台证书，私钥存放在支付平台的服务器密码机内
	支付客户端密钥对	支付客户端证书是支付客户端的合法性标识，用于支付平台对支付客户端的身份鉴别、安全通信和交易的不可否认。公钥由 CA 签发后形成支付客户端证书，私钥存放在 SE 安全模块内
	清算机构公钥	清算机构证书是清算机构的合法性标识，用于支付平台对清算机构的身份鉴别，公钥由 CA 签发后形成清算机构证书
3	支付客户端和支付平台之间的会话密钥	由支付客户端和支付平台之间根据双方的密钥对采用 SM2 密钥协商算法生成，用于支付客户端和支付平台之间的安全通信

5. 密码应用工作流程

远程移动支付服务业务系统密码应用工作流程如图 5-11 所示。

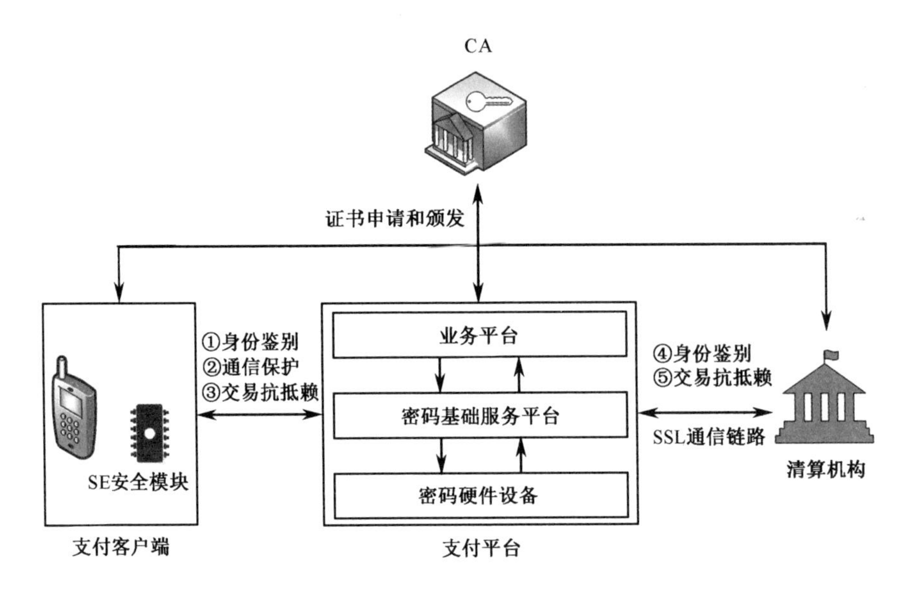

图 5-11　远程移动支付服务业务系统密码应用工作流程

远程移动支付服务业务系统的密码应用工作流程如下：

①支付客户端与支付平台之间的身份鉴别。支付客户端和支付平台之间，利用对方证书，采用 SM2 数字签名技术，通过“挑战—响应”进行身份鉴别。

②支付客户端与支付平台之间的通信保护。支付客户端和支付平台通信前通过 SM2 协商算法协商会话密钥，支付客户端和支付平台采用 SM4 和 HMAC-SM3 算法，使用会话密钥对数据进行保密性和完整性保护。

③支付客户端与支付平台之间的交易抗抵赖。在进行支付时，支付客户端与支付平台利用各自私钥对支付信息进行签名，保护交易行为的不可否认性。

④支付平台与清算机构之间的身份鉴别。进行资金结算时，利用对方的证书，采用 SM2 数字签名技术通过“挑战—响应”进行身份鉴别。

⑤支付平台与清算机构之间的交易抗抵赖。在进行资金结算时，支付平台和清算机构利用各自私钥对交易进行签名，保护资金结算行为的不可否认性。

6. 密码技术应用要求标准符合性自查情况

远程移动支付服务业务系统的密码技术应用要求标准符合性自查情况如表 5-46 所示。

表 5-46　远程移动支付服务业务系统标准符合性自查情况（密码技术应用要求部分）

<table>
<tr><th colspan="2">指标要求</th><th>标准符合性自查情况</th></tr>
<tr><td rowspan="3">物理和环境安全</td><td>身份鉴别</td><td rowspan="3">符合。远程移动支付服务业务系统所在的机房按照第 4 章“物理和环境安全”的实现要点进行建设</td></tr>
<tr><td>电子门禁记录数据完整性</td></tr>
<tr><td>视频记录数据完整性</td></tr>
<tr><td rowspan="5">网络和通信安全</td><td>身份鉴别</td><td rowspan="4">符合。
• 支付平台和清算机构之间通过 SSL VPN 网关，完成通信双方的身份鉴别、通信数据的完整性和保密性保护，利用 SSL VPN 网关本身的机制完成对访问控制信息完整性的保护。
• 支付客户端和支付平台的通信数据安全在“应用和数据安全”层面完成</td></tr>
<tr><td>访问控制信息完整性</td></tr>
<tr><td>通信数据完整性</td></tr>
<tr><td>通信数据保密性</td></tr>
<tr><td>集中管理通道安全</td><td>不适用。远程移动支付服务业务系统网络中的安全设备都是单独管理，无集中管理模式，所以该层面不涉及“集中管理通道安全”的相关内容</td></tr>
<tr><td rowspan="6">设备和计算安全</td><td>身份鉴别</td><td>符合。设备管理员使用用户名 / 口令和智能密码钥匙（用于产生“挑战—响应”中的 SM2 数字签名）登录各类通用服务器</td></tr>
<tr><td>访问控制信息完整性</td><td rowspan="2">符合。通用服务器调用服务器密码机，采用 HMAC-SM3 对设备的访问控制信息和日志记录进行完整性保护</td></tr>
<tr><td>日志记录完整性</td></tr>
<tr><td>远程管理身份鉴别信息保密性</td><td>不适用。远程移动支付服务业务系统在“设备和计算安全”层面不涉及通过远程通道对通用产品进行管理的内容</td></tr>
<tr><td>重要程序或文件完整性</td><td>符合。通用服务器中所有重要程序或文件在生成时利用 SM2 数字签名技术进行完整性保护，使用或读取这些程序和文件时，进行验签以确认其完整性；公钥存放在服务器密码机中，由服务器密码机进行验签操作</td></tr>
<tr><td>敏感标记的完整性</td><td>不适用。本系统不涉及重要信息的敏感标记</td></tr>
<tr><td rowspan="2">应用和数据安全</td><td>身份鉴别</td><td>符合。支付平台部署服务器密码机，提供对支付客户端用户身份鉴别信息的验证功能，实现身份鉴别信息的防截获、防假冒和防重用，保证支付平台应用系统用户身份的真实性</td></tr>
<tr><td>访问控制信息和敏感标记完整性</td><td>符合。本系统的各类应用调用服务器密码机，采用 HMAC-SM3 保证访问控制策略、数据库表访问控制信息等信息的完整性</td></tr>
</table>

续表

指标要求		标准符合性自查情况
应用和数据安全	数据传输安全	符合。情况如下： • 支付客户端与支付平台：支付客户端与支付平台在进行双向身份鉴别后，利用 SM2 密钥协商算法协商临时的保密性保护和完整性保护密钥，完成两者之间的敏感数据安全传输。 • 支付平台与清算机构之间仅使用“网络和通信安全”层面的数据传输安全保护（使用 SSL VPN 网关），在“应用和数据安全”层面没有额外保护
	数据存储安全	符合。支付客户端使用 SE 安全模块，采用 SM4 对称加密和 HMAC-SM3 对支付客户端重要应用数据存储进行保密性和完整性保护；支付平台调用服务器密码机对支付平台重要应用数据存储进行保密性和完整性保护
	日志记录完整性	符合。支付客户端使用 SE 安全模块，采用 HMAC-SM3 对支付客户端应用日志记录进行完整性保护；支付平台调用服务器密码机，采用 HMAC-SM3 对支付平台应用日志记录进行完整性保护
	重要应用程序的加载和卸载	符合。仅有设备管理员可以进行重要应用程序的加载和卸载，而设备管理员的身份鉴别在“设备和计算安全”层面完成
	抗抵赖（4 级要求）	符合。用户操作行为利用 SE 安全模块进行签名，利用服务器密码机进行签名验证，实现用户关键操作的不可否认；支付平台操作行为利用服务器密码机进行签名，利用 SE 安全模块进行验证，实现支付平台关键操作的不可否认

5.5.2 密码应用安全性评估测评实施

按照《信息系统密码应用基本要求》对等级保护第三级信息系统的密码应用要求及密码应用方案评审意见，测评机构首先需要参考表 5-46 确定测评指标及不适用指标，对不适用指标的论证材料进行核查确认后，开展对适用指标的具体测评。

远程移动支付服务业务系统的测评对象包括通用服务器、密码产品、设施、人员和文档等。测评实施过程中涉及的测评工具包括通信协议分析工具、IPSec/SSL 协议检测工具、数字证书格式合规性检测工具和商用密码算法合规性检测工具。

1. 密码技术应用测评概要

远程移动支付服务业务系统密码技术应用测评概要如表 5-47 所示。测评方式包括：访谈、文档审查、实地察看、配置检查和工具测试。需要说明的是，访谈、文档审查、实地察看和配置检查等测评方式在第 4 章已经进行了具体阐述，本节只描述与现场工具测评相关的内容。

表 5-47 远程移动支付服务业务系统密码技术应用测评概要

指标要求		密码技术应用测评概要
物理和环境安全	身份鉴别	具体测评实施参见第 4 章
	电子门禁记录数据完整性	
	视频记录数据完整性	
网络和通信安全	身份鉴别	① 在支付平台 SSL VPN 和清算机构之间（图 5-10 的接入点 C）接入以下工具对安全认证网关进行测试，分析 SSL 协议的合规性： • 通信协议分析工具：捕获通信数据并进行后续离线分析 • IPSec/SSL 协议检测工具：分析 SSL VPN 网关相关协议是否合规。 • 数字证书格式合规性检测工具：根据捕获的数据离线验证 SSL VPN 网关使用的证书是否合规，并验证证书签名结果是否正确 ② 核实替代性风险控制措施的有效性
	访问控制信息完整性	
	通信数据完整性	
	通信数据保密性	
	集中管理通道安全	核实“不适用”的论证依据
设备和计算安全	身份鉴别	尝试正常登录和异常登录（包括错误的口令、不插入智能密码钥匙或插入未授权的智能密码钥匙等），查看是否按照预期结果完成身份鉴别
	访问控制信息完整性	• 在服务器密码机和其调用者之间（图 5-10 的接入点 D）设法接入通信协议分析工具，捕获通信数据，分析服务器密码机的 HMAC-SM3 功能是否被有效调用 • 尝试修改访问控制信息、日志记录（或对应的 MAC 值），查看完整性保护机制的有效性
	日志记录完整性	
	远程管理身份鉴别信息保密性	核实“不适用”的论证依据
	重要程序或文件完整性	• 在服务器密码机和其调用者之间（图 5-10 的接入点 D）设法接入通信协议分析工具，捕获通信数据，分析服务器密码机的 SM2 数字签名功能是否被有效调用。 • 获取重要程序及其对应数字签名和数字证书，使用商用密码算法合规性检测工具，验证 SM2 数字签名的合规性。 • 尝试修改重要程序（或对应的数字签名），查看完整性保护机制的有效性
	敏感标记的完整性	核实“不适用”的论证依据

续表

指标要求		密码技术应用测评概要
应用和数据安全	身份鉴别	• 在支付客户端与移动互联网接入点之间（图5-10的接入点A）接入通信协议分析工具，捕获通信数据以进行离线分析；利用数字证书格式合规性检测工具，离线验证SE安全模块进行身份鉴别时使用的数字证书格式的合规性；接入商用密码算法合规性检测工具，离线验证SE安全模块进行身份鉴别时SM2数字签名的合规性。 • 在服务器密码机和其调用者之间（图5-10的接入点D）设法接入通信协议分析工具，捕获通信数据，分析服务器密码机的SM2数字签名功能是否被有效调用
	访问控制信息和敏感标记完整性	• 在服务器密码机和其调用者之间（图5-10的接入点D）设法接入通信协议分析工具，捕获通信数据，分析服务器密码机的HMAC-SM3功能是否被有效调用。 • 尝试修改访问控制信息（或对应的MAC值），查看完整性保护机制的有效性
	数据传输安全	• 在支付客户端与移动互联网接入点之间（图5-10的接入点A）接入通信协议分析工具，利用支付客户端与支付平台之间的通信数据，分析是否进行了密钥协商，以及数据是否进行了保密性和完整性保护。 • 在服务器密码机和应用服务器之间（图5-10的接入点D）设法接入通信协议分析工具，捕获通信数据，分析服务器密码机的SM2密钥协商、SM4和HMAC-SM3功能是否被有效调用
	数据存储安全	• 在应用服务器和数据库服务器之间的交换机（图5-10的接入点B）接入通信协议分析工具，通过捕获发往数据库服务器的通信数据，检查数据存储是否进行保密性和完整性保护。 • 在服务器密码机和应用服务器之间（图5-10的接入点D）设法接入通信协议分析工具，捕获通信数据，分析服务器密码机的SM4和HMAC-SM3功能是否被有效调用。 • 尝试修改存储数据（或对应的MAC值），查看完整性保护机制的有效性

续表

指标要求		密码技术应用测评概要
应用和数据安全	日志记录完整性	• 在应用服务器和日志服务器之间的交换机（图 5-10 的接入点 B）接入通信协议分析工具，通过捕获发往日志服务器的通信数据，检查日志信息是否进行完整性保护。 • 在服务器密码机和应用服务器之间（图 5-10 的接入点 D）设法接入通信协议分析工具，捕获通信数据，分析服务器密码机的 HMAC-SM3 功能是否被有效调用。 • 尝试修改日志记录（或对应的 MAC 值），查看完整性保护机制的有效性
	重要应用程序的加载和卸载	核实设备对应用程序加载和卸载的安全控制机制
	抗抵赖（4 级要求）	• 在支付客户端与移动互联网接入点之间（图 5-10 的接入点 A）接入通信协议分析工具，捕获通信数据以进行离线分析；利用数字证书格式合规性检测工具，离线验证进行身份鉴别时使用的数字证书格式的合规性；接入商用密码算法合规性检测工具，离线验证 SE 安全模块进行身份鉴别时 SM2 数字签名的合规性。 • 在服务器密码机和应用服务器之间（图 5-10 的接入点 D）接入通信协议分析工具，捕获通信数据，分析服务器密码机的 SM2 数字签名功能是否被有效调用

2. 密钥管理测评对象及其生命周期

本系统“应用和数据安全”层面密钥的全生命周期如表 5-48 所示。

表 5-48　远程移动支付服务业务系统密钥全生命周期

密钥名称	生成	存储	分发	导入和导出	使用	备份和恢复	归档	销毁
CA 公钥	不涉及，由 CA 生成	以证书形式存储	以证书形式离线分发	以证书形式离线导入和导出	以证书形式使用	不涉及，由 CA 进行备份恢复	不涉及，由 CA 进行归档	不涉及，由 CA 进行撤销
清算机构签名公钥	不涉及，由清算机构生成	以证书形式存储	以证书形式分发	以证书形式导入和导出	以证书形式使用	以证书形式备份恢复	以证书形式归档	不涉及，由 CA 进行撤销

续表

密钥名称	生成	存储	分发	导入和导出	使用	备份和恢复	归档	销毁
支付平台私钥	签名私钥在服务器密码机内生成，加密私钥由CA生成	在服务器密码机内存储	加密私钥由CA以离线的方式进行分发，签名私钥不进行分发	加密私钥以离线方式导入物理密码机，签名私钥不进行导入和导出	在服务器密码机内使用	利用服务器密码机产品自身的密钥备份和恢复机制实现	不涉及该密钥的归档	在服务器密码机内销毁
支付平台公钥	签名公钥在服务器密码机内生成，加密公钥由CA生成	以证书形式存储	以证书形式分发	以证书形式导入和导出	以证书形式使用	以证书形式备份恢复	以证书形式归档	不涉及，由CA进行撤销
支付客户端私钥	签名私钥在SE安全模块内生成，加密私钥由CA生成	在SE安全模块内存储	加密私钥由CA以离线的方式进行分发，签名私钥不进行分发	加密私钥以离线方式导入SE安全模块，签名私钥不进行导入和导出	在SE安全模块内使用	利用SE安全模块产品自身的密钥备份和恢复机制实现	不涉及该密钥的归档	在SE安全模块内销毁
支付客户端公钥	签名公钥在SE安全模块内生成，加密公钥由CA生成	以证书形式存储	以证书形式分发	以证书形式导入和导出	以证书形式使用	以证书形式备份恢复	以证书形式归档	不涉及，由CA进行撤销
支付客户端和支付平台之间的会话密钥	支付客户端和支付平台之间协商生成	临时存放在服务器密码机和SE安全模块内	不涉及该密钥的分发	不涉及该密钥的导入和导出	在服务器密码机和SE安全模块内使用	不涉及该密钥的备份恢复	不涉及该密钥的归档	在服务器密码机和SE安全模块内销毁

5.6　信息采集系统

信息采集系统是对分散设备信息进行自动采集、数据管理、异常数据分析以及参数和控制指令下发的信息系统，该类信息系统通常由主站系统、通信信道、集中/采集设备组成，其特点是点多面广、数据并发量大，对实时性以及通信成功率要求高。为防范系统经过公网信道执行数据采集、参数和控制指令下发操作时，通信双方非授权主体的假冒，关键信息被截获、篡改、重用等风险，密码应用方案设计和密码应用安全性评估的重点在于主站和采集设备之间的身份鉴别，以及系统重要数据在传输和存储过程中的保密性和完整性保护。

5.6.1　密码应用方案概述

1. 密码应用需求

在日常运行和管理过程中，信息采集系统在用户身份鉴别、关键数据传输的保密性和完整性、关键数据存储的保密性和完整性方面，都需要利用密码技术进行保护。密码应用需求主要包括如下内容：

① 身份鉴别需求。信息采集系统主站的采集前置服务器与采集设备之间进行关键数据交换时需要进行身份鉴别，保证通信双方身份的真实性。

② 关键数据传输的保密性和完整性需求。信息采集系统主站与采集设备之间进行交换的关键数据包括三类：采集类、参数类和控制类。由于上述数据的交换经过公用网络信道，需要采用密码技术保证上述三类数据在传输过程中的保密性和完整性。其中采集类数据由于并发量大、实时性要求高以及对数据的保密性保护要求不高等业务应用特点，只需要进行完整性保护；参数类和控制类数据则需要同时进行保密性和完整性保护。

③ 关键数据存储的保密性和完整性需求。由于集中/采集设备分散安装在无保护措施的户外，为防止数据丢失或非授权修改，设备内存储的一些关键数据需要采用密码技术保证其保密性和完整性。

2. 密码应用架构

信息采集系统包括采集系统主站、通信信道、集中/采集设备三部分，主站部署在机房，集中 / 采集设备分散部署在各个采集点。其整体架构和部署情况如图 5-12 所示（图中的 A、B 为测试工具接入点，在测评实施时具体讲解）。为简化描述，本案例不涉及对主站机房内设备的远程管理。

① 主站实现数据采集、参数设置、控制三类核心业务功能。数据采集类业务包含自动采集、在线监测、数据分析等功能；参数设置类业务指主站向集中 / 采集设备下发批量配置信息，实现批量参数设置功能；控制类业务指主站根据业务需求对集中 / 采集设备发送遥控指令，实现远程控制。

② 通信信道包括 GPRS/CDMA/3G/4G 等无线和光纤网络，是采集类数据上行与参数设置类、控制类数据下行的通道。

③ 集中 / 采集设备负责收集和汇总整个系统的原始信息，并执行主站下发的控制指令或参数设置指令，该层可分为集中设备子层和采集设备子层。对于超出一定数量的采集设备，根据业务和地域需求，可增加集中设备，组建局域网，对采集设备上传的采集信息进行汇总和透明转发。采集设备的信息也可以通过通信信道直接上传到主站系统。

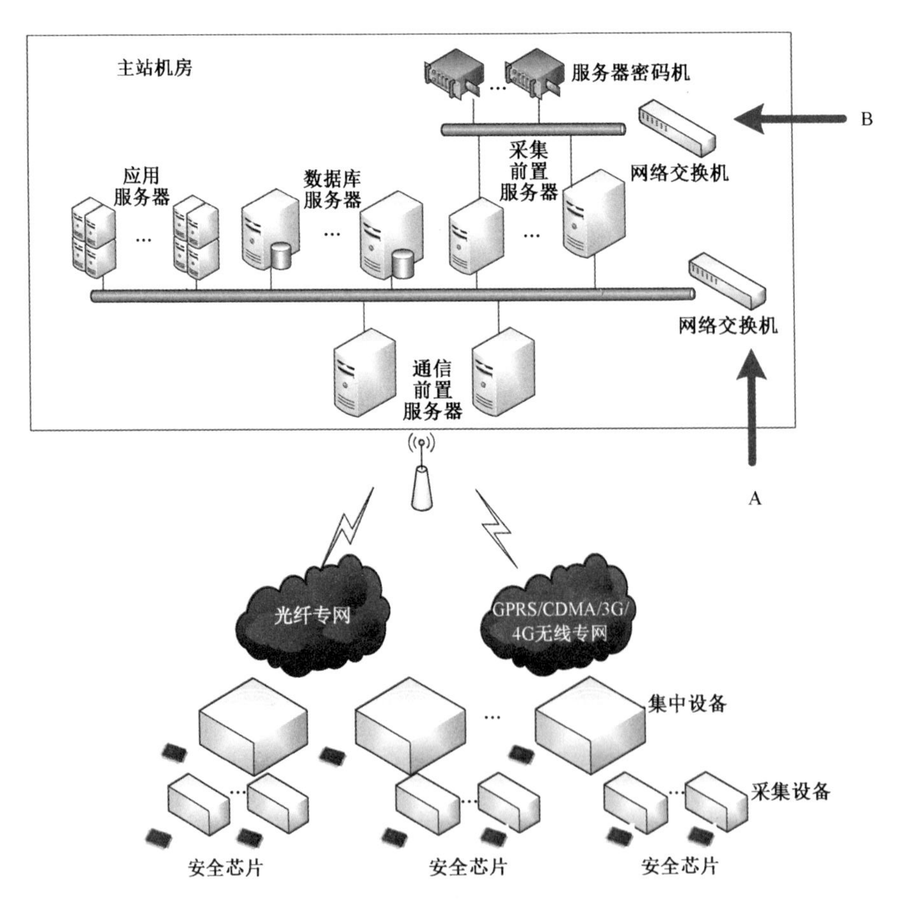

图 5-12　信息采集系统密码应用整体架构和部署图

3. 重要设备和关键数据

本系统包括的密码产品、通用服务器、关键业务应用和关键数据分别如表 5-49 ～表 5-52 所示。

表 5-49　信息采集系统部署的密码产品列表

序号	密码产品名称	涉及的密码算法	主要功能
1	服务器密码机	SM2、SM3、SM4	部署于主站中，通过交换机与采集前置服务器相连，用于密钥产生、存储与密码运算
2	安全芯片	SM2、SM3、SM4	部署于采集设备和集中设备内部，用于数据保密性、完整性保护与设备身份鉴别
3	智能密码钥匙	SM2、SM3、SM4	用于主站数据中心各个通用服务器管理员的身份鉴别

表 5-50　信息采集系统部署的通用服务器列表

序号	通用服务器名称	主要功能
1	数据库服务器	存储采集设备采集到的实时、统计以及异常事件记录等业务数据
2	通信前置服务器	维持公网通信信道的链路畅通
3	采集前置服务器	对通信报文进行解析，调用服务器密码机提供身份鉴别、数据加解密和完整性验证服务
4	应用服务器	对采集的数据进行分析、处理

表 5-51　信息采集系统关键业务应用列表

序号	应用名称	主要功能
1	信息采集应用	主站端部署的应用，用于数据采集、数据管理、异常数据分析、参数设置、控制指令下发
2	集中 / 采集设备应用	在集中 / 采集设备中安装的应用，完成数据采集、安全传输等功能

表 5-52　信息采集系统关键数据列表

序号	关键数据	关键数据描述	安全需求
1	采集类业务数据	采集设备采集到的原始信息，包括实时、统计以及异常事件记录等业务数据	完整性
2	参数类业务数据	采集设备的配置信息，根据参数的重要程度可以分为不同等级	保密性、完整性
3	控制类业务数据	通过采集设备执行动作的指令数据	保密性、完整性

4. 密钥体系

信息采集系统“应用和数据安全”层面包括对称和非对称两种密钥体系。

1）对称密钥体系

信息采集系统在“应用和数据安全”层面使用了对称密钥体系。主站和集中/采集设备的对称密钥及其功能如表5-53所示。

表5-53 信息采集系统对称密钥列表

层次	密钥名称	功能
1	主站主密钥	在主站的服务器密码机中产生，用于分散集中/采集设备密钥
2	集中设备密钥	存储在集中设备的安全芯片中，用于与主站通信时的数据保密性和完整性保护，根据主站主密钥由集中设备的唯一性标识分散生成，生成集中设备不同用途的密钥，包括加密密钥和MAC密钥
	采集设备密钥	存储在采集设备的安全芯片中，用于与主站通信时的身份鉴别、数据保密性和完整性保护，根据主站主密钥由采集设备的唯一性标识分散生成，生成采集设备不同用途的密钥，包括身份鉴别密钥、加密密钥和MAC密钥

2）非对称密钥体系

本系统涉及的非对称密钥体系基于PKI技术实现，涉及两级证书体系，如表5-54所示。需要指出的是，在双证书体系下，证书还包括了加密证书，但由于本系统的应用并不涉及加密证书的使用，本节涉及的证书指签名证书。

表5-54 信息采集系统非对称密钥列表

层次	类型	功能
1	CA公钥	CA公钥是非对称密钥体系的信任根，用于验证主站和集中设备的证书
2	主站签名密钥对	主站证书是主站的合法性标识，用于集中设备对主站的身份鉴别。公钥由CA签发后形成主站证书，私钥存放在主站的服务器密码机内
	集中设备签名密钥对	集中设备证书是集中设备合法性标识，用于主站对集中设备的身份鉴别。公钥由CA签发后形成集中设备证书，私钥存放在集中设备的安全芯片内

5. 密码应用工作流程

在初始化过程中，首先需要在主站的密钥管理系统中将集中设备和采集设备相关的各类密钥灌入各自芯片中。信息采集系统的密码应用工作流程如图 5-13 所示。

① 采集设备的身份鉴别。主站与采集设备通信时，主站和采集设备采用 SM4 算法，利用“挑战—响应”进行双向身份鉴别，通过后才进行后续操作。

② 采集设备数据保护。完成身份鉴别后，主站经由集中设备向采集设备下发参数设置和控制指令，采用 SM4 算法和 HMAC-SM3 算法对传输的参数类和控制类数据进行保密性和完整性保护；而采集设备经由集中设备向主站发送采集数据，采用 HMAC-SM3 算法对传输的采集类数据进行完整性保护。

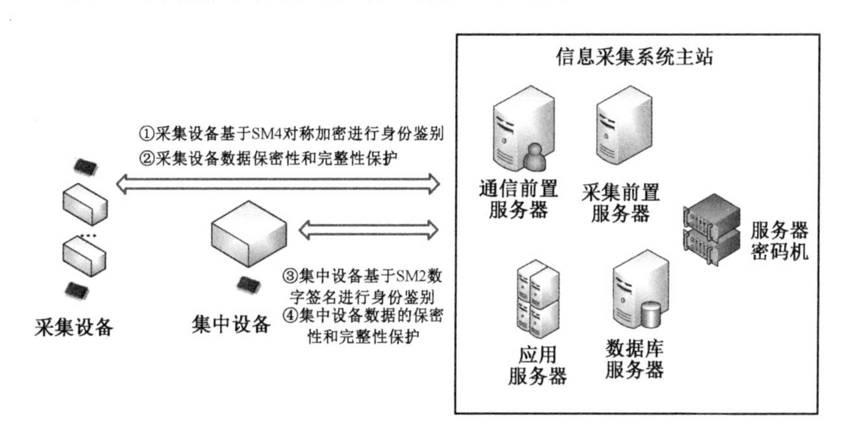

图 5-13　信息采集系统的密码应用工作流程

③ 集中设备的身份鉴别。主站与集中设备通信时，主站和集中设备采用 SM2 数字签名算法，利用“挑战—响应”进行双向身份鉴别，通过后才进行后续操作。

④ 集中设备数据保护。完成身份鉴别后，主站向集中设备下发参数设置和控制指令，通信双方采用 SM4 算法和 HMAC-SM3 算法对传输的数据进行保密性和完整性保护。

6. 密码技术应用要求标准符合性自查情况

信息采集系统的密码技术应用要求标准符合性自查情况如表 5-55 所示。

表 5-55　信息采集系统标准符合性自查情况（密码技术应用要求部分）

指标要求		标准符合性自查情况
物理和环境安全	身份鉴别	符合。信息采集系统所在的机房按照第 4 章“物理和环境安全”的实现要点进行建设
	电子门禁记录数据完整性	
	视频记录数据完整性	

续表

<table>
<tr><th colspan="2">指标要求</th><th>标准符合性自查情况</th></tr>
<tr><td rowspan="5">网络和通信安全</td><td>身份鉴别</td><td rowspan="5">本系统在“应用和数据安全”层进行身份鉴别、访问控制、通信数据的保密性和完整性保护</td></tr>
<tr><td>访问控制信息完整性</td></tr>
<tr><td>通信数据完整性</td></tr>
<tr><td>通信数据保密性</td></tr>
<tr><td>集中管理通道安全</td></tr>
<tr><td rowspan="6">设备和计算安全</td><td>身份鉴别</td><td>符合。根据设备的不同，分为两种情况：
• 集中 / 采集设备相当于物联网的一个传感器信息接入点，长期处于自动运行状态，不存在本地登录采集设备进行操作的实体用户；但采用主站系统远程管理集中 / 采集设备的模式（通过发送控制类数据），在“应用和数据安全”层完成集中 / 采集设备对主站系统的鉴别。
• 设备管理员使用用户名 / 口令和智能密码钥匙（用于产生“挑战—响应”中的SM2 数字签名）登录主站系统的各个服务器</td></tr>
<tr><td>访问控制信息完整性</td><td>符合。主站和集中 / 采集设备分别调用服务器密码机和安全芯片，采用 HMAC-SM3 算法对存储的系统资源访问控制信息进行完整性保护</td></tr>
<tr><td>日志记录完整性</td><td>符合。主站和集中 / 采集设备分别调用服务器密码机和安全芯片，采用 HMAC-SM3 算法对存储的事件记录等日志信息进行完整性保护</td></tr>
<tr><td>远程管理身份鉴别信息保密性</td><td>本系统通过“应用和数据安全”层对控制类操作进行身份鉴别，并对控制类数据进行保密性和完整性保护，以保护远程管理身份鉴别信息的保密性</td></tr>
<tr><td>重要程序或文件完整性</td><td>符合。根据设备的不同，分为两种情况：
• 集中 / 采集设备中的应用程序存储在一次性可编程介质中，不涉及应用程序的完整性保护。
• 主站相关通用服务器中所有重要程序或文件在生成时利用SM2 数字签名技术进行完整性保护，使用或读取这些程序和文件时，进行验签以确认其完整性；公钥存放在服务器密码机中，由服务器密码机进行验签操作</td></tr>
<tr><td>敏感标记的完整性</td><td>不适用。本系统不涉及重要信息的敏感标记</td></tr>
<tr><td>应用和数据安全</td><td>身份鉴别</td><td>符合。具体如下：
• 在主站和集中设备通信时，分别调用服务器密码机和安全芯片，采用 SM2 数字签名算法进行“挑战—响应”，完成双方身份的鉴别。
• 在主站和采集设备通信时，分别调用服务器密码机和安全芯片，采用 SM4 算法进行“挑战—响应”，完成双方身份的鉴别</td></tr>
</table>

续表

指标要求		标准符合性自查情况
应用和数据安全	访问控制信息和敏感标记完整性	符合。具体如下： • 集中 / 采集设备利用内嵌的安全芯片对存储的系统资源访问控制信息进行 HMAC-SM3 计算完成完整性保护。 • 主站相关应用调用服务器密码机，进行 HMAC-SM3 计算，对存储的系统资源访问控制信息进行完整性保护
	数据传输安全	符合。主站和集中 / 采集设备的相关应用分别调用服务器密码机和安全芯片，采用 SM4 算法和 HMAC-SM3 算法，对通信过程中的参数类和控制类信息进行保密性和完整性保护，对通信过程中的采集类信息进行完整性保护
	数据存储安全	符合。主站和集中 / 采集设备的相关应用分别调用服务器密码机和安全芯片，采用 SM4 算法和 HMAC-SM3 算法，对自身存储的关键数据进行保密性和完整性保护
	日志记录完整性	符合。主站和集中 / 采集设备的相关应用分别调用服务器密码机和安全芯片，采用 HMAC-SM3 算法，对存储的事件记录等日志信息进行完整性保护
	重要应用程序的加载和卸载	符合。 • 集中 / 采集设备中的应用程序存储在一次性可编程介质中，不涉及应用程序的加载和卸载。 • 对于主站系统的相关应用，仅有相应服务器的设备管理员可以进行重要应用程序的加载和卸载，而设备管理员的身份鉴别在“设备和计算安全”层面完成

5.6.2　密码应用安全性评估测评实施

按照《信息系统密码应用基本要求》对等级保护第三级信息系统的密码应用要求及密码应用方案评审意见，测评机构首先需要参考表 5-55 确定测评指标及不适用指标，对不适用指标的论证材料进行核查确认后，开展对适用指标的具体测评。

信息采集系统的测评对象包括通用服务器、密码产品、设施、人员和文档等。测评实施中涉及的测评工具包括通信协议分析工具、数字证书格式合规性检测工具和商用密码算法合规性检测工具。

1. 密码技术应用测评概要

信息采集系统密码技术应用测评概要如表 5-56 所示。测评方式包括访谈、文档审查、实地察看、配置检查和工具测试。需要说明的是，关于访谈、文档审查、实地察看和配置检查等测评方式在第 4 章已经进行了具体阐述，本节只描述与现场工具测评相关的内容。

表 5-56　信息采集系统密码技术应用测评概要

<table>
<tr><th colspan="2">指标要求</th><th>密码技术应用测评概要</th></tr>
<tr><td rowspan="3">物理和环境安全</td><td>身份鉴别</td><td rowspan="3">具体测评实施参见第 4 章</td></tr>
<tr><td>电子门禁记录数据完整性</td></tr>
<tr><td>视频记录数据完整性</td></tr>
<tr><td rowspan="5">网络和通信安全</td><td>身份鉴别</td><td rowspan="5">核实替代性风险控制机制的有效性</td></tr>
<tr><td>通信数据完整性</td></tr>
<tr><td>通信数据保密性</td></tr>
<tr><td>访问控制信息完整性</td></tr>
<tr><td>集中管理通道安全</td></tr>
<tr><td rowspan="6">设备和计算安全</td><td>身份鉴别</td><td>• 核实集中 / 采集设备“不适用”该项指标的论证依据。
• 尝试正常登录和异常登录（包括错误的口令、不插入智能密码钥匙或插入未授权的智能密码钥匙等），查看是否按照预期结果完成身份鉴别</td></tr>
<tr><td>访问控制信息完整性</td><td rowspan="2">• 在主站的服务器密码机和其调用者之间的交换机（图 5-12 的接入点 B）设法接入通信协议分析工具，捕获通信数据，分析服务器密码机的 HMAC-SM3 功能是否被有效调用。
• 尝试修改访问控制信息和日志记录（或对应的 MAC 值），查看完整性保护机制的有效性</td></tr>
<tr><td>日志记录完整性</td></tr>
<tr><td>远程管理身份鉴别信息保密性</td><td>核实替代性风险控制机制的有效性</td></tr>
<tr><td>重要程序或文件完整性</td><td>• 核实集中 / 采集设备“不适用”该项指标的论证依据。
• 在主站的服务器密码机和其调用者之间的交换机（图 5-12 的接入点 B）设法接入通信协议分析工具，捕获通信数据，分析服务器密码机的 SM2 数字签名功能是否被有效调用。
• 获取重要程序及其对应数字签名和数字证书，使用商用密码算法合规性检测工具，验证 SM2 数字签名的合规性。
• 尝试修改重要程序（或对应的数字签名），查看完整性保护机制的有效性</td></tr>
<tr><td>敏感标记的完整性</td><td>核实“不适用”的论证依据</td></tr>
</table>

续表

指标要求		密码技术应用测评概要
应用和数据安全	身份鉴别	① 主站和集中设备之间的身份鉴别： • 在服务器节点区交换机（图 5-12 的接入点 A）接入通信协议分析工具，捕获通信数据以进行离线分析；利用数字证书格式合规性检测工具，离线验证进行身份鉴别时使用的数字证书格式的合规性；接入商用密码算法合规性检测工具，离线验证主站和集中设备之间进行身份鉴别时 SM2 数字签名的合规性。 • 在主站的服务器密码机和其调用者之间的交换机（图 5-12 的接入点 B）设法接入通信协议分析工具，捕获通信数据，分析服务器密码机的 SM2 数字签名功能是否被有效调用。 ② 主站和采集设备之间的身份鉴别： • 在服务器节点区交换机（图 5-12 的接入点 A）接入通信协议分析工具，对主站采集前置服务器和采集设备之间的身份鉴别进行分析，分析其基于 SM4 加解密的身份鉴别机制。 • 在主站的服务器密码机和其调用者之间的交换机（图 5-12 的接入点 B）设法接入通信协议分析工具，捕获通信数据，分析服务器密码机的 SM4 是否被有效调用
	访问控制信息和敏感标记完整性	• 在主站的服务器密码机和其调用者之间的交换机（图 5-12 的接入点 B）设法接入通信协议分析工具，捕获通信数据，分析服务器密码机的 HMAC-SM3 是否被有效调用。 • 尝试修改访问控制信息（或对应的 MAC 值），查看完整性保护机制的有效性
	数据传输安全	• 在服务器节点区交换机（图 5-12 的接入点 A）接入通信协议分析工具，分析数据通信过程是否进行了保密性和完整性保护。 • 在主站的服务器密码机和其调用者之间的交换机（图 5-12 的接入点 B）设法接入通信协议分析工具，捕获通信数据，分析服务器密码机的 SM4 加密和 HMAC-SM3 功能是否被有效调用
	数据存储安全	• 在服务器节点区交换机（图 5-12 的接入点 A）接入通信协议分析工具，主要目的是检查数据存储的安全，通过捕获发往数据库服务器的通信数据，分析数据存储过程是否进行了保密性和完整性保护。 • 在主站的服务器密码机和其调用者之间的交换机（图 5-12 的接入点 B）设法接入通信协议分析工具，捕获通信数据，分析服务器密码机的 SM4 加密和 HMAC-SM3 功能是否被有效调用

续表

指标要求		密码技术应用测评概要
应用和数据安全	日志记录完整性	• 在主站的服务器密码机和其调用者之间的交换机（图 5-12 的接入点B）设法接入通信协议分析工具，捕获通信数据，分析服务器密码机的 HMAC-SM3 功能是否被有效调用。 • 尝试修改日志记录（或对应的 MAC 值），查看完整性保护机制的有效性
	重要应用程序的加载和卸载	核实设备对应用程序加载和卸载的安全控制机制

2. 密钥管理测评对象及其生命周期

本系统“应用和数据安全”层面的对称密钥和非对称密钥的全生命周期分别如表 5-57 和表 5-58 所示。

表 5-57　信息采集系统对称密钥全生命周期

密钥名称	生成	存储	分发	导入和导出	使用	备份和恢复	归档	销毁
主站主密钥	在主站服务器密码机内生成	在主站服务器密码机中存储	不涉及该密钥的分发	不涉及该密钥的导入和导出	在主站服务器密码机内使用	利用主站服务器密码机产品自身的密钥备份和恢复机制实现	不涉及该密钥的归档	在密码机内完成销毁
采集/集中设备密钥	主站服务器密码机根据主站主密钥和采集/集中设备信息进行密钥分散	在采集/集中设备的安全芯片内存储	由主站服务器密码机离线分发	从主站服务器密码机离线导入采集/集中设备的安全芯片	在采集/集中设备的安全芯片内使用	不涉及该密钥的备份恢复	不涉及该密钥的归档	在采集/集中设备的安全芯片内销毁

表 5-58　信息采集系统非对称密钥全生命周期

密钥名称	生成	存储	分发	导入和导出	使用	备份和恢复	归档	销毁
CA 公钥	不涉及，由 CA 生成	以证书形式存储	以证书形式离线分发	以证书形式导入和导出	以证书形式使用	不涉及，由 CA 进行备份恢复	不涉及，由 CA 进行归档	不涉及，由 CA 进行撤销

续表

密钥名称	生成	存储	分发	导入和导出	使用	备份和恢复	归档	销毁
主站签名私钥	在主站服务器密码机内生成	在主站服务器密码机内存储	签名私钥不进行分发	签名私钥不进行导入和导出	在主站服务器密码机内使用	利用主站服务器密码机产品自身的密钥备份和恢复机制实现	不涉及该密钥的归档	在主站服务器密码机内部销毁
主站签名公钥	在主站服务器密码机内生成	以证书形式存储	以证书形式分发	以证书形式导入和导出	以证书形式使用	以证书形式备份恢复	以证书形式归档	不涉及，由 CA 进行撤销
集中设备签名私钥	在集中设备的安全芯片内生成	在集中设备的安全芯片内存储	签名私钥不进行分发	签名私钥不进行导入和导出	在集中设备的安全芯片内使用	不涉及该密钥的备份恢复	不涉及该密钥的归档	在集中设备的安全芯片内销毁
集中设备签名公钥	在集中设备的安全芯片内生成	以证书形式存储	以证书形式分发	以证书形式导入和导出	以证书形式使用	以证书形式备份恢复	以证书形式归档	不涉及，由 CA 进行撤销

5.7　智能网联汽车共享租赁业务系统

智能网联汽车共享租赁业务系统是商用密码在车联网领域的一个典型应用，在提升人车交互便利性的同时，也保证了安全性。租赁用户可以通过移动终端 App（本案例中简称 App）完成车辆发现、选择和信息采集等功能，同时用户可以使用该 App 完成车辆开门、发动、熄火、锁门等车辆控制动作。该系统主要包含人、车、云三个角色：第一个角色是人，人通过移动终端安装 App 软件，登录车辆管理云平台（Telematics Service Provider，TSP）获取相应的服务功能，并通过蓝牙和车进行通信；第二个角色是车，车通过车辆通信模块（Telematics BOX，TBOX）实现车辆与 TSP 的远程通信，并通过车内的蓝牙通信模块实现与 App 之间的无线通信；最后一个角色是云，即 TSP 负责集中管理所有网联汽车的各类数据资源，并远程控制网联汽车。

密码在该系统中主要用来解决共享租赁业务面临的三个安全问题：①云对人如何进行安全的身份鉴别；②人对车如何进行无线安全控制，如开门、发动、熄火、锁门等；③人、车、云三者之间的通信如何防止信息泄露。与其他方案相比，本系统的密码应用的特色在于设计了一个简单的智能网联汽车专用身份鉴别和密钥分发方案，以及人车之间的无线蓝牙安全通信方案，密码应用安全性评估的重点也是围绕这两个方案开展测评。为简化描述，本案例不涉及对设备的远程管理。

5.7.1 密码应用方案概述

1. 密码应用需求

结合业务场景，智能网联汽车共享租赁业务系统在日常运行和管理过程中，在用户身份鉴别、设备身份鉴别、重要数据（访问控制信息、日志记录、车辆采集和控制信息等）的保密性和完整性保护方面，都需要采用密码技术，密码应用需求主要包括以下内容：

① 身份鉴别需求。实现“人—车”“人—云”“车—云”之间的双向身份鉴别，实现身份鉴别信息的防截获、防假冒和防重用，保证用户和通信设备身份的真实性。

② 安全传输需求。保证车辆控制信息和采集信息在“人—车”蓝牙通信过程中的保密性、完整性，保证车辆控制信息的防重放以及“人—云”“车—云”之间的通信安全。

③ 重要数据的安全存储需求。保证重要数据存储的保密性和完整性。

2. 密码应用架构

智能网联汽车共享租赁业务系统整体架构和部署情况如图 5-14 所示（图中的 A、B、C、D、E 为测试工具接入点，在测评实施时具体讲解），分为 TSP、App、车载终端（TBOX 和车载蓝牙通信模块等）三个部分。三个部分的关系如下：

① 移动终端通过安装 App 的方式提供个人端的车联网应用功能。

② TSP 是云架构的中心化平台，集中管理所有联网汽车的各类数据资源，并提供车联网应用服务。

③ 车载终端分别通过 TBOX、车载蓝牙通信模块等实现和 TSP、App 之间的通信功能，并通过配置密码模块实现各类安全功能。

通过以上密码产品及其提供的密码功能，可以实现以下功能：

① “人—车”“人—云”“车—云”的双向身份鉴别，保证人、车、云的身份真实性；

② “人—车”“人—云”“车—云”的重要数据传输的保密性和完整性保护，

确保信息的防泄露和防篡改；

③ 重要数据在 App（“人”）、TBOX（“车”）和 TSP（“云”）存储过程中的保密性、完整性保护。

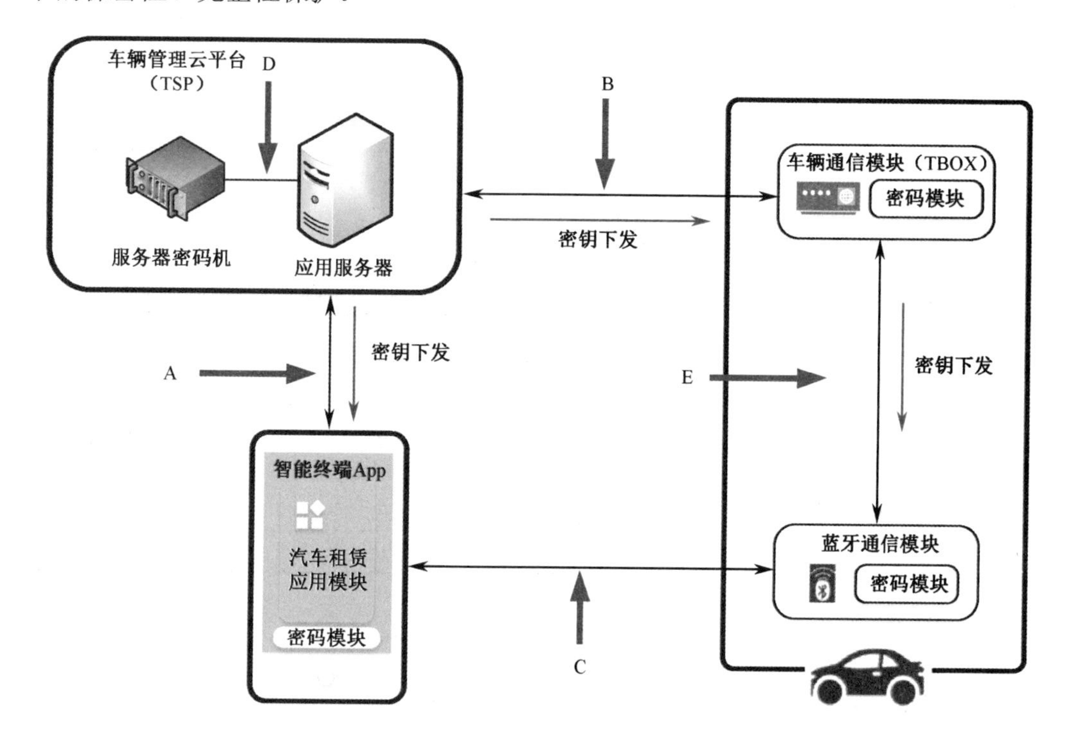

图 5-14　智能网联汽车共享租赁业务系统整体架构和部署情况

3. 重要设备和关键数据

本系统包括的密码产品、通用服务器、关键业务应用和关键数据分别如表 5-59～表 5-62 所示。

表 5-59　智能网联汽车共享租赁业务系统部署的密码产品列表

序号	密码产品名称	涉及的密码算法	主要功能
1	TSP 的服务器密码机	SM2、SM3、SM4	为 TSP 提供密码运算和密钥管理等功能
2	TBOX 的密码模块	SM2、SM3、SM4	为 TBOX 与 TSP、TBOX 和蓝牙通信模块之间的安全通信提供密码支撑
3	移动终端密码模块	SM2、SM3、SM4	为 App 和 TSP 之间、App 和蓝牙模块之间的安全通信提供密码支撑
4	车载蓝牙密码模块	SM2、SM3、SM4	对车辆与 App 之间的安全通信提供密码支撑
5	智能密码钥匙	SM2、SM3、SM4	用于 TSP 应用服务器的设备管理员身份鉴别

表 5-60 智能网联汽车共享租赁业务系统部署的通用设备列表

序号	设备名称	主要功能
1	TSP 的应用服务器	用于实现与 TBOX 和 App 之间的密钥分发和管理
2	TBOX	提供车辆远程访问 TSP 功能

表 5-61 智能网联汽车共享租赁业务系统关键业务应用列表

序号	应用名称	主要功能
1	智能网联汽车业务系统	分为 TSP 部分和车载部分，用于提供智能网联汽车共享租赁业务和控制功能
2	App	用于接入智能网联汽车租赁业务系统并控制汽车

表 5-62 智能网联汽车共享租赁业务系统关键数据列表

序号	关键数据	关键数据描述	安全需求
1	用户数据	包括用户隐私数据、鉴别数据等	保密性、完整性
2	车辆采集和控制信息	人对车的信息采集和车辆控制	完整性
3	日志记录	访问控制和数据传输等记录	完整性

4. 密钥体系

智能网联汽车共享租赁业务系统在“应用和数据安全”层面包括四层密钥体系，使用的密钥如表 5-63 所示。

表 5-63 智能网联汽车共享租赁业务系统密钥体系描述表

层次	类型	功　　能
1	CA 公钥	CA 证书是非对称密钥体系的信任源，用于验证 TSP 证书、TBOX 证书、App 证书和车载蓝牙通信模块证书
2	TSP 密钥对	TSP 密钥对的签名密钥对用于对 TSP 的身份鉴别，加密密钥对用于与 TBOX 和 App 进行安全的数据传输。公钥由 CA 签发形成 TSP 证书，私钥存放在 TSP 的服务器密码机内
	TBOX 密钥对	TBOX 密钥对的签名密钥对用于对 TBOX 的身份鉴别，加密密钥对用于与 TSP 进行安全的数据传输。公钥由 CA 签发形成 TBOX 证书，私钥存放在 TBOX 密码模块内
	App 密钥对	App 密钥对的签名密钥对用于对 App 的身份鉴别，加密密钥对用于与 TSP 进行安全的数据传输。公钥由 CA 签发形成 App 证书，私钥存放在移动终端密码模块内

续表

层次	类型	功　能
2	车载蓝牙通信模块密钥对	车载蓝牙通信模块密钥对的加密密钥对用于 TBOX 与车载蓝牙通信模块之间安全传输蓝牙通信密钥。公钥由 CA 签发形成车载蓝牙通信模块证书，私钥存放在车载蓝牙密码模块内
3	TSP 与 App 的会话密钥	TSP 和 App 之间利用 SM2 密钥协商算法获得会话密钥，用于 TSP 向 App 安全地分发蓝牙通信密钥
	TSP 与 TBOX 的会话密钥	TSP 和 TBOX 之间利用 SM2 密钥协商算法获得会话密钥，用于 TSP 向 TBOX 安全地分发蓝牙通信密钥
4	蓝牙通信密钥	App 和车载蓝牙密码模块之间的会话密钥

5. 密码应用工作流程

智能网联汽车共享租赁业务系统密码应用工作流程如图 5-15 所示。

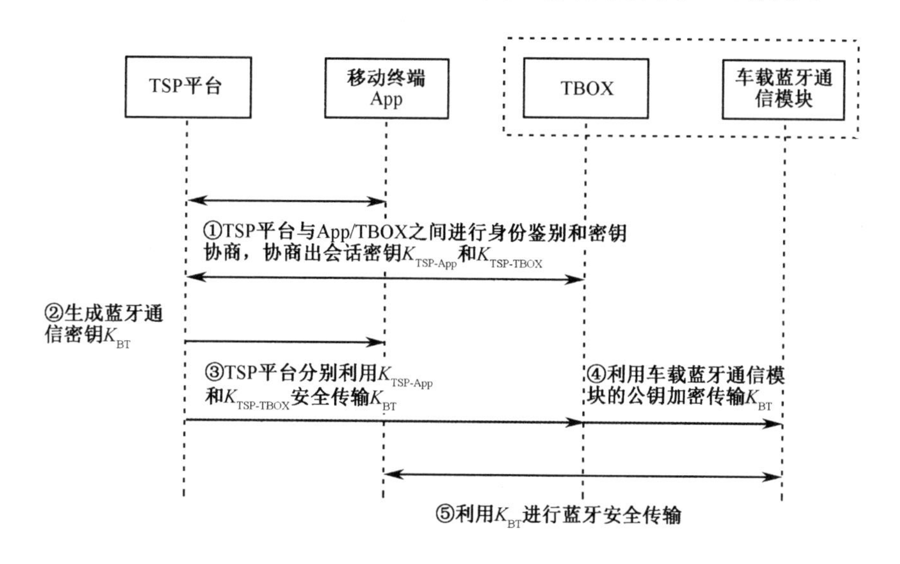

图 5-15　智能网联汽车共享租赁业务系统密码应用工作流程

智能网联汽车共享租赁业务系统的密码应用工作流程如下：

① TSP 和 App/TBOX 分别验证对方的证书，利用 SM2 数字签名进行双向身份鉴别，并利用 SM2 密钥协商算法协商 $K_{TSP\text{-}App}$ 和 $K_{TSP\text{-}TBOX}$，用于保证后续数据的安全传输。

② TSP 调用服务器密码机生成蓝牙通信密钥 K_{BT}。

③ TSP 分别使用 $K_{TSP\text{-}App}$ 和 $K_{TSP\text{-}TBOX}$ 向 App 和 TBOX 加密传输 K_{BT}。

④ TBOX 使用蓝牙通信模块的加密公钥，采用 SM2 公钥加密算法向蓝牙通信模块传输 K_{BT}。

⑤ 车载蓝牙通信模块调用其密码模块解密获得 K_{BT}，随后 App 和车载蓝牙密码模块使用 K_{BT} 对蓝牙通信数据进行保密性和完整性保护。

6. 密码技术应用要求标准符合性自查情况

智能网联汽车共享租赁业务系统密码应用方案的密码技术应用要求标准符合性自查情况如表 5-64 所示。

表 5-64　智能网联汽车共享租赁业务系统标准符合性自查情况（密码技术应用要求部分）

指标要求		标准符合性自查情况
物理和环境安全	身份鉴别	符合。TSP 所在的机房按照第 4 章“物理和环境安全”的实现要点进行建设
	电子门禁记录数据完整性	
	视频记录数据完整性	
网络和通信安全	身份鉴别	本系统在“应用和数据安全”层面进行身份鉴别、访问控制、通信数据的保密性和完整性保护
	访问控制信息完整性	
	通信数据完整性	
	通信数据保密性	
	集中管理通道安全	不适用。本系统不涉及远程管理
设备和计算安全	身份鉴别	符合。 • 设备管理员使用用户名 / 口令和智能密码钥匙（用于产生“挑战—响应”中的 SM2 数字签名）登录 TSP 的各类服务器 • TBOX 不涉及本地对管理员的身份鉴别
	访问控制信息完整性	符合。 • TBOX 调用 TBOX 密码模块，采用 HMAC-SM3 算法对存储的系统资源访问控制信息进行完整性保护。 • TSP 应用服务器调用服务器密码机，采用 HMAC-SM3 算法，对存储的系统资源访问控制信息进行完整性保护
	日志记录完整性	符合。 • TBOX 调用 TBOX 密码模块，采用 HMAC-SM3 算法对日志信息进行完整性保护。 • TSP 的应用服务器调用服务器密码机，采用 HMAC-SM3 算法，对日志信息进行完整性保护
	远程管理身份鉴别信息保密性	不适用。本系统不涉及远程管理

续表

指标要求		标准符合性自查情况
设备和计算安全	重要程序或文件完整性	符合。 • TSP 的应用服务器中所有重要程序或文件在生成时利用 SM2 数字签名技术进行完整性保护，使用或读取这些程序和文件时，进行验签以确认其完整性；公钥存放在服务器密码机中，由服务器密码机进行验签操作。 • App 和 TBOX 的程序也进行类似处理，公钥存放在对应密码模块内部
	敏感标记的完整性	不适用。本系统不涉及重要信息的敏感标记
应用和数据安全	身份鉴别	符合。 • TSP 和 TBOX 之间与 TSP 和 App 之间，采用基于 SM2 数字签名技术的“挑战—响应”进行双向身份鉴别。 • App 和车载蓝牙通信模块之间利用协商的蓝牙通信密钥，采用基于 HMAC-SM3 的“挑战—响应”进行双向身份鉴别。 • App 用户通过用户名 / 口令登录应用系统时，利用 App 和 TSP 建立的安全传输通道，保护鉴别数据的安全
	访问控制信息和敏感标记完整性	符合。App、TBOX、TSP 使用密码模块，利用 HMAC-SM3 算法，对访问控制数据进行完整性保护
	数据传输安全	符合。 • TSP 和 TBOX 之间与 TSP 和 App 之间利用 SM2 密钥协商算法进行会话密钥的协商，完成敏感数据的安全传输，包括保护 App 和 TBOX 之间使用的蓝牙通信密钥。 • TBOX 和车载蓝牙通信模块之间采用 SM2 公钥加密算法，安全地传输蓝牙通信密钥。 • App 和车载蓝牙通信模块使用 TSP 生成、分发的蓝牙通信密钥进行安全数据传输
	数据存储安全	符合。 • TSP 调用服务器密码机，采用 SM4 和 HMAC-SM3 算法，对用户数据、鉴别数据等进行保密性和完整性保护。 • App 调用移动终端密码模块，采用 SM4 和 HMAC-SM3 算法，对身份鉴别数据、车辆采集和控制数据等关键数据，进行保密性和完整性保护。 • TBOX 调用 TBOX 密码模块，采用 SM4 和 HMAC-SM3 算法，对身份鉴别数据、车辆采集和控制数据等关键数据，进行保密性和完整性保护

续表

指标要求		标准符合性自查情况
应用和数据安全	日志记录完整性	符合。 • TBOX 调用 TBOX 密码模块，采用 HMAC-SM3 算法对存储的系统资源访问控制信息进行完整性保护。 • TSP 调用服务器密码机，采用 HMAC-SM3 算法，对日志记录进行完整性保护。 • App 使用移动终端密码模块，采用 HMAC-SM3 算法，对日志记录进行完整性保护
	重要应用程序的加载和卸载	符合。仅授权用户可以进行重要应用程序的加载和卸载，而授权用户的身份鉴别在“设备和计算安全”层面完成

5.7.2 密码应用安全性评估测评实施

按照《信息系统密码应用基本要求》对等级保护第三级信息系统的密码应用要求及密码应用方案评审意见，测评机构首先需要参考表 5-64 确定测评指标及不适用指标，对不适用指标的论证材料进行核查确认后，开展对适用指标的具体测评。

智能网联汽车共享租赁业务系统的测评对象包括通用服务器、密码产品、设施、人员和文档等。测评实施中涉及的测评工具包括通信协议分析工具、数字证书格式合规性检测工具和商用密码算法合规性检测工具。

1. 密码技术测评概要

智能网联汽车共享租赁业务系统密码技术测评概要如表 5-65 所示。

表 5-65　智能网联汽车共享租赁业务系统密码技术测评概要

指标要求		密码技术测评概要
物理和环境安全	身份鉴别	具体测评实施参见第 4 章
	电子门禁记录数据完整性	
	视频记录数据完整性	
网络和通信安全	身份鉴别	核实替代性风险控制措施的有效性
	访问控制信息完整性	
	通信数据完整性	
	通信数据保密性	
	集中管理通道安全	

续表

<table>
<tr><th colspan="2">指标要求</th><th>密码技术测评概要</th></tr>
<tr><td rowspan="7">设备和计算安全</td><td>身份鉴别</td><td>尝试正常登录和异常登录（包括错误的口令、不插入智能密码钥匙或插入未授权的智能密码钥匙等），查看是否按照预期结果完成身份鉴别</td></tr>
<tr><td>访问控制信息完整性</td><td rowspan="2">• 在 TSP 服务器密码机和其调用者之间（图 5-14 的接入点 D）设法接入通信协议分析工具，捕获通信数据，分析服务器密码机的 HMAC-SM3 功能是否被有效调用。
• 尝试修改访问控制信息、日志记录（或对应的 MAC 值），查看完整性保护机制的有效性</td></tr>
<tr><td>日志记录完整性</td></tr>
<tr><td>远程管理身份鉴别信息保密性</td><td>核实“不适用”的论证依据</td></tr>
<tr><td>重要程序或文件完整性</td><td>• 在 TSP 服务器密码机和其调用者之间（图 5-14 的接入点 D）设法接入通信协议分析工具，捕获通信数据，分析服务器密码机的 SM2 数字签名功能是否被有效调用。
• 获取重要程序及其对应数字签名和数字证书，使用商用密码算法合规性检测工具，验证 SM2 数字签名的合规性。
• 尝试修改重要程序（或对应的数字签名），查看完整性保护机制的有效性</td></tr>
<tr><td>敏感标记的完整性</td><td>核实“不适用”的论证依据</td></tr>
<tr><td>应用和数据安全</td><td>身份鉴别</td><td>① TSP 和 TBOX/App 之间的身份鉴别：
• 在 TSP 和 TBOX 之间（图 5-14 的接入点 B）与 TSP 和 App 之间（图 5-14 的接入点 A）接入通信协议分析工具，捕获通信数据以进行离线分析；利用数字证书格式合规性检测工具，离线验证进行身份鉴别时使用的数字证书格式的合规性；接入商用密码算法合规性检测工具，离线验证 TSP 和 TBOX/App 之间进行身份鉴别时 SM2 数字签名的合规性。
• 在 TSP 服务器密码机和其调用者之间的交换机（图 5-14 的接入点 D）设法接入通信协议分析工具，捕获通信数据，分析服务器密码机的 SM2 数字签名功能是否被有效调用
② 在 TSP 和 App 之间（图 5-14 的接入点 A）接入通信协议分析工具，捕获通信数据，分析 App 用户登录 TSP 时使用的用户名 / 口令是否受到保护。
③ 在 App 与蓝牙通信模块之间（图 5-14 的接入点 C）接入通信协议分析工具，通过捕获 App 与蓝牙通信模块之间的蓝牙通信数据，分析双方是否利用 HMAC-SM3 进行双向身份鉴别</td></tr>
</table>

续表

指标要求		密码技术测评概要
应用和数据安全	访问控制信息和敏感标记完整性	• 在 TSP 服务器密码机和其调用者之间的交换机（图 5-14 的接入点 D）设法接入通信协议分析工具，捕获通信数据，分析服务器密码机的 HMAC-SM3 功能是否被有效调用。 • 尝试修改 TSP、TBOX 和 App 的访问控制信息（或对应的 MAC 值），查看完整性保护机制的有效性
	数据传输安全	① TSP 和 TBOX/App 之间的传输： • 在 TSP 服务器密码机和其调用者之间的交换机（图 5-14 的接入点 D）设法接入通信协议分析工具，捕获通信数据，分析服务器密码机的 SM2 密钥协商、SM4 和 HMAC-SM3 功能是否被有效调用。 • 在 TSP 和 TBOX 之间（图 5-14 的接入点 B）与 TSP 和 App 之间（图 5-14 的接入点 A）接入通信协议分析工具，分析 TSP 和 TBOX 之间与 TSP 和 App 之间是否进行了密钥协商，是否利用 SM4 和 HMAC-SM3 进行了传输保密性和完整性保护。 ②在 TBOX 和蓝牙通信模块之间（图 5-14 的接入点 E）设法接入通信协议分析工具，分析 TBOX 和蓝牙通信模块是否对蓝牙通信密钥进行了保密性和完整性保护。 ③在 App 与蓝牙通信模块之间（图 5-14 的接入点 C）接入通信协议分析工具，通过捕获 App 与蓝牙通信模块之间的蓝牙通信数据，分析交互数据是否进行了保密性和完整性保护
	数据存储安全	• 在 TSP 服务器密码机和其调用者之间的交换机（图 5-14 的接入点 D）设法接入通信协议分析工具，捕获通信数据，分析服务器密码机的 SM4 和 HMAC-SM3 功能是否被有效调用。 • 尝试修改 TSP、TBOX 和 App 存储的数据（或对应的 MAC 值），查看完整性保护机制的有效性
	日志记录完整性	• 在 TSP 服务器密码机和其调用者之间的交换机（图 5-14 的接入点 D）设法接入通信协议分析工具，捕获通信数据，分析服务器密码机的 HMAC-SM3 功能是否被有效调用。 • 尝试修改 TSP、TBOX 和 App 存储的日志记录（或对应的 MAC 值），查看完整性保护机制的有效性
	重要应用程序的加载和卸载	核实设备对应用程序加载和卸载的安全控制机制

2. 密钥管理测评对象及其生命周期

智能网联汽车共享租赁业务系统密钥全生命周期如表 5-66 所示。

表 5-66　智能网联汽车共享租赁业务系统密钥全生命周期

密钥名称	生成	存储	分发	导入和导出	使用	备份和恢复	归档	销毁
CA 公钥	不涉及，由 CA 生成	以证书形式存储	以证书形式离线分发	以证书形式离线导入和导出	以证书形式使用	不涉及，由 CA 备份恢复	不涉及，由 CA 归档	不涉及，由 CA 进行撤销
TSP 私钥	签名私钥由 TSP 服务器密码机生成，加密私钥由 CA 生成	在 TSP 服务器密码机内存储	加密私钥由 CA 以离线的方式进行分发，签名私钥不进行分发	加密私钥以离线方式导入 TSP 服务器密码机，签名私钥不进行导入导出	在 TSP 服务器密码机内使用	不涉及该密钥的备份恢复	不涉及该密钥的归档	由 TSP 服务器密码机进行销毁
TSP 公钥	签名公钥由 TSP 服务器密码机生成，加密公钥由 CA 生成	以证书形式存储	以证书形式分发	以证书形式导入和导出	以证书形式使用	以证书形式备份恢复	以证书形式归档	不涉及，由 CA 进行撤销
TBOX 私钥	签名私钥由 TBOX 密码模块生成，加密私钥由 CA 生成	在 TBOX 密码模块中存储	加密私钥由 CA 以离线的方式进行分发，签名私钥不进行分发	加密私钥以离线方式导入 TBOX 密码模块，签名私钥不进行导入和导出	在 TBOX 密码模块内使用	不涉及该密钥的备份恢复	不涉及该密钥的归档	在 TBOX 密码模块内进行销毁
TBOX 公钥	签名公钥由 TBOX 密码模块生成，加密公钥由 CA 生成	以证书形式存储	以证书形式分发	以证书形式导入和导出	以证书形式使用	以证书形式备份恢复	以证书形式归档	不涉及，由 CA 进行撤销
App 私钥	签名私钥由移动终端密码模块生成，加密私钥由 CA 生成	在移动终端密码模块中存储	加密私钥由 CA 以离线的方式进行分发，签名私钥不进行分发	加密私钥以离线方式导入移动终端密码模块，签名私钥不进行导入和导出	在移动终端密码模块内使用	不涉及该密钥的备份恢复	不涉及该密钥的归档	在移动终端密码模块内进行销毁

续表

密钥名称	生成	存储	分发	导入和导出	使用	备份和恢复	归档	销毁
App公钥	签名公钥由移动终端密码模块生成，加密公钥由CA生成	以证书形式存储	以证书形式分发	以证书形式导入和导出	以证书形式使用	以证书形式备份恢复	以证书形式归档	不涉及，由CA进行撤销
车载蓝牙通信模块私钥	签名私钥由车载蓝牙密码模块生成，加密私钥由CA生成	在车载蓝牙密码模块中存储	加密私钥由CA以离线的方式进行分发，签名私钥不进行分发	加密私钥以离线方式导入车载蓝牙密码模块，签名私钥不进行导入和导出	在车载蓝牙密码模块内使用	不涉及该密钥的备份恢复	不涉及该密钥的归档	在车载蓝牙密码模块内进行销毁
车载蓝牙通信模块公钥	签名公钥由车载蓝牙密码模块生成，加密公钥由CA生成	以证书形式存储	以证书形式分发	以证书形式导入和导出	以证书形式使用	以证书形式备份恢复	以证书形式归档	不涉及，由CA进行撤销
TSP与App的会话密钥	由TSP和App协商生成	TSP和App临时存储	不涉及该密钥的分发	不涉及该密钥的导入和导出	在TSP和App内使用	不涉及该密钥的备份恢复	不涉及该密钥的归档	TSP和App使用后销毁
TSP与TBOX的会话密钥	由TSP和TBOX协商生成	TSP和TBOX临时存储	不涉及该密钥的分发	不涉及该密钥的导入和导出	在TSP和TBOX内使用	不涉及该密钥的备份恢复	不涉及该密钥的归档	TSP和TBOX使用后销毁
蓝牙通信密钥	由TSP服务器密码机生成	在移动终端密码模块、车载蓝牙密码模块内临时存储	利用TSP与App/TBOX之间的会话密钥采用SM4加密传输，利用车载蓝牙通信模块公钥采用SM2非对称加密传输	不涉及该密钥的导入和导出	在移动终端密码模块和车载蓝牙密码模块内使用	不涉及该密钥的备份恢复	不涉及该密钥的归档	TSP服务器密码机、移动终端密码模块、车载蓝牙密码模块使用完毕立即销毁

5.8　综合网站群系统

综合网站群系统是指上级机构主网站和其下属部门子网站的集合系统，主站和子站构成一个整体，用户可以以主站为门户，方便获得统一的信息服务。综合网站群系统实现了多站点统一管理、权限统一分配、信息统一导航、信息统一检索等功能，通过共享共用集群软硬件资源，实现网站群集约化管理。综合网站群系统密码应用主要解决各子站应用数据安全隔离、网站管理关键操作溯源及重要数据安全等问题。密码应用方案设计和密码应用安全性评估重点是网站群应用管理关键操作行为的不可否认和重要应用数据的保密性与完整性保护。

5.8.1　密码应用方案概述

1. 密码应用需求

综合网站群系统在日常运行和管理过程中，需要使用密码技术实现身份鉴别、重要数据保密性和完整性保护、关键操作行为不可否认等安全功能。密码应用需求主要包括以下内容。

① 身份鉴别需求：对登录系统的用户进行身份标识和鉴别，实现身份鉴别信息的防截获、防假冒和防重用，保证用户身份的真实性。

② 关键数据的安全存储和传输需求：保证关键数据在存储和传输过程中的保密性与完整性；同时为不同的网站提供独立的存储和传输，以保证网站之间数据的隔离。

③ 关键操作不可否认需求：提供数据原发证据和数据接收证据，实现数据原发行为和数据接收行为的不可否认。

2. 密码应用架构

综合网站群系统包括主站和若干子站，用户可以通过访问主站来导航到不同的子站，获得不同的信息服务。虽然从用户视角来看是多个网站，但整个网站群在后台管理上是统一化的，包括系统数据统一存储、Web 可视化页面和数据脚本统一定义、用户身份统一管理等。通过这种后台集中管理、前台分布呈现的组织方式，可以向用户提供分类明确、层次明晰的信息服务，同时实现整个网站群信息的统一组织和共享，大大提升了服务和管理的效率，减小系统复杂度，节约软硬件设备和维护人员等人力、物力开销。综合网站群系统的密码应用部署情况如图 5-16 所示（图中的 A、B、C 为测试工具接入点，在测评实施时具体讲解），具体包括以下内容。

①管理区：部署网站管理终端，网站管理员通过安全浏览器与综合网站群系统建立安全连接，并利用智能密码钥匙进行身份鉴别。

②业务区：业务区内的各个服务器完成综合网站群具体的业务逻辑，并通过调用配套的服务器密码机完成密码运算和密钥管理。

③密码服务区：包括身份鉴别平台、SSL VPN 网关和服务器密码机，为业务区具体业务提供身份鉴别、安全通信链路建立、密钥管理和密码运算等服务。

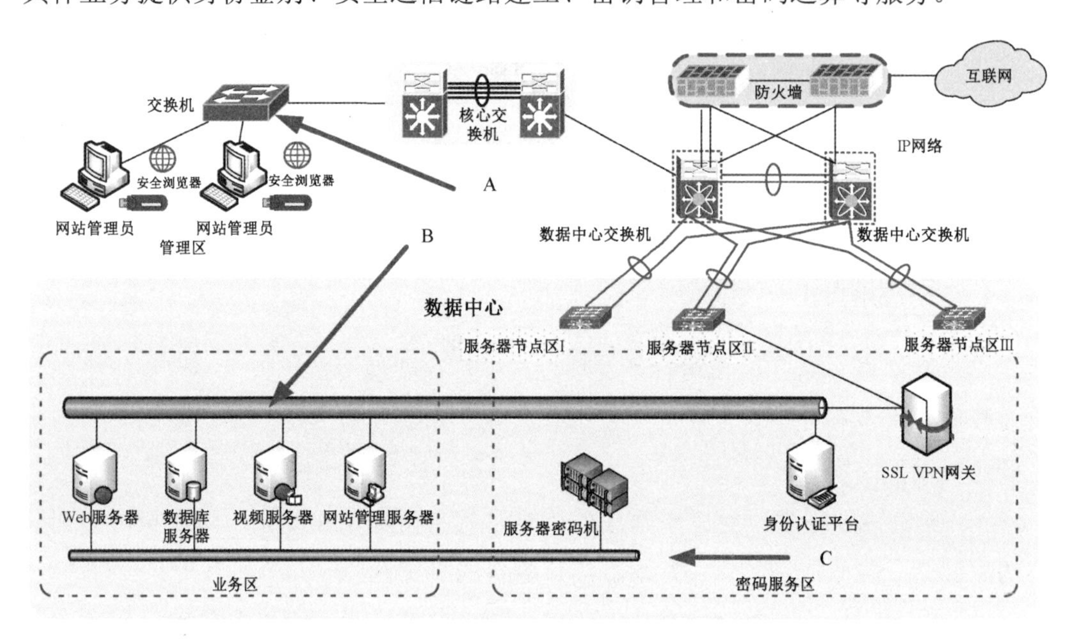

图 5-16　综合网站群系统密码应用部署图

3. 重要设备和关键数据

本系统包括的密码产品、通用服务器、关键业务应用和关键数据分别如表 5-67 ～表 5-70 所示。

表 5-67　综合网站群系统部署的密码产品列表

序号	密码产品名称	涉及的密码算法	说　明
1	服务器密码机	SM2、SM3、SM4	用于密钥管理和密码运算
2	智能密码钥匙	SM2、SM3、SM4	客户端证书密钥介质，用以产生用户签名公私钥对，并存储用户私钥和证书

续表

序号	密码产品名称	涉及的密码算法	说明
3	SSL VPN 网关	SM2、SM3、SM4	结合安全浏览器，在网站服务器端和远程管理终端之间建立安全通信通道，实现通信双方身份鉴别，并保护通信数据的保密性和完整性
4	安全浏览器	SM2、SM3、SM4	结合 SSL VPN 网关，在网站服务器端和远程管理终端之间建立安全通信通道，实现通信双方身份鉴别，并保护通信数据的保密性和完整性
5	身份鉴别平台	SM2、SM3、SM4	基于密码技术实现身份鉴别，通过证书机制，为访问应用的用户提供强身份鉴别、权限控制、行为审计等服务，保证用户接入、数据访问的可控、可用、可管理

表 5-68 综合网站群系统部署的通用服务器列表

序号	通用服务器名称	主要功能
1	Web 服务器	运行 Web 中间件，为综合网站群系统提供 Web 服务
2	数据库服务器	存储综合网站群系统配置信息、业务信息、网站群用户账号信息、各类日志等关键数据
3	视频服务器	对视音频数据进行压缩、存储及处理
4	网站管理服务器	提供综合网站群系统多站点统一管理、权限统一分配、网站配置管理等功能

表 5-69 综合网站群系统关键业务应用列表

序号	应用名称	主要功能
1	综合网站群管理系统	权限统一分配、信息统一管理
2	综合网站群业务应用	主要承载网站管理、信息录入与发布、信息公开目录等业务功能

表 5-70 综合网站群系统关键数据列表

序号	数据类别	关键数据描述说明	安全需求
1	系统管理数据	包括网站群配置信息等	完整性
2	业务数据	包括业务申请、办理情况信息等	保密性、完整性
3	鉴别数据	包括网站群用户和管理员的账号信息（如口令）等	保密性、完整性
4	日志数据	包括业务操作日志、账户登录日志、管理配置日志等	完整性

4. 密钥体系

综合网站群系统在“应用和数据安全”层面包括对称和非对称两种密钥体系。

1）对称密钥体系

综合网站群系统在“应用和数据安全”层面使用了对称密钥体系用于安全存储。与之前的系统不同，综合网站群系统的安全存储密钥为了实现不同网站间的隔离，与具体业务关联紧密，下面对这部分密钥也进行介绍。综合网站群系统的对称密钥体系如表 5-71 所示。

表 5-71　综合网站群系统对称密钥列表

层次	密钥名称	功　能
1	网站安全存储主密钥	综合网站群系统包含多个网站，为了隔离不同网站之间的应用数据，每个网站都维持了独立的密钥体系，用于对自己的关键数据进行保密性和完整性保护。网站安全存储主密钥用于保护网站各个不同用途的存储密钥，保存在服务器密码机中
2	网站数据库加密密钥、数据库 MAC 密钥、日志完整性校验密钥	这类密钥用于保护数据库文件的保密性和完整性，日志记录的完整性，由网站安全存储主密钥加密后与相关数据一起存储

2）非对称密钥体系

本系统涉及的非对称密钥体系基于 PKI 技术实现，包括三层密钥体系，如表 5-72 所示。需要说明的是，虽然网站传输密钥是对称密钥，但是考虑到该密钥利用非对称密码算法协商而来，仍将其列在非对称密钥列表中。

表 5-72　综合网站群非对称密钥列表

层次	类型	功　能
1	CA 公钥	CA 证书是非对称密钥体系的信任源，用于验证网站证书和网站管理员证书
2	网站密钥对	网站群系统中每个网站都有自己的网站密钥对。其中，签名密钥对用于对网站的身份鉴别，加密密钥对用于与网站管理员进行安全的数据传输。公钥由 CA 签发形成网站证书，私钥存放在服务器密码机内
	网站管理员密钥对	每个网站管理员拥有自己的密钥对，其中，签名密钥对用于对网站管理员的身份鉴别，加密密钥对用于与网站进行安全的数据传输。公钥由 CA 签发形成网站管理员证书，私钥存放在管理员持有的智能密码钥匙内部
3	网站传输密钥	综合网站群系统包含多个网站，为了实现不同网站之间的应用数据在传输过程中的隔离，由网站和网站管理员分别通过服务器密码机和智能密码钥匙利用 SM2 密钥协商算法生成，用于保护传输数据的保密性和完整性

5. 密码应用工作流程

综合网站群系统密码应用工作流程如图 5-17 所示。

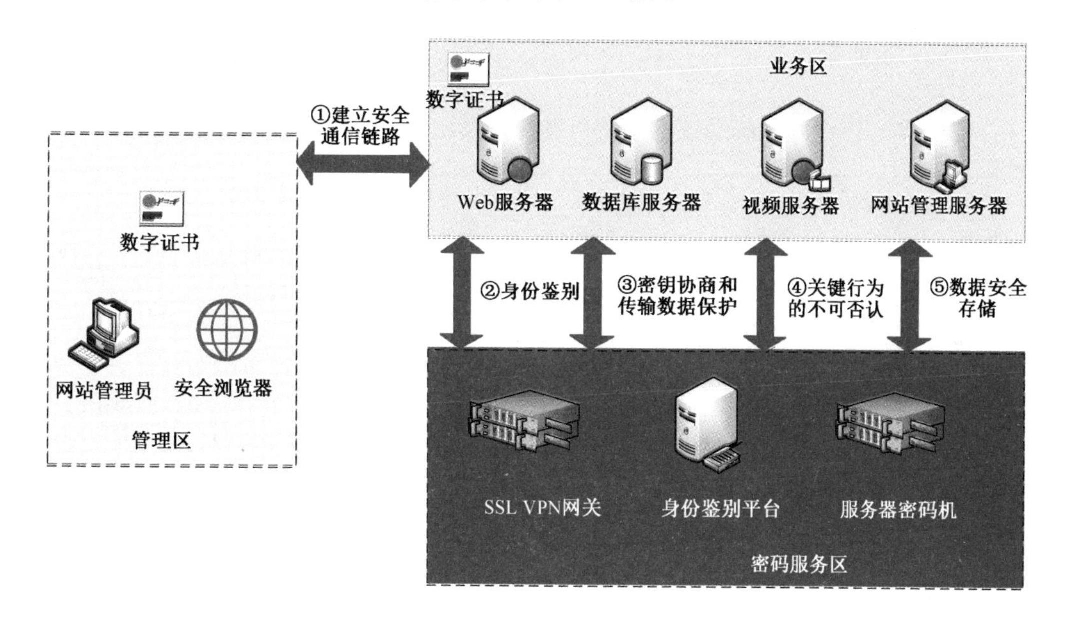

图 5-17　综合网站群系统密码应用工作流程图

综合网站群网站管理员信息发布的密码应用工作流程如下：

①建立安全通信链路。网站管理员调用智能密码钥匙，使用安全浏览器与 SSL VPN 网关建立安全通信链路。

②身份鉴别。网站管理员利用用户名 / 口令和智能密码钥匙的方式，通过身份鉴别平台，登录 Web 服务器端的后台网站管理系统。

③密钥协商和传输数据保护。第一步中的安全链路只保护了安全浏览器与 SSL VPN 网关之间的交互数据。考虑到综合网站群系统中运行了多个网站，为了实现网站间数据的隔离，网站管理员和各个网站之间的敏感数据也需要单独安全保护。防护方式主要是由网站与对应的网站管理员通过各自的密钥对利用 SM2 密钥协商算法协商临时的保密性和完整性保护密钥，完成网站管理员访问网站时敏感数据的安全传输。

④关键操作的不可否认。对于网站管理员的关键操作，需要网站管理员使用智能密码钥匙进行数字签名，并由网站调用服务器密码机进行验签，以验证该操作确实由网站管理员完成，实现关键操作的不可否认。

⑤数据的安全存储。Web 服务器收到网站管理员编辑确认的关键数据后，调用服务器密码机，利用自己的加密密钥和 HMAC 密钥对重要数据进行保密性和完整

性保护，之后 Web 服务器将其存储到数据库服务器中。

6. 密码技术应用要求标准符合性自查情况

综合网站群系统的密码技术应用要求标准符合性自查情况如表 5-73 所示。

表 5-73 综合网站群系统标准符合性自查情况（密码技术应用要求部分）

指标要求		标准符合性自查情况
物理和环境安全	身份鉴别	符合。综合网站群系统所在的机房按照第 4 章“物理和环境安全”的实现要点进行建设
	电子门禁记录数据完整性	
	视频记录数据完整性	
网络和通信安全	身份鉴别	符合。设备管理员和网站管理员的终端部署支持安全浏览器，数据中心部署 SSL VPN 网关，通过 SSL 协议实现网站管理员终端和 SSL VPN 网关之间的身份鉴别、关键数据的完整性和保密性保护
	访问控制信息完整性	
	通信数据完整性	
	通信数据保密性	
	集中管理通道安全	符合。设备管理员使用 SSL VPN 网关建立一条安全的信息传输通道，对网络中的安全设备或安全组件进行集中管理
设备和计算安全	身份鉴别	符合。设备管理员使用用户名 / 口令和智能密码钥匙远程登录综合网站群系统管理终端及后端服务器进行设备管理
	访问控制信息完整性	符合。各个通用服务器调用服务器密码机采用 HMAC-SM3 对系统资源访问控制信息进行完整性保护
	日志记录完整性	符合。各个通用服务器调用服务器密码机采用 HMAC-SM3 对日志记录进行完整性保护
	远程管理身份鉴别信息保密性	符合。通过 SSL VPN 网关搭建的安全的信息传输通道对远程管理身份鉴别信息进行保密性保护
	重要程序或文件完整性	符合。通用服务器中所有重要程序或文件在生成时利用 SM2 数字签名技术进行完整性保护，使用或读取这些程序和文件时，进行验签以确认其完整性；公钥存放在服务器密码机中，由服务器密码机进行验签操作
	敏感标记的完整性	不适用。本系统不涉及重要信息的敏感标记
应用和数据安全	身份鉴别	符合。网站管理员的身份鉴别通过身份鉴别平台完成。具体密码应用方案参见本章“身份鉴别系统”
	访问控制信息和敏感标记完整性	符合。综合网站群管理系统及业务应用调用服务器密码机利用 HMAC-SM3 对自身的访问控制策略、数据库表访问控制信息和重要信息资源敏感标记等信息，实现完整性保护

续表

指标要求		标准符合性自查情况
应用和数据安全	数据传输安全	符合。综合网站群系统中的各个网站与对应的网站管理员在身份鉴别后，利用 SM2 密钥协商算法协商临时密钥，完成网站管理员访问网站时敏感数据的安全传输
	数据存储安全	符合。各个网站调用服务器密码机使用自己的密钥采用 SM4 算法和 HMAC-SM3 实现综合网站群系统重要数据存储的保密性和完整性保护
	日志记录完整性	符合。综合网站群系统的日志进行集中管控，调用服务器密码机利用 HMAC-SM3 实现完整性保护
	重要应用程序的加载和卸载	符合。仅有设备管理员可以进行重要应用程序的加载和卸载，而设备管理员的身份鉴别在“设备和计算安全”层面完成
	抗抵赖（4 级要求）	符合。对综合网站群系统管理人员的关键操作，利用智能密码钥匙进行签名，利用服务器密码机进行签名验证，实现关键操作的不可否认

5.8.2　密码应用安全性评估测评实施

按照《信息系统密码应用基本要求》对等级保护第三级信息系统的密码应用要求及密码应用方案评审意见，测评机构首先需要参考表 5-73 确定测评指标及不适用指标，对不适用指标的论证材料进行核查确认后，开展对适用指标的具体测评。

综合网站群系统的测评对象包括通用服务器、密码产品、设施、人员和文档等。测评实施中涉及的测评工具包括通信协议分析工具、IPSec/SSL 协议检测工具、数字证书格式合规性检测工具和商用密码算法合规性检测工具。

1. 密码技术应用测评概要

综合网站群系统密码技术应用测评概要如表 5-74 所示。测评方式包括访谈、文档审查、实地察看、配置检查和工具测试。需要说明的是，关于访谈、文档审查、实地察看和配置检查等测评方式在第 4 章已经进行了具体阐述，本节只描述与现场工具测评相关的内容。

表 5-74　综合网站群系统密码技术应用测评概要

<table>
<tr><th colspan="2">指标要求</th><th>密码技术应用测评概要</th></tr>
<tr><td rowspan="3">物理和环境安全</td><td>身份鉴别</td><td rowspan="3">具体测评实施参见第 4 章</td></tr>
<tr><td>电子门禁记录数据完整性</td></tr>
<tr><td>视频记录数据完整性</td></tr>
<tr><td rowspan="5">网络和通信安全</td><td>身份鉴别</td><td rowspan="5">在管理区交换机（图 5-16 的接入点 A）接入以下工具对 SSL VPN 网关进行测试，分析 SSL 协议的合规性。
• 通信协议分析工具：捕获通信数据进行后续离线分析。
• IPSec/SSL 协议检测工具：分析 SSL 协议是否合规。
• 数字证书格式合规性检测工具：根据捕获的数据离线验证 SSL VPN 网关使用的证书是否合规，并验证证书签名结果是否正确</td></tr>
<tr><td>访问控制信息完整性</td></tr>
<tr><td>通信数据完整性</td></tr>
<tr><td>通信数据保密性</td></tr>
<tr><td>集中管理通道安全</td></tr>
<tr><td rowspan="6">设备和计算安全</td><td>身份鉴别</td><td>尝试正常登录和异常登录（包括错误的口令、不插入智能密码钥匙或插入未授权的智能密码钥匙等），查看是否按照预期结果完成身份鉴别</td></tr>
<tr><td>访问控制信息完整性</td><td rowspan="2">• 在服务器密码机和其调用者之间的交换机（图 5-16 的接入点 C）之间接入通信协议分析工具，捕获通信数据，分析服务器密码机的 HMAC-SM3 功能是否被有效调用。
• 尝试修改访问控制信息和日志记录（或对应的 MAC），查看完整性保护机制的有效性</td></tr>
<tr><td>日志记录完整性</td></tr>
<tr><td>远程管理身份鉴别信息保密性</td><td>在管理区交换机（图 5-16 的接入点 A）接入通信协议分析工具，查看用于设备管理涉及的管理员口令等鉴别数据和敏感数据在传输中是否进行了保密性保护</td></tr>
<tr><td>重要程序或文件完整性</td><td>• 在服务器密码机和其调用者之间的交换机（图 5-16 的接入点 C）接入通信协议分析工具，捕获通信数据，分析服务器密码机的 SM2 数字签名功能是否被有效调用。
• 获取重要程序及其对应数字签名和数字证书，使用商用密码算法合规性检测工具，验证 SM2 数字签名的合规性。
• 尝试修改重要程序（或对应的数字签名），查看完整性保护机制的有效性</td></tr>
<tr><td>敏感标记的完整性</td><td>核实“不适用”的论证依据</td></tr>
<tr><td rowspan="2">应用和数据安全</td><td>身份鉴别</td><td>利用身份鉴别平台完成，具体测评实施要点参见本章“身份鉴别系统”</td></tr>
<tr><td>访问控制信息和敏感标记完整性</td><td>• 在服务器密码机和其调用者之间的交换机（图 5-16 的接入点 C）接入通信协议分析工具，捕获通信数据，分析服务器密码机的 HMAC-SM3 功能是否被有效调用。
• 尝试修改访问控制信息（或对应的 MAC 值），查看完整性保护机制的有效性</td></tr>
</table>

续表

指标要求		密码技术应用测评概要
应用和数据安全	数据传输安全	• 在业务区节点交换机（图 5-16 的接入点 B）接入通信协议分析工具，通过捕获网站与网站管理员之间的通信数据，分析是否进行了密钥协商，数据是否进行了保密性和完整性保护。 • 服务器密码机和其调用者之间的交换机（图 5-16 的接入点 C）设法接入通信协议分析工具捕获通信数据分析服务器密码机的 SM2 密钥协商、SM4 和 HMAC-SM3 功能是否被有效调用
	数据存储安全	• 在业务区节点交换机（图 5-16 的接入点 B）接入通信协议分析工具，通过捕获发往数据库服务器的通信数据分析是否进行保密性和完整性保护。 • 尝试利用其他网站的密钥解密存储数据并验证完整性，观察是否能够解密和验证；若能解密且通过完整性校验，则说明网站之间的密钥没有进行隔离。 • 服务器密码机和其调用者之间的交换机（图 5-16 的接入点 C）设法接入通信协议分析工具捕获通信数据分析服务器密码机的 SM4 和 HMAC-SM3 功能是否被有效调用。 • 尝试修改存储数据（或对应的 MAC 值），查看完整性保护机制的有效性
	日志记录完整性	• 在业务区节点交换机（图 5-16 的接入点 B）接入通信协议分析工具，通过捕获发往日志服务器的通信数据，日志信息是否进行完整性保护。 • 服务器密码机和其调用者之间的交换机（图 5-16 的接入点 C）设法接入通信协议分析工具，捕获通信数据，分析服务器密码机的 HMAC-SM3 功能是否被有效调用。 • 尝试修改日志记录（或对应的 MAC 值），查看完整性保护机制的有效性
	重要应用程序的加载和卸载	核实设备对应用程序加载和卸载的安全控制机制
	抗抵赖（4 级要求）	在业务区节点交换机（图 5-16 的接入点 B）接入以下工具对数字签名进行测试。 • 通信协议分析工具：捕获通信数据以进行离线分析。 • 数字证书格式合规性检测工具：验证所使用证书格式的合规性。 • 商用密码算法合规性检测工具：验证 SM2 数字签名的合规性。 • 在服务器密码机和其调用者之间的交换机（图 5-16 的接入点 C）接入通信协议分析工具，捕获通信数据，分析服务器密码机的 SM2 数字签名功能是否被有效调用

2. 密钥管理测评对象及其生命周期

本系统“应用和数据安全”层面的对称密钥和非对称密钥的全生命周期分别如表 5-75 和表 5-76 所示。

表 5-75 综合网站群系统对称密钥全生命周期

密钥名称	生成	存储	分发	导入和导出	使用	备份和恢复	归档	销毁
网站安全存储主密钥	服务器密码机内生成	服务器密码机内存储	不涉及该密钥的分发	不涉及该密钥的导入和导出	服务器密码机内使用	利用服务器密码机产品自身的密钥备份和恢复机制实现	不涉及该密钥的归档	服务器密码机内完成销毁
网站数据库加密密钥、数据库 MAC 密钥、日志完整性校验密钥	服务器密码机内生成	利用网站安全存储主密钥加密后，与数据一起存储在数据库服务器中	不涉及该密钥的分发	利用网站安全存储主密钥加密后进行导入和导出	服务器密码机内使用	利用网站安全存储主密钥加密后，备份在数据库服务器中	不涉及该密钥的归档	服务器密码机内完成销毁

表 5-76 综合网站群系统非对称密钥全生命周期

密钥名称	生成	存储	分发	导入和导出	使用	备份和恢复	归档	销毁
CA 公钥	不涉及，由 CA 生成	以证书形式存储	以证书形式离线分发	以证书形式离线导入和导出	以证书形式使用	不涉及，由 CA 备份恢复	不涉及，由 CA 归档	不涉及，由 CA 撤销
网站私钥	签名私钥在服务器密码机内生成，加密私钥由 CA 生成	服务器密码机内存储	加密私钥由 CA 以离线的方式进行分发，签名私钥不进行分发	加密私钥以离线方式导入到服务器密码机，签名私钥不进行导入和导出	服务器密码机内使用	利用服务器密码机产品自身的密钥备份和恢复机制实现	不涉及该密钥的归档	服务器密码机内销毁
网站公钥	签名公钥在服务器密码机内生成，加密公钥由 CA 生成	以证书形式存储	以证书形式分发	以证书形式导入和导出	以证书形式使用	以证书形式备份恢复	以证书形式归档	不涉及，由 CA 撤销

续表

密钥名称	生成	存储	分发	导入和导出	使用	备份和恢复	归档	销毁
网站管理员私钥	签名私钥在智能密码钥匙内生成，加密私钥由CA生成	智能密码钥匙内存储	加密私钥由CA以离线的方式进行分发，签名私钥不进行分发	加密私钥以离线方式导入到智能密码钥匙，签名私钥不进行导入和导出	智能密码钥匙内使用	不涉及该密钥的备份恢复	不涉及该密钥的归档	智能密码钥匙内销毁
网站管理员公钥	签名公钥在服务器密码机内生成，加密公钥由CA生成	以证书形式存储	以证书形式分发	以证书形式导入和导出	以证书形式使用	以证书形式备份恢复	以证书形式归档	不涉及，由CA撤销
网站传输密钥	网站与网站管理员之间协商生成	临时存放在服务器密码机和智能密码钥匙内	不涉及该密钥的分发	不涉及该密钥的导入和导出	服务器密码机和智能密码钥匙内使用	不涉及该密钥的备份恢复	不涉及该密钥的归档	服务器密码机和智能密码钥匙内销毁

5.9　政务云系统

政务云系统是运用云计算技术，整合现有机房、计算、存储、网络、安全、应用支撑等资源，形成统一服务的综合平台，实现不同电子政务系统间的信息整合、共享、交换和政务工作协同。相比于传统信息系统，政务云系统在安全方面面临新的挑战。一方面，政务云系统中主机边界、网络边界模糊，风险不但来自南北流量（外部用户与内部服务器之间的流量），同时也来自东西流量（内部服务器之间的流量）；另一方面，云系统承载多个单位的业务系统，各单位的业务系统可能需要密码来支撑自身的业务服务。因此，政务云系统需要将密码作为一种服务，为这些系统提供支撑。

本案例的政务云系统分为云平台（含密码服务）、身份鉴别平台、云上应用三个功能模块。在密码应用方面，云身份鉴别平台模块直接调用身份鉴别平台实现云平台管理员、租户和用户的身份鉴别；云上应用中的密码应用与传统信息系统类似，只是需要调用云平台中的密码服务；而云平台与传统典型信息系统有较大差异，因此，本节重点对云平台进行阐述。需要说明的是，本案例对政务云系统的密码支撑及应用进行了一定程度的简化，详细的密码支撑及应用要求请参考国家密码管理局制定的《政务云密码支撑方案及应用设计要点》。

5.9.1 密码应用方案概述

1. 密码应用需求

从密钥管理的角度来看，传统的密钥管理方式一般只会对顶层密钥进行集中式托管，而不会对直接进行数据安全保护的底层密钥进行托管。但是在云环境下，根据具体应用需求，需要将密钥进行半托管或全托管，并且要求所有密钥的生成、存储、分发、使用、备份、销毁等全生命周期可管可控，而云环境下特有的虚拟化、分布式特点对密钥的全程安全管控提出了很大挑战。

从密码产品的角度来看，物理形态的服务器密码机、签名验签服务器等密码产品都是通过预先配置的客户端或者可配置参数的调用接口为固定的调用者提供密码服务，不需要关心任务状态等问题。而云环境下的密码产品是以地理上分布很广的集群方式来提供密码服务，在具有负载均衡、弹性计算、可伸缩、高可用性等诸多优点的同时，也带来了选路、状态维护与迁移、无缝切换、分布式密钥管理等难点。另外，密码产品在云环境下也存在多租户问题，各租户之间密码运算空间的安全隔离、隐蔽通道消除和剩余信息清除需求显得尤为突出。云平台自身的密码应用需求可归纳为以下几个方面。

① 身份鉴别需求。对访问云资源的云平台管理员、租户和用户进行身份标识和鉴别，实现身份鉴别信息的防截获、防假冒和防重用，保证云平台管理员、租户和用户身份的真实性。

② 敏感信息的安全存储需求。保证快照文件、租户镜像、身份鉴别信息、重要业务数据、密钥、云资源管理信息、审计日志等敏感信息在存储过程中的保密性和完整性。

③ 敏感信息的安全传输需求。保证身份鉴别信息、云资源管理信息、重要业务数据、密钥等敏感信息在传输过程中的保密性、完整性。

④ 虚拟机迁移安全需求。虚拟机监控器（Virtual Machine Monitor，VMM）之

间用来发起和管理虚拟机动态迁移的通信机制应该加入身份鉴别和防篡改机制，以保证虚拟机在迁移过程中的控制平面安全，防止攻击者通过攻陷 VMM 来影响虚拟机动态迁移过程，从而实现对虚拟机的完全控制；对虚拟机迁移的数据通信信道必须进行安全加固，以保证虚拟机在迁移过程中的数据平面安全，防止被动攻击（如监听）和主动攻击（如篡改）。

⑤ 租户和云平台管理员关键操作不可否认性需求。实现对租户和云平台管理员关键操作的不可否认性保护。

⑥ 密码资源池需求。云平台为租户提供加解密、签名验签等云密码服务，在实际中不可能为每个租户配置相应的物理密码产品，因此，平台需要池化密码资源，并以虚拟设备的方式为租户提供密码服务。

2. 密码应用架构

政务云平台架构主要分三个层次，总体架构如图 5-18 所示。

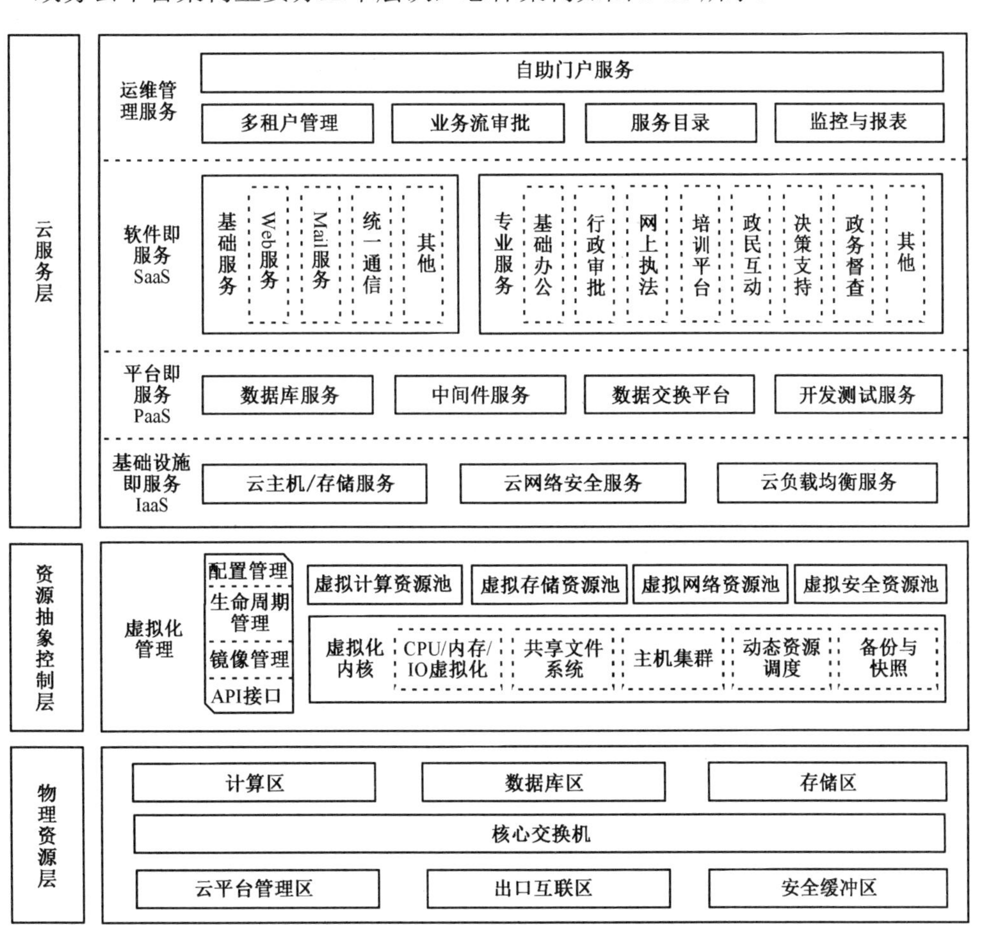

图 5-18　政务云系统总体架构图

① 物理资源层。物理资源层包括政务云平台运行所需要的基础支撑物理环境，包括计算资源和存储资源等。

② 资源抽象控制层。资源抽象控制层通过虚拟化技术，负责对底层硬件资源进行抽象，对底层硬件故障进行屏蔽，统一调度计算、存储、网络、安全资源池，并提供资源的统一部署和监控。

③ 云服务层。云服务层提供完整的 IaaS（Infrastructure as a Service，基础设施即服务）、PaaS（Platform as a Service，平台即服务）和 SaaS（Software as a Service，软件即服务）三层云服务，政务云的主要业务在云服务层面运行。

政务云平台中的密码支撑分为两部分：一是保护政务云平台自身安全的密码应用，如虚拟机迁移的安全性、镜像文件的安全性等；二是为云上业务应用提供的密码服务。

根据政务云平台的逻辑结构，典型政务云平台密码应用部署如图 5-19 所示。其中涉及以下内容。

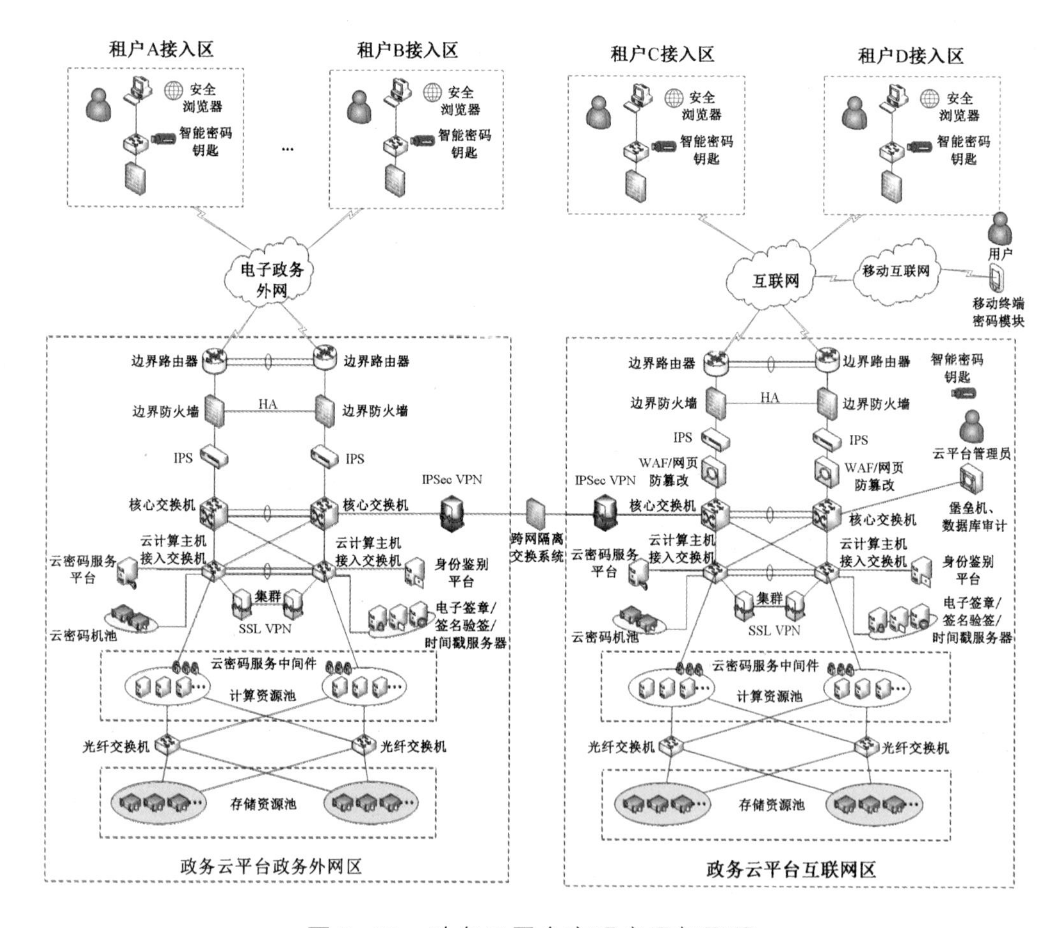

图 5-19 政务云平台密码应用部署图

① 云平台管理员从政务云系统内部登录云平台管理应用，完成对云平台的管理。

② 租户通过安全浏览器接入政务云系统，利用智能密码钥匙完成身份鉴别以登录云平台管理应用，进行云上应用的部署和管理工作；云上应用部署完毕后，也可以直接登录云上应用进行具体的管理工作。

③ 用户利用移动终端密码模块完成身份鉴别，接入租户部署的云上应用，访问和使用相关业务应用。

3. 重要设备和关键数据

本系统包括的密码产品、通用服务器、关键业务应用和关键数据分别如表5-77～表5-80所示。

表5-77　政务云平台部署的密码产品列表

序号	密码产品名称	涉及的密码算法	主要功能
1	云密码机和配套云密码服务平台	SM2、SM3、SM4	云密码机用于密钥管理和密码运算，内部可以虚拟出多个虚拟密码机。云密码服务平台对云密码机构建的密码服务资源池进行管理
2	IPSec/SSL VPN	SM2、SM3、SM4	IPSec VPN用于在政务外网区和互联网区之间建立安全通信信道；SSL VPN则配合安全浏览器、移动终端密码模块等，在云平台与云平台管理员、租户、用户之间建立安全通信信道
3	安全浏览器	SM2、SM3、SM4	配合SSL VPN，在云平台与云平台管理员、租户之间建立安全通信信道
4	密码安全中间件	SM2、SM3、SM4	安全中间件可以同时调度多台密码产品，通过对密码产品进行统一调度，为业务系统提供透明密码运算服务，开发人员无须了解密钥管理和密码运算的具体细节，只需要调用安全开发接口即可实现对密码产品安全服务的透明调用
5	身份鉴别平台	SM2、SM3、SM4	用于对云平台管理员、租户和用户的身份鉴别和授权
6	时间戳服务器	SM2、SM3	提供可信时间服务
7	智能密码钥匙	SM2、SM3、SM4	存储云平台管理员/租户密钥对，用于云平台管理员/租户登录服务器和云平台管理应用时的身份鉴别，以及与云平台管理应用之间进行安全通信
8	移动终端密码模块	SM2、SM3、SM4	存储用户密钥对，用于用户登录云上应用的身份鉴别，以及与云上应用之间进行安全通信

表 5-78　政务云平台部署的通用服务器列表

序号	通用服务器名称	主要功能
1	云密码产品管理服务器	部署云密码产品管理工具，用于云密码机配置、资源管理、设备管理及监控
2	云平台服务器	作为云计算物理资源层的计算支撑
3	存储数据库服务器	作为云计算物理资源层的存储支撑

表 5-79　政务云平台关键业务应用列表

序号	应用名称	主要功能
1	云平台管理应用	由政务云平台管理员和租户使用。管理员通过该应用对云平台进行配置和管理；租户通过该应用，对自身部署的应用进行配置，进行虚拟机和虚拟密码机的租用等
2	云上应用	由租户自己部署的应用，供其用户使用，是云平台承载的具体业务

表 5-80　政务云平台关键数据列表

序号	关键数据	关键数据描述	安全需求
1	系统管理数据	云平台管理应用的配置数据	保密性、完整性
2	鉴别数据	身份鉴别数据	保密性、完整性
3	日志数据	云平台管理员及租户的操作日志、云平台运行日志	完整性
4	业务数据	虚拟机镜像文件、租户镜像文件、租户快照文件、云上应用的业务数据	保密性、完整性

4. 密钥体系

本节主要描述“应用和数据安全”层面中与业务应用具体相关的密钥体系，关于其他层面的典型密钥请参见第 4 章。

政务云平台采用 PKI 技术对各个实体进行身份标识，由 CA 为云平台管理应用、云上应用、云平台管理员、租户和用户签发标识其身份的证书，其密钥对包括签名密钥对和加密密钥对。云平台管理应用、云上应用的证书（含私钥）保存在物理密码机或虚拟密码机中，云平台管理员和租户的证书（含私钥）保存在智能密码钥匙中，用户的证书（含私钥）保存在移动终端密码模块中。就云平台本身的密钥体系而言，可以分为云平台管理应用层和云上应用层两层密钥，如图 5-20 所示。

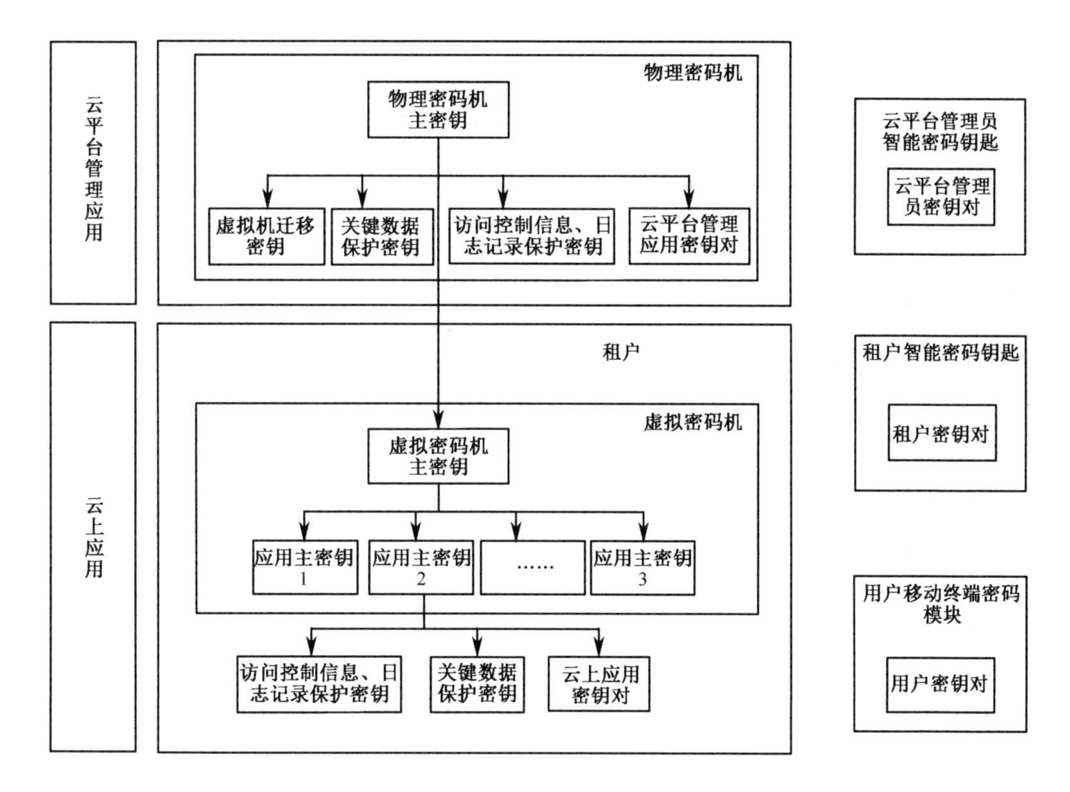

图 5-20　政务云平台密钥体系图

1）云平台管理应用层

物理密码机服务于云平台管理应用，通过自身的主密钥，对以下五类密钥进行保护：

①虚拟机迁移密钥。用于虚拟机在迁移过程中的保密性和完整性保护。

②云平台管理应用的访问控制信息、日志记录保护密钥。对访问控制信息、日志记录进行完整性保护。

③云平台管理应用的关键数据保护密钥。对包括虚拟机镜像、快照、租户信息等关键数据进行保密性和完整性保护。

④云平台管理应用密钥对。用于进行云平台管理应用和云平台管理员 / 租户之间的身份鉴别和密钥协商。

⑤虚拟密码机主密钥。用于对虚拟密码机的相关密钥进行保密性和完整性保护。

2）云上应用层

虚拟密码机服务于云上应用。租户可能有多个应用，共分三层密钥体系：虚拟机主密钥保护应用主密钥；而各个云上应用通过自己的应用主密钥对以下三类密钥进行保护：

①云上应用的访问控制信息、日志记录保护密钥。对访问控制信息、日志记录进行完整性保护。

②云上应用的关键数据保护密钥。对虚拟机镜像、快照、租户 / 用户信息等关键数据进行保密性和完整性保护。

③云上应用密钥对。用于云上应用和租户 / 用户之间的身份真实性鉴别和密钥协商。

5. 密码应用工作流程

云服务提供商可根据客户的需求提供 IaaS、PaaS、SaaS 三个层次的服务，也可以只提供某个层次的服务。由于 PaaS/SaaS 与应用的结合非常紧密，不同的政务云中应用差异较大，具有典型的个性化特征，而 IaaS 层的共性较多，所以本案例中将 IaaS 层作为重点描述对象。云平台需要保护的对象众多，流程繁杂，由于篇幅所限，本节仅简单介绍相关密码应用工作流程。

1）身份鉴别

云平台中涉及的身份鉴别包括以下情况：

①云平台管理员和租户通过身份鉴别平台登录云平台管理应用。身份鉴别平台对云平台管理员和租户的身份鉴别方式为用户名 / 口令和智能密码钥匙（用于产生“挑战—响应”中的 SM2 数字签名）的双因素身份鉴别。

②云平台租户和用户通过身份鉴别平台登录云上应用。身份鉴别平台对云平台租户 / 用户的身份鉴别方式为用户名 / 口令和智能密码钥匙 / 移动终端密码模块（用于产生“挑战—响应”中的 SM2 数字签名）的双因素身份鉴别。

2）数据传输保密性和完整性保护

除了利用 IPSec/SSL VPN 保护南北流量外，云平台还利用端到端数据加密完成对东西流量的保护。具体而言，CA 对云平台管理应用、云上应用、云平台管理员、租户和用户都签发了证书，当两端需要进行数据通信时，可以通过 SM2 密钥协商算法协商临时密钥，随后采用 SM4 算法和 HMAC-SM3 算法对传输数据进行保密性和完整性保护。

3）数据存储保密性和完整性保护

云平台中数据众多，存储过程中的数据保护情况分为以下几种：

①虚拟机镜像模板。云平台管理应用对虚拟机镜像模板进行数字签名，用于虚拟机镜像模板签名的私钥在物理密码机中存储。当租户从IaaS服务提供商租用虚拟机时，云租户使用云平台管理应用的证书对虚拟机镜像模板的完整性进行校验。

②云平台管理应用相关数据。云平台管理应用调用物理密码机，对虚拟机镜像、快照、租户信息等进行保密性和完整性保护，对访问控制信息、日志文件等进行完整性保护。

③云上应用相关数据。云上应用调用虚拟密码机，对虚拟机镜像、快照、用户信息等进行保密性和完整性保护，对访问控制信息、日志文件等进行完整性保护。

4）虚拟机迁移保护

虚拟机迁移的过程中，需要控制平面和数据平面同时工作，方可完成一次成功的迁移。控制平面上，VMM之间的用来发起和管理虚拟机动态迁移的通信机制需要加入身份鉴别和防篡改机制，尤其是跨物理机的虚拟机迁移，首先要利用两台物理机的证书建立安全通信信道，然后再进行虚拟机迁移；数据层面上，虚拟机迁移的数据通信信道要进行安全加固，以防止可能的监听攻击和篡改攻击。

6. 密码技术应用要求标准符合性自查情况

云平台的测评对象与传统信息系统存在差异，具体表现为：

①“设备和计算安全”层面的测评对象包括：物理密码机、虚拟密码机、各类通用服务器（包括物理机、虚拟机两种形态）、租户使用的虚拟机等。

②“应用和数据安全”层面的测评对象包括：云平台管理应用、云上应用、系统管理数据、身份鉴别数据、日志数据、业务数据、虚拟机镜像文件、租户镜像文件、租户快照文件等。

政务云系统的密码技术应用要求标准符合性自查情况如表5-81所示。与其他系统类似，由于采用的物理密码机等都是合规的，在此不再展开对其的测评描述。

表5-81　政务云系统标准符合性自查情况（密码技术应用要求部分）

指标要求		标准符合性自查情况
物理和环境安全	身份鉴别	符合。政务云系统所在的机房按照第4章“物理和环境安全”的实现要点进行建设
	电子门禁记录数据完整性	
	视频记录数据完整性	

续表

指标要求		标准符合性自查情况
网络和通信安全	身份鉴别	符合。云平台部署 SSL VPN 网关，云平台管理员和租户通过安全浏览器和 SSL VPN 网关完成通信双方的身份鉴别、通信数据的完整性和保密性保护，利用 SSL VPN 网关本身的机制完成对于访问控制信息完整性的保护，云平台利用 IPSec VPN 完成政务外网区和互联网区之间的通信双方的身份鉴别、通信数据的完整性和保密性保护；云平台管理员通过 SSL VPN 网关对物理机和虚拟机进行集中管理
	访问控制信息完整性	
	通信数据完整性	
	通信数据保密性	
	集中管理通道安全	
设备和计算安全	身份鉴别	符合。云平台管理员和租户对物理机和虚拟机进行管理前，需要通过身份鉴别平台进行身份鉴别。身份鉴别平台对云平台管理员 / 租户的身份鉴别方式为用户名 / 口令和智能密码钥匙（用于产生“挑战—响应”中的 SM2 数字签名）的双因素身份鉴别
	访问控制信息完整性	符合。 • 云平台自身使用的通用服务器利用物理密码机，采用 HMAC-SM3 算法对设备资源访问控制信息进行完整性保护。 • 云平台租户使用的虚拟机调用自己租用的虚拟密码机，采用 HMAC-SM3 算法对设备资源访问控制信息进行完整性保护
	日志记录完整性	符合。 • 云平台自身使用的通用服务器利用物理密码机，采用 HMAC-SM3 算法对日志记录进行完整性保护。 • 云平台租户使用的虚拟机调用自己租用的虚拟密码机，采用 HMAC-SM3 算法对日志记录进行完整性保护
	远程管理身份鉴别信息保密性	符合。通过 SSL VPN 网关搭建的安全通信链路，完成对远程管理身份鉴别信息保密性的保护
	重要程序或文件完整性	符合。 • 云平台自身使用的通用服务器中所有重要程序或文件（包括虚拟机镜像模板）在生成时利用数字签名进行完整性保护，使用或读取这些程序和文件时，进行验签以确认其完整性；公钥存放在物理密码机中，由物理密码机进行验签操作。 • 云平台租户使用的虚拟机中所有重要程序或文件在生成时利用 SM2 数字签名技术进行完整性保护，使用或读取这些程序和文件时，进行验签以确认其完整性；公钥存放在租户租用的虚拟密码机中，由虚拟密码机进行验签操作
	敏感标记的完整性	不适用。本系统不涉及重要信息的敏感标记

续表

指标要求		标准符合性自查情况
应用和数据安全	身份鉴别	符合。情况如下： • 云平台管理员 / 租户登录云平台管理应用前，需要通过身份鉴别平台进行身份鉴别。身份鉴别平台对云平台管理员的身份鉴别的方式为用户名 / 口令和智能密码钥匙（用于产生“挑战—响应”中的 SM2 数字签名）的双因素身份鉴别。 • 云平台租户 / 用户通过身份鉴别平台登录云上应用，对其进行管理或使用。身份鉴别平台对云平台租户 / 用户的身份鉴别方式为用户名 / 口令和智能密码钥匙 / 移动终端密码模块（用于产生“挑战—响应”中的 SM2 数字签名）的双因素身份鉴别
	访问控制信息和敏感标记完整性	符合。情况如下： • 云平台管理应用调用物理密码机，采用 HMAC-SM3 对其访问控制策略、数据库表访问控制信息进行完整性保护。 • 云上应用调用自己租用的虚拟密码机，采用 HMAC-SM3 对其访问控制策略、数据库表访问控制信息进行完整性保护
	数据传输安全	符合。情况如下： • 虚拟机迁移过程中的数据传输：虚拟机迁移的源主机和目的主机之间的迁移数据调用物理密码机，采用 SM4 和 HMAC-SM3 对虚拟机迁移数据进行保密性和完整性保护。 • 平台管理员 / 租户和云平台管理应用之间的数据传输：平台管理员 / 租户调用智能密码钥匙，云平台管理应用调用物理密码机，采用 SM2 密钥协商算法进行会话密钥的交换，采用 SM4 算法和 HMAC-SM3 算法对传输数据进行保密性和完整性保护。 • 租户 / 用户和云上应用之间的数据传输：租户 / 用户调用智能密码钥匙 / 移动终端密码模块，云上应用调用租户租用的虚拟密码机，采用 SM2 密钥协商算法进行对称密钥的交换，采用 SM4 算法和 HMAC-SM3 算法对传输数据进行保密性和完整性保护
	数据存储安全	符合。情况如下： • 云平台管理应用调用物理密码机，采用 SM4 和 HMAC-SM3 算法对虚拟机镜像、快照、租户信息等关键数据进行保密性和完整性保护，然后存放在存储数据库中。 • 云上应用调用自己租用的虚拟密码机，采用 SM4 和 HMAC-SM3 算法对相关虚拟机镜像、快照、应用数据进行保密性和完整性保护后，存放在存储数据库中或下载到租户 PC 中留存

续表

指标要求		标准符合性自查情况
应用和数据安全	日志记录完整性	符合。情况如下： • 云平台管理应用调用物理密码机，采用 HMAC-SM3 算法对云资源管理日志和审计信息进行完整性保护，存放在存储数据库中。 • 云上应用调用自己租用的虚拟密码机，采用 HMAC-SM3 算法对应用相关的日志记录进行完整性保护，存放在存储数据库中
	重要应用程序的加载和卸载	符合。仅有云平台管理员 / 租户可以登录对应设备进行重要应用程序的加载和卸载，而云平台管理员 / 租户的身份鉴别在“设备和计算安全”层面完成
	抗抵赖（4 级要求）	符合。对云平台管理员和租户的关键操作，利用智能密码钥匙进行签名，利用物理密码机 / 虚拟密码机进行签名验证，实现关键操作的不可否认

5.9.2 密码应用安全性评估测评实施

按照《信息系统密码应用基本要求》对等级保护第三级信息系统的密码应用要求及密码应用方案评审意见，测评机构首先需要参考表 5-81 确定测评指标及不适用指标，对不适用指标的论证材料进行核查确认后，开展对适用指标的具体测评。

政务云系统的测评对象包括通用服务器、密码产品、设施、人员和文档等。测评实施中涉及的测评工具包括通信协议分析工具、IPSec/SSL 协议检测工具、数字证书格式合规性检测工具和商用密码算法合规性检测工具，选取的工具接入点位置如图 5-21 所示。

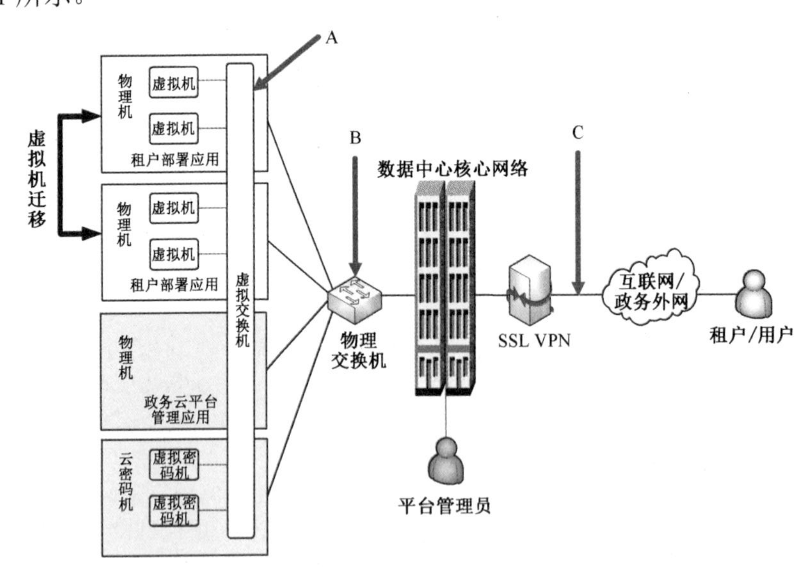

图 5-21　政务云平台测评工具接入点位置

1. 密码技术应用测评概要

政务云平台密码技术应用测评概要如表 5-82 所示。测评方式包括访谈、文档审查、实地察看、配置检查和工具测试。需要说明的是，关于访谈、文档审查、实地察看和配置检查等测评方式在第 4 章已经进行了具体阐述，本节只描述与现场工具测评相关的内容。

表 5-82 政务云平台密码技术应用测评概要

<table>
<tr><th colspan="2">指标要求</th><th>密码技术应用测评概要</th></tr>
<tr><td rowspan="3">物理和环境安全</td><td>身份鉴别</td><td rowspan="3">具体测评实施参见第 4 章</td></tr>
<tr><td>电子门禁记录数据完整性</td></tr>
<tr><td>视频记录数据完整性</td></tr>
<tr><td rowspan="5">网络和通信安全</td><td>身份鉴别</td><td rowspan="5">在互联网和 SSL VPN 网关之间以及两台 IPSec VPN 之间（图 5-21 的接入点 C）接入以下工具，对 IPSec/SSL VPN 网关进行测试，分析协议的合规性。
• 通信协议分析工具：捕获通信数据，进行后续离线分析。
• IPSec/SSL 协议检测工具：分析 IPSec/SSL VPN 网关是否合规。
• 数字证书格式合规性检测工具：根据捕获的数据，离线验证 IPSec/SSL VPN 网关使用的证书是否合规，并验证证书签名结果是否正确</td></tr>
<tr><td>访问控制信息完整性</td></tr>
<tr><td>通信数据完整性</td></tr>
<tr><td>通信数据保密性</td></tr>
<tr><td>集中管理通道安全</td></tr>
<tr><td rowspan="4">设备和计算安全</td><td>身份鉴别</td><td>尝试正常登录和异常登录（包括错误的口令、不插入智能密码钥匙或插入未授权的智能密码钥匙等），查看是否按照预期结果完成身份鉴别</td></tr>
<tr><td>访问控制信息完整性</td><td rowspan="2">• 在物理交换机（图 5-21 的接入点 B）和虚拟交换机（图 5-21 的接入点 A）接入通信协议分析工具，捕获通信数据，分析物理密码机和虚拟密码机的 HMAC-SM3 功能是否被有效调用。
• 尝试修改访问控制信息和日志记录（或对应的 MAC），查看完整性保护机制的有效性</td></tr>
<tr><td>日志记录完整性</td></tr>
<tr><td>远程管理身份鉴别信息保密性</td><td>在互联网和 SSL VPN 网关之间（图 5-21 的接入点 C）接入通信协议分析工具，查看用于设备管理涉及的管理员口令等鉴别数据和敏感数据在传输中是否进行了保密性保护</td></tr>
</table>

续表

指标要求		密码技术应用测评概要
设备和计算安全	重要程序或文件完整性	在物理交换机（图 5-21 的接入点 B）和虚拟交换机（图 5-21 的接入点 A）接入以下工具进行测试。 • 接入通信协议分析工具，捕获通信数据，分析物理密码机和虚拟密码机的 SM2 数字签名功能是否被有效调用。 • 获取重要程序（包括虚拟机镜像模板）及其对应数字签名和数字证书，使用商用密码算法合规性检测工具，验证 SM2 数字签名的合规性。 • 尝试修改重要程序（或对应的数字签名），查看完整性保护机制的有效性
	敏感标记的完整性	核实“不适用”的论证依据
应用和数据安全	身份鉴别	利用身份鉴别平台完成，具体测评实施要点参见本章“身份鉴别系统”
	访问控制信息和敏感标记完整性	• 在物理交换机（图 5-21 的接入点 B）和虚拟交换机（图 5-21 的接入点 A）接入通信协议分析工具，通过捕获发往存储数据库的通信数据，查看访问控制信息是否进行了完整性保护。 • 在物理交换机（图 5-21 的接入点 B）和虚拟交换机（图 5-21 的接入点 A）接入通信协议分析工具，捕获通信数据，分析物理密码机 / 虚拟密码机的 HMAC-SM3 功能是否被有效调用。 • 尝试修改访问控制信息（或对应的 MAC 值），查看完整性保护机制的有效性
	数据传输安全	① 虚拟机迁移过程中的数据传输： • 设定虚拟机迁移的源主机和目的主机，在虚拟机迁移的源目的主机之间的虚拟交换机（图 5-21 的接入点 A）接入数据包捕获工具，捕获数据包并分析是否经过保密性和完整性保护。 • 在物理交换机（图 5-21 的接入点 B）设法接入通信协议分析工具，捕获通信数据，分析物理密码机的 SM4 和 HMAC-SM3 功能是否被有效调用。 • 在虚拟机迁移前的源主机上尝试修改虚拟机数据（或对应的 MAC 值），在目的主机上查看虚拟机数据完整性保护机制的有效性。 ② 平台管理员 / 租户和云平台管理应用之间的数据传输： • 在物理交换机（图 5-21 的接入点 B）接入通信协议分析工具，通过平台管理员 / 租户和云平台管理应用之间的通信数据，分析是否进行了密钥协商，数据是否进行了保密性和完整性保护。

续表

指标要求		密码技术应用测评概要
应用和数据安全	数据传输安全	• 在物理交换机（图 5-21 的接入点 B）设法接入通信协议分析工具，捕获通信数据，分析物理密码机的 SM2 密钥协商、SM4 和 HMAC-SM3 功能是否被有效调用。 ③ 租户 / 用户和云上应用之间的数据传输： • 在虚拟交换机（图 5-21 的接入点 A）接入通信协议分析工具，捕获通信数据，分析是否进行了密钥协商，数据是否进行了保密性和完整性保护。 • 在虚拟交换机（图 5-21 的接入点 A）设法接入通信协议分析工具，捕获通信数据，分析虚拟密码机的 SM2 密钥协商、SM4 和 HMAC-SM3 功能是否被有效调用
	数据存储安全	• 在物理交换机（图 5-21 的接入点 B）和虚拟交换机（图 5-21 的接入点 A）接入通信协议分析工具，通过捕获发往存储数据库的通信数据，查看各个应用的存储数据是否进行保密性和完整性保护。 • 在物理交换机（图 5-21 的接入点 B）和虚拟交换机（图 5-21 的接入点 A）接入通信协议分析工具，捕获通信数据，分析物理密码机 / 虚拟密码机的 SM4 和 HMAC-SM3 功能是否被有效调用。 • 尝试修改存储数据（或对应的 MAC 值），查看完整性保护机制的有效性
	日志记录完整性	• 在物理交换机（图 5-21 的接入点 B）和虚拟交换机（图 5-21 的接入点 A）接入通信协议分析工具，通过捕获发往存储数据库的通信数据，查看日志信息是否进行完整性保护。 • 在物理交换机（图 5-21 的接入点 B）和虚拟交换机（图 5-21 的接入点 A）接入通信协议分析工具，捕获通信数据，分析物理密码机 / 虚拟密码机的 HMAC-SM3 功能是否被有效调用。 • 尝试修改日志记录（或对应的 MAC 值），查看完整性保护机制的有效性
	重要应用程序的加载和卸载	核实设备对应用程序加载和卸载的安全控制机制
	抗抵赖（4 级要求）	在物理交换机（图 5-21 的接入点 B）和虚拟交换机（图 5-21 的接入点 A）接入以下工具进行测试。 • 通信协议分析工具：捕获通信数据以进行离线分析。 • 数字证书格式合规性检测工具：验证所使用证书格式的合规性。 • 商用密码算法合规性检测工具：验证 SM2 数字签名的合规性

2. 密钥管理测评对象及其生命周期

本系统“应用和数据安全”层面的对称密钥和非对称密钥的全生命周期分别如表 5-83 和表 5-84 所示。

表 5-83 政务云系统对称密钥全生命周期

<table>
<tr><th>密钥名称</th><th>生成</th><th>存储</th><th>分发</th><th>导入和导出</th><th>使用</th><th>备份和恢复</th><th>归档</th><th>销毁</th></tr>
<tr><td>物理密码机主密钥</td><td>物理密码机内部生成</td><td>物理密码机内部存储</td><td>不涉及该密钥的分发</td><td>不涉及该密钥的导入和导出</td><td>物理密码机内部使用</td><td>利用物理密码机自身的密钥备份和恢复机制实现</td><td>不涉及该密钥的归档</td><td>物理密码机内部完成销毁</td></tr>
<tr><td>虚拟机迁移密钥</td><td rowspan="2">物理密码机内部生成</td><td rowspan="2">由物理密码机主密钥加密存储</td><td rowspan="2">不涉及该密钥的分发</td><td rowspan="2">不涉及该密钥的导入和导出</td><td rowspan="2">物理密码机内部内部使用</td><td rowspan="2">由物理密码机主密钥加密后进行备份</td><td rowspan="2">物理密码机内部完成归档</td><td rowspan="2">物理密码机内部完成销毁</td></tr>
<tr><td>云平台管理应用关键数据保护密钥、访问控制信息保护密钥、日志信息保护密钥</td></tr>
<tr><td>虚拟密码机主密钥</td><td>虚拟密码机内部生成</td><td>由物理密码机主密钥加密存储</td><td>不涉及该密钥的分发</td><td>由物理密码机主密钥加密进行导入和导出</td><td>虚拟密码机内部使用</td><td>由物理密码机主密钥加密后进行备份</td><td>由物理密码机主密钥加密后进行归档</td><td>虚拟密码机内部完成销毁</td></tr>
<tr><td>应用主密钥</td><td>虚拟密码机内部生成</td><td>虚拟密码机内部存储</td><td>不涉及该密钥的分发</td><td>由虚拟密码机主密钥加密后进行导入和导出</td><td>虚拟密码机内部使用</td><td>由虚拟密码机主密钥加密后进行备份</td><td>由虚拟密码机主密钥加密后进行归档</td><td>虚拟密码机内部完成销毁</td></tr>
<tr><td>云上应用关键数据保护密钥、访问控制信息保护密钥、日志信息保护密钥</td><td>虚拟密码机内部生成</td><td>由应用主密钥加密后与被保护数据一同存放在数据库中</td><td>不涉及该密钥的分发</td><td>由应用主密钥加密后进行导入和导出</td><td>虚拟密码机内部使用</td><td>由应用主密钥加密后进行备份</td><td>由应用主密钥加密后进行归档</td><td>虚拟密码机内部完成销毁</td></tr>
</table>

表 5-84　政务云系统非对称密钥全生命周期

密钥名称	生成	存储	分发	导入和导出	使用	备份和恢复	归档	销毁
CA 公钥	不涉及，由 CA 生成	以证书形式存储	以证书形式离线分发	以证书形式离线导入和导出	以证书形式使用	不涉及，由 CA 进行备份恢复	不涉及该密钥的归档	不涉及，CA 进行撤销
云平台管理应用私钥	签名私钥在物理密码机内生成，加密私钥由 CA 生成	物理密码机内存储	加密私钥由 CA 以离线的方式进行分发，签名私钥不进行分发	加密私钥以离线方式导入到物理密码机，签名私钥不进行导入和导出	物理密码机内使用	利用物理密码机产品自身的密钥备份和恢复机制实现	不涉及该密钥的归档	物理密码机内销毁
云平台管理应用公钥	签名公钥在物理密码机内生成，加密公钥由 CA 生成	以证书形式存储	以证书形式分发	以证书形式导入和导出	以证书形式使用	以证书形式备份恢复	以证书形式归档	不涉及，由 CA 撤销
云上应用私钥	签名私钥在虚拟密码机内生成，加密私钥由 CA 生成	由应用主密钥加密后，存储在数据库中	加密私钥由 CA 以离线的方式进行分发，签名私钥不进行分发	CA 将加密私钥以离线方式导入到虚拟密码机；由应用主密钥加密后进行导入和导出	虚拟密码机内使用	由应用主密钥加密后进行备份恢复	不涉及该密钥的归档	虚拟密码机内销毁
云上应用公钥	签名公钥在虚拟密码机内生成，加密公钥由 CA 生成	以证书形式存储	以证书形式分发	以证书形式导入和导出	以证书形式使用	以证书形式备份恢复	以证书形式归档	不涉及，由 CA 撤销
云平台管理员 / 租户私钥	签名私钥在智能密码钥匙内生成，加密私钥由 CA 生成	智能密码钥匙内存储	加密私钥由 CA 以离线的方式进行分发，签名私钥不进行分发	加密私钥以离线方式导入到智能密码钥匙，签名私钥不进行导入和导出	智能密码钥匙内使用	不涉及该密钥的备份恢复	不涉及该密钥的归档	智能密码钥匙内销毁
云平台管理员 / 租户公钥	签名公钥在智能密码钥匙内生成，加密公钥由 CA 生成	以证书形式存储	以证书形式分发	以证书形式导入和导出	以证书形式使用	以证书形式备份恢复	以证书形式归档	不涉及，由 CA 撤销

续表

密钥名称	生成	存储	分发	导入和导出	使用	备份和恢复	归档	销毁
用户私钥	签名私钥在移动终端密码模块内生成，加密私钥由 CA 生成	移动终端密码模块内存储	加密私钥由 CA 以离线的方式进行分发，签名私钥不进行分发	加密私钥以离线方式导入到移动终端密码模块，签名私钥不进行导入和导出	移动终端密码模块内使用	不涉及该密钥的备份恢复	不涉及该密钥的归档	移动终端密码模块内完成销毁
用户公钥	签名公钥在移动终端密码模块生成，加密公钥由 CA 生成	以证书形式存储	以证书形式分发	以证书形式导入和导出	业务应用使用	不涉及该密钥的备份恢复	不涉及该密钥的归档	不涉及，由 CA 撤销

附录 A

中华人民共和国主席令

第三十五号

《中华人民共和国密码法》已由中华人民共和国第十三届全国人民代表大会常务委员会第十四次会议于2019年10月26日通过，现予公布，自2020年1月1日起施行。

中华人民共和国主席 **习近平**

2019年10月26日

中华人民共和国密码法

目　　录

第一章　总　　则

第一条　为了规范密码应用和管理，促进密码事业发展，保障网络与信息安全，维护国家安全和社会公共利益，保护公民、法人和其他组织的合法权益，制定本法。

第二条　本法所称密码，是指采用特定变换的方法对信息等进行加密保护、安全认证的技术、产品和服务。

第三条　密码工作坚持总体国家安全观，遵循统一领导、分级负责，创新发展、服务大局，依法管理、保障安全的原则。

第四条　坚持中国共产党对密码工作的领导。中央密码工作领导机构对全国密码工作实行统一领导，制定国家密码工作重大方针政策，统筹协调国家密码重大事项和重要工作，推进国家密码法治建设。

第五条　国家密码管理部门负责管理全国的密码工作。县级以上地方各级密码管理部门负责管理本行政区域的密码工作。

国家机关和涉及密码工作的单位在其职责范围内负责本机关、本单位或者本系统的密码工作。

第六条　国家对密码实行分类管理。

密码分为核心密码、普通密码和商用密码。

第七条　核心密码、普通密码用于保护国家秘密信息，核心密码保护信息的最高密级为绝密级，普通密码保护信息的最高密级为机密级。

核心密码、普通密码属于国家秘密。密码管理部门依照本法和有关法律、行政法规、国家有关规定对核心密码、普通密码实行严格统一管理。

第八条　商用密码用于保护不属于国家秘密的信息。

公民、法人和其他组织可以依法使用商用密码保护网络与信息安全。

第九条　国家鼓励和支持密码科学技术研究和应用，依法保护密码领域的知识产权，促进密码科学技术进步和创新。

国家加强密码人才培养和队伍建设，对在密码工作中做出突出贡献的组织和个人，按照国家有关规定给予表彰和奖励。

第十条　国家采取多种形式加强密码安全教育，将密码安全教育纳入国民教育体系和公务员教育培训体系，增强公民、法人和其他组织的密码安全意识。

第十一条　县级以上人民政府应当将密码工作纳入本级国民经济和社会发展规划，所需经费列入本级财政预算。

第十二条 任何组织或者个人不得窃取他人加密保护的信息或者非法侵入他人的密码保障系统。

任何组织或者个人不得利用密码从事危害国家安全、社会公共利益、他人合法权益等违法犯罪活动。

第二章 核心密码、普通密码

第十三条 国家加强核心密码、普通密码的科学规划、管理和使用，加强制度建设，完善管理措施，增强密码安全保障能力。

第十四条 在有线、无线通信中传递的国家秘密信息，以及存储、处理国家秘密信息的信息系统，应当依照法律、行政法规和国家有关规定使用核心密码、普通密码进行加密保护、安全认证。

第十五条 从事核心密码、普通密码科研、生产、服务、检测、装备、使用和销毁等工作的机构（以下统称密码工作机构）应当按照法律、行政法规、国家有关规定以及核心密码、普通密码标准的要求，建立健全安全管理制度，采取严格的保密措施和保密责任制，确保核心密码、普通密码的安全。

第十六条 密码管理部门依法对密码工作机构的核心密码、普通密码工作进行指导、监督和检查，密码工作机构应当配合。

第十七条 密码管理部门根据工作需要会同有关部门建立核心密码、普通密码的安全监测预警、安全风险评估、信息通报、重大事项会商和应急处置等协作机制，确保核心密码、普通密码安全管理的协同联动和有序高效。

密码工作机构发现核心密码、普通密码泄密或者影响核心密码、普通密码安全的重大问题、风险隐患的，应当立即采取应对措施，并及时向保密行政管理部门、密码管理部门报告，由保密行政管理部门、密码管理部门会同有关部门组织开展调查、处置，并指导有关密码工作机构及时消除安全隐患。

第十八条 国家加强密码工作机构建设，保障其履行工作职责。

国家建立适应核心密码、普通密码工作需要的人员录用、选调、保密、考核、培训、待遇、奖惩、交流、退出等管理制度。

第十九条 密码管理部门因工作需要，按照国家有关规定，可以提请公安、交通运输、海关等部门对核心密码、普通密码有关物品和人员提供免检等便利，有关部门应当予以协助。

第二十条 密码管理部门和密码工作机构应当建立健全严格的监督和安全审查制度，对其工作人员遵守法律和纪律等情况进行监督，并依法采取必要措施，定期或者不定期组织开展安全审查。

第三章 商用密码

第二十一条 国家鼓励商用密码技术的研究开发、学术交流、成果转化和推广应用，健全统一、开放、竞争、有序的商用密码市场体系，鼓励和促进商用密码产业发展。

各级人民政府及其有关部门应当遵循非歧视原则，依法平等对待包括外商投资企业在内的商用密码科研、生产、销售、服务、进出口等单位（以下统称商用密码从业单位）。国家鼓励在外商投资过程中基于自愿原则和商业规则开展商用密码技术合作。行政机关及其工作人员不得利用行政手段强制转让商用密码技术。

商用密码的科研、生产、销售、服务和进出口，不得损害国家安全、社会公共利益或者他人合法权益。

第二十二条 国家建立和完善商用密码标准体系。

国务院标准化行政主管部门和国家密码管理部门依据各自职责，组织制定商用密码国家标准、行业标准。

国家支持社会团体、企业利用自主创新技术制定高于国家标准、行业标准相关技术要求的商用密码团体标准、企业标准。

第二十三条 国家推动参与商用密码国际标准化活动，参与制定商用密码国际标准，推进商用密码中国标准与国外标准之间的转化运用。

国家鼓励企业、社会团体和教育、科研机构等参与商用密码国际标准化活动。

第二十四条 商用密码从业单位开展商用密码活动，应当符合有关法律、行政法规、商用密码强制性国家标准以及该从业单位公开标准的技术要求。

国家鼓励商用密码从业单位采用商用密码推荐性国家标准、行业标准，提升商用密码的防护能力，维护用户的合法权益。

第二十五条 国家推进商用密码检测认证体系建设，制定商用密码检测认证技术规范、规则，鼓励商用密码从业单位自愿接受商用密码检测认证，提升市场竞争力。

商用密码检测、认证机构应当依法取得相关资质，并依照法律、行政法规的规定和商用密码检测认证技术规范、规则开展商用密码检测认证。

商用密码检测、认证机构应当对其在商用密码检测认证中所知悉的国家秘密和商业秘密承担保密义务。

第二十六条　涉及国家安全、国计民生、社会公共利益的商用密码产品，应当依法列入网络关键设备和网络安全专用产品目录，由具备资格的机构检测认证合格后，方可销售或者提供。商用密码产品检测认证适用《中华人民共和国网络安全法》的有关规定，避免重复检测认证。

商用密码服务使用网络关键设备和网络安全专用产品的，应当经商用密码认证机构对该商用密码服务认证合格。

第二十七条　法律、行政法规和国家有关规定要求使用商用密码进行保护的关键信息基础设施，其运营者应当使用商用密码进行保护，自行或者委托商用密码检测机构开展商用密码应用安全性评估。商用密码应用安全性评估应当与关键信息基础设施安全检测评估、网络安全等级测评制度相衔接，避免重复评估、测评。

关键信息基础设施的运营者采购涉及商用密码的网络产品和服务，可能影响国家安全的，应当按照《中华人民共和国网络安全法》的规定，通过国家网信部门会同国家密码管理部门等有关部门组织的国家安全审查。

第二十八条　国务院商务主管部门、国家密码管理部门依法对涉及国家安全、社会公共利益且具有加密保护功能的商用密码实施进口许可，对涉及国家安全、社会公共利益或者中国承担国际义务的商用密码实施出口管制。商用密码进口许可清单和出口管制清单由国务院商务主管部门会同国家密码管理部门和海关总署制定并公布。

大众消费类产品所采用的商用密码不实行进口许可和出口管制制度。

第二十九条　国家密码管理部门对采用商用密码技术从事电子政务电子认证服务的机构进行认定，会同有关部门负责政务活动中使用电子签名、数据电文的管理。

第三十条　商用密码领域的行业协会等组织依照法律、行政法规及其章程的规定，为商用密码从业单位提供信息、技术、培训等服务，引导和督促商用密码从业单位依法开展商用密码活动，加强行业自律，推动行业诚信建设，促进行业健康发展。

第三十一条　密码管理部门和有关部门建立日常监管和随机抽查相结合的商用密码事中事后监管制度，建立统一的商用密码监督管理信息平台，推进事中事后监管与社会信用体系相衔接，强化商用密码从业单位自律和社会监督。

密码管理部门和有关部门及其工作人员不得要求商用密码从业单位和商用密码检测、认证机构向其披露源代码等密码相关专有信息，并对其在履行职责中知悉的商业秘密和个人隐私严格保密，不得泄露或者非法向他人提供。

第四章　法律责任

第三十二条　违反本法第十二条规定，窃取他人加密保护的信息，非法侵入他人的密码保障系统，或者利用密码从事危害国家安全、社会公共利益、他人合法权益等违法活动的，由有关部门依照《中华人民共和国网络安全法》和其他有关法律、行政法规的规定追究法律责任。

第三十三条　违反本法第十四条规定，未按照要求使用核心密码、普通密码的，由密码管理部门责令改正或者停止违法行为，给予警告；情节严重的，由密码管理部门建议有关国家机关、单位对直接负责的主管人员和其他直接责任人员依法给予处分或者处理。

第三十四条　违反本法规定，发生核心密码、普通密码泄密案件的，由保密行政管理部门、密码管理部门建议有关国家机关、单位对直接负责的主管人员和其他直接责任人员依法给予处分或者处理。

违反本法第十七条第二款规定，发现核心密码、普通密码泄密或者影响核心密码、普通密码安全的重大问题、风险隐患，未立即采取应对措施，或者未及时报告的，由保密行政管理部门、密码管理部门建议有关国家机关、单位对直接负责的主管人员和其他直接责任人员依法给予处分或者处理。

第三十五条　商用密码检测、认证机构违反本法第二十五条第二款、第三款规定开展商用密码检测认证的，由市场监督管理部门会同密码管理部门责令改正或者停止违法行为，给予警告，没收违法所得；违法所得三十万元以上的，可以并处违法所得一倍以上三倍以下罚款；没有违法所得或者违法所得不足三十万元的，可以并处十万元以上三十万元以下罚款；情节严重的，依法吊销相关资质。

第三十六条　违反本法第二十六条规定，销售或者提供未经检测认证或者检测认证不合格的商用密码产品，或者提供未经认证或者认证不合格的商用密码服务的，由市场监督管理部门会同密码管理部门责令改正或者停止违法行为，给予警告，没收违法产品和违法所得；违法所得十万元以上的，可以并处违法所得一倍以上三倍以下罚款；没有违法所得或者违法所得不足十万元的，可以并处三万元以上十万元以下罚款。

第三十七条　关键信息基础设施的运营者违反本法第二十七条第一款规定，未按照要求使用商用密码，或者未按照要求开展商用密码应用安全性评估的，由密码管理部门责令改正，给予警告；拒不改正或者导致危害网络安全等后果的，处十万元以上一百万元以下罚款，对直接负责的主管人员处一万元以上十万元以下罚款。

关键信息基础设施的运营者违反本法第二十七条第二款规定，使用未经安全审查或者安全审查未通过的产品或者服务的，由有关主管部门责令停止使用，处采购金额一倍以上十倍以下罚款；对直接负责的主管人员和其他直接责任人员处一万元以上十万元以下罚款。

第三十八条　违反本法第二十八条实施进口许可、出口管制的规定，进出口商用密码的，由国务院商务主管部门或者海关依法予以处罚。

第三十九条　违反本法第二十九条规定，未经认定从事电子政务电子认证服务的，由密码管理部门责令改正或者停止违法行为，给予警告，没收违法产品和违法所得；违法所得三十万元以上的，可以并处违法所得一倍以上三倍以下罚款；没有违法所得或者违法所得不足三十万元的，可以并处十万元以上三十万元以下罚款。

第四十条　密码管理部门和有关部门、单位的工作人员在密码工作中滥用职权、玩忽职守、徇私舞弊，或者泄露、非法向他人提供在履行职责中知悉的商业秘密和个人隐私的，依法给予处分。

第四十一条　违反本法规定，构成犯罪的，依法追究刑事责任；给他人造成损害的，依法承担民事责任。

第五章　附　　则

第四十二条　国家密码管理部门依照法律、行政法规的规定，制定密码管理规章。

第四十三条　中国人民解放军和中国人民武装警察部队的密码工作管理办法，由中央军事委员会根据本法制定。

第四十四条　本法自 2020 年 1 月 1 日起施行。

附录 B

商用密码应用安全性评估管理办法（试行）

国家密码管理局 2017 年 4 月 22 日印发

第一章　总　　则

第一条　为规范重要领域网络与信息系统商用密码应用安全性评估工作，发挥密码在保障网络安全中的核心支撑作用，根据《中华人民共和国网络安全法》《商用密码管理条例》以及国家关于网络安全等级保护和重要领域密码应用的有关要求，制定本办法。

第二条　本办法所称的商用密码应用安全性评估，是指在采用商用密码技术、产品和服务集成建设的网络与信息系统中，对其密码应用的合规性、正确性和有效性等进行评估。

第三条　涉及国家安全和社会公共利益的重要领域网络与信息系统的建设、使用、管理单位（以下简称责任单位），应当健全密码保障体系，实施商用密码应用安全性评估。重要领域网络与信息系统包括：基础信息网络、涉及国计民生和基础信息资源的重要信息系统、重要工业控制系统、面向社会服务的政务信息系统，以及关键信息基础设施、网络安全等级保护第三级及以上的信息系统。

第四条　国家密码管理部门负责指导、监督和检查全国商用密码应用安全性评估工作。

省（部）密码管理部门负责指导、监督和检查本地区、本部门、本行业（系统）商用密码应用安全性评估工作。

第二章 评估程序

第五条 责任单位应当在系统规划、建设和运行阶段，组织开展商用密码应用安全性评估工作。

第六条 商用密码应用安全性评估工作由国家密码管理部门认定的密码测评机构（以下简称测评机构）承担，国家密码管理部门定期发布测评机构目录。

国家密码管理部门会同国务院公安部门制定测评机构的有关技术与管理规范，组织测评机构业务培训。

第七条 评估工作应当遵守国家法律法规和相关标准，遵循独立、客观、公正的原则。

国家标准化管理部门、国家密码管理部门根据各自职责，制定发布商用密码应用安全性评估国家标准、行业标准。

第八条 在重要领域网络与信息系统规划阶段，责任单位应当依据商用密码应用安全性有关标准，制定商用密码应用建设方案，组织专家或委托测评机构进行评估。评估结果作为项目规划立项的重要依据和申报使用财政性资金项目的必备材料。

第九条 重要领域网络与信息系统建设完成后，责任单位应当委托测评机构进行商用密码应用安全性评估，评估结果作为项目建设验收的必备材料。

第十条 重要领域网络与信息系统投入运行后，责任单位应当委托测评机构定期开展商用密码应用安全性评估，评估未通过，责任单位应当限期整改并重新组织评估。

关键信息基础设施、网络安全等级保护第三级及以上信息系统，每年至少评估一次，测评机构可将商用密码应用安全性评估与关键信息基础设施网络安全测评、网络安全等级保护测评同步进行。对其他信息系统定期开展检查和抽查。

第十一条 重要领域网络与信息系统发生密码相关重大安全事件、重大调整或特殊紧急情况时，责任单位应当及时组织测评机构开展商用密码应用安全性评估。

第十二条 测评机构完成商用密码应用安全性评估工作后，应在30个工作日内将评估结果报国家密码管理部门备案。

责任单位完成规划、建设、运行和应急评估后，应在30个工作日内将评估结果报主管部门及所在地区（部门）密码管理部门备案。其中，对于网络安全等级保护第三级及以上信息系统，评估结果应同时报所在地区公安部门备案。

第三章　监督管理

第十三条　责任单位应按照本办法开展商用密码应用安全性评估工作，并对评估工作承担管理责任，接受密码管理部门的监督、检查和指导。

责任单位在评估过程中违反本办法有关规定的，其主管部门和密码管理部门应当依据有关规定予以处罚。

第十四条　各地区（部门）密码管理部门根据工作需要，不定期对本地区（部门）重要领域网络与信息系统开展商用密码应用安全性专项检查。

国家密码管理部门根据工作需要，不定期对各地区（部门）商用密码应用安全性评估工作开展检查，并对有关重要领域网络与信息系统进行抽查。

第十五条　国家、省（区、市）相关主管部门在开展重要领域网络与信息系统安全检查时，应将商用密码应用安全性评估情况作为重要检查内容。

第十六条　国家密码管理部门对测评机构进行监督检查，并根据需要对测评机构的评估结果进行抽查。

第十七条　测评机构应保守在测评活动中知悉的国家秘密、商业秘密和个人隐私，对所出具的商用密码应用安全性评估结果负责。有弄虚作假、泄露秘密等违反相关规定的行为，按照国家相关法律法规予以处罚。

第四章　附　则

第十八条　本办法施行前已经投入使用的重要领城网络与信息系统，应按照本办法要求开展商用密码应用安全性评估，根据评估结果进行密码升级改造。在升级改造期间，责任单位应当采取必要措施保证系统安全运行。

第十九条　未设立密码管理机构的有关部门，应指定本部门负责密码应用安全性评估的主管单位，根据本办法规定开展评估工作。

第二十条　本办法第三条规定范围之外的其他网络与信息系统，其责任单位可以参考本办法自愿开展商用密码应用安全性评估。

第二十一条　本办法由国家密码管理局负责解释。

第二十二条　本办法自 2017 年 4 月 22 日起试行。

附录 C

商用密码应用安全性测评机构管理办法
（试行）

国家密码管理局 2017 年 9 月 27 日印发

第一章　总　　则

第一条　为加强商用密码应用安全性测评机构管理，规范测评行为，提高测评技术能力和服务水平，依据密码法律法规和《商用密码应用安全性评估管理办法（试行）》等规定，制定本办法。

第二条　在中华人民共和国境内对商用密码应用安全性测评机构的监督管理，适用本办法；对测评机构、测评人员及其测评活动的管理与规范，适用本办法。

第三条　商用密码应用安全性测评机构（以下简称测评机构），是指具备本办法规定的基本条件，通过审核评定，在商用密码应用安全性评估体系中从事测评服务的机构。

第四条　测评机构遴选应遵循满足需求、统筹规划、合理布局、动态管理的方针，按照“依法合规、公正公开、客观独立”的原则有序开展。

第五条　国家密码管理局负责测评机构的申请受理、能力评审和监督检查等。

第二章　设立与评定

第六条　申请成为测评机构的单位（以下简称申请单位）应具备以下基本条件：

（一）在中华人民共和国境内注册，由国家投资、法人投资或公民投资成立的企事业单位；

（二）产权关系明晰，注册资金500万元以上；

（三）成立年限在2年以上，从事信息系统安全相关工作1年以上，无违法记录；

（四）具备与从事系统测评相适应的独立、集中、可控的工作环境，测评工作场地应不少于200平方米；

（五）具备必要的检测设施、设备，使用的设施设备应满足实施商用密码应用安全性评估工作的要求；

（六）具备完善的人员结构，包括专业技术人员和管理人员，通过“商用密码应用安全性测评人员考核”的测评人员数量不少于10人；

（七）具有完备的安全保密管理、项目管理、质量管理、人员管理、培训教育、客户管理和投诉处理等规章制度；

（八）本单位及直接控股的母公司或子公司不从事商用密码产品生产、销售、集成以及运营等可能影响测评结果公正性的活动（测评工具类除外）；

（九）法律法规要求的其他条件。

第七条　申请时，申请单位应当提交以下材料：

（一）《商用密码应用安全性测评机构申请表》；

（二）从事与商用密码相关工作情况的说明；

（三）开展测评工作所需的软硬件及其他服务保障设施配备情况；

（四）管理制度建设情况；

（五）申请单位及其测评人员基本情况；

（六）申请单位认为有必要提交的其他材料。

第八条　国家密码管理局设立申请材料初审工作组，对申请材料进行初审，出具初审结论。初审结果按程序报批后，告知申请单位。通过初审的申请单位，应在60个工作日内参加培训、考核和能力评审。

第九条　测评人员培训、考核工作由国家密码管理局委托的机构承担，申请单位应当确保本单位测评人员全程参加。考核通过后，测评人员方可参加商用密码应用安全性评估工作。

第十条　国家密码管理局设立测评机构能力评审专家组，负责申请单位的能力评审工作，根据《商用密码应用安全性测评机构能力评审实施细则》等要求，开展材料核查、现场评审和综合评议。

第十一条　能力评审工作结束后，国家密码管理局组织召开综合评定会，研究形成综合评定结论，确定测评机构名单，并印发试点地区和部门。

第十二条　下列事项发生变更时，测评机构应在10个工作日内向国家密码管理局报告。

（一）测评机构名称、地址、主要负责人发生变更的；

（二）测评机构法人、股权结构发生变更的；

（三）其他重大事项发生变更的。

第十三条　测评机构应加强对本机构测评人员的监督管理，定期组织开展安全保密教育和业务培训。

第三章　责任和义务

第十四条　测评机构不得从事影响测评结果公正性的相关活动。

第十五条　测评机构应严格按照商用密码应用安全性评估相关标准规范，公正、独立地开展测评工作，依据模板出具测评报告，确保测评质量，全面、客观地反映被测信息系统的密码应用安全性状况。

第四章　监督检查

第十六条　测评项目实施过程中，测评机构应接受国家密码管理局的监督管理。

第十七条　测评机构应当在年底编制商用密码应用安全性评估工作报告，并报送国家密码管理局。

第十八条　国家密码管理局、测评机构所属省部密码管理局对测评机构负有监督检查职责，根据需要开展测评机构检查工作。

第五章　法律责任

第十九条　测评机构有下列情形之一的，国家密码管理局应责令其限期整改；情形严重的，予以通报。

（一）未按照有关标准规范开展测评或未按规定出具测评报告的；

（二）严重妨碍被测评信息系统正常运行，危害被测评信息系统安全的；

（三）未妥善保管、非授权占有或使用商用密码应用安全性评估相关资料及数据文件的；

（四）分包或转包测评项目，以及有其他扰乱测评市场秩序行为的；

（五）限定被测评单位购买、使用指定信息安全和密码相关产品的；

（六）测评人员未通过培训考核，但从事商用密码应用安全性评估工作的；

（七）未按本办法规定提交材料、报告情况或弄虚作假的；

（八）其他违反商用密码应用安全性评估工作有关规定的行为。

第二十条　测评机构有下列情形之一的，国家密码管理局应取消其商用密码应用安全性测评机构试点资格。

（一）因单位股权、人员等情况发生变动，不符合商用密码应用安全性测评机构基本条件的；

（二）故意泄露被测评单位工作秘密、重要信息系统数据信息的；

（三）故意隐瞒测评过程中发现的安全问题，或者在测评过程中弄虚作假未如实出具测评报告的；

（四）自愿退出测评机构目录的。

第二十一条　测评人员有下列行为之一的，责令测评机构督促其限期改正；情节严重的，责令测评机构暂停其参与测评工作；情形特别严重的，应在商用密码应用安全性测评人员名单中移除，并对其所在测评机构进行通报。

（一）未经允许擅自使用或泄露、出售商用密码应用安全性评估工作中收集的数据信息、资料或测评报告的；

（二）测评行为失误或不当，影响重要领域网络与信息系统安全或造成运营使用单位利益损失的；

（三）其他违反商用密码应用安全性评估工作有关规定的行为。

第二十二条　测评机构及其测评人员违反本办法的相关规定，给被测评信息系统运营使用单位造成严重危害和损失的，由相关部门依照有关法律、法规予以处理。

第二十三条　任何单位和个人如发现测评机构、测评人员有违法、违规行为的，可向国家密码管理局举报、投诉。

第六章　附　　则

第二十四条　本办法由国家密码管理局负责解释。

第二十五条　本办法自发布之日起实施。

附录 D

商用密码应用安全性测评机构能力评审实施细则（试行）

国家密码管理局 2017 年 9 月 27 日印发

第一章　总　　则

（一）目的和依据

为规范申请商用密码应用安全性测评机构的单位（以下简称申请单位）的能力评审工作，依据《中华人民共和国网络安全法》《商用密码管理条例》《商用密码应用安全性评估管理办法（试行）》《商用密码应用安全性测评机构管理办法（试行）》等有关规定，制定本细则。

（二）基本原则

申请单位能力评审遵循公平、公正、独立、客观的原则。

（三）适用范围

本实施细则适用于对申请单位的能力评审。

第二章　工作职责

国家密码管理局组织对申请单位的测评能力进行评审。能力评审实行专家组负责制。

国家密码管理局在能力评审中的具体职责包括：

（1）负责能力评审工作的组织管理，审核申请资料的完整性与规范性；

（2）建立并维护能力评审专家库；

（3）设立评审专家组，在能力评审专家库随机抽取评审专家，指定专家组组长，由专家组负责对申请单位的能力进行评估、判定；

（4）负责与申请单位的沟通协调，组织并监督现场评审；

（5）负责出具能力评审结论。

第三章　评审程序

国家密码管理局成立由 5 ～ 7 名专家组成的评审专家组，组织专家评审。评审分为材料核查、现场评审、综合评议三个阶段。

（一）材料核查

专家组对照评审内容和要求对申请单位提交的材料进行查阅。对需要现场核实的内容予以记录，以备现场评审时核查。

（二）现场评审

专家组前往申请单位，采取查看、问询、模拟测试、问卷考试等形式，对照《商用密码应用安全性测评机构能力要求》（见附件 D-1），对测评机构的基本情况、人员结构、测评实验室条件、仪器设备条件、测评实施能力、质量管理能力和风险控制能力等 7 个方面进行评审。

专家组根据现场评审情况，对照《商用密码应用安全性测评机构能力评审专家评分表》逐项打分。

（三）综合评议

专家组组长主持召开会议，综合材料审查和现场评审情况进行研讨和评议，汇总专家评分情况，填写《商用密码应用安全性测评机构能力评审汇总表》，提交国家密码管理局。

第四章　工作要求

测评机构能力评审工作过程中，专家组应遵循如下要求：

（一）遵守法律法规和技术规范要求，坚持客观、独立、科学、公正的原则，专家对所评分数负责。

（二）按时参加评审活动，认真履行职责，廉洁自律，不得借评审谋取私利。

（三）遵守相关保密规定，对评审中接触到的有关情况负有保密责任。

（四）有下列情形之一的，专家应当主动向国家密码管理局申请回避：

（1）专家担任申请单位技术顾问等职务的；

（2）专家所在单位与申请单位存在利益关系的；

（3）专家与申请单位存在利益关系的其他情况。

如未主动申请回避的，一经发现，取消其专家资格。

附件：D-1. 商用密码应用安全性测评机构能力要求

　　　D-2. 商用密码应用安全性测评机构能力评估申请表（本书略）

附件 D-1　商用密码应用安全性测评机构能力要求

本要求适用于申请商用密码应用安全性测评机构的单位。申请成为商用密码应用安全性测评机构的单位应满足包括基本情况、人员结构、测评实验室条件、仪器设备条件、测评实施能力、质量管理能力和风险控制能力等方面的要求。

一、基本情况

（1）中华人民共和国境内注册，由国家投资、法人投资或公民投资成立的企事业单位。

（2）产权关系明晰，注册资金 500 万元以上。

（3）成立年限在 2 年以上，从事信息安全系统相关工作年限 1 年以上，无违法记录。

二、人员要求

（1）配备测评技术负责人与质量负责人各 1 人，应熟悉信息系统密码应用安全性测评业务，从事商用密码或质量管理相关工作 5 年以上。

（2）测评人员应为签订正式合同的员工，具有本科以上学历和密码相关经验，且通过“商用密码应用安全性测评人员考核”的测评人员不少于 10 人。

（3）测评人员的审核以通过培训考核的测评人员名单为依据。

三、测评工作场所条件要求

（1）实验室清洁整齐，工作场地不小于 200 平方米，采光、通风、温湿度、防震等应满足实际测评的需求。

（2）实验室环境、安全、环保、功能布局等应符合质量管理的相关规定，并配有必要的防污染、防火、控制进入等安全措施，各个测评实验室或一个实验室的不同测评区域开展的项目应当互不影响。

（3）凡是对测评方法或测评仪器有要求的，应按要求对测评场所的温度、湿度等环境条件进行有效、准确的测量并记录。

四、仪器设备条件要求

（1）具备符合相关要求的机房以及必要的软、硬件设备，满足技术培训、测评验证和模拟测试的需要。

（2）配备满足商用密码应用安全性评估工作需要的测评设备和工具，包括密码相关标准符合性分析工具、网络数据分析工具、网络协议分析工具等。测评设备和工具需要定期核查，确保其运行状态良好，有校准要求的仪器设备需按时送至校准实验室进行专门校准，并确保所进行的校准可溯源到国际单位制。

（3）具有完备的设备和工具管理制度。对设备档案和标识管理，以及故障设备和工具管理有明确要求。对测评设备和工具统一登记、统一标识，标识完整、摆放合理，具有配套防护如防尘等措施，对于有故障的设备和工具应通过加盖明显标识进行区分，并采取有效措施防止继续使用。

（4）仪器设备具有完整的操作维护规程、仪器设备使用说明书、校准报告、使用记录、定期维修核查制度和记录，存放地点及保管人等信息规范完整。

五、测评实施能力要求

（1）具有把握国家密码政策、理解和掌握相关技术标准、熟悉测评方法流程和工作规范等方面知识及能力的测评人员，测评人员应能够依据测评结果做出专业判断以及出具测评报告。

（2）具备商用密码应用安全性技术测评实施能力，包括身份鉴别、访问控制、数据安全、密钥管理、安全审计等方面作业指导书的开发、使用、维护及获取相关结果的专业判断。

（3）具备商用密码应用安全性管理测评实施能力，包括人员、制度、实施、应急等方面测评指导书的开发、使用、维护及获取相关结果的专业判断。

（4）具备系统整体评估能力，能根据单元测评结果进行综合分析，给出测评结论。

（5）宜具备搭建密码应用模拟系统并开展评估的能力，以展现商用密码应用安全性技术测评实施能力、管理测评实施能力和详细测评工作流程。

（6）依据测评工作流程，有计划有步骤地开展测评工作，并保证测评活动的每个环节都得到有效的控制。主要包括四个阶段：

a）测评准备阶段：搜集被测系统的相关资料信息，全面掌握被测系统密码使用的详细情况，为测评工作的开展打下基础。

b）方案编制阶段：正确合理地确定测评对象、测评边界、测评指标等内容，并依据技术标准，规范编制测评方案、测评结果记录表格，测评方案应通过技术评审并有相关记录。

c）现场测评阶段：严格执行测评方案中的内容和要求，并依据操作规程熟练地使用测评设备和工具，规范、准确、完整地填写测评结果记录，获取足够证据，客观、真实、科学地反映出系统的密码安全防护状况，测评过程应予以监督并记录。

d）报告编制阶段：通过对测评数据的综合分析得出被测信息系统密码安全防护现状与相应的技术标准要求之间的差距，分析差距可能导致被测系统面临的风险，给出测评结论，形成测评报告。测评报告应依据国家密码管理部门统一编制的报告模板的格式和内容要求编写。测评报告应包括所有测评结果、根据这些结果做出的专业判断以及理解和解释这些结果所需要的相关信息，以上信息均应正确、准确、清晰地表述。

六、质量管理能力要求

（1）建立质量管理体系，制定相应的质量目标；指定质量主管，并明确其管理职责。

（2）根据国家有关保密规定制定保密管理制度，明确保密范围、保密职责及有关罚则等内容，定期对工作人员进行保密教育，防止发生泄露国家秘密、商业秘密、敏感信息和个人隐私的事件，测评人员应当签订《保密责任书》，规定其应当履行的安全保密义务和承担的法律责任。

（3）依据相关技术标准制定测评项目管理程序，包括测评工作的组织形式、工作职责，测评各阶段的工作内容和管理要求等。

（4）保证管理体系的有效运行，持续改进自身的测评质量和管理水平，发现问题及时反馈并采取纠正措施。

（5）制定投诉及争议处理制度，严格遵守制度并记录采取的措施。

七、风险控制能力要求

（1）充分估计测评过程可能给被测系统带来的风险，风险包括但不限于以下方面：

a）由于自身能力或资源不足造成的风险；

b）测评验证活动可能对被测系统正常运行造成影响的风险；

c）测评设备和工具接入可能对被测系统正常运行造成影响的风险；

d）测评活动残留数据的保护和清理工作造成的风险；

e）测评过程中可能发生的被测系统重要信息（如网络拓扑、IP 地址、业务流程、安全机制、安全隐患和有关文档等）泄露的风险等。

（2）针对上述风险制定规避和控制措施。

附录 E

国务院办公厅关于印发国家政务信息化项目建设管理办法的通知

国办发〔2019〕57号

各省、自治区、直辖市人民政府，国务院各部委、各直属机构：

《国家政务信息化项目建设管理办法》已经国务院同意，现印发给你们，请认真贯彻执行。

国务院办公厅

2019年12月30日

国家政务信息化项目建设管理办法

第一章 总　　则

第一条 为规范国家政务信息化建设管理，推动政务信息系统跨部门跨层级互联互通、信息共享和业务协同，强化政务信息系统应用绩效考核，根据《国务院关于印发政务信息资源共享管理暂行办法的通知》（国发〔2016〕51号）等有关规定，制定本办法。

第二条 本办法适用的国家政务信息系统主要包括：国务院有关部门和单位负责实施的国家统一电子政务网络平台、国家重点业务信息系统、国家信息资源库、国家信息安全基础设施、国家电子政务基础设施（数据中心、机房等）、国家电子政务标准化体系以及相关支撑体系等符合《政务信息系统定义和范围》规定的系统。

第三条 国家政务信息化建设管理应当坚持统筹规划、共建共享、业务协同、安全可靠的原则。

第四条 国家发展改革委负责牵头编制国家政务信息化建设规划，对各部门审批的国家政务信息化项目进行备案管理。财政部负责国家政务信息化项目预算管理和政府采购管理。各有关部门按照职责分工，负责国家政务信息化项目审批、建设、运行和安全监管等相关工作，并按照“以统为主、统分结合、注重实效”的要求，加强对政务信息化项目的并联管理。

第五条 国家发展改革委会同中央网信办、国务院办公厅、财政部建立国家政务信息化建设管理的协商机制，做好统筹协调，开展督促检查和评估评价，推广经验成果，形成工作合力。

第二章 规划和审批管理

第六条 国家发展改革委会同有关部门根据信息化发展规律和政务信息化建设特点，统筹考虑并充分论证各部门建设需求，编制国家政务信息化建设规划并报国务院批准后实施；如内外部发展环境发生重大变化，适时组织评估论证，提出调整意见报国务院批准。各有关部门编制规划涉及政务信息化建设的，应当与国家政务信息化建设规划进行衔接。

第七条 国家发展改革委审批或者核报国务院审批的政务信息化项目，以及其他有关部门按照项目审批管理的政务信息化项目，原则上包括编报项目建议书、可行性研究报告、初步设计方案等环节。

对于已经纳入国家政务信息化建设规划的项目，可以直接编报可行性研究报告。

对于党中央、国务院有明确要求，或者涉及国家重大战略、国家安全等特殊原因，情况紧急，且前期工作深度达到规定要求的项目，可以直接编报项目可行性研究报告、初步设计方案和投资概算。

第八条 国家政务信息化项目原则上不再进行节能评估、规划选址、用地预审、环境影响评价等审批，涉及新建土建工程、高耗能项目的除外。

第九条 除国家发展改革委审批或者核报国务院审批的外，其他有关部门自行审批新建、改建、扩建，以及通过政府购买服务方式产生的国家政务信息化项目，应当按规定履行审批程序并向国家发展改革委备案。

备案文件应当包括项目名称、建设单位、审批部门、绩效目标及绩效指标、投资额度、运行维护经费、经费渠道、信息资源目录、信息共享开放、应用系统、等级保护或者分级保护备案情况、密码应用方案和密码应用安全性评估报告等内容，其中改建、扩建项目还需提交前期项目第三方后评价报告。

第十条 跨部门共建共享的政务信息化项目，由牵头部门会同参建部门共同开展跨部门工程框架设计，形成统一框架方案后联合报国家发展改革委。框架方案要确定工程的参建部门、建设目标、主体内容，明确各部门项目与总体工程的业务流、数据流及系统接口，初步形成数据目录，确保各部门建设内容无重复交叉，实现共建共享要求。框架方案确定后，各部门按照项目管理要求申请建设本部门参建内容。

各有关部门对于需要地方共享协同的政务信息化项目，应当按照统筹规划、分级审批、分级建设、共享协同的原则建设，并加强与地方已有项目的衔接。项目建设单位应当加强对地方的指导，统筹制定信息共享、业务协同的总体要求和标准规范。地方项目建设单位应当根据项目的总体目标、整体框架、建设任务、绩效目标及指标等，按照本地有关规定开展项目审批建设工作，并做好与国家有关项目建设单位的衔接配合。

第十一条 可行性研究报告、初步设计方案应当包括信息资源共享分析篇（章）。咨询评估单位的评估报告应当包括对信息资源共享分析篇（章）的评估意见。审批部门的批复文件或者上报国务院的请示文件应当包括对信息资源共享分析篇（章）的意见。

项目建设单位应当编制信息资源目录，建立信息共享长效机制和共享信息使用情况反馈机制，确保信息资源共享，不得将应当普遍共享的数据仅向特定企业、社会组织开放。

信息资源目录是审批政务信息化项目的必备条件。信息资源共享的范围、程度以及网络安全情况是确定项目建设投资、运行维护经费和验收的重要依据。

第十二条 各部门所有新建政务信息化项目，均应当在全国投资项目在线审批监管平台政务信息化项目管理子平台（以下简称管理平台）报批或者备案。

所有中央本级政务信息系统应当全口径纳入管理平台进行统一管理。各部门应当在管理平台及时更新本部门政务信息系统目录。管理平台汇总形成国家政务信息系统总目录。

第三章　建设和资金管理

第十三条　项目建设单位应当确定项目实施机构和项目责任人，建立健全项目管理制度，加强对项目全过程的统筹协调，强化信息共享和业务协同，并严格执行招标投标、政府采购、工程监理、合同管理等制度。招标采购涉密信息系统的，还应当执行保密有关法律法规规定。

第十四条　项目建设单位应当按照《中华人民共和国网络安全法》等法律法规以及党政机关安全管理等有关规定，建立网络安全管理制度，采取技术措施，加强政务信息系统与信息资源的安全保密设施建设，定期开展网络安全检测与风险评估，保障信息系统安全稳定运行。

第十五条　项目建设单位应当落实国家密码管理有关法律法规和标准规范的要求，同步规划、同步建设、同步运行密码保障系统并定期进行评估。

第十六条　项目应当采用安全可靠的软硬件产品。在项目报批阶段，要对产品的安全可靠情况进行说明。项目软硬件产品的安全可靠情况，项目密码应用和安全审查情况，以及硬件设备和新建数据中心能源利用效率情况是项目验收的重要内容。

第十七条　项目建设单位应当充分依托云服务资源开展集约化建设。

第十八条　对于人均投资规模过大、项目建设单位不具备建设运行维护能力的项目，应当充分发挥职能部门作用或者外包，减少自建自管自用自维。

第十九条　国家政务信息化项目实行工程监理制，项目建设单位应当按照信息系统工程监理有关规定，委托工程监理单位对项目建设进行工程监理。

第二十条　项目建设单位应当对项目绩效目标执行情况进行评价，并征求有关项目使用单位和监理单位的意见，形成项目绩效评价报告，在建设期内每年年底前向项目审批部门提交。

项目绩效评价报告主要包括建设进度和投资计划执行情况。对于已投入试运行的系统，还应当说明试运行效果及遇到的问题等。

第二十一条　项目建设过程中出现工程严重逾期、投资重大损失等问题的，项目建设单位应当及时向项目审批部门报告，项目审批部门按照有关规定要求项目建设单位进行整改或者暂停项目建设。

第二十二条　项目建设单位应当严格按照项目审批部门批复的初步设计方案和投资概算实施项目建设。项目建设目标和内容不变，项目总投资有结余的，应当按照相关规定将结余资金退回。

项目建设的资金支出按照国库集中支付有关制度规定执行。

第二十三条　项目投资规模未超出概算批复、建设目标不变，项目主要建设内容确需调整且资金调整数额不超过概算总投资 15%，并符合下列情形之一的，可以由项目建设单位调整，同时向项目审批部门备案：

（一）根据党中央、国务院部署，确需改变建设内容的；

（二）确需对原项目技术方案进行完善优化的；

（三）根据所建政务信息化项目业务发展需要，在已批复项目建设规划的框架下调整相关建设内容及进度的。

不符合上述情形的，应当按照国家有关规定履行相应手续。

第二十四条　初步设计方案和投资概算未获批复前，原则上不予下达项目建设投资。对于因开展需求分析、编制可行性研究报告和初步设计、购地、拆迁等确需提前安排投资的政务信息化项目，项目建设单位可以在项目可行性研究报告获批复后，向项目审批部门提出申请。

第二十五条　国家政务信息化项目建成后半年内，项目建设单位应当按照国家有关规定申请审批部门组织验收，提交验收申请报告时应当一并附上项目建设总结、财务报告、审计报告、安全风险评估报告（包括涉密信息系统安全保密测评报告或者非涉密信息系统网络安全等级保护测评报告等）、密码应用安全性评估报告等材料。

项目建设单位不能按期申请验收的，应当向项目审批部门提出延期验收申请。

项目审批部门应当及时组织验收。验收完成后，项目建设单位应当将验收报告等材料报项目审批部门备案。

第二十六条　项目建设单位应当按照国家有关档案管理的规定，做好项目档案管理，并探索应用电子档案。

未进行档案验收或者档案验收不合格的，不得通过项目验收。

第二十七条　项目建设单位应当在项目通过验收并投入运行后 12 至 24 个月内，依据国家政务信息化建设管理绩效评价有关要求，开展自评价，并将自评价报告报送项目审批部门和财政部门。项目审批部门结合项目建设单位自评价情况，可以委托相应的第三方咨询机构开展后评价。

第二十八条　加强国家政务信息化项目建设投资和运行维护经费协同联动，坚持“联网通办是原则，孤网是例外”。部门已建的政务信息化项目需升级改造，或者拟新建政务信息化项目，能够按要求进行信息共享的，由国家发展改革委会同有关部门进行审核；如果部门认为根据有关法律法规和党中央、国务院要求不能进行信息共享，但是确有必要建设或者保留的，由国家发展改革委报国务院，由国务院办公厅会同有关部门进行审核，经国务院批准后方可建设或者保留。

（一）对于未按要求共享数据资源或者重复采集数据的政务信息系统，不安排运行维护经费，项目建设单位不得新建、改建、扩建政务信息系统。

（二）对于未纳入国家政务信息系统总目录的系统，不安排运行维护经费。

（三）对于不符合密码应用和网络安全要求，或者存在重大安全隐患的政务信息系统，不安排运行维护经费，项目建设单位不得新建、改建、扩建政务信息系统。

第四章　监督管理

第二十九条　项目建设单位应当接受项目审批部门及有关部门的监督管理，配合做好绩效评价、审计等监督管理工作，如实提供建设项目有关资料和情况，不得拒绝、隐匿、瞒报。

第三十条　国务院办公厅、国家发展改革委、财政部、中央网信办会同有关部门按照职责分工，对国家政务信息化项目是否符合国家有关政务信息共享的要求，以及项目建设中招标采购、资金使用、密码应用、网络安全等情况实施监督管理。发现违反国家有关规定或者批复要求的，应当要求项目建设单位限期整改。逾期不整改或者整改后仍不符合要求的，项目审批部门可以对其进行通报批评、暂缓安排投资计划、暂停项目建设直至终止项目。

网络安全监管部门应当依法加强对国家政务信息系统的安全监管，并指导监督项目建设单位落实网络安全审查制度要求。

各部门应当严格遵守有关保密等法律法规规定，构建全方位、多层次、一致性的防护体系，按要求采用密码技术，并定期开展密码应用安全性评估，确保政务信息系统运行安全和政务信息资源共享交换的数据安全。

第三十一条　审计机关应当依法加强对国家政务信息系统的审计，促进专项资金使用真实、合法和高效，推动完善并监督落实相关制度政策。

第三十二条　项目审批部门、主管部门应当加强对绩效评价和项目后评价结果的应用，根据评价结果对国家政务信息化项目存在的问题提出整改意见，指导完善相关管理制度，并按照项目审批管理要求将评价结果作为下一年度安排政府投资和运行维护经费的重要依据。

第三十三条 单位或者个人违反本办法规定未履行审批、备案程序，或者因管理不善、弄虚作假造成严重超概算、质量低劣、损失浪费、安全事故或者其他责任事故的，相关部门应当予以通报批评，并对负有直接责任的主管人员和其他责任人员依法给予处分。

相关部门、单位或者个人违反国家有关规定，截留、挪用政务信息化项目资金，或者违规安排运行维护经费的，由有关部门按照《财政违法行为处罚处分条例》等相关规定予以查处。

第五章 附 则

第三十四条 国务院有关部门可以根据本办法的规定及职责分工，制定本部门的具体管理办法。

各省、自治区、直辖市人民政府可以参照本办法制定本地区的管理办法。

第三十五条 本办法由国家发展改革委会同财政部负责解释。

第三十六条 本办法自2020年2月1日起施行。2007年8月13日国家发展改革委公布的《国家电子政务工程建设项目管理暂行办法》同时废止。

附录 F

信息系统密码应用基本要求
（摘录）

为方便查阅，本附录对 GM/T 0054-2018《信息系统密码应用基本要求》标准内容进行裁剪，仅保留了通用的要求，以及第三、第四级信息系统的要求。

一、总体要求

（一）密码算法

信息系统中使用的密码算法应当符合法律、法规的规定和密码相关国家标准、行业标准的有关要求。

（二）密码技术

信息系统中使用的密码技术应遵循密码相关国家标准和行业标准。

（三）密码产品

信息系统中使用的密码产品与密码模块应通过国家密码管理部门核准。

（四）密码服务

信息系统中使用的密码服务应通过国家密码管理部门许可。

二、密码功能要求

（一）保密性

使用密码加密功能实现保密性，信息系统中保护的对象为：
a）传输的重要数据、敏感信息数据或整个报文；
b）存储的重要数据和敏感信息数据；
c）身份鉴别信息；
d）密钥数据。

（二）完整性

使用消息鉴别码（MAC）或数字签名实现完整性，信息系统中保护的对象为：
a）传输的重要数据、敏感信息数据或整个报文；
b）存储的重要数据、文件和敏感信息数据；
c）身份鉴别信息；
d）密钥数据；
e）日志记录；
f）访问控制信息；
g）重要信息资源敏感标记；
h）重要程序；
i）采用可信计算技术建立从系统到应用的信任链；
j）视频监控音像记录；
k）电子门禁系统进出记录。

（三）真实性

使用对称加密、动态口令、数字签名等实现真实性，信息系统中应用场景为：
a）进入重要物理区域人员的身份鉴别；
b）通信双方的身份鉴别；
c）网络设备接入时的身份鉴别；
d）采用可信计算技术的平台身份鉴别；
e）登录操作系统和数据库系统的用户身份鉴别；
f）应用系统的用户身份鉴别。

（四）不可否认性

使用数字签名等密码技术实现实体行为的不可否认性，针对在信息系统中所有需要无法否认的行为，包括发送、接收、审批、创建、修改、删除、添加、配置等操作。

三、密码技术应用要求

（一）物理和环境安全

1. 总则

物理和环境安全密码应用总则如下：

a）采用密码技术实施对重要场所、监控设备等的物理访问控制；

b）采用密码技术对物理访问控制记录、监控信息等物理和环境的敏感信息数据实施完整性保护；

c）采用密码技术实现的电子门禁系统应遵循 GM/T 0036-2014。

2. 等级保护第三级信息系统要求

a）应使用密码技术的真实性功能来保护物理访问控制身份鉴别信息，保证重要区域进入人员身份的真实性；

b）应使用密码技术的完整性功能来保证电子门禁系统进出记录的完整性；

c）应使用密码技术的完整性功能来保证视频监控音像记录的完整性；

d）宜采用符合 GM/T 0028-2014 的三级及以上密码模块或通过国家密码管理部门核准的硬件密码产品实现密码运算和密钥管理。

3. 等级保护第四级信息系统要求

a）应使用密码技术的真实性功能来保护物理访问控制身份鉴别信息，保证重要区域进入人员身份的真实性；

b）应使用密码技术的完整性功能来保证电子门禁系统进出记录的完整性；

c）应使用密码技术的完整性功能来保证视频监控音像记录的完整性；

d）应采用符合 GM/T 0028-2014 的三级及以上密码模块或通过国家密码管理部门核准的硬件密码产品实现密码运算和密钥管理。

（二）网络和通信安全

1. 总则

网络和通信安全密码应用总则如下：

a）采用密码技术对连接到内部网络的设备进行安全认证；

b）采用密码技术对通信的双方身份进行认证；

c）采用密码技术保证通信过程中数据的完整性；

d）采用密码技术保证通信过程中敏感信息数据字段或整个报文的保密性；

e）采用密码技术保证网络边界访问控制信息、系统资源访问控制信息的完整性；

f）采用密码技术建立一条安全的信息传输通道，对网络中的安全设备或安全组件进行集中管理。

2. 等级保护第三级信息系统要求

a）应在通信前基于密码技术对通信双方进行身份认证，使用密码技术的保密性和真实性功能来实现防截获、防假冒和防重用，保证传输过程中鉴别信息的保密性和网络设备实体身份的真实性；

b）应使用密码技术的完整性功能来保证网络边界和系统资源访问控制信息的完整性；

c）应采用密码技术保证通信过程中数据的完整性；

d）应采用密码技术保证通信过程中敏感信息数据字段或整个报文的保密性；

e）应采用密码技术建立一条安全的信息传输通道，对网络中的安全设备或安全组件进行集中管理；

f）宜采用符合 GM/T 0028-2014 的三级及以上密码模块或通过国家密码管理部门核准的硬件密码产品实现密码运算和密钥管理。

3. 等级保护第四级信息系统要求

a）应在通信前基于密码技术对通信双方进行验证或认证，使用密码技术的保密性和真实性功能来实现防截获、防假冒和防重用，保证传输过程中鉴别信息的保密性和网络设备实体身份的真实性；

b）应采用密码技术对连接到内部网络的设备进行身份认证，确保接入网络的设备真实可信；

c）应使用密码技术的完整性功能来保证网络边界和系统资源访问控制信息的完整性；

d）应采用密码技术保证通信过程中数据的完整性；

e）应采用密码技术保证通信过程中敏感信息数据字段或整个报文的保密性；

f）应采用密码技术建立一条安全的信息传输通道，对网络中的安全设备或安全组件进行集中管理；

g）应基于符合 GM/T 0028-2014 的三级及以上密码模块或通过国家密码管理部门核准的硬件密码产品实现密码运算和密钥管理。

（三）设备和计算安全

1. 总则

设备和计算安全密码应用总则如下：

a）采用密码技术对登录的用户进行身份鉴别；

b）采用密码技术的完整性功能来保证系统资源访问控制信息的完整性；

c）采用密码技术的完整性功能来保证重要信息资源敏感标记的完整性；

d）采用密码技术的完整性功能对重要程序或文件进行完整性保护；

e）采用密码技术的完整性功能来对日志记录进行完整性保护。

2. 等级保护第三级信息系统要求

a）应使用密码技术对登录的用户进行身份标识和鉴别，身份标识具有唯一性，身份鉴别信息具有复杂度要求并定期更换；

b）在远程管理时，应使用密码技术的保密性功能来实现鉴别信息的防窃听；

c）应使用密码技术的完整性功能来保证系统资源访问控制信息的完整性；

d）应使用密码技术的完整性功能来保证重要信息资源敏感标记的完整性；

e）应采用可信计算技术建立从系统到应用的信任链，实现系统运行过程中重要程序或文件完整性保护；

f）应使用密码技术的完整性功能来对日志记录进行完整性保护；

g）宜采用符合 GM/T 0028-2014 的三级及以上密码模块或通过国家密码管理部门核准的硬件密码产品实现密码运算和密钥管理。

3. 等级保护第四级信息系统要求

a）应使用密码技术对登录的用户进行身份标识和鉴别，身份标识具有唯一性，身份鉴别信息具有复杂度要求并定期更换；

b）在远程管理时，应使用密码技术的保密性功能来实现鉴别信息的防窃听；

c）应使用密码技术的完整性功能来保证系统资源访问控制信息的完整性；

d）应使用密码技术的完整性功能来保证重要信息资源敏感标记的完整性；

e）应采用可信计算技术建立从系统到应用的信任链，实现系统运行过程中重要程序或文件完整性保护；

f）应使用密码技术的完整性功能来对日志记录进行完整性保护；

g）应采用符合 GM/T 0028-2014 的三级及以上密码模块或通过国家密码管理部门核准的硬件密码产品实现密码运算和密钥管理。

（四）应用和数据安全

1. 总则

应用和数据安全密码应用总则如下：

a）采用密码技术对登录用户进行身份鉴别；

b）采用密码技术的完整性功能来保证系统资源访问控制信息的完整性；

c）采用密码技术的完整性功能来保证重要信息资源敏感标记的完整性；

d）采用密码技术保证重要数据在传输过程中的保密性、完整性；

e）采用密码技术保证重要数据在存储过程中的保密性、完整性；

f）采用密码技术对重要程序的加载和卸载进行安全控制；

g）采用密码技术实现实体行为的不可否认性；

h）采用密码技术的完整性功能来对日志记录进行完整性保护。

2. 等级保护第三级信息系统要求

a）应使用密码技术对登录的用户进行身份标识和鉴别，实现身份鉴别信息的防截获、防假冒和防重用，保证应用系统用户身份的真实性；

b）应使用密码技术的完整性功能来保证业务应用系统访问控制策略、数据库表访问控制信息和重要信息资源敏感标记等信息的完整性；

c）应采用密码技术保证重要数据在传输过程中的保密性，包括但不限于鉴别数据、重要业务数据和重要用户信息等；

d）应采用密码技术保证重要数据在存储过程中的保密性，包括但不限于鉴别数据、重要业务数据和重要用户信息等；

e）应采用密码技术保证重要数据在传输过程中的完整性，包括但不限于鉴别数据、重要业务数据、重要审计数据、重要配置数据、重要视频数据和重要用户信息等；

f）应采用密码技术保证重要数据在存储过程中的完整性，包括但不限于鉴别数据、重要业务数据、重要审计数据、重要配置数据、重要视频数据和重要用户信息、重要可执行程序等；

g）应使用密码技术的完整性功能来实现对日志记录完整性的保护；

h）应采用密码技术对重要应用程序的加载和卸载进行安全控制；

i）宜采用符合 GM/T 0028-2014 的三级及以上密码模块或通过国家密码管理部门核准的硬件密码产品实现密码运算和密钥管理。

3. 等级保护第四级信息系统要求

a）应使用密码技术对登录的用户进行身份标识和鉴别，实现身份鉴别信息的防截获、防假冒和防重用，保证应用系统用户身份的真实性；

b）应使用密码技术的完整性功能来保证业务应用系统访问控制策略、数据库表访问控制信息和重要信息资源敏感标记等信息的完整性；

c）应采用密码技术保证重要数据在传输过程中的保密性，包括但不限于鉴别数据、重要业务数据和重要用户信息等；

d）应采用密码技术保证重要数据在存储过程中的保密性，包括但不限于鉴别数据、重要业务数据和重要用户信息等；

e）应采用密码技术保证重要数据在传输过程中的完整性，包括但不限于鉴别数据、重要业务数据、重要审计数据、重要配置数据、重要视频数据和重要用户信息等；

f）应采用密码技术保证重要数据在存储过程中的完整性，包括但不限于鉴别数据、重要业务数据、重要审计数据、重要配置数据、重要视频数据和重要用户信息、重要可执行程序等；

g）应使用密码技术的完整性功能来实现对日志记录完整性的保护；

h）应采用密码技术对重要应用程序的加载和卸载进行安全控制；

i）在可能涉及法律责任认定的应用中，应采用密码技术提供数据原发证据和数据接收证据，实现数据原发行为的不可否认性和数据接收行为的不可否认性；

j）应采用符合 GM/T 0028-2014 的三级及以上密码模块或通过国家密码管理部门核准的硬件密码产品实现密码运算和密钥管理。

四、密钥管理

（一）总则

信息系统密钥管理应包括对密钥的生成、存储、分发、导入、导出、使用、备份、恢复、归档与销毁等环节进行管理和策略制定的全过程。

（二）等级保护第三级信息系统要求

1. 密钥生成

密钥生成使用的随机数应符合 GM/T 0005-2012 要求，密钥应在符合 GM/T 0028-2014 的密码模块中产生；密钥应在密码模块内部产生，不得以明文方式出现在密码模块之外；应具备检查和剔除弱密钥的能力。

2. 密钥存储

密钥应加密存储，并采取严格的安全防护措施，防止密钥被非法获取；密钥加密密钥应存储在符合 GM/T 0028-2014 的二级及以上密码模块中。

3. 密钥分发

密钥分发应采取身份鉴别、数据完整性、数据保密性等安全措施，应能够抗截取、假冒、篡改、重放等攻击，保证密钥的安全性。

4. 密钥导入与导出

应采取安全措施，防止密钥导入导出时被非法获取或篡改，并保证密钥的正确性。

5. 密钥使用

密钥应明确用途，并按用途正确使用；对于公钥密码体制，在使用公钥之前应对其进行验证；应有安全措施防止密钥的泄露和替换；密钥泄露时，应停止使用，并启动相应的应急处理和响应措施。应按照密钥更换周期要求更换密钥；应采取有效的安全措施，保证密钥更换时的安全性。

6. 密钥备份与恢复

应制定明确的密钥备份策略，采用安全可靠的密钥备份恢复机制，对密钥进行备份或恢复；密钥备份或恢复应进行记录，并生成审计信息；审计信息包括备份或恢复的主体、备份或恢复的时间等。

7. 密钥归档

应采取有效的安全措施，保证归档密钥的安全性和正确性；归档密钥只能用于解密该密钥加密的历史信息或验证该密钥签名的历史信息；密钥归档应进行记录，并生成审计信息；审计信息包括归档的密钥、归档的时间等；归档密钥应进行数据备份，并采用有效的安全保护措施。

8. 密钥销毁

应具有在紧急情况下销毁密钥的措施。

（三）等级保护第四级信息系统要求

1. 密钥生成

应使用国家密码管理部门批准的硬件物理噪声源产生随机数；密钥应在密码设备内部产生，不得以明文方式出现在密码设备之外；应具备检查和剔除弱密钥的能力；应生成密钥审计信息，密钥审计信息包括种类、长度、拥有者信息、使用起始时间、使用终止时间。

2. 密钥存储

密钥应加密存储，并采取严格的安全防护措施，防止密钥被非法获取；密钥加密密钥、用户签名私钥应存储在符合 GM/T 0028-2014 的三级及以上密码模块中或通过国家密码管理部门核准的硬件密码产品；应具有密钥泄露时的应急处理和响应措施。

3. 密钥分发

密钥分发应采取身份鉴别、数据完整性、数据保密性等安全措施，应能够抗截取、假冒、篡改、重放等攻击，保证密钥的安全性。

4. 密钥导入与导出

应采取有效的安全措施，保证密钥导入与导出的安全，以及密钥的正确性；应采用密钥分量的方式或者专用设备的方式；应保证系统密码服务不间断。

5. 密钥使用

密钥应明确用途，并按用途正确使用；对于公钥密码体制，在使用公钥之前应对其进行验证；应有安全措施防止密钥的泄露和替换；密钥泄露时，应停止使用，并启动相应的应急处理和响应措施。应按照密钥更换周期要求更换密钥；应采取有效的安全措施，保证密钥更换时的安全性。

6. 密钥备份与恢复

应制定明确的密钥备份策略，采用安全可靠的密钥备份恢复机制，对密钥进行备份或恢复；密钥备份或恢复应进行记录，并生成审计信息；审计信息应包括备份或恢复的主体、备份或恢复的时间等。

7. 密钥归档

应采取有效的安全措施，保证归档密钥的安全性和正确性；归档密钥只能用于解密该密钥加密的历史信息或验证该密钥签名的历史信息；密钥归档应进行记录，并生成审计信息；审计信息应包括归档的密钥、归档的时间等；归档密钥应进行数据备份，并采用有效的安全保护措施。

8. 密钥销毁

应具有在紧急情况下销毁密钥的措施。

五、安全管理

（一）制度

1. 等级保护第三级信息系统要求

a）应制定密码安全管理制度及操作规范、安全操作规范。密码安全管理制度应包括密码建设、运维、人员、设备、密钥等密码管理相关内容。

b）应定期对密码安全管理制度的合理性和适用性进行论证和审定，对存在不足或需要改进的安全管理制度进行修订。

c）应明确相关管理制度发布流程。

2. 等级保护第四级信息系统要求

a）应制定密码安全管理制度及操作规范、安全操作规范。密码安全管理制度应包括密码建设、运维、人员、设备、密钥等密码管理相关内容。

b）应定期对密码安全管理制度的合理性和适用性进行论证和审定，对存在不足或需要改进的安全管理制度进行修订。

c）应明确相关管理制度发布流程。

d）制度执行过程应留存相关执行记录。

（二）人员

1. 等级保护第三级信息系统要求

a）应了解并遵守密码相关法律法规。

b）应能够正确使用密码产品。

c）应根据相关密码管理政策、数据安全保密政策，结合组织实际情况，设置密钥管理人员、安全审计人员、密码操作人员等关键岗位；建立相应岗位责任制度，明确相关人员在安全系统中的职责和权限，对关键岗位建立多人共管机制；密钥管理、安全审计、密码操作人员职责，互相制约互相监督，相关设备与系统的管理和使用账号不得多人共用。

d）应建立人员考核制度，定期进行岗位人员考核，建立健全奖惩制度。

e）应建立人员培训制度，对于涉及密码的操作和管理以及密钥管理人员进行专门培训。

f）应建立关键岗位人员保密制度和调离制度，签订保密合同，承担保密义务。

2. 等级保护第四级信息系统要求

a）应了解并遵守密码相关法律法规。

b）应能够正确使用密码产品。

c）应根据相关密码管理政策、数据安全保密政策，结合组织实际情况，设置密钥管理人员、安全审计人员、密码操作人员等关键岗位；建立相应岗位责任制度，明确相关人员在安全系统中的职责和权限，对关键岗位建立多人共管机制；密钥管理、安全审计、密码操作人员职责应建立多人共管制度，互相制约互相监督，相关设备与系统的管理和使用账号不得多人共用。

d）密钥管理员、密码设备操作人员应从本机构在编的正式员工中选拔，并进行背景调查。

e）应建立人员考核制度，定期进行岗位人员考核，建立健全奖惩制度。

f）应建立人员培训制度，对于涉及密码的操作和管理以及密钥管理人员进行专门培训。

g）应建立关键岗位人员保密制度和调离制度，签订保密合同，承担保密义务。

（三）实施

1. 规划

1）等级保护第三级信息系统要求

信息系统规划阶段，责任单位应依据密码相关标准，制定密码应用方案，组织专家进行评审，评审意见作为项目规划立项的重要材料。

通过专家审定后的方案应作为建设、验收和测评的重要依据。

2）等级保护第四级信息系统要求

信息系统规划阶段，责任单位应依据密码相关标准，制定密码应用方案，组织专家进行评审，评审意见作为项目规划立项的重要材料。

通过专家审定后的方案应作为建设、验收和测评的重要依据。

2. 建设

1）等级保护第三级信息系统要求

a）应按照国家相关标准，制定实施方案，方案内容应包括但不少于信息系统概述、安全需求分析、密码系统设计方案、密码产品清单（包括产品资质、功能及性能列表和产品生产单位等）、密码系统安全管理与维护策略、密码系统实施计划等。

b）应选用经国家密码管理部门核准的密码产品、许可的密码服务。

2）等级保护第四级信息系统要求

a）应按照国家相关标准，制定实施方案，方案内容应包括但不少于信息系统概述、安全需求分析、密码系统设计方案、密码产品清单（包括产品资质、功能及性能列表和产品生产单位等）、密码系统安全管理与维护策略、密码系统实施计划等。

b）应选用经国家密码管理部门核准的密码产品、许可的密码服务。

3. 运行

1）等级保护第三级信息系统要求

a）信息系统投入运行前，应经密码测评机构进行安全性评估，评估通过方可投入正式运行。

b）信息系统投入运行后，责任单位每年应委托密码测评机构开展密码应用安全性评估，并根据评估意见进行整改；有重大安全隐患的，应停止系统运行，制定整改方案，整改完成并通过评估后方可投入运行。

2）等级保护第四级信息系统要求

a）信息系统投入运行前，应经密码测评机构进行安全性评估，评估通过方可投入正式运行。

b）信息系统投入运行后，责任单位每年应委托密码测评机构开展密码应用安全性评估，并根据评估意见进行整改；有重大安全隐患的，应停止系统运行，制定整改方案，整改完成并通过评估后方可投入运行。

（四）应急

1. 等级保护第三级信息系统要求

a）制订应急预案，做好应急资源准备，当事件发生时，按照应急预案结合实际情况及时处置。

b）事件发生后，应及时向信息系统的上级主管部门进行报告。

c）事件处置完成后，应及时向同级的密码管理部门报告事件发生情况及处置情况。

2. 等级保护第四级信息系统要求

a）制订应急预案，做好应急资源准备，当事件发生时，按照应急预案结合实际情况及时处置。

b）事件发生后，应及时向信息系统的上级主管部门和同级的密码管理部门进行报告。

c）事件处置完成后，应及时向同级的密码管理部门报告事件发生情况及处置情况。

六、安全要求对照表

GM/T 0054-2018 的附录 A 给出了不同安全保护等级的信息系统中密码应用要求，具体如表 F-1 所示。

表 F-1　不同安全保护等级的信息系统中密码应用要求

指标要求			一级	二级	三级	四级
技术要求	物理和环境安全	身份鉴别	可	宜	应	应
		电子门禁记录数据完整性	可	宜	应	应
		视频记录数据完整性	—	—	应	应
		密码模块实现	—	宜	宜	应
	网络和通信安全	身份鉴别	可	宜	应	应
		内部网络安全接入	—	—	—	应
		访问控制信息完整性	可	宜	应	应
		通信数据完整性	可	宜	应	应
		通信数据保密性	可	宜	应	应
		集中管理通道安全	—	—	应	应
		密码模块实现	—	宜	宜	应
	设备和计算安全	身份鉴别	可	宜	应	应
		访问控制信息完整性	可	宜	应	应
		敏感标记的完整性	可	宜	应	应
		日志记录完整性	可	宜	应	应
		远程管理身份鉴别信息保密性	—	宜	应	应
		重要程序或文件完整性	—	—	应	应
		密码模块实现	—	宜	宜	应
	应用和数据安全	身份鉴别	可	宜	应	应
		访问控制信息和敏感标记完整性[1]	可	宜	应	应
		数据传输安全	可	宜	应	应
		数据存储安全	可	宜	应	应
		日志记录完整性	可	宜	应	应
		重要应用程序的加载和卸载	—	—	应	应
		抗抵赖	—	—	—	应
		密码模块实现	—	宜	宜	应
密钥管理	生成		应	应	应	应
	存储		应	应	应	应
	使用		应	应	应	应
	分发		—	应	应	应
	导入与导出		—	应	应	应
	备份与恢复		—	应	应	应
	归档		—	—	应	应
	销毁		—	—	应	应

1　编者注：原标准中为“访问控制”，表述不准确。

续表

指标要求			一级	二级	三级	四级
安全管理	制度	制定密码安全管理制度	可	宜	应	应
		定期修订安全管理制度	可	宜	应	应
		明确管理制度发布流程	—	宜	应	应
		制度执行过程记录留存	—	—	—	应
	人员	了解并遵守密码相关法律法规	应	应	应	应
		正确使用密码相关产品	应	应	应	应
		建立岗位责任及人员培训制度	—	应	应	应
		建立关键岗位人员保密制度和调离制度	—	应	应	应
		设置密码管理和技术岗位并定期考核	—	—	应	应
		背景调查	—	—	—	应
	实施	规划	可	宜	应	应
		建设	可	宜	应	应
		运行	可	宜	应	应
	应急	应急预案	—	应	应	应
		事件处置	可	应	应	应
		向有关主管部门上报处置情况	—	—	应	应

注：“—”表示该项不做要求；“可”表示可以、允许；“宜”表示推荐、建议；“应”表示应该。

七、密码行业标准列表

至2019年12月，已发布密码行业标准91项，见表F-2。查阅最新的密码行业标准请访问密码行业标准化技术委员会网站：http://www.gmbz.org.cn。

表F-2 已发布密码行业标准列表

序号	标准编号	标准名称
1-3	GM/T 0001-2012	祖冲之序列密码算法（共3个部分）
4	GM/T 0002-2012	SM4分组密码算法
5-9	GM/T 0003-2012	SM2椭圆曲线公钥密码算法（共5个部分）
10	GM/T 0004-2012	SM3密码杂凑算法

续表

序号	标准编号	标准名称
11	GM/T 0005-2012	随机性检测规范
12	GM/T 0006-2012	密码应用标识规范
13	GM/T 0008-2012	安全芯片密码检测准则
14	GM/T 0009-2012	SM2 密码算法使用规范
15	GM/T 0010-2012	SM2 密码算法加密签名消息语法规范
16	GM/T 0011-2012	可信计算 可信密码支撑平台功能与接口规范
17	GM/T 0012-2012	可信计算 可信密码模块接口规范
18	GM/T 0013-2012	可信计算 可信密码模块接口符合性测试规范
19	GM/T 0014-2012	数字证书认证系统密码协议规范
20	GM/T 0015-2012	基于 SM2 密码算法的数字证书格式规范
21	GM/T 0016-2012	智能密码钥匙密码应用接口规范
22	GM/T 0017-2012	智能密码钥匙密码应用接口数据格式规范
23	GM/T 0018-2012	密码设备应用接口规范
24	GM/T 0019-2012	通用密码服务接口规范
25	GM/T 0020-2012	证书应用综合服务接口规范
26	GM/T 0021-2012	动态口令密码应用技术规范
27	GM/T 0022-2014	IPSec VPN 技术规范
28	GM/T 0023-2014	IPSec VPN 网关产品规范
29	GM/T 0024-2014	SSL VPN 技术规范
30	GM/T 0025-2014	SSL VPN 网关产品规范
31	GM/T 0026-2014	安全认证网关产品规范
32	GM/T 0027-2014	智能密码钥匙技术规范
33	GM/T 0028-2014	密码模块安全技术要求
34	GM/T 0029-2014	签名验签服务器技术规范
35	GM/T 0030-2014	服务器密码机技术规范
36	GM/T 0031-2014	安全电子签章密码技术规范
37	GM/T 0032-2014	基于角色的授权与访问控制技术规范
38	GM/T 0033-2014	时间戳接口规范
39	GM/T 0034-2014	基于 SM2 密码算法的证书认证系统密码及其相关安全技术规范
40-44	GM/T 0035-2014	射频识别系统密码应用技术要求（共 5 个部分）

续表

序号	标准编号	标准名称
45	GM/T 0036-2014	采用非接触卡的门禁系统密码应用技术指南
46	GM/T 0037-2014	证书认证系统检测规范
47	GM/T 0038-2014	证书认证密钥管理系统检测规范
48	GM/T 0039-2015	密码模块安全检测要求
49	GM/T 0040-2015	射频识别标签模块密码检测准则
50	GM/T 0041-2015	智能 IC 卡密码检测规范
51	GM/T 0042-2015	三元对等密码安全协议测试规范
52	GM/T 0043-2015	数字证书互操作检测规范
53-57	GM/T 0044-2016	SM9 标识密码算法（共 5 个部分）
58	GM/T 0045-2016	金融数据密码机技术规范
59	GM/T 0046-2016	金融数据密码机检测规范
60	GM/T 0047-2016	安全电子签章密码检测规范
61	GM/T 0048-2016	智能密码钥匙密码检测规范
62	GM/T 0049-2016	密码键盘密码检测规范
63	GM/T 0050-2016	密码设备管理 设备管理技术规范
64	GM/T 0051-2016	密码设备管理 对称密钥管理技术规范
65	GM/T 0052-2016	密码设备管理 VPN 设备监察管理规范
66	GM/T 0053-2016	密码设备管理 远程监控与合规性检验接口数据规范
67	GM/T 0054-2018	信息系统密码应用基本要求
68	GM/T 0055-2018	电子文件密码应用技术规范
69	GM/T 0056-2018	多应用载体密码应用接口规范
70	GM/T 0057-2018	基于 IBC 技术的身份鉴别规范
71	GM/T 0058-2018	可信计算 TCM 服务模块接口规范
72	GM/T 0059-2018	服务器密码机检测规范
73	GM/T 0060-2018	签名验签服务器检测规范
74	GM/T 0061-2018	动态口令密码应用检测规范
75	GM/T 0062-2018	密码产品随机数检测要求
76	GM/T 0063-2018	智能密码钥匙密码应用接口检测规范
77	GM/T 0064-2018	限域通信（RCC）密码检测要求
78	GM/T 0065-2019	商用密码产品生产和保障能力建设规范

续表

序号	标准编号	标准名称
79	GM/T 0066-2019	商用密码产品生产和保障能力建设实施指南
80	GM/T 0067-2019	基于数字证书的身份鉴别接口规范
81	GM/T 0068-2019	开放的第三方资源授权协议框架
82	GM/T 0069-2019	开放的身份鉴别框架
83	GM/T 0070-2019	电子保单密码应用技术要求
84	GM/T 0071-2019	电子文件密码应用指南
85	GM/T 0072-2019	远程移动支付密码应用技术要求
86	GM/T 0073-2019	手机银行信息系统密码应用技术要求
87	GM/T 0074-2019	网上银行密码应用技术要求
88	GM/T 0075-2019	银行信贷信息系统密码应用技术要求
89	GM/T 0076-2019	银行卡信息系统密码应用技术要求
90	GM/T 0077-2019	银行核心信息系统密码应用技术要求
91	GM/Z 4001-2013	密码术语

附录 G

网络安全等级保护基本要求
（摘录）

GB/T 22239-2019《信息安全技术 网络安全等级保护基本要求》于 2019 年 5 月 10 日发布， 2019 年 12 月 1 日实施，用于代替 GB/T 22239-2008《信息安全技术 信息系统安全等级保护基本要求》。GB/T 22239-2019 体现了综合防御、纵深防御、主动防御思想，强化了密码应用要求，规定了第一级到第四级等级保护对象的安全保护的基本要求，每个级别的基本要求均由安全通用要求和安全扩展要求构成。

本附录摘录了第三、第四级等级保护对象的密码使用要求，以及我们建议可使用密码技术满足相关要求的条款，其中**黑体字部分**表示第四级增加或增强的要求，供读者参考。

一、 安全物理环境

1. 安全通用要求

a) 【物理访问控制】机房出入口应配置电子门禁系统，控制、鉴别和记录进入的人员。

b) 【物理访问控制】重要区域应配置第二道电子门禁系统，控制、鉴别和记录进入的人员。

c) 【防盗窃和防破坏】应设置机房防盗报警系统或设置有专人值守的视频监控

系统。

2. 云计算安全扩展要求：无

3. 移动互联安全扩展要求：无

4. 物联网安全扩展要求：无

5. 工业控制系统安全扩展要求：无

二、 安全通信网络

1. 安全通用要求

a) 【网络架构】应避免将重要网络区域部署在边界处，重要网络区域与其他网络区域之间应采取可靠的技术隔离手段。

b) 【通信传输】应采用校验技术或密码技术保证通信过程中数据的完整性。

c) 【通信传输】应采用密码技术保证通信过程中数据的保密性。

d) 【通信传输】应在通信前基于密码技术对通信的双方进行验证或认证。

e) 【通信传输】应基于硬件密码模块对重要通信过程进行密码运算和密钥管理。

f) 【可信验证】可基于可信根对通信设备的系统引导程序、系统程序、重要配置参数和通信应用程序等进行可信验证，并在应用程序的关键/**所有**执行环节进行动态可信验证，在检测到其可信性受到破坏后进行报警，并将验证结果形成审计记录送至安全管理中心，**并进行动态关联感知。**

2. 云计算安全扩展要求

a) 【网络架构】应实现不同云服务客户虚拟网络之间的隔离。

b) 【网络架构】应具有根据云服务客户业务需求提供通信传输、边界防护、入侵防范等安全机制的能力。

3. 移动互联安全扩展要求：无

4. 物联网安全扩展要求：无

5. 工业控制系统安全扩展要求

a) 【网络架构】工业控制系统与企业其他系统之间应划分为两个区域，区域间应采用单向的技术隔离手段。

b) 【网络架构】工业控制系统内部应根据业务特点划分为不同的安全域，安全域之间应采用技术隔离手段。

c) 【通信传输】在工业控制系统内使用广域网进行控制指令或相关数据交换的应采用加密认证技术手段实现身份认证、访问控制和数据加密传输。

三、 安全区域边界

1. 安全通用要求

a) 【边界防护】应能够对非授权设备私自联到内部网络的行为进行检查或限制。

b) 【边界防护】应能够对内部用户非授权联到外部网络的行为进行检查或限制。

c) 【边界防护】应限制无线网络的使用，保证无线网络通过受控的边界设备接入内部网络。

d) 【边界防护】应能够在发现非授权设备私自联到内部网络的行为或内部用户非授权联到外部网络的行为时，对其进行有效阻断。

e) 【边界防护】应采用可信验证机制对接入到网络中的设备进行可信验证，保证接入网络的设备真实可信。

f) 【安全审计】应对审计记录进行保护，定期备份，避免受到未预期的删除、修改或覆盖等。

g) 【可信验证】可基于可信根对边界设备的系统引导程序、系统程序、重要配置参数和边界防护应用程序等进行可信验证，并在应用程序的关键/**所有**执行环节进行动态可信验证，在检测到其可信性受到破坏后进行报警，并将验证结果形成审计记录送至安全管理中心，**并进行动态关联感知。**

2. 云计算安全扩展要求：无

3. 移动互联安全扩展要求

a) 【访问控制】无线接入设备应开启接入认证功能，并支持采用认证服务器认证或国家密码管理机构批准的密码模块进行认证。

b) 【入侵防范】应能够检测到非授权无线接入设备和非授权移动终端的接入行为。

c) 【入侵防范】应能够检测到针对无线接入设备的网络扫描、DDoS 攻击、密钥破解、中间人攻击和欺骗攻击等行为。

d) 【入侵防范】应禁止多个 AP 使用同一个认证密钥。

e) 【入侵防范】应能够阻断非授权无线接入设备或非授权移动终端。

4. 物联网安全扩展要求

a) 【接入控制】应保证只有授权的感知节点可以接入。

5. 工业控制系统安全扩展要求

a) 【拨号使用控制】工业控制系统确需使用拨号访问服务的，应限制具有拨号访问权限的用户数量，并采取用户身份鉴别和访问控制等措施。

b) 【拨号使用控制】拨号服务器和客户端均应使用经安全加固的操作系统，并采取数字证书认证、传输加密和访问控制等措施。

c) 【无线使用控制】应对所有参与无线通信的用户（人员、软件进程或者设备）提供唯一性标识和鉴别。

d) 【无线使用控制】应对所有参与无线通信的用户（人员、软件进程或者设备）进行授权以及执行使用进行限制。

e) 【无线使用控制】应对无线通信采取传输加密的安全措施，实现传输报文的保密性保护。

f) 【无线使用控制】对采用无线通信技术进行控制的工业控制系统，应能识别其物理环境中发射的未经授权的无线设备，报告未经授权试图接入或干扰控制系统的行为。

四、 安全计算环境

1. 安全通用要求

a) 【身份鉴别】应对登录的用户进行身份标识和鉴别，身份标识具有唯一性，身份鉴别信息具有复杂度要求并定期更换。

b) 【身份鉴别】当进行远程管理时，应采取必要措施防止鉴别信息在网络传输过程中被窃听。

c) 【身份鉴别】应采用口令、密码技术、生物技术等两种或两种以上组合的鉴别技术对用户进行身份鉴别，且其中一种鉴别技术至少应使用密码技术来实现。

d) 【安全审计】应对审计记录进行保护，定期备份，避免受到未预期的删除、修改或覆盖等。

e) 【可信验证】可基于可信根对计算设备的系统引导程序、系统程序、重要配置参数和应用程序等进行可信验证，并在应用程序的关键 / **所有**执行环节进行动态可信验证，在检测到其可信性受到破坏后进行报警，并将验证结果形成审计记录送至安全管理中心，**并进行动态关联感知。**

f) 【数据完整性】应采用校验技术或密码技术保证重要数据在传输过程中的完整性，包括但不限于鉴别数据、重要业务数据、重要审计数据、重要配置数据、重要视频数据和重要个人信息等。

g) 【数据完整性】应采用校验技术或密码技术保证重要数据在存储过程中的完整性，包括但不限于鉴别数据、重要业务数据、重要审计数据、重要配置数据、重要视频数据和重要个人信息等。

h) 【数据完整性】在可能涉及法律责任认定的应用中，应采用密码技术提供数据原发证据和数据接收证据，实现数据原发行为的抗抵赖和数据接收行为的抗抵赖。

i) 【数据保密性】应采用密码技术保证重要数据在传输过程中的保密性，包括但不限于鉴别数据、重要业务数据和重要个人信息等。

j) 【数据保密性】应采用密码技术保证重要数据在存储过程中的保密性，包括但不限于鉴别数据、重要业务数据和重要个人信息等。

2. 云计算安全扩展要求

a) 【身份鉴别】当远程管理云计算平台中设备时，管理终端和云计算平台之间应建立双向身份验证机制。

b) 【镜像和快照保护】应提供虚拟机镜像、快照完整性校验功能，防止虚拟机镜像被恶意篡改。

c) 【镜像和快照保护】应采取密码技术或其他技术手段防止虚拟机镜像、快照中可能存在的敏感资源被非法访问。

d) 【数据完整性和保密性】应确保只有在云服务客户授权下，云服务商或第三方才具有云服务客户数据的管理权限。

e) 【数据完整性和保密性】应使用校验码或密码技术确保虚拟机迁移过程中重

要数据的完整性，并在检测到完整性受到破坏时采取必要的恢复措施。

f) 【数据完整性和保密性】应支持云服务客户部署密钥管理解决方案，保证云服务客户自行实现数据的加解密过程。

3. 移动互联安全扩展要求

a) 【移动应用管控】应只允许指定证书签名的应用软件安装和运行。

4. 物联网安全扩展要求

a) 【感知节点设备安全】应保证只有授权的用户可以对感知节点设备上的软件应用进行配置或变更。

b) 【感知节点设备安全】应具有对其连接的网关节点设备（包括读卡器）进行身份标识和鉴别的能力。

c) 【感知节点设备安全】应具有对其连接的其他感知节点设备（包括路由节点）进行身份标识和鉴别的能力。

d) 【网关节点设备安全】应具备对合法连接设备（包括终端节点、路由节点、数据处理中心）进行标识和鉴别的能力。

e) 【网关节点设备安全】授权用户应能够在设备使用过程中对关键密钥进行在线更新。

f) 【抗数据重放】应能够鉴别数据的新鲜性，避免历史数据的重放攻击。

g) 【抗数据重放】应能够鉴别历史数据的非法修改，避免数据的修改重放攻击。

5. 工业控制系统安全扩展要求

a) 【控制设备安全】控制设备自身应实现相应级别安全通用要求提出的身份鉴别、访问控制和安全审计等安全要求，如受条件限制控制设备无法实现上述要求，应由其上位控制或管理设备实现同等功能或通过管理手段控制。

五、 安全管理中心

1. 安全通用要求

a) 【系统管理】应对系统管理员进行身份鉴别，只允许其通过特定的命令或操作界面进行系统管理操作，并对这些操作进行审计。

b) 【审计管理】应对审计管理员进行身份鉴别，只允许其通过特定的命令或操作界面进行安全审计操作，并对这些操作进行审计。

c) 【安全管理】应对安全管理员进行身份鉴别，只允许其通过特定的命令或操作界面进行安全管理操作，并对这些操作进行审计。

d) 【集中管控】应能够建立一条安全的信息传输路径，对网络中的安全设备或安全组件进行管理。

2. 云计算安全扩展要求：无

3. 移动互联安全扩展要求：无

4. 物联网安全扩展要求：无

5. 工业控制系统安全扩展要求：无

六、 安全管理制度

无

七、 安全管理机构

无

八、 安全管理人员

无

九、 安全建设管理

1. 安全通用要求

a) 【安全方案设计】应根据保护对象的安全保护等级及与其他级别保护对象的关系进行安全整体规划和安全方案设计，设计内容应包含密码技术相关内容，并形成配套文件。

b)【安全方案设计】应组织相关部门和有关安全专家对安全整体规划及其配套文件的合理性和正确性进行论证和审定，经过批准后才能正式实施。

c)【产品采购和使用】应确保网络安全产品采购和使用符合国家的有关规定。

d)【产品采购和使用】应确保密码产品与服务的采购和使用符合国家密码管理主管部门的要求。

e)【测试验收】应进行上线前的安全性测试，并出具安全测试报告，安全测试报告应包含密码应用安全性测试相关内容。

2. 云计算安全扩展要求：无

3. 移动互联安全扩展要求

a)【移动应用软件采购】应保证移动终端安装、运行的应用软件来自可靠分发渠道或使用可靠证书签名。

b)【移动应用软件开发】应保证开发移动业务应用软件的签名证书合法性。

4. 物联网安全扩展要求：无

5. 工业控制系统安全扩展要求：无

十、 安全运维管理

1. 安全通用要求

a)【设备维护管理】信息处理设备应经过审批才能带离机房或办公地点，含有存储介质的设备带出工作环境时其中重要数据应加密。

b)【网络和系统安全管理】应严格控制变更性运维、经过审批后才可改变连接、安装系统组件或调整配置参数，操作过程中应保留不可更改的审计日志，操作结束后应同步更新配置信息库。

c)【网络和系统安全管理】应严格控制运维工具的使用，经过审批后才可接入进行操作，操作过程中应保留不可更改的审计日志，操作结束后应删除工具中的敏感数据。

d)【网络和系统安全管理】应严格控制远程运维的开通，经过审批后才可开通远程运维接口或通道，操作过程中应保留不可更改的审计日志，操作结束后立即关闭接口或通道。

e) 【密码管理】应遵循密码相关国家标准和行业标准。

f) 【密码管理】应使用国家密码管理主管部门认证核准的密码技术和产品。

g) **【密码管理】应采用硬件密码模块实现密码运算和密钥管理。**

2. 云计算安全扩展要求：无

3. 移动互联安全扩展要求：无

4. 物联网安全扩展要求：无

5. 工业控制系统安全扩展要求：无

缩略语表

缩略语	英文	中文
3GPP	The 3rd Generation Partnership Project	第三代合作伙伴计划
4G	The 4th Generation mobile communication technology	第四代移动通信技术
5G	The 5th Generation mobile communication technology	第五代移动通信技术
ACL	Access Control List	访问控制列表
AES	Advanced Encryption Standard	高级加密标准
AH	Authentication Header	认证头
ANSI	American National Standards Institute	美国国家标准协会
APDU	Application Protocol Data Unit	应用协议数据单元
API	Application Programming Interface	应用程序编程接口
App	Application	应用程序
ARPC	Authorization Response Cryptogram	授权响应密文
ARQC	Authorization Request Cryptogram	授权请求密文
ASN.1	Abstract Syntax Notation One	抽象语法标记
ATM	Automatic Teller Machine	自动柜员机
B/S	Browser/Server	浏览器 / 服务端
BC	Block Chaining	分组链接（模式）
BIOS	Basic Input Output System	基本输入输出系统
BR	Bit Rearrange	比特重组
BSI	British Standards Institution	英国标准协会
C/S	Client/Server	客户端 / 服务端

缩略语	英文	中文
CA	Certification Authority	证书认证机构
CBC	Cipher Block Chaining	密文分组链接（模式）
CC	Common Criteria for Information Technology Security Evaluation	信息技术安全评估通用准则
CCID	Chip Card Interface Device	集成电路卡接口设备
CCM	Counter with CBC-MAC	带 CBC-MAC 的计数器（模式）
CDMA	Code Division Mutiple Access	码分多址
CFB	Cipher Feedback	密文反馈（模式）
CIA	Confidentiality Integrity Availability	保密性、完整性和可用性
COS	Chip Operating System	片上操作系统
CRL	Certificate Revocation List	证书撤销列表
CTR	Counter	计数器（模式）
DER	Distinguished Encoding Rules	可辨别编码规则
DES	Data Encryption Standard	数据加密标准
DH	Diffie-Hellman	迪菲 - 赫尔曼
DK	Data Key	数据密钥
DN	Distinct Name	别名
DSA	Digital Signature Algorithm	数字签名算法
ECB	Electronic Code Book	电码本（模式）
ECC	Elliptic Curve Cryptography	椭圆曲线密码学
ECDSA	Elliptic Curve Digital Signature Algorithm	椭圆曲线数字签名算法
EEPROM	Electrically Erasable Programmable Read Only Memory	带电可擦除可编程只读存储器
EFF	Electronic Frontier Foundation	电子前线基金会
EFP	Environmental Failure Protection	环境失效保护
EFT	Environmental Failure Testing	环境失效测试
ESP	Encapsulating Security Payload	封装安全载荷
ETC	Electronic Toll Collection	不停车电子收费系统

缩略语	英文	中文
ETSI	European Telecommunications Standards Institute	欧洲电信标准化协会
FIDO	Fast IDentity Online	在线快捷身份鉴别
FSM	Finite State Model	有限状态模型
GCM	Galois/Counter Mode	伽罗瓦 / 计数器模式
GP	Global Platform	全球平台国际标准组织
GPRS	General Packet Radio Service	通用分组无线业务
HDL	Hardware Description Language	硬件描述语言
HID	Human Interface Device	人机接口设备
HMAC	Keyed-hash Message Authentication Code	带密钥的杂凑算法
HTTP	HyperText Transfer Protocol	超文本传输协议
IaaS	Infrastructure as a Service	基础设施即服务
IBC	Identity-Based Cryptography	标识密码
IC	Integrated Circuit	集成电路
IEC	International Electrotechnical Commission	国际电工委员会
IETF	Internet Engineering Task Force	国际互联网工程任务组
IKE	Internet Key Exchange	互联网密钥交换（协议）
IP	Internet Protocol	互联网协议
IPSec	Internet Protocol Security	互联网安全协议
IPv6	Internet Protocol Version 6	互联网协议第六版
ISAKMP	Internet Security Association and Key Management Protocol	互联网安全联盟和密钥管理协议
ISO	International Organization for Standardization	国际标准化组织
IV	Initial Vector	初始向量
KDC	Key Distribution Center	密钥分发中心
KDF	Key Derivation Function	密钥派生函数
KEK	Key Encrypting/Encryption Key	密钥加密密钥
KGC	Key Generation Center	密钥生成中心

缩略语	英文	中文
KM	Key Management System	密钥管理系统
KMC	Key Management Center	密钥管理中心
KTC	Key Translation Center	密钥转换中心
LDAP	Lightweight Directory Access Protocol	轻量目录访问协议
LFSR	Linear-Feedback Shift Register	线性反馈移位寄存器
LWE	Learning With Errors	带错误学习
MAC	Message Authentication Code	消息鉴别码
MAK	MAC Key	MAC 计算密钥
MCU	Microcontroller Unit	微控制单元
MD4	Message Digest Algorithm 4	MD4 消息摘要算法
MD5	Message Digest Algorithm 5	MD5 消息摘要算法
MDK	Master Data encryption algorithm Key	发卡行应用密文主密钥
MK	Master Key	主密钥
NAT	Network Address Translation	网络地址转换
NFC	Near Field Communication	近场通信
NIST	National Institute of Standards and Technology	美国国家标准与技术研究院
OCSP	Online Certificate Status Protocol	在线证书状态协议
OFB	Output Feedback	输出反馈（模式）
OFBNLF	Output Feedback with a Nonlinear Function	带非线性函数的输出反馈（模式）
OFD	Open Fixed layout Document	开放版式文档
OID	Object IDentifier	对象标识符
OSI	Open System Interconnection	开放式系统互联
PaaS	Platform as a Service	平台即服务
PC	Personal Computer	个人计算机
PDCA	Plan-Do-Check-Act	计划—实施—检查—改进

缩略语	英文	中文
PIK	PIN Key	PIN 加密密钥
PIN	Personal Identification Number	个人识别码
PKCS	Public Key Cryptography Standards	公钥加密标准
PKI	Public Key Infrastructure	公钥基础设施
POS	Point of Sale	销售终端
PP	Protection Profile	保护轮廓
PRF	Pseudo-Random Function	伪随机函数
RA	Registration Authority	证书注册机构
RAM	Random Access Memory	随机存取存储器
RFC	Request For Comments	征求意见
RFID	Radio Frequency IDentification	射频识别
ROM	Read-Only Memory	只读存储器
RSA	Rivest-Shamir-Adleman Asymmetric Cryptography	RSA 非对称密码算法
SA	Security Association	安全联盟
SaaS	Software as a Service	软件即服务
SAM	Secure Access Module	安全存取模块
SE	Secure Element	安全单元
SHA	Secure Hash Algorithm	安全杂凑算法
SIM	Subscriber Identification Module	用户身份识别模块
SKMC	Sub-KMC	密钥管理分中心
SPI	Security Parameter Index	安全参数索引
SSL	Secure Sockets Layer	安全套接层
ST	Security Target	安全目标
TBOX	Telematics BOX	车辆通信模块
TCP	Transmission Control Protocol	传输控制协议
TCSEC	Trusted Computer System Evaluation Criteria	可信计算机系统评估准则

缩略语	英文	中文
TDEA	Triple Data Encryption Algorithm	三重数据加密算法
TK	Transport Key	传输密钥
TLS	Transport Layer Security	安全传输层协议
TMK	Terminal Master Key	终端主密钥
TSP	Telematics Service Provider	远程服务供应商
UAF	Universal Authentication Framework	通用鉴别框架
UDK	Unique Data encryption algorithm Key	IC 卡应用密文主密钥
UDP	User Datagram Protocol	用户数据报协议
UID	Unique IDentifier	唯一标识
VMM	Virtual Machine Monitor	虚拟机监控器
VoIP	Voice over Internet Protocol	网络电话
VPN	Virtual Private Network	虚拟专用网
WAPI	Wireless LAN Authentication and Privacy Infrastructure	无线局域网鉴别和保密基础结构
XMSS	eXtended Merkle Signature Scheme	扩展 Merkle 签名算法
ZUC	ZU Chongzhi	祖冲之

名词解释

仿射变换（affine transformation）：又称仿射映射（affine map），是指在几何中，一个向量空间进行一次线性变换后进行平移，变换为另一个向量空间。

代数攻击（algebraic attack）：通过求解代数方程组来实现对密码算法的攻击。

真实性（authenticity）：是指保证信息来源可靠、没有被伪造和篡改的性质。

后门（backdoor）：信息系统（包括计算机系统、嵌入式设备，如芯片、算法、密码部件等）中存在的非公开访问控制途径，可绕开信息系统合法访问控制体系，隐蔽地获取计算机系统远程控制权，或者密码系统的密钥或受保护信息的明文。

保密性／机密性（confidentiality）：本书统一称为保密性，是指保证信息不被泄露给非授权的个人、进程等实体的性质。

差分分析（differential cryptanalysis）：一种选择明文攻击，通过分析特定明文差分对相应的密文差分的影响，以获得可能性最大的密钥。

离散对数（discrete logarithm）：在群上可以定义幂 b^k，而离散对数 $\log_b a$ 是指使得 b^k=a 的整数 k。

椭圆曲线公钥密码算法（elliptic curve public-key cryptography）：椭圆曲线是域上的一种光滑射影曲线，曲线上的点构成一个群，在此群上可以构建离散对数问题，椭圆曲线公钥密码算法是基于该问题构建的公钥密码算法。

异或（exclusive or）：是一种数学逻辑运算符，当两个输入不同时为真（$0 \oplus 1=1$，$1 \oplus 0=1$），两个输入相同时为假（$0 \oplus 0=0$，$1 \oplus 1=0$），相当于不带进位的二进制加法。

扩域（extension field）：扩域（extension field）F_{p^m}（p 为素数）可以看成 F_p 上的 m 维向量空间，可以通过多项式进行构建。特别地，如果 p=2，那么称 F_{2^m} 为二元扩域（binary extension field）。

有限域（finite field）：域（field）是一些元素的集合，其上定义了加法和乘法等算术运算，并具有封闭性、结合律、交换律、分配律、加法逆和乘法逆等算术性质；有限域则是仅含有限个元素的域。

全同态加密（fully homomorphic encryption）：支持对密文进行任意计算的加密运算。

群（group）：群是一些元素的集合，其上定义了加法运算，并具有封闭性、加法结合律、加法逆等算术性质；

完整性（integrity）：数据没有遭受以非授权方式所作的篡改或破坏的性质。

密钥派生函数（key derivation function，KDF）：通过作用于共享秘密和双方都知道的其他参数，产生一个或多个共享秘密密钥的函数。

密钥封装机制（key encapsulation mechanism）：与公钥密码类似，但其加密算法采用一个公钥作为输入，生成一个秘密密钥并对该密钥进行加密。

线性分析（linear cryptanalysis）：一种分析明文、密文和密钥之间的若干比特的线性关系进行密码攻击的方法。

中间人攻击（man-in-the-middle attack）：一种拦截并有选择地修改通信数据以冒充通信中实体的攻击方法。

模数（modulus）：对于 a 模 p 运算（即 $a \bmod p$），p 称为模数。

不可否认性（non-repudiation）：不可否认性也称抗抵赖性，证明一个已经发生的操作行为无法否认的性质。

带外方式（out-of-band method）：当前的通信方式之外的方式。比如 PKI 系统中采用 PKI 技术范畴之外的纸质文件、电话传真等手段获取根 CA 自签名证书的方式，就属于带外方式。

量子计算机（quantum computer）：基于量子力学规律（如量子态叠加、纠缠等）设计的信息处理装置。

归约（reduction）：归约不是一种具体算法，是一种思想、一种方法。通过对原问题的抽象和建模生成一个等价的另一问题，然后通过解决这个新问题来达到解决原问题的目的。

重放攻击（replay attack）：一种主动攻击方法，攻击者通过记录通信会话，并在以后某个时刻重放整个会话或者会话的一部分。

S 盒（S-box）：用于实现密码变换的非线性替换表。

后 记

《商用密码应用与安全性评估》的编写，坚持以习近平新时代中国特色社会主义思想为指引，以总体国家安全观为统领，以维护国家网络安全为目标，以系统性、整体性、协同性为原则，以符合国家密码管理法律法规、政策和标准为准绳，全面深入贯彻落实《中华人民共和国密码法》相关要求，致力于构建安全领先的国家网络空间密码防线。该书既是了解商用密码应用和安全性评估知识与政策的专业读物，也是开展密码应用相关人员培训和水平考试的基础教材。

本书凝结着众多专家学者和技术管理人员的心血与智慧。李兆宗、徐汉良和张平武、李国海同志指导本书编写并审阅了书稿。蔡吉人院士担任本书编审总顾问，周仲义、沈昌祥、郑建华、柴洪峰、王小云、冯登国院士和孟丹、毛明、韩文报、李阳、刘权、刘平、荆继武、刘爱民、简秧根、毕马宁同志担任顾问，多次全文审改。吴文玲、陈武平、秦小龙、蒋凡、詹榜华、林璟锵、邓冬柏、雷利民、张知恒、刘勇、向宏、朱文涛、李东风、董贵山、李国、李大为、隆永红、韩小西、潘泉、刘辛越等专家提出许多宝贵意见，谨此致谢。

参与本书编写的人员既有长期从事商用密码理论、技术和政策研究的专家学者，也有在一线从事密码管理、密码测评和应用实践的业务骨干。国家密码管理局商用密码管理办公室、公安部十一局、中国科学院信息工程研究所承担了主要编写任务，北京电子科技学院全力协助，商用密码产业单位和测评机构积极参与，共同完成了编写任务。编写过程中，结合商用密码管理要求和应用安全性评估试点工作实践，先后听取近百家单位、上千名专业技术人员意见，并在不同范围内进行了试用，数易其稿，历时 22 个月。国家商密检测中心、公安部等保评估中心、工信部密码应用研究中心、深圳鼎铉、上海智巡、工信部电子五所、河南中科安永、北京银联金卡、中电十五所、山东计算中心、中国电力科学院、中国金电、北京电子产品质检中心、国家信息技术安全研究中心、深圳网安、广播科学研究院、交通信息安全中心、北京云测等密码研究和检测机构，经济参考报报社、河南省信息化公司、奇安信、上海众人、卫士通、北京华大电子、山东得安、信安世纪、江南天安、商密在线、远望智库、智联智融研究院等相关单位，以及北京、天津、河北、吉林、上海、江苏、浙江、福建、江西、河南、山东、湖北、湖南、广东、海南、重庆、四川、贵州、陕西、新疆、兵团、深圳等省（区市）密码管理局对本书的编写给予了支持和帮助，在此一并致谢。

由于时间仓促和编者水平有限，本书难免存在一些不妥之处，恳请读者批评指正。我们将根据反馈的意见建议，结合商用密码应用和安全性评估工作发展实际，及时对本书进行修改完善。

本书编写组

2020 年 3 月